# 中 国 国 家 标 准 汇 编

## 536

GB 28453～28457

（2012 年制定）

中国标准出版社　编

中国标准出版社

北　京

**图书在版编目(CIP)数据**

中国国家标准汇编:2012年制定.536:
GB 28453～28457/中国标准出版社编.—北京:
中国标准出版社,2013.11
ISBN 978-7-5066-7267-2

Ⅰ.①中… Ⅱ.①中… Ⅲ.①国家标准-
汇编-中国-2012 Ⅳ.①T-652.1

中国版本图书馆CIP数据核字(2013)第186335号

中 国 标 准 出 版 社 出 版 发 行
北京市朝阳区和平里西街甲2号(100013)
北京市西城区三里河北街16号(100045)

网址 www.spc.net.cn
总编室:(010)64275323 发行中心:(010)51780235
读者服务部:(010)68523946
中国标准出版社秦皇岛印刷厂印刷
各地新华书店经销

*

开本 880×1230 1/16 印张 38.5 字数 1 189 千字
2013年11月第一版 2013年11月第一次印刷

*

定价 220.00 元

# 出 版 说 明

1.《中国国家标准汇编》是一部大型综合性国家标准全集。自1983年起,按国家标准顺序号以精装本、平装本两种装帧形式陆续分册汇编出版。它在一定程度上反映了我国建国以来标准化事业发展的基本情况和主要成就,是各级标准化管理机构,工矿企事业单位,农林牧副渔系统,科研、设计、教学等部门必不可少的工具书。

2.《中国国家标准汇编》收入我国每年正式发布的全部国家标准,分为"制定"卷和"修订"卷两种编辑版本。

"制定"卷收入上一年度我国发布的、新制定的国家标准,顺延前年度标准编号分成若干分册,封面和书脊上注明"20××年制定"字样及分册号,分册号一直连续。各分册中的标准是按照标准编号顺序连续排列的,如有标准顺序号缺号的,除特殊情况注明外,暂为空号。

"修订"卷收入上一年度我国发布的、被修订的国家标准,视篇幅分设若干分册,但与"制定"卷分册号无关联,仅在封面和书脊上注明"20××年修订-1,-2,-3,……"字样。"修订"卷各分册中的标准,仍按标准编号顺序排列(但不连续);如有遗漏的,均在当年最后一分册中补齐。需提请读者注意的是,个别非顺延前年度标准编号的新制定的国家标准没有收入在"制定"卷中,而是收入在"修订"卷中。

读者配套购买《中国国家标准汇编》"制定"卷和"修订"卷则可收齐由我社出版的上一年度我国制定和修订的全部国家标准。

3.由于读者需求的变化,自1996年起,《中国国家标准汇编》仅出版精装本。

4.2012年我国制修订国家标准共2 101项。本分册为"2012年制定"卷第536分册,收入国家标准GB 28453～28457的最新版本。

中国标准出版社

2013年8月

# 目　　录

ICS 35.040
L 80

# 中华人民共和国国家标准

GB/T 28453—2012

# 信息安全技术 信息系统安全管理评估要求

Information security technology—
Information system security management assessment requirements

2012-06-29 发布　　2012-10-01 实施

中华人民共和国国家质量监督检验检疫总局
中国国家标准化管理委员会　发布

# 前　言

本标准按照 GB/T 1.1—2009 给出的规则起草。

请注意本文件的某些内容可能涉及专利。本文件的发布机构不承担识别这些专利的责任。

本标准由全国信息安全标准化技术委员会(SAC/TC 260)提出并归口。

本标准起草单位:北京江南天安科技有限公司。

本标准主要起草人:陈冠直、吉增瑞、陈硕、景乾元、王志强。

# 引　言

本标准依据国家有关信息安全等级保护的政策法规，提出了用于规范信息系统安全管理评估的要求。主要包括信息系统安全管理评估的原则和模式、组织和活动、方法工具和实施等要求，以及在信息系统生存周期各个阶段，针对第一级到第五级信息系统安全管理评估的要求。

信息系统安全管理评估的主体包括信息系统的主管领导部门、信息安全监管机构、信息系统的管理者、第三方评估机构等，对应的评估可以是检查评估、自评估或第三方评估。本标准中对三种评估模式提出共同要求时统称评估。信息系统安全管理评估以信息安全管理体系为主线进行评估，必要时采集信息安全技术测评结果进行综合分析。信息系统安全管理评估可以是独立的评估，也可以与信息安全技术测评联合进行综合评估。信息系统安全管理评估贯穿于信息系统的整个生存周期，各阶段管理评估的原则和方法是一致的，各阶段安全管理的内容、对象、安全需求存在一定不同，使得安全管理评估的目的、要求等各方面也有所不同。信息系统安全管理评估针对信息安全保护各个等级的信息系统，安全管理评估的要求随着保护等级的提高而增强。

本标准第 4 章阐述管理评估的原则和模式；第 5 章阐述管理评估的组织、评估目标范围和依据、管理活动的内容；第 6 章阐述管理评估方法、管理评估工具、管理评估实施，给出了各个安全保护等级的安全管理评估需要执行的共同要求和评估方法；第 7 章分等级评估，以 GB/T 20269—2006 规定的信息系统安全管理要求为基本依据，从信息系统生存周期的规划立项阶段、设计实施阶段、运行维护阶段、终止处置阶段，对五个安全保护等级的安全管理评估要求分别进行描述。附录 A 中提供的信息系统安全管理评估参照表，描述了本标准中有关各等级信息系统安全管理评估要求的具体评估内容要点。

本标准仍沿用 GB/T 20269—2006 中的称谓，对于信息系统的所有者可包括国家机关、事业单位、厂矿企业、公司、集团等各种类型和不同规模的组织机构，统称为“组织机构”。

# 信息安全技术
# 信息系统安全管理评估要求

## 1 范围

本标准依据GB/T 20269—2006规定的信息系统分等级安全管理要求,从信息系统生存周期的不同阶段,规定了对信息系统进行安全管理评估的原则和模式、组织和活动、方法和实施,提出了信息安全等级保护第一级到第五级的信息系统安全管理评估的要求。

本标准适用于相关组织机构(部门)对信息系统实施安全等级保护所进行的安全管理评估与自评估,以及评估者和被评估者对评估的管理。

## 2 规范性引用文件

下列文件对于本文件的应用是必不可少的。凡是注日期的引用文件,仅注日期的版本适用于本文件。凡是不注日期的引用文件,其最新版本(包括所有的修改单)适用于本文件。

GB 17859—1999 计算机信息系统 安全保护等级划分准则

GB/T 20269—2006 信息安全技术 信息系统安全管理要求

GB/T 20282—2006 信息安全技术 信息系统安全工程管理要求

GB/T 25070—2010 信息安全技术 信息系统等级保护安全设计技术要求

## 3 术语和定义

GB 17859—1999、GB/T 20269—2006中界定的以及下列术语和定义适用于本文件。

3.1

**安全评估 security assessment**

依照国家有关法规与标准,对信息系统的安全保障程度进行评估的活动,包括安全技术评估和安全管理评估。本标准所述评估是指信息系统安全管理评估。

3.2

**自评估 self-assessment**

由信息系统所有者自身发起,组成组织机构内部的评估机构,依据国家有关法规与标准,对信息系统安全管理进行的评估活动。

3.3

**检查评估 inspection assessment**

由被评估信息系统所有者的上级主管部门、业务主管部门或国家相关监管部门发起的,依据国家有关法规与标准,对信息系统安全管理进行的评估活动。

3.4

**第三方评估 third party assessment**

由信息系统所有者委托商业评估机构或其他评估机构,依据国家有关法规与标准,对信息系统安全管理进行的评估活动。

3.5

**安全审计　security audit**

对信息系统的各种安全相关事件的行为，按规定进行信息收集、记录和分析，并采取相应动作的过程。

3.6

**验证　verification**

通过客观证据，对事务是否达到规定要求进行认定的过程，包括真实性验证和有效性验证。客观证据是指支持事务的真实性、有效性的数据，可通过观察、测量、试验或其他手段获得。

3.7

**有效性　effectiveness**

完成策划的活动并得到相应结果的程度的表征。

3.8

**质量控制　quality assurance**

质量管理的一部分，致力于满足质量要求。本标准中的质量控制是指对信息安全管理过程的各种行为质量的控制。

## 4　评估原则和模式

### 4.1　管理评估的原则

对信息系统安全管理的评估应坚持以下原则：

a）科学性原则：按照科学的评估方法和过程，以严谨的科学态度，全面、准确、客观地开展评估工作，做出科学的评估结论；

b）公正性原则：评估机构是中立权威的，自评估团队是相对独立的，检查评估机构是符合法规和组织原则的，同时要防止被评估对象的影响，并排除外界因素的干扰，从而确保评估结果是客观公正的；

c）针对性原则：针对性地选用评估方法和评估工具；针对被评估信息系统安全管理的实际情况和特征，收集有关资料对系统进行全面地分析；针对主要管理环节及主要部位进行重点评估；

d）实用性原则：系统分析和评价方法要适合被评估信息系统的实际情况，操作简单，结论明确，成效显著。

### 4.2　管理评估的工作模式

从评估主体的角度，信息系统安全管理评估可分为检查评估、自评估和第三方评估等工作模式，其适用范围包括：

a）检查评估：

——是指由被评估信息系统所有者的上级主管部门、业务主管部门或国家相关监管部门发起的，依据国家有关法规与标准，对信息系统安全管理进行的评估活动；

——适用于上级主管机关、业务主管部门或国家相关监管部门，对其下属或监管范围内组织机构信息系统安全管理进行的检查性的评估活动；

b）自评估：

——是指由信息系统所有者自身发起，组成组织机构内部的评估机构，依据国家有关法规与标准，对信息系统安全管理进行的评估活动；

——适用于组织机构对自身所拥有、运营或使用的信息系统安全管理进行的评估活动；

c）第三方评估：

——是指由信息系统所有者委托商业评估机构或其他评估机构，依据国家有关法规与标准，对信息系统安全管理进行的评估活动；
——适用于组织机构委托商业评估机构或其他评估机构，对自身所拥有、运营或使用的信息系统安全管理进行的评估活动。

# 5 评估组织和活动

## 5.1 评估组织

### 5.1.1 评估实施团队

#### 5.1.1.1 检查评估实施团队

检查评估实施团队组成的要求如下：

a) 检查评估实施团队由信息系统上级管理部门或国家有关职能部门委派；
b) 派出机构有关领导和相关部门负责人作为检查评估实施团队的领导；
c) 派出机构相关部门的信息技术、信息安全以及相关业务有经验的技术和管理人员参加；
d) 必要时，检查评估实施团队可聘请相关专业的技术专家和技术骨干组成专家小组。

#### 5.1.1.2 自评估实施团队

组织机构对自身所拥有、运营或使用的信息系统安全管理进行的评估，自评估实施团队组成的要求如下：

a) 组织机构信息安全主管领导或信息安全领导小组应指派信息部门或业务部门负责人任自评估实施团队负责人；
b) 自评估实施团队负责人根据参与评估的范围确定评估组成员的数量，为自评估团队选择成员，并报请主管领导批准；
c) 自评估实施团队应由管理层、相关业务骨干、信息技术和信息安全人员、信息安全人员等组成，主要来自信息部门和业务部门，核心成员为3～5人；
d) 在评估过程中，自评估实施团队与被评估方应是相对独立地进行评估工作，被评估方不应干涉或干扰评估结论；
e) 必要时，可聘请相关专业的技术专家和技术骨干组成专家小组。

#### 5.1.1.3 第三方评估实施团队

第三方评估实施团队组成的要求如下：

a) 第三方评估实施团队由受委托的安全评估服务技术支持方委派；
b) 受委托的安全评估服务技术支持方相关部门或项目主管任评估实施团队负责人；
c) 第三方评估实施团队由熟悉信息技术、信息安全技术、信息安全管理，熟悉委托方业务，具有相关资质的人员组成；
d) 对信息安全等级第三级及以上的信息系统进行评估的第三方评估实施团队，应符合国家职能部门有关评估机构选择的规定，可参见附录A的A.4.3。

### 5.1.2 评估管理机构

应针对不同模式的信息安全管理评估组建评估管理机构：

a) 评估工作组：检查评估时，接受检查的组织机构应组建由主管领导和相关部门负责人参加的评估工作组，配合检查评估团队的工作；

b） 自评估工作领导小组：组织机构信息安全主管领导或信息安全领导小组主管自评估工作，应组建由主管领导和相关部门负责人参加的自评估工作领导小组，指导和监督自评估团队的工作；

c） 评估工作领导小组：第三方评估时，应组建由评估方、被评估方领导及相关部门负责人参加的安全评估工作领导小组，指导和控制第三方评估团队的工作；安全评估工作领导小组中被评估方领导应负责监督或指派有关部门负责人监督第三方评估团队的工作。

#### 5.1.3 被评估方相关人员

被评估方相关人员应包括：

a） 高级管理层：组织机构的领导、信息化主管领导、信息安全主管领导等；

b） 执行管理层：信息部门负责人、信息安全部门负责人、业务部门负责人、人事部门负责人等；

c） 信息技术和信息安全相关人员，包括：

——系统建设主管及系统设计、软件开发、系统集成人员；

——运行维护主管及网络系统、操作系统、数据库系统、应用系统、硬件设备等系统管理及运维人员；

——信息安全主管及安全管理、审计管理人员、文档介质管理人员；

——物理安全主管及资产管理、机房值守、机房维护人员；

——外包服务方主管及外包方运行、维护人员；

d） 业务应用人员，包括业务部门主管、业务应用系统管理人员[1)]、业务应用系统开发人员和操作人员。

### 5.2 评估目标范围和依据

#### 5.2.1 评估目标

##### 5.2.1.1 具体评估目标

信息系统安全管理评估的一般目标是，识别信息系统安全管理存在的信息安全风险，并确定其大小，为制定信息安全方针，选择适当的控制目标与控制方式提供决策依据。每一次评估的具体目标可能会存在一定差异，应明确每一次评估的具体目标，可以是：

a） 针对规划立项阶段的安全管理评估，主要从策略和制度管理、机构和人员管理、风险管理、监督和检查管理、规划和立项管理等方面，评价信息系统的系统分析和安全定级、信息系统安全需求分析、信息系统总体安全规划、信息系统安全项目立项等关键环节的安全管理状况；

b） 针对信息系统设计实施阶段的安全管理评估，主要从策略和制度管理、机构和人员管理、风险管理、环境和资源管理、安全机制保障管理、业务连续性管理、监督和检查管理、建设过程管理等方面，评价信息系统的系统安全设计、系统采购控制、系统开发控制、管理措施制定、集成及配置管理、测试及验收管理等关键环节的安全管理状况；

c） 针对信息系统运行维护阶段的安全管理评估，主要从策略和制度管理、机构和人员管理、风险管理、环境和资源管理、日常运维管理、业务连续性管理、监督和检查管理等方面，评价信息系统的运行操作、系统维护、安全监控、业务连续性、变更控制、外包、安全检查、持续改进等关键环节的安全管理状况；

d） 针对信息系统终止处置阶段的安全管理评估，主要从策略和制度管理、机构和人员管理、风险

1） 应用系统管理人员主要负责应用系统用户账户、权限管理，以及应用系统其他日常运行维护；与一般信息技术人员不同，应用系统管理人员应熟悉应用系统所支持的业务流程和业务管理。

管理、环境和资源管理、监督和检查管理、终止处置过程管理等方面，评价信息系统的系统终止审批、信息转移及清除、设备迁移或废弃、存储介质清除或销毁等关键环节的安全管理状况。

也可以是针对系统故障或安全事件的评估、针对组织机构变动或系统变更的评估，或定期进行的信息系统安全管理评估。

#### 5.2.1.2 具体评估目标的提出

不同评估工作模式的具体评估目标的提出，要求如下：

a) 检查评估的具体评估目标，由被评估信息系统所有者的上级主管部门、业务主管部门或国家相关监管部门(评估发起部门)提出；

b) 自评估的具体评估目标，由信息系统所属组织机构领导提出，可听取自评估实施团队的意见；

c) 第三方评估的具体评估目标，由信息系统所属单位(委托方)领导提出，受委托的第三方评估机构的实施团队应充分理解委托方提出的评估目标，必要时可提出建议。

### 5.2.2 评估范围

信息系统安全管理评估的一般评估范围，可以是与全部业务处理相关的信息系统，也可以是某个特定业务处理的信息系统。针对某一次评估，应根据具体评估目标，确定评估的具体范围，并形成相关文档。不同评估工作模式的具体评估范围的确定，要求如下：

a) 检查评估的具体评估范围，由被评估信息系统所有者的上级主管部门、业务主管部门或国家相关监管部门(评估发起单位)确定；

b) 自评估的具体评估范围，由信息系统所属组织机构的领导确定，可听取自评估实施团队的意见；

c) 第三方评估的具体评估范围，由信息系统所属组织机构(委托方)的领导确定，受委托的第三方评估机构的实施团队应充分理解委托方确定的评估范围，确认具体评估范围能够满足评估目标的要求，如不能满足应及时提出并与被评估方协商解决。

对于涉及国家秘密的信息和信息系统安全管理的评估，应按照国家有关保密管理、密码管理规定和相关测评标准执行。

### 5.2.3 评估依据

信息系统安全管理评估以 GB/T 20269—2006 的安全管理要求为主要依据，并参考业务应用对信息系统安全运行的需求，确定相关的判断依据，如：

a) 行业主管部门对信息系统的业务和安全要求；

b) 信息系统互联单位的业务和安全要求；

c) 信息系统本身的实时性或性能要求。

## 5.3 评估活动内容

### 5.3.1 评估准备及启动

#### 5.3.1.1 评估准备

评估方应通过与被评估方评估管理机构沟通从以下方面开展评估准备工作：

a) 确定评估实施团队的成员及职责等；

b) 对评估实施团队的成员进行培训；

c) 获得被评估方高级管理层对评估的支持；

d) 确定评估的系统范围和管理界限；

e) 确定评估的具体判断依据(见5.2.3);

f) 协商选择被评估方的参与人员;

g) 协调解决评估所需的后勤保障工作;

h) 协商确定评估工作计划和时间进度安排;

i) 取得以下阶段性成果及文档:

——被评估方高级管理层对评估工作支持的决议、批示或表态;

——评估实施团队成员名单;

——对评估实施团队的成员进行信息安全评估方法的培训;

——实施信息安全评估的工作范围;

——被评估方参与人员名单,包括涉及的高级管理层、执行管理层、信息技术和信息安全人员、业务应用人员等;

——评估的详细计划,包括工作内容、工作形式、工作成果等内容,以及实施的时间进度安排;

——参与人员应了解在评估工作中的岗位责任。

#### 5.3.1.2 评估工作需获得的支持

通过评估准备应从以下方面获得对评估工作的支持:

a) 评估工作应得到被评估方最高管理者的批准同意;

b) 评估实施团队应将评估的过程、存在的风险、花费的时间和人员的使用情况等告知被评估方主管评估的领导;

c) 从以下方面得到被评估方主管评估的领导的明确支持:

——对评估工作持续支持的明确表示;

——明确激励员工参与的措施;

——完成所有评估工作需要的职责和授权;

——承诺提供评估所需的资源;

——参加评估结果和改进建议的审核。

#### 5.3.1.3 评估启动

在评估准备工作完成的基础上,召开评估启动会,向与会被评估方领导及所有参与者进行工作简介,并宣布评估工作启动。

### 5.3.2 确定信息系统资产及安全需求

#### 5.3.2.1 对高级管理层的访谈调查

对高级管理层有关信息系统资产及安全需求的访谈调查,要求做到:

a) 确定高级管理层识别的信息系统基本情况,信息系统资产及其优先顺序,记录在资产调查表(见6.2.1.1);

b) 确定高级管理层认识到信息系统面临的威胁,对信息系统安全的关注范围,记录在关注范围调查表(见6.2.1.2);

c) 确定高级管理层认为最关键资产及其管理的安全需求,记录在安全需求调查表(见6.2.1.3);

d) 应取得以下阶段性成果及文档:

——按优先级排列的高级管理层识别的资产;

——高级管理层关注的范围;

——高级管理层认为最关键资产及其管理的安全需求;

——高级管理层的访谈记录。

#### 5.3.2.2 对执行管理层的访谈调查

对执行管理层有关信息系统资产及安全需求的访谈调查，要求做到：

a) 确定执行管理层识别的信息系统基本情况，信息系统资产及其优先顺序，记录在资产调查表；

b) 确定执行管理层认识到信息系统面临的威胁，对信息系统安全的关注范围，记录在关注范围调查表；

c) 确定执行管理层认为最关键资产及其管理的安全需求，记录在安全需求调查表；

d) 应取得以下阶段性成果及文档：

——按优先级排列的执行管理层识别的资产；

——执行管理层关注的范围；

——执行管理层认为最关键资产及其管理的安全需求；

——执行管理层的访谈记录。

#### 5.3.2.3 对信息技术和信息安全人员的访谈调查

对信息技术和信息安全人员有关信息系统资产及安全需求的访谈调查，要求做到：

a) 确定信息技术和信息安全人员识别的信息系统基本情况，信息系统资产及其优先顺序，记录在资产调查表；

b) 确定信息技术和信息安全人员认识到信息系统面临的威胁，对信息系统安全的关注范围，记录在关注范围调查表；

c) 确定信息技术和信息安全人员认为最关键资产及其管理的安全需求，记录在安全需求调查表；

d) 应取得以下阶段性成果及文档：

——按优先级排列的信息技术和信息安全人员识别的资产；

——信息技术和信息安全人员关注的范围；

——信息技术和信息安全人员认为最关键资产及其管理的安全需求；

——信息技术和信息安全人员的访谈记录。

#### 5.3.2.4 对业务应用人员的访谈调查

对业务应用人员有关信息系统资产及安全需求的访谈调查，要求做到：

a) 确定业务应用人员识别的信息系统基本情况，信息系统资产及其优先顺序，记录在资产调查表；

b) 确定业务应用人员认识到信息系统面临的威胁，对信息系统安全的关注范围，记录在关注范围调查表；

c) 确定业务应用人员认为最关键资产及其管理的安全需求，记录在安全需求调查表；

d) 应取得以下阶段性成果及文档：

——按优先级排列的业务应用人员识别的资产；

——业务应用人员关注的范围；

——业务应用人员认为最关键资产及其管理的安全需求；

——业务应用人员的访谈记录。

#### 5.3.2.5 对信息系统资产及安全需求的确定

对信息系统资产及安全需求的确定，要求做到：

a) 汇总归纳访谈调查得到的信息系统的基本描述、资产调查表、关注范围调查表和安全需求调查表；

b） 按照支撑业务或岗位的重要程度为资产、安全需求、关注范围等分组；

c） 选择并确定信息系统关键资产及其管理的安全需求；

d） 标注信息系统资产表中的资产面临的威胁及关注范围；

e） 应取得以下阶段性成果及文档：

——信息系统的基本描述；

——资产、安全需求、关注范围分类；

——关键资产及其管理的安全需求；

——关键资产的关注范围。

#### 5.3.2.6 对关键环节和核心部位的确定

根据信息系统资产及安全需求，对信息系统安全管理的关键环节和核心部位的确定，要求做到：

a） 确定待审核的信息系统安全策略和管理制度文档；

b） 确定待检查的信息系统物理环境和工作记录；

c） 确定待检测的信息系统核心部位及关键组件；

d） 确定待核查的信息系统安全管理关键环节；

e） 应取得以下阶段性成果及文档：

——信息系统安全策略和管理制度文档的范围和审核方法；

——信息系统物理环境及工作记录的范围和检查方法；

——信息系统核心部位及关键组件的范围和测评结果收集方法；

——信息系统安全管理关键环节的范围和核查方法。

### 5.3.3 确定信息系统安全管理现状

#### 5.3.3.1 对高级管理层的访谈调查

使用相应的访谈问卷（见 6.2.2），对高级管理层有关信息系统安全管理现状的访谈调查，应做到：

a） 确定高级管理层识别的信息系统安全策略及其优先顺序，与业务需求的一致性；

b） 确定高级管理层认为已实施的信息系统安全保护措施和管理制度以及执行情况，记录在保护措施调查表（见 6.2.1.4）；

c） 确定高级管理层认为信息系统安全管理机构和相关人员的职责要求以及执行情况；

d） 确定高级管理层对现行安全策略和安全管理存在不足的了解程度，包括发生过的安全事件；

e） 应取得以下阶段性成果及文档：

——按优先级排列的高级管理层认为的信息系统安全策略；

——高级管理层认为已实施的信息系统安全保护措施和管理制度以及执行情况；

——高级管理层认为信息系统安全管理机构和相关人员的职责要求以及执行情况；

——高级管理层对现行安全策略和安全管理存在不足的了解程度，以及与安全管理要求存在的差距，包括发生过的安全事件；

——高级管理层的访谈记录、保护措施调查表。

#### 5.3.3.2 对执行管理层的访谈调查

使用相应的访谈问卷，对执行管理层有关信息系统安全管理现状的访谈调查，应做到：

a） 确定执行管理层认为的信息系统安全策略及其优先顺序，与业务需求的一致性；

b） 确定执行管理层认为已实施的信息系统安全保护措施和管理制度以及执行情况，记录在保护措施调查表；

c) 确定执行管理层认为信息系统安全管理机构和相关人员的职责要求及其执行情况；

d) 确定执行管理层对信息系统规划立项、设计实施、运行维护、终止处置的安全管理要求和实践措施；

e) 确定执行管理层对现行安全策略和安全管理存在不足的了解程度，包括发生过的安全事件；

f) 应取得以下阶段性成果及文档：

——按优先级排列的执行管理层识别的信息系统安全策略；

——执行管理层认为已实施的信息系统安全保护措施和管理制度以及执行情况；

——执行管理层认为信息系统安全管理机构和相关人员的职责要求以及执行情况；

——执行管理层对信息系统规划立项、设计实施、运行维护、终止处置的安全管理要求和实践措施；

——执行管理层对现行安全策略和安全管理存在不足的了解程度，以及与安全管理要求存在的差距，包括发生过的安全事件；

——执行管理层的访谈记录、保护措施调查表。

#### 5.3.3.3 对信息技术和信息安全人员的访谈调查

使用相应的访谈问卷，对信息技术人员和信息安全人员有关信息系统安全管理现状的访谈调查，应做到：

a) 确定信息技术和信息安全人员认为的信息系统安全策略及其优先顺序，与业务需求的一致性；

b) 确定信息技术和信息安全人员认为已实施的信息系统安全保护措施和管理制度以及执行情况，记录在保护措施调查表；

c) 确定信息技术和信息安全人员认为的信息系统安全管理机构和相关人员(包括被访谈人)的职责要求，以及执行情况；

d) 确定信息技术和信息安全人员认为的信息系统规划立项、设计实施、运行维护、终止处置的安全管理要求和实践措施；

e) 确定信息技术和信息安全人员对现行安全策略和安全管理存在不足的了解程度，包括发生过的安全事件；

f) 应取得以下阶段性成果及文档：

——按优先级排列的信息技术和信息安全人员识别的信息系统安全策略；

——信息技术和信息安全人员认为已实施的信息系统安全保护措施和管理制度以及执行情况；

——信息技术和信息安全人员认为信息系统安全管理机构和相关人员的职责要求以及执行情况；

——信息技术和信息安全人员对信息系统规划立项、设计实施、运行维护、终止处置的安全管理要求和实践措施；

——信息技术和信息安全人员对现行安全策略和安全管理存在不足的了解程度，以及与安全管理要求存在的差距，包括发生过的安全事件；

——信息技术和信息安全人员的访谈记录、保护措施调查表。

#### 5.3.3.4 对业务应用人员的访谈调查

使用相应的访谈问卷，对业务应用人员有关信息系统安全管理现状的访谈调查，应做到：

a) 确定业务应用人员认为的信息系统安全策略及其优先顺序，与业务需求的一致性；

b) 确定业务应用人员认为已实施的信息系统安全保护措施和管理制度以及执行情况，记录在保护措施调查表；

c) 确定业务应用人员认为的信息系统安全管理机构和相关人员(包括被访谈人)的职责要求，以及执行情况；

d) 确定业务应用人员认为的信息系统规划立项、设计实施、运行维护、终止处置的安全管理要求和实践措施；

e) 确定业务应用人员对现行安全策略和安全管理存在不足的了解程度，包括发生过的安全事件；

f) 应取得以下阶段性成果及文档：

——按优先级排列的业务应用人员识别的信息系统安全策略；

——业务应用人员认为已实施的信息系统安全保护措施和管理制度以及执行情况；

——业务应用人员认为信息系统安全管理机构和相关人员的职责要求以及执行情况；

——业务应用人员对信息系统规划立项、设计实施、运行维护、终止处置的安全管理要求和实践措施；

——业务应用人员对现行安全策略和安全管理存在不足的了解程度，以及与安全管理要求存在的差距，包括发生过的安全事件；

——业务应用人员的访谈记录、保护措施调查表。

#### 5.3.3.5 对安全策略制度文档的符合性检查

按照5.3.2.6确定的安全策略制度文档范围进行符合性检查，必要时可根据访谈调查结果调整检查范围，应做到：

a) 对确定的安全策略及管理制度文档、操作规程等使用文档检查表(见6.2.3.1)逐一进行审查；

b) 对信息系统安全策略及管理制度文档体系框架的总体分析；

c) 对信息系统安全策略及制度文档的内容和结构进行逐一评价；

d) 应取得以下阶段性成果及文档：

——信息系统安全策略及制度文档审查原始材料；

——信息系统安全策略及制度文档体系和内容结构存在问题的描述；

——实施自评估时，应提供信息系统安全策略及制度文档体系和内容结构的改进建议(概述)。

#### 5.3.3.6 对关键环节安全管理的有效性验证

按照5.3.2.6确定的信息系统物理环境和工作记录范围，以及访谈调查中确认已采取的安全保护措施进行有效性验证，必要时可根据访谈调查结果调整验证范围，应做到：

a) 对信息系统设计中采取的安全机制、贯彻总体安全策略，是否存在缺失或不当问题按照现场检查表(见6.2.3.2)进行检查；

b) 对信息系统的物理环境(如机房、办公场地、网络通讯线路、供电等)按照现场检查表进行检查；

c) 对信息系统的工作记录(如运行日志、安全配置记录、数据备份记录、变更记录、用户及权限审批记录、设备维修记录、人员培训记录等)按照现场检查表进行检查；

d) 对信息系统发生的安全事件报告记录、应急响应处置记录、应急响应演练记录按照现场检查表进行检查；

e) 对信息系统运行中产生的安全状态监视信息记录、安全审计信息记录按照现场检查表进行检查；

f) 对访谈调查中确认已采取的安全保护措施的执行情况按照现场检查表进行检查；

g) 对各类现场检查表进行汇总归纳，分析和评价信息系统安全策略、管理制度、保护措施的有效性，形成信息系统安全管理有效性验证结果文档；

h) 应取得以下阶段性成果及文档：

——信息系统各种现场检查表记录；

——信息系统安全管理有效性验证结果文档；

——信息系统安全管理有效性存在问题的描述；

——实施自评估时，应提供信息系统安全管理有效性存在问题的改进建议（概述）。

#### 5.3.3.7 收集被选组件的技术检测结果[2)]

按照 5.3.2.6 确定待检测的核心部位及关键组件的范围，收集技术检测结果，必要时可根据访谈调查结果调整收集范围，应做到：

a) 收集近期的信息系统技术性检测结果中有关被选关键组件的脆弱性评估材料；

b) 收集信息系统安全技术保障总体结构设计及现状材料；

c) 对信息系统技术脆弱性和总体结构进行审核；

d) 对于无法收集且直接影响评估结论的技术检测结果，必要时可进行相应的技术检测，否则应在产生评估结论时予以说明；

e) 应取得以下阶段性成果及文档：

——信息系统技术脆弱性测试原始材料；

——信息系统技术脆弱性问题的描述；

——实施自评估时，应提供信息系统安全技术脆弱性问题的改进建议（概述）。

#### 5.3.3.8 编制信息系统安全管理现状明细表

编制信息系统安全管理现状明细表，应做到：

a) 按照信息系统规划立项、设计实施、运行维护、终止处置不同阶段分别归纳安全管理现状；

b) 按照信息系统的政策和制度、机构和人员管理、风险管理、环境和资源管理、规划和立项管理、建设过程管理、运行和维护管理、系统终止管理、业务连续性管理、监督和检查管理等方面对安全管理现状进行描述；

c) 按照信息系统安全管理要求逐一对现状描述，给出与安全管理要求之间的差距分析意见，并提供相应的证据材料及来源；

d) 按照信息系统安全管理要求逐一对现状描述时，应吸收对应的访谈调查、符合性检查、有效性验证和技术检测结果并作为证据材料，进一步给出差距分析意见；

e) 实施自评估时，应根据与安全管理要求之间的差距分析，提出针对单项的初步改进意见；

f) 应取得以下阶段性成果及文档：

——所有访谈调查材料的汇编及说明；

——信息系统安全管理现状明细表；

g) 信息系统安全管理现状明细表，包括以下信息：

——评估要求的信息系统安全保护等级的说明；

——评估要求的信息系统生存周期不同阶段的说明；

——信息系统安全管理评估内容分类、评估项、评估内容条目；

——按照评估项及评估内容条目对安全管理现状的描述、差距分析意见、证据材料说明；

——实施自评估时，应针对单项的初步改进建议。

---

2) 由于独立的信息系统安全管理评估一般不进行技术检测，故采用“收集”技术性检测结果的办法，对管理评估分析依据的来源进行补充，以丰富和完善管理评估结论的例证。

#### 5.3.3.9 关键管理环节的安全核查

在信息系统安全管理现状明细表的基础上，按照 5.3.2.6 确定的信息系统安全管理关键环节范围进行安全核查，必要时可根据访谈调查结果调整关键环节范围，应做到：

a） 对确定的信息系统安全管理环节使用安全管理核查表（见 6.2.3.3）逐一进行核查；

b） 对安全管理核查表的每一项均应给出符合、基本符合、不符合的结论；

c） 对安全管理核查表的每一项结论，均应注明证据；

d） 对确定安全管理核查表的每一项结论时，出现与安全管理现状明细表或其他材料不一致时，应进行必要的复查；

e） 应取得以下阶段性成果及文档：

——信息系统安全管理核查表；

——信息系统安全管理核查依据和原始材料说明；

——实施自评估时，应提供信息系统安全管理基本符合、不符合项的改进建议（概述）。

### 5.3.4 确定信息系统安全管理评估结论

#### 5.3.4.1 安全管理评估结论要求

信息系统安全管理评估结论，应做到：

a） 以信息系统安全管理现状明细表、信息系统安全管理核查表结果材料为评估分析依据；

b） 以信息系统安全管理评估中访谈调查、符合性检查、有效性验证、技术检测等结果材料为评估分析的原始证据；

c） 确定信息系统安全管理关键环节、信息系统核心部位及关键组件对信息系统安全管理的影响的加权方法及条件（见 6.3.2）；

d） 确定信息系统安全管理的各个评估项评价的度量方法及条件；

e） 汇集各方面分析结果，进行综合评估，得出结论性意见；

f） 应取得以下阶段性成果及文档：

——信息系统安全管理评估分析依据材料及清单；

——信息系统安全管理评估分析证据材料及清单；

——信息系统关键资产及其管理所受威胁的影响；

——信息系统安全管理评估分析有关加权方法、度量方法及条件的说明（见 6.3.2）；

——信息系统安全管理评估的结论性意见。

#### 5.3.4.2 编制信息系统安全管理评估报告

编制信息系统安全管理评估报告应做到：

a） 编制信息系统安全管理评估报告文档；

b） 确定需提交的评估成果文件清单；

c） 整合需提交的评估成果文件；

d） 应取得以下最终成果文件：

——信息系统安全管理评估报告；

——评估成果文件清单，包括需提交的阶段性成果文档或材料；

——信息系统安全管理现状明细表、信息系统安全管理核查表；

——信息系统安全管理评估中访谈调查、符合性检查、有效性验证、技术检测等结果材料；

——实施自评估时，应提供信息系统安全管理改进建议稿。

#### 5.3.4.3 信息系统安全管理改进建议

实施自评估时，信息系统安全管理改进建议稿应包括：

a) 信息系统已有的安全管理措施和存在的差距；

b) 信息系统安全管理现状明细表、信息系统安全管理核查表中针对单项的改进建议；

c) 信息系统拥有、运营或使用单位应采取的信息安全管理改进建议，并作为阶段性成果文档提供信息系统的安全管理改进建议稿。

### 5.3.5 评估结束及后续安排

#### 5.3.5.1 评估结束

评估团队与被评估方配合，在评估结束时应完成以下工作：

a) 评估方与被评估方关于评估成果及报告的沟通和交换意见；

b) 评估报告及评估验收会议，要求评估实施团队、评估管理机构及有关领导、被评估方的信息部门和业务部门代表参加，必要时可邀请有关专家参与评审；

c) 对检查评估的总结，确认评估结果；

d) 通过自评估的评审，确认评估结果和整改建议内容；

e) 通过第三方评估的验收，确认评估结果，并依据评估发起时的委托要求确定是否需要确认整改建议内容；

f) 提交评估结果文件及有关材料；

g) 应取得以下工作成果及文档：

——评估报告及评估验收会议纪要；

——经评估团队与被评估方签署的评估总结、评审或验收的结论性文件；

——评估结果文件及有关材料，包括评估报告及全部文档资料；

——实施自评估时，应包括信息系统的安全整改建议及计划，及其形成的任务(项目)清单。

#### 5.3.5.2 后续安排

在评估结束以后，被评估方的评估管理机构应依据评估报告，给出的信息系统安全保护策略以及风险缓解计划、整改建议措施清单(实施自评估时已提供)，并以此形成的任务清单，考虑本次评估的后续安排，要求如下：

a) 明确具体部门(如信息部门或信息安全部门)参与实施信息系统的安全风险缓解和整改建议计划，及其形成的任务(项目)；

b) 确定实施信息系统的安全风险缓解和整改建议计划的时间安排和任务分配，包括评估后一周内、一月内、一个季度内的具体安排；

c) 对于近期内不能完成的任务，应采取应急措施避免造成损失；

d) 确定对信息系统的安全风险缓解和整改建议计划的实施情况进行监控的措施；

e) 应注意及时发现在整改过程中产生新风险或已知风险发生的新变化，以及进行持续的评估和改进的计划；

f) 应取得工作成果，要求如下：

——信息系统的安全管理改进建议计划实施的具体安排；

——信息系统的安全管理改进建议计划实施的监督措施；

——对于近期内不能完成的任务所采取的应急措施；

——信息系统安全的持续评估和改进计划。

# 6　安全管理评估的方法、工具和实施

## 6.1　评估方法

### 6.1.1　访谈调查

#### 6.1.1.1　访谈调查主要对象

访谈调查的主要对象一般可包括：

a)　高级管理层；

b)　执行管理层；

c)　信息技术和信息安全人员；

d)　业务应用人员。

#### 6.1.1.2　访谈调查方法

访谈调查方法可包括：

a)　访谈调查前，应准备访谈问卷，并与访谈对象进行必要的沟通；

b)　初步访谈：用于收集信息安全管理体系的一般信息，策划后续各种访谈战略；

c)　实例收集访谈：用于根据安全管理体系特定要求，针对特定对象的访谈，注意收集实例；

d)　后续深入访谈：在对实例收集访谈收集到的信息进行分析并发现问题后进行，目的是寻找解决问题的答案；

e)　结案性访谈：在评估工作结束前，通过与被评估单位的讨论，保证评估结论、评估发现、建议的正确性。

访谈调查中根据评估的具体情况，选用适当的方法。

#### 6.1.1.3　访谈调查质量控制

对访谈调查的质量，应从访谈对象的广度和访谈内容的深度进行控制。根据不同安全等级的不同要求，访谈调查的质量控制分为：

a)　第一级信息系统访谈调查质量控制要求如下：

——访谈对象以执行管理层为主；

——进行一般性访谈，内容可简要，对安全管理规范、安全管理机制以及安全管理工作相关的基本情况有一个广泛、大致了解。

b)　第二级信息系统访谈调查质量控制要求如下：

——访谈对象以执行管理层、信息技术和信息安全人员为主，必要时可选择业务应用人员、高级管理层及其他相关人员；

——进行重点访谈，内容应充分，对安全管理规范、安全管理机制以及安全管理工作相关的具体情况有较深入了解。

c)　第三级信息系统访谈调查质量控制要求如下：

——访谈对象以执行管理层、信息技术和信息安全人员、业务应用人员为主，并选择高级管理层及其他相关人员；

——进行较全面访谈，内容应覆盖各方面；对安全管理规范、安全管理机制以及安全管理工作的具体情况有全面了解。

d)　第四级信息系统访谈调查质量控制要求如下：

——访谈对象以执行管理层、信息技术和信息安全人员、业务应用人员为主，并选择高级管理层及其他相关人员；

——进行全面访谈，内容应覆盖各方面；对安全管理体系相关的具体方面进行研究性或探究性讨论，力求准确、全面掌握安全管理要求落实情况细节。

e) 第五级信息系统访谈调查质量控制要求如下：

——访谈对象以执行管理层、信息技术和信息安全人员、业务应用人员为主，并选择高级管理层、保密部门及其他相关人员；

——进行全面深入访谈，内容应覆盖各方面，或设定专项内容；对安全管理体系的具体方面进行研究性或探究性讨论，应准确、全面掌握安全管理要求落实情况细节。

### 6.1.2 符合性检查[3)]

#### 6.1.2.1 符合性检查主要对象

符合性检查的主要对象包括：

a) 信息安全方针、政策、计划、规程、系统要求文档；

b) 系统设计和接口规格文档；

c) 系统操作、使用、管理及各类日志管理的相关规定；

d) 备份操作、安全应急处置和复审，以及意外防范计划演练的相关文档；

e) 安全配置设定的有关文档；

f) 技术手册和用户指南、管理员指南；

g) 其他需要进行符合性检查的内容。

#### 6.1.2.2 符合性检查方法

符合性检查可采用以下方法：

a) 明确提出需检查的文档清单；

b) 依据文档检查表对文档逐一检查，并填写文档检查表相关科目内容；

c) 对文档的格式检查，包括对文档的名称、发布日期、发布者、编号以及文本样式的规范化，以及同类文档的一致性进行评价；

d) 对文档的内容检查，根据与被检查文档相关的安全管理标准和被评估单位的安全管理要求，检查文档中是否包含了相关的安全管理要素，是否存在缺失或多余的内容，对文档的内容完整性和必要性进行评价；

e) 必要时，对文档相关的信息系统安全管理环节的一致性，以及相关材料(如记录、日志、报告、检验/评估/审计结果等)进行评价；

f) 归纳汇总并进行分析，形成结果文档。

#### 6.1.2.3 符合性检查质量控制

对符合性检查的质量，应从检查对象的广度和检查内容的深度进行控制。根据不同安全等级的不同要求，符合性检查的质量控制分为：

a) 第一级信息系统符合性检查质量控制要求如下：

——对符合性检查的对象的种类和数量上抽样，种类和数量都较少；

——进行一般检查，利用有限证据或文件对安全管理控制进行概要的高层次检查、观察或核查，这类检查通常是利用规范、机制或活动的功能层面描述进行的。

b) 第二级信息系统符合性检查质量控制要求如下：

---

3) 本标准中符合性检查主要用于相关文档的检查。

——对符合性检查的对象的种类和数量上抽样，种类和数量都较多；

——进行重点检查，利用大量证据或文件对安全管理控制进行详细分析检查，这类检查通常是利用规范、机制、活动的功能层面描述或者高层次设计信息进行的。

c) 第三级信息系统符合性检查质量控制要求如下：

——对符合性检查的对象的种类和数量上抽样，基本覆盖；

——进行较全面检查，在重点检查的基础上，对主要安全管理控制措施实施的相关信息进行检查。

d) 第四级信息系统符合性检查质量控制要求如下：

——对符合性检查的对象应逐项进行检查；

——进行全面检查：在重点检查的基础上，对各项安全管理控制措施实施的相关信息进行检查。

e) 第五级信息系统符合性检查质量控制要求如下：

——对符合性检查的对象应逐项检查，或设定专项内容。

——进行全面深入检查：在重点检查的基础上，对各项安全管理控制措施实施的相关信息进行检查，对设定专项内容进行专门检查。

### 6.1.3 有效性验证[4)]

#### 6.1.3.1 有效性验证主要对象

有效性验证的对象主要是安全管理机制，具体对象是：

a) 针对信息系统总体安全策略，以及信息系统设计实施中采取的安全保护措施，信息系统运行维护中执行的安全管理措施，验证其是否充分必要；

b) 针对信息系统物理环境，包括信息系统开发和运行的物理环境安全状况，物理访问控制的功能验证；

c) 针对信息系统运行维护，日常各种工作记录中反映的实际管理状况，安全配置设定的功能验证，访问控制、身份鉴别等实际控制能力的验证；

d) 针对信息系统业务连续性，包括安全事件和应急响应记录中反映的实际管理状况，事件响应和意外防范能力的验证，信息系统备份操作的功能验证；

e) 针对信息系统监视和审计，包括系统状态监视及安全审计信息记录中反映的实际管理状况，系统监视功能及安全审计能力的验证；

f) 针对被评估方认为已有的信息系统安全保护措施，验证其实际落实、执行以及效果状况。

#### 6.1.3.2 有效性验证方法

针对被评估信息系统确立的安全管理目标，通过对管理活动的实际考查，检验证明安全管理机制的有效性。有效性验证方法及评价主要包括：

a) 确定有效性验证的主要对象，并按照信息系统设计、物理环境、工作记录、安全事件应急响应、安全监视及审计、已有保护措施执行等方面分类列出清单；

b) 编制用于本次评估的有效性验证的各类现场检查表(见6.2.3.2)，并填写各个有效性验证对象的相关安全要求及管理目标等科目；

c) 依据现场检查表分别对有效性验证的各类主要对象进行检验，通过观察和判断，适当时结合测试等辅助手段所进行的综合性的评价，并填写现场检查表相关科目内容；

---

4) 本标准中有效性验证，主要是指对信息系统安全管理机制的一种基于业务性能的可用性，以及完成其策划的活动和达到策划结果的程度的检验证明。

d) 归纳汇总并进行分析，形成结果文档。

#### 6.1.3.3 有效性验证质量控制

对有效性验证的质量，应从验证对象的广度和验证内容的深度进行控制。根据不同安全等级的不同要求，有效性验证的质量控制分为：

a) 第一级信息系统有效性验证质量控制要求如下：
——必要时可进行简要验证，以验证信息系统安全管理体系相关文件材料的完整性和可操作性为主，对贯彻实施的情况有初步的了解；
——对有效性验证的对象以验证管理控制措施为主。

b) 第二级信息系统有效性验证质量控制要求如下：
——应进行简要验证，以验证信息系统安全管理体系相关文件材料的完整性和可操作性为主，对贯彻实施的情况有基本的了解；
——对有效性验证的对象以验证管理控制措施为主，兼顾其他方面。

c) 第三级信息系统有效性验证质量控制要求如下：
——应进行充分验证，在简要验证的基础上，以验证信息系统安全管理体系相关文件得到贯彻实施为主，对贯彻实施的效果有充分的了解；
——对有效性验证的对象以验证管理控制措施、业务流程、运营措施、技术控制措施为主，兼顾其他方面。

d) 第四级信息系统有效性验证质量控制要求如下：
——应进行较全面验证，在充分验证的基础上，以验证贯彻实施是否取得了预期期望的结果，对贯彻实施的效果有较全面的了解；
——对有效性验证的对象以验证管理控制措施、业务流程、运营措施、技术控制措施为主，还应验证内审、外审、技术符合性等方面。

e) 第五级信息系统有效性验证质量控制要求如下：
——应进行全面验证，或设定专项验证，以验证贯彻实施是否取得了预期期望的结果，对贯彻实施的效果有全面的了解；
——对有效性验证的对象以验证管理控制措施、业务流程、运营措施、技术控制措施为主，还应验证内审、外审、技术符合性等方面，对设定专项内容进行专门验证。

### 6.1.4 技术检测

#### 6.1.4.1 技术检测主要内容

独立的安全管理评估一般不进行技术检测，通常只是收集有关技术监测的结果作为管理评估分析的补充依据。

技术检测主要内容是与安全管理有关的审计信息和检测、监控信息，包括：

a) 信息系统的各种审计信息，如操作系统、数据库管理系统、应用系统、网络设备、安全专用设备以及终端设备等生成的安全审计信息；

b) 信息系统的各种安全检测、监控信息，包括独立检测、监控设备和集中管控的监测、监控设备所收集的信息；

c) 信息系统的物理环境的有关的安全检测、监控信息，如门禁系统、机房屏蔽系统、温湿度控制系统、供电系统、接地系统、防雷系统等收集的安全检测、监控信息；

d) 信息系统安全性检测的结果，包括针对操作系统、数据库管理系统、网络系统、应用系统、硬件系统进行的安全性检测获得的人工检查、工具扫描、应用分析、硬件检测、渗透测试等结果信息；

e) 其他涉及信息系统安全管理方面的检测、监控信息。

#### 6.1.4.2 技术检测方法

安全管理技术检测的方法包括：

a) 以对安全管理的有关信息的分析为依据，对安全策略、操作规程和规章制度的符合性、一致性程度逐一进行评价；

b) 安全性检测，主要采取以下手段：
——人工检查：以管理员身份评估文件许可、文件宿主、网络服务设置、安全策略配置、账户设置、程序真实性以及一般的与用户相关的安全点、入侵迹象等，发现存在的安全隐患；
——工具扫描：通过工具扫描，发现与鉴别、授权、访问控制和系统完整性设置等相关的安全脆弱性；
——应用分析：通过对所开发的应用系统进行系统运行的安全性检测分析，发现与鉴别、授权、访问控制和系统完整性设置等相关的安全脆弱性；
——硬件检测：通过对支持系统运行的硬件系统进行安全性检测，发现与系统运行和数据保护有关的特定安全脆弱性，如电磁泄漏发射和电磁干扰等；
——渗透测试：通过专业技术攻击检测，检查信息系统存在的缺陷和漏洞。

c) 安全管理技术检测分为：
——基本的技术检测：指被测试对象抽样种类和数量都选择较少的样本，覆盖范围小；以人工检查、工具扫描手段为主；
——充分的技术检测：指被测试对象抽样种类和数量都选择较多的样本，覆盖范围大；以人工检查、工具扫描、渗透测试手段为主，必要时可进行应用分析；
——全面的技术检测：指被测试对象抽样种类和数量都选择很多的样本，达到基本覆盖；以人工检查、工具扫描、渗透测试手段为主，并可进行应用分析、硬件检测。

d) 安全管理技术检测的过程，包括搜集素材、加工整理、综合评价、把握主题，以及形成报告等。

#### 6.1.4.3 技术检测质量控制

对安全技术检测的质量，应从检测的广度和深度进行控制。根据不同安全等级的不同要求，安全技术检测的质量控制分为：

a) 第一级信息系统安全技术检测质量控制，要求如下：
——可进行基本的安全技术检测，通过对规章制度的符合性进行典型分析，了解安全管理实施的基本情况；
——以操作系统、数据库管理系统的日志信息为基本依据，进行技术检测；
——可通过对特定时段的日志信息的分析进行安全技术检测；
——可收集系统中重要部位的安全技术检测结果，为安全机制管理的验证和评价提供支持。

b) 第二级信息系统安全技术检测质量控制，要求如下：
——应进行必要的安全技术检测，通过对操作规程和规章制度的符合性进行分析，了解安全管理实施的主要情况；
——应以操作系统、数据库管理系统、应用系统、网络设备、安全专用设备等的审计信息为主要依据进行技术检测；
——应通过对特定时段的监测信息的分析进行检测验证；
——应收集系统中重要部位的安全技术检测结果，为进行安全机制管理的验证和评价提供支持。

c) 第三级信息系统安全技术检测质量控制，要求如下：

——应进行充分的安全技术检测，通过对安全策略、操作规程和规章制度的符合性进行综合性分析，充分了解安全管理实施的效果；

——应以操作系统、数据库管理系统、应用系统、网络设备、安全专用设备等的审计信息，信息系统的部分安全监测、监控信息，以及部分物理环境的安全监测、监控信息为依据，通过对这些信息的分析进行技术检测；

——应通过对较长的特定时段的监测信息的分析进行检测验证；

——应较全面收集系统中的安全技术检测结果，为安全机制管理的验证和评价提供支持。

d) 第四级信息系统安全技术检测质量控制，要求如下：

——应进行全面的安全技术检测，通过对安全策略、操作规程和规章制度的符合性、一致性进行综合性分析，验证安全管理实施是否取得了预期的结果，较全面的了解安全管理实施的效果；

——应以操作系统、数据库管理系统、应用系统、网络设备、安全专用设备、端设备等的审计信息，信息系统的各种安全监测、监控信息，以及物理环境的安全监测、监控信息为依据，通过对这些信息的分析进行较全面的安全技术检测；

——应通过对较长时段的连续监测信息的分析进行检测验证；

——应全面收集系统中的安全技术检测结果，为安全机制管理的验证和评价提供支持。

e) 第五级信息系统安全技术检测质量控制，要求如下：

——应进行全面系统的安全技术检测，通过对安全策略、操作规程和规章制度的符合性、一致性进行全面系统的综合性分析，以及对设定专项进行专题分析，验证安全管理实施是否取得了预期的结果，全面了解安全管理实施的效果；

——应以操作系统、数据库管理系统、网络设备系统、应用系统、安全专用设备、端设备等的审计信息，信息系统的各种安全监测、监控信息，以及物理环境的安全监测、监控信息为依据，通过对这些信息的分析进行全面系统的安全技术检测；

——应通过对长期的连续监测信息的分析进行安全技术检测；

——应全面系统地收集系统中的安全技术检测结果，为安全机制管理的验证和评价提供支持。

## 6.2 评估工具

### 6.2.1 调查表

#### 6.2.1.1 资产调查表

资产调查表用于调查信息系统的资产，并针对高级管理层、执行管理层、信息技术和信息安全人员、业务应用人员对信息系统资产的认识进行调查。

资产调查表应首先调查被评估信息系统的基本情况，包括信息化现状概述，管理方法，信息系统列表，每个信息系统的概述，每个信息系统的边界，每个信息系统的设备部署，每个信息系统支撑的业务应用，信息系统列表、安全保护等级以及保护要求组合，其他内容等。

资产调查表应主要调查被评估信息系统的关键资产、重要资产和其他资产。被调查资产的粒度可控制在单个业务应用系统，描述具体应用系统的主要处理流程、提供的应用服务、涉及的业务数据，以及支撑环境设备等。列为重要资产、关键资产的，应说明确定的依据。

在调查信息系统的基本情况后，资产调查表从以下方面提出问题：

a) 被调查人认为需要保护的关键资产是什么，考虑信息系统的信息、系统、网络、软件、硬件、人员等方面；

b) 被调查人认为需要保护的重要资产是什么，考虑信息系统的信息、系统、网络、软件、硬件、人员等方面；

c） 被调查人认为需要保护的其他资产是什么，考虑信息系统的信息、系统、网络、软件、硬件、人员等方面；

d） 被调查人选择这些关键资产、重要资产的基本原则是什么。

#### 6.2.1.2 关注范围调查表

关注范围调查表用于调查信息系统面临的威胁，并针对高级管理层、执行管理层、信息技术和信息安全人员、业务应用人员对信息系统威胁的认识进行调查，了解哪些方面会威胁信息系统的资产，以及哪些资产属于主要关注范围。

关注范围调查表从以下方面提出问题：

a） 存在哪些人的故意行为可能会造成威胁，考虑被评估方内部人员及外部人员等方面；

b） 存在哪些系统问题可能会造成威胁，考虑硬件错误、软件错误、相关系统的不可用、恶意代码（病毒、蠕虫、特洛伊木马、后门）以及其他方面；

c） 存在哪些环境问题可能会造成威胁，考虑电源供电、网络通讯不可用、机房安全、自然灾害及其他方面；

d） 上述威胁可能对信息系统造成哪些损害和影响，考虑泄露或观察敏感信息，修改重要或敏感信息，毁坏或丢失重要信息、硬件或软件，访问重要信息、软件应用程序或服务中断等方面，如果发生过相关的安全事件应进行必要的描述。

#### 6.2.1.3 安全需求调查表

安全需求调查表用于调查信息系统的安全需求，并针对高级管理层、执行管理层、信息技术和信息安全人员、业务应用人员对信息系统安全需求的认识进行调查。

安全需求调查表从以下方面提出问题：

a） 了解针对信息系统每种信息资产的安全需求，考虑保密性、完整性、可用性及其他方面，了解具体细节；

b） 每种信息资产的安全需求应达到何种保护等级，哪些安全需求最迫切。

#### 6.2.1.4 保护措施调查表

保护措施调查表用于调查信息系统的已经采取的安全保护措施，并针对高级管理层、执行管理层、信息技术和信息安全人员、业务应用人员对信息系统已有安全保护措施的认识进行调查。

保护措施调查表从以下方面提出问题：

a） 了解被调查人员愿意深入讨论调查中的哪些问题，即认识到的安全问题；

b） 了解被调查人员认为有哪些重要问题是调查中没有涉及的，需要进一步了解；

c） 了解信息系统对某种资产已经采取的安全策略、保护措施都有哪些，逐一对被调查的资产进行了解；

d） 了解被调查人员认为已经采取的安全策略、保护措施是否有效，是否发生过相关的安全事件，并说明依据。

### 6.2.2 访谈问卷

#### 6.2.2.1 访谈问卷分级分类

访谈问卷是管理评估重要的评估工具，涉及到具体的评估要点，关系到管理评估是否到位。访谈问卷根据本次评估的目的和范围，包括全部或部分信息系统生存周期的规划立项管理、设计实施管理、运行维护管理、终止处置管理等阶段评估内容。访谈问卷依据被评估信息系统的安全保护等级可分为五个等级，与信息安全保护等级相对应。

访谈问卷针对高级管理层、执行管理层、信息技术和信息安全人员、业务应用人员分为不同类型的问卷，适用于不同访谈对象。

#### 6.2.2.2 访谈问卷内容

访谈问卷针对信息系统安全管理体系各安全保护等级的要求，准备调查问卷时应做到结构清晰、系统、详细，问题的答案要求是"是/否/不确定"的选择，访谈时可记录选择的依据。

访谈问卷的内容依据本标准第7章内容确定，按照本次评估针对信息系统生存周期的具体阶段，确定各个阶段的侧重范围；按照被评估信息系统的信息安全保护等级，选择不同等级的访谈问卷内容。具体评估内容要点应根据第7章的要求，在附录A中选择对应内容。

访谈问卷针对高级管理层、执行管理层、信息技术和信息安全人员、业务应用人员不同要求，对本标准第7章内容进行剪裁和编辑形成问卷，其中：

a) 针对高级管理层的访谈问卷，至少选取策略和制度、机构和人员管理、监督和检查管理等方面；
b) 针对执行管理层的访谈问卷，一般为全部内容，根据具体情况允许对个别访谈对象的内容作出调整，但至少有一位访谈对象应访谈全部内容；
c) 针对信息技术和信息安全人员的访谈问卷，对信息安全人员的访谈应为全部内容，其他信息技术人员可依据承担的具体工作进行一定的裁剪；
d) 针对业务应用人员的访谈问卷，对应用系统管理员的访谈应为全部内容或少量剪裁，一般业务操作人员的访谈问卷至少选取策略和制度、环境和资源管理、运行和维护管理的部分内容。

### 6.2.3 检查表

#### 6.2.3.1 文档检查表

文档检查表用于对被评估对象的信息安全策略、管理制度、操作规程以及相关文档的评价。

文档检查表包括评估规定审查的文档清单及针对文档清单中每一份文档的检查表。文档清单包括评估规定审查的文档和实际收到的文档。针对文档清单中每一份文档的检查表包括文档的名称、发布日期、发布者、内容要点、符合性完整性的评价、文本格式的评价等。

#### 6.2.3.2 现场检查表

现场检查表用于对被评估信息系统安全策略、管理制度、保护措施的有效性进行评价和验证。

现场检查表按照信息系统设计、物理环境、工作记录、安全事件应急响应、安全监视及审计、已有保护措施执行等方面分类建立。现场检查表具体内容应根据第7章要求确定，可参见附录A。

各类现场检查表均包括相应的安全管理要求，实际落实或执行情况，发挥作用或实际效果，存在问题及原因，有效性验证结论等科目。根据具体检查项目逐一填写并进行评价。

#### 6.2.3.3 安全管理核查表

安全管理核查表用于对信息系统安全管理进行评价。根据第7章要求，安全管理核查可分为信息系统规划立项管理、设计实施管理、运行维护管理、终止处置管理等信息系统生存周期不同阶段。安全管理核查表内容包括安全策略和制度管理、安全机构和人员管理、安全风险管理、环境和资源管理、运行和维护管理、业务连续性管理、监督和检查管理、生存周期管理等8个方面的信息安全管理要素（参见附录A），以及评价的结论（见6.3.2）。

安全管理核查表是评估报告结论的直接依据。

信息系统生存周期不同阶段、不同安全保护等级安全管理核查表的编制依据本标准第7章。

#### 6.2.3.4 其他评估工具

信息系统安全管理评估对于评估工具的要求，仅对表格工具提出规范要求，对于数据库系统及专用程序等工具暂不作规范要求。

## 6.3 评估的实施

### 6.3.1 评估实施控制

#### 6.3.1.1 评估过程控制点

信息系统安全管理评估过程的控制点主要包括：

a) 评估范围控制，根据本次评估目的以及被评估信息系统生存周期的不同阶段，确定安全管理评估的范围；

b) 评估进度控制，根据评估活动内容，在充分考虑被评估信息系统的安全目标和安全要求的基础上，确定评估过程的计划安排、评估过程深度和强度，以及评估进度；

c) 评估质量控制，根据评估方法要求，对评估实施过程中采取的访谈调查、符合性检查、有效性验证以及技术检测进行相应的质量控制；

d) 评价方法控制，根据评估结论判断的要求，对评估实施过程中单项结论和总体结论的评价方法和判断过程进行控制。

#### 6.3.1.2 评估结果处理

信息系统安全管理评估结果应按下列要求进行处理：

a) 按规定的报告格式记录评估结果，报告内容的分类应与所进行的安全控制评估相一致，评估记录应及时归档；

b) 对评估记录进行分析，确定某一特定安全控制的总体效果，说明控制是否按确定的目标正确实施，并达到要求的预期结果；

c) 评估人员所给出的评估应能导致作出“符合、基本符合、不符合”的结论(具体见6.3.2)：

——符合：表明对特定要求，按照评估规程，通过评估后认为相关的安全管理控制产生了完全可以接受的结果；

——基本符合：表明通过评估后的安全管理措施产生了可部分接受但不能完全接受的结果，并能指出哪些安全管理控制措施尚未实施，以及信息系统的哪些脆弱性可能导致了这种情况的出现；

——不符合：表明通过评估，发现安全管理措施不能达到安全管理目标要求，产生了不可接受的结果，并能指出哪些安全管理控制措施尚未落实或实施，以及信息系统的哪些脆弱性可能导致了这种情况的出现；

d) 评估人员应识别并记录由于一个或多个安全管理控制的部分失效或完全失效带给信息系统的任何脆弱性，可用于：

——作为一项重要内容纳入信息系统的安全规划或重要整改建议中，为纠正安全控制缺陷提供详细的技术思路；

——提供信息安全主管领导和相关信息系统支持单位，利用评估结果和有关信息系统残余脆弱性信息，确定被评估信息系统和相关资产面临的总体风险。

#### 6.3.1.3 保障证据收集

保障证据用来证明安全管理措施选择得当并正确实施，以及安全管理体系按照既定目标运行，符合信息系统安全要求的预期结果。建立保障证据的工作包括：

a) 通过从各种来源收集获保障证据，主要来源是信息系统相关人员，如信息系统开发者、系统集成方、认证机构、信息系统拥有者、审计人员、安全检查人员和安全管理人员等；
b) 收集来自产品层面的评估结果，进行系统层面的评估，用以确定信息系统采用的安全控制的总体效果，也可反映安全管理体系运行的总体效果；
c) 收集被评估信息系统在各个阶段中发生重要安全事件时相关的工作记录、审计信息、安全信息以及当时采取的行之有效的安全控制措施；
d) 收集被评估信息系统生存周期各个阶段关键环节的安全管理措施所产生效果的相关文档和记录信息。

#### 6.3.1.4 生存周期划分

对信息系统的安全管理评估可分阶段进行，应注意：

a) 信息系统安全管理评估应贯穿于信息系统的整个生存周期，信息系统安全管理评估划分为信息系统规划立项管理、设计实施管理、运行维护管理、终止处置管理等阶段评估进行；
b) 信息系统生存周期各阶段管理评估的原则和方法是一致的；
c) 信息系统生存周期的各阶段安全管理的内容、对象、安全需求不同，使得安全管理评估的对象、目的、要求等各方面也有所不同。

#### 6.3.1.5 评估风险规避

信息系统安全管理评估实施过程中可能存在以下风险，应注意规避：

a) 评估影响信息系统正常运行：在现场评估时需要对设备和系统的验证或测试操作，可能对系统运行造成一定影响，甚至可能出现误操作；
b) 信息系统敏感信息泄漏：泄漏被评估系统状态信息，如网络拓扑、IP 地址、业务流程、业务信息、安全机制、安全隐患和有关文档信息，以及敏感的安全策略；
c) 对评估结果存有争议：评估团队和被评估单位对评估结果可能存在争议；
d) 评估进程未能按计划完成：在评估中的访谈调查、符合性检查、有效性验证、技术检测可能由于被评估对象特别是被访谈人员某些不确定因素造成延误。

### 6.3.2 评估结论判断

#### 6.3.2.1 评估内容条目设置

信息系统安全管理评估的内容条目可设置如下：

a) 关键条目
  ——信息系统安全管理评估的内容条目分为类、族、评估项、评估内容要点等四层，其中有部分评估条目比其他条目具有更为重要，对于所在的类、或族、或评估项是否符合可起到决定性作用，则对这样的评估内容条目称为关键条目；
  ——在信息系统安全管理评估所有内容条目中，设置了关键条目和非关键条目；在附录 A 的各个表中，标识出了关键条目，其中包括关键类、关键族、关键评估项、关键评估内容要点，未标识的条目则为非关键条目(可参见附录 A)。

b) 重要条目

——在关键条目以外，允许评估者根据被评估方业务应用的需求，在本次评估中可设置少量的重要条目，并应逐一说明其适用性；

——重要条目仅包括重要评估项、重要评估内容要点；

——重要评估项数量应控制在关键评估项总数的10%以下，同族内的重要评估项数量控制在非关键评估项的30%以下；

——重要评估内容要点数量应控制在关键评估内容要点总数的10%以下，同评估项内的重要评估内容要点数量控制在非关键评估内容要点的30%以下。

c) 一般条目

——信息系统安全管理评估内容条目中，除去重要条目的非关键条目均称为一般条目。

#### 6.3.2.2 评估项结论

信息系统安全管理评估中评估项结论的判断，应按以下条件判断：

a) 评估项符合：评估项中所有评估内容要点均符合；

b) 评估项基本符合：评估项中所有评估内容要点符合或基本符合的数量超过一半，且所有的关键评估内容要点和重要评估内容要点均符合或基本符合；

c) 评估项不符合：评估项中所有评估内容要点符合或基本符合的数量不能超过一半，或关键评估内容要点和重要评估内容要点有不符合的。

#### 6.3.2.3 评估族结论

信息系统安全管理评估中评估族结论，应按以下条件判断：

a) 评估族符合：评估族中所有关键评估项和重要评估项均符合且其他评估项为符合或基本符合的；

b) 评估族基本符合：评估族中所有评估项符合或基本符合的数量超过一半，且所有的关键评估项和重要评估项均符合或基本符合；

c) 评估族不符合：评估族中所有评估项符合或基本符合的数量不能超过一半，或关键评估项和重要评估项有不符合的。

#### 6.3.2.4 评估类结论

信息系统安全管理评估中评估类结论，应按以下条件判断：

a) 评估类符合：评估类中所有关键评估族均符合且其他评估族为符合或基本符合的；

b) 评估类基本符合：评估类中所有评估族符合或基本符合的数量超过一半，且所有的关键评估族均符合或基本符合；

c) 评估类不符合：评估类中所有评估族符合或基本符合的数量不能超过一半，或关键评估族有不符合的。

#### 6.3.2.5 总体评估结论

信息系统安全管理评估得出的总体评估类结论，应按以下条件判断：

a) 总体符合：总体评估中所有关键评估类均符合且其他评估类为符合或基本符合的；

b) 总体基本符合：总体评估中所有评估类符合或基本符合的数量超过一半，且所有的关键评估类均符合或基本符合；

c) 总体不符合：总体评估中所有评估类符合或基本符合的数量不能超过一半，或关键评估类有不符合的。

# 7 分等级管理评估

## 7.1 规划立项管理评估要求

### 7.1.1 本阶段评估范围

#### 7.1.1.1 评估范围概述

在信息系统规划立项阶段，信息安全管理评估范围包括：

a) 规划立项阶段的关键管理环节：
——系统分析和安全定级；
——信息系统安全需求分析；
——信息系统总体安全规划；
——信息系统安全项目立项；

b) 规划立项阶段的安全策略和制度、机构和人员管理等保障措施；

c) 规划立项阶段的规划和立项管理等日常措施；

d) 规划立项阶段的风险管理、监督和检查管理等监督措施。

#### 7.1.1.2 系统分析和安全定级

对信息系统的系统分析和信息安全保护等级定级管理的评估范围包括：

a) 信息系统分析：调查新建信息系统或现有信息系统基本情况，检查信息系统总体描述文件；

b) 信息系统划分：检查被评估的信息系统作为定级对象的区域划分，调查作为定级对象的信息系统详细描述文件；

c) 安全保护等级确定：调查被评估的信息系统的安全保护等级，检查组织机构领导层或上级主管部门的定级审批结果，以及信息系统定级结果报告。

#### 7.1.1.3 信息系统安全需求分析

对新建信息系统或改造现有信息系统的安全需求分析管理的评估范围包括：

a) 调查对新建信息系统或改造现有信息系统的安全需求分析情况；

b) 检查安全需求分析报告，包括从法律、政策、适用的标准和指导方针、系统的功能需要，以及成本效益的平衡取舍等的因素。

#### 7.1.1.4 信息系统总体安全规划

对新建信息系统或改造现有信息系统的总体安全规划管理的评估范围包括：

a) 调查信息系统的总体安全策略，包括信息系统的安全技术体系结构和安全管理体系结构；

b) 检查信息系统总体安全方案，包括与信息系统安全需求的符合性。

#### 7.1.1.5 信息系统安全项目立项

对于新建信息系统或改造现有信息系统的安全项目立项管理的评估范围包括：

a) 安全建设规划：调查信息系统建设安全建设目标，检查可实施的项目规划；

b) 安全建设立项：调查安全项目立项情况，检查立项报告及审批结果。

### 7.1.2 第一级信息系统

#### 7.1.2.1 策略和制度管理

信息系统规划立项阶段有关策略和制度管理方面，本级评估要求如下：

a) 评估信息系统规划立项阶段的管理目标和范围是否涵盖了规划立项阶段的关键管理环节(见7.1.1),具有基本的管理目标和范围;
b) 评估信息系统规划立项阶段提出的信息系统总体安全管理策略,是否确定了信息系统安全等级,形成了信息系统总体安全方案,是否达到基本的安全管理策略的要求,评估其制定和发布过程;
c) 评估信息系统规划立项阶段是否具有基本的安全管理规章制度,是否有规划、定级、立项管理制度,与系统规划立项相关的机构和人员管理、风险管理、监督检查管理制度,以及其他管理制度的规划,评估其制定和发布过程;
d) 评估信息系统规划立项阶段的策略与制度文档是否进行了基本的评审和修订,以及指定专人保管。

有关策略和制度方面的具体评估内容要点可参见附录A的A.2.1。

#### 7.1.2.2 机构和人员管理

信息系统规划立项阶段有关机构和人员管理方面,本级评估要求如下:

a) 评估信息系统规划立项阶段工作是否有分管领导负责,并配备安全管理人员参加,对信息系统规划、定级、立项是否具有基本安全管理职能;
b) 评估信息系统规划立项阶段的人员管理,是否对与规划立项相关的信息安全人员、其他信息技术人员以及第三方人员有安全管理措施,是否对信息系统安全管理人员配备、信息系统关键岗位人员管理、人员录用管理、人员离岗管理、人员考核与审查管理、第三方人员管理具有规划;
c) 评估信息系统规划立项阶段的信息安全教育是否做到应知应会,能够听取信息安全专家建议。

有关机构和人员管理方面的具体评估内容要点可参见附录A的A.2.2。

#### 7.1.2.3 风险管理

信息系统规划立项阶段应根据系统的安全保护等级选择基本安全措施的基础上,依据风险管理的方法补充和调整安全措施,对于规划立项阶段的风险管理,本级评估要求如下:

a) 评估信息系统规划立项阶段是否通过基本的风险管理,认识到系统的业务战略,明确系统安全需求及安全战略,能够描述信息系统建设预期对现有业务模式的作用,包括技术、管理等方面,确定应达到的安全目标;
b) 评估新建或改造信息系统的规划是否进行了风险分析,是否从新建或改造的信息系统的应用对象、应用环境、业务状况、操作要求等方面分析了可能存在的威胁,确定了系统运行环境和资产重要性;
c) 评估新建或改造信息系统的规划是否进行了风险控制,包括:
   ——是否建立了与业务战略相一致的信息系统安全规划,并得到最高管理者的认可;
   ——是否明确信息系统开发的管理、业务变更的管理、开发优先级;
   ——是否考虑信息系统的威胁、环境,并制定总体的安全方针;
d) 评估新建或改造信息系统的规划中是否进行了风险决策,对于新建或改造信息系统规划中存在的残余风险是否接受;
e) 评估信息系统规划立项阶段是否进行了风险评估,评估结果是否体现在新建或改造信息系统的规划中,是否按资质和信誉选择评估机构,签署保密协议,对评估信息规定交接手续。

有关风险管理方面的具体评估内容要点可参见附录A的A.2.3。

#### 7.1.2.4 监督和检查管理

信息系统规划立项阶段的监督和检查管理方面,本级评估要求如下:

a) 评估信息系统规划立项阶段的法律符合性，新建或改造信息系统的规划、定级和立项是否符合国家有关信息安全法规要求，是否做到知晓适用法律，遵守知识产权要求，保护组织机构重要记录；
b) 评估新建或改造信息系统的规划、定级和立项过程是进行了监督控制，是否对规划立项阶段的安全状况进行自查，是否依据国家有关管理规范和技术标准进行保护。

有关监督和检查管理方面的具体评估内容要点可参见附录A的A.2.7。

#### 7.1.2.5 规划和立项管理

信息系统规划立项阶段有关规划和立项管理方面，本级评估要求如下：

a) 评估新建或改造信息系统的应用安全需求，是否与组织机构的业务发展战略一致，明确其重要性；
b) 评估信息系统建设或改造规划，是否包括了对新建或改造信息系统的总体描述，确定了安全保护等级，具有信息系统安全定级结果、总体安全方案，并得到管理层的批准；
c) 评估新建或改造信息系统的立项管理，是否在信息系统安全规划的基础上，经过管理层审批，对新建或改造信息系统的开发建设立项，并具有立项报告及审批结果。

有关规划和立项管理方面的具体评估内容要点可参见附录A的A.2.8。

### 7.1.3 第二级信息系统

#### 7.1.3.1 策略和制度管理

信息系统规划立项阶段有关策略和制度管理方面，本级评估要求如下：

a) 评估信息系统规划立项阶段的管理目标和范围是否涵盖了规划立项阶段的关键管理环节（见7.1.1），具有较完整的管理目标与范围；
b) 评估信息系统规划立项阶段提出的信息系统总体安全管理策略，是否确定了信息系统安全等级，形成了信息系统总体安全方案，是否达到较完整的安全管理策略的要求，评估其制定和发布过程；
c) 评估信息系统规划立项阶段是否具有较完整的安全管理规章制度和操作规程，是否有规划、定级、立项管理制度，与系统规划立项相关的机构和人员管理、风险管理、监督检查管理制度，以及其他管理制度的规划，评估其制定和发布过程；
d) 评估信息系统规划立项阶段的策略与制度文档是否进行了较完整的评审和修订，以及指定专人保管、借阅审批和登记。

有关策略和制度方面的具体评估内容要点可参见附录A的A.3.1。

#### 7.1.3.2 机构和人员管理

信息系统规划立项阶段有关机构和人员管理方面，本级评估要求如下：

a) 评估信息系统规划立项阶段工作是否有分管领导和信息安全职能部门负责，并否配备安全管理人员参加，对信息系统规划、定级、立项是否具有安全管理领导职能；
b) 评估信息系统规划立项阶段的人员管理，是否对与规划立项相关的信息安全人员、其他信息技术人员以及第三方人员有安全管理措施，是否对信息系统安全管理人员配备、信息系统关键岗位人员管理、人员录用管理、人员离岗管理、人员考核与审查管理、第三方人员管理具有规划；
c) 评估信息系统规划立项阶段的信息安全教育是否做到应知应会，有计划开展培训，能够听取信息安全专家建议。

有关机构和人员管理方面的具体评估内容要点可参见附录A的A.3.2。

#### 7.1.3.3 风险管理

信息系统规划立项阶段应根据系统的安全保护等级选择基本安全措施的基础上，依据风险管理的方法补充和调整安全措施，对于规划立项阶段的风险管理，本级评估要求如下：

a) 评估信息系统规划立项阶段是否通过基本的风险管理，认识到系统的业务战略，明确系统安全需求及安全战略，能够描述信息系统建设预期对现有业务模式的作用，包括技术、管理等方面，确定应达到的安全目标；
b) 评估新建或改造信息系统的规划是否进行了风险分析，是否从新建或改造的信息系统的应用对象、应用环境、业务状况、操作要求等方面分析了可能存在的威胁及其发生概率，确定了系统运行环境和资产重要性；
c) 评估新建或改造信息系统的规划是否进行了风险控制，包括：
——是否建立了与业务战略相一致的信息系统安全规划，并得到最高管理者的认可；
——是否明确信息系统开发的管理、业务变更的管理、开发优先级；
——是否考虑信息系统的威胁、环境，并制定总体的安全方针；
——是否描述信息系统预期使用的信息，包括预期的应用、信息资产的重要性、潜在的价值、可能的使用限制、对业务的支持程度等；
d) 评估新建或改造信息系统的规划中是否进行了风险决策，对于新建或改造信息系统规划中存在的残余风险是否接受，以及残余风险监视措施；
e) 评估信息系统规划立项阶段是否进行了风险评估，评估结果是否体现在新建或改造信息系统的规划中，是否按资质和信誉选择评估机构，签署保密协议，对评估信息规定交接手续并替换敏感参数。

有关风险管理方面的具体评估内容要点可参见附录A的A.3.3。

#### 7.1.3.4 监督和检查管理

信息系统规划立项阶段的监督和检查管理方面，本级评估要求如下：

a) 评估信息系统规划立项阶段的法律符合性，新建或改造信息系统的规划、定级和立项是否符合国家有关信息安全法规要求，是否做到知晓适用法律，遵守知识产权要求，保护组织机构重要记录；
b) 评估信息系统规划立项阶段的依从性，对新建或改造信息系统的规划、定级和立项中有关贯彻安全策略和执行技术标准状况，进行依从性检查和分析；
c) 评估新建或改造信息系统的规划、定级和立项过程是进行了监督检查，是否对规划立项阶段的安全状况进行自查，是否依据国家有关管理规范和技术标准进行保护，接受监管部门的指导；规划中是否包括了基本的审计机制；
d) 评估信息系统规划立项阶段的责任认定，是否明确了新建或改造信息系统的规划、定级和立项过程的管理责任和技术责任，以及监督检查的责任。

有关监督和检查管理方面的具体评估内容要点可参见附录A的A.3.7。

#### 7.1.3.5 规划和立项管理

信息系统规划立项阶段有关规划和立项管理方面，本级评估要求如下：

a) 评估新建或改造信息系统的应用安全需求，是否与组织机构的业务发展战略一致，明确其重要性，分析了存在的威胁、脆弱性和风险；
b) 评估信息系统建设或改造规划，是否包括了对新建或改造信息系统的总体描述，确定了安全保护等级，具有信息系统安全定级结果、总体安全方案，提出拟采用的主要技术和管理措施，并得到管理层的批准；

c) 评估新建或改造信息系统的立项管理，是否在信息系统安全规划的基础上，经过可行性论证和管理层审批，对新建或改造信息系统的开发建设立项，并具有立项报告及审批结果。

有关规划和立项管理方面的具体评估内容要点可参见附录A的A.3.8。

#### 7.1.4 第三级信息系统

##### 7.1.4.1 策略和制度管理

信息系统规划立项阶段有关策略和制度管理方面，本级评估要求如下：

a) 评估信息系统规划立项阶段的管理目标和范围是否涵盖了规划立项阶段的关键管理环节(见7.1.1)，具有完好定义的安全管理目标与范围；

b) 评估信息系统规划立项阶段提出的信息系统总体安全管理策略，是否确定了信息系统安全等级，形成了信息系统总体安全方案，是否达到体系化的安全管理策略的要求，评估其制定和发布过程；

c) 评估信息系统规划立项阶段是否具有体系化的安全管理规章制度和操作规程，是否有规划、定级、立项管理制度，与系统规划立项相关的机构和人员管理、风险管理、监督检查管理制度，以及其他管理制度的规划，评估其制定和发布过程；

d) 评估信息系统规划立项阶段的策略与制度文档是否进行了体系化的评审和修订，以及指定专人保管、限定借阅范围、审批和登记。

有关策略和制度方面的具体评估内容要点可参见附录A的A.4.1。

##### 7.1.4.2 机构和人员管理

信息系统规划立项阶段有关机构和人员管理方面，本级评估要求如下：

a) 评估信息系统规划立项阶段工作是否有信息安全领导小组和安全职能部门负责，并配备安全管理人员参加，对信息系统规划、定级、立项是否具有安全管理领导职能；

b) 评估信息系统规划立项阶段是否规划了安全机制集中管理机构人员职责和运行集中管理；

c) 评估信息系统规划立项阶段的人员管理是否对与规划立项相关的信息安全人员、其他信息技术人员以及第三方人员有安全管理措施，是否对信息系统安全管理人员配备、信息系统关键岗位人员管理、人员录用管理、人员离岗管理、人员考核与审查管理、第三方人员管理具有规划；

d) 评估信息系统规划立项阶段的信息安全教育是否做到应知应会，有计划开展培训，针对不同岗位培训，能够听取信息安全专家建议。

有关机构和人员管理方面的具体评估内容要点可参见附录A的A.4.2。

##### 7.1.4.3 风险管理

信息系统规划立项阶段应根据系统的安全保护等级选择基本安全措施的基础上，依据风险管理的方法补充和调整安全措施，对于规划立项阶段的风险管理，本级评估要求如下：

a) 评估信息系统规划立项阶段是否通过基本的风险管理，认识到系统的业务战略，明确系统安全需求及安全战略，能够描述信息系统建设预期对现有业务模式的作用，包括技术、管理等方面，确定应达到的安全目标；

b) 评估新建或改造信息系统的规划是否进行了风险分析，是否从新建或改造的信息系统的应用对象、应用环境、业务状况、操作要求等方面详细分析了可能存在的威胁及其发生概率，确定了系统运行环境和资产重要性；

c) 评估新建或改造信息系统的规划是否进行了风险控制，包括：
——是否建立了与业务战略相一致的信息系统安全规划，并得到最高管理者的认可；
——是否明确信息系统开发的管理、业务变更的管理、开发优先级；
——是否考虑信息系统的威胁、环境，并制定总体的安全方针；
——是否描述信息系统预期使用的信息，包括预期的应用、信息资产的重要性、潜在的价值、可能的使用限制、对业务的支持程度等；
——是否描述所有与信息系统安全相关的运行环境，包括物理和人员的安全配置，以及明确相关的法规、安全策略、习惯、专门技术和知识等；
d) 评估新建或改造信息系统的规划中是否进行了风险决策，对于新建或改造信息系统规划中存在的残余风险是否接受，以及残余风险监视措施；
e) 评估信息系统规划立项阶段是否进行了风险评估，评估结果是否体现在新建或改造信息系统的规划中，是否按资质和信誉选择评估机构，签署保密协议，对评估信息规定交接手续并替换敏感参数，对评估信息不得带出指定区域。

有关风险管理方面的具体评估内容要点可参见附录A的A.4.3。

#### 7.1.4.4 监督和检查管理

信息系统规划立项阶段的监督和检查管理方面，本级评估要求如下：
a) 评估信息系统规划立项阶段的法律符合性，新建或改造信息系统的规划、定级和立项是否符合国家有关信息安全法规要求，是否做到知晓适用法律，遵守知识产权要求，保护关键业务应用软件版权，保护组织机构重要记录，遵照国家法规使用密码技术；
b) 评估信息系统规划立项阶段的依从性，对新建或改造信息系统的规划、定级和立项中有关贯彻安全策略和执行技术标准状况，进行全面系统的依从性检查和分析；
c) 评估新建或改造信息系统的规划、定级和立项过程是进行了监督控制，是否对规划立项阶段的安全状况进行自查，是否依据国家有关管理规范和技术标准进行保护，接受监管部门的监督检查；规划中是否包括了审计机制；
d) 评估信息系统规划立项阶段的责任认定，是否明确了新建或改造信息系统的规划、定级和立项过程的管理责任和技术责任，以及审计监督的责任。

有关监督和检查管理方面的具体评估内容要点可参见附录A的A.4.7。

#### 7.1.4.5 规划和立项管理

信息系统规划立项阶段有关规划和立项管理方面，本级评估要求如下：
a) 评估新建或改造信息系统的应用安全需求，是否与业务发展战略一致，明确其重要性，分析了存在的威胁、脆弱性和风险，并结合信息系统总体安全规划的要求；
b) 评估信息系统建设或改造规划，是否包括了对新建或改造信息系统的总体描述，确定了安全保护等级，具有信息系统安全定级结果、总体安全方案，参照信息安全保障系统化建设要求，提出拟采用的主要技术和管理措施，并得到管理层的批准；
c) 评估新建或改造信息系统的立项管理，是否在信息系统安全规划的基础上，经过可行性论证、安全性评价和管理层审批，对新建或改造信息系统的开发建设立项，并具有立项报告及审批结果。

信息系统规划立项阶段有关规划和立项管理方面的具体评估内容要点可参见附录A的A.4.8。

### 7.1.5 第四级信息系统

#### 7.1.5.1 策略和制度管理

信息系统规划立项阶段有关策略和制度管理方面，本级评估要求如下：

a) 评估信息系统规划立项阶段的管理目标和范围是否涵盖了规划立项阶段的关键管理环节(见7.1.1),具有量化控制的安全管理目标与范围;
b) 评估信息系统规划立项阶段提出的信息系统总体安全管理策略,是否确定了信息系统安全等级,形成了信息系统总体安全方案,是否达到强制保护的安全管理策略的要求,评估其制定和发布过程;
c) 评估信息系统规划立项阶段是否具有强制保护的安全管理规章制度和操作规程,是否有规划、定级、立项管理制度,与系统规划立项相关的机构和人员管理、风险管理、监督检查管理制度,以及其他管理制度的规划,评估其制定和发布过程;
d) 评估信息系统规划立项阶段的策略与制度文档是否进行了强制保护的评审和修订,以及定专人保管、限定借阅范围、审批和登记等全面严格保管。

有关策略和制度方面的具体评估内容要点可参见附录A的A.5.1。

#### 7.1.5.2 机构和人员管理

信息系统规划立项阶段有关机构和人员管理方面,本级评估要求如下:
a) 评估信息系统规划立项阶段工作是否有信息安全领导小组和安全职能部门负责,并配备安全管理人员参加,安全领导小组是否由主要负责人出任领导,对信息系统规划、定级、立项是否具有安全管理领导职能;
b) 评估信息系统规划立项阶段是否规划了安全机制集中管理机构人员职责和运行集中管理;
c) 评估信息系统规划立项阶段的人员管理,是否对与规划立项相关的信息安全人员、其他信息技术人员以及第三方人员有安全管理措施,是否对信息系统安全管理人员配备、信息系统关键岗位人员管理、人员录用管理、人员离岗管理、人员考核与审查管理、第三方人员管理具有规划;
d) 评估信息系统规划立项阶段的信息安全教育是否做到应知应会,有计划开展培训,针对不同岗位培训,听取信息安全专家建议,对信息安全专家的管理。

有关机构和人员管理方面的具体评估内容要点可参见附录A的A.5.2。

#### 7.1.5.3 风险管理

信息系统规划立项阶段应根据系统的安全保护等级选择基本安全措施的基础上,依据风险管理的方法补充和调整安全措施,对于规划立项阶段的风险管理,本级评估要求如下:
a) 评估信息系统规划立项阶段是否通过基本的风险管理,认识到系统的业务战略,明确系统安全需求及安全战略,能够描述信息系统建设预期对现有业务模式的作用,包括技术、管理等方面,确定应达到的安全目标;
b) 评估新建或改造信息系统的规划是否进行了风险分析,是否从新建或改造的信息系统的应用对象、应用环境、业务状况、操作要求等方面详细分析了可能存在的威胁及其发生概率,确定了系统运行环境和资产重要性;
c) 评估新建或改造信息系统的规划是否进行了风险控制,包括:
——是否建立了与业务战略相一致的信息系统安全规划,并得到最高管理者的认可;
——是否明确信息系统开发的管理、业务变更的管理、开发优先级;
——是否考虑信息系统的威胁、环境,并制定总体的安全方针;
——是否描述信息系统预期使用的信息,包括预期的应用、信息资产的重要性、潜在的价值、可能的使用限制、对业务的支持程度等;
——是否描述所有与信息系统安全相关的运行环境,包括物理和人员的安全配置,以及明确相关的法规、安全策略、习惯、专门技术和知识等;
d) 评估新建或改造信息系统的规划中是否进行了风险决策,对于新建或改造信息系统规划中存在的残余风险是否接受，以及残余风险监视措施；

e） 评估信息系统规划立项阶段是否进行了风险评估，评估结果是否体现在新建或改造信息系统的规划中，是否按资质和信誉选择评估机构，签署保密协议，对评估信息规定交接手续并替换敏感参数，对评估信息不得带出指定区域。

有关风险管理方面的具体评估内容要点可参见附录A的A.5.3。

#### 7.1.5.4 监督和检查管理

信息系统规划立项阶段的监督和检查管理方面，本级评估要求如下：

a） 评估信息系统规划立项阶段的法律符合性，新建或改造信息系统的规划、定级和立项是否符合国家有关信息安全法规要求，是否做到知晓适用法律，遵守知识产权要求，保护关键业务应用软件版权，保护组织机构重要记录，遵照国家法规使用密码技术；

b） 评估信息系统规划立项阶段的依从性，新建或改造信息系统的规划、定级和立项是否对贯彻安全策略情况进行了全面和系统的检查，技术依从性检查，以及监督检查的改进；

c） 评估新建或改造信息系统的规划、定级和立项过程是进行了监督控制，是否对规划立项阶段的安全状况进行自查，是否依据国家有关管理规范和技术标准进行保护，接受监管部门的强制监督检查；规划中是否包括了审计机制；

d） 评估信息系统规划立项阶段的责任认定，是否明确了新建或改造信息系统的规划、定级和立项过程的管理责任和技术责任，以及审计监督的责任。

有关监督和检查管理方面的具体评估内容要点可参见附录A的A.5.7。

#### 7.1.5.5 规划和立项管理

信息系统规划立项阶段有关规划和立项管理方面，本级评估要求如下：

a） 评估新建或改造信息系统的应用安全需求，是否与组织机构的业务发展战略一致，明确其重要性，分析了存在的威胁、脆弱性和风险，并结合信息系统总体安全规划的要求；

b） 评估信息系统建设或改造规划，是否包括了对新建或改造信息系统的总体描述，确定了安全保护等级，具有信息系统安全定级结果、总体安全方案，参照信息安全保障系统化建设要求，提出拟采用的主要技术和管理措施，并得到管理层的批准；

c） 评估新建或改造信息系统的立项管理，是否在信息系统安全规划的基础上，经过可行性论证、安全性评价和管理层审批，对新建或改造信息系统的开发建设立项，并具有立项报告及审批结果。

信息系统规划立项阶段有关规划和立项管理方面的具体评估内容要点可参见附录A的A.5.8。

### 7.1.6 第五级信息系统

#### 7.1.6.1 策略和制度管理

信息系统规划立项阶段有关策略和制度管理方面，本级评估要求如下：

a） 评估信息系统规划立项阶段的管理目标和范围是否涵盖了规划立项阶段的关键管理环节（见7.1.1），具有自我持续改进的安全管理目标与范围；

b） 评估信息系统规划立项阶段提出的信息系统总体安全管理策略，是否确定了信息系统安全等级，形成了信息系统总体安全方案，是否达到专控保护的安全管理策略的要求，评估其制定和发布过程；

c） 评估信息系统规划立项阶段是否具有专控保护的安全管理规章制度和操作规程，是否有规划、定级、立项管理制度，与系统规划立项的相关机构和人员管理、风险管理、监督检查管理制度，以及其他管理制度的规划，评估其制定和发布过程；

d) 评估信息系统规划立项阶段的策略与制度文档是否进行了专控保护的评审和修订，以及定专人保管、限定借阅范围、审批和登记等全面严格保管。

有关策略和制度方面的具体评估内容要点可参见附录A的A.6.1。

#### 7.1.6.2 机构和人员管理

信息系统规划立项阶段有关机构和人员管理方面，本级评估要求如下：

a) 评估信息系统规划立项阶段工作是否有信息安全领导小组和安全职能部门负责，并配备安全管理人员参加，信息安全领导小组是否由主要负责人出任领导，对信息系统规划、定级、立项工作是否具有安全管理领导职能和信息安全保密监督管理职能；

b) 评估信息系统规划立项阶段是否规划了安全机制集中管理机构人员职责和运行集中管理；

c) 评估信息系统规划立项阶段的人员管理，是否对与规划立项相关的信息安全人员、其他信息技术人员以及第三方人员有安全管理措施，是否对信息系统安全管理人员配备、关键岗位人员管理、人员录用管理、人员离岗管理、人员考核与审查管理、第三方人员管理具有规划；

d) 评估信息系统规划立项阶段的信息安全教育是否做到应知应会，有计划开展培训，针对不同岗位培训，按人员资质要求培训，培养安全意识自觉性，听取信息安全专家建议，对信息安全专家的管理。

有关机构和人员管理方面的具体评估内容要点可参见附录A的A.6.2。

#### 7.1.6.3 风险管理

信息系统规划立项阶段应根据系统的安全保护等级选择基本安全措施的基础上，依据风险管理的方法补充和调整安全措施，对于规划立项阶段的风险管理，本级评估要求如下：

a) 评估信息系统规划立项阶段是否通过基本的风险管理，认识到系统的业务战略，明确系统安全需求及安全战略，能够描述信息系统建设预期对现有业务模式的作用，包括技术、管理等方面，确定应达到的安全目标；

b) 评估新建或改造信息系统的规划是否进行了风险分析，是否从新建或改造的信息系统的应用对象、应用环境、业务状况、操作要求等方面详细分析了可能存在的威胁及其发生概率，分析了资产重要性，确定了系统运行环境和资产重要性；

c) 评估新建或改造信息系统的规划是否进行了风险控制，包括：
——是否建立了与业务战略相一致的信息系统安全规划，并得到最高管理者的认可；
——是否明确信息系统开发的管理、业务变更的管理、开发优先级；
——是否考虑信息系统的威胁、环境，并制定总体的安全方针；
——是否描述信息系统预期使用的信息，包括预期的应用、信息资产的重要性、潜在的价值、可能的使用限制、对业务的支持程度等；
——是否描述所有与信息系统安全相关的运行环境，包括物理和人员的安全配置，以及明确相关的法规、安全策略、习惯、专门技术和知识等；

d) 评估新建或改造信息系统的规划中是否进行了风险决策，对于新建或改造信息系统规划中存在的残余风险是否接受，以及残余风险监视措施；

e) 评估信息系统规划立项阶段是否进行了风险评估，评估结果是否体现在新建或改造信息系统的规划中，是否按资质和信誉选择评估机构，签署保密协议，对评估信息规定交接手续并替换敏感参数，对评估信息不得带出指定区域。

有关风险管理方面的具体评估内容要点可参见附录A的A.6.3。

#### 7.1.6.4 监督和检查管理

信息系统规划立项阶段的监督和检查管理方面，本级评估要求如下：

a) 评估信息系统规划立项阶段的法律符合性，新建或改造信息系统的规划、定级和立项是否符合国家有关信息安全法规要求，是否做到知晓适用法律，遵守知识产权要求，保护关键业务应用软件版权，保护组织机构重要记录，遵照国家法规使用密码技术；
b) 评估信息系统规划立项阶段的依从性，新建或改造信息系统的规划、定级和立项是否对贯彻安全策略情况进行了全面和系统的检查，技术依从性检查，以及监督检查的改进；
c) 评估新建或改造信息系统的规划、定级和立项过程是进行了监督控制，是否对规划立项阶段的安全状况进行自查，是否依据国家有关管理规范和技术标准进行保护，接受监管部门的专门监督检查；规划中是否包括了审计机制；
d) 评估信息系统规划立项阶段的责任认定，是否明确了新建或改造信息系统的规划、定级和立项过程的管理责任和技术责任，以及审计监督的责任。

有关监督和检查管理方面的具体评估内容要点可参见附录A的A.6.7。

#### 7.1.6.5 规划和立项管理

信息系统规划立项阶段有关规划和立项管理方面，本级评估要求如下：

a) 评估新建或改造信息系统的应用安全需求，是否与组织机构的业务发展战略一致，明确其重要性，分析了存在的威胁、脆弱性和风险，并结合信息系统总体安全规划的要求；
b) 评估信息系统建设或改造规划，是否包括了对新建或改造信息系统的总体描述，确定了安全保护等级，具有信息系统安全定级结果、总体安全方案，参照信息安全保障系统化建设要求，提出拟采用的主要技术和管理措施，并得到管理层的批准；
c) 评估新建或改造信息系统的立项管理，是否在信息系统安全规划的基础上，经过可行性论证、安全性评价和管理层审批，对新建或改造信息系统的开发建设立项，并具有立项报告及审批结果。

信息系统规划立项阶段有关规划和立项管理方面的具体评估内容要点可参见附录A的A.6.8。

## 7.2 设计实施管理评估要求

### 7.2.1 本阶段评估范围

#### 7.2.1.1 评估范围概述

在新建信息系统或改造现有信息系统的设计实施阶段，信息安全管理评估范围包括：

a) 设计实施阶段的关键管理环节：
   ——系统安全设计；
   ——系统采购控制；
   ——系统开发控制；
   ——管理措施制定；
   ——集成及配置管理；
   ——测试及验收管理；
b) 设计实施阶段的策略和制度、机构和人员管理等保障措施；
c) 设计实施阶段的各个管理环节，以及环境和资源管理等日常措施；
d) 设计实施阶段的风险管理、监督和检查管理等监督措施。

#### 7.2.1.2 系统安全设计

对于新建信息系统或改造现有信息系统的系统安全设计管理的评估范围包括：

a) 方案总体设计思路：描述信息系统业务功能、技术要求和安全要求，信息系统安全性指标，需保护的信息资产；
b) 技术措施实现内容设计：将信息系统安全总体方案落实到产品功能或物理形态上，提出能够实现的产品或组件及其具体规范，包括结构框架、功能及性能要求、部署方案等设计；
c) 管理措施实现内容设计：结合系统实际安全管理需要和本次技术建设内容，确定本次安全管理建设的范围和内容；
d) 设详细设计方案文档：包括总体设计思路、技术措施落实方案、管理措施落实方案，拟采取开发和采购的获取方式，及工时和费用等内容；
e) 对系统安全设计中有关技术要点的评价，见 GB/T 25070—2010 的相关要求。

#### 7.2.1.3 系统采购控制

对于新建信息系统或改造现有信息系统的成品系统及软件硬件产品采购管理的评估范围包括：

a) 依据安全详细设计方案的设计要求，编制成品系统采购及软件硬件产品采购说明书；
b) 成品系统采购及软件硬件产品采购和使用，信息安全产品的采购和使用，应符合国家有关信息安全法规要求；
c) 检查有关市场调查、合同洽商文件，及候选产品、系统评测中的安全问题；
d) 成品系统采购及软件硬件产品选型测试，可依据国家认可的测试机构的产品测试报告；
e) 对软件硬件产品供货单位的选择和控制，保证产品采购安全。

#### 7.2.1.4 系统开发控制

对于新建信息系统或改造现有信息系统的应用系统开发安全控制的评估范围包括：

a) 系统安全需求分析：方案设计的指标，软件设计的约束，与其他系统的接口要求；
b) 系统安全概要设计：相应安全等级的安全机制、体系结构、模块组成、接口定义；
c) 系统安全详细设计：按功能需求和模块划的各部分的详细设计，包含接口设计和管理方式设计等，作为编码工作的依据；
d) 应用软件编码实现：按照设计进行硬件调试和软件的编码，并通过论证和测试；
e) 应用系统软件测试：开发基本完成后进行的功能、性能、安全性测试；
f) 开发过程文档归档：包括需求说明书、概要设计、详细设计说明书，开发测试报告及开发说明书等。

#### 7.2.1.5 管理措施制定

对于新建信息系统或改造现有信息系统的管理措施制定控制的评估范围包括：

a) 管理机构和人员的设置：安全管理机构及岗位设置，人员角色与职责，提供组织保障；
b) 管理制度的建设和修订：信息系统生存周期各个阶段需遵循的行为规范和操作规程；
c) 安全意识和技能培训：具有与其岗位职责相适应的职责、素质、技能、安全意识等培训；
d) 日常措施和监督检查实施计划：根据安全需要和保障机制需要确定的实施内容和计划；
e) 外包管理规定：信息系统建设和运行阶段的外包形式、内容、范围、责任及管理办法；
f) 信息系统工程管理：对新建信息系统或改造现有信息系统工程实施中安全管理的评价，见 GB/T 20282—2006 的相关要求。

#### 7.2.1.6 集成及配置管理

对于新建信息系统或改造现有信息系统的安全集成及配置管理的评估范围包括：

a) 制定集成实施方案：包括具体指导工程的建设内容、方法和规范的指导文件；

b) 实施环境准备：包括硬件软件及环境准备，制定系统质量控制方案，指导系统实施过程；

c) 集成实施：将配置好策略的安全产品和控制模块部署到实际环境中，逐步实现质量控制目标；

d) 培训：提供信息系统使用说明书，并对系统维护人员进行必要培训；

e) 形成系统集成报告：包括集成实施方案、质量控制方案、集成实施报告及培训考核记录等。

#### 7.2.1.7 测试及验收管理

对于新建信息系统或改造现有信息系统的测试及验收管理的评估范围包括：

a) 验收准备：准备系统验收方案和计划、定义验收方法，并审核；

b) 系统测试：根据系统验收方案，对整个系统进行集成性安全测试；

c) 系统验收：按照验收计划实施，依据系统测试结果、建设过程文档及落实情况，提出验收评审意见，形成验收报告；

d) 验收报告：验收报告需明确给出验收的结论，并经用户与建设方确认；

e) 系统交付：系统建设有关的软件及硬件设备，指导系统运行维护的文档、服务承诺书；

f) 运行审批：明确各方职责，经业务应用部门领导及高层领导审批，投入生产运行。

### 7.2.2 第一级信息系统

#### 7.2.2.1 策略和制度管理

信息系统设计实施阶段有关策略和制度管理方面，本级评估要求如下：

a) 评估信息系统设计实施阶段的管理目标和范围是否涵盖了设计实施阶段的关键管理环节(见7.2.1)，具有基本的管理目标和范围；

b) 评估信息系统设计实施阶段提出的信息系统总体安全管理策略，是否确定了信息系统安全总体设计思路，形成了信息系统安全详细设计方案文档，是否达到基本的安全管理策略的要求，评估其制定和发布过程；

c) 评估信息系统设计实施阶段是否具有基本的安全管理规章制度，是否有系统设计、采购、开发、集成、验收管理制度，与系统设计实施相关的机构和人员管理、风险管理、监督检查管理制度，以及其他管理制度的编制，评估其制定和发布过程；

d) 评估信息系统设计实施阶段的策略与制度文档是否进行了基本的评审和修订，以及指定专人保管。

有关策略和制度方面的具体评估内容要点可参见附录A的A.2.1。

#### 7.2.2.2 机构和人员管理

信息系统设计实施阶段有关机构和人员管理方面，本级评估要求如下：

a) 评估信息系统设计实施阶段是否有分管领导负责，并配备安全管理人员参加，对信息系统设计实施是否具有基本安全管理职能；

b) 评估信息系统设计实施阶段的人员管理是否包括安全管理人员配备、信息系统关键岗位人员管理、人员录用管理、人员离岗管理、人员考核与审查管理，特别是与设计实施有关服务商等第三方人员管理；

c) 评估信息系统设计实施阶段的信息安全教育是否做到应知应会，能够听取信息安全专家建议。

有关机构和人员管理方面的具体评估内容要点可参见附录 A 的 A.2.2。

#### 7.2.2.3 风险管理

信息系统设计实施阶段应根据系统的安全保护等级选择基本安全措施的基础上，依据风险管理的方法补充和调整安全措施，对于设计实施阶段的风险管理，本级评估要求如下：

a) 评估信息系统设计实施阶段是否通过基本的风险管理，提出信息系统安全功能需求，识别系统设计实施过程的风险，对系统建成后的安全功能进行验证；
b) 评估信息系统设计实施阶段是否进行了风险分析，基于信息系统设计方案的资产列表、安全措施，分析安全威胁，评价安全措施的实现程度，确定安全措施能否抵御现有威胁及脆弱性的影响；
c) 评估新建或改造信息系统的设计实施是否进行了风险控制，包括：
   ——设计方案是否符合系统建设规划并得到最高管理者的认可，设计方案中的安全需求是否符合规划阶段的安全目标，并基于威胁的分析制定信息系统的总体安全策略，根据设计开发计划及用户需求，对系统涉及的软件、硬件与网络进行分析和选型；
   ——对开发与技术/产品获取过程的评估和控制，是否包括符合法律、政策、适用标准和指导方针，满足信息系统的功能需要，考虑成本效益风险，通过安全测评和检查；
   ——系统交付实施过程的评估和控制，是否包括详细分析信息系统资产、面临的威胁和脆弱性，根据系统建设目标和安全需求，对系统的安全功能进行验收测试；评价安全措施能否抵御安全威胁，是否建立了与整体安全策略一致的管理制度；
d) 评估新建或改造信息系统的设计和实施中是否进行了风险决策，对于新建或改造信息系统设计实施中存在的残余风险是否接受；
e) 评估信息系统设计实施阶段的风险评估主要包括安全建设方案评审和系统测试验收，以及系统的开发与技术/产品获取、系统交付实施等过程，评估结果是否体现在新建或改造信息系统的设计和实施中，是否按资质和信誉选择评估机构，签署保密协议，对评估信息规定交接手续。

有关风险管理方面的具体评估内容要点可参见附录 A 的 A.2.3。

#### 7.2.2.4 环境和资源管理

信息系统设计实施阶段有关环境和资源管理方面，本级评估要求如下：

a) 评估信息系统设计实施阶段的开发环境的管理，运行环境的设计实施，是否明确系统环境的管理部门和职责，以及机房安全管理措施；
b) 评估信息系统设计实施阶段的信息资源管理，是否编制了涉及系统开发使用和系统建设需采购的软件及硬件设备的基本资产清单，进行了基本的介质管理、设备管理。

有关环境和资源管理方面的具体评估内容要点可参见附录 A 的 A.2.4。

#### 7.2.2.5 安全机制保障管理

信息系统设计实施阶段有关安全机制设计实现的管理方面，本级评估要求如下：

a) 评估信息系统设计实施阶段对信息系统用户管理的设计，是否包括用户分类，系统用户授权控制，普通用户、组织机构外部用户基本管理，临时用户设置与删除管理措施；
b) 评估信息系统设计实施阶段对信息系统信息交换的设计，是否包括了信息交换的基本管理措施；
c) 评估信息系统设计实施阶段对运行安全状态监控的设计，是否包括了运行状况监控及日志管理措施；
d) 评估信息系统设计实施阶段对信息系统有关安全机制保障管理的设计，是否包括身份鉴别、自主访问控制、系统及网络安全、应用系统安全以及病毒防护的基本管理措施。

有关安全机制保障管理方面的具体评估内容要点可参见附录 A 的 A.2.5。

7.2.2.6 业务连续性管理

信息系统设计实施阶段有关业务连续性管理方面，本级评估要求如下：

a) 评估信息系统设计实施阶段对数据备份和恢复管理的设计，是否提出了数据备份和恢复管理职责，设计了数据备份的内容和周期；
b) 评估信息系统设计实施阶段对安全事件处理的设计，是否提出了安全事件内容和划分要求，设计了安全事件报告和处理程序；
c) 评估信息系统设计实施阶段对应急处理的设计，是否提出了应急处理的基本管理措施，设计了应急计划框架及具体应急计划。

有关业务连续性管理方面的具体评估内容要点可参见附录 A 的 A.2.6。

7.2.2.7 监督和检查管理

信息系统设计实施阶段的监督和检查管理方面，本级评估要求如下：

a) 评估信息系统设计实施阶段的法律符合性，新建或改造信息系统的系统设计、采购控制、开发控制、措施制定、集成及配置、测试及验收是否符合国家有关信息安全法规要求，是否做到知晓适用法律，遵守知识产权要求，保护组织机构重要记录；
b) 评估新建或改造信息系统的设计实施过程的监督控制，是否对设计实施阶段的安全状况进行自查，是否依据国家有关管理规范和技术标准进行保护。

有关监督和检查管理方面的具体评估内容要点可参见附录 A 的 A.2.7。

7.2.2.8 建设过程管理

信息系统设计实施阶段的建设过程管理方面，本级评估要求如下：

a) 评估信息系统设计实施阶段的建设项目准备，是否明确指定项目负责人，监督和管理系统安全设计、系统采购、系统开发、管理措施制定、集成及配置、测试及验收等全过程(见 7.2.1)；
b) 评估信息系统设计实施阶段的工程项目外包管理，是否选择具有国家主管部门的资质认证服务资质的信誉较好的厂商；
c) 评估信息系统设计实施阶段的自行开发环境控制，是否做到开发环境与运行环境分开，开发及测试活动也能分开；
d) 评估信息系统设计实施阶段的安全产品采购，是否在国家监管部门许可的产品目录中选择；
e) 评估信息系统设计实施阶段的建设项目测试验收，是否进行功能及性能测试，必要的安全性测试；
f) 评估信息系统设计实施阶段的新系统启用管理，验收后由使用者或管理者提出申请，经过相应领导审批。

有关建设过程管理方面的具体评估内容要点可参见附录 A 的 A.2.8。

7.2.3 第二级信息系统

7.2.3.1 策略和制度管理

信息系统设计实施阶段有关策略和制度管理方面，本级评估要求如下：

a) 评估信息系统设计实施阶段的管理目标和范围是否涵盖了设计实施阶段的关键管理环节(见 7.2.1)，具有较完整的管理目标和范围；

b) 评估信息系统设计实施阶段提出的信息系统总体安全管理策略，是否确定了信息系统安全总体设计思路，形成了信息系统安全详细设计方案文档，是否达到较完整的安全管理策略的要求，评估其制定和发布过程；

c) 评估信息系统设计实施阶段是否具有较完整的安全管理规章制度和操作规程，是否有系统设计、采购、开发、集成、验收管理制度，与系统设计实施相关的机构和人员管理、风险管理、监督检查管理制度，以及其他管理制度的编制，评估其制定和发布过程；

d) 评估信息系统设计实施阶段的策略与制度文档是否进行了较完整的评审和修订，以及指定专人保管、借阅审批和登记。

有关策略和制度方面的具体评估内容要点可参见附录 A 的 A.3.1。

#### 7.2.3.2 机构和人员管理

信息系统设计实施阶段有关机构和人员管理方面，本级评估要求如下：

a) 评估信息系统设计实施阶段是否有分管领导和信息安全职能部门负责，并配备安全管理人员参加，对信息系统设计实施是否具有安全管理领导职能；

b) 评估信息系统设计实施阶段的人员管理是否包括安全管理人员配备、信息系统关键岗位人员管理、人员录用管理、人员离岗管理、人员考核与审查管理，特别是与设计实施有关服务商等第三方人员管理；

c) 评估信息系统设计实施阶段的信息安全教育是否做到应知应会，有计划开展培训，能够听取信息安全专家建议。

有关机构和人员管理方面的具体评估内容要点可参见附录 A 的 A.3.2。

#### 7.2.3.3 风险管理

信息系统设计实施阶段应根据系统的安全保护等级选择基本安全措施的基础上，依据风险管理的方法补充和调整安全措施，对于设计实施阶段的风险管理，本级评估要求如下：

a) 评估信息系统设计实施阶段是否通过基本的风险管理，提出信息系统安全功能需求，识别系统设计实施过程的风险，对系统建成后的安全功能进行验证；

b) 评估信息系统设计实施阶段是否进行了风险分析，基于信息系统设计方案的资产列表、安全措施，进行安全威胁分析及概率分析列表、系统脆弱性分析，评价安全措施的实现程度，确定安全措施能否抵御现有威胁及脆弱性的影响；

c) 评估新建或改造信息系统的设计实施是否进行了风险控制，包括：

——设计方案是否符合系统建设规划并得到最高管理者的认可，设计方案中的安全需求是否符合规划阶段的安全目标，并基于威胁的分析制定信息系统的总体安全策略，根据设计开发计划及用户需求，对系统涉及的软件、硬件与网络进行分析和选型；

——对开发与技术/产品获取过程的评估和控制，是否包括符合法律、政策、适用标准和指导方针，满足信息系统的功能需要，考虑成本效益风险，通过安全测评和检查；

——系统交付实施过程的评估和控制，是否包括详细分析信息系统资产、面临的威胁和脆弱性，根据系统建设目标和安全需求，对系统的安全功能进行验收测试；评价安全措施能否抵御安全威胁，是否建立了与整体安全策略一致的管理制度；

d) 评估新建或改造信息系统的设计和实施中是否进行了风险决策，对于新建或改造信息系统设计实施中存在的残余风险是否接受，采取残余风险监视措施，做出信息系统投入运行的决定；

e) 评估信息系统设计实施阶段的风险评估主要包括安全建设方案评审和系统测试验收，以及系统的开发与技术/产品获取、系统交付实施等过程，评估结果是否体现在新建或改造信息系统的设计和实施中，是否按资质和信誉选择评估机构，签署保密协议，对评估信息规定交接手续并替换敏感参数，技术检测应经授权并在监督下进行。

有关风险管理方面的具体评估内容要点可参见附录A的A.3.3。

#### 7.2.3.4 环境和资源管理

信息系统设计实施阶段有关环境和资源管理方面，本级评估要求如下：

a) 评估信息系统设计实施阶段的开发环境的管理，运行环境的设计实施，做到开发环境、测试环境与运行环境分开，是否明确系统环境的管理部门和职责，机房及办公环境的安全管理措施，对来访人员的控制管理；

b) 评估信息系统设计实施阶段的信息资源管理，是否编制了涉及系统开发使用和系统建设需采购的软件及硬件设备的详细资产清单，采取资产分类，进行了介质管理、设备管理。

有关环境和资源管理方面的具体评估内容要点可参见附录A的A.3.4。

#### 7.2.3.5 安全机制保障管理

信息系统设计实施阶段有关安全机制保障管理方面，本级评估要求如下：

a) 评估信息系统设计实施阶段对信息系统用户管理的设计，是否包括用户分类，系统用户授权控制及特权管理，普通用户及敏感信息处理，组织机构外部用户及其特定需求管理，临时用户设置、删除及审计管理措施；

b) 评估信息系统设计实施阶段对信息系统信息交换的设计，是否包括了信息交换的规范化管理措施；

c) 评估信息系统设计实施阶段对运行安全状态监控的设计，是否包括了运行状况、安全、性能监控及日志管理措施；

d) 评估信息系统设计实施阶段对信息系统有关安全机制保障管理的设计，是否包括身份鉴别、自主访问控制、系统及网络安全、应用系统安全、病毒防护管理措施，以及密码算法和密钥管理措施。

有关安全机制保障管理方面的具体评估内容要点可参见附录A的A.3.5。

#### 7.2.3.6 业务连续性管理

信息系统设计实施阶段有关业务连续性管理方面，本级评估要求如下：

a) 评估信息系统设计实施阶段对数据备份和恢复管理的设计，是否提出了数据备份和恢复管理职责，设计了数据备份的内容和周期，介质备份及设备备份；

b) 评估信息系统设计实施阶段对安全事件处理的设计，是否提出了安全事件内容和划分要求，设计了安全事件报告和处理程序，以及安全隐患问题报告和防范；

c) 评估信息系统设计实施阶段对应急处理的设计，是否提出了应急处理的基本管理措施，设计了应急计划框架及具体应急计划。

有关业务连续性管理方面的具体评估内容要点可参见附录A的A.3.6。

#### 7.2.3.7 监督和检查管理

信息系统设计实施阶段的监督和检查管理方面，本级评估要求如下：

a) 评估信息系统设计实施阶段的法律符合性，新建或改造信息系统的系统设计、采购控制、开发控制、措施制定、集成及配置、测试及验收是否符合国家有关信息安全法规要求，是否做到知晓适用法律，遵守知识产权要求，防止滥用信息处理设备，保护业务应用软件版权，保护组织机构重要记录；

b) 评估信息系统设计实施阶段的依从性，对新建或改造信息系统的设计方案及实现中有关贯彻安全策略和执行技术标准状况，进行依从性检查和分析；

c) 评估新建或改造信息系统的设计实施过程的监督控制，是否对设计实施阶段的安全状况进行自查，是否依据国家有关管理规范和技术标准进行保护，接受监管部门的指导；规划中是否包括了基本的安全审计机制；

d) 评估信息系统设计实施阶段的责任认定，是否明确了新建或改造信息系统的设计实施过程的管理责任和技术责任，监督检查责任，以及审计及结果处理责任。

有关监督和检查管理方面的具体评估内容要点可参见附录 A 的 A.3.7。

#### 7.2.3.8 建设过程管理

信息系统设计实施阶段的建设过程管理方面，本级评估要求如下：

a) 评估信息系统设计实施阶段的建设项目准备，是否明确指定项目负责人，监督和管理系统安全设计、系统采购、系统开发、管理措施制定、集成及配置、测试及验收等全过程(见 7.2.1)，具有详细的项目实施计划；

b) 评估信息系统设计实施阶段的工程项目外包管理，是否在主管部门指定或特定范围内选择具有国家主管部门的资质认证服务资质的信誉较好的厂商；

c) 评估信息系统设计实施阶段的自行开发环境控制，是否做到开发环境与运行环境分开，开发及测试活动也能分开；是否能够保护好系统开发文档；非自行开发的软件包一般不作修改；

d) 评估信息系统设计实施阶段的安全产品采购，是否在国家监管部门许可的产品目录中选择；

e) 评估信息系统设计实施阶段的建设项目测试验收，是否进行功能、性能和安全性测试，具有系统验收要求和标准的定义文档；

f) 评估信息系统设计实施阶段的新系统启用管理，验收后由使用者或管理者提出申请，经过相应领导审批，并进行试运行。

有关建设过程管理方面的具体评估内容要点可参见附录 A 的 A.3.8。

### 7.2.4 第三级信息系统

#### 7.2.4.1 策略和制度管理

信息系统设计实施阶段有关策略和制度管理方面，本级评估要求如下：

a) 评估信息系统设计实施阶段的管理目标和范围是否涵盖了设计实施阶段的关键管理环节(见 7.2.1)，具有完好定义的管理目标和范围；

b) 评估信息系统设计实施阶段提出的信息系统总体安全管理策略，是否确定了信息系统安全总体设计思路，形成了信息系统安全详细设计方案文档，是否达到体系化的安全管理策略的要求，评估其制定和发布过程；

c) 评估信息系统设计实施阶段是否具有体系化的安全管理规章制度和操作规程，是否有系统设计、采购、开发、集成、验收管理制度，与系统设计实施相关的机构和人员管理、风险管理、监督检查管理制度，以及其他管理制度的编制，评估其制定和发布过程；

d) 评估信息系统设计实施阶段的策略与制度文档是否进行了体系化的评审和修订，以及指定专人保管、限定借阅范围、审批和登记。

有关策略和制度方面的具体评估内容要点可参见附录 A 的 A.4.1。

#### 7.2.4.2 机构和人员管理

信息系统设计实施阶段有关机构和人员管理方面，本级评估要求如下：

a) 评估信息系统设计实施阶段是否有信息安全领导小组和安全职能部门负责，并配备安全管理人员参加，对信息系统设计实施是否具有安全管理领导职能；

b) 评估信息系统设计实施阶段是否制定了安全机制集中管理机构人员职责和运行集中管理规范；

c) 评估信息系统设计实施阶段的人员管理是否包括安全管理人员配备、信息系统关键岗位人员管理、人员录用管理、人员离岗管理、人员考核与审查管理，特别是与设计实施有关服务商等第三方人员管理；

d) 评估信息系统设计实施阶段的信息安全教育是否做到应知应会，有计划开展培训，针对不同岗位培训，能够听取信息安全专家建议。

有关机构和人员管理方面的具体评估内容要点可参见附录A的A.4.2。

#### 7.2.4.3 风险管理

信息系统设计实施阶段应根据系统的安全保护等级选择基本安全措施的基础上，依据风险管理的方法补充和调整安全措施，对于设计实施阶段的风险管理，本级评估要求如下：

a) 评估信息系统设计实施阶段是否通过基本的风险管理，提出信息系统安全功能需求，识别系统设计实施过程的风险，对系统建成后的安全功能进行验证；

b) 评估信息系统设计实施阶段是否进行了风险分析，基于信息系统设计方案的资产列表、安全措施，进行安全威胁分析及概率分析列表、系统脆弱性分析，评价安全措施的实现程度，确定安全措施能否抵御现有威胁及脆弱性的影响；

c) 评估新建或改造信息系统的设计实施是否进行了风险控制，包括：

——设计方案是否符合系统建设规划并得到最高管理者的认可，设计方案中的安全需求是否符合规划阶段的安全目标，并基于威胁的分析制定信息系统的总体安全策略，根据设计开发计划及用户需求，对系统涉及的软件、硬件与网络进行分析和选型；

——对开发与技术/产品获取过程的评估和控制，是否包括符合法律、政策、适用标准和指导方针，满足信息系统的功能需要，考虑成本效益风险，通过安全测评和检查；

——系统交付实施过程的评估和控制，是否包括详细分析信息系统资产、面临的威胁和脆弱性，根据系统建设目标和安全需求，对系统的安全功能进行验收测试；评价安全措施能否抵御安全威胁，是否建立了与整体安全策略一致的管理制度；

d) 评估新建或改造信息系统的设计和实施中是否进行了风险决策，对于新建或改造信息系统设计实施中存在的残余风险是否接受，采取残余风险监视措施，做出信息系统投入运行的决定；

e) 评估信息系统设计实施阶段的风险评估主要包括安全建设方案评审和系统测试验收，以及系统的开发与技术/产品获取、系统交付实施等过程，评估结果是否体现在新建或改造信息系统的设计和实施中，是否按资质和信誉选择评估机构，签署保密协议，对评估信息规定交接手续并替换敏感参数，技术检测应经授权并在监督下进行，对评估信息不得带出指定区域。

有关风险管理方面的具体评估内容要点可参见附录A的A.4.3。

#### 7.2.4.4 环境和资源管理

信息系统设计实施阶段有关环境和资源管理方面，本级评估要求如下：

a) 评估信息系统设计实施阶段的开发环境的管理，运行环境的设计实施，做到开发环境、测试环境与运行环境物理分开，是否明确了系统环境的管理部门和职责，机房及办公环境的安全管理措施，对来访人员的控制，标识不同安全区域，配置门禁控制手段；

b) 评估信息系统设计实施阶段的信息资源管理，是否编制了涉及系统开发使用和系统建设需采购的软件及硬件设备的详细资产清单，采取资产分类，进行了介质管理、设备管理及资产信息管理。

有关环境和资源管理方面的具体评估内容要点可参见附录A的A.4.4。

#### 7.2.4.5 安全机制保障管理

信息系统设计实施阶段有关安全机制保障管理方面,本级评估要求如下:

a) 评估信息系统设计实施阶段对信息系统用户管理的设计,是否包括用户分类,系统用户授权控制、特权管理、监督性保护,普通用户及敏感信息处理,重要业务用户管理,组织机构外部用户及其特定需求管理,临时用户设置和限制、删除以及审计管理措施;
b) 评估信息系统设计实施阶段对信息系统信息交换的设计,是否包括了不同安全区域信息交换的规范化管理措施;
c) 评估信息系统设计实施阶段对运行安全状态监控的设计,是否包括了运行状况、安全、性能集中监控及日志管理措施;
d) 评估信息系统设计实施阶段对信息系统有关安全机制保障管理的设计,是否包括具有审计、证书支持的身份鉴别机制管理,自主访问控制和强制访问控制机制的管理,系统安全管理,网络安全管理,应用系统安全管理,病毒防护集中管理,以及密码算法、密钥管理、以密码技术为基础的安全管理措施;
e) 评估信息系统设计实施阶段对信息系统安全机制集中管理的设计,是否包括系统管理、安全管理、审计管理等安全机制集中控管、安全信息集中管理,安全机制整合的一般功能,安全机制整合的工作方式管理措施。

有关安全机制保障管理方面的具体评估内容要点可参见附录A的A.4.5。

#### 7.2.4.6 业务连续性管理

信息系统设计实施阶段有关业务连续性管理方面,本级评估要求如下:

a) 评估信息系统设计实施阶段对数据备份和恢复管理的设计,是否提出了数据备份和恢复管理职责,设计了数据备份的内容和周期,介质备份及设备备份,系统热备份与冗余;
b) 评估信息系统设计实施阶段对安全事件处理的设计,是否提出了安全事件内容和划分要求,设计了安全事件报告和处理程序,以及安全隐患问题报告和防范;
c) 评估信息系统设计实施阶段对应急处理的设计,是否提出了应急处理的管理措施和执行能力,设计了应急计划框架及具体应急计划。

有关业务连续性管理方面的具体评估内容要点可参见附录A的A.4.6。

#### 7.2.4.7 监督和检查管理

信息系统设计实施阶段的监督和检查管理方面,本级评估要求如下:

a) 评估信息系统设计实施阶段的法律符合性,新建或改造信息系统的系统设计、采购控制、开发控制、措施制定、集成及配置、测试及验收是否符合国家有关信息安全法规要求,是否做到知晓适用法律,遵守知识产权要求,防止滥用信息处理设备,保护关键业务应用软件版权,保护组织机构重要记录,遵照国家法规使用密码技术及选择密码技术产品;
b) 评估信息系统设计实施阶段的依从性,对新建或改造信息系统的设计方案及实现中有关贯彻安全策略和执行技术标准状况,进行全面系统的依从性检查和分析;
c) 评估新建或改造信息系统的设计实施过程的监督控制,是否对设计实施阶段的安全状况进行自查,是否依据国家有关管理规范和技术标准进行保护,接受监管部门的监督检查;规划中是否包括了安全审计机制;
d) 评估信息系统设计实施阶段的责任认定,是否明确了新建或改造信息系统的设计实施过程的管理责任和技术责任,监督检查责任,以及审计及结果处理责任。

有关监督和检查管理方面的具体评估内容要点可参见附录A的A.4.7。

#### 7.2.4.8 建设过程管理

信息系统设计实施阶段的建设过程管理方面，本级评估要求如下：

a) 评估信息系统设计实施阶段的建设项目准备，是否明确指定项目负责人，监督和管理系统安全设计、系统采购、系统开发、管理措施制定、集成及配置、测试及验收等全过程(见7.2.1)，具有详细的项目实施计划和过程管理流程，建立工程监理；
b) 评估信息系统设计实施阶段的工程项目外包管理，是否在主管部门指定或特定范围内选择具有国家主管部门的资质认证服务资质的信誉较好的厂商，可参照评估机构的选择要求(参见附录A的A.4.3)；具有对项目的保护和控制流程；
c) 评估信息系统设计实施阶段的自行开发环境控制，是否做到开发环境与运行环境分开，开发及测试活动也能分开；是否能够保护好系统开发文档，控制对程序资源库的访问；非自行开发的软件包一般不作修改；
d) 评估信息系统设计实施阶段的安全产品采购，是否在国家监管部门许可的产品目录中选择，执行国家有关信息安全等级三级及以上信息安全产品采购规定；
e) 评估信息系统设计实施阶段的建设项目测试验收，是否进行功能、性能和安全性测试，以及约定的安全措施、应急计划、应用指南、操作培训等，具有系统验收要求和标准的定义文档；
f) 评估信息系统设计实施阶段的新系统启用管理，验收后由使用者或管理者提出申请，经过相应领导审批，并进行试运行及其安全评估。

有关建设过程管理方面的具体评估内容要点可参见附录A的A.4.8。

### 7.2.5 第四级信息系统

#### 7.2.5.1 策略和制度管理

信息系统设计实施阶段有关策略和制度管理方面，本级评估要求如下：

a) 评估信息系统设计实施阶段的管理目标和范围是否涵盖了设计实施阶段的关键管理环节(见7.2.1)，具有量化控制的管理目标和范围；
b) 评估信息系统设计实施阶段提出的信息系统总体安全管理策略，是否确定了信息系统安全总体设计思路，形成了信息系统安全详细设计方案文档，是否达到强制保护的安全管理策略的要求，评估其制定和发布过程；
c) 评估信息系统设计实施阶段是否具有强制保护的安全管理规章制度和操作规程，是否有系统设计、采购、开发、集成、验收管理制度，与系统设计实施相关的机构和人员管理、风险管理、监督检查管理制度，以及其他管理制度的编制，评估其制定和发布过程；
d) 评估信息系统设计实施阶段的策略与制度文档是否进行了强制保护的评审和修订，以及指定专人保管、限定借阅范围、审批和登记等全面严格保管。

有关策略和制度方面的具体评估内容要点可参见附录A的A.5.1。

#### 7.2.5.2 机构和人员管理

信息系统设计实施阶段有关机构和人员管理方面，本级评估要求如下：

a) 评估信息系统设计实施阶段是否有信息安全领导小组和安全职能部门负责，并配备安全管理人员参加，安全领导小组是否由主要负责人出任领导，对信息系统设计实施是否具有安全管理领导职能；

b) 评估信息系统设计实施阶段是否制定了安全机制集中管理机构人员职责和运行集中管理规范；

c) 评估信息系统设计实施阶段的人员管理是否包括安全管理人员配备、信息系统关键岗位人员管理、人员录用管理、人员离岗管理、人员考核与审查管理，特别是与设计实施有关服务商等第三方人员管理；

d) 评估信息系统设计实施阶段的信息安全教育是否做到应知应会，有计划开展培训，针对不同岗位培训，听取信息安全专家建议，对信息安全专家的管理。

有关机构和人员管理方面的具体评估内容要点可参见附录 A 的 A.5.2。

#### 7.2.5.3 风险管理

信息系统设计实施阶段应根据系统的安全保护等级选择基本安全措施的基础上，依据风险管理的方法补充和调整安全措施，对于设计实施阶段的风险管理，本级评估要求如下：

a) 评估信息系统设计实施阶段是否通过基本的风险管理，提出信息系统安全功能需求，识别系统设计实施过程的风险，对系统建成后的安全功能进行验证；

b) 评估信息系统设计实施阶段是否进行了风险分析，基于信息系统设计方案的资产列表、安全措施，进行安全威胁分析及概率分析列表、系统脆弱性分析，评价安全措施的实现程度，确定安全措施能否抵御现有威胁及脆弱性的影响；

c) 评估新建或改造信息系统的设计实施是否进行了风险控制，包括：

——设计方案是否符合系统建设规划并得到最高管理者的认可，设计方案中的安全需求是否符合规划阶段的安全目标，并基于威胁的分析制定信息系统的总体安全策略，根据设计开发计划及用户需求，对系统涉及的软件、硬件与网络进行分析和选型；

——对开发与技术/产品获取过程的评估和控制，是否包括符合法律、政策、适用标准和指导方针，满足信息系统的功能需要，考虑成本效益风险，通过安全测评和检查；

——系统交付实施过程的评估和控制，是否包括详细分析信息系统资产、面临的威胁和脆弱性，根据系统建设目标和安全需求，对系统的安全功能进行验收测试；评价安全措施能否抵御安全威胁，是否建立了与整体安全策略一致的管理制度；

d) 评估新建或改造信息系统的设计和实施中是否进行了风险决策，对于新建或改造信息系统设计实施中存在的残余风险是否接受，采取残余风险监视措施，做出信息系统投入运行的决定；

e) 评估信息系统设计实施阶段的风险评估主要包括安全建设方案评审和系统测试验收，以及系统的开发与技术/产品获取、系统交付实施等过程，评估结果是否体现在新建或改造信息系统的设计和实施中，是否按资质和信誉选择评估机构，签署保密协议，对评估信息规定交接手续并替换敏感参数，技术检测应经授权并在监督下进行，对评估信息不得带出指定区域。

有关风险管理方面的具体评估内容要点可参见附录 A 的 A.5.3。

#### 7.2.5.4 环境和资源管理

信息系统设计实施阶段有关环境和资源管理方面，本级评估要求如下：

a) 评估信息系统设计实施阶段的开发环境的管理，运行环境的设计实施，做到开发环境、测试环境与运行环境物理分开，是否明确了系统环境的管理部门和职责，机房及办公环境的安全管理措施，对来访人员的控制，标识不同安全区域并隔离，增强门禁控制手段，启用视频监控和专职警卫；

b) 评估信息系统设计实施阶段的信息资源管理，是否编制了涉及系统开发使用和系统建设需采购的软件及硬件设备的详细资产清单，采取资产分类并建立资产管理体系，进行介质加密管理、设备管理及资产信息管理。

有关环境和资源管理方面的具体评估内容要点可参见附录A的A.5.4。

#### 7.2.5.5 安全机制保障管理

信息系统设计实施阶段有关安全机制保障管理方面，本级评估要求如下：

a) 评估信息系统设计实施阶段对信息系统用户管理的设计，是否包括用户分类，系统用户授权控制、特权管理、监督性保护，普通用户及敏感信息处理，重要业务用户管理，组织机构外部用户及其特定需求管理，临时用户设置和限制、删除以及审计管理措施；
b) 评估信息系统设计实施阶段对信息系统信息交换的设计，是否包括了不同安全区域信息交换的规范化管理措施，以及高安全信息向低安全域传输的管理措施；
c) 评估信息系统设计实施阶段对运行安全状态监控的设计，是否包括了运行状况、安全、性能集中监控及日志管理措施，对关键区域监视管理措施；
d) 评估信息系统设计实施阶段对信息系统有关安全机制保障管理的设计，是否包括具有审计、证书支持的身份鉴别机制管理，自主访问控制和强制访问控制机制的管理，基于强制控制的系统安全、网络安全、应用系统安全管理，恶意代码防护管理，以及密码算法、密钥管理、以密码技术为基础的安全管理措施；
e) 评估信息系统设计实施阶段对信息系统安全机制集中管理的设计，是否包括系统管理、安全管理、审计管理等安全机制集中控管、安全信息集中管理，安全机制整合的一般功能，安全机制整合的工作方式管理措施，以及安全机制集中管理的分层级联和控管措施。

有关安全机制保障管理方面的具体评估内容要点可参见附录A的A.5.5。

#### 7.2.5.6 业务连续性管理

信息系统设计实施阶段有关业务连续性管理方面，本级评估要求如下：

a) 评估信息系统设计实施阶段对数据备份和恢复管理的设计，是否提出了数据备份和恢复管理职责，监督检查办法，设计了数据备份的内容和周期，介质备份及设备备份，系统热备份与冗余，系统远地备份；
b) 评估信息系统设计实施阶段对安全事件处理的设计，是否提出了安全事件内容和划分要求，监督检查办法，设计了安全事件报告和处理程序，以及安全隐患问题报告和防范；
c) 评估信息系统设计实施阶段对应急处理的设计，是否提出了应急处理的管理措施和执行能力，监督检查办法，设计了应急计划框架及具体应急计划。

有关业务连续性管理方面的具体评估内容要点可参见附录A的A.5.6。

#### 7.2.5.7 监督和检查管理

信息系统设计实施阶段的监督和检查管理方面，本级评估要求如下：

a) 评估信息系统设计实施阶段的法律符合性，新建或改造信息系统的系统设计、采购控制、开发控制、措施制定、集成及配置、测试及验收是否符合国家有关信息安全法规要求，是否做到知晓适用法律，遵守知识产权要求，防止滥用信息处理设备，保护关键业务应用软件版权，保护组织机构重要记录，遵照国家法规使用密码技术及选择密码技术产品；
b) 评估信息系统设计实施阶段的依从性，新建或改造信息系统的设计方案及实现有关贯彻安全策略和执行技术标准状况，进行全面系统的依从性检查和分析，并持续改进；
c) 评估新建或改造信息系统的设计实施过程是进行了监督控制，是否对设计实施阶段的安全状况进行自查，是否依据国家有关管理规范和技术标准进行保护，接受监管部门的强制监督检查；规划中是否包括了安全审计机制；
d) 评估信息系统设计实施阶段的责任认定，是否明确了新建或改造信息系统的设计实施过程的管理责任和技术责任，监督检查责任，以及审计及结果处理责任。

有关监督和检查管理方面的具体评估内容要点可参见附录 A 的 A.5.7。

#### 7.2.5.8 建设过程管理

信息系统设计实施阶段的建设过程管理方面，本级评估要求如下：

a) 评估信息系统设计实施阶段的建设项目准备，是否明确指定项目负责人，监督和管理系统安全设计、系统采购、系统开发、管理措施制定、集成及配置、测试及验收等全过程(见 7.2.1)，具有详细的项目实施计划和过程管理流程，建立工程监理；

b) 评估信息系统设计实施阶段的工程项目外包管理，一般不采取工程项目外包方式，是否在主管部门指定或特定范围内选择具有国家主管部门的资质认证服务资质的信誉较好的厂商，应参照评估机构的选择要求(参见附录 A 的 A.5.3)；具有对项目的保护和控制流程；

c) 评估信息系统设计实施阶段的自行开发环境控制，是否做到开发环境与运行环境分开，开发及测试活动也能分开；是否能够保护好系统开发文档，控制对程序资源库的访问；非自行开发的软件包一般不作修改；应对开发全过程采取相应的保密措施；

d) 评估信息系统设计实施阶段的安全产品采购，是否在国家监管部门许可的产品目录中选择，执行国家有关信息安全等级三级及以上信息安全产品采购规定；

e) 评估信息系统设计实施阶段的建设项目测试验收，是否进行功能、性能和安全性测试，以及约定的安全措施、应急计划、应用指南、操作培训等，具有系统验收要求和标准的定义文档；

f) 评估信息系统设计实施阶段的新系统启用管理，验收后由使用者或管理者提出申请，经过相应领导审批，并进行试运行及其安全评估；对正式启用的系统审计跟踪并进行评价，决定是否继续运行。

有关建设过程管理方面的具体评估内容要点可参见附录 A 的 A.5.8。

### 7.2.6 第五级信息系统

#### 7.2.6.1 策略和制度管理

信息系统设计实施阶段有关策略和制度管理方面，本级评估要求如下：

a) 评估信息系统设计实施阶段的管理目标和范围是否涵盖了设计实施阶段的关键管理环节(见 7.2.1)，具有自我持续改进的管理目标和范围；

b) 评估信息系统设计实施阶段提出的信息系统总体安全管理策略，是否确定了信息系统安全总体设计思路，形成了信息系统安全详细设计方案文档，是否达到专控保护的安全管理策略的要求，评估其制定和发布过程；

c) 评估信息系统设计实施阶段是否具有专控保护的安全管理规章制度和操作规程，是否有系统设计、采购、开发、集成、验收管理制度，与系统设计实施的机构和人员管理、风险管理、监督检查管理制度，以及其他管理制度的编制，评估其制定和发布过程；

d) 评估信息系统设计实施阶段的策略与制度文档是否进行了专控保护的评审和修订，以及指定专人保管、限定借阅范围、审批和登记等全面严格保管。

有关策略和制度方面的具体评估内容要点可参见附录 A 的 A.6.1。

#### 7.2.6.2 机构和人员管理

信息系统设计实施阶段有关机构和人员管理方面，本级评估要求如下：

a) 评估信息系统设计实施阶段是否有信息安全领导小组和安全职能部门负责，并配备安全管理人员参加，信息安全领导小组是否由主要负责人出任领导，对信息系统规划、定级、立项工作是否具有安全管理领导职能和信息安全保密监督管理职能；

b) 评估信息系统设计实施阶段是否制定了安全机制集中管理机构人员职责和运行集中管理规范；

c) 评估信息系统设计实施阶段的人员管理是否包括安全管理人员配备、信息系统关键岗位人员管理、人员录用管理、人员离岗管理、人员考核与审查管理，特别是与设计实施有关服务商等第三方人员管理；

d) 评估信息系统设计实施阶段的信息安全教育是否做到应知应会，有计划开展培训，针对不同岗位培训，按人员资质要求培训，培养安全意识自觉性，听取信息安全专家建议，对信息安全专家的管理。

有关机构和人员管理方面的具体评估内容要点可参见附录 A 的 A.6.2。

#### 7.2.6.3 风险管理

信息系统设计实施阶段应根据系统的安全保护等级选择基本安全措施的基础上，依据风险管理的方法补充和调整安全措施，对于设计实施阶段的风险管理，本级评估要求如下：

a) 评估信息系统设计实施阶段是否通过基本的风险管理，提出信息系统安全功能需求，识别系统设计实施过程的风险，对系统建成后的安全功能进行验证；

b) 评估信息系统设计实施阶段是否进行了风险分析，基于信息系统设计方案的资产列表、安全措施，进行安全威胁分析及概率分析列表、系统脆弱性分析，评价安全措施的实现程度，确定安全措施能否抵御现有威胁及脆弱性的影响；

c) 评估新建或改造信息系统的设计实施是否进行了风险控制，包括：

——设计方案是否符合系统建设规划并得到最高管理者的认可，设计方案中的安全需求是否符合规划阶段的安全目标，并基于威胁的分析制定信息系统的总体安全策略，根据设计开发计划及用户需求，对系统涉及的软件、硬件与网络进行分析和选型；

——对开发与技术/产品获取过程的评估和控制，是否包括符合法律、政策、适用标准和指导方针，满足信息系统的功能需要，考虑成本效益风险，通过安全测评和检查；

——系统交付实施过程的评估和控制，是否包括详细分析信息系统资产、面临的威胁和脆弱性，根据系统建设目标和安全需求，对系统的安全功能进行验收测试；评价安全措施能否抵御安全威胁，是否建立了与整体安全策略一致的管理制度；

d) 评估新建或改造信息系统的设计和实施中是否进行了风险决策，对于新建或改造信息系统设计实施中存在的残余风险是否接受，采取残余风险监视措施，做出信息系统投入运行的决定；

e) 评估信息系统设计实施阶段的风险评估主要包括安全建设方案评审和系统测试验收，以及系统的开发与技术/产品获取、系统交付实施等过程，评估结果是否体现在新建或改造信息系统的设计和实施中，是否按资质和信誉选择评估机构，签署保密协议，对评估信息规定交接手续并替换敏感参数，技术检测应经授权并在监督下进行，对评估信息不得带出指定区域。

有关风险管理方面的具体评估内容要点可参见附录 A 的 A.6.3。

#### 7.2.6.4 环境和资源管理

信息系统设计实施阶段有关环境和资源管理方面，本级评估要求如下：

a) 评估信息系统设计实施阶段的开发环境的管理，运行环境的设计实施，做到开发环境、测试环境与运行环境物理分开并进行专门管理，是否明确了系统环境的管理部门和职责，采取机房防止电磁泄漏保护的安全管理，对来访人员的控制，标识不同安全区域并隔离，增强门禁控制手段及办公环境管理，启用视频监控和专职警卫；

b) 评估信息系统设计实施阶段的信息资源管理，是否编制了涉及系统开发使用和系统建设需采购的软件及硬件设备的详细资产清单，采取资产分类并建立资产管理体系，进行介质加密管理、设备管理及资产信息管理。

有关环境和资源管理方面的具体评估内容要点可参见附录A的A.6.4。

#### 7.2.6.5 安全机制保障管理

信息系统设计实施阶段有关安全机制保障管理方面，本级评估要求如下：

a) 评估信息系统设计实施阶段对信息系统用户管理的设计，是否包括用户分类，系统用户授权控制、特权管理、监督性保护，普通用户及敏感信息处理，重要业务用户管理，组织机构外部用户及其特定需求管理及限制，临时用户设置和限制、删除以及审计管理措施；
b) 评估信息系统设计实施阶段对信息系统信息交换的设计，是否包括了不同安全区域信息交换的规范化管理措施，以及高安全信息向低安全域传输的管理措施；
c) 评估信息系统设计实施阶段对运行安全状态监控的设计，是否包括了运行状况、安全、性能集中监控及日志管理措施，对关键区域及核心数据监视管理措施；
d) 评估信息系统设计实施阶段对信息系统有关安全机制保障管理的设计，是否包括具有审计、证书支持的身份鉴别机制管理，自主访问控制和强制访问控制机制的管理，基于专门控制的系统安全、网络安全、应用系统安全管理，基于监督检查的恶意代码防护管理，以及密码算法、密钥管理、以密码技术为基础的安全管理措施；
e) 评估信息系统设计实施阶段对信息系统安全机制集中管理的设计，是否包括系统管理、安全管理、审计管理等安全机制集中控管、安全信息集中管理，安全机制整合的一般功能，安全机制整合的工作方式管理措施，以及安全机制集中管理的分层级联和控管措施。

有关安全机制保障管理方面的具体评估内容要点可参见附录A的A.6.5。

#### 7.2.6.6 业务连续性管理

信息系统设计实施阶段有关业务连续性管理方面，本级评估要求如下：

a) 评估信息系统设计实施阶段对数据备份和恢复管理的设计，是否提出了数据备份和恢复管理职责，监督检查办法，设计了数据备份的内容和周期，介质备份及设备备份，系统热备份与冗余，系统远地备份；
b) 评估信息系统设计实施阶段对安全事件处理的设计，是否提出了安全事件内容和划分要求，监督检查办法，设计了安全事件报告和处理程序，以及安全隐患问题报告和防范；
c) 评估信息系统设计实施阶段对应急处理的设计，是否提出了应急处理的管理措施和执行能力，监督和持续改进办法，设计了应急计划框架及具体应急计划。

有关业务连续性管理方面的具体评估内容要点可参见附录A的A.6.6。

#### 7.2.6.7 监督和检查管理

信息系统设计实施阶段的监督和检查管理方面，本级评估要求如下：

a) 评估信息系统设计实施阶段的法律符合性，新建或改造信息系统的系统设计、采购控制、开发控制、措施制定、集成及配置、测试及验收是否符合国家有关信息安全法规要求，是否做到知晓适用法律，遵守知识产权要求，防止滥用信息处理设备，保护关键业务应用软件版权，保护组织机构重要记录，遵照国家法规使用密码技术及选择密码技术产品；
b) 评估信息系统设计实施阶段的依从性，对新建或改造信息系统的设计方案及实现有关贯彻安全策略和执行技术标准状况，进行全面系统的依从性检查和分析，并持续改进；
c) 评估新建或改造信息系统的设计实施过程是进行了监督控制，是否对设计实施阶段的安全状况进行自查，是否依据国家有关管理规范和技术标准进行保护，接受监管部门的专门监督检

查;规划中是否包括了安全审计机制;

d) 评估信息系统设计实施阶段的责任认定,是否明确了新建或改造信息系统的设计实施过程的管理责任和技术责任,监督检查责任,以及审计及结果处理责任。

有关监督和检查管理方面的具体评估内容要点可参见附录A的A.6.7。

#### 7.2.6.8 建设过程管理

信息系统设计实施阶段的建设过程管理方面,本级评估要求如下:

a) 评估信息系统设计实施阶段的建设项目准备,是否明确指定项目负责人,监督和管理系统安全设计、系统采购、系统开发、管理措施制定、集成及配置、测试及验收等全过程(见7.2.1),具有详细的项目实施计划和过程管理流程,建立工程监理;

b) 评估信息系统设计实施阶段的工程项目外包管理,一般不采取工程项目外包方式,是否在主管部门指定或特定范围内选择具有国家主管部门的资质认证服务资质的信誉较好的厂商,应参照评估机构的选择要求(参见附录A的A.6.3);具有对项目的保护和控制流程;

c) 评估信息系统设计实施阶段的自行开发环境控制,是否做到开发环境与运行环境分开,开发及测试活动也能分开;是否能够保护好系统开发文档,控制对程序资源库的访问;非自行开发的软件包一般不作修改;应对开发全过程采取相应的保密措施;

d) 评估信息系统设计实施阶段的安全产品采购,是否在国家监管部门许可的产品目录中选择,执行国家有关信息安全等级三级及以上信息安全产品采购规定;

e) 评估信息系统设计实施阶段的建设项目测试验收,是否进行功能、性能和安全性测试,以及约定的安全措施、应急计划、应用指南、操作培训等,具有系统验收要求和标准的定义文档;

f) 评估信息系统设计实施阶段的新系统启用管理,验收后由使用者或管理者提出申请,经过相应领导审批,并进行试运行及其安全评估;对正式启用的系统审计跟踪并进行评价,决定是否继续运行。

有关建设过程管理方面的具体评估内容要点可参见附录A的A.6.8。

## 7.3 运行维护管理评估要求

### 7.3.1 本阶段评估范围

#### 7.3.1.1 评估范围概述

在信息系统运行维护阶段,信息安全管理评估范围包括:

a) 运行维护阶段的关键管理环节:

——运行操作管理;

——系统维护管理;

——安全状态监控;

——业务连续性管理;

——变更控制和外包管理;

——安全检查和持续改进;

b) 运行维护阶段的策略和制度、机构和人员管理等保障措施;

c) 运行维护阶段的环境和资源管理、运行和维护管理、业务连续性管理等日常措施;

d) 运行维护阶段的风险管理、监督和检查管理等监督措施。

#### 7.3.1.2 运行操作管理

对于信息系统运行和维护中的运行操作管理的评估范围包括:

a） 运行操作管理职责确定：通过对信息系统用户分类管理，对运行管理活动或任务的角色划分，并授予相应的操作及管理权限，来确定安全运行管理的具体人员和职责；

b） 运行管理过程控制：通过制定运行操作及管理的规章制度和操作规程，确定信息系统用户和运行管理人员的操作目的、操作内容、操作时间和地点、操作方法和流程等，并进行操作过程记录，使操作过程得到控制。

#### 7.3.1.3 系统维护管理

对于信息系统运行和维护中的常规维护管理的评估范围包括：

a） 日常运行安全管理：包括系统运行的制度化管理，系统运行的风险控制，系统运行的安全审计管理，以及依据安全监控信息进行安全防护；

b） 软件硬件维护管理：包括明确软件硬件维护的责任，进行定期或不定期维护，提高设备完好率；设备送出维修和聘请外部人员前来维修的管理，对维修过程的可监督管理；

c） 外部服务方访问管理：外部服务方访问的申报及审批，进行外部服务方访问的监督、控制和审计管理。

#### 7.3.1.4 安全监控管理

对于信息系统运行维护中的安全状态监控管理的评估范围包括：

a） 确定信息系统安全监控对象：确定可能会对信息系统安全造成影响的网络设备、安全设备、服务器或客户端等，确定监控对象列表；

b） 建立安全监控服务台功能：具有系统安全监控的人员值守，系统事故及安全事件的接报及响应处理的分派；

c） 收集和分析信息系统安全状态信息：收集、识别和记录监控对象安全状态信息，分析发现安全事件及其影响，形成安全状态结果分析报告；

d） 安全机制集中管理：包括对系统资源和运行进行配置、控制和管理，对系统各部分的安全审计机制集中管理，对安全设施的配置、控制和管理，部署一致的安全策略。

#### 7.3.1.5 业务连续性管理

对于信息系统运行维护中的业务连续性管理的评估范围包括：

a） 信息系统备份与恢复：包括对信息系统的数据备份和恢复管理，设备和系统的备份与冗余管理；

b） 安全事件定义与处置：结合信息系统的实际情况将安全事件分级，对安全事件采取适当的方法处置，对安全事件影响进行分析，确定是否启动应急响应；

c） 应急预案制定与实施：在统一的应急预案框架下制定不同安全事件的应急预案，确定应急预案对象，明确各自责任，制定应急响应流程及应急预案执行条件。

#### 7.3.1.6 变更和外包管理

对信息系统运行维护中的变更控制和外包管理的评估范围包括：

a） 变更需求和影响分析：分析变更需求和影响，确定变更的内容、资源需求和范围，判断变更的必要性和可行性，提出变更方案；

b） 变更过程控制：审批变更方案，收集变更过程的各类相关文档和记录，整理、分析和总结各类数据，形成变更结果报告，并归档保存；

c） 运行维护中的外包管理：包括外包服务商的选择，签署外包服务的书面合同，对外包服务的监控和评估。

#### 7.3.1.7 安全检查监督管理

对信息系统运行维护中的安全检查监督管理的评估范围包括：

a) 制定检查方案：明确安全检查的范围、对象、方法、计划，准备安全检查需要的各类表单和工具；包括法律符合性、策略和技术依从性检查，审计及监管控制，责任认定；

b) 实施安全检查：检查安全状况，记录检查活动及结果数据，分析安全措施的有效性、安全事件的可能性和信息系统的改进需求；

c) 安全检查报告：总结检查结果，提出改进建议，形成安全检查报告，并归档保存检查过程文档资料。

### 7.3.2 第一级信息系统

#### 7.3.2.1 策略和制度管理

信息系统运行维护阶段有关策略和制度管理方面，本级评估要求如下：

a) 评估信息系统运行维护阶段的管理目标和范围是否涵盖了运行维护阶段的关键管理环节（见7.3.1），具有基本的管理目标和范围；

b) 评估信息系统运行维护阶段提出的信息系统总体安全管理策略，是否确定了信息系统安全运行和维护的总体思路，形成了信息系统安全运维整体管理办法文档，是否达到基本的安全管理策略的要求，评估其制定和发布过程；

c) 评估信息系统运行维护阶段是否具有基本的安全管理规章制度，是否有系统运行操作、系统维护、安全状态监控、业务连续性、变更控制、外包管理制度，与系统运行维护相关的机构和人员管理、风险管理、监督检查管理制度，评估其制定和发布过程；

d) 评估信息系统运行维护阶段的策略与制度文档是否进行了基本的评审和修订，以及指定专人保管。

有关策略和制度方面的具体评估内容要点可参见附录A的A.2.1。

#### 7.3.2.2 机构和人员管理

信息系统阶段有关机构和人员管理方面，本级评估要求如下：

a) 评估信息系统运行维护阶段是否有分管领导负责，并配备安全管理人员参加，对信息系统运行维护是否具有基本安全管理职能；

b) 评估信息系统运行维护阶段的人员管理是否包括安全管理人员配备、信息系统关键岗位人员管理、人员录用管理、人员离岗管理、人员考核与审查管理，特别是与运行维护有关服务商等第三方人员管理；

c) 评估信息系统运行维护阶段的信息安全教育是否做到应知应会，能够听取信息安全专家建议。

有关机构和人员管理方面的具体评估内容要点可参见附录A的A.2.2。

#### 7.3.2.3 风险管理

信息系统运行维护阶段有关风险管理方面，本级评估要求如下：

a) 评估信息系统运行维护阶段是否通过基本的风险管理，了解和控制信息系统运行维护过程中的安全风险，具有基本的风险管理策略；

b) 评估信息系统运行维护阶段是否进行了风险分析，基于真实运行的信息系统的资产、威胁、脆弱性，分析安全威胁，评价安全措施的实现程度，确定安全措施能否抵御现有威胁及脆弱性的影响；

c) 评估信息系统的运行维护是否进行了风险控制，包括：
——资产识别，包括实施阶段采购的软硬件资产、系统运行过程中生成的信息资产、相关的人员与服务等，也是前期资产识别的补充与增加；
——分析威胁的可能性和影响程度，对非故意威胁导致安全事件考虑其发生频率，对故意威胁导致安全事件考虑威胁的各个影响因素作出判断；
——脆弱性分析，包括运行环境中物理、网络、系统、应用、安全保障设备、管理等各方面的脆弱性，考虑安全功能的实现情况和安全保障设备本身的脆弱性；
——对重要资产的风险进行分析，描述不同资产的风险高低状况，调整和完善信息系统运行维护的安全管理措施；

d) 评估信息系统的运行维护中是否进行了风险决策，对于信息系统运行维护中存在的残余风险是否接受；

e) 评估信息系统运行维护阶段的风险评估是否定期或发生重大变更时执行，主要包括对真实运行的信息系统及资产、威胁、脆弱性等各方面；评估结果是否体现在信息系统的运行维护改进中，是否按资质和信誉选择评估机构，签署保密协议，对评估信息规定交接手续。

有关风险管理方面的具体评估内容要点可参见附录A的A.2.3。

#### 7.3.2.4 环境和资源管理

信息系统运行维护阶段有关环境和资源管理方面，本级评估要求如下：

a) 评估信息系统运行维护阶段的运行环境的管理，是否明确系统环境的管理部门和职责，机房的安全管理措施；

b) 评估信息系统运行维护阶段的信息资源管理，是否编制了信息系统软件、硬件设备和信息资产的基本资产清单，进行了基本的介质管理、设备管理；

c) 评估信息系统运行维护阶段使用的安全产品，是否属于国家监管部门许可的产品目录中列出安全产品(参见附录A的A.2.8)。

有关环境和资源管理方面的具体评估内容要点可参见附录A的A.2.4。

#### 7.3.2.5 日常运维管理

信息系统运行维护阶段有关日常运维管理方面，本级评估要求如下：

a) 评估信息系统运行维护阶段的用户管理，是否包括用户分类清单编制，系统用户最小授权控制，普通用户基本管理，组织机构外部用户基本管理，临时用户设置与删除管理；

b) 评估信息系统运行维护阶段的运行操作管理，是否包括服务器、终端计算机、便携机操作的基本管理，网络及安全设备操作的基本管理，业务应用操作程序和权限控制，变更控制的申报和审批，信息交换的基本管理；

c) 评估信息系统运行维护阶段的运行维护管理，是否包括系统运行的基本安全管理，对运行状况监控日志管理，软件硬件维护的责任，外部服务方访问的审批控制；

d) 评估信息系统运行维护阶段的外包服务管理，是否包括外包服务合同基本管理，外包服务商基本管理，以及外包服务监控管理；

e) 评估信息系统运行维护阶段的有关安全机制的保障，是否包括身份鉴别机制基本管理，自主访问控制机制的管理，系统安全基本管理，网络安全基本管理，应用系统安全基本管理，以及病毒防护基本管理。

有关日常运维管理方面的具体评估内容要点可参见附录A的A.2.5。

#### 7.3.2.6 业务连续性管理

信息系统运行维护阶段有关业务连续性管理方面，本级评估要求如下：

a) 评估信息系统运行维护阶段的数据备份和恢复管理，是否明确了数据备份和恢复管理职责，规定并执行了数据备份的内容和周期要求；
b) 评估信息系统运行维护阶段的安全事件处理，是否明确了安全事件内容和划分要求，规定并执行了安全事件报告和处理程序；
c) 评估信息系统运行维护阶段的应急处理，是否明确了应急处理的基本管理措施，规定了应急计划框架及具体应急计划的责任，编制和落实了应急计划。

有关业务连续性管理方面的具体评估内容要点可参见附录A的A.2.6。

#### 7.3.2.7 监督和检查管理

信息系统运行维护阶段的监督和检查管理方面，本级评估要求如下：

a) 评估信息系统运行维护阶段的法律符合性，信息系统的运行操作、日常维护、安全监控、业务连续性、变更控制、外包管理、安全检查是否符合国家有关信息安全法规要求，是否做到知晓适用法律，遵守知识产权要求，保护组织机构重要记录；
b) 评估信息系统运行维护阶段的监督控制，是否对运行维护阶段的安全状况进行自查，是否依据国家有关管理规范和技术标准进行保护。

有关监督和检查管理方面的具体评估内容要点可参见附录A的A.2.7。

### 7.3.3 第二级信息系统

#### 7.3.3.1 策略和制度管理

信息系统运行维护阶段有关策略和制度管理方面，本级评估要求如下：

a) 评估信息系统运行维护阶段的管理目标和范围是否涵盖了运行维护阶段的关键管理环节(见7.3.1)，具有较完整的管理目标和范围；
b) 评估信息系统运行维护阶段提出的信息系统总体安全管理策略，是否确定了信息系统安全运行和维护的总体思路，形成了信息系统安全运维整体管理办法文档，是否达到较完整的安全管理策略的要求，评估其制定和发布过程；
c) 评估信息系统运行维护阶段是否具有较完整的安全管理规章制度和操作规程，是否有系统运行操作、系统维护、安全状态监控、业务连续性、变更控制、外包管理制度，与系统运行维护相关的机构和人员管理、风险管理、监督检查管理制度，评估其制定和发布过程；
d) 评估信息系统运行维护阶段的策略与制度文档是否进行了较完整的评审和修订，以及指定专人保管、借阅审批和登记。

有关策略和制度方面的具体评估内容要点可参见附录A的A.3.1。

#### 7.3.3.2 机构和人员管理

信息系统运行维护阶段有关机构和人员管理方面，本级评估要求如下：

a) 评估信息系统运行维护阶段是否有分管领导和信息安全职能部门负责，并配备安全管理人员参加，对信息系统运行维护是否具有安全管理领导职能；
b) 评估信息系统运行维护阶段的人员管理是否包括安全管理人员配备、信息系统关键岗位人员管理、人员录用管理、人员离岗管理、人员考核与审查管理，特别是与运行维护有关服务商等第三方人员管理；
c) 评估信息系统运行维护阶段的信息安全教育是否做到应知应会，有计划开展培训，能够听取信息安全专家建议。

有关机构和人员管理方面的具体评估内容要点可参见附录A的A.3.2。

#### 7.3.3.3 风险管理

信息系统运行维护阶段有关风险管理方面，本级评估要求如下：

a) 评估信息系统运行维护阶段是否通过基本的风险管理，了解和控制信息系统运行维护过程中的安全风险，具有风险管理策略；

b) 评估信息系统运行维护阶段是否进行了风险分析，基于真实运行的信息系统的资产列表、安全措施，进行安全威胁分析及概率分析列表、系统脆弱性分析，以及安全测试，评价安全措施的实现程度，确定安全措施能否抵御现有威胁及脆弱性的影响；

c) 评估信息系统的运行维护是否进行了风险控制，包括：

——资产识别，包括实施阶段采购的软硬件资产、系统运行过程中生成的信息资产、相关的人员与服务等，也是前期资产识别的补充与增加；

——分析威胁的可能性和影响程度，对非故意威胁导致安全事件考虑其发生频率，对故意威胁导致安全事件考虑威胁的各个影响因素作出判断；

——脆弱性分析，包括运行环境中物理、网络、系统、应用、安全保障设备、管理等各方面的脆弱性，考虑安全功能的实现情况和安全保障设备本身的脆弱性；

——对重要资产的风险进行分析，描述不同资产的风险高低状况，调整和完善信息系统运行维护的安全管理措施；

d) 评估信息系统的运行维护中是否进行了风险决策，对于信息系统运行维护中存在的残余风险是否接受，以及信息系统投入运行的决定；

e) 评估信息系统运行维护阶段的风险评估是否定期或发生重大变更时执行，主要包括对真实运行的信息系统及资产、威胁、脆弱性等各方面；评估结果是否体现在信息系统的运行维护改进中，是否按资质和信誉选择评估机构，签署保密协议，对评估信息规定交接手续并替换敏感参数，技术检测应经授权并在监督下进行。

有关风险管理方面的具体评估内容要点可参见附录 A 的 A.3.3。

#### 7.3.3.4 环境和资源管理

信息系统运行维护阶段有关环境和资源管理方面，本级评估要求如下：

a) 评估信息系统运行维护阶段的运行环境的管理，是否明确系统环境的管理部门和职责，机房及办公环境的安全管理措施，对来访人员的控制管理；

b) 评估信息系统运行维护阶段的信息资源管理，是否编制了信息系统软件、硬件设备和信息资产的详细资产清单，采取资产分类，进行了介质管理、设备管理；

c) 评估信息系统运行维护阶段使用的安全产品，是否属于国家监管部门许可的产品目录中列出安全产品(见附录 A 的 A.3.8)。

有关环境和资源管理方面的具体评估内容要点可参见附录 A 的 A.3.4。

#### 7.3.3.5 日常运维管理

信息系统运行维护阶段有关日常运维管理方面，本级评估要求如下：

a) 评估信息系统运行维护阶段的用户管理，是否包括用户分类清单编制，系统用户最小授权控制及特权管理，普通用户及其处理敏感信息管理，组织机构外部用户及其特定需求管理，临时用户设置、删除及审计管理；

b) 评估信息系统运行维护阶段的运行操作管理，是否包括服务器及日志文件和监控、权限管理，终端计算机、便携机操作及限制管理，网络及安全设备操作、策略配置及检查管理，业务应用操作程序和权限控制，变更控制、设备重用、信息交换的规范化管理；

c） 评估信息系统运行维护阶段的运行维护管理，是否包括系统运行的制度化管理，对运行状况、安全、性能监控及日志管理，软件硬件维护责任及送外维修要求，外部服务方访问的制度化管理；

d） 评估信息系统运行维护阶段的外包服务管理，是否包括外包服务合同基本管理，外包服务商的选择及管理，以及外包服务监控和评估管理；

e） 评估信息系统运行维护阶段的有关安全机制的保障，是否包括具有审计支持的身份鉴别机制管理，自主访问控制机制的管理，系统安全管理，网络安全管理，应用系统安全管理，病毒防护管理，以及密码算法和密钥管理。

有关日常运维管理方面的具体评估内容要点可参见附录A的A.3.5。

#### 7.3.3.6 业务连续性管理

信息系统运行维护阶段有关业务连续性管理方面，本级评估要求如下：

a） 评估信息系统运行维护阶段的数据备份和恢复管理，是否明确了数据备份和恢复管理职责，规定并执行了数据备份的内容、周期要求和检查，备份介质及其恢复的检查，设备备份；

b） 评估信息系统运行维护阶段的安全事件处理，是否明确了安全事件内容和划分要求，规定了安全事件报告和处理程序，是否按照程序处置安全事件，以及安全隐患问题报告和防范；

c） 评估信息系统运行维护阶段的应急处理，是否明确了应急处理的制度化管理，规定了应急计划框架及应急计划的责任和能力，编制并落实了应急计划。

有关业务连续性管理方面的具体评估内容要点可参见附录A的A.3.6。

#### 7.3.3.7 监督和检查管理

信息系统运行维护阶段的监督和检查管理方面，本级评估要求如下：

a） 评估信息系统运行维护阶段的法律符合性，信息系统的运行操作、日常维护、安全监控、业务连续性、变更控制、外包管理、安全检查是否符合国家有关信息安全法规要求，是否做到知晓适用法律，遵守知识产权要求，防止滥用信息处理设备，保护业务应用软件版权，保护组织机构重要记录；

b） 评估信息系统运行维护阶段的依从性，对信息系统的运行和维护过程中有关贯彻安全策略和执行技术标准状况，进行依从性检查和分析；

c） 评估信息系统运行维护阶段的监督控制，是否对运行维护阶段的安全状况定期进行自查，是否依据国家有关管理规范和技术标准进行保护，接受监管部门的指导；信息系统的运行和维护是否具有审计机制；

d） 评估信息系统运行维护阶段的责任认定，是否明确了信息系统的运行和维护过程的管理责任和技术责任，监督检查责任，以及审计及结果处理责任。

有关监督和检查管理方面的具体评估内容要点可参见附录A的A.3.7。

### 7.3.4 第三级信息系统

#### 7.3.4.1 策略和制度管理

信息系统运行维护阶段有关策略和制度管理方面，本级评估要求如下：

a） 评估信息系统运行维护阶段的管理目标和范围是否涵盖了运行维护阶段的关键管理环节（见7.3.1），具有完好定义的管理目标和范围；

b） 评估信息系统运行维护阶段提出的信息系统总体安全管理策略，是否确定了信息系统安全运行和维护的总体思路，形成了信息系统安全运维整体管理办法文档，是否达到体系化的安全管

理策略的要求,评估其制定和发布过程;

c) 评估信息系统运行维护阶段是否具有体系化的安全管理规章制度和操作规程,是否有系统运行操作、系统维护、安全状态监控、业务连续性、变更控制、外包管理制度,与系统运行维护相关的机构和人员管理、风险管理、监督检查管理制度,评估其制定和发布过程;

d) 评估信息系统运行维护阶段的策略与制度文档是否进行了体系化的评审和修订,以及指定专人保管、限定借阅范围、审批和登记。

有关策略和制度方面的具体评估内容要点可参见附录 A 的 A.4.1。

#### 7.3.4.2 机构和人员管理

信息系统运行维护阶段有关机构和人员管理方面,本级评估要求如下:

a) 评估信息系统运行维护阶段是否有信息安全领导小组和安全职能部门负责,并配备安全管理人员参加,对信息系统运行维护是否具有安全管理领导职能;

b) 评估信息系统规划立项阶段是否包括对安全机制集中管理机构人员管理和运行集中管理;

c) 评估信息系统运行维护阶段的人员管理是否包括安全管理人员配备、信息系统关键岗位人员管理、人员录用管理、人员离岗管理、人员考核与审查管理,特别是与运行维护有关服务商等第三方人员管理;

d) 评估信息系统运行维护阶段的信息安全教育是否做到应知应会,有计划开展培训,针对不同岗位培训,能够听取信息安全专家建议。

有关机构和人员管理方面的具体评估内容要点可参见附录 A 的 A.4.2。

#### 7.3.4.3 风险管理

信息系统运行维护阶段有关风险管理方面,本级评估要求如下:

a) 评估信息系统运行维护阶段是否通过基本的风险管理,了解和控制信息系统运行维护过程中的安全风险,具有风险管理策略及其监督机制;

b) 评估信息系统运行维护阶段是否进行了风险分析,基于真实运行的信息系统的资产列表、安全措施,进行安全威胁分析及概率分析列表、系统脆弱性分析,以及安全测试,建立并维护风险信息库,评价安全措施的实现程度,确定安全措施能否抵御现有威胁及脆弱性的影响;

c) 评估信息系统的运行维护是否进行了风险控制,包括:

——资产识别,包括实施阶段采购的软硬件资产、系统运行过程中生成的信息资产、相关的人员与服务等,也是前期资产识别的补充与增加;

——分析威胁的可能性和影响程度,对非故意威胁导致安全事件考虑其发生频率,对故意威胁导致安全事件考虑威胁的各个影响因素作出判断;

——脆弱性分析,包括运行环境中物理、网络、系统、应用、安全保障设备、管理等各方面的脆弱性,考虑安全功能的实现情况和安全保障设备本身的脆弱性;

——对重要资产的风险进行分析,描述不同资产的风险高低状况,调整和完善信息系统运行维护的安全管理措施;

d) 评估信息系统的运行维护中是否进行了风险决策,对于信息系统运行维护中存在的残余风险是否接受,采取残余风险监视措施,做出信息系统投入运行的决定;以及安全风险再评估,采取信息系统受控运行;

e) 评估信息系统运行维护阶段的风险评估是否定期或发生重大变更时执行,主要包括对真实运行的信息系统及资产、威胁、脆弱性等各方面;评估结果是否体现在信息系统的运行维护改进中,是否按资质和信誉选择评估机构,签署保密协议,对评估信息规定交接手续并替换敏感参数,技术检测应经授权并在监督下进行或由被评估方操作,对评估机构专人监督检查,对评估信息不得带出指定区域。

有关风险管理方面的具体评估内容要点可参见附录A的A.4.3。

#### 7.3.4.4 环境和资源管理

信息系统运行维护阶段有关环境和资源管理方面，本级评估要求如下：

a) 评估信息系统运行维护阶段的运行环境的管理，是否明确系统环境的管理部门和职责，机房及办公环境的安全管理措施，对来访人员的控制，标识不同安全区域，配置门禁控制手段；

b) 评估信息系统运行维护阶段的信息资源管理，是否编制了信息系统软件、硬件设备和信息资产的详细资产清单，采取资产分类，进行了介质管理、设备管理及资产信息管理；

c) 评估信息系统运行维护阶段使用的安全产品，是否属于国家监管部门许可的产品目录中列出安全产品，是否执行国家有关信息安全等级三级及以上信息安全产品使用规定(参见附录A的A.4.8)。

有关环境和资源管理方面的具体评估内容要点可参见附录A的A.4.4。

#### 7.3.4.5 日常运维管理

信息系统运行维护阶段有关日常运维管理方面，本级评估要求如下：

a) 评估信息系统运行维护阶段的用户管理，是否包括用户分类清单编制，系统用户最小授权控制及特权管理、监督性保护，普通用户及其处理敏感信息管理，重要业务用户管理，组织机构外部用户及其特定需求管理，临时用户设置及限制、删除及审计管理；

b) 评估信息系统运行维护阶段的运行操作管理，是否包括服务器及日志文件和监控、权限管理、配置文件管理，终端计算机、便携机操作及限制管理，网络及安全设备操作、策略配置及检查管理，业务应用操作程序、权限控制和监督，变更控制、设备重用的规范化管理，不同安全区域之间信息交换管理，高安全信息向低安全域传输管理网络及安全设备安全机制集中管理；

c) 评估信息系统运行维护阶段的运行维护管理，是否包括系统运行的制度化管理及风险评估，对运行状况、安全、性能监控及日志管理，软件硬件维护责任、送外维修要求、可监督的维修过程，外部服务方访问的制度化管理及风险评估；

d) 评估信息系统运行维护阶段的外包服务管理，是否包括外包服务的限制，外包服务合同基本管理，外包服务商的选择及管理，以及外包服务监控和评估管理；

e) 评估信息系统运行维护阶段的有关安全机制的保障，是否包括具有审计、证书支持的身份鉴别机制管理，自主访问控制和强制访问控制机制的管理，系统安全管理，网络安全管理，应用系统安全管理，病毒防护管理，以及密码算法、密钥管理、以密码技术为基础的安全管理；

f) 评估信息系统运行维护阶段的安全机制集中管理，是否包括系统管理、安全管理、审计管理等安全机制集中控管，安全信息集中管理，安全机制整合的一般功能，安全机制整合的工作方式管理。

有关日常运维管理方面的具体评估内容要点可参见附录A的A.4.5。

#### 7.3.4.6 业务连续性管理

信息系统运行维护阶段有关业务连续性管理方面，本级评估要求如下：

a) 评估信息系统运行维护阶段的数据备份和恢复管理，是否包括数据备份的内容、周期要求和检查，备份介质及其恢复的检查，设备备份、系统热备份与冗余；

b) 评估信息系统运行维护阶段的安全事件处理，是否包括安全事件内容和划分，安全事件报告和处理程序，是否按照程序处置安全事件，安全隐患问题报告和防范，以及强化事件处理责任的认定；

c) 评估信息系统运行维护阶段的应急处理，是否包括应急处理的系统化管理，应急计划框架，以及应急计划的责任和能力。

有关业务连续性管理方面的具体评估内容要点可参见附录A的A.4.6。

#### 7.3.4.7 监督和检查管理

信息系统运行维护阶段的监督和检查管理方面，本级评估要求如下：

a) 评估信息系统运行维护阶段的法律符合性，信息系统的运行操作、日常维护、安全监控、业务连续性、变更控制、外包管理、安全检查是否符合国家有关信息安全法规要求，是否做到知晓适用法律，遵守知识产权要求，防止滥用信息处理设备，保护关键业务应用软件版权，保护组织机构重要记录，遵照国家法规使用密码技术；
b) 评估信息系统运行维护阶段的依从性，对信息系统的运行和维护过程中有关贯彻安全策略和执行技术标准状况，进行全面系统的依从性检查和分析；
c) 评估信息系统运行维护阶段的监督控制，是否对运行维护阶段的安全状况定期进行自查，是否依据国家有关管理规范和技术标准进行保护，接受监管部门的监督检查；信息系统的运行和维护是否具有审计机制；
d) 评估信息系统运行维护阶段的责任认定，是否明确了信息系统的运行和维护过程的管理责任和技术责任，监督检查责任，以及审计及结果处理责任。

有关监督和检查管理方面的具体评估内容要点可参见附录A的A.4.7。

### 7.3.5 第四级信息系统

#### 7.3.5.1 策略和制度管理

信息系统运行维护阶段有关策略和制度管理方面，本级评估要求如下：

a) 评估信息系统运行维护阶段的管理目标和范围是否涵盖了运行维护阶段的关键管理环节(见7.3.1)，具有量化控制的管理目标和范围；
b) 评估信息系统运行维护阶段提出的信息系统总体安全管理策略，是否确定了信息系统安全运行和维护的总体思路，形成了信息系统安全运维整体管理办法文档，是否达到强制保护的安全管理策略的要求，评估其制定和发布过程；
c) 评估信息系统运行维护阶段是否具有强制保护的安全管理规章制度和操作规程，是否有系统运行操作、系统维护、安全状态监控、业务连续性、变更控制、外包管理制度，与系统运行维护相关的机构和人员管理、风险管理、监督检查管理制度，评估其制定和发布过程；
d) 评估信息系统运行维护阶段的策略与制度文档是否进行了强制保护的评审和修订，以及指定专人保管、限定借阅范围、审批和登记等全面严格保管。

有关策略和制度方面的具体评估内容要点可参见附录A的A.5.1。

#### 7.3.5.2 机构和人员管理

信息系统运行维护阶段有关机构和人员管理方面，本级评估要求如下：

a) 评估信息系统运行维护阶段是否有信息安全领导小组和安全职能部门负责，并配备安全管理人员参加，安全领导小组是否由主要负责人出任领导，对信息系统运行维护是否具有安全管理领导职能；
b) 评估信息系统运行维护阶段是否包括对安全机制集中管理机构人员管理和运行集中管理；
c) 评估信息系统运行维护阶段的人员管理是否包括安全管理人员配备、信息系统关键岗位人员管理、人员录用管理、人员离岗管理、人员考核与审查管理，特别是与运行维护有关服务商等第三方人员管理；

d) 评估信息系统运行维护阶段的信息安全教育是否做到应知应会，有计划开展培训，针对不同岗位培训，听取信息安全专家建议，对信息安全专家的管理。

有关机构和人员管理方面的具体评估内容要点可参见附录A的A.5.2。

#### 7.3.5.3 风险管理

信息系统运行维护阶段有关风险管理方面，本级评估要求如下：

a) 评估信息系统运行维护阶段是否通过基本的风险管理，了解和控制信息系统运行维护过程中的安全风险，具有风险管理策略及其监督机制；
b) 评估信息系统运行维护阶段是否进行了风险分析，基于真实运行的信息系统的资产列表、安全措施，进行安全威胁分析及概率分析列表、系统脆弱性分析，以及安全测试，建立并维护风险信息库，评价安全措施的实现程度，确定安全措施能否抵御现有威胁及脆弱性的影响；
c) 评估信息系统的运行维护是否进行了风险控制，包括：
   ——资产识别，包括实施阶段采购的软硬件资产、系统运行过程中生成的信息资产、相关的人员与服务等，也是前期资产识别的补充与增加；
   ——分析威胁的可能性和影响程度，对非故意威胁导致安全事件考虑其发生频率，对故意威胁导致安全事件考虑威胁的各个影响因素作出判断；
   ——脆弱性分析，包括运行环境中物理、网络、系统、应用、安全保障设备、管理等各方面的脆弱性，考虑安全功能的实现情况和安全保障设备本身的脆弱性；
   ——对重要资产的风险进行分析，描述不同资产的风险高低状况，调整和完善信息系统运行维护的安全管理措施；
d) 评估信息系统的运行维护中是否进行了风险决策，对于信息系统运行维护中存在的残余风险是否接受，采取残余风险监视措施，做出信息系统投入运行的决定；以及安全风险再评估，采取信息系统受控运行；
e) 评估信息系统运行维护阶段的风险评估是否定期或发生重大变更时执行，主要包括对真实运行的信息系统及资产、威胁、脆弱性等各方面；评估结果是否体现在信息系统的运行维护改进中，是否按资质和信誉选择评估机构，签署保密协议，对评估信息规定交接手续并替换敏感参数，技术检测应经授权并在监督下进行或由被评估方操作，对评估机构专人监督检查，对评估信息不得带出指定区域。

有关风险管理方面的具体评估内容要点可参见附录A的A.5.3。

#### 7.3.5.4 环境和资源管理

信息系统运行维护阶段有关环境和资源管理方面，本级评估要求如下：

a) 评估信息系统运行维护阶段的运行环境的管理，是否明确系统环境的管理部门和职责，机房及办公环境的安全管理，对来访人员的控制，标识不同安全区域并隔离，增强门禁控制手段，启用视频监控和专职警卫；
b) 评估信息系统运行维护阶段的信息资源管理，是否编制了信息系统软件、硬件设备和信息资产的详细资产清单，采取资产分类并建立资产管理体系，进行介质加密管理、设备管理及资产信息管理；
c) 评估信息系统运行维护阶段使用的安全产品，是否属于国家监管部门许可的产品目录中列出安全产品，是否执行国家有关信息安全等级三级及以上信息安全产品使用规定(见附录A的A.5.8)。

有关环境和资源管理方面的具体评估内容要点可参见附录A的A.5.4。

#### 7.3.5.5 日常运维管理

信息系统运行维护阶段有关日常运维管理方面，本级评估要求如下：

a) 评估信息系统运行维护阶段的用户管理，是否包括用户分类清单编制，系统用户最小授权控制及特权管理、监督性保护，普通用户及其处理敏感信息管理，重要业务用户管理，组织机构外部用户及其特定需求管理、限制，临时用户设置及限制、删除及审计管理；

b) 评估信息系统运行维护阶段的运行操作管理，是否包括服务器及日志文件和监控、权限管理、配置文件管理，终端计算机、便携机操作及限制管理，网络及安全设备操作、策略配置及检查管理，业务应用操作程序、权限控制和监督，变更控制、设备重用的管理及安全审计，不同安全区域之间信息交换管理，高安全信息向低安全域传输管理，网络及安全设备安全机制集中管理；

c) 评估信息系统运行维护阶段的运行维护管理，是否包括系统运行的制度化管理及风险评估，对运行状况、安全、性能监控及日志管理，软件硬件维护责任、维修过程的可监督及强制管理，外部服务方访问的限制及风险管理；

d) 评估信息系统运行维护阶段的外包服务管理，是否包括外包服务的限制，外包服务合同基本管理，外包服务商的选择及管理，以及外包服务监控和评估管理；

e) 评估信息系统运行维护阶段的有关安全机制的保障，是否包括具有审计、证书支持的身份鉴别机制强制管理，自主访问控制和强制访问控制机制的监控管理，基于强制的系统安全管理、网络安全管理，基于强制的应用系统安全管理，基于监督检查的病毒防护管理，以及密码算法、密钥管理、以密码技术为基础的安全管理；

f) 评估信息系统运行维护阶段的安全机制集中管理，是否包括系统管理、安全管理、审计管理等安全机制集中控管、安全信息集中的强制管理，安全机制整合的一般功能，安全机制整合的工作方式管理，以及安全机制集中管理的分层级联和控管。

有关日常运维管理方面的具体评估内容要点可参见附录 A 的 A.5.5。

#### 7.3.5.6 业务连续性管理

信息系统运行维护阶段有关业务连续性管理方面，本级评估要求如下：

a) 评估信息系统运行维护阶段的数据备份和恢复管理，是否明确了数据备份和恢复管理职责，规定并执行了数据备份的内容、周期要求和检查，备份介质及其恢复的操作过程监督检查，设备备份、系统热备份与冗余、系统远地备份；

b) 评估信息系统运行维护阶段的安全事件处理，是否明确了安全事件内容和划分要求，规定了安全事件报告和处理程序，是否按照程序处置安全事件，安全隐患问题报告和防范，以及强化事件处理责任的认定；

c) 评估信息系统运行维护阶段的应急处理，是否明确了应急处理的强制保护管理，规定了应急计划框架及具体应急计划的责任、能力进行监督，编制并落实了应急计划。

有关业务连续性管理方面的具体评估内容要点可参见附录 A 的 A.5.6。

#### 7.3.5.7 监督和检查管理

信息系统运行维护阶段的监督和检查管理方面，本级评估要求如下：

a) 评估信息系统运行维护阶段的法律符合性，信息系统的运行操作、日常维护、安全监控、业务连续性、变更控制、外包管理、安全检查是否符合国家有关信息安全法规要求，是否做到知晓适用法律，遵守知识产权要求，防止滥用信息处理设备，保护关键业务应用软件版权，保护组织机构重要记录，遵照国家法规使用密码技术；

b) 评估信息系统运行维护阶段的依从性，对信息系统的运行和维护过程中有关贯彻安全策略和执行技术标准状况，进行全面系统的依从性检查和分析，并持续改进；

c) 评估信息系统运行维护阶段的监督控制，是否对运行维护阶段的安全状况定期进行自查，是否依据国家有关管理规范和技术标准进行保护，接受监管部门的强制监督检查；信息系统的运行和维护是否具有审计机制；

d) 评估信息系统运行维护阶段的责任认定，是否明确了信息系统的运行和维护过程的管理责任和技术责任，监督检查责任，以及审计及结果处理责任。

有关监督和检查管理方面的具体评估内容要点可参见附录 A 的 A.5.7。

#### 7.3.6 第五级信息系统

##### 7.3.6.1 策略和制度管理

信息系统运行维护阶段有关策略和制度管理方面，本级评估要求如下：

a) 评估信息系统运行维护阶段的管理目标和范围是否涵盖了运行维护阶段的关键管理环节（见 7.3.1），具有自我持续改进的管理目标和范围；

b) 评估信息系统运行维护阶段提出的信息系统总体安全管理策略，是否确定了信息系统安全运行和维护的总体思路，形成了信息系统安全运维整体管理办法文档，是否达到专控保护的安全管理策略的要求，评估其制定和发布过程；

c) 评估信息系统运行维护阶段是否具有专控保护的安全管理规章制度和操作规程，是否有系统运行操作、系统维护、安全状态监控、业务连续性、变更控制、外包管理制度，与系统运行维护相关的机构和人员管理、风险管理、监督检查管理制度，评估其制定和发布过程；

d) 评估信息系统运行维护阶段的策略与制度文档是否进行了专控保护的评审和修订，以及指定专人保管、限定借阅范围、审批和登记等全面严格保管。

有关策略和制度方面的具体评估内容要点可参见附录 A 的 A.6.1。

##### 7.3.6.2 机构和人员管理

信息系统运行维护阶段有关机构和人员管理方面，本级评估要求如下：

a) 评估信息系统运行维护阶段是否有信息安全领导小组和安全职能部门负责，并配备安全管理人员参加，安全领导小组是否由主要负责人出任领导，对信息系统运行维护是否具有安全管理领导职能和信息安全保密监督管理职能；

b) 评估信息系统运行维护阶段是否包括对安全机制集中管理机构人员管理和运行集中管理；

c) 评估信息系统运行维护阶段的人员管理是否包括安全管理人员配备、信息系统关键岗位人员管理、人员录用管理、人员离岗管理、人员考核与审查管理，特别是与运行维护有关服务商等第三方人员管理；

d) 评估信息系统运行维护阶段的信息安全教育是否做到应知应会，有计划开展培训，针对不同岗位培训，按人员资质要求培训，培养安全意识自觉性，听取信息安全专家建议，对信息安全专家的管理。

有关机构和人员管理方面的具体评估内容要点可参见附录 A 的 A.6.2。

##### 7.3.6.3 风险管理

信息系统运行维护阶段有关风险管理方面，本级评估要求如下：

a) 评估信息系统运行维护阶段是否通过基本的风险管理，了解和控制信息系统运行维护过程中的安全风险，具有风险管理策略及其监督机制；

b) 评估信息系统运行维护阶段是否进行了风险分析，基于真实运行的信息系统的资产列表、安全措施，进行安全威胁分析及概率分析列表、系统脆弱性分析，以及安全测试，建立并维护风险信息库，评价安全措施的实现程度，确定安全措施能否抵御现有威胁及脆弱性的影响；

c) 评估信息系统的运行维护是否进行了风险控制，包括：
——资产识别，包括实施阶段采购的软硬件资产、系统运行过程中生成的信息资产、相关的人员与服务等，也是前期资产识别的补充与增加；
——分析威胁的可能性和影响程度，对非故意威胁导致安全事件考虑其发生频率，对故意威胁导致安全事件考虑威胁的各个影响因素作出判断；
——脆弱性分析，包括运行环境中物理、网络、系统、应用、安全保障设备、管理等各方面的脆弱性，考虑安全功能的实现情况和安全保障设备本身的脆弱性；
——对重要资产的风险进行分析，描述不同资产的风险高低状况，调整和完善信息系统运行维护的安全管理措施；

d) 评估信息系统的运行维护中是否进行了风险决策，对于信息系统运行维护中存在的残余风险是否接受，采取残余风险监视措施，做出信息系统投入运行的决定；以及安全风险再评估，采取信息系统受控运行；

e) 评估信息系统运行维护阶段的风险评估是否定期或发生重大变更时执行，主要包括对真实运行的信息系统及资产、威胁、脆弱性等各方面；评估结果是否体现在信息系统的运行维护改进中，是否按资质和信誉选择评估机构，签署保密协议，对评估信息规定交接手续并替换敏感参数，技术检测应经授权并在监督下进行或由被评估方操作，对评估机构专人监督检查，对评估信息不得带出指定区域。

有关风险管理方面的具体评估内容要点可参见附录A的A.6.3。

#### 7.3.6.4 环境和资源管理

信息系统运行维护阶段有关环境和资源管理方面，本级评估要求如下：

a) 评估信息系统运行维护阶段的运行环境的管理，是否明确系统环境的管理部门和职责，机房采取防止电磁泄漏保护的安全管理，对来访人员的控制，标识不同安全区域并隔离，增强门禁控制手段及办公环境管理，启用视频监控和专职警卫；

b) 评估信息系统运行维护阶段的信息资源管理，是否编制了信息系统软件、硬件设备和信息资产的详细资产清单，采取资产分类并建立资产管理体系，进行介质加密管理、设备管理及资产信息管理；

c) 评估信息系统运行维护阶段使用的安全产品，是否属于国家监管部门许可的产品目录中列出安全产品，是否执行国家有关信息安全等级三级及以上信息安全产品使用规定（参见附录A的A.6.8）。

有关环境和资源管理方面的具体评估内容要点可参见附录A的A.6.4。

#### 7.3.6.5 日常运维管理

信息系统运行维护阶段有关日常运维管理方面，本级评估要求如下：

a) 评估信息系统运行维护阶段的用户管理，是否包括用户分类清单编制，系统用户最小授权控制及特权管理、监督性保护，普通用户及其处理敏感信息管理，重要业务用户管理，组织机构外部用户及其特定需求管理、限制，临时用户设置及限制、删除及审计管理；

b) 评估信息系统运行维护阶段的运行操作管理，是否包括服务器及日志文件和监控、权限管理、配置文件管理，终端计算机、便携机操作及限制，敏感部位终端管理，网络及安全设备操作、策略配置及检查管理，业务应用操作程序、权限控制和监督，变更控制、设备重用的管理及安全审计，不同安全区域之间信息交换管理，高安全信息向低安全域传输管理，网络及安全设备安全机制集中管理；

c) 评估信息系统运行维护阶段的运行维护管理，是否包括系统运行的全面管理及风险评估，对核心数据的监控保护，对运行状况、安全、性能监控及日志管理，软件硬件维护责任、维修过程的可监督及强制管理，外部服务方访问的限制及风险管理；

d) 评估信息系统运行维护阶段的外包服务管理，是否包括外包服务的限制，外包服务合同基本管理，外包服务商的选择及管理，以及外包服务监控和评估管理；

e) 评估信息系统运行维护阶段的有关安全机制的保障，是否包括具有审计、证书支持的身份鉴别机制专控管理，自主访问控制和强制访问控制机制的监控管理，基于专控的系统安全管理、网络安全管理，基于专控的应用系统安全管理，基于监督检查的病毒防护管理，以及密码算法、密钥管理、以密码技术为基础的安全管理；

f) 评估信息系统运行维护阶段的安全机制集中管理，是否包括系统管理、安全管理、审计管理等安全机制集中控管、安全信息集中的专控管理，安全机制整合的一般功能，安全机制整合的工作方式管理，以及安全机制集中管理的分层级联和控管。

有关日常运维管理方面的具体评估内容要点可参见附录A的A.6.5。

#### 7.3.6.6 业务连续性管理

信息系统运行维护阶段有关业务连续性管理方面，本级评估要求如下：

a) 评估信息系统运行维护阶段的数据备份和恢复管理，是否明确了数据备份和恢复管理职责，规定并执行了数据备份的内容、周期要求和检查，备份介质及其恢复的操作过程监督检查，设备备份、系统热备份与冗余、系统远地备份；

b) 评估信息系统运行维护阶段的安全事件处理，是否明确了安全事件内容和划分要求，规定了安全事件报告和处理程序，是否按照程序处置安全事件，安全隐患问题报告和防范，以及强化事件处理责任的认定；

c) 评估信息系统运行维护阶段的应急处理，是否明确了应急处理的专门保护管理，规定了应急计划框架及具体应急计划的责任、能力，进行监督和持续改进，编制并落实了应急计划。

有关业务连续性管理方面的具体评估内容要点可参见附录A的A.6.6。

#### 7.3.6.7 监督和检查管理

信息系统运行维护阶段的监督和检查管理方面，本级评估要求如下：

a) 评估信息系统运行维护阶段的法律符合性，信息系统的运行操作、日常维护、安全监控、业务连续性、变更控制、外包管理、安全检查是否符合国家有关信息安全法规要求，是否做到知晓适用法律，遵守知识产权要求，防止滥用信息处理设备，保护关键业务应用软件版权，保护组织机构重要记录，遵照国家法规使用密码技术；

b) 评估信息系统运行维护阶段的依从性，对信息系统的运行和维护过程中有关贯彻安全策略和执行技术标准状况，进行全面系统的依从性检查和分析，并持续改进；

c) 评估信息系统运行维护阶段的监督控制，是否对运行维护阶段的安全状况定期进行自查，是否依据国家有关管理规范和技术标准进行保护，接受监管部门的专门监督检查；信息系统的运行和维护是否具有审计机制；

d) 评估信息系统运行维护阶段的责任认定，是否明确了信息系统的运行和维护过程的管理责任和技术责任，监督检查责任，以及审计及结果处理责任。

有关监督和检查管理方面的具体评估内容要点可参见附录A的A.6.7。

### 7.4 终止处置管理评估要求

#### 7.4.1 本阶段评估范围

##### 7.4.1.1 评估范围概述

在信息系统终止处置阶段，信息安全管理评估范围包括：

a) 终止处置阶段的关键管理环节：
——系统终止审批；
——信息转移及清除；
——设备迁移或废弃；
——存储介质清除或销毁；

b) 终止处置阶段的策略和制度、机构和人员管理等保障措施；

c) 终止处置阶段的环境和资源管理、系统终止管理等日常措施；

d) 终止处置阶段的风险管理、监督和检查管理等监督措施。

##### 7.4.1.2 系统终止审批

在信息系统终止处理过程中的终止审批的评估范围包括：

a) 根据业务应用和技术发展的需要，提出信息系统终止的申请，并经领导层或上级主管部门批准；

b) 提交拟终止的信息系统的信息资产清单、设备迁移或废弃清单、存储介质清单。

##### 7.4.1.3 信息转移及清除

在信息系统终止处理过程中的信息转移及清除管理的评估范围包括：

a) 确认要终止的信息系统中需要转移、暂存和清除的信息资产；

b) 制定需要转移、暂存和清除信息资产的处理方案，包括信息资产的范围，以及处置方法；

c) 转移、暂存和清除信息资产的处理方案，需经过主管领导审查和批准；

d) 对要终止的信息系统中信息资产进行转移、暂存和清除；

e) 记录对信息资产的转移、暂存和清除处理过程，形成处理报告。

##### 7.4.1.4 设备迁移或废弃

在信息系统终止处理过程中的设备迁移或废弃管理的评估范围包括：

a) 确认要终止的信息系统中需要迁移或废弃的软硬件设备；

b) 制定硬件设备的迁移或废弃处理方案，包括重用设备、废弃设备、清除敏感信息的方法；

c) 硬件设备的迁移或废弃处理方案需经过主管领导审查和批准；

d) 记录设备处理过程，形成设备迁移、废弃处理报告。

##### 7.4.1.5 存储介质清除或销毁

在信息系统终止处理过程中的存储介质清除或销毁管理的评估范围包括：

a) 确认要终止的信息系统中需要清除或销毁的介质；

b) 确定要终止的信息系统中需要清除或销毁的存储介质的处理方式和处理流程；

c) 处理方案需经过主管领导审查和批准；

d) 根据存储介质处理方案对存储介质进行处理；

e) 形成存储介质的清除或销毁记录文档。

#### 7.4.2 第一级信息系统

##### 7.4.2.1 策略和制度管理

信息系统终止处置阶段有关策略和制度管理方面，本级评估要求如下：

a) 评估信息系统终止处置阶段的管理目标和范围是否涵盖了终止处置阶段的关键管理环节(见7.4.1)，具有基本的管理目标和范围；

b) 评估信息系统终止处置阶段提出的信息系统总体安全管理策略，是否确定了信息系统终止处置的指导思路，形成了信息系统终止处置安全管理办法文档，是否达到基本的安全管理策略的要求，评估其制定和发布过程；

c) 评估信息系统终止处置阶段是否具有基本的安全管理规章制度，是否有系统终止审批、信息转移及清除、设备迁移或废弃、存储介质清除或销毁管理制度，与系统终止处置相关的机构和人员管理、风险管理、监督检查管理制度，评估其制定和发布过程；

d) 评估信息系统终止处置阶段的策略与制度文档是否进行了基本的评审和修订，以及指定专人保管。

有关策略和制度方面的具体评估内容要点可参见附录A的A.2.1。

##### 7.4.2.2 机构和人员管理

信息系统终止处置阶段有关机构和人员管理方面，本级评估要求如下：

a) 评估信息系统终止处置阶段是否有分管领导负责，并配备安全管理人员参加，对信息系统终止处置是否具有基本安全管理职能；

b) 评估信息系统终止处置阶段的人员管理是否包括安全管理人员配备、信息系统关键岗位人员管理、人员考核与审查管理、第三方人员管理；

c) 评估信息系统运行终止处置的信息安全教育是否做到应知应会，能够听取信息安全专家建议。

有关机构和人员管理方面的具体评估内容要点可参见附录A的A.2.2。

##### 7.4.2.3 风险管理

信息系统运行维护阶段有关风险管理方面，本级评估要求如下：

a) 评估信息系统终止处置阶段是否通过基本的风险管理，了解和控制信息系统终止处置过程中的安全风险，建立处置流程，具有基本的风险管理策略；

b) 评估信息系统运行终止处置是否进行了风险分析，基于废弃资产所产生的影响，确定不同的处理方式，对系统废弃可能带来新的威胁进行分析，改进新系统或管理方法，评价安全措施的实现程度，确定安全措施能否抵御现有威胁及脆弱性的影响；

c) 评估信息系统的终止处置是否进行了风险控制，包括：

——是否做到被废弃硬件和软件等资产及残留信息得到适当的处置，是否做到系统组件被合理地丢弃或更换；

——如被废弃的系统为详细系统的一部分，或与其他系统存在连接，是否关闭系统废弃后与其他系统的连接；

——如果在系统变更中废弃，除对废弃部分外，是否评估变更的部分，确定是否会增加风险或引入新的风险；

——对废弃资产的处理过程应在有效监督下实施，并执行人员进行安全教育；

d) 评估信息系统的终止处置中是否进行了风险决策，对于信息系统运行维护中存在的残余风险是否接受；

e) 评估信息系统运行终止处置的风险评估是否定期或发生重大变更时执行，主要包括对真实运行的信息系统及资产、威胁、脆弱性等各方面；评估结果是否体现在信息系统的运行维护改进中，是否按资质和信誉选择评估机构，签署保密协议，对评估信息规定交接手续。

有关风险管理方面的具体评估内容要点可参见附录 A 的 A.2.3。

#### 7.4.2.4 环境和资源管理

信息系统终止处置阶段有关环境和资源管理方面，本级评估要求如下：

a) 评估信息系统终止处置阶段的信息资源管理，是否编制了需要终止处置的信息系统的基本资产清单、设备迁移或废弃清单、存储介质清单，进行了基本的介质、设备管理。

有关环境和资源管理方面的具体评估内容要点可参见附录 A 的 A.2.4。

#### 7.4.2.5 监督和检查管理

信息系统终止处置阶段的监督和检查管理方面，本级评估要求如下：

a) 评估信息系统终止处置阶段的法律符合性，信息系统的终止审批、信息转移及清除、设备迁移或废弃、存储介质清除或销毁是否符合国家有关信息安全法规要求，是否做到知晓适用法律，遵守知识产权要求，保护组织机构重要记录；
b) 评估信息系统终止处置阶段的监督控制，是否对终止处置阶段的安全状况进行自查，是否依据国家有关管理规范和技术标准进行保护。

有关监督和检查管理方面的具体评估内容要点可参见附录 A 的 A.2.7。

#### 7.4.2.6 终止处置过程管理

信息系统终止处置阶段的终止处置过程管理方面，本级评估要求如下：

a) 评估信息系统终止处置阶段的终止处置过程管理，是否明确指定负责人，监督和管理系统终止审批、信息转移及清除、设备迁移或废弃、存储介质清除或销毁等全过程(见 7.4.1)；
b) 评估信息系统终止处置阶段的终止运行管理，是否由使用者或管理者提出申请并说明原因及采取的保护措施，经过相应领导审批。

有关终止处置过程管理方面的具体评估内容要点可参见附录 A 的 A.2.8。

### 7.4.3 第二级信息系统

#### 7.4.3.1 策略和制度管理

信息系统终止处置阶段有关策略和制度管理方面，本级评估要求如下：

a) 评估信息系统终止处置阶段的管理目标和范围是否涵盖了终止处置阶段的关键管理环节(见 7.4.1)，具有较完整的管理目标和范围；
b) 评估信息系统终止处置阶段提出的信息系统总体安全管理策略，是否确定了信息系统终止处置的指导思路，形成了信息系统终止处置安全管理办法文档，是否达到较完整的安全管理策略的要求，评估其制定和发布过程；
c) 评估信息系统终止处置阶段是否具有较完整的安全管理规章制度和操作规程，是否有系统终止审批、信息转移及清除、设备迁移或废弃、存储介质清除或销毁管理制度，与系统终止处置相关的机构和人员管理、风险管理、监督检查管理制度，评估其制定和发布过程；
d) 评估信息系统终止处置阶段的策略与制度文档是否进行了较完整的评审和修订，以及指定专人保管、借阅审批和登记。

有关策略和制度方面的具体评估内容要点可参见附录 A 的 A.3.1。

#### 7.4.3.2 机构和人员管理

信息系统终止处置阶段有关机构和人员管理方面，本级评估要求如下：

a) 评估信息系统终止处置阶段是否有分管领导和信息安全职能部门负责，并配备安全管理人员参加，对信息系统终止处置是否具有安全管理领导职能；

b) 评估信息系统终止处置阶段的人员管理是否包括安全管理人员配备、信息系统关键岗位人员管理、人员考核与审查管理、第三方人员管理；

c) 评估信息系统运行终止处置的信息安全教育是否做到应知应会，有计划开展培训，能够听取信息安全专家建议。

有关机构和人员管理方面的具体评估内容要点可参见附录A的A.3.2。

#### 7.4.3.3 风险管理

信息系统终止处置阶段有关风险管理方面，本级评估要求如下：

a) 评估信息系统终止处置阶段是否通过基本的风险管理，了解和控制信息系统终止处置过程中的安全风险，建立处置流程，具有风险管理策略；

b) 评估信息系统运行终止处置是否进行了风险分析，基于废弃资产对组织的影响，确定不同的处理方式，对系统废弃可能带来新的威胁进行分析，改进新系统或管理方法，评价安全措施的实现程度，确定安全措施能否抵御现有威胁及脆弱性的影响；

c) 评估信息系统的终止处置是否进行了风险控制，包括：

——是否做到被废弃硬件和软件等资产及残留信息得到适当的处置，是否做到系统组件被合理地丢弃或更换；

——如被废弃的系统为详细系统的一部分，或与其他系统存在连接，是否关闭系统废弃后与其他系统的连接；

——如果在系统变更中废弃，除对废弃部分外，是否评估变更的部分，确定是否会增加风险或引入新的风险；

——对废弃资产的处理过程应在有效监督下实施，并执行人员进行安全教育；

d) 评估信息系统的终止处置中是否进行了风险决策，对于信息系统运行维护中存在的残余风险是否接受，采取残余风险监视措施；

e) 评估信息系统运行终止处置的风险评估是否定期或发生重大变更时执行，主要包括对真实运行的信息系统及资产、威胁、脆弱性等各方面；评估结果是否体现在信息系统的运行维护改进中，是否按资质和信誉选择评估机构，签署保密协议，对评估信息规定交接手续并替换敏感参数。

有关风险管理方面的具体评估内容要点可参见附录A的A.3.3。

#### 7.4.3.4 环境和资源管理

信息系统终止处置阶段有关环境和资源管理方面，本级评估要求如下：

a) 评估信息系统终止处置阶段的信息资源管理，是否编制了需要终止处置的信息系统详细的资产清单、设备迁移或废弃清单、存储介质清单，进行了资产分类管理，包括数据存储介质、设备管理。

有关环境和资源管理方面的具体评估内容要点可参见附录A的A.3.4。

#### 7.4.3.5 监督和检查管理

信息系统终止处置阶段的监督和检查管理方面，本级评估要求如下：

a) 评估信息系统终止处置阶段的法律符合性,信息系统的终止审批、信息转移及清除、设备迁移或废弃、存储介质清除或销毁是否符合国家有关信息安全法规要求,是否做到知晓适用法律,遵守知识产权要求,防止滥用信息处理设备,保护业务应用软件版权,保护组织机构重要记录;

b) 评估信息系统终止处置阶段的依从性,对信息系统的终止和处置操作中有关贯彻安全策略和执行技术标准状况,进行依从性检查和分析;

c) 评估信息系统终止处置阶段的监督控制,是否对终止处置阶段的安全状况进行自查,是否依据国家有关管理规范和技术标准进行保护,接受监管部门的指导;信息系统的终止和处置操作是否具有审计机制;

d) 评估信息系统终止处置阶段的责任认定,是否明确了信息系统的终止和处置操作的管理责任和技术责任,监督检查责任,以及审计及结果处理责任。

有关监督和检查管理方面的具体评估内容要点可参见附录 A 的 A.3.7。

#### 7.4.3.6 系统终止管理

信息系统终止处置阶段的终止处置过程管理方面,本级评估要求如下:

a) 评估信息系统终止处置阶段的终止处置过程管理,是否明确指定负责人,监督和管理系统终止审批、信息转移及清除、设备迁移或废弃、存储介质清除或销毁等全过程(见 7.4.1);具有详细的实施计划;

b) 评估信息系统终止处置阶段的终止运行管理,是否由使用者或管理者提出申请并说明原因及采取的保护措施,经过相应领导审批;终止运行前进行必要的数据备份,对终止运行的设备进行数据清除。

有关终止处置过程管理方面的具体评估内容要点可参见附录 A 的 A.3.8。

### 7.4.4 第三级信息系统

#### 7.4.4.1 策略和制度管理

信息系统终止处置阶段有关策略和制度管理方面,本级评估要求如下:

a) 评估信息系统终止处置阶段的管理目标和范围是否涵盖了终止处置阶段的关键管理环节(见 7.4.1),具有完好定义的管理目标和范围;

b) 评估信息系统终止处置阶段提出的信息系统总体安全管理策略,是否确定了信息系统终止处置的指导思路,形成了信息系统终止处置安全管理办法文档,是否达到体系化的安全管理策略的要求,评估其制定和发布过程;

c) 评估信息系统终止处置阶段是否具有体系化的安全管理规章制度和操作规程,是否有系统终止审批、信息转移及清除、设备迁移或废弃、存储介质清除或销毁管理制度,与系统终止处置相关的机构和人员管理、风险管理、监督检查管理制度,评估其制定和发布过程;

d) 评估信息系统终止处置阶段的策略与制度文档是否进行了体系化的评审和修订,以及指定专人保管、限定借阅范围、审批和登记。

有关策略和制度方面的具体评估内容要点可参见附录 A 的 A.4.1。

#### 7.4.4.2 机构和人员管理

信息系统终止处置阶段有关机构和人员管理方面,本级评估要求如下:

a) 评估信息系统终止处置阶段是否有信息安全领导小组和安全职能部门负责,并配备安全管理人员参加,对信息系统终止处置是否具有安全管理领导职能;

b) 评估信息系统终止处置阶段的人员管理是否包括安全管理人员配备、信息系统关键岗位人员管理、人员考核与审查管理、第三方人员管理；

c） 评估信息系统运行终止处置的信息安全教育是否做到应知应会，有计划开展培训，针对不同岗位培训，能够听取信息安全专家建议。

有关机构和人员管理方面的具体评估内容要点可参见附录 A 的 A.4.2。

#### 7.4.4.3 风险管理

信息系统终止处置阶段有关风险管理方面，本级评估要求如下：

a） 评估信息系统终止处置阶段是否通过基本的风险管理，了解和控制信息系统终止处置过程中的安全风险，建立处置流程，具有风险管理策略及其监督机制；

b） 评估信息系统运行终止处置是否进行了风险分析，基于废弃资产所产生的影响，确定不同的处理方式，对系统废弃可能带来新的威胁进行分析，改进新系统或管理方法，评价安全措施的实现程度，确定安全措施能否抵御现有威胁及脆弱性的影响；

c） 评估信息系统的终止处置是否进行了风险控制，包括：

——是否做到被废弃硬件和软件等资产及残留信息得到适当的处置，是否做到系统组件被合理地丢弃或更换；

——如被废弃的系统为详细系统的一部分，或与其他系统存在连接，是否关闭系统废弃后与其他系统的连接；

——如果在系统变更中废弃，除对废弃部分外，是否评估变更的部分，确定是否会增加风险或引入新的风险；

——对废弃资产的处理过程应在有效监督下实施，并执行人员进行安全教育；

d） 评估信息系统的终止处置中是否进行了风险决策，对于信息系统运行维护中存在的残余风险是否接受，采取残余风险监视措施；

e） 评估信息系统运行终止处置的风险评估是否定期或发生重大变更时执行，主要包括对真实运行的信息系统及资产、威胁、脆弱性等各方面；评估结果是否体现在信息系统的运行维护改进中，是否按资质和信誉选择评估机构，签署保密协议，对评估信息规定交接手续并替换敏感参数，对评估信息不得带出指定区域。

有关风险管理方面的具体评估内容要点可参见附录 A 的 A.4.3。

#### 7.4.4.4 环境和资源管理

信息系统终止处置阶段有关环境和资源管理方面，本级评估要求如下：

a） 评估信息系统终止处置阶段的信息资源管理，是否编制了需要终止处置的信息系统详细的资产清单、设备迁移或废弃清单、存储介质清单，进行了资产分类管理，包括数据存储介质、设备管理及资产信息管理。

有关环境和资源管理方面的具体评估内容要点可参见附录 A 的 A.4.4。

#### 7.4.4.5 监督和检查管理

信息系统终止处置阶段的监督和检查管理方面，本级评估要求如下：

a） 评估信息系统终止处置阶段的法律符合性，信息系统的终止审批、信息转移及清除、设备迁移或废弃、存储介质清除或销毁是否符合国家有关信息安全法规要求，是否做到知晓适用法律，遵守知识产权要求，防止滥用信息处理设备，保护业务应用软件版权，保护组织机构重要记录，遵照国家法规处置密码技术设施；

b） 评估信息系统终止处置阶段的依从性，对信息系统的终止和处置操作中有关贯彻安全策略和执行技术标准状况，进行全面系统的依从性检查和分析；

c) 评估信息系统终止处置阶段的监督控制，是否对终止处置阶段的安全状况进行自查，是否依据国家有关管理规范和技术标准进行保护，接受监管部门的监督检查；信息系统的终止和处置操作是否具有审计机制；
d) 评估信息系统终止处置阶段的责任认定，是否明确了信息系统的终止和处置操作的管理责任和技术责任，监督检查责任，以及审计及结果处理责任。

有关监督和检查管理方面的具体评估内容要点可参见附录A的A.4.7。

#### 7.4.4.6 系统终止管理

信息系统终止处置阶段的终止处置过程管理方面，本级评估要求如下：

a) 评估信息系统终止处置阶段的终止处置过程管理，是否明确指定负责人，监督和管理系统终止审批、信息转移及清除、设备迁移或废弃、存储介质清除或销毁等全过程（见7.4.1）；具有详细的实施计划，进行系统终止安全评估；
b) 评估信息系统终止处置阶段的终止运行管理，是否由使用者或管理者提出申请并说明原因及采取的保护措施，经过相应领导审批；终止运行前进行必要的数据备份，对终止运行的设备进行数据清除，存储设备损坏则进行销毁，得到有关领导和技术负责人认可。

有关终止处置过程管理方面的具体评估内容要点可参见附录A的A.4.8。

### 7.4.5 第四级信息系统

#### 7.4.5.1 策略和制度管理

信息系统终止处置阶段有关策略和制度管理方面，本级评估要求如下：

a) 评估信息系统终止处置阶段的管理目标和范围是否涵盖了终止处置阶段的关键管理环节（见7.4.1），具有量化控制的管理目标和范围；
b) 评估信息系统终止处置阶段提出的信息系统总体安全管理策略，是否确定了信息系统终止处置的指导思路，形成了信息系统终止处置安全管理办法文档，是否达到强制保护的安全管理策略的要求，评估其制定和发布过程；
c) 评估信息系统终止处置阶段是否具有强制保护的安全管理规章制度和操作规程，是否有系统终止审批、信息转移及清除、设备迁移或废弃、存储介质清除或销毁管理制度，与系统终止处置相关的机构和人员管理、风险管理、监督检查管理制度，评估其制定和发布过程；
d) 评估信息系统终止处置阶段的策略与制度文档是否进行了强制保护的评审和修订，以及指定专人保管、限定借阅范围、审批和登记等全面严格保管。

有关策略和制度方面的具体评估内容要点可参见附录A的A.5.1。

#### 7.4.5.2 机构和人员管理

信息系统终止处置阶段有关机构和人员管理方面，本级评估要求如下：

a) 评估信息系统终止处置阶段是否有信息安全领导小组和安全职能部门负责，并配备安全管理人员参加，安全领导小组是否由主要负责人出任领导，对信息系统终止处置是否具有安全管理领导职能；
b) 评估信息系统终止处置阶段的人员管理是否包括安全管理人员配备、信息系统关键岗位人员管理、人员考核与审查管理、第三方人员管理；
c) 评估信息系统运行终止处置的信息安全教育是否做到应知应会，有计划开展培训，针对不同岗位培训，能够听取信息安全专家建议，对信息安全专家的管理。

有关机构和人员管理方面的具体评估内容要点可参见附录A的A.5.2。

#### 7.4.5.3 风险管理

信息系统终止处置阶段有关风险管理方面，本级评估要求如下：

a) 评估信息系统终止处置阶段是否通过基本的风险管理，了解和控制信息系统终止处置过程中的安全风险，建立处置流程，具有风险管理策略及其监督机制；

b) 评估信息系统运行终止处置是否进行了风险分析，基于废弃资产所产生的影响，确定不同的处理方式，对系统废弃可能带来新的威胁进行分析，改进新系统或管理方法，评价安全措施的实现程度，确定安全措施能否抵御现有威胁及脆弱性的影响；

c) 评估信息系统的终止处置是否进行了风险控制，包括：

——是否做到被废弃硬件和软件等资产及残留信息得到适当的处置，是否做到系统组件被合理地丢弃或更换；

——如被废弃的系统为详细系统的一部分，或与其他系统存在连接，是否关闭系统废弃后与其他系统的连接；

——如果在系统变更中废弃，除对废弃部分外，是否评估变更的部分，确定是否会增加风险或引入新的风险；

——对废弃资产的处理过程应在有效监督下实施，并执行人员进行安全教育；

d) 评估信息系统的终止处置中是否进行了风险决策，对于信息系统运行维护中存在的残余风险是否接受，采取残余风险监视措施；

e) 评估信息系统运行终止处置的风险评估是否定期或发生重大变更时执行，主要包括对真实运行的信息系统及资产、威胁、脆弱性等各方面；评估结果是否体现在信息系统的运行维护改进中，是否按资质和信誉选择评估机构，签署保密协议，对评估信息规定交接手续并替换敏感参数，对评估信息不得带出指定区域。

有关风险管理方面的具体评估内容要点可参见附录 A 的 A.5.3。

#### 7.4.5.4 环境和资源管理

信息系统终止处置阶段有关环境和资源管理方面，本级评估要求如下：

a) 评估信息系统终止处置阶段的信息资源管理，是否编制了需要终止处置的信息系统详细的资产清单、设备迁移或废弃清单、存储介质清单，进行了资产分类管理并建立资产管理体系，包括数据存储介质加密管理、设备管理及资产信息管理。

有关环境和资源管理方面的具体评估内容要点可参见附录 A 的 A.5.4。

#### 7.4.5.5 监督和检查管理

信息系统终止处置阶段的监督和检查管理方面，本级评估要求如下：

a) 评估信息系统终止处置阶段的法律符合性，信息系统的终止审批、信息转移及清除、设备迁移或废弃、存储介质清除或销毁是否符合国家有关信息安全法规要求，是否做到知晓适用法律，遵守知识产权要求，防止滥用信息处理设备，保护业务应用软件版权，保护组织机构重要记录，遵照国家法规处置密码技术设施；

b) 评估信息系统终止处置阶段的依从性，对信息系统的终止和处置操作中有关贯彻安全策略和执行技术标准状况，进行全面系统的依从性检查和分析，并持续改进；

c) 评估信息系统终止处置阶段的监督控制，是否对终止处置阶段的安全状况进行自查，是否依据国家有关管理规范和技术标准进行保护，接受监管部门的强制监督检查；信息系统的终止和处置操作是否具有审计机制；

d) 评估信息系统终止处置阶段的责任认定，是否明确了信息系统的终止和处置操作的管理责任和技术责任，监督检查责任，以及审计及结果处理责任。

有关监督和检查管理方面的具体评估内容要点可参见附录 A 的 A.5.7。

#### 7.4.5.6 系统终止管理

信息系统终止处置阶段的终止处置过程管理方面，本级评估要求如下：

a) 评估信息系统终止处置阶段的终止处置过程管理，是否明确指定负责人，监督和管理系统终止审批、信息转移及清除、设备迁移或废弃、存储介质清除或销毁等全过程（见 7.4.1）；具有详细的实施计划，进行系统终止安全评估；

b) 评估信息系统终止处置阶段的终止运行管理，是否由使用者或管理者提出申请并说明原因及采取的保护措施，经过相应领导审批；终止运行前进行必要的数据备份和保管，对终止运行的设备进行数据清除，存储设备损坏则进行销毁，得到有关领导和技术负责人认可。

有关终止处置过程管理方面的具体评估内容要点可参见附录 A 的 A.5.8。

### 7.4.6 第五级信息系统

#### 7.4.6.1 策略和制度管理

信息系统终止处置阶段有关策略和制度管理方面，本级评估要求如下：

a) 评估信息系统终止处置阶段的管理目标和范围是否涵盖了终止处置阶段的关键管理环节（见 7.4.1），具有自我持续改进的管理目标和范围；

b) 评估信息系统终止处置阶段提出的信息系统总体安全管理策略，是否确定了信息系统终止处置的指导思路，形成了信息系统终止处置安全管理办法文档，是否达到专控保护的安全管理策略的要求，评估其制定和发布过程；

c) 评估信息系统终止处置阶段是否具有专控保护的安全管理规章制度和操作规程，是否有系统终止审批、信息转移及清除、设备迁移或废弃、存储介质清除或销毁管理制度，与系统终止处置相关的机构和人员管理、风险管理、监督检查管理制度，评估其制定和发布过程；

d) 评估信息系统终止处置阶段的策略与制度文档是否进行了专控保护的评审和修订，以及指定专人保管、限定借阅范围、审批和登记等全面严格保管。

有关策略和制度方面的具体评估内容要点可参见附录 A 的 A.6.1。

#### 7.4.6.2 机构和人员管理

信息系统终止处置阶段有关机构和人员管理方面，本级评估要求如下：

a) 评估信息系统终止处置阶段是否有信息安全领导小组和安全职能部门负责，并配备安全管理人员参加，安全领导小组是否由主要负责人出任领导，对信息系统终止处置是否具有安全管理领导职能和信息安全保密监督管理职能；

b) 评估信息系统终止处置阶段的人员管理是否包括安全管理人员配备、信息系统关键岗位人员管理、人员考核与审查管理、第三方人员管理；

c) 评估信息系统运行终止处置的信息安全教育是否做到应知应会，有计划开展培训，针对不同岗位培训，培养安全意识自觉性，能够听取信息安全专家建议，对信息安全专家的管理。

有关机构和人员管理方面的具体评估内容要点可参见附录 A 的 A.6.2。

#### 7.4.6.3 风险管理

信息系统终止处置阶段有关风险管理方面，本级评估要求如下：

a) 评估信息系统终止处置阶段是否通过基本的风险管理，了解和控制信息系统终止处置过程中的安全风险，建立处置流程，具有风险管理策略及其监督机制；

b） 评估信息系统运行终止处置是否进行了风险分析，基于废弃资产所产生的影响，确定不同的处理方式，对系统废弃可能带来新的威胁进行分析，改进新系统或管理方法，评价安全措施的实现程度，确定安全措施能否抵御现有威胁及脆弱性的影响；

c） 评估信息系统的终止处置是否进行了风险控制，包括：

——是否做到被废弃硬件和软件等资产及残留信息得到适当的处置，是否做到系统组件被合理地丢弃或更换；

——如被废弃的系统为详细系统的一部分，或与其他系统存在连接，是否关闭系统废弃后与其他系统的连接；

——如果在系统变更中废弃，除对废弃部分外，是否评估变更的部分，确定是否会增加风险或引入新的风险；

——对废弃资产的处理过程应在有效监督下实施，并执行人员进行安全教育；

d） 评估信息系统的终止处置中是否进行了风险决策，对于信息系统运行维护中存在的残余风险是否接受，采取残余风险监视措施；

e） 评估信息系统运行终止处置的风险评估是否定期或发生重大变更时执行，主要包括对真实运行的信息系统及资产、威胁、脆弱性等各方面；评估结果是否体现在信息系统的运行维护改进中，是否按资质和信誉选择评估机构，签署保密协议，对评估信息规定交接手续并替换敏感参数，对评估信息不得带出指定区域。

有关风险管理方面的具体评估内容要点可参见附录 A 的 A.6.3。

#### 7.4.6.4 环境和资源管理

信息系统终止处置阶段有关环境和资源管理方面，本级评估要求如下：

a） 评估信息系统终止处置阶段的信息资源管理，是否编制了需要终止处置的信息系统详细的资产清单、设备迁移或废弃清单、存储介质清单，进行了资产分类管理并建立资产管理体系，包括数据存储介质加密管理、设备管理及资产信息管理。

有关环境和资源管理方面的具体评估内容要点可参见附录 A 的 A.6.4。

#### 7.4.6.5 监督和检查管理

信息系统终止处置阶段的监督和检查管理方面，本级评估要求如下：

a） 评估信息系统终止处置阶段的法律符合性，信息系统的终止审批、信息转移及清除、设备迁移或废弃、存储介质清除或销毁是否符合国家有关信息安全法规要求，是否做到知晓适用法律，遵守知识产权要求，防止滥用信息处理设备，保护业务应用软件版权，保护组织机构重要记录，遵照国家法规处置密码技术设施；

b） 评估信息系统终止处置阶段的依从性，对信息系统的终止和处置操作中有关贯彻安全策略和执行技术标准状况，进行全面系统的依从性检查和分析，并持续改进；

c） 评估信息系统终止处置阶段的监督控制，是否对终止处置阶段的安全状况进行自查，是否依据国家有关管理规范和技术标准进行保护，接受监管部门的专门监督检查；信息系统的终止和处置操作是否具有审计机制；

d） 评估信息系统终止处置阶段的责任认定，是否明确了信息系统的终止和处置操作的管理责任和技术责任，监督检查责任，以及审计及结果处理责任。

有关监督和检查管理方面的具体评估内容要点可参见附录 A 的 A.6.7。

#### 7.4.6.6 系统终止管理

信息系统终止处置阶段的终止处置过程管理方面，本级评估要求如下：

a) 评估信息系统终止处置阶段的终止处置过程管理，是否明确指定负责人，监督和管理系统终止审批、信息转移及清除、设备迁移或废弃、存储介质清除或销毁等全过程(见 7.4.1)；具有详细的实施计划，进行系统终止安全评估；

b) 评估信息系统终止处置阶段的终止运行管理，是否由使用者或管理者提出申请并说明原因及采取的保护措施，经过相应领导审批；终止运行前进行必要的数据备份和保管，对终止运行的设备进行数据清除，存储设备损坏则进行销毁，得到有关领导和技术负责人认可。

有关终止处置过程管理方面的具体评估内容要点可参见附录 A 的 A.6.8。

# 附　录　A
# （资料性附录）
# 信息系统安全管理评估参照表

## A.1　综述

为配合本标准第 7 章分等级评估的使用需要，特编制“信息系统安全管理评估参照表”（以下称“本表”），提供信息系统安全管理评估者参考，特别是自评估者参考。

本表中的类、族、评估项（列）与 GB/T 20269—2006 中信息系统安全管理要素及其分级分类相对应。本表中的评估内容要点（列）依据 GB/T 20269—2006 中的信息系统安全管理要素作进一步分解得出。本表中的标准依据（列）直接引用标题编号的均指向 GB/T 20269—2006，以其他法规或标准为依据的则在引用处说明。

本表分为第一级至第五级信息系统安全管理评估参照表，为清晰表示每一个安全等级比较低一级安全等级的安全管理评估内容要点的增加和增强，每一级的新增部分用“**宋体加粗字**”表示。

本表中带有★的条目，表示已设定为关键条目。信息系统安全管理评估者根据信息系统具体情况，可增设新的关键条目。一般不应删除原有的关键条目，如确有不适用的关键条目，应在最终评估文档中明确说明其不适用的理由。

本表在用于信息系统生存周期的规划立项阶段、设计实施阶段、运行维护阶段、终止处置阶段等不同阶段的安全管理评估时，应分别根据正文中的 7.1、7.2、7.3、7.4 的评估要求进一步的调整和细化。

## A.2　第一级信息系统安全管理评估参照表

### A.2.1　策略和制度管理

表 A.1　策略和制度管理（第一级信息系统）

| 类 | 族 | 评估项 | 评估内容要点 | 标准依据 |
|---|---|---|---|---|
| ★策略和制度 | ★信息安全管理策略 | ★安全管理目标与范围 | **管理对象（信息系统）的基本描述** | 5.1.1.1 a) |
| | | | **明确信息系统的管理范围** | |
| | | | **★业务数据和系统服务达到的安全要求，符合第一级信息系统安全要求** | |
| | | ★总体安全管理策略 | **制定了基本的安全管理策略文档** | 5.1.1.2 a) |
| | | | **明确管理者对信息系统安全的责任，管理方法、支持意向** | |
| | | | **简要说明对信息系统有重大意义的安全方针、原则、标准和符合性要求** | |
| | | | **★说明信息系统安全的总体目标、范围、管理原则和安全框架** | |
| | | | **依据国家有关管理规范和技术标准进行保护** | |
| | | 安全管理策略的制定 | **由分管信息安全工作的负责人召集** | 5.1.1.3 a) |
| | | | **以安全管理人员为主制定** | |
| | | | **信息技术及业务人员参加制定** | |
| | | | **★形成基本的信息系统安全管理策略** | |
| | | 安全管理策略的发布 | **由组织机构负责人签发** | 5.1.1.3 a) |
| | | | **向信息系统的有关用户传达说明** | |

表 A.1（续）

| 类 | 族 | 评估项 | 评估内容要点 | 标准依据 |
|---|---|---|---|---|
| ★策略和制度 | ★安全管理规章制度 | ★安全管理规章制度内容 | 制定了基本的安全管理制度文档 | 5.1.2.1 a) |
| | | | ★包括日常管理活动中常用的安全管理制度，如网络、系统、数据、防病毒、机房等管理和安全管理规定，以及必要的操作规程等内容 | |
| | | 安全管理规章制度的制定 | 由安全管理人员负责制订 | 5.1.2.2 a) |
| | | | 由分管信息安全工作的负责人审批 | |
| | | | ★有正式发布的制度文件或文档 | |
| | 策略与制度文档管理 | 策略与制度文档的评审和修订 | 由分管信息安全的负责人和安全管理人员负责文档的评审和修订 | 5.1.3.1 a) |
| | | | ★检查策略和制度的有效性，对存在不足或需要改进的策略和制度进行修订 | |
| | | | 修订后的策略和制度按规定程序发布 | 5.1.3.2 a) |
| | | ★策略与制度文档的保管 | ★指定专人保管 | |

## A.2.2 机构和人员管理

表 A.2 机构和人员管理（第一级信息系统）

| 类 | 族 | 评估项 | 评估内容要点 | 标准依据 |
|---|---|---|---|---|
| ★机构和人员管理 | ★安全管理机构 | ★建立安全管理机构 | ★管理层中应有一人分管信息系统安全工作 | 5.2.1.1 a) |
| | | | 配备专职或兼职的安全管理人员 | |
| | 人员管理 | ★安全管理人员配备 | ★可配备兼职安全管理人员，可由网络管理人员兼任 | 5.2.3.1 a) |
| | | 关键岗位人员管理 | 明确关键岗位，如安全管理员、系统管理员、数据库管理员、网络管理员、重要业务开发人员、系统维护人员、重要业务应用操作人员 | 5.2.3.2 a) |
| | | | 允许一人多岗，但业务应用操作人员不能由其他关键岗位人员兼任 | |
| | | | 定期安全培训，加强安全和风险防范意识 | |
| | | 人员录用管理 | 进行审查，确认其具有基本的专业技术水平，能够掌握信息安全管理基本知识 | 5.2.3.3 a) |
| | | | 对关键岗位的人员注重思想品质方面考察 | |
| | | ★人员离岗 | ★立即中止被解雇的、退休的、辞职的或其他原因离开的人员的所有访问权限 | 5.2.3.4 a) |
| | | | 收回所有相关证件、密钥、访问控制标记等 | |
| | | | 收回组织机构提供的设备等 | |
| | | 人员考核与审查 | 定期对各个岗位的人员进行不同侧重的安全认知和安全技能的考核，作为人员是否适合当前岗位的参考 | 5.2.3.5 a) |
| | | ★第三方人员管理 | ★签署相关安全责任的合同书或保密协议 | 5.2.3.6 a) |
| | | | 规定各类人员的活动范围，进入计算机房需要得到批准，并有专人负责 | |
| | | | 必须进行逻辑访问时，应划定范围并经过负责人批准，必要时应有人监督或陪同 | |

表 A.2（续）

| 类 | 族 | 评估项 | 评估内容要点 | 标准依据 |
|---|---|---|---|---|
| ★机构和人员管理 | 教育和培训 | ★信息安全教育 | 让员工知晓信息的敏感性和信息安全的重要性 | 5.2.4.1 a) |
| | | | 认识其自身的责任和安全违例会受到纪律惩罚 | |
| | | | ★掌握的信息安全基本知识和技能 | 5.2.4.2 a) |
| | | 信息安全专家 | 听取信息安全专家的建议 | |
| | | | 组织专家参与安全威胁的评价，对安全事件给予专业指导和原因调查等 | |

### A.2.3 风险管理

表 A.3 风险管理（第一级信息系统）

| 类 | 族 | 评估项 | 评估内容要点 | 标准依据 |
|---|---|---|---|---|
| 风险管理 | 风险管理要求和策略 | 风险管理要求 | 进行基本的风险管理活动 | 5.3.1.1 a) |
| | | | ★编制资产清单，对资产价值/重要性进行分析，对信息系统面临的威胁进行初步分析 | |
| | 风险分析和评估 | 资产识别和分析 | 确定信息系统的资产范围，进行统计和编制资产清单 | 5.3.2.1 a) |
| | | | 进行资产分类和重要性标识 | |
| | | 威胁识别和分析 | 对威胁的基本认识 | 5.3.2.2 a) |
| | | | ★根据以往发生的安全事件、外部提供的资料和积累的经验，对威胁进行粗略的分析 | |
| | | 脆弱性识别和分析 | ★通过扫描工具获取对系统脆弱性的认识 | 5.3.2.3 a) |
| | | | 编制信息系统脆弱性列表 | |
| | | 风险分析和评估要求 | 由用户和部分专家通过经验来判断风险，并对风险进行评估，形成风险评估报告 | 5.3.2.4 a) |
| | | | ★评估报告中包括风险级别、风险点等内容，确定信息系统的安全风险状况 | |
| | 风险控制 | 选择和实施风险控制措施 | 基于安全等级标准，选择相应等级的安全技术和管理措施 | 5.3.3.1 a) |
| | | | ★确定需要实施的信息系统安全控制措施 | |
| | 基于风险的决策 | 安全确认 | ★针对信息系统的资产清单、威胁列表、脆弱性列表，结合已采用的安全控制措施，分析存在的残余风险 | 5.3.4.1 a) |
| | | | 形成残余风险分析报告，由组织机构的高层管理人员决定残余风险是否可接受 | |
| | | 信息系统运行的决策 | 信息系统的主管者或运营者应根据安全确认的结果，判断残余风险是否可接受，决定是否允许信息系统继续运行 | 5.3.4.2 a) |

表 A.3(续)

| 类 | 族 | 评估项 | 评估内容要点 | 标准依据 |
|---|---|---|---|---|
| 风险管理 | ★风险评估的管理 | ★评估机构的选择 | ★有国家主管部门认可的安全服务资质 | 5.3.5.1 a) |
| | | | 有良好信誉的评估机构 | |
| | | 评估机构保密要求 | 评估机构人员应按照第三方人员管理要求签署保密协议 | 5.3.5.2 a) |
| | | 评估信息的管理 | ★提交涉及评估需要的资料、数据等各种信息,应规定办理交接手续,防止丢失 | 5.3.5.3 a) |
| | | 技术检测过程管理 | ★使用工具或手工进行技术检测,应事先提交测试的技术方案,得到授权方可进行 | 5.3.5.4 a) |

## A.2.4 环境和资源管理

表 A.4 环境和资源管理(第一级信息系统)

| 类 | 族 | 评估项 | 评估内容要点 | 标准依据 |
|---|---|---|---|---|
| 环境和资源管理 | 环境安全管理 | 环境安全管理要求 | ★应配置物理环境安全的责任部门和管理人员 | 5.4.1.1 a) |
| | | | 建立有关物理环境安全方面的规章制度 | |
| | | | 物理安全方面应达到 GB/T 20271—2006 中 6.1.1 的有关要求 | |
| | | ★机房安全管理要求 | ★明确机房安全管理的责任人 | 5.4.1.2 a) |
| | | | 机房钥匙由专人管理,未经批准,不准任何人私自复制机房钥匙或服务器开机钥匙 | |
| | | | 未经允许的人员不准进入机房 | |
| | | | 获准进入机房的来访人员,其活动范围应受到限制,并有接待人员陪同 | |
| | | | 没有指定管理人员的明确准许,任何记录介质、文件材料及各种被保护品均不准带出机房,与工作无关的物品均不准带入机房 | |
| | | | 机房内严禁吸烟及带入火种和水源 | |
| | 资源管理 | 资产清单管理 | ★应编制并维护与信息系统相关的资产清单 | 5.4.2.1 a) |
| | | | 信息资产:应用数据、系统数据、安全数据等数据库和数据文档、系统文件、用户手册、培训资料、操作和支持程序、持续性计划、备用系统安排、存档信息 | |
| | | | 软件资产:应用软件、系统软件、开发工具和实用程序 | |
| | | | 有形资产:计算机设备(服务器、终端、存储设备等),网络设备(路由器、交换机、安全设备等),移动存储介质(移动硬盘、磁带等),其他技术装备(电源,空调设备等),家具和机房 | |
| | | | 应用业务相关资产:由信息系统控制的或与信息系统密切相关的应用业务的各类资产,由于信息系统或信息的泄露或破坏,这些资产会受到相应的损坏 | |
| | | | 服务:计算和通信服务,通用设备如供暖、照明、供电和空调等 | |

表 A.4(续)

| 类 | 族 | 评估项 | 评估内容要点 | 标准依据 |
|---|---|---|---|---|
| 环境和资源管理 | 资源管理 | 资产的分类与标识要求 | 根据资产的价值/重要性对资产进行标识,可基于资产的价值选择保护措施和进行资产管理 | 5.4.2.2 a) |
| | | 介质管理 | ★脱机存放的数据和软件介质应储放在安全的环境中,防止被盗、被毁、被修改以及信息泄漏 | 5.4.2.3 a) |
| | | | 介质的归档和查询应有记录,对存档介质的目录清单应定期盘点 | |
| | | | 需要送出维修或销毁的介质,应防止信息泄漏 | |
| | | ★设备管理要求 | 对于信息系统的各种软硬件设备的选型、采购、发放或领用,使用者应提出申请,报经相应领导审批,才可以实施 | 5.4.2.4 a) |
| | | | ★设备的选型、采购、使用和保管应明确责任人 | |

## A.2.5 运行和维护管理

表 A.5 运行和维护管理(第一级信息系统)

| 类 | 族 | 评估项 | 评估内容要点 | 标准依据 |
|---|---|---|---|---|
| 运行和维护管理 | ★用户管理 | ★用户分类管理 | ★按审查和批准的用户分类清单建立用户和分配权限 | 5.5.1.1 a) |
| | | | 用户分类清单应包括信息系统的所有用户的清单,以及各类用户的权限 | |
| | | | 用户权限发生变化时应及时更改用户清单内容 | |
| | | | 用户分类应包括系统用户、普通用户、外部客户用户、临时用户 | |
| | | 系统用户要求 | ★系统用户应由信息系统的主管领导指定 | 5.5.1.2 a) |
| | | | 系统用户应保护自己的身份鉴别信息的安全 | |
| | | | 授权应以满足工作需要的最小权限为原则 | |
| | | 普通用户要求 | ★用户应保护自己的身份鉴别信息的安全 | 5.5.1.3 a) |
| | | | 发现系统的漏洞、滥用或违背安全行为应及时报告 | |
| | | | 不应透露与组织机构有关的非公开信息 | |
| | | | 不应故意进行违规的操作 | |
| | | 机构外部用户要求 | ★应对外部用户明确说明使用者的责任、义务和风险,并要求提供合法使用的声明 | 5.5.1.4 a) |
| | | | 外部用户应保护自己的身份鉴别信息的安全 | |
| | | | 外部用户只能是应用层的用户 | |
| | | 临时用户要求 | ★临时用户的设置和期限必须经过审批 | 5.5.1.5 a) |
| | | | 临时用户应保护自己的身份鉴别信息的安全 | |
| | | | 使用完毕或到期应及时删除 | |
| | | | 设置与删除均应记录备案 | |
| | 运行操作管理 | ★服务器操作管理 | ★服务器操作系统、数据库系统的操作应由授权的系统管理员、数据库管理员实施 | 5.5.2.1 a) |
| | | | 遵照操作规程对服务器进行操作,设置服务器的运行环境,设定服务器的系统及安全配置,操作系统、数据库系统用户管理 | |
| | | | 系统管理员、数据库管理员应以自己的账户及身份鉴别信息登录操作系统、数据库系统进行操作 | |

表 A.5（续）

| 类 | 族 | 评估项 | 评估内容要点 | 标准依据 |
|---|---|---|---|---|
| 运行和维护管理 | 运行操作管理 | 终端计算机操作管理 | ★用户应设置终端计算机的开机、屏幕保护口令，保护身份鉴别信息，进行必要的安全设置 | 5.5.2.2 a) |
| | | | 非组织机构配备的终端计算机未获批准，不能在办公场所使用 | |
| | | | 及时安装经许可的软件和补丁程序，不得自行安装及使用其他软件和自由下载软件 | |
| | | | 未获批准，严禁使用 Modem 拨号、无线网卡等方式或另辟通路接入其他网络 | |
| | | 便携机操作管理 | 在接入组织机构内部网络时遵守“终端计算机操作管理”（上一节）的要求 | 5.5.2.3 a) |
| | | | 对不再使用或转为其他用途的便携机，应删除机内的敏感数据 | |
| | | | 在外网使用的便携机，接入本地网络前应进行必要的安全检查 | |
| | | ★网络及安全设备操作管理 | ★对网络及安全设备的操作应由授权的网络管理员、安全管理员实施 | 5.5.2.4 a) |
| | | | 应按操作规程对网络设备和安全设备进行操作，进行网络和安全设备的运行环境配置和服务设定 | |
| | | | 网络管理员、安全管理员应以自己的账户及身份鉴别信息登录网络设备和安全设备进行操作 | |
| | | 业务应用操作管理 | 应用系统管理员及业务操作人员应以自己的账户及身份鉴别信息登录业务应用系统（提供对外或专门服务的公共用户可除外） | 5.5.2.5 a) |
| | | | ★应用系统管理员根据安全策略和专门授权对应用系统的操作人员等用户及其权限进行管理，监控应用系统的运行 | |
| | | | 用户对业务应用系统的访问权限应受到控制，如以菜单等方式限制操作 | |
| | | | 用户应按照操作规程使用业务应用系统，操作规程应指明具体作业的指令，处理和使用的信息，以及操作步骤 | |
| | | | 业务应用系统操作规程应形成正式文档或帮助文件，需要进行改动时应得到管理层授权 | |
| | | | 操作规程应说明处理错误或其他异常情况的指令，以及在出现意外的操作或技术问题时需要技术支持的联系方法 | |
| | | ★变更控制和重用管理 | ★信息系统的变更应经过申报和审批才能进行 | 5.5.2.6 a) |
| | | | 进行变更应进行记录，对重大变更应评估其潜在影响，向所有相关人员通报变更细节 | |
| | | | 明确中止变更并从失败变更中恢复的责任和处理方法 | |
| | | | 设备重用应经过申报和审批才能进行，应清除重用设备中原有信息 | |

表 A.5（续）

| 类 | 族 | 评估项 | 评估内容要点 | 标准依据 |
|---|---|---|---|---|
| 运行和维护管理 | 运行操作管理 | 信息交换管理 | ★在信息系统中发布信息和用户交换信息，应符合国家有关政策法规的规定 | 5.5.2.7 a) |
| | | | 应采取适当的安全措施保护信息系统中发布信息和用户交换信息的完整性 | |
| | | | 应保护业务应用中的信息交换的安全性，防止欺诈、合同纠纷以及泄露或修改信息事件的发生 | |
| | 运行维护管理 | 日常运行安全管理 | ★应通过正式授权程序委派专人负责信息系统运行的安全管理 | 5.5.3.1 a) |
| | | | 应明确运行值班的日常处理工作和安全管理职责 | |
| | | | 应对运行安全进行监督检查，包括检测、监控、分析等措施 | |
| | | | 应明确各个岗位人员对信息系统各类资源的安全责任，包括日常操作、备份及容错等 | |
| | | | 应明确信息系统安全管理人员和系统用户、普通用户对信息系统资源的访问权限 | |
| | | | 应检查和维护信息系统中业务应用数据完整性、可用性 | |
| | | 运行状况监控 | ★委派专人负责监视信息系统重要应用、网络系统、核心服务器等是否运行正常 | 5.5.3.2 a) |
| | | | 信息系统应使用统一的时间，以确保记录日志准确 | |
| | | | 信息系统日志应保留一定期限，有脱机保存的介质，不能被改变，只允许授权用户访问 | |
| | | | 定期分析信息系统日志并产生报告 | |
| | | 软件硬件维护管理 | ★应明确信息系统的软件、硬件维护的人员和责任，规定维护的时限 | 5.5.3.3 a) |
| | | | 应明确信息系统的硬件设备维修、替换和更新的申报、审批和管理流程 | |
| | | | 应明确信息系统软件维护的申报、审批和管理流程 | |
| | | 外部服务方访问管理 | 对外部服务方访问的要求，应经过相应的申报和审批程序 | 5.5.3.4 a) |
| | ★外包服务管理 | 外包服务合同 | ★对由组织机构外部服务商承担完成的外包服务，应签署正式的书面合同 | 5.5.4.1 a) |
| | | | 对符合法律要求的说明，如数据保护法规 | |
| | | | 对外包服务的风险的说明，包括风险的来源、具体风险描述和风险的影响，明确如何维护并检测组织机构的业务资产的完整性和保密性 | |
| | | | 对外包服务合同各方的安全责任界定，应确保外包合同中的参与方（包括转包商）都了解各自的安全责任 | |

表 A.5（续）

| 类 | 族 | 评估项 | 评估内容要点 | 标准依据 |
|---|---|---|---|---|
| 运行和维护管理 | ★外包服务管理 | 外包服务合同 | 对控制安全风险应采用的控制措施的说明，包括物理和逻辑控制措施，限制授权用户对组织机构的敏感业务信息的访问，以及设备的物理安全保护 | 5.5.4.1 a) |
| | | | 对外包服务风险发生时应采取措施的说明，如在发生灾难事故时，应如何维护服务的可用性 | |
| | | | 对外包服务的期限、中止的条件和善后处理的事宜以及由此产生责任问题的说明 | |
| | | | 对审计人员权限的说明 | |
| | | 外包服务商 | 应选择具有相应服务资质并信誉好的外包服务商 | 5.5.4.2 a) |
| | | ★外包服务的运行管理 | ★对外包服务的业务应用系统运行的安全状况应进行监控和检查 | 5.5.4.3 a) |
| | | | 对外包服务出现问题应遵照合同规定及时处理和报告 | |
| | 有关安全机制保障 | ★身份鉴别机制管理要求 | 信息系统所有用户均应明确使用身份鉴别机制的责任，保护用户自己的身份鉴别信息 | 5.5.5.1 a) |
| | | | 在每一个用户注册到系统时，采用用户名和用户标识符标识用户身份 | |
| | | | ★在每次用户登录系统时，采用口令鉴别机制进行用户身份鉴别，并对口令数据进行保护 | |
| | | | 应指定安全管理人员定期检查信息系统用户身份鉴别机制和身份鉴别信息的安全性，特别是跨网络的远程用户鉴别信息的安全性 | |
| | | ★访问控制机制管理要求 | 应根据自主访问控制安全策略，允许授权用户/用户组对其创建的客体具有相应的访问操作权限，包括对客体的创建、读、写、修改和删除等 | 5.5.5.2 a) |
| | | | 实施访问控制机制主体的粒度为用户/用户组，客体的粒度为文件或数据库表级 | |
| | | | ★能够阻止非授权用户读取敏感信息并能将这些权限的部分或全部授予其他用户/用户组 | |
| | | 系统安全管理要求 | 应对操作系统和数据库管理系统实施相应的安全管理 | 5.5.5.3 a) |
| | | | 应通过正式授权程序委派专人负责系统安全管理 | |
| | | | 建立系统安全配置、备份等安全管理规章制度及操作规程 | |
| | | | ★按规章制度的要求进行正确的系统安全配置、备份等操作，及时进行补丁升级 | |
| | | 网络安全管理要求 | 应通过正式授权程序指定网络管理人员 | 5.5.5.4 a) |
| | | | ★应按网络区域边界安全控制策略，实施数据包过滤措施，采用常规校验机制检验数据传输的完整性等安全管理，能够发现数据完整性被破坏 | |
| | | | 应制定有关网络系统安全管理和配置的规定，保证网络管理人员按相应规定对网络进行安全管理 | |

表 A.5（续）

| 类 | 族 | 评估项 | 评估内容要点 | 标准依据 |
|---|---|---|---|---|
| 运行和维护管理 | 有关安全机制保障 | 应用系统安全管理要求 | 应通过正式授权程序委派专人负责应用系统的安全管理 | 5.5.5.5 a) |
| | | | 对应用系统按其安全技术和机制的要求实施相应的安全管理 | |
| | | | ★具有明确的应用系统管理员对于特定应用系统安全管理内容，如用户及权限管理等，以及应用系统软件的安全配置、备份等 | |
| | | | 应结合业务需求制定相关规章制度，并严格按照规章制度的要求实施应用系统安全管理 | |
| | | 病毒防护管理要求 | 安排专人负责计算机病毒防护，定期进行检查报告主机和网络的病毒安全状况 | 5.5.5.6 a) |
| | | | ★在主机和网络区域边界安装防病毒软件，并及时升级 | |
| | | | 使用外部移动存储设备之前应进行病毒检查 | |
| | | | 从不信任网络上所接收的文件或邮件，在使用前应首先检查是否有病毒 | |

## A.2.6 业务连续性管理

表 A.6 业务连续性管理（第一级信息系统）

| 类 | 族 | 评估项 | 评估内容要点 | 标准依据 |
|---|---|---|---|---|
| 业务连续性管理 | ★备份与恢复 | ★数据备份和恢复 | ★应明确说明需定期备份重要业务信息、系统数据及软件等内容和备份周期 | 5.6.1.1 a) |
| | | | 确定重要业务信息的保存期以及其他需要保存的归档拷贝的保存期 | |
| | | | 采用离线备份或在线备份方案，定期进行数据增量备份 | |
| | | | 可使用手工或软件产品进行备份和恢复 | |
| | 安全事件处理 | 安全事件划分 | 安全事件的处置需要贯穿整个安全管理的全过程 | 5.6.2.1 a) |
| | | | 安全事件包括不可抗拒的事件、设备故障事件、病毒爆发事件、外部网络入侵事件、内部信息安全事件、内部误用和误操作等事件等 | |
| | | | 应依据安全事件对信息系统的破坏程度、所造成的社会影响及涉及的范围，确定具体信息系统安全事件处置等级的划分原则 | |
| | | ★安全事件报告和响应 | 信息安全事件实行分等级响应和处置 | 5.6.2.2 a) |
| | | | ★具有通过评审及批准的安全事件报告流程和响应处理流程 | |
| | | | 使所有员工知道报告安全事件程序和责任 | |
| | | | ★信息安全事件发生后，根据其危害和发生的部位，迅速确定事件等级，并根据等级启动相应的响应和处置预案 | |
| | | | 事件处理后应有相应的反馈程序 | |

表 A.6(续)

| 类 | 族 | 评估项 | 评估内容要点 | 标准依据 |
|---|---|---|---|---|
| 业务连续性管理 | ★应急处理 | 应急处理和灾难恢复 | 应对信息系统的应急处理有明确的要求,确定应急处理小组,制定具体的应急处理措施 | 5.6.3.1 a) |
| | | | 安全管理人员应协助分管领导落实应急处理措施 | |
| | | ★应急计划 | ★制定了应急计划(应急计划框架内容包括) | 5.6.3.2 a) |
| | | | 制定应急计划策略,明确制定应急计划所需的职权和相应的管理部门 | |
| | | | 进行业务影响分析,识别关键信息系统和部件,确定优先次序 | |
| | | | 确定防御性控制,减小系统中断的影响,提高系统的可用性;注意采取措施,减少应急计划生存周期费用 | |
| | | | 制定恢复策略,确保系统可以在中断后快速和有效的恢复 | |
| | | | 制定信息系统应急计划,包括恢复受损系统所需的指导方针和规程 | |
| | | | 计划测试、培训和演练,发现计划的不足,培训技术人员 | |
| | | | 计划维护,有规律地更新适应系统发展 | |
| | | 应急计划的实施保障 | 应明确应急计划的机构和实施人员,并使其知道在应急计划实施过程中各自的责任 | 5.6.3.3 a) |

## A.2.7 监督和检查管理

表 A.7 监督和检查管理(第一级信息系统)

| 类 | 族 | 评估项 | 评估内容要点 | 标准依据 |
|---|---|---|---|---|
| 监督和检查管理 | 符合法律要求 | ★知晓适用的法律 | 应认识对于信息系统应用范畴适用的所有法律法规 | 5.7.1.1 a) |
| | | | ★对信息系统的设计、操作、使用和管理,以及信息管理方面,应认识和规避法律法规禁区,防止出现违法行为 | |
| | | | 保护组织机构的数据信息和个人信息隐私 | |
| | | | 对于详细而准确的法律要求应从组织机构的法律顾问,或者合格的法律从业人员处获得帮助 | |
| | | 知识产权管理 | 应建立关于尊重知识产权的策略,防止发生侵犯版权的行为,并形成书面文档 | 5.7.1.2 a) |
| | | | 涉及软件开发的工作人员和承包商应做到符合和遵守相关的法律、法规 | |
| | | 保护证据记录 | 规定组织机构的重要记录的内容范围,如财务记录、数据库记录、审计日志等 | 5.7.1.3 a) |
| | | | ★应按照法律法规的要求保护组织机构的重要记录,防止丢失、毁坏和被篡改 | |
| | | | 被作为证据的记录,信息的内容和保留的时间应遵守国家法律法规的规定 | |
| | 审计及监管控制 | 监管控制 | 自主保护:依照国家有关法规和 GB 17859—1999 第一级的要求进行自主保护 | 5.7.3.2 a) |

### A.2.8 生存周期管理

**表 A.8 生存周期管理(第一级信息系统)**

| 类 | 族 | 评估项 | 评估内容要点 | 标准依据 |
|---|---|---|---|---|
| 生存周期管理 | ★规划和立项管理 | 系统规划要求 | 信息系统的管理者应对信息系统的建设和改造，以及近期和远期的发展制定工作计划，并应得到组织机构管理层的批准 | 5.8.1.1 a) |
| | | 系统需求的提出 | 信息系统应用部门或业务部门需要开发新的业务应用系统或更改已运行的业务应用系统时，以书面形式提出申请 | 5.8.1.2 a) |
| | | ★系统开发的立项 | ★接到需求申请，须经主管领导审批，或管理层讨论批准后立项 | 5.8.1.3 a) |
| | ★建设过程管理 | ★建设项目准备 | ★对信息系统建设和改造项目应明确指定项目负责人，监督和管理项目的全过程 | 5.8.2.1 a) |
| | | 工程项目外包要求 | 信息系统工程项目外包，应选择具有服务资质的信誉较好的厂商，要求其已获得国家规定的资质证书、有成功的实施案例 | 5.8.2.2 a) |
| | | 自行开发环境控制 | ★自行开发项目，要求开发环境与实际运行环境做到物理分开，建立完全独立的两个环境 | 5.8.2.3 a) |
| | | | 开发及测试活动也应尽可能分开 | |
| | | ★安全产品使用要求 | 信息安全产品包括构成信息系统安全保护功能的信息技术硬件、软件、固件设备，以及安全检查、检测验证工具等 | 5.8.2.4 a) |
| | | | ★信息系统使用的信息安全产品应按照相应的安全保护等级的要求选择相应等级的产品 | |
| | | ★建设项目测试验收 | ★对信息系统建设和改造项目进行功能及性能测试，保证信息系统建设项目的可用性 | 5.8.2.5 a) |
| | | | 应指项目定测试验收负责人 | |
| | 系统启用和终止管理 | ★新系统启用管理 | ★在新的信息系统或子系统、信息系统设备在启用以前，应经过正式测试验收 | 5.8.3.1 a) |
| | | | 由使用者或管理者提出申请，经过相应领导审批才能正式投入使用 | |
| | | ★终止运行管理 | 终止运行包括现有信息系统或子系统、主要设备 | 5.8.3.2 a) |
| | | | 应由使用者或管理者提出申请并说明原因 | |
| | | | 应由使用者或管理者提出采取的保护措施 | |
| | | | ★经相应领导审批才能正式终止运行 | |

## A.3 第二级信息系统安全管理评估参照表

### A.3.1 策略和制度管理

表 A.9 策略和制度管理(第二级信息系统)

| 类 | 族 | 评估项 | 评估内容要点 | 标准依据 |
|---|---|---|---|---|
| ★策略和制度 | ★信息安全管理策略 | ★安全管理目标与范围 | ★管理对象(信息系统)的基本描述 | 5.1.1.1 b) |
| | | | 明确信息系统的管理范围 | |
| | | | ★业务数据和系统服务达到的安全目标,**符合第二级信息系统安全要求** | |
| | | ★总体安全管理策略 | **制定了较完整的安全管理策略文档** | 5.1.1.2 b) |
| | | | ★明确管理者对信息系统安全的责任,管理方法、支持意向 | |
| | | | **说明**对组织机构信息系统有重大意义的安全方针、原则、标准和符合性要求 | |
| | | | ★说明信息系统安全的总体目标、范围、管理原则和**安全技术框架及安全管理框架** | |
| | | | **划分信息系统不同安全保护等级的管理策略** | |
| | | | 依据国家有关管理规范和技术标准进行保护,**接受国家信息安全监管部门的指导** | |
| | | 安全管理策略的制定 | 由分管信息安全工作的负责人召集 | 5.1.1.3 b) |
| | | | **由信息安全职能部门负责制定** | |
| | | | 信息技术及业务人员参加制定 | |
| | | | ★形成**比较完整**的信息系统安全管理策略 | |
| | | 安全管理策略的发布 | **由组织机构负责人签发** | 5.1.1.4 b) |
| | | | **按照有关文件管理程序发布** | |
| | ★安全管理规章制度 | ★安全管理规章制度内容 | **制定了较完整的安全管理制度文档** | 5.1.2.1 b) |
| | | | **★包括安全管理活动中重要的管理方面的制度,以及安全管理人员或操作人员的重要操作规程,如信息安全责任、人员安全、系统建设、系统运维、监督检查等方面管理制度** | |
| | | 安全管理规章制度的制定 | **由信息安全职能部门负责制订** | 5.1.2.2 b) |
| | | | 由分管信息安全工作的负责人审批 | |
| | | | ★有正式发布的制度文件或文档 | |
| | 策略与制度文档管理 | 策略与制度文档的评审和修订 | 由分管信息安全的负责人和安全管理人员负责文档的评审和修订 | 5.1.3.1 b) |
| | | | ★**定期或阶段性**检查策略和制度的有效性,对存在不足或需要改进的策略和制度进行修订 | |
| | | | 修订后的策略和制度按规定程序发布 | |
| | | | **发生重大安全事故,组织机构或技术结构发生变化时,对策略和制度进行相应的评审和修订** | |
| | | | **对评审后需要修订的策略和制度文档,应明确指定人员限期完成** | |

表 A.9（续）

| 类 | 族 | 评估项 | 评估内容要点 | 标准依据 |
| --- | --- | --- | --- | --- |
| ★策略和制度 | 策略与制度文档管理 | ★策略与制度文档的保管 | ★指定专人保管 | 5.1.3.2 b) |
| | | | 借阅策略和制度文档，以及相关的操作规程文档，应有相应级别负责人审批和登记 | |

A.3.2 机构和人员管理

表 A.10 机构和人员管理（第二级信息系统）

| 类 | 族 | 评估项 | 评估内容要点 | 标准依据 |
| --- | --- | --- | --- | --- |
| ★机构和人员管理 | ★安全管理机构 | ★建立安全管理机构 | ★管理层中应有一人分管信息系统安全工作 | 5.2.1.1 b) |
| | | | ★建立管理信息系统安全工作的职能部门，或明确指定一个职能部门兼管信息安全工作 | |
| | | | 配备专职或兼职的安全管理人员 | |
| | | ★信息安全职能部门 | ★确定信息安全职能部门基本的安全管理职能 | 5.2.1.3 a) |
| | | | 起草组织机构信息系统的安全策略和发展规划 | |
| | | | ★管理信息系统安全日常事务，检查和指导下级单位信息系统安全工作 | |
| | | | 负责或组织安全措施的实施，并参加对安全重要事件的处理 | |
| | | | 监控信息系统安全状况，提出安全分析报告 | |
| | | | 指导和检查各部门和下级单位信息系统安全人员及要害岗位人员的信息系统安全 | |
| | | | 与有关部门共同组成应急处理小组或协助有关部门建立应急处理小组实施相关应急处理 | |
| | ★人员管理 | ★安全管理人员配备 | ★可配备安全管理人员，安全管理人员不能兼任网络管理人员、系统管理员、数据库管理员等 | 5.2.3.1 b) |
| | | 关键岗位人员管理 | ★明确关键岗位，如安全管理员、系统管理员、数据库管理员、网络管理员、重要业务开发人员、系统维护人员、重要业务应用操作人员 | 5.2.3.2 b) |
| | | | 允许一人多岗，但业务应用操作人员不能由其他关键岗位人员兼任 | |
| | | | 业务开发人员和系统维护人员不能兼任或担负安全管理员、系统管理员、数据库管理员、网络管理员、重要业务应用操作人员等岗位或工作 | |
| | | | 必要时关键岗位人员应采取定期轮岗制度 | |
| | | | 定期安全培训，加强安全和风险防范意识 | |
| | | 人员录用管理 | 由人事部门进行人员背景、资质审查，技能考核等，确认其具有基本的专业技术水平，能够掌握信息安全管理基本知识 | 5.2.3.3 b) |
| | | | 对关键岗位的人员注重思想品质方面考察 | |
| | | | 安全管理人员应具有基本的系统安全风险分析和评估能力 | |
| | | | 签署保密协议方可上岗 | |

表 A.10（续）

| 类 | 族 | 评估项 | 评估内容要点 | 标准依据 |
|---|---|---|---|---|
| ★机构和人员管理 | ★人员管理 | ★人员离岗 | ★立即中止被解雇的、退休的、辞职的或其他原因离开的人员的所有访问权限 | 5.2.3.4 b) |
| | | | 收回所有相关证件、密钥、访问控制标记等 | |
| | | | 收回组织机构提供的设备等 | |
| | | | **★管理层和信息系统关键岗位人员调离岗位，应经单位人事部门严格办理调离手续，承诺其调离后的保密要求** | |
| | | 人员考核与审查 | 定期对各个岗位的人员进行不同侧重的安全认知和安全技能的考核，作为人员是否适合当前岗位的参考 | 5.2.3.5 b) |
| | | | **★定期审查关键岗位人员，如发现其违反安全规定，应控制使用** | |
| | | ★第三方人员管理 | ★签署相关安全责任的合同书或保密协议 | 5.2.3.6 b) |
| | | | ★规定各类人员的活动范围，进入计算机房应有书面申请、批准和过程记录，有专人全程监督或陪同 | |
| | | | ★进行逻辑访问时，应划定范围并经书面申请、负责人批准和过程记录，有专人全程监督或陪同 | |
| | | | **进行逻辑访问应使用专门设置的临时用户，并进行审计** | |
| | 教育和培训 | ★信息安全教育 | 让员工知晓信息的敏感性和信息安全的重要性 | 5.2.4.1 b) |
| | | | 认识其自身的责任和安全违例会受到纪律惩罚 | |
| | | | ★掌握的信息安全基本知识和技能，进行对安全政策和操作规程的认知教育和训练 | |
| | | | **制定并实施安全教育和培训计划，培养信息系统各类人员安全意识** | |
| | | 信息安全专家 | 听取信息安全专家的建议 | 5.2.4.2 a) |
| | | | 组织专家参与安全威胁的评价，对安全事件给予专业指导和原因调查等 | |

## A.3.3 风险管理

表 A.11 风险管理（第二级信息系统）

| 类 | 族 | 评估项 | 评估内容要点 | 标准依据 |
|---|---|---|---|---|
| 风险管理 | ★风险管理要求和策略 | 风险管理要求 | ★编制资产清单，对资产价值/重要性进行分析，对信息系统面临的威胁进行初步分析 | 5.3.1.1 b) |
| | | | **对关键的系统资源进行定期风险分析和评估** | |
| | | | **产生风险分析报告并向管理层提交** | |
| | | ★风险管理策略 | **制定基本的风险管理策略** | 5.3.1.2 a) |
| | | | **★定期进行信息安全和业务应用方面的风险评估** | |
| | | | **确定信息安全风险管理的基本方法** | |
| | | | **提供风险管理的组织和资源保证** | |

表 A.11（续）

| 类 | 族 | 评估项 | 评估内容要点 | 标准依据 |
|---|---|---|---|---|
| 风险管理 | 风险分析和评估 | ★资产识别和分析 | 确定信息系统的资产范围，进行统计和编制资产清单 | 5.3.2.1 a) |
| | | | ★进行资产分类和重要性标识 | |
| | | 威胁识别和分析 | ★根据以往发生的安全事件、外部提供的资料和积累的经验，对威胁进行分析 | 5.3.2.2 b) |
| | | | 结合业务应用、系统结构特点以及访问流程等因素，建立并维护威胁列表 | |
| | | | 根据不同业务系统面临的威胁，对每个或者每类资产有一个威胁列表 | |
| | | 脆弱性识别和分析 | ★通过扫描工具、人工检查和渗透测试，获取对系统脆弱性的认识 | 5.3.2.3 b) |
| | | | 针对信息系统资产组合、资产分类编制脆弱性列表和脆弱性检查表 | |
| | | | 应了解测试可能带来的后果，并做好充分准备 | |
| | | | 对不同的方法和工具所得出的评估结果，进行综合分析，得到脆弱性等级 | |
| | | 风险分析和评估要求 | 由用户和专家对资产、威胁和脆弱性等方面进行定性综合评估，建议处理和减缓风险的措施，形成风险评估报告 | 5.3.2.4 b) |
| | | | ★评估报告中包括风险级别、风险点等内容，确定信息系统的安全风险状况 | |
| | | | 基于这些报告，要求评估者对信息系统安全措施提出建议 | |
| | 风险控制 | 选择和实施风险控制措施 | 基于安全等级标准，选择相应等级的安全技术和管理措施 | 5.3.3.1 b) |
| | | | ★根据风险评估结果，结合信息系统安全现状，决定信息系统安全的控制措施 | |
| | 基于风险的决策 | 安全确认 | ★针对信息系统的资产清单、威胁列表、脆弱性列表，结合已采用的安全控制措施，分析存在的残余风险 | 5.3.4.1 b) |
| | | | 形成残余风险分析报告，由组织机构的高层管理人员决定残余风险是否可接受 | |
| | | | 编制信息系统残余风险清单，监视残余风险可能诱发的安全事件，及时采取防护措施 | |
| | | 信息系统运行的决策 | 信息系统的主管者或运营者应根据安全确认的结果，判断残余风险是否可接受，决定是否允许信息系统继续运行 | 5.3.4.2 a) |
| | ★风险评估的管理 | ★评估机构的选择 | ★有国家主管部门认可的安全服务资质 | 5.3.5.1 b) |
| | | | 有良好信誉的评估机构 | |
| | | | 在经过本行业主管部门认可或上级行政领导部门批准的范围内选择 | |
| | | 评估机构保密要求 | ★评估机构人员应按照第三方人员管理要求签署保密协议 | 5.3.5.2 a) |
| | | 评估信息的管理 | ★提交涉及评估需要的资料、数据等各种信息，应规定办理交接手续，防止丢失 | 5.3.5.3 b) |
| | | | 提交涉及评估需要的资料、数据等各种信息，必要时可以隐藏或替换核心的或敏感的参数 | |
| | | 技术检测过程管理 | ★使用工具或手工进行技术检测，应事先提交测试的技术方案，得到授权方可进行 | 5.3.5.4 b) |
| | | | 使用工具或手工进行技术检测，应在被测试方专人监督下按技术方案进行 | |

## A.3.4 环境和资源管理

**表 A.12 环境和资源管理(第二级信息系统)**

| 类 | 族 | 评估项 | 评估内容要点 | 标准依据 |
|---|---|---|---|---|
| 环境和资源管理 | 环境安全管理 | 环境安全管理要求 | ★应配置物理环境安全的责任部门和管理人员 | 5.4.1.1 b) |
| | | | 建立有关物理环境安全方面的规章制度 | |
| | | | 物理安全方面应达到 GB/T 20271—2006 中 6.2.1 的有关要求 | |
| | | | ★对物理环境划分不同保护等级的安全区域进行管理 | |
| | | | 制定对物理安全设施进行检验、配置、安装、运行的有关制度和保障措施 | |
| | | | 实行关键物理设施的登记制度 | |
| | | ★机房安全管理要求 | ★明确机房安全管理的责任人 | 5.4.1.2 b) |
| | | | 机房钥匙由专人管理,未经批准,不准任何人私自复制机房钥匙或服务器开机钥匙 | |
| | | | 未经允许的人员不准进入机房 | |
| | | | 机房来访人员应经过正式批准,登记记录应妥善保存以备查 | |
| | | | 获准进入机房的来访人员,一般应禁止携带个人计算机等电子设备进入机房,其活动范围和操作行为应受到限制,并有机房接待人员负责和陪同 | |
| | | | 没有指定管理人员的明确准许,任何记录介质、文件材料及各种被保护品均不准带出机房,与工作无关的物品均不准带入机房 | |
| | | | 机房内严禁吸烟及带入火种和水源 | |
| | | 办公环境安全管理要求 | ★防止利用终端系统窃取敏感信息或非法访问 | 5.4.1.3 a) |
| | | | 工作人员下班后,终端计算机应关闭 | |
| | | | 存放敏感文件或信息载体的文件柜应上锁或设置密码 | |
| | | | 工作人员调离部门或更换办公室时,应立即交还办公室钥匙 | |
| | | | 设立独立的会客接待室,不在办公环境接待来访人员 | |
| | 资源管理 | 资产清单管理 | ★应编制并维护与信息系统相关详细的资产清单,能够清晰识别每项资产的拥有权、责任人、安全分类以及资产所在的位置等 | 5.4.2.1 b) |
| | | | 信息资产:应用数据、系统数据、安全数据等数据库和数据文档、系统文件、用户手册、培训资料、操作和支持程序、持续性计划、备用系统安排、存档信息 | |
| | | | 软件资产:应用软件、系统软件、开发工具和实用程序 | |
| | | | 有形资产:计算机设备(服务器、终端、存储设备等),网络设备(路由器、交换机、安全设备等),移动存储介质(移动硬盘、磁带等),其他技术装备(电源,空调设备等),家具和机房 | |
| | | | 应用业务相关资产:由信息系统控制的或与信息系统密切相关的应用业务的各类资产,由于信息系统或信息的泄露或破坏,这些资产会受到相应的损坏 | |
| | | | 服务:计算和通信服务,通用设备如供暖、照明、供电和空调等 | |

表 A.12（续）

| 类 | 族 | 评估项 | 评估内容要点 | 标准依据 |
| --- | --- | --- | --- | --- |
| 环境和资源管理 | 资源管理 | 资产的分类与标识要求 | ★根据资产的价值/重要性对资产进行标识，可基于资产的价值选择保护措施和进行资产管理 | 5.4.2.2 b) |
| | | | ★对信息资产进行分类管理，对信息系统内分属不同业务范围的各类信息，按其对安全性的不同要求分类加以标识 | |
| | | | 用户数据的重要性分类，如国家秘密信息、商业秘密和个人隐私信息、内部专有信息、公开信息等 | |
| | | | 系统数据重要性一般与其所在的系统或子系统的安全保护等级相关 | |
| | | | 根据业务应用的具体情况进行分类分级和标识，纳入规范化管理 | |
| | | 介质管理 | ★脱机存放的数据和软件介质，根据重要程度进行标识和分类，存放在由专人管理的介质库中，防止被盗、被毁、被修改以及信息泄漏 | 5.4.2.3 b) |
| | | | 介质的归档和查询应有记录，其借阅、拷贝、传输须经相应级别的领导批准后方可执行，并登记在册，对存档介质的目录清单应定期盘点 | |
| | | | 存储介质的销毁必须经批准并按指定方式进行，不得自行销毁，需要销毁的介质，应防止信息泄漏 | |
| | | | 介质应保留 2 个以上的副本，而且要求介质异地存储，存储地的环境要求和管理方法应与本地相同 | |
| | | ★设备管理要求 | 对于信息系统的各种软硬件设备的选型、采购、发放或领用，使用者应提出申请，报经相应领导审批，才可以实施 | 5.4.2.4 b) |
| | | | ★设备的选型、采购、使用和保管应明确责任人 | |
| | | | 要求设备有专人负责，实行分类管理 | |
| | | | ★通过对资产清单的管理，记录资产的状况和资产使用、转移、废弃及其授权过程 | |
| | | | ★保证设备的完好率 | |

## A.3.5 运行和维护管理

表 A.13 运行和维护管理（第二级信息系统）

| 类 | 族 | 评估项 | 评估内容要点 | 标准依据 |
| --- | --- | --- | --- | --- |
| 运行和维护管理 | ★用户管理 | ★用户分类管理 | 用户分类应包括系统用户、普通用户、外部客户用户、临时用户 | 5.5.1.1 b) |
| | | | ★按审查和批准的用户分类清单建立用户和分配权限 | |
| | | | ★用户分类清单应包括信息系统的所有用户的清单，包括所有特权用户的权限，以及特权用户的责任人员和授权记录 | |
| | | | 用户权限发生变化时应及时更改用户清单内容 | |
| | | | 定期检查特权用户的实际分配权限是否与特权用户清单符合 | |
| | | | 对特权用户开启审计功能，必要时可对其他有关用户开启审计功能 | |

表 A.13（续）

| 类 | 族 | 评估项 | 评估内容要点 | 标准依据 |
|---|---|---|---|---|
| 运行和维护管理 | ★用户管理 | 系统用户要求 | ★系统用户应由信息系统的主管领导指定 | 5.5.1.2 b) |
| | | | ★授权应以满足工作需要的最小权限为原则 | |
| | | | 系统用户应保护自己的身份鉴别信息的安全 | |
| | | | **系统用户应接受审计** | |
| | | | **对重要信息系统的系统用户，应进行审查并经过授权** | |
| | | | **对系统用户应能区分责任到个人，不应以部门或组作为责任人** | |
| | | 普通用户要求 | ★用户应保护自己的身份鉴别信息的安全 | 5.5.1.3 b) |
| | | | 发现系统的漏洞、滥用或违背安全行为应及时报告 | |
| | | | 不应透露与组织机构有关的非公开信息 | |
| | | | 不应故意进行违规的操作 | |
| | | | **不应在不符合敏感信息保护要求的系统中保存和处理高敏感度的信息** | |
| | | | **不应使用各种非正版软件和不可信的自由软件** | |
| | | 机构外部用户要求 | ★应对外部用户明确说明使用者的责任、义务和风险，并要求提供合法使用的声明 | 5.5.1.4 b) |
| | | | 外部用户应保护自己的身份鉴别信息的安全 | |
| | | | 外部用户只能是应用层的用户 | |
| | | | **可对特定外部用户提供专用通信通道，端口，特定的应用或数据协议，以及专用设备等** | |
| | | 临时用户要求 | ★临时用户的设置和期限必须经过审批 | 5.5.1.5 b) |
| | | | 临时用户应保护自己的身份鉴别信息的安全 | |
| | | | ★使用完毕或到期应及时删除 | |
| | | | 设置与删除均应记录备案 | |
| | | | **对主要部位的临时用户应进行审计，并进行风险评估** | |
| | 运行操作管理 | ★服务器操作管理 | ★服务器操作系统、数据库系统的操作应由授权的系统管理员、数据库管理员实施 | 5.5.2.1 b) |
| | | | ★遵照操作规程对服务器进行操作，设置服务器的运行环境，设定服务器的系统及安全配置，操作系统、数据库系统用户管理，并检查实际配置与安全策略要求的符合性 | |
| | | | 系统管理员、数据库管理员应以自己的账户及身份鉴别信息登录操作系统、数据库系统进行操作 | |
| | | | **监控管理，包括监控系统性能，如 CPU 和内存的利用率、检测进程运行及磁盘使用情况** | |
| | | | **日志管理，包括对操作系统、数据库系统以及业务系统等日志的管理** | |

表 A.13（续）

| 类 | 族 | 评估项 | 评估内容要点 | 标准依据 |
| --- | --- | --- | --- | --- |
| 运行和维护管理 | 运行操作管理 | 终端计算机操作管理 | ★用户应设置终端计算机的开机、屏幕保护口令，保护身份鉴别信息，进行必要的安全设置 | 5.5.2.2 a) |
| | | | 非本组织机构配备的终端计算机未获批准，不能在办公场所使用 | |
| | | | 及时安装经许可的软件和补丁程序，不得自行安装及使用其他软件和自由下载软件 | |
| | | | 未获批准，严禁使用 Modem 拨号、无线网卡等方式或另辟通路接入其他网络 | |
| | | 便携机操作管理 | 在接入组织机构内部网络时遵守“终端计算机操作管理”（上一节）的要求 | 5.5.2.3 b) |
| | | | 对不再使用或转为其他用途的便携机，应删除机内的敏感数据 | |
| | | | 在外网使用的便携机，接入本地网络前应进行必要的安全检查 | |
| | | | **★在组织机构内使用或存有敏感信息的便携机，未获批准，没有安全防护措施的，严禁接入其他网络** | |
| | | ★网络及安全设备操作管理 | ★对网络及安全设备的操作应由授权的网络管理员、安全管理员实施，**按照安全策略要求进行网络及安全设备配置** | 5.5.2.4 b) |
| | | | 应按操作规程对网络设备和安全设备进行操作，进行网络和安全设备的运行环境配置和服务设定 | |
| | | | 网络管理员、安全管理员应以自己的账户及身份鉴别信息登录网络设备和安全设备进行操作 | |
| | | | **★定期检查实际配置与安全策略要求的符合性** | |
| | | 业务应用操作管理 | 应用系统管理员及业务操作人员应自己的账户及身份鉴别信息登录业务应用系统（提供对外或专门服务的公共用户可除外） | 5.5.2.5 b) |
| | | | ★应用系统管理员根据安全策略和专门授权对应用系统的操作人员等用户及其权限进行管理，监控应用系统的运行 | |
| | | | 用户对业务应用系统的访问权限应受到控制，如以菜单等方式限制操作 | |
| | | | 用户应按照操作规程使用业务应用系统，操作规程应指明具体作业的指令，处理和使用的信息，以及操作步骤 | |
| | | | 业务应用系统操作规程应形成正式文档或帮助文件，需要进行改动时应得到管理层授权 | |
| | | | 操作规程应说明处理错误或其他异常情况的指令，以及在出现意外的操作或技术问题时需要技术支持的联系方法 | |
| | | | **对重要的业务应用操作应根据特别许可的权限执行** | |
| | | | **业务应用操作应进行审计** | |

表 A.13（续）

| 类 | 族 | 评估项 | 评估内容要点 | 标准依据 |
|---|---|---|---|---|
| 运行和维护管理 | 运行操作管理 | ★变更控制和重用管理 | ★信息系统的变更应经过申报和审批才能进行 | 5.5.2.6 b) |
| | | | 进行变更应进行记录，对重大变更应评估其潜在影响，向所有相关人员通报变更细节 | |
| | | | 明确中止变更并从失败变更中恢复的责任和处理方法 | |
| | | | **对变更执行情况、过程文档管理，进行定期或不定期的检查** | |
| | | | 设备重用应经过申报和审批才能进行，应清除重用设备中原有信息 | |
| | | | **对设备重用执行情况、过程文档管理，进行定期或不定期的检查** | |
| | | 信息交换管理 | ★在信息系统中发布信息和用户交换信息，应符合国家有关政策法规的规定 | 5.5.2.7 b) |
| | | | 应采取适当的安全措施保护信息系统中发布信息和用户交换信息的完整性 | |
| | | | 应保护业务应用中的信息交换的安全性，防止欺诈、合同纠纷以及泄露或修改信息事件的发生 | |
| | | | **在组织机构之间进行信息交换应建立安全条件的协议** | |
| | | | **明确业务信息交换管理责任及数据传输的最低安全要求** | |
| | 运行维护管理 | 日常运行安全管理 | ★应通过正式授权程序委派专人负责信息系统运行的安全管理 | 5.5.3.1 b) |
| | | | 应明确运行值班的日常处理工作和安全管理职责，**建立和维护信息系统运行过程管理文档** | |
| | | | 应对运行安全进行监督检查，包括检测、监控、分析等措施 | |
| | | | 应明确各个岗位人员对信息系统各类资源的安全责任，包括日常操作、备份及容错等 | |
| | | | 应明确信息系统安全管理人员和系统用户、普通用户对信息系统资源的访问权限 | |
| | | | 应检查和维护信息系统中业务应用数据完整性、可用性 | |
| | | | **★应用软件的使用采取授权管理，未经验证的软件不得运行系统中安装，对应用软件的使用进行审计** | |
| | | | **依据总体安全策略，控制和检查外部服务方对信息系统访问的安全** | |
| | | | **执行信息系统的数据备份、病毒防范、安全事件处理、变更控制等安全管理规定的日常工作任务** | |
| | | | **进行应急响应和灾难恢复计划规定的实际演练和技术培训** | |
| | | | **根据组织机构和信息系统出现的各种变化及时修订、完善各种规章制度** | |
| | | | **接受上级或国家有关部门对信息系统安全工作的监督和检查** | |

表 A.13（续）

| 类 | 族 | 评估项 | 评估内容要点 | 标准依据 |
| --- | --- | --- | --- | --- |
| 运行和维护管理 | 运行维护管理 | 运行状况监控 | ★委派专人负责监视信息系统重要应用、网络系统、核心服务器等是否运行正常，监视系统性能及与安全机制相关的服务器、网络性能变化 | 5.5.3.2 b) |
| | | | 信息系统应使用统一的时间，以确保记录日志和审计信息准确 | |
| | | | 信息系统审计日志应保留一定期限，有脱机保存的介质，不能被改变，只允许授权用户访问 | |
| | | | 定期分析信息系统日志并产生报告 | |
| | | | 应告知用户某些行为是会被审计的 | |
| | | 软件硬件维护管理 | ★应明确信息系统的软件、硬件维护的人员和责任，规定维护的时限 | 5.5.3.3 b) |
| | | | 应明确信息系统的硬件设备维修、替换和更新的申报、审批和管理流程 | |
| | | | 应明确信息系统软件维护的申报、审批和管理流程 | |
| | | | ★对需要外出维修的设备，应经过审批，磁盘数据应进行删除 | |
| | | | ★外部维修人员进入机房维修，应经过审批，并有专人负责陪同 | |
| | | 外部服务方访问管理 | 具有对外部服务方访问管理的相应安全措施 | 5.5.3.4 b) |
| | | | 外部服务方访问应签署了相应的保密合同 | |
| | | | ★对外部服务方访问的要求，应经过相应的申报和审批程序 | |
| | ★外包服务管理 | ★外包服务合同 | ★对由外部服务商承担完成的外包服务，应签署正式的书面合同 | 5.5.4.1 a) |
| | | | 对符合法律要求的说明，如数据保护法规 | |
| | | | 对外包服务的风险的说明，包括风险的来源、具体风险描述和风险的影响，明确如何维护并检测业务资产的完整性和保密性 | |
| | | | 对外包服务合同各方的安全责任界定，应确保外包合同中的参与方(包括转包商)都了解各自的安全责任 | |
| | | | 对控制安全风险应采用的控制措施的说明，包括物理和逻辑控制措施，限制授权用户对敏感业务信息的访问，以及设备的物理安全保护 | |
| | | | 对外包服务风险发生时应采取措施的说明，如在发生灾难事故时，应如何维护服务的可用性 | |
| | | | 对外包服务的期限、中止的条件和善后处理的事宜以及由此产生责任问题的说明 | |
| | | | 对审计人员权限的说明 | |
| | | 外包服务商 | 在行业认可或者是经过上级主管部门批准的范围内，选择具有相应服务资质并信誉好的可信的外包服务商 | 5.5.4.2 b) |
| | | ★外包服务的运行管理 | ★对外包服务的业务应用系统运行的安全状况应进行监控和检查，应定期进行评估 | 5.5.4.3 b) |
| | | | 对外包服务出现问题应遵照合同规定及时处理和报告 | |
| | | | ★当出现重大安全问题或隐患时应进行重新评估，提出改进意见，直至停止外包服务 | |

表 A.13(续)

| 类 | 族 | 评估项 | 评估内容要点 | 标准依据 |
| --- | --- | --- | --- | --- |
| 运行和维护管理 | 有关安全机制保障 | ★身份鉴别机制管理要求 | 信息系统所有用户均应明确使用身份鉴别机制的责任,保护用户自己的身份鉴别信息的保密性和完整性 | 5.5.5.1 b) |
| | | | 在每一个用户注册到系统时,采用用户名和用户标识符标识用户身份,并确保在系统整个生存周期用户标识的唯一性 | |
| | | | ★在每次用户登录系统时,采用受控的口令或具有相应安全强度的其他机制进行用户身份鉴别 | |
| | | | 应指定安全管理人员定期检查信息系统用户身份鉴别机制和身份鉴别信息的安全性,特别是跨网络的远程用户鉴别信息的安全性 | |
| | | ★访问控制机制管理要求 | 应根据自主访问控制安全策略,允许授权用户对其创建的客体具有相应的访问操作权限,包括对客体的创建、读、写、修改和删除等 | 5.5.5.2 b) |
| | | | 实施访问控制机制主体的粒度为用户,客体的粒度为文件或数据库表级 | |
| | | | ★能够阻止非授权用户读取敏感信息并能将这些权限的部分或全部授予其他用户 | |
| | | | 实现对自主访问控制过程的审计,告知访问者须为自己的行为负责 | |
| | | 系统安全管理要求 | 应通过正式授权程序委派专人负责系统安全管理,包括对操作系统和数据库管理系统管理(系统管理员、数据库管理员) | 5.5.5.3 b) |
| | | | 建立系统安全配置、备份等安全管理规章制度及操作规程 | |
| | | | ★按规章制度的要求进行正确的系统安全配置、备份等操作,及时进行补丁升级 | |
| | | | 对操作系统和数据库系统进行用户账号安全使用和授权管理,并进行审计 | |
| | | | 对授权用户登录系统和使用许可的资源,进行身份鉴别和审计 | |
| | | | 依据安全策略确定审计事件、审计内容、审计归档、审计报告 | |
| | | | 应对系统的安全弱点和漏洞进行控制 | |
| | | | 应依据变更控制规程对系统的变更进行控制 | |
| | | | 应及时对系统资源和系统文档进行备份 | |
| | | 网络安全管理要求 | 应通过正式授权程序指定网络管理人员对网络系统进行配置和安全管理 | 5.5.5.4 b) |
| | | | ★应按网络区域边界安全控制策略,实施数据包过滤措施,采用常规校验机制检验数据传输的完整性等安全管理,能够发现数据完整性被破坏 | |
| | | | 信息系统网络安全区域边界按访问控制策略设置自主访问控制机制,对进出安全区域边界的数据信息进行控制,阻止非授权访问 | |
| | | | 依据总体安全策略制定网络访问控制策略,并定期检查和完善网络安全策略 | |

表 A.13（续）

| 类 | 族 | 评估项 | 评估内容要点 | 标准依据 |
|---|---|---|---|---|
| 运行和维护管理 | 有关安全机制保障 | 网络安全管理要求 | 采取网络访问授权管理，保证经过授权的用户才能得到许可的网络服务 | 5.5.5.4 b) |
| | | | 告知用户使用网络的安全责任和操作规程 | |
| | | | 用户在外部访问组织机构内部网络应经审批，可采用由密码技术支持的保密性、完整性保护机制或具有相应强度的其他安全机制，保护网络数据传输安全 | |
| | | | 定期对外部网络连接接口的安全进行评估，可采用由密码技术支持的保密性、完整性保护机制或具有相应强度的其他安全机制，保护网络数据传输安全 | |
| | | | 对外公共服务的信息系统，应采取严格访问控制，保证外部用户的访问得到控制和审计，不危及内部信息系统的安全 | |
| | | | 对外传输的数据和信息要经过批准和审查，防止内部人员通过内外网的边界泄露敏感信息 | |
| | | | 对可能从内部网络向外发起的连接资源实施控制和检查，探测非法外联等行为，保护网络及区域边界完整性 | |
| | | | 信息系统的关键网络设备设施的备份进行管理，保证可用性 | |
| | | | 对网络安全日常管理、网络配置变更、网络故障及事件处理等，定期进行安全检查和评估，提交正式的网络安全报告 | |
| | | 应用系统安全管理要求 | 应通过正式授权程序委派专人负责应用系统的安全管理(应用系统管理员) | 5.5.5.5 b) |
| | | | ★具有明确的应用系统管理员对于特定应用系统安全管理内容，如用户及权限管理等，以及应用系统软件的安全配置、备份等 | |
| | | | 应结合业务需求制定相关规章制度，制定并落实应用系统的安全操作规程，并严格按照规章制度的要求实施应用系统安全管理 | |
| | | | 指定信息安全管理人员，依据信息安全操作规程，负责信息的分类管理和发布 | |
| | | | 对任何可能超越系统或应用程序控制的实用程序和系统软件都应得到正式的授权和许可，并对使用情况进行登记 | |
| | | | 保证对应用系统信息或软件的访问不影响其他信息系统共享信息的安全性 | |
| | | | 应用系统的内部用户，包括支持人员，应按照规定的程序办理授权许可，并根据信息的敏感程度签署安全协议，保证应用系统数据的保密性、完整性和可用性 | |
| | | | 应指定专人负责应用系统的审计工作，保证审计日志的准确性、完整性和可用性 | |
| | | | 组织有关人员定期或不定期对应用系统的安全性进行审查，并根据应用系统的变更或风险变化提交正式的报告，提出安全建议 | |
| | | | 对应用系统关键岗位的工作人员实施资质管理，保证人员的可靠性和可用性 | |
| | | | 制定切实可用的应用系统及数据的备份计划和应急计划，并由专人负责落实和管理 | |

表 A.13（续）

| 类 | 族 | 评估项 | 评估内容要点 | 标准依据 |
|---|---|---|---|---|
| 运行和维护管理 | 有关安全机制保障 | 病毒防护管理要求 | 安排专人负责计算机病毒防护，定期进行检查报告主机和网络的病毒安全状况 | 5.5.5.6 b) |
| | | | ★在主机安装防病毒软件，**在安全区域边界设置防恶意代码网关**，并及时升级，**检查病毒库的升级情况并进行记录** | |
| | | | **对非在线的内部计算机设备及其他移动存储设备，以及外来或新增计算机做到入网前进行杀毒和防病毒软件版本检测** | |
| | | | 从不信任网络上所接收的文件或邮件，在使用前应首先检查是否有病毒 | |
| | | 密码管理要求 | **★应按国家密码主管部门的规定，对信息系统中使用的密码算法和密钥进行管理** | 5.5.5.7 a) |
| | | | **应按国家有关法律法规要求，对信息系统中包含密码的软、硬件信息处理模块的进、出口进行管理** | |

## A.3.6 业务连续性管理

表 A.14 业务连续性管理(第二级信息系统)

| 类 | 族 | 评估项 | 评估内容要点 | 标准依据 |
|---|---|---|---|---|
| 业务连续性管理 | ★备份与恢复 | ★数据备份和恢复 | ★应明确说明需定期备份重要业务信息、系统数据及软件等内容和备份周期，**根据数据的重要程度和更新频率设定备份周期** | 5.6.1.1 b) |
| | | | 确定重要业务信息的保存期以及其他需要保存的归档拷贝的保存期 | |
| | | | 采用离线备份或在线备份方案，定期进行数据增量备份 | |
| | | | **指定专人负责数据备份和恢复**，可使用手工或软件产品进行备份和恢复，**同时保存几个版本的备份** | |
| | | | **定期检查备份介质，保证在紧急情况时可以使用** | |
| | | | **定期检查及测试恢复程序，确保在预定的时间内正确恢复** | |
| | | 设备和系统的备份与冗余 | **★实现信息系统的关键设备备份与容错** | 5.6.1.2 a) |
| | | | **指定专人定期维护和检查备份设备的状况，确保需要接入系统时能够正常运行** | |
| | | | **根据实际需求确定备份设备接入的工作流程和操作时间** | |
| | 安全事件处理 | 安全事件划分 | 安全事件的处置需要贯穿整个安全管理的全过程，**建立信息安全事件分等级响应和处置的制度** | 5.6.2.1 b) |
| | | | 安全事件包括不可抗拒的事件、设备故障事件、病毒爆发事件、外部网络入侵事件、内部信息安全事件、内部误用和误操作等事件等 | |
| | | | 应依据安全事件对信息系统的破坏程度、所造成的社会影响及涉及的范围，确定具体信息系统安全事件处置等级的划分原则 | |

表 A.14（续）

| 类 | 族 | 评估项 | 评估内容要点 | 标准依据 |
|---|---|---|---|---|
| 业务连续性管理 | 安全事件处理 | 安全事件划分 | ★对信息系统中发生的各类事件制定相应安全保护等级的处置预案，确定事件响应和处置的范围、程度及工作流程 | 5.6.2.1 b) |
| | | | 信息安全事件发生后，按预案分等级进行响应和处置 | |
| | | | 在发现或怀疑系统或服务出现安全漏洞或受到威胁时，应按照安全事件处置要求处理 | |
| | | ★安全事件报告和响应 | 信息安全事件实行分等级响应和处置 | 5.6.2.2 b) |
| | | | ★具有通过评审及批准的安全事件报告流程和响应处理流程，还包括安全弱点和可疑事件的报告 | |
| | | | 对于暂不能确定为事故或入侵等的可疑事件也应报告 | |
| | | | 对于所有安全事件的报告应记录在案归档留存 | |
| | | | 使所有员工知道报告安全事件程序和责任，告知员工未经许可测试弱点属于滥用系统 | |
| | | | ★信息安全事件发生后，根据其危害和发生的部位，迅速确定事件等级，并根据等级启动相应的响应和处置预案 | |
| | | | 事件处理后应有相应的反馈程序 | |
| | ★应急处理 | 应急处理和灾难恢复 | 安全管理机构应制定总体应急计划和灾难恢复计划，应急处理小组负责落实 | 5.6.3.1 b) |
| | | | 制定关键应用系统和支持系统的应急预案和灾难恢复预案，并进行测试 | |
| | | | 对计划涉及人员进行培训，保证这些人员具有相应执行能力 | |
| | | | 与应急需要应急的外部支持单位，应签订合同 | |
| | | | 做好应急处理和灾难恢复的基础工作，包括安全事件处理，系统及数据备份的管理 | |
| | | ★应急计划 | ★制定了应急计划(应急计划框架内容包括) | 5.6.3.2 a) |
| | | | 制定应急计划策略，明确制定应急计划所需的职权和相应的管理部门 | |
| | | | 进行业务影响分析，识别关键信息系统和部件，确定优先次序 | |
| | | | 确定防御性控制，减小系统中断的影响，提高系统的可用性；注意采取措施，减少应急计划生存周期费用 | |
| | | | 制定恢复策略，确保系统可以在中断后快速和有效的恢复 | |
| | | | 制定信息系统应急计划，包括恢复受损系统所需的指导方针和规程 | |
| | | | 计划测试、培训和演练，发现计划的不足，培训技术人员 | |
| | | | 计划维护，有规律地更新适应系统发展 | |
| | | 应急计划的实施保障 | ★应明确应急计划的组织和实施人员，并使其知道在应急计划实施过程中各自的责任 | 5.6.3.3 b) |
| | | | 对系统相关的人员进行培训和组织演练，知道如何以及何时使用应急计划中的控制手段及恢复策略，保证执行应急计划应具有的能力 | |

### A.3.7 监督和检查管理

表 A.15 监督和检查管理(第二级信息系统)

| 类 | 族 | 评估项 | 评估内容要点 | 标准依据 |
|---|---|---|---|---|
| 监督和检查管理 | 符合法律要求 | ★知晓适用的法律 | 应认识对于信息系统应用范畴适用的所有法律法规 | 5.7.1.1 b) |
| | | | ★对信息系统的设计、操作、使用和管理,以及信息管理方面,应认识和规避法律法规禁区,防止出现违法行为 | |
| | | | 保护组织机构的数据信息和个人信息隐私 | |
| | | | 对于详细而准确的法律要求应从组织机构的法律顾问,或者合格的法律从业人员处获得帮助 | |
| | | | 应知晓不允许滥用信息处理设备,以免危害组织机构和社会利益,并有措施防止滥用 | |
| | | 知识产权管理 | 应建立关于尊重知识产权的策略,防止发生侵犯版权的行为,并形成书面文档 | 5.7.1.2 b) |
| | | | 涉及软件开发的工作人员和承包商应做到符合和遵守相关的法律、法规 | |
| | | | 应明确规定外包开发的应用系统软件的有关软件版权问题 | |
| | | | 应防止外包开发的应用系统因软件升级或改造发生侵犯软件版权问题 | |
| | | 保护证据记录 | 规定组织机构的重要记录的内容范围,如财务记录、数据库记录、审计日志等 | 5.7.1.3 a) |
| | | | ★应按照法律法规的要求保护组织机构的重要记录,防止丢失、毁坏和被篡改 | |
| | | | 被作为证据的记录,信息的内容和保留的时间应遵守国家法律法规的规定 | |
| | 依从性检查 | 检查和改进 | 要求定期对安全管理活动的各个方面进行检查和评估工作 | 5.7.2.1 a) |
| | | | ★对照组织机构的安全策略和管理制度做到自管、自查、自评,并应落实责任制 | |
| | | 安全策略依从性检查 | 定期检查信息系统的网络、操作系统、数据库系统等系统管理员,对安全策略的遵守情况,包括是否能正确执行安全制度,遵从安全策略 | 5.7.2.2 a) |
| | | 技术依从性检查 | 按照信息系统应达到安全保护等级第二级技术要求定期进行检查,根据检查信息系统对安全实施标准的符合情况进行初步评价并形成意见 | 5.7.2.3 a) |
| | 审计及监管控制 | ★审计控制 | 应有独立的审计机构或人员对组织机构的安全管理体系、信息系统的安全风险控制、管理过程的有效性和正确性进行审计 | 5.7.3.1 a) |
| | | | ★对审计过程进行控制,应制定审计的工作程序和规范化工作流程,将审计活动周期化,同时加强安全事件发生后的审计 | |
| | | 监管控制 | 指导保护:在信息安全监管职能部门指导下依照国家有关法规和 GB 17859—1999 第二级的要求进行自主保护 | 5.7.3.2 b) |

表 A.15（续）

| 类 | 族 | 评估项 | 评估内容要点 | 标准依据 |
|---|---|---|---|---|
| 监督和检查管理 | 责任认定 | 审计结果的责任认定 | 对于审计及监管过程发现的问题应限期解决 | 5.7.4.1 a) |
| | | | ★应认定技术责任和管理责任，明确责任当事人，提出问题解决办法和责任处理意见 | |
| | | 审计及监管者责任的认定 | 审计及监管者应按有关监督和检查的规定定期进行审计，逾期未进行审计及监管，使本应审计的问题因未审计而造成信息系统损失，应承担相应的责任 | 5.7.4.2 a) |

## A.3.8 生存周期管理

表 A.16 生存周期管理（第二级信息系统）

| 类 | 族 | 评估项 | 评估内容要点 | 标准依据 |
|---|---|---|---|---|
| 生存周期管理 | ★规划和立项管理 | 系统规划要求 | 信息系统的管理者应对信息系统的建设和改造，以及近期和远期的发展制定工作计划，并应得到管理层的批准 | 5.8.1.1 b) |
| | | | 应制定安全策略规划并得到管理层的批准 | |
| | | | 安全策略规划主要包括信息系统的总体安全策略、安全保障体系的安全技术框架和安全管理策略等 | |
| | | | 能够为信息系统安全保障体系的规划、建设和改造提供依据，使管理者和使用者都了解信息系统安全防护的基本原则和策略，知道应采用的各种技术和管理措施对抗各种威胁 | |
| | | 系统需求的提出 | ★信息系统应用部门或业务部门需要开发新的业务应用系统或更改已运行的业务应用系统时，以书面形式提出申请 | 5.8.1.2 b) |
| | | | ★信息系统的安全管理职能部门应根据信息系统的安全状况和存在隐患的分析，以及信息安全评估结果等提出加强系统安全的具体需求，并以书面形式提出申请 | |
| | | | 安全需求的分析和说明，至少包括组织机构的业务特点和需求，威胁、脆弱性和风险的说明，安全的要求和保护目标 | |
| | | ★系统开发的立项 | 接到系统需求的书面申请，必须组织有关部门负责人和有关安全技术专家进行可行性论证 | 5.8.1.3 b) |
| | | | ★通过论证后由主管领导审批，或者经过管理层的讨论批准，才能正式立项 | |
| | ★建设过程管理 | ★建设项目准备 | ★对信息系统建设和改造项目应明确指定项目负责人，监督和管理项目的全过程 | 5.8.2.1 b) |
| | | | 应制定详细的项目实施计划，作为项目管理过程的依据 | |
| | | 工程项目外包要求 | 信息系统工程项目外包，应选择具有服务资质的信誉较好的厂商，要求其已获得国家规定的资质证书、有成功的实施案例 | 5.8.2.2 b) |
| | | | 对重要的信息系统工程项目外包，应在主管部门指定或特定范围内选择具有服务资质的信誉较好的厂商，并应经实践证明是安全可靠的厂商 | |

表 A.16（续）

| 类 | 族 | 评估项 | 评估内容要点 | 标准依据 |
|---|---|---|---|---|
| 生存周期管理 | ★建设过程管理 | 自行开发环境控制 | ★自行开发项目，要求开发环境与实际运行环境做到物理分开，建立完全独立的两个环境 | 5.8.2.3 b) |
| | | | 开发及测试活动也应尽可能分开 | |
| | | | **系统开发文档和软件应有专人负责保管，系统开发文档的使用须经管理层的批准** | |
| | | | **系统开发文档和软件的变更应按照变更管理流程进行控制** | |
| | | | **一般不鼓励对非自行开发的软件包进行修改，必须改动时应注意内置的控制措施和整合过程被损害的风险，软件的改动对将来的维护带来影响，应保留原始软件并在完全一样的复制件上进行改动，所有的改动应经过充分的测试并形成文件，以便必要时用于将来的软件升级** | |
| | | ★安全产品使用要求 | 信息安全产品包括构成信息系统安全保护功能的信息技术硬件、软件、固件设备，以及安全检查、检测验证工具等 | 5.8.2.4 a) |
| | | | ★信息系统使用的信息安全产品应按照相应的安全保护等级的要求选择相应等级的产品 | |
| | | ★建设项目测试验收 | ★对信息系统建设和改造项目进行功能及性能测试，**进行安全测试验收，保证信息系统建设项目的保密性、完整性、可用性** | 5.8.2.5 b) |
| | | | 应指定项目测试（**包括安全测试**）验收负责人 | |
| | | | **应制订测试和接收标准，确保信息系统建设和改造项目的接收要求和标准被清晰定义并文档化** | |
| | | | **对安全系统的测试至少包括对组成系统的所有部件进行安全性测试，对系统进行集成性安全测试，对业务应用进行安全测试等** | |
| | 系统启用和终止管理 | ★新系统启用管理 | ★在新的信息系统或子系统、信息系统设备在启用以前，应经过正式测试验收 | 5.8.3.1 b) |
| | | | 由使用者或管理者提出申请，经过相应领导审批才能正式投入使用 | |
| | | | **应进行一定期限的试运行，并得到相应领导和技术负责人认可才能正式投入使用，并形成文档备案** | |
| | | ★终止运行管理 | 终止运行包括现有信息系统或子系统、主要设备 | 5.8.3.2 b) |
| | | | 应由使用者或管理者提出申请并说明原因 | |
| | | | 应由使用者或管理者提出采取的保护措施 | |
| | | | **★在任何新的信息系统或子系统、信息系统设备需要终止运行以前，应进行必要数据和软件备份，对终止运行的设备进行数据清除** | |
| | | | **得到相应领导和技术负责人认可才能正式终止运行，并形成文档备案** | |

## A.4 第三级信息系统安全管理评估参照表

### A.4.1 策略和制度管理

表 A.17 策略和制度管理(第三级信息系统)

| 类 | 族 | 评估项 | 评估内容要点 | 标准依据 |
|---|---|---|---|---|
| ★策略和制度 | ★信息安全管理策略 | ★安全管理目标与范围 | ★管理对象(信息系统)的基本描述 | 5.1.1.1 c) |
| | | | 信息系统的管理范围 | |
| | | | ★业务数据和系统服务达到的安全目标,符合第三级信息系统安全要求 | |
| | | ★总体安全管理策略 | 制定了体系化的安全管理策略文档 | 5.1.1.2 c) |
| | | | ★明确管理者对信息系统安全的责任,管理方法、支持意向 | |
| | | | 说明信息系统的安全方针、原则、标准和符合性要求 | |
| | | | ★说明信息系统安全的总体目标、范围、管理原则和安全技术框架及安全管理框架 | |
| | | | 划分信息系统不同安全保护等级的管理策略 | |
| | | | 依据国家有关管理规范和技术标准进行保护,接受国家信息安全监管部门的监督、检查 | |
| | | 安全管理策略的制定 | 由信息安全领导小组组织制定 | 5.1.1.3 c) |
| | | | 由信息安全职能部门负责制定 | |
| | | | 由信息安全领导小组组织并提出指导思想,信息安全职能部门负责具体制定 | |
| | | | 信息技术及业务人员参加制定 | |
| | | | ★形成体系化的信息系统安全管理策略,以文件形式表述 | |
| | | 安全管理策略的发布 | 由组织机构负责人签发 | 5.1.1.4 c) |
| | | | 按照有关文件管理程序发布 | |
| | | | 安全管理策略文档应注明发布范围,并有收发文登记 | |
| | ★安全管理规章制度 | ★安全管理规章制度内容 | 制定了体系化的安全管理制度文档 | 5.1.2.1 c) |
| | | | 包括安全管理活动中各类管理方面的制度,以及安全管理人员或操作人员的操作规程,形成全面的信息安全管理制度体系 | |
| | | | ★信息安全责任管理制度,包括信息安全主管领导、责任部门、人员及有关岗位的信息安全责任管理内容 | |
| | | | ★人员安全管理制度,包括人员录用、离岗、考核、教育培训等管理内容 | |
| | | | ★系统建设管理制度,包括系统定级、方案设计、产品采购使用、密码使用、软件开发、工程实施、验收上线、外包服务等管理内容 | |
| | | | ★系统运维管理制度,包括机房环境安全、存储介质安全、设备设施安全、安全监控、网络安全、系统安全、恶意代码防范、密码保护、备份与恢复、事件处置、应急预案等管理内容 | |
| | | | ★监督检查管理制度,包括对各项制度的落实情况进行自查和监督检查,以及风险评估等管理内容 | |

表 A.17（续）

| 类 | 族 | 评估项 | 评估内容要点 | 标准依据 |
|---|---|---|---|---|
| ★策略和制度 | ★安全管理规章制度 | 安全管理规章制度的制定 | 由信息安全职能部门负责制订 | 5.1.2.2 c) |
| | | | 经信息安全领导小组评审，由信息安全领导小组负责人审批 | |
| | | | ★有正式发布的制度文件或文档 | |
| | | | 应注明发布范围并有收发文登记 | |
| | 策略与制度文档管理 | 策略与制度文档的评审和修订 | 由信息安全领导小组和信息安全职能部门负责文档的评审和修订，并保留必要的评审记录和依据 | 5.1.3.1 c) |
| | | | ★定期或阶段性检查策略和制度的有效性，对存在不足或需要改进的策略和制度进行修订 | |
| | | | 修订后的策略和制度按规定程序发布 | |
| | | | ★发生重大安全事故，组织机构或技术结构发生变化时，对策略和制度进行相应的评审和修订 | |
| | | | 对评审后需要修订的策略和制度文档，应明确指定人员限期完成 | |
| | | | 每个策略和制度文档应有相应责任人，根据明确规定的评审和修订程序对策略进行维护 | |
| | | ★策略与制度文档的保管 | ★指定专人保管 | 5.1.3.2 c) |
| | | | 借阅策略和制度文档，以及相关的操作规程文档，应限定借阅范围，并经过相应级别负责人审批和登记 | |

## A.4.2 机构和人员管理

表 A.18 机构和人员管理（第三级信息系统）

| 类 | 族 | 评估项 | 评估内容要点 | 标准依据 |
|---|---|---|---|---|
| ★机构和人员管理 | ★安全管理机构 | ★建立安全管理机构 | ★管理层中应有一人分管信息系统安全工作，成立信息系统安全管理委员会或信息系统安全领导小组 | 5.2.1.1 c) |
| | | | 对覆盖全国或跨地区的组织机构，应在总部和下级单位建立各级信息系统安全领导小组 | |
| | | | ★建立管理信息系统安全工作的职能部门，或明确指定一个职能部门兼管信息安全工作 | |
| | | | 配备专职安全管理人员，在基层至少要有一位专职的安全管理人员负责信息系统安全工作 | |
| | | ★信息安全领导小组 | ★具有信息系统安全管理的领导职能 | 5.2.1.2 a) |
| | | | 依据国家和行业有关信息安全的政策法规，批准信息系统的安全策略和发展规划 | |
| | | | 确定各有关部门在信息系统安全工作中的职责，领导安全工作的实施 | |
| | | | 监督安全措施的执行，并对重要安全事件的处理进行决策 | |
| | | | 指导和检查信息系统安全职能部门及应急处理小组的各项工作 | |
| | | | 建设和完善信息系统安全的集中控管机制 | |

表 A.18（续）

| 类 | 族 | 评估项 | 评估内容要点 | 标准依据 |
|---|---|---|---|---|
| ★机构和人员管理 | ★安全管理机构 | ★信息安全职能部门 | ★确定信息安全职能部门基本的安全管理职能 | 5.2.1.3 b) |
| | | | 起草信息系统的安全策略和发展规划 | |
| | | | ★管理信息系统安全日常事务，检查和指导下级单位信息系统安全工作 | |
| | | | 负责或组织安全措施的实施，并参加对安全重要事件的处理 | |
| | | | 监控信息系统安全状况，提出安全分析报告 | |
| | | | 指导和检查各部门和下级单位信息系统安全人员及要害岗位人员的信息系统安全 | |
| | | | ★与有关部门共同组成应急处理小组或协助有关部门建立应急处理小组实施相关应急处理 | |
| | | | 管理信息系统安全机制集中管理机构的各项工作，实现信息系统安全的集中控制管理 | |
| | | | 完成信息系统安全领导小组交办的工作，并向领导小组报告信息系统安全工作 | |
| | 安全机制集中管理机构 | 设置集中管理机构 | ★明确集中管理机构人员和职责，接受信息安全职能部门的直接领导 | 5.2.2.1 a) |
| | | | 配备必要的领导和技术管理人员 | |
| | | | 选用熟悉安全技术、网络技术、系统应用等方面技术人员，明确责任，协同工作 | |
| | | | 统一承担信息系统的安全管理、系统管理、审计管理的运行监控、系统及安全配置 | |
| | | | 对与安全有关的信息进行汇集与分析 | |
| | | | 对与安全有关的事件进行响应与处置 | |
| | | | 对分布在信息系统中有关的安全机制进行集中管理 | |
| | | ★集中管理机构职能 | ★集中管理机构统一管理信息系统运行安全，包括系统管理、安全管理和审计管理 | 5.2.2.2 a) |
| | | | 建立物理、系统、网络、应用、管理等安全控制机制，构成整体安全控制机制 | |
| | | | 统一进行信息系统安全机制的配置与管理，确保各个安全机制按照设计要求运行 | |
| | | | 对服务器、路由器、防火墙等网络部件、系统安全运行性状态、信息（包括有害内容）的监控和检查 | |
| | | | 汇集各种安全机制所获取的与系统安全运行有关的信息，对所获取的信息进行综合分析 | |
| | | | 及时发现系统运行中的安全问题和隐患，提出解决的对策和方法 | |
| | | | 事件发现、响应、处置、应急恢复、根据应急处理预案，作出快速处理 | |
| | | | 对各种事件和处理结果有详细的记载并进行档案化管理，作为对后续事件分析的参考和可查性的依据 | |
| | | | 安全机制集中管理控制，完善管理信息系统安全运行的技术手段，进行信息系统安全的集中控制管理 | |
| | | | 负责接受和配合政府有关部门的信息安全监管工作 | |

表 A.18（续）

| 类 | 族 | 评估项 | 评估内容要点 | 标准依据 |
|---|---|---|---|---|
| ★机构和人员管理 | ★人员管理 | ★安全管理人员配备 | **★安全管理人员不可兼任，属于专职人员，应具有安全管理工作权限和能力** | 5.2.3.1 c) |
| | | 关键岗位人员管理 | ★关键岗位包括安全管理员、系统管理员、数据库管理员、网络管理员、重要业务开发人员、系统维护人员、重要业务应用操作人员 | 5.2.3.2 c) |
| | | | 允许一人多岗，但业务应用操作人员不能由其他关键岗位人员兼任 | |
| | | | 业务开发人员和系统维护人员不能兼任或担负安全管理员、系统管理员、数据库管理员、网络管理员、重要业务应用操作人员等岗位或工作 | |
| | | | **★关键岗位人员的权限应分散、不得交叉覆盖，系统管理员、数据库管理员、网络管理员不能相互兼任岗位或工作** | |
| | | | 必要时关键岗位人员应采取定期轮岗制度 | |
| | | | 定期安全培训，加强安全和风险防范意识 | |
| | | 人员录用管理 | 由人事部门进行人员背景、资质审查，技能考核等，确认其具有基本的专业技术水平，能够掌握信息安全管理基本知识，**合格者还要签署保密协议方可上岗** | 5.2.3.3 c) |
| | | | ★对关键岗位的人员注重思想品质方面考察，**重要区域或部位的安全管理人员一般可从内部符合条件人员选拔，要求认真负责和保守秘密** | |
| | | | 安全管理人员应具有基本的系统安全风险分析和评估能力 | |
| | | ★人员离岗 | ★立即中止被解雇的、退休的、辞职的或其他原因离开的人员的所有访问权限 | 5.2.3.4 c) |
| | | | 收回所有相关证件、密钥、访问控制标记等， | |
| | | | 收回组织机构提供的设备等 | |
| | | | 管理层和信息系统关键岗位人员调离岗位，应经单位人事部门严格办理调离手续，承诺其调离后的保密要求 | |
| | | | **★管理层和信息系统关键岗位人员调离单位，应进行离岗安全审查，在规定的脱密期限后，方可调离** | |
| | | 人员考核与审查 | 定期对各个岗位的人员进行不同侧重的安全认知和安全技能的考核，作为人员是否适合当前岗位的参考 | 5.2.3.5 c) |
| | | | ★定期审查关键岗位人员，如发现其违反安全规定，应控制使用 | |
| | | | **★对关键岗位人员的工作，应通过例行考核进行审查，并保留审查结果** | |
| | | ★第三方人员管理 | ★签署相关安全责任的合同书或保密协议 | 5.2.3.6 c) |
| | | | ★规定各类人员的活动范围，进入计算机房应有书面申请、批准和过程记录，有专人全程监督或陪同 | |
| | | | ★进行逻辑访问时，应划定范围并经书面申请、负责人批准和过程记录，有专人全程监督或陪同 | |
| | | | 进行逻辑访问应使用专门设置的临时用户，并进行审计 | |

表 A.18（续）

| 类 | 族 | 评估项 | 评估内容要点 | 标准依据 |
| --- | --- | --- | --- | --- |
| ★机构和人员管理 | ★人员管理 | ★第三方人员管理 | 在关键区域，一般不允许第三方人员进入或进行逻辑访问 | 5.2.3.6 c) |
| | | | 如确有必要，除有书面申请外，可采取由组织机构内部人员代为操作的方式，对结果进行必要的过滤后再提供第三方人员，并进行审计 | |
| | | | 必要时对上述过程进行风险评估和记录备案，并对相应风险采取必要的安全补救措施 | |
| | 教育和培训 | ★信息安全教育 | 让员工知晓信息的敏感性和信息安全的重要性 | 5.2.4.1 c) |
| | | | 认识其自身的责任和安全违例会受到纪律惩罚 | |
| | | | 掌握的信息安全基本知识和技能 | |
| | | | ★进行对安全政策和操作规程的认知教育和训练，以及安全知识、安全技术、安全标准、安全要求、法律责任和业务控制措施等方面培训 | |
| | | | 制定并实施安全教育和培训计划，针对不同岗位制定不同的专业培训计划，培养信息系统各类人员安全意识 | |
| | | 信息安全专家 | 听取信息安全专家的建议 | 5.2.4.2 b) |
| | | | 组织专家参与安全威胁的评价，对安全事件给予专业指导和原因调查等 | |
| | | | 对于邀请或聘用信息安全专家可提供必要的内部信息，同时应告知专家这些信息的敏感性和保密性 | |
| | | | 应采取必要的安全措施，保证提供的信息在安全可控的范围内 | |

## A.4.3 风险管理

表 A.19 风险管理（第三级信息系统）

| 类 | 族 | 评估项 | 评估内容要点 | 标准依据 |
| --- | --- | --- | --- | --- |
| 风险管理 | ★风险管理要求和策略 | 风险管理要求 | ★编制资产清单，对资产价值/重要性进行分析，对信息系统面临的威胁进行初步分析 | 5.3.1.1 c) |
| | | | 对关键的系统资源进行定期风险分析和评估 | |
| | | | 使用规范方法和工作流程，进行规范化的风险评估 | |
| | | | 产生风险分析报告和留存重要过程文档，并向管理层提交 | |
| | | ★风险管理策略 | 制定基本的风险管理策略 | 5.3.1.2 b) |
| | | | ★定期进行信息安全和业务应用方面的风险评估 | |
| | | | 确定信息安全风险管理的基本方法 | |
| | | | 提供风险管理的组织和资源保证 | |
| | | | ★建立风险管理的监督机制，对风险管理相关过程的活动和影响进行评估和监控 | |

表 A.19（续）

| 类 | 族 | 评估项 | 评估内容要点 | 标准依据 |
|---|---|---|---|---|
| 风险管理 | 风险分析和评估 | ★资产识别和分析 | 确定信息系统的资产范围，进行统计和编制资产清单 | 5.3.2.1 b) |
| | | | ★进行资产分类和重要性标识 | |
| | | | **★对信息系统的硬件、软件、系统边界、接口、数据和信息、人员等方面的分析和识别** | |
| | | | **对信息系统的描述，包括信息系统的使命、功能，以及系统和数据的关键性、敏感性等内容** | |
| | | 威胁识别和分析 | ★根据以往发生的安全事件、外部提供的资料和积累的经验，对威胁进行分析 | 5.3.2.2 c) |
| | | | ★结合业务应用、系统结构特点以及访问流程等因素，建立并维护威胁列表 | |
| | | | 根据不同业务系统面临的威胁，对每个或者每类资产有一个威胁列表 | |
| | | | **考虑威胁源在保密性、完整性或可用性等方面造成损害，对威胁的可能性和影响等属性进行分析，从而确定威胁的等级** | |
| | | | **通过综合威胁的可能性和强度的评价，修正威胁等级** | |
| | | 脆弱性识别和分析 | ★通过扫描工具、人工检查和渗透测试，获取对系统脆弱性的认识 | 5.3.2.3 c) |
| | | | 针对信息系统资产组合、资产分类编制脆弱性列表和脆弱性检查表 | |
| | | | 应了解测试可能带来的后果，并做好充分准备 | |
| | | | ★对不同的方法和工具所得出的评估结果，进行综合分析，得到脆弱性等级 | |
| | | | **坚持制度化脆弱性评估，应明确规定进行脆弱性评估的时间和系统范围、人员和责任、评估结果的分析和报告程序，以及报告中包括新发现的漏洞、已修补的漏洞、漏洞趋势分析等** | |
| | | 风险分析和评估要求 | 由用户和专家对资产、威胁和脆弱性等方面进行定性综合评估，建议处理和减缓风险的措施，形成风险评估报告 | 5.3.2.4 c) |
| | | | ★评估报告中包括风险级别、风险点等内容，确定信息系统的安全风险状况 | |
| | | | 基于这些报告，要求评估者对信息系统安全措施提出建议 | |
| | | | **应将风险评估中的信息资产、威胁、脆弱性、防护措施等评估项信息综合到一个数据库中进行管理** | |
| | | | **应在后续的项目和工具中持续地维护该数据库** | |
| | 风险控制 | 选择和实施风险控制措施 | 基于安全等级标准，选择相应等级的安全技术和管理措施 | 5.3.3.1 c) |
| | | | ★根据风险评估结果，结合信息系统安全现状和需求，决定信息系统安全的控制措施 | |
| | | | **对相关的各种控制措施进行综合分析，得出紧迫性、优先级、投资比重等评价，形成体系化的防护控制系统** | |

表 A.19(续)

| 类 | 族 | 评估项 | 评估内容要点 | 标准依据 |
|---|---|---|---|---|
| 风险管理 | 基于风险的决策 | 安全确认 | ★针对信息系统的资产清单、威胁列表、脆弱性列表,结合已采用的安全控制措施,分析存在的残余风险 | 5.3.4.1 c) |
| | | | 形成残余风险分析报告,由组织机构的高层管理人员决定残余风险是否可接受 | |
| | | | ★编制信息系统残余风险清单,监视残余风险可能诱发的安全事件,及时采取防护措施 | |
| | | | **对信息系统安全风险实施再次评估,验证防护措施的有效性** | |
| | | 信息系统运行的决策 | ★信息系统的主管者或运营者应根据安全确认的结果,判断残余风险是否可接受,决定是否允许信息系统继续运行 | 5.3.4.2 b) |
| | | | **如果信息系统的残余风险不可接受,而现实情况又要求系统必须投入运行,且当前没有其他资源能胜任组织机构的使命,经过管理层的审批,可临时批准信息系统投入运行** | |
| | | | **应同时采取相应的风险规避和监测控制措施,并明确风险一旦发生的责任陈述** | |
| | ★风险评估的管理 | ★评估机构的选择 | ★有国家主管部门认可的安全服务资质 | 5.3.5.1 b) 及公通字[2007]43号文件第22条 |
| | | | 在经本行业主管部门认可或上级行政领导部门批准的范围内,选择有良好信誉的评估机构 | |
| | | | **★在中华人民共和国境内注册成立(港澳台地区除外)** | |
| | | | **★由中国公民投资、中国法人投资或者国家投资的企事业单位(港澳台地区除外)** | |
| | | | **★从事相关检测评估工作两年以上,无违法记录** | |
| | | | **★工作人员仅限于中国公民** | |
| | | | **★法人及主要业务、技术人员无犯罪记录** | |
| | | | **★使用的技术装备、设施应当符合本办法对信息安全产品的要求** | |
| | | | **★具有完备的保密管理、项目管理、质量管理、人员管理和培训教育等安全管理制度** | |
| | | | **★对国家安全、社会秩序、公共利益不构成威胁** | |
| | | 评估机构保密要求 | ★评估机构人员应按照第三方人员管理要求签署保密协议 | 5.3.5.2 b) |
| | | | **应有专人在整个评估过程中监督检查评估机构对保密协议的执行情况** | |
| | | 评估信息的管理 | ★提交涉及评估需要的资料、数据等各种信息,应规定办理交接手续,防止丢失 | 5.3.5.3 c) |
| | | | 提交涉及评估需要的资料、数据等各种信息,必要时可以隐藏或替换核心的或敏感的参数 | |
| | | | **所有提交涉及评估需要的资料、数据等各种信息,只能存放在被评估方指定的计算机内,不得带出指定办公区域** | |

表 A.19（续）

| 类 | 族 | 评估项 | 评估内容要点 | 标准依据 |
| --- | --- | --- | --- | --- |
| 风险管理 | ★风险评估的管理 | 技术检测过程管理 | ★使用工具或手工进行技术检测，应事先提交测试的技术方案，得到授权方可进行 | 5.3.5.4 c) |
| | | | 使用工具或手工进行技术检测，应在被测试方专人监督下按技术方案进行 | |
| | | | **使用工具或手工进行技术检测，可采用由被评估方技术人员按技术方案进行操作，评估机构技术人员进行场外指导** | |

### A.4.4 环境和资源管理

表 A.20 环境和资源管理（第三级信息系统）

| 类 | 族 | 评估项 | 评估内容要点 | 标准依据 |
| --- | --- | --- | --- | --- |
| 环境和资源管理 | 环境安全管理 | 环境安全管理要求 | ★应配置物理环境安全的责任部门和管理人员 | 5.4.1.1 c) |
| | | | 建立有关物理环境安全方面的规章制度 | |
| | | | **物理安全方面应达到 GB/T 20271—2006 中 6.3.1 的有关要求** | |
| | | | ★对物理环境划分不同保护等级的安全区域进行**明确标识**和管理，**包括机房、办公区域、介质库房等** | |
| | | | **介质库房的管理可以参照同等级的机房的要求** | |
| | | | 制定对物理安全设施进行检验、配置、安装、运行的有关制度和保障措施 | |
| | | | 实行关键物理设施的登记制度 | |
| | | ★机房安全管理要求 | ★明确机房安全管理的责任人 | 5.4.1.2 c) |
| | | | 机房钥匙由专人管理，未经批准，不准任何人私自复制机房钥匙或服务器开机钥匙 | |
| | | | ★未经允许的人员不准进入机房 | |
| | | | 机房来访人员应经过正式批准，登记记录应妥善保存以备查 | |
| | | | 获准进入机房的来访人员，一般应禁止携带个人计算机等电子设备进入机房，其活动范围和操作行为应受到限制，并有机房接待人员负责和陪同，**进入机房的人员应佩戴相应证件** | |
| | | | **任何进出机房的人员应经过门禁设施的监控和记录，应有防止绕过门禁设施的手段** | |
| | | | **门禁系统的电子记录应妥善保存以备查** | |
| | | | **未经批准，禁止任何人移动计算机相关设备或带离机房** | |
| | | | ★没有指定管理人员的明确准许，任何记录介质、文件材料及各种被保护品均不准带出机房，与工作无关的物品均不准带入机房 | |
| | | | 机房内严禁吸烟及带入火种和水源 | |

表 A.20(续)

| 类 | 族 | 评估项 | 评估内容要点 | 标准依据 |
|---|---|---|---|---|
| 环境和资源管理 | 环境安全管理 | 办公环境安全管理要求 | ★防止利用终端系统窃取敏感信息或非法访问 | 5.4.1.3 b) |
| | | | 工作人员下班后,终端计算机应关闭 | |
| | | | 存放敏感文件或信息载体的文件柜应上锁或设置密码 | |
| | | | 工作人员调离部门或更换办公室时,应立即交还办公室钥匙 | |
| | | | 设立独立的会客接待室,不在办公环境接待来访人员 | |
| | | | **工作人员离开座位应将桌面上含有敏感信息的纸件文档放在抽屉或文件柜内** | |
| | | | **工作人员离开座位,终端计算机应退出登录状态、采用屏幕保护口令保护或关机** | |
| | 资源管理 | 资产清单管理 | ★应编制并维护与信息系统相关详细的资产清单,能够清晰识别每项资产的拥有权、责任人、安全分类以及资产所在的位置等 | 5.4.2.1 c) |
| | | | 信息资产:应用数据、系统数据、安全数据等数据库和数据文档、系统文件、用户手册、培训资料、操作和支持程序、持续性计划、备用系统安排、存档信息 | |
| | | | 软件资产:应用软件、系统软件、开发工具和实用程序 | |
| | | | 有形资产:计算机设备(服务器、终端、存储设备等),网络设备(路由器、交换机、安全设备等),移动存储介质(移动硬盘、磁带等),其他技术装备(电源,空调设备等),家具和机房 | |
| | | | 应用业务相关资产:由信息系统控制的或与信息系统密切相关的应用业务的各类资产,由于信息系统或信息的泄露或破坏,这些资产会受到相应的损坏 | |
| | | | 服务:计算和通信服务,通用设备如供暖、照明、供电和空调等 | |
| | | | **★必要时应包括主要业务应用系统处理流程和数据流的描述,以及业务应用系统用户分类说明** | |
| | | 资产的分类与标识要求 | ★根据资产的价值/重要性对资产进行标识,可基于资产的价值选择保护措施和进行资产管理 | 5.4.2.2 c) |
| | | | ★对信息资产进行分类管理,对信息系统内分属不同业务范围的各类信息,按其对安全性的不同要求分类加以标识 | |
| | | | 用户数据的重要性分类,如国家秘密信息、商业秘密和个人隐私信息、内部专有信息、公开信息等 | |
| | | | 系统数据重要性一般与其所在的系统或子系统的安全保护等级相关 | |
| | | | 根据业务应用的具体情况进行分类分级和标识,纳入规范化管理 | |
| | | | **以业务应用为主线,用体系架构的方法描述信息资产** | |
| | | | **通过对各个资产之间的关联,进行结构性描述** | |

表 A.20（续）

| 类 | 族 | 评估项 | 评估内容要点 | 标准依据 |
|---|---|---|---|---|
| 环境和资源管理 | 资源管理 | 介质管理 | ★脱机存放的数据和软件介质，根据重要程度进行标识和分类，存放在由专人管理的介质库中，防止被盗、被毁、被修改以及信息泄漏 | 5.4.2.3 c) |
| | | | 介质的归档和查询应有记录，其借阅、拷贝、**分发传递**须经相应级别的**领导的书面审批后方可执行**，并登记在册，对存档介质的目录清单应定期盘点，**介质的分发传递以及带出工作环境应采取保护措施** | |
| | | | 存储介质的销毁必须经批准并按指定方式进行，不得自行销毁，**对于需要送出维修或销毁的介质，应首先删除信息，再重复写操作进行覆盖，防止数据恢复和信息泄漏** | |
| | | | 介质应保留2个以上的副本，而且要求介质异地存储，存储地的环境要求和管理方法应与本地相同，**对重要介质的数据和软件必要时可以加密存储** | |
| | | | **★对存放在介质库中的介质应定期进行完整性和可用性检查，确认其数据或软件没有受到损坏或丢失** | |
| | | 设备管理要求 | 对于信息系统的各种软硬件设备的选型、采购、发放或领用，使用者应提出申请，报经相应领导审批，才可以实施 | 5.4.2.4 c) |
| | | | ★设备的选型、采购、使用和保管应明确责任人 | |
| | | | 要求设备有专人负责，实行分类管理 | |
| | | | ★通过对资产清单的管理，记录资产的状况和资产使用、转移、废弃及其授权过程 | |
| | | | **★对各种资产进行全面管理，提高资产安全性和使用效率**，保证设备的完好率 | |
| | | | **建立资产管理登记系统，提供资产分类标识、授权与访问控制、变更管理、系统安全审计等功能，为整个系统提供基础技术支撑** | |

## A.4.5 运行和维护管理

表 A.21 运行和维护管理(第三级信息系统)

| 类 | 族 | 评估项 | 评估内容要点 | 标准依据 |
|---|---|---|---|---|
| 运行和维护管理 | ★用户管理 | ★用户分类管理 | 用户分类应包括系统用户、普通用户、外部客户用户、临时用户 | 5.5.1.1 c) |
| | | | ★按审查和批准的用户分类清单建立用户和分配权限 | |
| | | | ★用户分类清单应包括信息系统的所有用户的清单，包括所有特权用户、**重要业务用户**的权限，以及特权用户的责任人员和授权记录 | |
| | | | 用户权限发生变化时应及时更改用户清单内容 | |
| | | | 对特权用户、**重要业务用户开启审计功能** | |
| | | | **定期检查特权用户、重要业务用户的实际分配权限是否与用户清单符合** | |

表 A.21(续)

| 类 | 族 | 评估项 | 评估内容要点 | 标准依据 |
|---|---|---|---|---|
| 运行和维护管理 | ★用户管理 | 系统用户要求 | ★系统用户应由信息系统的主管领导指定 | 5.5.1.2 c) |
| | | | ★授权应以满足工作需要的最小权限为原则 | |
| | | | 系统用户应保护自己的身份鉴别信息的安全 | |
| | | | 系统用户应接受审计 | |
| | | | 对重要信息系统的系统用户,应进行审查并经过授权 | |
| | | | ★对系统用户应能区分责任到个人,不应以部门或组作为责任人 | |
| | | | **在关键信息系统中,对系统用户的授权操作,应有两人在场,经双重认可后方可操作** | |
| | | | **系统用户不准更改操作过程产生的审计日志** | |
| | | 普通用户要求 | ★用户应保护自己的身份鉴别信息**和载体**的安全,**不得转借他人** | 5.5.1.3 c) |
| | | | 发现系统的漏洞、滥用或违背安全行为应及时报告 | |
| | | | 不应透露与组织机构有关的非公开信息 | |
| | | | 不应故意进行违规的操作 | |
| | | | 不应在不符合敏感信息保护要求的系统中保存和处理高敏感度的信息 | |
| | | | 不应使用各种非正版软件和不可信的自由软件 | |
| | | | **在系统规定的权限内进行操作,必要时某些重要操作应得到批准** | |
| | | 机构外部用户要求 | ★应对外部用户明确说明使用者的责任、义务和风险,并要求提供合法使用的声明 | 5.5.1.4 c) |
| | | | 外部用户应保护自己的身份鉴别信息的安全 | |
| | | | 外部用户只能是应用层的用户 | |
| | | | 可对特定外部用户提供专用通信通道,端口,特定的应用或数据协议,以及专用设备等 | |
| | | | **在关键部位,一般不允许设置外部用户** | |
| | | 临时用户要求 | ★临时用户的设置和期限必须经过审批 | 5.5.1.5 c) |
| | | | 临时用户应保护自己的身份鉴别信息的安全 | |
| | | | ★使用完毕或到期应及时删除 | |
| | | | 设置与删除均应记录备案 | |
| | | | 对主要部位的临时用户应进行审计,并进行风险评估 | |
| | | | **★在关键部位,一般不允许设置临时用户** | |
| | 运行操作管理 | ★服务器操作管理 | ★服务器操作系统、数据库系统的操作应由授权的系统管理员、数据库管理员实施 | 5.5.2.1 c) |
| | | | ★遵照操作规程对服务器进行操作,设置服务器的运行环境,设定服务器的系统及安全配置,操作系统、数据库系统用户管理,并检查实际配置与安全策略要求的符合性 | |

表 A.21（续）

| 类 | 族 | 评估项 | 评估内容要点 | 标准依据 |
|---|---|---|---|---|
| 运行和维护管理 | 运行操作管理 | ★服务器操作管理 | 系统管理员、数据库管理员应以自己的账户及身份鉴别信息登录操作系统、数据库系统进行操作 | 5.5.2.1 c) |
| | | | 监控管理，包括监控系统性能，如 CPU 和内存的利用率、检测进程运行及磁盘使用情况 | |
| | | | 日志管理，包括对操作系统、数据库系统以及业务系统等日志的管理 | |
| | | | **负责系统配置和安全配置文件管理，包括服务器的操作系统和数据库系统的配置文件** | |
| | | | **★定期对操作系统和数据库系统安全进行检查，及时发现系统的缺陷或漏洞** | |
| | | 终端计算机操作管理 | ★用户应设置终端计算机的开机、屏幕保护口令，保护身份鉴别信息，进行必要的安全设置 | 5.5.2.2 b) |
| | | | 非本组织机构配备的终端计算机未获批准，不能在办公场所使用 | |
| | | | 及时安装经许可的软件和补丁程序，不得自行安装及使用其他软件和自由下载软件 | |
| | | | 未获批准，严禁使用 Modem 拨号、无线网卡等方式或另辟通路接入其他网络 | |
| | | | **应有措施防止终端计算机机箱被私自开启，如需拆机箱应经批准后由维修部门人员负责** | |
| | | | **高安全等级业务系统的终端计算机不得直接接入低级别系统或网络，应先作清理检查** | |
| | | 便携机操作管理 | 在接入组织机构内部网络时遵守“终端计算机操作管理”(上一节)的要求 | 5.5.2.3 c) |
| | | | 对不再使用或转为其他用途的便携机，应删除机内的敏感数据 | |
| | | | 在外网使用的便携机，接入本地网络前应进行必要的安全检查 | |
| | | | ★在组织机构内使用或存有敏感信息的便携机，未获批准，没有安全防护措施的，严禁接入其他网络 | |
| | | | **便携机离开重要区域时不应存储敏感或涉密数据，外出使用应经有关领导批准并记录在案** | |
| | | | **在重要区域使用的便携机必须启用两个及两个以上身份鉴别技术的组合来进行身份鉴别** | |
| | | ★网络及安全设备操作管理 | ★对网络及安全设备的操作应由授权的网络管理员、安全管理员实施，按照安全策略要求进行网络及安全设备配置 | 5.5.2.4 c) |
| | | | 应按操作规程对网络设备和安全设备进行操作，进行网络和安全设备的运行环境配置和服务设定 | |
| | | | 网络管理员、安全管理员应以自己的账户及身份鉴别信息登录网络设备和安全设备进行操作 | |
| | | | ★定期检查实际配置与安全策略要求的符合性 | |
| | | | **应通过集中安全管理设施对网络及安全设备的安全机制进行监控管理和部署策略** | |

表 A.21（续）

| 类 | 族 | 评估项 | 评估内容要点 | 标准依据 |
|---|---|---|---|---|
| 运行和维护管理 | 运行操作管理 | 业务应用操作管理 | 应用系统管理员及业务操作人员应自己的账户及身份鉴别信息登录业务应用系统（提供对外或专门服务的公共用户可除外） | 5.5.2.5 c) |
| | | | ★应用系统管理员根据安全策略和专门授权对应用系统的操作人员等用户及其权限进行管理，监控应用系统的运行 | |
| | | | 用户对业务应用系统的访问权限应受到控制，如以菜单等方式限制操作 | |
| | | | 用户应按照操作规程使用业务应用系统，操作规程应指明具体作业的指令，处理和使用的信息，以及操作步骤 | |
| | | | 业务应用系统操作规程应形成正式文档或帮助文件，需要进行改动时应得到管理层授权 | |
| | | | 操作规程应说明处理错误或其他异常情况的指令，以及在出现意外的操作或技术问题时需要技术支持的联系方法 | |
| | | | 对重要的业务应用操作应根据特别许可的权限执行，**关键的业务应用操作应有2人同时在场或同时操作，并对操作过程进行记录** | |
| | | | 业务应用操作应进行审计 | |
| | | ★变更控制和重用管理 | ★信息系统的变更，应**提出更改方案并得到系统主管领导的审批**才能进行 | 5.5.2.6 c) |
| | | | 进行变更应进行记录，对重大变更应评估其潜在影响，**考虑全面安全事务一致性，更改后将变更结果书面**向所有相关人员通报 | |
| | | | **操作系统、数据库系统的变更控制与应用系统的更改控制应相互配合** | |
| | | | **通过审计日志和过程记录，记载更改中的所有有关信息** | |
| | | | 明确中止变更并从失败变更中恢复的责任和处理方法 | |
| | | | 对变更执行情况、过程文档管理，进行定期或不定期的检查 | |
| | | | 设备重用，应**提出设备重用方案并得到系统主管领导的审批**才能进行，应清除重用设备中原有信息 | |
| | | | 对设备重用执行情况、过程文档管理，进行定期或不定期的检查 | |
| | | 信息交换管理 | ★在信息系统中发布信息和用户交换信息，应符合国家有关政策法规的规定 | 5.5.2.7 c) |
| | | | 应采取适当的安全措施保护信息系统中发布信息和用户交换信息的完整性 | |
| | | | 应保护业务应用中的信息交换的安全性，防止欺诈、合同纠纷以及泄露或修改信息事件的发生 | |
| | | | 在组织机构之间进行信息交换应建立安全条件的协议 | |
| | | | 明确业务信息交换管理责任及数据传输的最低安全要求 | |
| | | | **还对于信息系统内部不同安全区域之间的信息传输，应有明确的安全要求** | |

**表 A.21（续）**

| 类 | 族 | 评估项 | 评估内容要点 | 标准依据 |
|---|---|---|---|---|
| 运行和维护管理 | 运行维护管理 | 日常运行安全管理 | ★应通过正式授权程序委派专人负责信息系统运行的安全管理和**风险控制** | 5.5.3.1 c) |
| | | | 应明确运行值班的日常处理工作和安全管理职责，建立和维护信息系统运行过程管理文档 | |
| | | | 应对运行安全进行监督检查，包括检测、监控、分析等措施 | |
| | | | 应明确各个岗位人员对信息系统各类资源的安全责任，包括日常操作、备份及容错等 | |
| | | | 应明确信息系统安全管理人员和系统用户、普通用户对信息系统资源的访问权限 | |
| | | | **对信息系统关键岗位人员采取最小授权和分权制衡措施，如关键安全操作双人共管** | |
| | | | 应检查和维护信息系统中业务应用数据完整性、可用性 | |
| | | | ★应用软件的使用采取授权管理，未经验证的软件不得运行系统中安装，对应用软件的使用进行审计 | |
| | | | 依据总体安全策略，控制和检查外部服务方对信息系统访问的安全，**对外部服务方访问实施监视，并定期进行风险分析** | |
| | | | 执行信息系统的数据备份、病毒防范、安全事件处理、变更控制等安全管理规定的日常工作任务 | |
| | | | 进行应急响应和灾难恢复计划规定的实际演练和技术培训，**明确专人负责执行情况检查，如数据备份和备用设备的可用性** | |
| | | | 根据组织机构和信息系统出现的各种变化及时修订、完善各种规章制度，**控制各方面安全事务管理的一致性等** | |
| | | | 接受上级或国家有关部门对信息系统安全工作的监督和检查 | |
| | | 运行状况监控 | ★委派专人负责监视信息系统重要应用、网络系统、核心服务器等是否运行正常，监视系统性能及与安全机制相关的服务器、网络性能变化 | 5.5.3.2 c) |
| | | | 信息系统应使用统一的时间，以确保记录日志和审计信息准确 | |
| | | | 信息系统审计日志应保留一定期限，有脱机保存的介质，不能被改变，只允许授权用户访问 | |
| | | | 定期分析信息系统日志并产生报告 | |
| | | | 应告知用户某些行为是会被审计的 | |
| | | | **安全机制集中管理机构负责信息系统安全管理、系统管理、审计管理的集中监控和分析** | |

表 A.21(续)

| 类 | 族 | 评估项 | 评估内容要点 | 标准依据 |
|---|---|---|---|---|
| 运行和维护管理 | 运行维护管理 | 软件硬件维护管理 | ★应明确信息系统的软件、硬件维护的人员和责任,规定维护的时限 | 5.5.3.3 c) |
| | | | **对涉及维修的重要区域的数据和软件系统采取保护措施,防止因维修造成破坏和泄漏** | |
| | | | 应明确信息系统的硬件设备维修、替换和更新的申报、审批和管理流程 | |
| | | | 应明确信息系统软件维护的申报、审批和管理流程 | |
| | | | ★对需要外出维修的设备,应经过审批,磁盘数据应进行删除 | |
| | | | ★外部维修人员进入机房维修,应经过审批,并有专人负责陪同 | |
| | | | **应对维修过程及有关故障现象记录备案** | |
| | | 外部服务方访问管理 | **对外部服务方访问实施严格控制,采取对外部服务方访问实施监视等安全措施** | 5.5.3.4 c) |
| | | | 应对外部服务方访问的要求**进行风险分析**,并经过相应的申报和审批程序 | |
| | | | ★外部服务方访问应签署了相应的保密合同 | |
| | ★外包服务管理 | ★外包服务合同 | ★对由外部服务商承担完成的外包服务,应签署正式的书面合同 | 5.5.4.1 a) |
| | | | 对符合法律要求的说明,如数据保护法规 | |
| | | | 对外包服务的风险的说明,包括风险的来源、具体风险描述和风险的影响,明确如何维护并检测业务资产的完整性和保密性 | |
| | | | 对外包服务合同各方的安全责任界定,应确保外包合同中的参与方(包括转包商)都了解各自的安全责任 | |
| | | | 对控制安全风险应采用的控制措施的说明,包括物理和逻辑控制措施,限制授权用户对组织机构的敏感业务信息的访问,以及设备的物理安全保护 | |
| | | | 对外包服务风险发生时应采取措施的说明,如在发生灾难事故时,应如何维护服务的可用性 | |
| | | | 对外包服务的期限、中止的条件和善后处理的事宜以及由此产生责任问题的说明 | |
| | | | 对审计人员权限的说明 | |
| | | 外包服务商 | **外包服务的限制,关键的或敏感的业务应用,一般不应采用业务应用系统外包服务方式** | 5.5.4.2 c) |
| | | | ★在行业认可或者是经过上级主管部门批准的范围内,选择具有相应服务资质并信誉好的可信的外包服务商 | |
| | | ★外包服务的运行管理 | **★系统运行的外包限制,关键的或敏感的业务应用,一般不应采用业务应用系统运行的外包方式** | 5.5.4.3 b) |
| | | | ★对外包服务的业务应用系统运行的安全状况应进行监控和检查,应定期进行评估 | |
| | | | 对外包服务出现问题应遵照合同规定及时处理和报告 | |
| | | | ★当出现重大安全问题或隐患时应进行重新评估,提出改进意见,直至停止外包服务 | |

表 A.21(续)

| 类 | 族 | 评估项 | 评估内容要点 | 标准依据 |
|---|---|---|---|---|
| 运行和维护管理 | 有关安全机制保障 | ★身份鉴别机制管理要求 | 信息系统所有用户均应明确使用身份鉴别机制的责任,保护用户自己的身份鉴别信息的保密性和完整性 | 5.5.5.1 c) |
| | | | 在每一个用户注册到系统时,采用用户名和用户标识符标识用户身份,并确保在系统整个生存周期用户标识的唯一性 | |
| | | | **★在每次用户登录系统时,采用受安全管理中心控制的口令、令牌、基于生物特征、数字证书以及其他具有相应安全强度的两种或两种以上的组合机制进行用户身份鉴别** | |
| | | | 应指定安全管理人员定期检查信息系统用户身份鉴别机制和身份鉴别信息的安全性,特别是跨网络的远程用户鉴别信息的安全性 | |
| | | ★访问控制机制管理要求 | 应根据自主访问控制安全策略,允许授权用户对其创建的客体具有相应的访问操作权限,包括对客体的创建、读、写、修改和删除等 | 5.5.5.2 c) |
| | | | 实施访问控制机制主体的粒度为用户,客体的粒度为文件或数据库表级和(或)记录或字段级,**强制访问控制客体的粒度为文件或数据库表级** | |
| | | | ★能够阻止非授权用户读取敏感信息并能将这些权限的部分或全部授予其他用户 | |
| | | | 实现对自主访问控制过程的审计,告知访问者须为自己的行为负责 | |
| | | | **应由授权的安全管理员通过特定专用方式对主、客体进行安全标记;应按安全标记和强制访问控制规则,对确定主体访问客体的操作进行控制** | |
| | | | **应确保信息系统内的所有主、客体具有一致的标记信息,并实施同一安全策略的强制访问控制规则** | |
| | | 系统安全管理要求 | 应通过正式授权程序委派专人负责系统安全管理,包括对操作系统和数据库管理系统管理(系统管理员、数据库管理员) | 5.5.5.3 c) |
| | | | 建立系统安全配置、备份等安全管理规章制度及操作规程 | |
| | | | **由授权的系统安全员通过系统提供的操作界面,根据访问控制安全策略设置、维护用户及主、客体的标记信息** | |
| | | | ★按规章制度的要求进行正确的系统安全配置、备份等操作,及时进行补丁升级 | |
| | | | 对操作系统和数据库系统进行用户账号安全使用和授权管理,并进行审计 | |
| | | | 对授权用户登录系统和使用许可的资源,进行身份鉴别和审计 | |
| | | | 依据安全策略确定审计事件、审计内容、审计归档、审计报告 | |
| | | | 应对系统的安全弱点和漏洞进行控制,**对可能危及系统安全的系统工具进行严格的控制** | |
| | | | 应依据变更控制规程对系统的变更进行控制,**保证变更不影响应用系统的可用性、安全性,保证变更过程的有效性、可审计性和可恢复性** | |
| | | | 应及时对系统资源和系统文档进行备份**和安全标识** | |
| | | | **制定操作系统和数据库管理系统应急计划** | |

表 A.21（续）

| 类 | 族 | 评估项 | 评估内容要点 | 标准依据 |
|---|---|---|---|---|
| 运行和维护管理 | 有关安全机制保障 | 网络安全管理要求 | 应通过正式授权程序指定网络管理人员对网络系统进行配置和安全管理 | 5.5.5.4 c) |
| | | | ★应按网络区域边界安全控制策略，实施数据包过滤措施，采用常规校验机制检验数据传输的完整性等安全管理，能够发现数据完整性被破坏，**并在发现完整性被破坏时进行恢复** | |
| | | | **信息系统网络安全区域边界按访问控制策略设置自主和强制访问控制机制，对进出安全区域边界的数据信息进行控制，阻止非授权访问** | |
| | | | 依据总体安全策略制定网络访问控制策略，并定期检查和完善网络安全策略 | |
| | | | 采取网络访问授权管理，保证经过授权的用户才能得到许可的网络服务 | |
| | | | 告知用户使用网络的安全责任和操作规程 | |
| | | | 用户在外部访问组织机构内部网络应经审批，可采用由密码技术支持的保密性、完整性保护机制或具有相应强度的其他安全机制，保护网络数据传输安全 | |
| | | | 定期对外部网络连接接口的安全进行评估，可采用由密码技术支持的保密性、完整性保护机制或具有相应强度的其他安全机制，保护网络数据传输安全 | |
| | | | 对外公共服务的信息系统，应采取严格访问控制，保证外部用户的访问得到控制和审计，不危及内部信息系统的安全 | |
| | | | 对外传输的数据和信息要经过批准和审查，防止内部人员通过内外网的边界泄露敏感信息 | |
| | | | 对可能从内部网络向外发起的连接资源实施控制和检查，探测非法外联等行为，保护网络及区域边界完整性 | |
| | | | 信息系统的关键网络设备设施的备份进行管理，保证可用性 | |
| | | | 对网络安全日常管理、网络配置变更、网络故障及事件处理等，定期进行安全检查和评估，提交正式的网络安全报告 | |
| | | | **可采用由密码技术支持的可信网络连接机制，通过对连接到通信网络的设备进行可信检验，确保接入通信网络的设备真实可信，防止设备的非法接入** | |
| | | | **对可用性要求高的网络指定专人进行不间断的监控，并能及时处理安全事故** | |

**表 A.21（续）**

| 类 | 族 | 评估项 | 评估内容要点 | 标准依据 |
|---|---|---|---|---|
| 运行和维护管理 | 有关安全机制保障 | 应用系统安全管理要求 | 应通过正式授权程序委派专人负责应用系统的安全管理(应用系统管理员) | 5.5.5.5 c) |
| | | | ★具有明确的应用系统管理员对于特定应用系统安全管理内容，如用户及权限管理等，以及应用系统软件的安全配置、备份等 | |
| | | | 应结合业务需求制定相关规章制度，制定并落实应用系统的安全操作规程，并严格按照规章制度的要求实施应用系统安全管理 | |
| | | | 指定信息安全管理人员，依据信息安全操作规程，负责信息的分类管理和发布 | |
| | | | 对任何可能超越系统或应用程序控制的实用程序和系统软件都应得到正式的授权和许可，并对使用情况进行登记 | |
| | | | 保证对应用系统信息或软件的访问不影响其他信息系统共享信息的安全性 | |
| | | | 应用系统的内部用户，包括支持人员，应按照规定的程序办理授权许可，并根据信息的敏感程度签署安全协议，保证应用系统数据的保密性、完整性和可用性 | |
| | | | 应指定专人负责应用系统的审计工作，保证审计日志的准确性、完整性和可用性 | |
| | | | 组织有关人员定期或不定期对应用系统的安全性进行审查，并根据应用系统的变更或风险变化提交正式的报告，提出安全建议 | |
| | | | 对应用系统关键岗位的工作人员实施资质管理，保证人员的可靠性和可用性 | |
| | | | 制定切实可用的应用系统及数据的备份计划和应急计划，并由专人负责落实和管理 | |
| | | | **对应用系统软件的使用采取授权管理，未授权用户不得在在运行系统中安装、调试、运行、卸载应用软件，并对应用软件的使用进行审计** | |
| | | | **应定期或不定期对应用系统的安全性进行评估，并根据应用系统的变更或风险变化提交正式的评估报告，提出安全建议，修订、完善有关安全管理制度和规程** | |
| | | | **应用系统的开发人员不得从事应用系统日常运行和安全审计工作，操作系统的管理人员不得负责应用系统的安全配置管理和应用管理** | |
| | | 病毒防护管理要求 | 安排专人负责计算机病毒防护，定期进行检查报告主机和网络的病毒安全状况 | 5.5.5.6 c) |
| | | | ★在主机安装防病毒软件，在安全区域边界设置防恶意代码网关，并及时升级，检查病毒库的升级情况并进行记录 | |
| | | | 对非在线的内部计算机设备及其他移动存储设备，以及外来或新增计算机做到入网前进行杀毒和防病毒软件版本检测 | |
| | | | 从不信任网络上所接收的文件或邮件，在使用前应首先检查是否有病毒 | |
| | | | **在网络内部建立专门的防病毒软件升级服务，实行整体策略、定期升级、统一控制，紧急情况下增加升级次数** | |
| | | | **采取对系统所有终端防范病毒软件集中管理的措施** | |

表 A.21（续）

| 类 | 族 | 评估项 | 评估内容要点 | 标准依据 |
|---|---|---|---|---|
| 运行和维护管理 | 有关安全机制保障 | 密码管理要求 | ★应按国家密码主管部门的规定，对信息系统中使用的密码算法和密钥进行管理 | 5.5.5.7 b) |
| | | | 应按国家有关法律法规要求，对信息系统中包含密码的软、硬件信息处理模块的进、出口进行管理 | |
| | 安全集中管理 | ★安全机制集中控管 | ★对信息系统所涉及的服务器、网络、安全设备以及应用系统等的安全管理、系统管理、审计管理机制实施集中的监控、配置和管理 | 5.5.6.1 a) |
| | | | 建立一体化和开放性平台，提供标准的接口，具备对安全资源管理能力 | |
| | | | 对系统的资源和运行进行配置、控制和管理，包括用户身份管理、系统资源配置、系统加载和启动、系统运行的异常处理以及支持管理本地和（或）异地灾难备份与恢复等 | |
| | | | 对系统中的主体、客体进行统一标记，对主体进行授权，对服务器、网络设备、安全设备等配置一致的安全策略 | |
| | | | 对分布在系统各个组成部分的安全审计机制进行集中管理，对审计记录应进行分析，并根据分析结果进行处理 | |
| | | | 授权的安全、系统、审计管理员应以自己的账户和身份鉴别信息进行登录和操作 | |
| | | 安全信息集中管理 | ★将信息系统安全管理信息、系统管理信息、审计管理信息实施集中管理、综合分析 | 5.5.6.2 a) |
| | | | 提供可视化报表和安全事件分析过程，以及安全事件的管理与辅助分析机制 | |
| | | 安全机制整合要求 | 进行信息系统资产信息管理 | 5.5.6.3 a) |
| | | | 进行信息系统网络异常流量监控 | |
| | | | 进行信息系统安全事件监控管理 | |
| | | | 进行信息系统脆弱性管理 | |
| | | | 进行信息系统安全策略管理 | |
| | | | 进行信息系统安全预警管理 | |
| | | 安全机制整合的处理方式 | 主要工作方式可包括自动处理、人工干预处理、远程处理、辅助决策分析处理、记录和事后处理等 | 5.5.6.4 a) |

### A.4.6 业务连续性管理

表 A.22 业务连续性管理(第三级信息系统)

| 类 | 族 | 评估项 | 评估内容要点 | 标准依据 |
|---|---|---|---|---|
| 业务连续性管理 | ★备份与恢复 | ★数据备份和恢复 | ★应明确说明需定期备份重要业务信息、系统数据及软件等内容和备份周期,根据数据的重要程度和更新频率设定备份周期 | 5.6.1.1 c) |
| | | | 确定重要业务信息的保存期以及其他需要保存的归档拷贝的保存期 | |
| | | | 采用离线备份或在线备份方案,定期进行数据增量备份**和应用系统全备份,必要时应采用热备份方式保存数据** | |
| | | | 指定专人负责数据备份和恢复,可使用手工或软件产品进行备份和恢复,同时保存几个版本的备份 | |
| | | | 定期检查备份介质,保证在紧急情况时可以使用 | |
| | | | 定期检查及测试恢复程序,确保在预定的时间内正确恢复 | |
| | | | **应分别指定专人负责不同方式的数据备份和恢复,并保存必要的操作记录** | |
| | | 设备和系统的备份与冗余 | ★实现信息系统的关键设备备份与容错,**实现系统热备份与冗余** | 5.6.1.2 b) |
| | | | ★指定专人定期维护和检查备份设备**和冗余设备**的状况,确保需要接入系统时能够正常运行 | |
| | | | 根据实际需求确定备份设备接入的工作流程和操作时间,**根据实际需求限定系统热备份和冗余设备切换的时间** | |
| | | | **指定专人定期维护和检查热备份的运行状况,定期进行切换试验,确保需要时能正常运行** | |
| | 安全事件处理 | 安全事件划分 | 安全事件的处置需要贯穿整个安全管理的全过程,建立信息安全事件分等级响应和处置的制度 | 5.6.2.1 c) |
| | | | 安全事件包括不可抗拒的事件、设备故障事件、病毒爆发事件、外部网络入侵事件、内部信息安全事件、内部误用和误操作等事件等 | |
| | | | 应依据安全事件对信息系统的破坏程度、所造成的社会影响及涉及的范围,确定具体信息系统安全事件处置等级的划分原则 | |
| | | | ★对信息系统中发生的各类事件制定相应安全保护等级的处置预案,确定事件响应和处置的范围、程度及工作流程 | |
| | | | 信息安全事件发生后,按预案分等级进行响应和处置 | |
| | | | 在发现或怀疑系统或服务出现安全漏洞或受到威胁时,应按照安全事件处置要求处理 | |
| | | | **明确不同安全事件的管理责任,制定不同安全事件的管理流程,包括制定处理预案、分析原因、收集证据、处理过程控制、总结吸取教训、责任划分和追究等内容** | |

表 A.22（续）

| 类 | 族 | 评估项 | 评估内容要点 | 标准依据 |
|---|---|---|---|---|
| 业务连续性管理 | 安全事件处理 | ★安全事件报告和响应 | 信息安全事件实行分等级响应和处置 | 5.6.2.2 c) |
| | | | ★具有通过评审及批准的安全事件报告流程和响应处理流程，还包括安全弱点和可疑事件的报告 | |
| | | | 对于暂不能确定为事故或入侵等的可疑事件也应报告 | |
| | | | 对于所有安全事件的报告应记录在案归档留存 | |
| | | | 使所有员工知道报告安全事件程序和责任，告知员工未经许可测试弱点属于滥用系统 | |
| | | | ★信息安全事件发生后，根据其危害和发生的部位，迅速确定事件等级，并根据等级启动相应的响应和处置预案 | |
| | | | **要求安全管理机构或职能部门负责接报安全事件报告，并及时进行处理，注意记录事件处理过程** | |
| | | | **对于重要区域或业务应用发生的安全事件，应注意控制事件的影响** | |
| | | | 事件处理后应有相应的反馈程序，**应追究安全事件发生的技术原因和管理责任，写出处理报告，并进行必要的评估** | |
| | ★应急处理 | 应急处理和灾难恢复 | **★信息安全领导小组应有人负责或指定专人负责应急计划和灾难恢复计划管理工作** | 5.6.3.1 c) |
| | | | **信息系统安全机制集中管理机构应协助应急处理小组负责具体落实** | |
| | | | **检查或验证（演练）应急计划和灾难恢复计划，保证应急计划和灾难恢复计划能够有效执行** | |
| | | | 安全管理机构应制定总体应急计划和灾难恢复计划，应急处理小组负责落实 | |
| | | | 制定**关键和重要的**应用系统和支持系统的应急预案和灾难恢复预案，并进行测试 | |
| | | | 对计划涉及人员进行培训，保证这些人员具有相应执行能力 | |
| | | | 与应急需要应急的外部支持单位，应签订合同 | |
| | | | 做好应急处理和灾难恢复的基础工作，包括安全事件处理、系统及数据备份的管理 | |
| | | ★应急计划 | ★制定了应急计划(应急计划框架内容包括) | 5.6.3.2 a) |
| | | | 制定应急计划策略，明确制定应急计划所需的职权和相应的管理部门 | |
| | | | 进行业务影响分析，识别关键信息系统和部件，确定优先次序 | |
| | | | 确定防御性控制，减小系统中断的影响，提高系统的可用性；注意采取措施，减少应急计划生存周期费用 | |
| | | | 制定恢复策略，确保系统可以在中断后快速和有效的恢复 | |
| | | | 制定信息系统应急计划，包括恢复受损系统所需的指导方针和规程 | |
| | | | 计划测试、培训和演练，发现计划的不足，培训技术人员 | |
| | | | 计划维护，有规律地更新适应系统发展 | |

表 A.22（续）

| 类 | 族 | 评估项 | 评估内容要点 | 标准依据 |
|---|---|---|---|---|
| 业务连续性管理 | ★应急处理 | 应急计划的实施保障 | ★应明确应急计划的组织和实施人员，并使其知道在应急计划实施过程中各自的责任 | 5.6.3.3 c) |
| | | | 对系统相关的人员进行培训和组织演练，知道如何以及何时使用应急计划中的控制手段及恢复策略，保证执行应急计划应具有的能力 | |
| | | | **进行系统化管理用于实施和维护整个应急计划体系，并记录计划实施过程** | |
| | | | **确保应急计划的执行有足够资源的保证** | |

## A.4.7 监督和检查管理

表 A.23 监督和检查管理（第三级信息系统）

| 类 | 族 | 评估项 | 评估内容要点 | 标准依据 |
|---|---|---|---|---|
| 监督和检查管理 | 符合法律要求 | ★知晓适用的法律 | 应认识对于信息系统应用范畴适用的所有法律法规 | 5.7.1.1 c) |
| | | | ★对信息系统的设计、操作、使用和管理，以及信息管理方面，应认识和规避法律法规禁区，防止出现违法行为 | |
| | | | 保护组织机构的数据信息和个人信息隐私 | |
| | | | 对于详细而准确的法律要求应从组织机构的法律顾问，或者合格的法律从业人员处获得帮助 | |
| | | | 应知晓不允许滥用信息处理设备，以免危害组织机构和社会利益，并有措施防止滥用 | |
| | | | **★信息系统中采用的密码技术应使用国家主管部门批准的算法，符合国家有关法规的要求** | |
| | | 知识产权管理 | 应建立关于尊重知识产权的策略，防止发生侵犯版权的行为，并形成书面文档 | 5.7.1.2 c) |
| | | | 涉及软件开发的工作人员和承包商应做到符合和遵守相关的法律、法规 | |
| | | | 应明确规定外包开发的应用系统软件的有关软件版权问题 | |
| | | | 应防止外包开发的应用系统因软件升级或改造发生侵犯软件版权问题 | |
| | | | **★对关键业务应用，必要时应要求使用具有自主知识产权的软件，以保护关键业务应用的安全** | |
| | | 保护证据记录 | 规定组织机构的重要记录的内容范围，如财务记录、数据库记录、审计日志等 | 5.7.1.3 a) |
| | | | ★应按照法律法规的要求保护组织机构的重要记录，防止丢失、毁坏和被篡改 | |
| | | | 被作为证据的记录，信息的内容和保留的时间应遵守国家法律法规的规定 | |

表 A.23（续）

| 类 | 族 | 评估项 | 评估内容要点 | 标准依据 |
|---|---|---|---|---|
| 监督和检查管理 | | 检查和改进 | 要求定期对安全管理活动的各个方面进行检查和评估工作 | 5.7.2.1 b) |
| | | | 建立检查和改进制度，做到定期检查实施的所有安全程序是否遵从了组织机构制定的安全方针和政策，检查信息系统在技术方面是否依从了安全标准，根据检查过程中发现的不足对安全管理体系进行不断改进 | |
| | | | ★对照组织机构的安全策略和管理制度做到自管、自查、自评，并应落实责任制，接受国家监管部门的监管 | |
| | 依从性检查 | ★安全策略依从性检查 | 定期检查信息系统的网络、操作系统、数据库系统等系统管理员，对安全策略的遵守情况，包括是否能正确执行安全制度，遵从安全策略 | 5.7.2.2 b) |
| | | | ★定期检查信息系统各个岗位对操作规程和管理制度的执行情况，确保遵从组织的安全策略 | |
| | | | 检查范围应包括信息系统本身，以及系统供应商、信息和信息资产的所有者、用户和管理层，保证其符合安全策略和标准 | |
| | | ★技术依从性检查 | ★按照信息系统应达到安全保护等级第三级技术要求定期进行检查，根据检查信息系统对安全实施标准的符合情况进行初步评价并形成意见(依据技术评估结果) | 5.7.2.3 b) |
| | | | 对硬件和软件的检验，以及技术依从检查应由有能力的、经过授权的人员来进行 | |
| | | | 对于技术检测应由有经验的系统工程师手工或使用软件包进行并生成检测结果，经技术专家解释并产生技术报告 | |
| | | | 应根据检查结果，对存在的缺陷进行不断改进 | |
| | 审计及监管控制 | ★审计控制 | 应有独立的审计机构或人员对组织机构的安全管理体系、信息系统的安全风险控制、管理过程的有效性和正确性进行审计 | 5.7.3.1 b) |
| | | | ★对审计过程进行控制，应制定审计的工作程序和规范化工作流程，将审计活动周期化，同时加强安全事件发生后的审计 | |
| | | | 应对系统的审计活动进行规划，尽量减小中断业务流程的风险 | |
| | | | 系统审计过程控制要求，审计的范围必须经过授权并得到控制，审计所需的资源应明确定义并保证可用性，应审计和记录所有的访问，对所有的流程、需求和责任都应文档化 | |
| | | 监管控制 | 依照国家有关法规和 GB 17859—1999 第三级的要求进行自主保护，信息安全监管职能部门对其进行监督、检查 | 5.7.3.2 c) |
| | 责任认定 | 审计结果的责任认定 | 对于审计及监管过程发现的问题应限期解决 | 5.7.4.1 b) |
| | | | ★应认定技术责任和管理责任，明确责任当事人，提出问题解决办法和责任处理意见 | |
| | | | 应对审计及监管过程发现的问题认定相关领导者的责任，组织机构领导层应就此提出问题解决办法和责任处理意见，以及监督问题解决情况 | |
| | | 审计及监管者责任的认定 | 审计及监管者应按有关监督和检查的规定定期进行审计，逾期未进行审计及监管，使本应审计的问题因未审计而造成信息系统损失，应承担相应的责任 | 5.7.4.2 b) |
| | | | 审计及监管者虽能够按有关监督和检查的规定进行审计，但因未能及时发现本应审计出问题而造成信息系统损失的，应承担相应的责任 | |

### A.4.8 生存周期管理

表 A.24 生存周期管理(第三级信息系统)

| 类 | 族 | 评估项 | 评估内容要点 | 标准依据 |
|---|---|---|---|---|
| 生存周期管理 | ★规划和立项管理 | 系统规划要求 | 信息系统的管理者应对信息系统的建设和改造,以及近期和远期的发展制定工作计划,并应得到管理层的批准 | 5.8.1.1 c) |
| | | | 应制定安全策略规划并得到管理层的批准 | |
| | | | 安全策略规划主要包括信息系统的总体安全策略、安全保障体系的安全技术框架和安全管理策略等 | |
| | | | 能够为信息系统安全保障体系的规划、建设和改造提供依据,使管理者和使用者都了解信息系统安全防护的基本原则和策略,知道应采用的各种技术和管理措施对抗各种威胁 | |
| | | | **依据安全策略规划,制定安全建设和安全改造的规划,并应得到组织机构管理层的批准** | |
| | | 系统需求的提出 | ★信息系统应用部门或业务部门需要开发新的业务应用系统或更改已运行的业务应用系统时,以书面形式提出申请 | 5.8.1.2 c) |
| | | | ★信息系统的安全管理职能部门应根据信息系统的安全状况和存在隐患的分析,以及信息安全评估结果等提出加强系统安全的具体需求,并以书面形式提出申请 | |
| | | | 安全需求的分析和说明,至少包括组织机构的业务特点和需求,威胁、脆弱性和风险的说明,安全的要求和保护目标 | |
| | | | **信息系统的管理者应根据信息系统安全建设规划的要求,提出当前应进行安全建设和安全改造的具体需求,并以书面形式提出申请** | |
| | | ★系统开发的立项 | 接到系统需求的书面申请,必须组织有关部门负责人和有关安全技术专家进行可行性论证和**安全性评价** | 5.8.1.3 c) |
| | | | ★**通过可行性论证和确认项目安全性符合要求后**由主管领导审批,或者经过管理层的讨论批准,才能正式立项 | |
| | ★建设过程管理 | ★建设项目准备 | ★对信息系统建设和改造项目应明确指定项目负责人,监督和管理项目的全过程,**明确信息系统建设和改造项目的管理流程** | 5.8.2.1 c) |
| | | | 应制定详细的项目实施计划,作为项目管理过程的依据 | |
| | | | **建立工程实施监理管理制度,明确指定项目实施监理负责人** | |
| | | 工程项目外包要求 | 信息系统工程项目外包,应选择具有服务资质的信誉较好的厂商,要求其已获得国家规定的资质证书、有成功的实施案例 | 5.8.2.2 c) |
| | | | 对重要的信息系统工程项目外包,应在主管部门指定或特定范围内选择具有服务资质的信誉较好的厂商,并应经实践证明是安全可靠的厂商 | |
| | | | **对外包中被废止和暂停的项目,要确保相关的系统设计、文档、代码等的安全** | |
| | | | **对代码的所有权和知识产权、软件开发过程质量控制、代码质量检测、上线前的安全测试等制定控制措施** | |

表 A.24（续）

| 类 | 族 | 评估项 | 评估内容要点 | 标准依据 |
|---|---|---|---|---|
| 生存周期管理 | ★建设过程管理 | 自行开发环境控制 | ★自行开发项目，要求开发环境与实际运行环境做到物理分开，建立完全独立的两个环境 | 5.8.2.3 c) |
| | | | 开发及测试活动也应尽可能分开 | |
| | | | 系统开发文档应有专人负责保管，系统开发文档的使用须经管理层的批准 | |
| | | | 系统开发文档的变更应按照变更管理流程进行控制 | |
| | | | 一般不鼓励对非自行开发的软件包进行修改，必须改动时应注意内置的控制措施和整合过程被损害的风险，软件的改动对将来的维护带来影响，应保留原始软件并在完全一样的复制件上进行改动，所有的改动应经过充分的测试并形成文件，以便必要时用于将来的软件升级 | |
| | | | **应严格控制对源程序的访问，源程序不应被保存在运行系统中，技术开发人员不应具有对程序资源库不受限制的访问权，源程序库的更新和向程序员发布的程序源应经授权，应保留程序的所有版本，程序清单应被保存在一个安全的环境中，应保存对所有源程序库访问的审计记录** | |
| | | ★安全产品使用要求 | 信息安全产品包括构成信息系统安全保护功能的信息技术硬件、软件、固件设备，以及安全检查、检测验证工具等 | 5.8.2.4 a) 及公通字[2007]43号文件第21条 |
| | | | ★信息系统使用的信息安全产品应按照相应的安全保护等级的要求选择相应等级的产品 | |
| | | | **★产品研制、生产单位是由中国公民、法人投资或者国家投资或者控股的，在中华人民共和国境内具有独立的法人资格** | |
| | | | **★产品的核心技术、关键部件具有我国自主知识产权** | |
| | | | **★产品研制、生产单位及其主要业务、技术人员无犯罪记录** | |
| | | | **★产品研制、生产单位声明没有故意留有或者设置漏洞、后门、木马等程序和功能** | |
| | | | **★对国家安全、社会秩序、公共利益不构成危害** | |
| | | | **★对已列入信息安全产品认证目录的，应当取得国家信息安全产品认证机构颁发的认证证书** | |
| | | ★建设项目测试验收 | ★对信息系统建设和改造项目进行功能及性能测试，进行安全测试验收，保证信息系统建设项目的保密性、完整性、可用性 | 5.8.2.5 c) |
| | | | 应指定项目测试（包括安全测试）验收负责人 | |
| | | | 应制订测试和接收标准，确保信息系统建设和改造项目的接收要求和标准被清晰定义并文档化 | |
| | | | 对安全系统的测试至少包括对组成系统的所有部件进行安全性测试，对系统进行集成性安全测试，对业务应用进行安全测试等 | |
| | | | **在信息系统建设和改造项目验收时至少还应考虑系统性能和容量的要求，错误恢复、重启程序及应急计划，制定并测试日常的操作程序以达到规定的标准，实施了设计方案规定的安全控制措施，提供了有效的用户指南，新系统对组织机构业务的安全影响，操作和使用新系统的培训** | |

表 A.24(续)

| 类 | 族 | 评估项 | 评估内容要点 | 标准依据 |
| --- | --- | --- | --- | --- |
| 生存周期管理 | 系统启用和终止管理 | ★新系统启用管理 | ★在新的信息系统或子系统、信息系统设备在启用以前,应经过正式测试验收 | 5.8.3.1 c) |
| | | | 由使用者或管理者提出申请,经过相应领导审批才能正式投入使用 | |
| | | | 应进行一定期限的试运行,并得到相应领导和技术负责人认可才能正式投入使用,并形成文档备案 | |
| | | | **组织有关管理者、技术负责人、用户和安全专家,对新的信息系统或子系统、信息系统设备的试运行进行专项安全评估,得到认可并形成文档备案才能正式投入使用** | |
| | | ★终止运行管理 | 终止运行包括现有信息系统或子系统、主要设备 | 5.8.3.2 c) |
| | | | 应由使用者或管理者提出申请并说明原因 | |
| | | | 应由使用者或管理者提出采取的保护措施 | |
| | | | ★在任何新的信息系统或子系统、信息系统设备需要终止运行以前,应进行必要数据和软件备份,对终止运行的设备进行数据清除 | |
| | | | 得到相应领导和技术负责人认可才能正式终止运行,并形成文档备案 | |
| | | | **★应采取必要的安全措施,并进行数据和软件备份,对终止运行的设备进行不可恢复的数据清除,如果存储设备损坏则必须采取销毁措施,在得到相应领导和技术负责人认可才能正式终止运行,并形成文档备案** | |

## A.5 第四级信息系统安全管理评估参照表

### A.5.1 策略和制度管理

表 A.25 策略和制度管理(第四级信息系统)

| 类 | 族 | 评估项 | 评估内容要点 | 标准依据 |
| --- | --- | --- | --- | --- |
| ★策略和制度 | ★信息安全管理策略 | ★安全管理目标与范围 | ★管理对象(信息系统)的基本描述 | 5.1.1.1 d) |
| | | | 信息系统的管理范围 | |
| | | | ★业务数据和系统服务达到的安全目标,**符合第四级信息系统安全要求** | |
| | | ★总体安全管理策略 | **制定了强制保护的安全管理策略文档** | 5.1.1.2 d) |
| | | | ★明确管理者对信息系统安全的责任,管理方法、支持意向 | |
| | | | 说明信息系统的安全方针、原则、标准和符合性要求 | |
| | | | ★说明信息系统安全的总体目标、范围、管理原则和安全技术框架及安全管理框架 | |
| | | | 划分信息系统不同安全保护等级的管理策略 | |
| | | | 依据国家有关管理规范和技术标准进行保护,**接受国家信息安全监管部门的强制监督、检查** | |

表 A.25(续)

| 类 | 族 | 评估项 | 评估内容要点 | 标准依据 |
|---|---|---|---|---|
| ★策略和制度 | ★信息安全管理策略 | 安全管理策略的制定 | 由信息安全领导小组组织制定**并提出指导思想** | 5.1.1.3 d) |
| | | | 由信息安全职能部门负责**指派专人负责**制定 | |
| | | | 由信息安全领导小组组织并提出指导思想,信息安全职能部门负责具体制定 | |
| | | | 信息技术及业务人员参加制定 | |
| | | | ★形成体系化的信息系统安全管理策略,**包括总体策略和具体策略**,以文件形式表述 | |
| | | | **涉密系统安全策略的制定应限定在相应范围内进行** | |
| | | | **必要时可征求信息安全监管职能部门的意见** | |
| | | 安全管理策略的发布 | 由组织机构负责人签发 | 5.1.1.4 d) |
| | | | 按照有关文件管理程序发布 | |
| | | | 安全管理策略文档应注明发布范围,并有收发文登记 | |
| | | | **安全管理策略文档应注明密级,并在监管部门备案** | |
| | ★安全管理规章制度 | ★安全管理规章制度内容 | **制定了强制保护的安全管理制度文档** | 5.1.2.1 d) |
| | | | 包括安全管理活动中各类管理方面的制度,以及安全管理人员或操作人员的操作规程,形成全面的信息安全管理制度体系 | |
| | | | ★信息安全责任管理制度,包括信息安全主管领导、责任部门、人员及有关岗位的信息安全责任管理内容 | |
| | | | ★人员安全管理制度,包括人员录用、离岗、考核、教育培训等管理内容 | |
| | | | ★系统建设管理制度,包括系统定级、方案设计、产品采购使用、密码使用、软件开发、工程实施、验收上线、外包服务等管理内容 | |
| | | | ★系统运维管理制度,包括机房环境安全、存储介质安全、设备设施安全、安全监控、网络安全、系统安全、恶意代码防范、密码保护、备份与恢复、事件处置、应急预案等管理内容 | |
| | | | ★监督检查管理制度,包括定期对各项制度的落实情况进行自查和监督检查,以及风险评估等管理内容 | |
| | | | **★有关业务应用安全方面的管理制度** | |
| | | 安全管理规章制度的制定 | 由信息安全职能部门负责制定,**指派专人负责专项信息系统安全管理制度维护** | 5.1.2.2 d) |
| | | | **经信息安全领导小组讨论通过,由信息安全领导小组负责人审批** | |
| | | | ★有正式发布的制度文件或文档 | |
| | | | 应注明发布范围、**注明密级**,并有收发文登记 | |
| | | | **对信息系统涉密的安全管理制度的制定应在相应范围内进行,必要时可征求信息安全监管职能部门的意见** | |

表 A.25（续）

| 类 | 族 | 评估项 | 评估内容要点 | 标准依据 |
| --- | --- | --- | --- | --- |
| ★策略和制度 | 策略与制度文档管理 | 策略与制度文档的评审和修订 | 由信息安全领导小组和信息安全职能部门负责文档的评审和修订，**必要时可征求信息安全监管职能部门的意见**，并保留必要的评审记录和依据 | 5.1.3.1 d) |
| | | | ★定期或阶段性检查策略和制度的有效性，对存在不足或需要改进的策略和制度进行修订 | |
| | | | 修订后的策略和制度按规定程序发布 | |
| | | | ★发生重大安全事故，组织机构或技术结构发生变化时，对策略和制度进行相应的评审和修订 | |
| | | | 对评审后需要修订的策略和制度文档，应明确指定人员限期完成 | |
| | | | 每个策略和制度文档应有相应责任人，根据明确规定的评审和修订程序对策略进行维护 | |
| | | | **对涉密的信息安全策略、规章制度和相关的操作规程文档的评审和修订应在相应范围内进行** | |
| | | ★策略与制度文档的保管 | ★指定专人保管 | 5.1.3.2 d) |
| | | | 借阅策略和制度文档，以及相关的操作规程文档，应限定借阅范围，并经过相应级别负责人审批和登记 | |
| | | | **对涉密的策略和制度文档，以及相关的操作规程文档的保管应按照有关涉密文档管理规定进行；对保管的文档以及借阅的记录定期进行检查** | |

## A.5.2　机构和人员管理

表 A.26　机构和人员管理(第四级信息系统)

| 类 | 族 | 评估项 | 评估内容要点 | 标准依据 |
| --- | --- | --- | --- | --- |
| ★机构和人员管理 | ★安全管理机构 | ★建立安全管理机构 | ★成立信息系统安全管理委员会或信息系统安全领导小组，**由组织机构的主要负责人出任信息系统安全领导小组负责人** | 5.2.1.1 d) |
| | | | 对覆盖全国或跨地区的组织机构，应在总部和下级单位建立各级信息系统安全领导小组 | |
| | | | ★建立管理信息系统安全工作的职能部门，或明确指定一个职能部门兼管信息安全工作 | |
| | | | 配备专职安全管理人员，在基层至少要有一位专职的安全管理人员负责信息系统安全工作 | |
| | | ★信息安全领导小组 | ★具有信息系统安全管理的领导职能 | 5.2.1.2 a) |
| | | | 依据国家和行业有关信息安全的政策法规，批准信息系统的安全策略和发展规划 | |
| | | | 确定各有关部门在信息系统安全工作中的职责，领导安全工作的实施 | |
| | | | 监督安全措施的执行，并对重要安全事件的处理进行决策 | |
| | | | 指导和检查信息系统安全职能部门及应急处理小组的各项工作 | |
| | | | 建设和完善信息系统安全的集中控管的组织体系和管理机制 | |

表 A.26（续）

| 类 | 族 | 评估项 | 评估内容要点 | 标准依据 |
| --- | --- | --- | --- | --- |
| ★机构和人员管理 | ★安全管理机构 | ★信息安全职能部门 | ★确定信息安全职能部门基本的安全管理职能 | 5.2.1.3 b) |
| | | | 起草信息系统的安全策略和发展规划 | |
| | | | ★管理信息系统安全日常事务，检查和指导下级单位信息系统安全工作 | |
| | | | 负责安全措施的实施或组织实施，组织并参加对安全重要事件的处理 | |
| | | | 监控信息系统安全状况，提出安全分析报告 | |
| | | | ★指导和检查各部门和下级单位信息系统安全人员及要害岗位人员的信息系统安全 | |
| | | | ★与有关部门共同组成应急处理小组或协助有关部门建立应急处理小组实施相关应急处理 | |
| | | | 管理信息系统安全机制集中管理机构的各项工作，实现信息系统安全的集中控制管理 | |
| | | | 完成信息系统安全领导小组交办的工作，并向领导小组报告信息系统安全工作 | |
| | 安全机制集中管理机构 | 设置集中管理机构 | ★明确集中管理机构人员和职责，接受信息安全职能部门的直接领导 | 5.2.2.1 a) |
| | | | 配备必要的领导和技术管理人员 | |
| | | | 选用熟悉安全技术、网络技术、系统应用等方面技术人员，明确责任，协同工作 | |
| | | | 统一承担信息系统的安全管理、系统管理、审计管理的运行监控、系统及安全配置 | |
| | | | 对与安全有关的信息进行汇集与分析 | |
| | | | 对与安全有关的事件进行响应与处置 | |
| | | | 对分布在信息系统中有关的安全机制进行集中管理 | |
| | | ★集中管理机构职能 | ★集中管理机构统一管理信息系统运行安全，包括系统管理、安全管理和审计管理 | 5.2.2.2 b) |
| | | | **集中管理机构对关键区域的安全运行进行管理，控制知晓范围，对获取的有关信息进行相应安全等级的保护** | |
| | | | 建立物理、系统、网络、应用、管理等安全控制机制，构成整体安全控制机制 | |
| | | | 统一进行信息系统安全机制的配置与管理，确保各个安全机制按照设计要求运行 | |
| | | | 对服务器、路由器、防火墙等网络部件、系统安全运行性状态、信息（包括有害内容）的监控和检查 | |
| | | | 汇集各种安全机制所获取的与系统安全运行有关的信息，对所获取的信息进行综合分析 | |

**表 A.26（续）**

| 类 | 族 | 评估项 | 评估内容要点 | 标准依据 |
|---|---|---|---|---|
| ★机构和人员管理 | 安全机制集中管理机构 | ★集中管理机构职能 | 及时发现系统运行中的安全问题和隐患，提出解决的对策和方法 | 5.2.2.2 b) |
| | | | 事件发现、响应、处置、应急恢复，根据应急处理预案，作出快速处理 | |
| | | | 对各种事件和处理结果有详细的记载并进行档案化管理，作为对后续事件分析的参考和可查性的依据 | |
| | | | 安全机制集中管理控制，完善管理信息系统安全运行的技术手段，进行信息系统安全的集中控制管理 | |
| | | | 负责接受和配合政府有关部门的信息安全监管工作 | |
| | ★人员管理 | ★安全管理人员配备 | ★安全管理人员不可兼任，属于专职人员，应具有安全管理工作权限和能力 | 5.2.3.1 d) |
| | | | **安全管理人员应按照机要人员条件配备** | |
| | | ★关键岗位人员管理 | ★关键岗位包括安全管理员、系统管理员、数据库管理员、网络管理员、重要业务开发人员、系统维护人员、重要业务应用操作人员、安全审计人员 | 5.2.3.2 d) |
| | | | 允许一人多岗，但业务应用操作人员不能由其他关键岗位人员兼任 | |
| | | | 业务开发人员和系统维护人员不能兼任或担负安全管理员、系统管理员、数据库管理员、网络管理员、重要业务应用操作人员等岗位或工作 | |
| | | | ★关键岗位人员的权限应分散、不得交叉覆盖，系统管理员、数据库管理员、网络管理员不能相互兼任岗位或工作 | |
| | | | **关键岗位人员处理重要事务或操作时，应保持二人同时在场，关键事务应多人共管** | |
| | | | 必要时关键岗位人员应采取定期轮岗制度 | |
| | | | 定期安全培训，加强安全和风险防范意识 | |
| | | 人员录用管理 | 由人事部门进行人员背景、资质审查，技能考核等，确认其具有基本的专业技术水平，能够掌握信息安全管理基本知识，合格者还要签署保密协议方可上岗 | 5.2.3.3 d) |
| | | | ★对关键岗位的人员注重思想品质方面考察，重要区域或部位的安全管理人员一般可从内部符合条件人员选拔，要求认真负责和保守秘密 | |
| | | | 安全管理人员应具有基本的系统安全风险分析和评估能力 | |
| | | | **关键区域或部位的安全管理人员应选用实践证明精干、内行、忠实、可靠的人员，必要时可按机要人员条件配备** | |
| | | ★人员离岗 | ★立即中止被解雇的、退休的、辞职的或其他原因离开的人员的所有访问权限 | 5.2.3.4 d) |
| | | | 收回所有相关证件、密钥、访问控制标记等 | |
| | | | 收回组织机构提供的设备等 | |
| | | | ★管理层和信息系统关键岗位人员调离岗位，应经单位人事部门严格办理调离手续，承诺其调离后的保密要求 | |
| | | | 管理层和信息系统关键岗位人员调离单位，应进行离岗安全审查，在规定的脱密期限后，方可调离 | |
| | | | **关键部位的信息系统安全管理人员离岗，应按照机要人员管理办法办理** | |

表 A.26（续）

| 类 | 族 | 评估项 | 评估内容要点 | 标准依据 |
| --- | --- | --- | --- | --- |
| ★机构和人员管理 | ★人员管理 | ★人员考核与审查 | 定期对各个岗位的人员进行不同侧重的安全认知和安全技能的考核，作为人员是否适合当前岗位的参考 | 5.2.3.5 d) |
| | | | ★定期审查关键岗位人员，如发现其违反安全规定，应控制使用 | |
| | | | ★对关键岗位人员的工作，应通过例行考核进行审查，并保留审查结果 | |
| | | | **★对所有安全岗位人员的工作，应通过全面考核进行审查，如发现其违反安全规定，应采取必要的应对措施** | |
| | | ★第三方人员管理 | ★签署相关安全责任的合同书或保密协议 | 5.2.3.6 c) |
| | | | ★规定各类人员的活动范围，进入计算机房应有书面申请、批准和过程记录，有专人全程监督或陪同 | |
| | | | ★进行逻辑访问时，应划定范围并经书面申请、负责人批准和过程记录，有专人全程监督或陪同 | |
| | | | 进行逻辑访问应使用专门设置的临时用户，并进行审计 | |
| | | | ★在关键区域，一般不允许第三方人员进入或进行逻辑访问 | |
| | | | 如确有必要，除有书面申请外，可采取由组织机构内部人员带为操作的方式，对结果进行必要的过滤后再提供第三方人员，并进行审计 | |
| | | | 必要时对上述过程进行风险评估和记录备案，并对相应风险采取必要的安全补救措施 | |
| | 教育和培训 | ★信息安全教育 | 让员工知晓信息的敏感性和信息安全的重要性 | 5.2.4.1 d) |
| | | | 认识其自身的责任和安全违例会受到纪律惩罚 | |
| | | | 掌握的信息安全基本知识和技能 | |
| | | | ★进行对安全政策和操作规程的认知教育和训练，以及安全知识、安全技术、安全标准、安全要求、法律责任和业务控制措施等方面培训 | |
| | | | 制定并实施安全教育和培训计划，针对不同岗位制定不同的专业培训计划，培养信息系统各类人员安全意识 | |
| | | | **定期检查人员安全资质的取得情况，将安全资质教育作为信息安全教育工作计划的一部分** | |
| | | 信息安全专家 | 听取信息安全专家的建议 | 5.2.4.2 b) |
| | | | ★组织专家参与安全威胁的评价，对安全事件给予专业指导和原因调查等 | |
| | | | 对于邀请或聘用信息安全专家可提供必要的组织机构内部信息，同时应告知专家这些信息的敏感性和保密性 | |
| | | | 应采取必要的安全措施，保证提供的信息在安全可控的范围内 | |

### A.5.3 风险管理

表 A.27 风险管理(第四级信息系统)

| 类 | 族 | 评估项 | 评估内容要点 | 标准依据 |
|---|---|---|---|---|
| 风险管理 | ★风险管理要求和策略 | 风险管理要求 | ★编制资产清单,对资产价值/重要性进行分析,对信息系统面临的威胁进行初步分析 | 5.3.1.1 d) |
| | | | 对关键的系统资源进行定期风险分析和评估 | |
| | | | 使用规范方法和工作流程,进行规范化的风险评估 | |
| | | | 产生风险分析报告和留存重要过程文档,并向管理层提交,**建立风险管理体系文件** | |
| | | | **针对风险管理过程,实施独立审计,确保风险管理的有效性** | |
| | | ★风险管理策略 | 制定基本的风险管理策略 | 5.3.1.2 c) |
| | | | ★定期进行信息安全和业务应用方面的风险评估 | |
| | | | 确定信息安全风险管理的基本方法 | |
| | | | 提供风险管理的组织和资源保证 | |
| | | | ★建立风险管理的监督机制,对风险管理相关过程的活动和影响进行评估和监控 | |
| | | | **针对风险的变化重新启动风险评估,明确规定重新启动风险评估的条件** | |
| | 风险分析和评估 | ★资产识别和分析 | 确定信息系统的资产范围,进行统计和编制资产清单 | 5.3.2.1 b) |
| | | | ★进行资产分类和重要性标识 | |
| | | | ★对信息系统的硬件、软件、系统边界、接口、数据和信息、人员等方面的分析和识别 | |
| | | | 对信息系统的描述,包括信息系统的使命、功能,以及系统和数据的关键性、敏感性等内容 | |
| | | 威胁识别和分析 | ★根据以往发生的安全事件、外部提供的资料和积累的经验,对威胁进行分析 | 5.3.2.2 d) |
| | | | ★结合业务应用、系统结构特点以及访问流程等因素,建立并维护威胁列表 | |
| | | | 根据不同业务系统面临的威胁,对每个或者每类资产有一个威胁列表 | |
| | | | 考虑威胁源在保密性、完整性或可用性等方面造成损害,对威胁的可能性和影响等属性进行分析,从而确定威胁的等级 | |
| | | | 通过综合威胁的可能性和强度的评价,修正威胁等级 | |
| | | | **★对关键区域或部位进行威胁分析,在业务应用许可并得到批准的条件下,可使用检测工具在特定时间捕捉攻击信息进行威胁分析** | |

表 A.27（续）

| 类 | 族 | 评估项 | 评估内容要点 | 标准依据 |
|---|---|---|---|---|
| 风险管理 | 风险分析和评估 | 脆弱性识别和分析 | ★通过扫描工具、人工检查和渗透测试，获取对系统脆弱性的认识 | 5.3.2.3 c) |
| | | | 针对信息系统资产组合、资产分类编制脆弱性列表和脆弱性检查表 | |
| | | | 应了解测试可能带来的后果，并做好充分准备 | |
| | | | ★对不同的方法和工具所得出的评估结果，进行综合分析，得到脆弱性等级 | |
| | | | 坚持制度化脆弱性评估，应明确规定进行脆弱性评估的时间和系统范围、人员和责任、评估结果的分析和报告程序，以及报告中包括新发现的漏洞、已修补的漏洞、漏洞趋势分析等 | |
| | | 风险分析和评估要求 | 由用户和专家对资产、威胁和脆弱性等方面进行定性综合评估，建议处理和减缓风险的措施，形成风险评估报告 | 5.3.2.4 c) |
| | | | ★评估报告中包括风险级别、风险点等内容，确定信息系统的安全风险状况 | |
| | | | 基于这些报告，要求评估者对信息系统安全措施提出建议 | |
| | | | 应将风险评估中的信息资产、威胁、脆弱性、防护措施等评估项信息综合到一个数据库中进行管理 | |
| | | | 应当在后续的项目和工具中持续地维护该数据库 | |
| | 风险控制 | 选择和实施风险控制措施 | 基于安全等级标准，选择相应等级的安全技术和管理措施 | 5.3.3.1 c) |
| | | | ★根据风险评估结果，结合信息系统安全现状和需求，决定信息系统安全的控制措施 | |
| | | | 对相关的各种控制措施进行综合分析，得出紧迫性、优先级、投资比重等评价，形成体系化的防护控制系统 | |
| | 基于风险的决策 | 安全确认 | ★针对信息系统的资产清单、威胁列表、脆弱性列表，结合已采用的安全控制措施，分析存在的残余风险 | 5.3.4.1 c) |
| | | | 形成残余风险分析报告，由组织机构的高层管理人员决定残余风险是否可接受 | |
| | | | ★编制信息系统残余风险清单，监视残余风险可能诱发的安全事件，及时采取防护措施 | |
| | | | 对信息系统安全风险实施再次评估，验证防护措施的有效性 | |
| | | 信息系统运行的决策 | ★信息系统的主管者或运营者应根据安全确认的结果，判断残余风险是否可接受，决定是否允许信息系统继续运行 | 5.3.4.2 b) |
| | | | 如果信息系统的残余风险不可接受，而现实情况又要求系统必须投入运行，且当前没有其他资源能胜任组织机构的使命，经过管理层的审批，可临时批准信息系统投入运行 | |
| | | | 应同时采取相应的风险规避和监测控制措施，并明确风险一旦发生的责任陈述 | |

表 A.27（续）

| 类 | 族 | 评估项 | 评估内容要点 | 标准依据 |
|---|---|---|---|---|
| 风险管理 | ★风险评估的管理 | ★评估机构的选择 | ★有国家主管部门认可的安全服务资质 | 5.3.5.1c)及公通字[2007]43号文件第22条 |
| | | | **按照国家主管部门有关管理规定选择可信评估机构，必要时应由国家指定专门部门、专门机构组织进行信息系统风险评估** | |
| | | | ★在中华人民共和国境内注册成立（港澳台地区除外） | |
| | | | ★由中国公民投资、中国法人投资或者国家投资的企事业单位（港澳台地区除外） | |
| | | | ★从事相关检测评估工作两年以上，无违法记录 | |
| | | | ★工作人员仅限于中国公民 | |
| | | | ★法人及主要业务、技术人员无犯罪记录 | |
| | | | ★使用的技术装备、设施应当符合本办法对信息安全产品的要求 | |
| | | | ★具有完备的保密管理、项目管理、质量管理、人员管理和培训教育等安全管理制度 | |
| | | | ★对国家安全、社会秩序、公共利益不构成威胁 | |
| | | 评估机构保密要求 | ★评估机构人员应按照第三方人员管理要求签署保密协议 | 5.3.5.2 c) |
| | | | ★应有专人在整个评估过程中监督检查评估机构对保密协议的执行情况 | |
| | | | **对专门评估组的保密要求应参照《中华人民共和国保守国家秘密法》的要求，结合实际情况制定具体实施办法** | |
| | | 评估信息的管理 | ★提交涉及评估需要的资料、数据等各种信息，应规定办理交接手续，防止丢失 | 5.3.5.3 c) |
| | | | 提交涉及评估需要的资料、数据等各种信息，必要时可以隐藏或替换核心的或敏感的参数 | |
| | | | ★所有提交涉及评估需要的资料、数据等各种信息，只能存放在被评估方指定的计算机内，不得带出指定办公区域 | |
| | | 技术检测过程管理 | ★使用工具或手工进行技术检测，应事先提交测试的技术方案，得到授权方可进行 | 5.3.5.4 d) |
| | | | 使用工具或手工进行技术检测，应在被测试方专人监督下按技术方案进行 | |
| | | | 使用工具或手工进行技术检测，可采用由被评估方技术人员按技术方案进行操作，评估机构技术人员进行场外指导 | |
| | | | **使用工具或手工进行技术检测，应由被评估方技术人员按技术方案进行操作，对测试结果过滤敏感或涉及国家秘密信息后再交评估方分析** | |

### A.5.4 环境和资源管理

表 A.28 环境和资源管理(第四级信息系统)

| 类 | 族 | 评估项 | 评估内容要点 | 标准依据 |
|---|---|---|---|---|
| 环境和资源管理 | 环境安全管理 | 环境安全管理要求 | ★应配置物理环境安全的责任部门和管理人员 | 5.4.1.1 d) |
| | | | 建立有关物理环境安全方面的规章制度 | |
| | | | **物理安全方面应达到 GB/T 20271—2006 中 6.4.1 的有关要求** | |
| | | | ★对物理环境划分不同保护等级的安全区域进行明确标识和管理,包括机房、办公区域、介质库房等,**实施不同保护等级安全区域的隔离管理** | |
| | | | 介质库房的管理可以参照同等级的机房的要求 | |
| | | | 制定对物理安全设施进行检验、配置、安装、运行的有关制度和保障措施 | |
| | | | 实行关键物理设施的登记制度 | |
| | | | **对重要安全区域的活动应实时监视和记录,出入人员应经过相应级别的授权并有监控措施** | |
| | | ★机房安全管理要求 | ★明确机房安全管理的责任人 | 5.4.1.2 d) |
| | | | 机房钥匙由专人管理,未经批准,不准任何人私自复制机房钥匙或服务器开机钥匙 | |
| | | | ★未经允许的人员不准进入机房 | |
| | | | 机房来访人员应经过正式批准,登记记录应妥善保存以备查 | |
| | | | 获准进入机房的来访人员,一般应禁止携带个人计算机等电子设备进入机房,其活动范围和操作行为应受到限制,并有机房接待人员负责和陪同,进入机房的人员应佩戴相应证件 | |
| | | | 任何进出机房的人员应经过门禁设施的监控和记录,应有防止绕过门禁设施的手段 | |
| | | | **所有来访人员的登记记录**、门禁系统的电子记录**以及监视录像记录应妥善保存以备查** | |
| | | | 未经批准,禁止任何人移动计算机相关设备或带离机房 | |
| | | | ★没有指定管理人员的明确准许,任何记录介质、文件材料及各种被保护品均不准带出机房,与工作无关的物品均不准带入机房 | |
| | | | **禁止携带移动电话、电子记事本等具有移动互连功能的个人物品进入机房** | |
| | | | **机房所在地应有专职警卫,通道和入口处应设置视频监控点,24 小时值班监视** | |
| | | | 机房内严禁吸烟及带入火种和水源 | |

表 A.28（续）

| 类 | 族 | 评估项 | 评估内容要点 | 标准依据 |
| --- | --- | --- | --- | --- |
| 环境和资源管理 | 环境安全管理 | 办公环境安全管理要求 | ★防止利用终端系统窃取敏感信息或非法访问 | 5.4.1.3 c) |
| | | | 工作人员下班后，终端计算机应关闭 | |
| | | | 存放敏感文件或信息载体的文件柜应上锁或设置密码 | |
| | | | 工作人员调离部门或更换办公室时，应立即交还办公室钥匙 | |
| | | | 设立独立的会客接待室，不在办公环境接待来访人员 | |
| | | | 工作人员离开座位应将桌面上含有敏感信息的纸件文档放在抽屉或文件柜内 | |
| | | | 工作人员离开座位，终端计算机应退出登录状态、采用屏幕保护口令保护或关机 | |
| | | | **在关键区域或部位，应使办公环境与相关机房的物理位置在一起，以便进行统一的物理保护** | |
| | 资源管理 | 资产清单管理 | ★应编制并维护与信息系统相关详细的资产清单，能够清晰识别每项资产的拥有权、责任人、安全分类以及资产所在的位置等 | 5.4.2.1 c) |
| | | | 信息资产：应用数据、系统数据、安全数据等数据库和数据文档、系统文件、用户手册、培训资料、操作和支持程序、持续性计划、备用系统安排、存档信息 | |
| | | | 软件资产：应用软件、系统软件、开发工具和实用程序 | |
| | | | 有形资产：计算机设备（服务器、终端、存储设备等），网络设备（路由器、交换机、安全设备等），移动存储介质（移动硬盘、磁带等），其他技术装备（电源，空调设备等），家具和机房 | |
| | | | 应用业务相关资产：由信息系统控制的或与信息系统密切相关的应用业务的各类资产，由于信息系统或信息的泄露或破坏，这些资产会受到相应的损坏 | |
| | | | 服务：计算和通信服务，通用设备如供暖、照明、供电和空调等 | |
| | | | ★必要时应包括主要业务应用系统处理流程和数据流的描述，以及业务应用系统用户分类说明 | |
| | | 资产的分类与标识要求 | ★根据资产的价值/重要性对资产进行标识，可基于资产的价值选择保护措施和进行资产管理 | 5.4.2.2 c) |
| | | | ★对信息资产进行分类管理，对信息系统内分属不同业务范围的各类信息，按其对安全性的不同要求分类加以标识 | |
| | | | 用户数据的重要性分类，如国家秘密信息、商业秘密和个人隐私信息、内部专有信息、公开信息等 | |
| | | | 系统数据重要性一般与其所在的系统或子系统的安全保护等级相关 | |
| | | | 根据业务应用的具体情况进行分类分级和标识，纳入规范化管理 | |
| | | | 以业务应用为主线，用体系架构的方法描述信息资产 | |
| | | | 通过对各个资产之间的关联，进行结构性描述 | |

表 A.28（续）

| 类 | 族 | 评估项 | 评估内容要点 | 标准依据 |
| --- | --- | --- | --- | --- |
| 环境和资源管理 | 资源管理 | 介质管理 | ★脱机存放的数据和软件介质，根据重要程度进行标识和分类，存放在由专人管理的介质库中，防止被盗、被毁、被修改以及信息泄漏 | 5.4.2.3 d) |
| | | | 介质的归档和查询应有记录，其借阅、拷贝、分发传递须经相应级别的领导的书面审批后方可执行，并登记在册，对存档介质的目录清单应定期盘点，介质的分发传递以及带出工作环境应采取保护措施 | |
| | | | 存储介质的销毁**在经主管领导审批后应由两人完成，一人执行销毁一人负责监销，销毁过程应记录**，不得自行销毁，对于需要送出维修或销毁的介质，应首先删除信息，再重复写操作进行覆盖，防止数据恢复和信息泄漏 | |
| | | | 介质应保留2个以上的副本，而且要求介质异地存储，存储地的环境要求和管理方法应与本地相同，对重要介质的数据和软件必要时可以加密存储 | |
| | | | ★对存放在介质库中的介质应定期进行完整性和可用性检查，确认其数据或软件没有受到损坏或丢失，**介质受损但无法执行删除操作的，必须销毁** | |
| | | | **对介质中的重要数据应使用加密技术或数据隐藏技术进行存储** | |
| | | ★设备管理要求 | 对于信息系统的各种软硬件设备的选型、采购、发放或领用，使用者应提出申请，报经相应领导审批，才可以实施 | 5.4.2.4 c) |
| | | | ★设备的选型、采购、使用和保管应明确责任人 | |
| | | | 要求设备有专人负责，实行分类管理 | |
| | | | ★通过对资产清单的管理，记录资产的状况和资产使用、转移、废弃及其授权过程 | |
| | | | ★对各种资产进行全面管理，提高资产安全性和使用效率，保证设备的完好率 | |
| | | | 建立资产管理登记系统，提供资产分类标识、授权与访问控制、变更管理、系统安全审计等功能，为整个系统提供基础技术支撑 | |

## A.5.5 运行和维护管理

表 A.29 运行和维护管理(第四级信息系统)

| 类 | 族 | 评估项 | 评估内容要点 | 标准依据 |
| --- | --- | --- | --- | --- |
| 运行和维护管理 | ★用户管理 | ★用户分类管理 | 用户分类应包括系统用户、普通用户、外部客户用户、临时用户 | 5.5.1.1 d) |
| | | | ★按审查和批准的用户分类清单建立用户和分配权限，**应对关键部位用户采取逐一审批和授权的程序，并记录备案** | |
| | | | ★用户分类清单应包括信息系统的所有用户的清单，包括所有特权用户、重要业务用户、**关键部位用户**的权限，以及用户的责任人员和授权记录 | |
| | | | 用户权限发生变化时应及时更改用户清单内容 | |
| | | | 对特权用户、重要业务用户、**关键部位用户**开启审计功能 | |
| | | | 定期检查特权用户、重要业务用户、**关键部位用户**的实际分配权限是否与用户清单符合 | |

表 A.29（续）

| 类 | 族 | 评估项 | 评估内容要点 | 标准依据 |
|---|---|---|---|---|
| 运行和维护管理 | ★用户管理 | 系统用户要求 | ★系统用户应由信息系统的主管领导指定 | 5.5.1.2 c) |
| | | | ★授权应以满足工作需要的最小权限为原则 | |
| | | | 系统用户应保护自己的身份鉴别信息的安全 | |
| | | | 系统用户应接受审计 | |
| | | | 对重要信息系统的系统用户，应进行审查并经过授权 | |
| | | | ★对系统用户应能区分责任到个人，不应以部门或组作为责任人 | |
| | | | 在关键信息系统中，对系统用户的授权操作，应有两人在场，经双重认可后方可操作 | |
| | | | 系统用户不准更改操作过程产生的审计日志 | |
| | | 普通用户要求 | ★用户应保护自己的身份鉴别信息和载体的安全，不得转借他人 | 5.5.1.3 c) |
| | | | 发现系统的漏洞、滥用或违背安全行为应及时报告 | |
| | | | 不应透露与组织机构有关的非公开信息 | |
| | | | 不应故意进行违规的操作 | |
| | | | 不应在不符合敏感信息保护要求的系统中保存和处理高敏感度的信息 | |
| | | | 不应使用各种非正版软件和不可信的自由软件 | |
| | | | 在系统规定的权限内进行操作，必要时某些重要操作应得到批准 | |
| | | 机构外部用户要求 | ★应对外部用户明确说明使用者的责任、义务和风险，并要求提供合法使用的声明 | 5.5.1.4 c) |
| | | | 外部用户应保护自己的身份鉴别信息的安全 | |
| | | | 外部用户只能是应用层的用户 | |
| | | | 可对特定外部用户提供专用通信通道、端口、特定的应用或数据协议以及专用设备等 | |
| | | | 在关键部位，一般不允许设置外部用户 | |
| | | 临时用户要求 | ★临时用户的设置和期限必须经过审批 | 5.5.1.5 c) |
| | | | 临时用户应保护自己的身份鉴别信息的安全 | |
| | | | ★使用完毕或到期应及时删除 | |
| | | | 设置与删除均应记录备案 | |
| | | | 对主要部位的临时用户应进行审计，并进行风险评估 | |
| | | | ★在关键部位，一般不允许设置临时用户 | |
| | 运行操作管理 | ★服务器操作管理 | ★服务器操作系统、数据库系统的操作应由授权的系统管理员、数据库管理员实施 | 5.5.2.1 c) |
| | | | ★遵照操作规程对服务器进行操作，设置服务器的运行环境，设定服务器的系统及安全配置，操作系统、数据库系统用户管理，并检查实际配置与安全策略要求的符合性 | |

表 A.29（续）

| 类 | 族 | 评估项 | 评估内容要点 | 标准依据 |
|---|---|---|---|---|
| 运行和维护管理 | 运行操作管理 | ★服务器操作管理 | 系统管理员、数据库管理员应以自己的账户及身份鉴别信息登录操作系统、数据库系统进行操作 | 5.5.2.1 c) |
| | | | 监控管理，包括监控系统性能，如 CPU 和内存的利用率、检测进程运行及磁盘使用情况 | |
| | | | 日志管理，包括对操作系统、数据库系统以及业务系统等日志的管理 | |
| | | | 负责系统配置和安全配置文件管理，包括服务器的操作系统和数据库系统的配置文件 | |
| | | | ★定期对操作系统和数据库系统安全进行检查，及时发现系统的缺陷或漏洞 | |
| | | 终端计算机操作管理 | ★用户应设置终端计算机的开机、屏幕保护口令，保护身份鉴别信息，进行必要的安全设置 | 5.5.2.2 c) |
| | | | 非本组织机构配备的终端计算机未获批准，不能在办公场所使用 | |
| | | | 及时安装经许可的软件和补丁程序，不得自行安装及使用其他软件和自由下载软件 | |
| | | | 未获批准，严禁使用 Modem 拨号、无线网卡等方式或另辟通路接入其他网络 | |
| | | | 应有措施防止终端计算机机箱被私自开启，如需拆机箱应经批准后由维修部门人员负责 | |
| | | | 高安全等级业务系统的终端计算机不得直接接入低级别系统或网络，应先作清理检查 | |
| | | 便携机操作管理 | 在接入组织机构内部网络时遵守“终端计算机操作管理”(上一节)的要求 | 5.5.2.3 d) |
| | | | 对不再使用或转为其他用途的便携机，应删除机内的敏感数据 | |
| | | | 在外网使用的便携机，接入本地网络前应进行必要的安全检查 | |
| | | | ★在组织机构内使用或存有敏感信息的便携机，未获批准，**没有足够强度安全防护措施**，严禁接入其他网络 | |
| | | | 便携机离开重要区域时不应存储敏感或涉密数据，外出使用应经有关领导批准并记录在案 | |
| | | | 在重要区域使用的便携机必须启用两个及两个以上身份鉴别技术的组合来进行身份鉴别 | |
| | | | **敏感数据应采用一定强度的加密储存技术，以规避便携机丢失的风险，必要时应对便携机采取物理保护措施** | |

表 A.29（续）

| 类 | 族 | 评估项 | 评估内容要点 | 标准依据 |
| --- | --- | --- | --- | --- |
| 运行和维护管理 | 运行操作管理 | ★网络及安全设备操作管理 | ★对网络及安全设备的操作应由授权的网络管理员、安全管理员实施，按照安全策略要求进行网络及安全设备配置 | 5.5.2.4 c) |
| | | | 应按操作规程对网络设备和安全设备进行操作，进行网络和安全设备的运行环境配置和服务设定 | |
| | | | 网络管理员、安全管理员应以自己的账户及身份鉴别信息登录网络设备和安全设备进行操作 | |
| | | | ★定期检查实际配置与安全策略要求的符合性 | |
| | | | 应通过集中安全管理设施对网络及安全设备的安全机制进行监控管理和部署策略 | |
| | | 业务应用操作管理 | 应用系统管理员及业务操作人员应自己的账户及身份鉴别信息登录业务应用系统(提供对外或专门服务的公共用户可除外) | 5.5.2.5 c) |
| | | | ★应用系统管理员根据安全策略和专门授权对应用系统的操作人员等用户及其权限进行管理，监控应用系统的运行 | |
| | | | 用户对业务应用系统的访问权限应受到控制，如以菜单等方式限制操作 | |
| | | | 用户应按照操作规程使用业务应用系统，操作规程应指明具体作业的指令，处理和使用的信息，以及操作步骤 | |
| | | | 业务应用系统操作规程应形成正式文档或帮助文件，需要进行改动时应得到管理层授权 | |
| | | | 操作规程应说明处理错误或其他异常情况的指令，以及在出现意外的操作或技术问题时需要技术支持的联系方法 | |
| | | | 对重要的业务应用操作应根据特别许可的权限执行，关键的业务应用操作应有 2 人同时在场或同时操作，并对操作过程进行记录 | |
| | | | 业务应用操作应进行审计 | |
| | | ★变更控制和重用管理 | ★信息系统的变更，应提出更改方案并得到系统主管领导的审批才能进行 | 5.5.2.6 d) |
| | | | 进行变更应进行记录，对重大变更应评估其潜在影响，考虑全面安全事务一致性，更改后将变更结果书面向所有相关人员通报 | |
| | | | 操作系统、数据库系统的变更控制与应用系统的更改控制应相互配合 | |
| | | | 通过审计日志和过程记录，记载更改中的所有有关信息，**过程记录应妥善保存** | |
| | | | **对重要的变更控制应实施安全审计，并对全面安全事务一致性进行检查，防止因变更而开放危险端口或服务** | |
| | | | 明确中止变更并从失败变更中恢复的责任和处理方法 | |
| | | | 对变更执行情况、过程文档管理，进行定期或不定期的检查 | |
| | | | 设备重用，应提出设备重用方案并得到系统主管领导的审批才能进行，应清除重用设备中原有信息，**过程记录应妥善保存** | |
| | | | 对设备重用执行情况、过程文档管理，进行定期或不定期的检查 | |

表 A.29（续）

| 类 | 族 | 评估项 | 评估内容要点 | 标准依据 |
|---|---|---|---|---|
| 运行和维护管理 | 运行操作管理 | 信息交换管理 | ★在信息系统中发布信息和用户交换信息，应符合国家有关政策法规的规定 | 5.5.2.7 d) |
| | | | 应采取适当的安全措施保护信息系统中发布信息和用户交换信息的完整性 | |
| | | | 应保护业务应用中的信息交换的安全性，防止欺诈、合同纠纷以及泄露或修改信息事件的发生 | |
| | | | 在组织机构之间进行信息交换应建立安全条件的协议 | |
| | | | 明确业务信息交换管理责任及数据传输的最低安全要求 | |
| | | | 还对于信息系统内部不同安全区域之间的信息传输，应有明确的安全要求 | |
| | | | **对高安全等级信息向低安全域的传输应经过领导层的批准，明确部门和人员的责任，并采取的安全专控措施** | |
| | 运行维护管理 | 日常运行安全管理 | ★应通过正式授权程序委派专人负责信息系统运行的安全管理和风险控制 | 5.5.3.1 d) |
| | | | 应明确运行值班的日常处理工作和安全管理职责，建立和维护信息系统运行过程管理文档 | |
| | | | 应对运行安全进行监督检查，包括检测、监控、分析等措施，**评估运行安全策略的落实情况和一致性** | |
| | | | 应明确各个岗位人员对信息系统各类资源的安全责任**和目标**，包括日常操作、备份及容错等，**以及对责任履行情况的审计** | |
| | | | 应明确信息系统安全管理人员和系统用户、普通用户对信息系统资源的访问权限 | |
| | | | 对信息系统关键岗位人员采取最小授权和分权制衡措施，如关键安全操作双人共管 | |
| | | | 应检查和维护信息系统中业务应用数据完整性、可用性、**保密性，可根据需要提出技术改进的建议** | |
| | | | ★应用软件的使用采取授权管理，未经验证的软件不得运行系统中安装，对应用软件的使用进行审计 | |
| | | | **一般不允许外部服务方对信息系统访问，必要时应对外部服务方访问实施监视，并对外部服务方对信息系统访问的安全进行风险分析** | |
| | | | 执行信息系统的数据备份、病毒防范、安全事件处理、变更控制等安全管理规定的日常工作任务 | |
| | | | 进行应急响应和灾难恢复计划规定的实际演练和技术培训，明确专人负责执行情况检查**和评价**，如数据备份和备用设备的可用性 | |
| | | | 根据组织机构和信息系统出现的各种变化**进行风险分析**，及时修订、完善各种规章制度，保证各方面安全事务管理的一致性**和有效性** | |
| | | | 接受上级或国家有关部门对信息系统安全工作的监督和检查 | |

**表 A.29（续）**

| 类 | 族 | 评估项 | 评估内容要点 | 标准依据 |
|---|---|---|---|---|
| 运行和维护管理 | 运行维护管理 | 运行状况监控 | ★委派专人负责监视信息系统重要应用、网络系统、核心服务器等是否运行正常，监视系统性能及与安全机制相关的服务器、网络性能变化 | 5.5.3.2 d) |
| | | | 信息系统应使用统一的时间，以确保记录日志和审计信息准确 | |
| | | | 信息系统审计日志应保留一定期限，有脱机保存的介质，不能被改变，只允许授权用户访问 | |
| | | | 定期分析信息系统日志并产生报告 | |
| | | | 应告知用户某些行为是会被审计的 | |
| | | | 安全机制集中管理机构负责信息系统安全管理、系统管理、审计管理的集中监控和分析 | |
| | | | **安全机制集中管理机构应对关键区域和关键业务应用系统运行的监视，并与主管部门共同制定具体的管理办法** | |
| | | 软件硬件维护管理 | ★应明确信息系统的软件、硬件维护的人员和责任，规定维护的时限 | 5.5.3.3 d) |
| | | | 对涉及维修的重要区域的数据和软件系统采取保护措施，防止因维修造成破坏和泄漏 | |
| | | | 应明确信息系统的硬件设备维修、替换和更新的申报、审批和管理流程 | |
| | | | 应明确信息系统软件维护的申报、审批和管理流程 | |
| | | | ★对需要外出维修的设备，应经过审批，磁盘数据应进行删除 | |
| | | | **★一般不应允许外部维修人员进入关键区域，必须进入机房维修，应经过审批，并有专人负责陪同** | |
| | | | **应根据维修方案和风险评估的结果确定维修方式，可采用更新设备的方法解决** | |
| | | | 应对维修过程及有关故障现象记录备案 | |
| | | 外部服务方访问管理 | 对外部服务方访问实施严格控制，采取对外部服务方访问实施监视等安全措施，**必要时应外部服务方的访问进行限制** | 5.5.3.4 d) |
| | | | 应对外部服务方访问的要求进行风险分析，并经过相应的申报和审批程序，**在重要安全区域对外部服务方每次访问进行风险控制** | |
| | | | ★外部服务方访问应签署了相应的保密合同 | |
| | ★外包服务管理 | ★外包服务合同 | ★对由外部服务商承担完成的外包服务，应签署正式的书面合同 | 5.5.4.1 a) |
| | | | 对符合法律要求的说明，如数据保护法规 | |
| | | | 对外包服务的风险的说明，包括风险的来源、具体风险描述和风险的影响，明确如何维护并检测组织机构的业务资产的完整性和保密性 | |
| | | | 对外包服务合同各方的安全责任界定，应确保外包合同中的参与方(包括转包商)都了解各自的安全责任 | |

表 A.29（续）

| 类 | 族 | 评估项 | 评估内容要点 | 标准依据 |
|---|---|---|---|---|
| 运行和维护管理 | ★外包服务管理 | ★外包服务合同 | 对控制安全风险应采用的控制措施的说明，包括物理和逻辑控制措施，限制授权用户对组织机构的敏感业务信息的访问，以及设备的物理安全保护 | 5.5.4.1 a) |
| | | | 对外包服务风险发生时应采取措施的说明，如在发生灾难事故时，应如何维护服务的可用性 | |
| | | | 对外包服务的期限、中止的条件和善后处理的事宜以及由此产生责任问题的说明 | |
| | | | 对审计人员权限的说明 | |
| | | 外包服务商 | 外包服务的限制，关键的或敏感的业务应用，一般不应采用业务应用系统外包服务方式 | 5.5.4.2 c) |
| | | | ★在行业认可或者是经过上级主管部门批准的范围内，选择具有相应服务资质并信誉好的可信的外包服务商 | |
| | | ★外包服务的运行管理 | ★外包服务的限制，关键的或敏感的业务应用，一般不应采用业务应用系统外包服务方式 | 5.5.4.3 b) |
| | | | ★对外包服务的业务应用系统运行的安全状况应进行监控和检查，应定期进行评估 | |
| | | | 对外包服务出现问题应遵照合同规定及时处理和报告 | |
| | | | ★当出现重大安全问题或隐患时应进行重新评估，提出改进意见，直至停止外包服务 | |
| | 有关安全机制保障 | ★身份鉴别机制管理要求 | 信息系统所有用户均应明确使用身份鉴别机制的责任，保护用户自己的身份鉴别信息的保密性和完整性 | 5.5.5.1 d) |
| | | | 在每一个用户注册到系统时，采用用户名和用户标识符标识用户身份，并确保在系统整个生存周期用户标识的唯一性 | |
| | | | ★在每次用户登录系统时**和重新连接系统时**，采用受安全管理中心控制的口令、令牌、基于生物特征、数字证书以及其他具有相应安全强度的两种或两种以上的组合机制进行用户身份鉴别，**且其中一种鉴别技术产生的鉴别数据是不可替代的** | |
| | | | 应指定安全管理人员定期检查信息系统用户身份鉴别机制和身份鉴别信息的安全性，特别是跨网络的远程用户鉴别信息的安全性 | |
| | | | **必要时，采用身份鉴别信息分段由多人保管，输入时由多人进行操作，操作过程需要留有操作记录和审批记录** | |
| | | ★访问控制机制管理要求 | 应根据自主访问控制安全策略，允许授权用户对其创建的客体具有相应的访问操作权限，包括对客体的创建、读、写、修改和删除等 | 5.5.5.2 d) |
| | | | 实施访问控制机制主体的粒度为用户，客体的粒度为文件或数据库表级和(或)记录或字段级，强制访问控制客体的粒度为文件或数据库表级，**将自主和强制访问控制扩展到所有主体与客体** | |

表 A.29（续）

| 类 | 族 | 评估项 | 评估内容要点 | 标准依据 |
| --- | --- | --- | --- | --- |
| 运行和维护管理 | 有关安全机制保障 | ★访问控制机制管理要求 | ★能够阻止非授权用户读取敏感信息并能将这些权限的部分或全部授予其他用户 | 5.5.5.2 d) |
| | | | 实现对自主访问控制过程的审计，告知访问者须为自己的行为负责 | |
| | | | 应由授权的安全管理员通过特定专用方式对主、客体进行安全标记；应按安全标记和强制访问控制规则，对确定主体访问客体的操作进行控制 | |
| | | | 应确保信息系统内的所有主、客体具有一致的标记信息，并实施同一安全策略的强制访问控制规则 | |
| | | | **对访问控制进行监控管理，对系统、用户或环境进行持续性检查，注意保护监控数据** | |
| | | 系统安全管理要求 | 应通过正式授权程序委派专人负责系统安全管理，包括对操作系统和数据库管理系统管理（系统管理员、数据库管理员） | 5.5.5.3 d) |
| | | | 建立系统安全配置、备份等安全管理规章制度及操作规程 | |
| | | | 由授权的系统安全员通过系统提供的操作界面，根据访问控制安全策略设置、维护用户及主、客体的标记信息 | |
| | | | ★按规章制度的要求进行正确的系统安全配置、备份等操作，及时进行补丁升级 | |
| | | | 对操作系统和数据库系统进行用户账号安全使用和授权管理，并进行审计 | |
| | | | 对授权用户登录系统和使用许可的资源，进行身份鉴别和审计 | |
| | | | 依据安全策略确定审计事件、审计内容、审计归档、审计报告 | |
| | | | 应对系统的安全弱点和漏洞进行控制，对可能危及系统安全的系统工具进行严格的控制 | |
| | | | 应依据变更控制规程对系统的变更进行控制，保证变更不影响应用系统的可用性、安全性，保证变更过程的有效性、可审计性和可恢复性 | |
| | | | 应及时对系统资源和系统文档进行备份和安全标识 | |
| | | | 制定操作系统和数据库管理系统应急计划 | |
| | | | **应按系统内置角色强制指定系统安全管理责任人** | |
| | | | **保证系统管理过程的可审计，对系统管理过程留有记录** | |
| | | | **定期对操作系统、数据库系统的安全性进行检查** | |
| | | 网络安全管理要求 | 应通过正式授权程序指定网络管理人员对网络系统进行配置和安全管理 | 5.5.5.4 d) |
| | | | ★应按网络区域边界安全控制策略，实施数据包过滤措施，采用常规校验机制检验数据传输的完整性等安全管理，能够发现数据完整性被破坏，并在发现完整性被破坏时进行恢复 | |

表 A.29（续）

| 类 | 族 | 评估项 | 评估内容要点 | 标准依据 |
|---|---|---|---|---|
| 运行和维护管理 | 有关安全机制保障 | 网络安全管理要求 | 信息系统网络安全区域边界按访问控制策略设置自主和强制访问控制机制，对进出安全区域边界的数据信息进行控制，阻止非授权访问 | 5.5.5.4 d) |
| | | | 依据总体安全策略制定网络访问控制策略，并定期检查和完善网络安全策略 | |
| | | | 采取网络访问授权管理，保证经过授权的用户才能得到许可的网络服务 | |
| | | | 告知用户使用网络的安全责任和操作规程 | |
| | | | 用户在外部访问组织机构内部网络应经审批，可采用由密码技术支持的保密性、完整性保护机制或具有相应强度的其他安全机制，保护网络数据传输安全 | |
| | | | 定期对外部网络连接接口的安全进行评估，可采用由密码技术支持的保密性、完整性保护机制或具有相应强度的其他安全机制，保护网络数据传输安全 | |
| | | | 对外公共服务的信息系统，应采取严格访问控制，保证外部用户的访问得到控制和审计，不危及内部信息系统的安全 | |
| | | | 对外传输的数据和信息要经过批准和审查，防止内部人员通过内外网的边界泄露敏感信息 | |
| | | | 对可能从内部网络向外发起的连接资源实施控制和检查，探测非法外联等行为，保护网络及区域边界完整性 | |
| | | | 信息系统的关键网络设备设施的备份进行管理，保证可用性 | |
| | | | 对网络安全日常管理、网络配置变更、网络故障及事件处理等，定期进行安全检查和评估，**对网络服务、网络安全策略、安全控制措施进行有效性检查和监督**，提交正式的网络安全报告 | |
| | | | 可采用由密码技术支持的可信网络连接机制，通过对连接到通信网络的设备进行可信检验，保证接入通信网络的设备真实可信，防止设备的非法接入，**保证信息系统网络之间的连接应使用可信路径** | |
| | | | 对可用性要求高的网络指定专人进行不间断的监控，并能及时处理安全事故 | |
| | | 应用系统安全管理要求 | 应通过正式授权程序委派专人负责应用系统的安全管理（应用系统管理员） | 5.5.5.5 d) |
| | | | ★具有明确的应用系统管理员对于特定应用系统安全管理内容，如用户及权限管理等，以及应用系统软件的安全配置、备份等 | |
| | | | 应结合业务需求制定相关规章制度，制定并落实应用系统的安全操作规程，并严格按照规章制度的要求实施应用系统安全管理 | |
| | | | 指定信息安全管理人员，依据信息安全操作规程，负责信息的分类管理和发布 | |

表 A.29（续）

| 类 | 族 | 评估项 | 评估内容要点 | 标准依据 |
| --- | --- | --- | --- | --- |
| 运行和维护管理 | 有关安全机制保障 | 应用系统安全管理要求 | 对任何可能超越系统或应用程序控制的实用程序和系统软件都应得到正式的授权和许可，并对使用情况进行登记 | 5.5.5.5 d) |
| | | | 保证对应用系统信息或软件的访问不影响其他信息系统共享信息的安全性 | |
| | | | 应用系统的内部用户，包括支持人员，应按照规定的程序办理授权许可，并根据信息的敏感程度签署安全协议，保证应用系统数据的保密性、完整性和可用性 | |
| | | | 应指定专人负责应用系统的审计工作，保证审计日志的准确性、完整性和可用性 | |
| | | | 组织有关人员定期或不定期对应用系统的安全性进行审查，并根据应用系统的变更或风险变化提交正式的报告，提出安全建议 | |
| | | | 对应用系统关键岗位的工作人员实施资质管理，保证人员的可靠性和可用性 | |
| | | | 制定切实可用的应用系统及数据的备份计划和应急计划，并由专人负责落实和管理 | |
| | | | 对应用系统软件的使用采取授权管理，未授权用户不得在运行系统中安装、调试、运行、卸载应用软件，并对应用软件的使用进行审计 | |
| | | | 应定期或不定期对应用系统的安全性进行评估，并根据应用系统的变更或风险变化提交正式的评估报告，提出安全建议，修订、完善有关安全管理制度和规程 | |
| | | | 应用系统的开发人员不得从事应用系统日常运行和安全审计工作，操作系统的管理人员不得负责应用系统的安全配置管理和应用管理 | |
| | | | **定期对应用系统的总体安全策略、应用系统安全措施的落实情况和运行管理进行检查** | |
| | | | **采取独立的应用安全审计，审计人员仅实施审计工作，不参与系统的其他任务，防止应用系统信息的泄漏** | |
| | | 病毒防护管理要求 | 安排专人负责计算机病毒防护，定期进行检查报告主机和网络的病毒安全状况 | 5.5.5.6 d) |
| | | | ★在主机安装防病毒软件，在安全区域边界设置防恶意代码网关，并及时升级，检查病毒库的升级情况并进行记录 | |
| | | | 对非在线的内部计算机设备及其他移动存储设备，以及外来或新增计算机做到入网前进行杀毒和防病毒软件版本检测 | |
| | | | 从不信任网络上所接收的文件或邮件，在使用前应首先检查是否有病毒 | |
| | | | 在网络内部建立专门的防病毒软件升级服务，实行整体策略、定期升级、统一控制，紧急情况下增加升级次数 | |
| | | | 采取对系统所有终端防范病毒软件集中管理的措施 | |
| | | | **定期检查信息系统病毒防护执行和管理情况** | |

表 A.29（续）

| 类 | 族 | 评估项 | 评估内容要点 | 标准依据 |
|---|---|---|---|---|
| 运行和维护管理 | 有关安全机制保障 | 密码管理要求 | ★应按国家密码主管部门的规定，对信息系统中使用的密码算法和密钥进行管理 | 5.5.5.7 b) |
| | | | 应按国家有关法律法规要求，对信息系统中包含密码的软、硬件信息处理模块的进、出口进行管理 | |
| | 安全集中管理 | ★安全机制集中控管 | ★对信息系统所涉及的服务器、网络、安全设备以及应用系统等的安全管理、系统管理、审计管理机制实施集中的监控、配置和管理 | 5.5.6.1 b) |
| | | | 建立一体化和开放性平台，提供标准的接口，具备对安全资源管理能力 | |
| | | | 对系统的资源和运行进行配置、控制和管理，包括用户身份管理、系统资源配置、系统加载和启动、系统运行的异常处理以及支持管理本地和(或)异地灾难备份与恢复等 | |
| | | | 对系统中的主体、客体进行统一标记，对主体进行授权，对服务器、网络设备、安全设备等配置一致的安全策略 | |
| | | | 对分布在系统各个组成部分的安全审计机制进行集中管理，对审计记录应进行分析，并根据分析结果进行处理 | |
| | | | 授权的安全、系统、审计管理员应以自己的账户和身份鉴别信息进行登录和操作 | |
| | | | **根据信息系统网络结构需要，可按照分布式多层次的管理结构，进行分层分级联合方式的集中安全管理** | |
| | | 安全信息集中管理 | ★将信息系统安全管理信息、系统管理信息、审计管理信息实施集中管理、综合分析 | 5.5.6.2 b) |
| | | | 提供可视化报表和安全事件分析过程，以及安全事件的管理与辅助分析机制 | |
| | | | **对关键区域安全信息的集中管理，应采用相应安全级别的访问控制和保护措施** | |
| | | 安全机制整合要求 | 进行信息系统资产信息管理 | 5.5.6.3 a) |
| | | | 进行信息系统网络异常流量监控 | |
| | | | 进行信息系统安全事件监控管理 | |
| | | | 进行信息系统脆弱性管理 | |
| | | | 进行信息系统安全策略管理 | |
| | | | 进行信息系统安全预警管理 | |
| | | 安全机制整合的处理方式 | 主要工作方式可包括自动处理、人工干预处理、远程处理、辅助决策分析处理、记录和事后处理等 | 5.5.6.4 a) |

## A.5.6 业务连续性管理

表 A.30 业务连续性管理(第四级信息系统)

| 类 | 族 | 评估项 | 评估内容要点 | 标准依据 |
|---|---|---|---|---|
| 业务连续性管理 | ★备份与恢复 | ★数据备份和恢复 | ★应明确说明需定期备份重要业务信息、系统数据及软件等内容和备份周期,根据数据的重要程度和更新频率设定备份周期 | 5.6.1.1 d) |
| | | | 确定重要业务信息的保存期以及其他需要保存的归档拷贝的保存期 | |
| | | | 采用离线备份或在线备份方案,定期进行数据增量备份和应用系统全备份,必要时应采用热备份方式保存数据 | |
| | | | 指定专人负责数据备份和恢复,可使用手工或软件产品进行备份和恢复,同时保存几个版本的备份 | |
| | | | 定期检查备份介质,保证在紧急情况时可以使用 | |
| | | | 定期检查及测试恢复程序,确保在预定的时间内正确恢复 | |
| | | | 应分别指定专人负责不同方式的数据备份和恢复,并保存必要的操作记录 | |
| | | | **根据数据实时性和其他安全要求,采用本地或远地备份方式,制定适当的备份和恢复方式以及操作程序** | |
| | | | **必要时对备份后的数据采取加密或数据隐藏处理,操作时要求两名工作人员在场并登记备案** | |
| | | 设备和系统的备份与冗余 | ★实现信息系统的关键设备备份与容错,实现系统热备份与冗余 | 5.6.1.2 c) |
| | | | ★指定专人定期维护和检查备份设备和冗余设备的状况,确保需要接入系统时能够正常运行 | |
| | | | 根据实际需求确定备份设备接入的工作流程和操作时间,根据实际需求限定系统热备份和冗余设备切换的时间 | |
| | | | 指定专人定期维护和检查热备份的运行状况,定期进行切换试验,确保需要时能正常运行 | |
| | | | **选择远离市区的地方或其他城市,建立系统远地备份中心,确保主系统在遭到破坏中断运行时,远地系统能替代主系统运行,保证信息系统所支持的业务系统能按照需要继续运行** | |
| | 安全事件处理 | 安全事件划分 | 安全事件的处置需要贯穿整个安全管理的全过程,建立信息安全事件分等级响应和处置的制度 | 5.6.2.1 c) |
| | | | 安全事件包括不可抗拒的事件、设备故障事件、病毒爆发事件、外部网络入侵事件、内部信息安全事件、内部误用和误操作等事件等 | |
| | | | 应依据安全事件对信息系统的破坏程度、所造成的社会影响及涉及的范围,确定具体信息系统安全事件处置等级的划分原则 | |
| | | | ★对信息系统中发生的各类事件制定相应安全保护等级的处置预案,确定事件响应和处置的范围、程度及工作流程 | |

表 A.30（续）

<table>
<tr><th>类</th><th>族</th><th>评估项</th><th>评估内容要点</th><th>标准依据</th></tr>
<tr><td rowspan="23">业务连续性管理</td><td rowspan="12">安全事件处理</td><td rowspan="3">安全事件划分</td><td>信息安全事件发生后，按预案分等级进行响应和处置</td><td rowspan="3">5.6.2.1 c)</td></tr>
<tr><td>在发现或怀疑系统或服务出现安全漏洞或受到威胁时，应按照安全事件处置要求处理</td></tr>
<tr><td>明确不同安全事件的管理责任，制定不同安全事件的管理流程，包括制定处理预案、分析原因、收集证据、处理过程控制、总结吸取教训、责任划分和追究等内容</td></tr>
<tr><td rowspan="9">★安全事件报告和响应</td><td>信息安全事件实行分等级响应和处置</td><td rowspan="9">5.6.2.2 c)</td></tr>
<tr><td>★安全事件应尽快通过适当的管理渠道报告，注意安全弱点和可疑事件的报告，制定正式的报告程序和事故响应程序</td></tr>
<tr><td>对于暂不能确定为事故或入侵等的可疑事件也应报告</td></tr>
<tr><td>对于所有安全事件的报告应记录在案归档留存</td></tr>
<tr><td>使所有员工知道报告安全事件程序和责任，告知员工未经许可测试弱点属于滥用系统</td></tr>
<tr><td>★信息安全事件发生后，根据其危害和发生的部位，迅速确定事件等级，并根据等级启动相应的响应和处置预案</td></tr>
<tr><td>要求安全管理机构或职能部门负责接报安全事件报告，并及时进行处理，注意记录事件处理过程</td></tr>
<tr><td>对于重要区域或业务应用发生的安全事件，应注意控制事件的影响</td></tr>
<tr><td>事件处理后应有相应的反馈程序，应追究安全事件发生的技术原因和管理责任，写出处理报告，并进行必要的评估</td></tr>
<tr><td rowspan="11">★应急处理</td><td rowspan="11">应急处理和灾难恢复</td><td>★信息安全领导小组应有人负责或指定专人负责应急计划和灾难恢复计划管理工作</td><td rowspan="11">5.6.3.1 d)</td></tr>
<tr><td>信息系统安全机制集中管理机构应协助应急处理小组负责具体落实</td></tr>
<tr><td>检查或验证(演练)应急计划和灾难恢复计划，保证应急计划和灾难恢复计划能够有效执行</td></tr>
<tr><td>安全管理机构应制定总体应急计划和灾难恢复计划，应急处理小组负责落实</td></tr>
<tr><td>制定关键的和重要的，以及其他业务需要的应用系统和支持系统的应急预案和灾难恢复预案，并进行测试</td></tr>
<tr><td>对计划涉及人员进行培训，保证这些人员具有相应执行能力</td></tr>
<tr><td>与应急需要应急的外部支持单位，应签订合同</td></tr>
<tr><td>做好应急处理和灾难恢复的基础工作，包括安全事件处理，系统及数据备份的管理</td></tr>
<tr><td>针对应急计划和灾难恢复计划实施进行独立审计</td></tr>
<tr><td>针对应急计划和灾难恢复计划进行定期评估，不断改进和完善</td></tr>
</table>

表 A.30（续）

| 类 | 族 | 评估项 | 评估内容要点 | 标准依据 |
|---|---|---|---|---|
| 业务连续性管理 | ★应急处理 | ★应急计划 | ★制定了应急计划(应急计划框架内容包括) | 5.6.3.2 a) |
| | | | 制定应急计划策略,明确制定应急计划所需的职权和相应的管理部门 | |
| | | | 进行业务影响分析,识别关键信息系统和部件,确定优先次序 | |
| | | | 确定防御性控制,减小系统中断的影响,提高系统的可用性;注意采取措施,减少应急计划生存周期费用 | |
| | | | 制定恢复策略,确保系统可以在中断后快速和有效的恢复 | |
| | | | 制定信息系统应急计划,包括恢复受损系统所需的指导方针和规程 | |
| | | | 计划测试、培训和演练,发现计划的不足,培训技术人员 | |
| | | | 计划维护,有规律地更新适应系统发展 | |
| | | 应急计划的实施保障 | ★应明确应急计划的组织和实施人员,并使其知道在应急计划实施过程中各自的责任 | 5.6.3.3 d) |
| | | | 对系统相关的人员进行培训和组织演练,知道如何以及何时使用应急计划中的控制手段及恢复策略,保证执行应急计划应具有的能力 | |
| | | | 进行系统化管理用于实施和维护整个应急计划体系,并记录计划实施过程 | |
| | | | 确保应急计划的执行有足够资源的保证 | |
| | | | **应对系统运行过程的风险进行评估,识别可能引起业务过程中断的事件,听取业务人员的建议,完善应急计划的实施** | |

## A.5.7 监督和检查管理

表 A.31 监督和检查管理(第四级信息系统)

| 类 | 族 | 评估项 | 评估内容要点 | 标准依据 |
|---|---|---|---|---|
| 监督和检查管理 | 符合法律要求 | ★知晓适用的法律 | 应认识对于信息系统应用范畴适用的所有法律法规 | 5.7.1.1 c) |
| | | | ★对信息系统的设计、操作、使用和管理,以及信息管理方面,应认识和规避法律法规禁区,防止出现违法行为 | |
| | | | 保护组织机构的数据信息和个人信息隐私 | |
| | | | 对于详细而准确的法律要求应从组织机构的法律顾问,或者合格的法律从业人员处获得帮助 | |
| | | | 应知晓不允许滥用信息处理设备,以免危害组织机构和社会利益,并有措施防止滥用 | |
| | | | ★信息系统中采用的密码技术应使用国家主管部门批准的算法,符合国家有关法规的要求 | |

表 A.31(续)

| 类 | 族 | 评估项 | 评估内容要点 | 标准依据 |
|---|---|---|---|---|
| 监督和检查管理 | 符合法律要求 | 知识产权管理 | 应建立关于尊重知识产权的策略,防止发生侵犯版权的行为,并形成书面文档 | 5.7.1.2 c) |
| | | | 涉及软件开发的工作人员和承包商应做到符合和遵守相关的法律、法规 | |
| | | | 应明确规定外包开发的应用系统软件的有关软件版权问题 | |
| | | | 应防止外包开发的应用系统因软件升级或改造发生侵犯软件版权问题 | |
| | | | ★对关键业务应用,必要时应要求使用具有自主知识产权的软件,以保护关键业务应用的安全 | |
| | | 保护证据记录 | 规定组织机构的重要记录的内容范围,如财务记录、数据库记录、审计日志等 | 5.7.1.3 a) |
| | | | ★应按照法律法规的要求保护组织机构的重要记录,防止丢失、毁坏和被篡改 | |
| | | | 被作为证据的记录,信息的内容和保留的时间应遵守国家法律法规的规定 | |
| | 依从性检查 | 检查和改进 | 要求定期对安全管理活动的各个方面进行检查和评估工作 | 5.7.2.1 b) |
| | | | 建立检查和改进制度,做到定期检查实施的所有安全程序是否遵从了组织机构制定的安全方针和政策,检查信息系统在技术方面是否依从了安全标准,根据检查过程中发现的不足对安全管理体系进行不断改进 | |
| | | | ★对照组织机构的安全策略和管理制度做到自管、自查、自评,并应落实责任制,接受国家监管部门的监管 | |
| | | ★安全策略依从性检查 | 定期检查信息系统的网络、操作系统、数据库系统等系统管理员,对安全策略的遵守情况,包括是否能正确执行安全制度,遵从安全策略 | 5.7.2.2 c) |
| | | | ★定期检查信息系统各个岗位对操作规程和管理制度的执行情况,确保遵从组织机构的安全策略 | |
| | | | 检查范围应包括信息系统本身,以及系统供应商、信息和信息资产的所有者、用户和管理层,保证其符合安全策略和标准 | |
| | | | **检查有关系统使用情况和操作等监控过程,根据检查结果,对信息系统安全管理体系和安全管理执行过程存在的问题进行不断改进** | |
| | | ★技术依从性检查 | **★按照信息系统应达到安全保护等级第四级技术要求**定期进行检查,根据检查信息系统对安全实施标准的符合情况进行初步评价并形成意见 | 5.7.2.3 c) |
| | | | 对硬件和软件的检验,以及技术依从检查应由有能力的、经过授权的人员来进行 | |
| | | | 对于技术检测应由有经验的系统工程师手工或使用软件包进行并生成检测结果,经技术专家解释并产生技术报告 | |
| | | | 应根据检查结果,对存在的缺陷进行不断改进 | |
| | | | **对关键区域或敏感系统的技术依从性检查应严格控制,并注意对有关检测过程和检测结果的安全进行保护** | |

表 A.31（续）

| 类 | 族 | 评估项 | 评估内容要点 | 标准依据 |
| --- | --- | --- | --- | --- |
| 监督和检查管理 | 审计及监管控制 | ★审计控制 | 应有独立的审计机构或人员对组织机构的安全管理体系、信息系统的安全风险控制、管理过程的有效性和正确性进行审计 | 5.7.3.1 c) |
| | | | ★对审计过程进行控制，应制定审计的工作程序和规范化工作流程，将审计活动周期化，同时加强安全事件发生后的审计 | |
| | | | 应对系统的审计活动进行规划，尽量减小中断业务流程的风险 | |
| | | | 系统审计过程控制要求，审计的范围必须经过授权并得到控制，审计所需的资源应明确定义并保证可用性，应审计和记录所有的访问，对所有的流程、需求和责任都应文档化 | |
| | | | **应对系统审计工具进行保护，防止误用造成危害** | |
| | | | **审计工具应与开发系统和运行系统分开管理** | |
| | | | **应明确审计工具的适用范围，使用过程应经过批准，应记录审计工具的所有使用过程，应明确审计工具的保存方式、责任人员等** | |
| | | 监管控制 | **依照国有关法规和 GB 17859—1999 第四级的要求进行自主保护，信息安全监管职能部门对其进行强制监督、检查** | 5.7.3.2 d) |
| | 责任认定 | 审计结果的责任认定 | 对于审计及监管过程发现的问题应限期解决 | 5.7.4.1 c) |
| | | | ★应认定技术责任和管理责任，明确责任当事人，提出问题解决办法和责任处理意见 | |
| | | | 应对审计及监管过程发现的问题认定相关领导者的责任，组织机构领导层应就此提出问题解决办法和责任处理意见，以及监督问题解决情况 | |
| | | | **应对审计及监管过程发现问题的处理结果进行必要的复查，并明确进行审计及监管复查的期限和责任** | |
| | | 审计及监管者责任的认定 | 审计及监管者应按有关监督和检查的规定定期进行审计，逾期未进行审计及监管，使本应审计的问题因未审计而造成信息系统损失，应承担相应的责任 | 5.7.4.2 c) |
| | | | 审计及监管者虽能够按有关监督和检查的规定进行审计，但因未能及时发现本应审计出问题而造成信息系统损失的，应承担相应的责任 | |
| | | | **审计及监管者应对审计及监管过程发现问题的处理结果进行必要的跟踪检查直至问题的解决，如因未进行跟踪检查而造成损失的，应承担相应的责任** | |

## A.5.8 生存周期管理

表 A.32 生存周期管理(第四级信息系统)

| 类 | 族 | 评估项 | 评估内容要点 | 标准依据 |
|---|---|---|---|---|
| 生存周期管理 | ★规划和立项管理 | 系统规划要求 | 信息系统的管理者应对信息系统的建设和改造,以及近期和远期的发展制定工作计划,并应得到管理层的批准 | 5.8.1.1 c) |
| | | | 应制定安全策略规划并得到管理层的批准 | |
| | | | 安全策略规划主要包括信息系统的总体安全策略、安全保障体系的安全技术框架和安全管理策略等 | |
| | | | 能够为信息系统安全保障体系的规划、建设和改造提供依据,使管理者和使用者都了解信息系统安全防护的基本原则和策略,知道应采用的各种技术和管理措施对抗各种威胁 | |
| | | | 依据安全策略规划,制定安全建设和安全改造的规划,并应得到组织机构管理层的批准 | |
| | | 系统需求的提出 | ★信息系统应用部门或业务部门需要开发新的业务应用系统或更改已运行的业务应用系统时,以书面形式提出申请 | 5.8.1.2 c) |
| | | | ★信息系统的安全管理职能部门应根据信息系统的安全状况和存在隐患的分析,以及信息安全评估结果等提出加强系统安全的具体需求,并以书面形式提出申请 | |
| | | | 安全需求的分析和说明,至少包括组织机构的业务特点和需求,威胁、脆弱性和风险的说明,安全的要求和保护目标 | |
| | | | 信息系统的管理者应根据信息系统安全建设规划的要求,提出当前应进行安全建设和安全改造的具体需求,并以书面形式提出申请 | |
| | | ★系统开发的立项 | 接到系统需求的书面申请,必须组织有关部门负责人和有关安全技术专家进行可行性论证和安全性评价 | 5.8.1.3 c) |
| | | | ★通过可行性论证和确认项目安全性符合要求后由主管领导审批,或者经过管理层的讨论批准,才能正式立项 | |
| | ★建设过程管理 | ★建设项目准备 | ★对信息系统建设和改造项目应明确指定项目负责人,监督和管理项目的全过程,明确信息系统建设和改造项目的管理流程 | 5.8.2.1 c) |
| | | | 应制定详细的项目实施计划,作为项目管理过程的依据 | |
| | | | 建立工程实施监理管理制度,明确指定项目实施监理负责人 | |
| | | 工程项目外包要求 | **对于安全保护等级较高的信息系统工程项目,一般不应采取工程项目外包方式** | 5.8.2.2 d) |
| | | | 信息系统工程项目外包,应选择具有服务资质的信誉较好的厂商,要求其已获得国家规定的资质证书、有成功的实施案例 | |
| | | | 对重要的信息系统工程项目外包,应在主管部门指定或特定范围内选择具有服务资质的信誉较好的厂商,并应经实践证明是安全可靠的厂商 | |
| | | | 对外包中被废止和暂停的项目,要确保相关的系统设计、文档、代码等的安全 | |
| | | | 对代码的所有权和知识产权、软件开发过程质量控制、代码质量检测、上线前的安全测试等制定控制措施 | |

表 A.32（续）

| 类 | 族 | 评估项 | 评估内容要点 | 标准依据 |
|---|---|---|---|---|
| 生存周期管理 | ★建设过程管理 | 自行开发环境控制 | ★自行开发项目，要求开发环境与实际运行环境做到物理分开，建立完全独立的两个环境 | 5.8.2.3 d) |
| | | | 开发及测试活动也应尽可能分开 | |
| | | | 系统开发文档应有专人负责保管，系统开发文档的使用须经管理层的批准 | |
| | | | 系统开发文档的变更应按照变更管理流程进行控制 | |
| | | | 一般不鼓励对非自行开发的软件包进行修改，必须改动时应注意内置的控制措施和整合过程被损害的风险，软件的改动对将来的维护带来影响，应保留原始软件并在完全一样的复制件上进行改动，所有的改动应经过充分的测试并形成文件，以便必要时用于将来的软件升级 | |
| | | | 应严格控制对源程序的访问，源程序不应被保存在运行系统中，技术开发人员不应具有对程序资源库不受限制的访问权，源程序库的更新和向程序员发布的程序源应经授权，应保留程序的所有版本，程序清单应被保存在一个安全的环境中，应保存对所有源程序库访问的审计记录 | |
| | | | **对于安全保护等级较高的信息系统建设项目及涉密项目，应对开发全过程采取相应的保密措施，对参与开发的有关人员进行保密教育和管理** | |
| | | ★安全产品使用要求 | 信息安全产品包括构成信息系统安全保护功能的信息技术硬件、软件、固件设备，以及安全检查、检测验证工具等 | 5.8.2.4 a) 及公通字[2007]43号文件第21条 |
| | | | ★信息系统使用的信息安全产品应按照相应的安全保护等级的要求选择相应等级的产品 | |
| | | | ★产品研制、生产单位是由中国公民、法人投资或者国家投资或者控股的，在中华人民共和国境内具有独立的法人资格 | |
| | | | ★产品的核心技术、关键部件具有我国自主知识产权 | |
| | | | ★产品研制、生产单位及其主要业务、技术人员无犯罪记录 | |
| | | | ★产品研制、生产单位声明没有故意留有或者设置漏洞、后门、木马等程序和功能 | |
| | | | ★对国家安全、社会秩序、公共利益不构成危害 | |
| | | | ★对已列入信息安全产品认证目录的，应当取得国家信息安全产品认证机构颁发的认证证书 | |

表 A.32（续）

| 类 | 族 | 评估项 | 评估内容要点 | 标准依据 |
|---|---|---|---|---|
| 生存周期管理 | ★建设过程管理 | ★建设项目测试验收 | ★对信息系统建设和改造项目进行功能及性能测试，进行安全测试验收，保证信息系统建设项目的保密性、完整性、可用性 | 5.8.2.5 c) |
| | | | 应指定项目测试(包括安全测试)验收负责人 | |
| | | | 应制订测试和接收标准，确保信息系统建设和改造项目的接收要求和标准被清晰定义并文档化 | |
| | | | 对安全系统的测试至少包括对组成系统的所有部件进行安全性测试，对系统进行集成性安全测试，对业务应用进行安全测试等 | |
| | | | 在信息系统建设和改造项目验收时至少还应考虑系统性能和容量的要求，错误恢复、重启程序及应急计划，制定并测试日常的操作程序以达到规定的标准，实施了设计方案规定的安全控制措施，提供了有效的用户指南，新系统对组织机构业务的安全影响，操作和使用新系统的培训 | |
| | 系统启用和终止管理 | ★新系统启用管理 | ★在新的信息系统或子系统、信息系统设备在启用以前，应经过正式测试验收 | 5.8.3.1 d) |
| | | | 由使用者或管理者提出申请，经过相应领导审批才能正式投入使用 | |
| | | | 应进行一定期限的试运行，并得到相应领导和技术负责人认可才能正式投入使用，并形成文档备案 | |
| | | | 组织有关管理者、技术负责人、用户和安全专家，对新的信息系统或子系统、信息系统设备的试运行进行专项安全评估，得到认可并形成文档备案才能正式投入使用 | |
| | | | **新系统正式投入使用的一定时间内，应进行审计跟踪，定期对审计结果做出风险评价，对安全进行确认以决定是否能够继续运行，并形成文档备案** | |
| | | ★终止运行管理 | 终止运行包括现有信息系统或子系统、主要设备 | 5.8.3.2 c) |
| | | | 应由使用者或管理者提出申请并说明原因 | |
| | | | 应由使用者或管理者提出采取的保护措施 | |
| | | | ★在任何新的信息系统或子系统、信息系统设备需要终止运行以前，应进行必要数据和软件备份，对终止运行的设备进行数据清除 | |
| | | | 得到相应领导和技术负责人认可才能正式终止运行，并形成文档备案 | |
| | | | ★应采取必要的安全措施，并进行数据和软件备份，对终止运行的设备进行不可恢复的数据清除，如果存储设备损坏则必须采取销毁措施，在得到相应领导和技术负责人认可才能正式终止运行，并形成文档备案 | |

## A.6 第五级信息系统安全管理评估参照表

### A.6.1 策略和制度管理

表 A.33 策略和制度管理(第五级信息系统)

| 类 | 族 | 评估项 | 评估内容要点 | 标准依据 |
|---|---|---|---|---|
| ★策略和制度 | ★信息安全管理策略 | ★安全管理目标与范围 | ★管理对象(信息系统)的基本描述 | 5.1.1.1 e) |
| | | | 信息系统的管理范围 | |
| | | | ★业务数据和系统服务达到的安全目标,**符合第五级信息系统安全要求** | |
| | | ★总体安全管理策略 | **制定了专控保护的安全管理策略文档** | 5.1.1.2 e) |
| | | | ★明确管理者对信息系统安全的责任,管理方法、支持意向 | |
| | | | 说明信息系统的安全方针、原则、标准和符合性要求 | |
| | | | ★说明信息系统安全的总体目标、范围、管理原则和安全技术框架及安全管理框架 | |
| | | | 划分信息系统不同安全保护等级的管理策略 | |
| | | | 依据国家有关管理规范和技术标准进行保护,**接受国家指定专门部门的专门监督、检查** | |
| | | 安全管理策略的制定 | 由信息安全领导小组组织制定并提出指导思想 | 5.1.1.3 e) |
| | | | 由信息安全职能部门负责指派专人负责制定 | |
| | | | 由信息安全领导小组组织并提出指导思想,信息安全职能部门负责具体制定 | |
| | | | 信息技术及业务人员参加制定 | |
| | | | ★形成体系化的信息系统安全管理策略,包括总体策略和具体策略,以文件形式表述 | |
| | | | 涉密系统安全策略的制定应限定在相应范围内进行 | |
| | | | **必要时应征求国家指定的专门部门或机构的意见,或者共同制定专控保护的信息系统安全管理策略,包括总体策略和具体策略** | |
| | | 安全管理策略的发布 | 由组织机构负责人签发 | 5.1.1.4 e) |
| | | | 按照有关文件管理程序发布 | |
| | | | 安全管理策略文档应注明发布范围,并有收发文登记 | |
| | | | 安全管理策略文档应注明密级,并在监管部门备案 | |
| | | | **必要时安全管理策略文档应在国家指定的专门部门或机构进行备案** | |
| | ★安全管理规章制度 | ★安全管理规章制度内容 | **制定了专控保护的安全管理制度文档** | 5.1.2.1 e) |
| | | | 包括安全管理活动中各类管理方面的制度,以及安全管理人员或操作人员的操作规程,形成全面的信息安全管理制度体系 | |
| | | | ★信息安全责任管理制度,包括信息安全主管领导、责任部门、人员及有关岗位的信息安全责任管理内容 | |

表 A.33(续)

| 类 | 族 | 评估项 | 评估内容要点 | 标准依据 |
|---|---|---|---|---|
| ★策略和制度 | ★安全管理规章制度 | ★安全管理规章制度内容 | ★人员安全管理制度,包括人员录用、离岗、考核、教育培训等管理内容 | 5.1.2.1 e) |
| | | | ★系统建设管理制度,包括系统定级、方案设计、产品采购使用、密码使用、软件开发、工程实施、验收上线、外包服务等管理内容 | |
| | | | ★系统运维管理制度,包括机房环境安全、存储介质安全、设备设施安全、安全监控、网络安全、系统安全、恶意代码防范、密码保护、备份与恢复、事件处置、应急预案等管理内容 | |
| | | | ★监督检查管理制度,包括定期对各项制度的落实情况进行自查和监督检查,以及风险评估等管理内容 | |
| | | | ★有关业务应用安全方面的管理制度,**根据业务需要并与主管部门共同制定的专项安全管理制度** | |
| | | 安全管理规章制度的制定 | 由信息安全职能部门负责制订,指派专人负责专项信息系统安全管理制度维护 | 5.1.2.2 e) |
| | | | 经信息安全领导小组讨论通过,由信息安全领导小组负责人审批 | |
| | | | ★有正式发布的制度文件或文档 | |
| | | | 应注明发布范围、注明密级,并有收发文登记 | |
| | | | 对信息系统涉密的安全管理制度的制定应在相应范围内进行 | |
| | | | **必要时,应征求组织机构的保密管理部门及国家指定的专门部门或机构的意见,或者共同制定** | |
| | 策略与制度文档管理 | 策略与制度文档的评审和修订 | 由信息安全领导小组和信息安全职能部门负责文档的评审和修订,必要时**组织机构的保密管理部门及应征求国家指定的专门部门或机构的意见**,并保留必要的评审记录和依据 | 5.1.3.1 e) |
| | | | ★定期或阶段性检查策略和制度的有效性,对存在不足或需要改进的策略和制度进行修订 | |
| | | | 修订后的策略和制度按规定程序发布 | |
| | | | ★发生重大安全事故,组织机构或技术结构发生变化时,对策略和制度进行相应的评审和修订 | |
| | | | 对评审后需要修订的策略和制度文档,应明确指定人员限期完成 | |
| | | | 每个策略和制度文档应有相应责任人,根据明确规定的评审和修订程序对策略进行维护 | |
| | | | 对涉密的信息安全策略、规章制度和相关的操作规程文档的评审和修订应在相应范围内进行 | |
| | | ★策略与制度文档的保管 | ★指定专人保管 | 5.1.3.2 e) |
| | | | 借阅策略和制度文档,以及相关的操作规程文档,应限定借阅范围,并经过相应级别负责人审批和登记 | |
| | | | 对涉密的策略和制度文档,以及相关的操作规程文档的保管应按照有关涉密文档管理规定进行;对保管的文档以及借阅的记录定期进行检查 | |
| | | | **应与相关业务部门协商制定专项控制的管理措施** | |

### A.6.2 机构和人员管理

表 A.34 机构和人员管理(第五级信息系统)

| 类 | 族 | 评估项 | 评估内容要点 | 标准依据 |
|---|---|---|---|---|
| ★机构和人员管理 | ★安全管理机构 | ★建立安全管理机构 | ★成立信息系统安全管理委员会或信息系统安全领导小组,由组织机构的主要负责人出任信息系统安全领导小组负责人 | 5.2.1.1 e) |
| | | | 对覆盖全国或跨地区的组织机构,应在总部和下级单位建立各级信息系统安全领导小组 | |
| | | | ★建立管理信息系统安全工作的职能部门,或明确指定一个职能部门兼管信息安全工作 | |
| | | | 配备专职安全管理人员,在基层至少要有一位专职的安全管理人员负责信息系统安全工作 | |
| | | | **应建立信息系统安全保密监督管理的职能部门,或对原有保密部门明确信息安全保密管理责任,加强对信息系统安全管理重要过程和管理人员的保密监督管理** | |
| | | ★信息安全领导小组 | ★具有信息系统安全管理的领导职能 | 5.2.1.2 b) |
| | | | 依据国家和行业有关信息安全的政策法规,批准信息系统的安全策略和发展规划 | |
| | | | 确定各有关部门在信息系统安全工作中的职责,领导安全工作的实施 | |
| | | | 监督安全措施的执行,并对重要安全事件的处理进行决策 | |
| | | | 指导和检查信息系统安全职能部门及应急处理小组的各项工作 | |
| | | | 建设和完善信息系统安全的集中控管的组织体系和管理机制 | |
| | | | **对保密管理部门进行有关信息系统安全保密监督管理方面的指导和检查** | |
| | | ★信息安全职能部门 | ★确定信息安全职能部门基本的安全管理职能 | 5.2.1.3 b) |
| | | | 起草信息系统的安全策略和发展规划 | |
| | | | ★管理信息系统安全日常事务,检查和指导下级单位信息系统安全工作 | |
| | | | 负责安全措施的实施或组织实施,组织并参加对安全重要事件的处理 | |
| | | | 监控信息系统安全状况,提出安全分析报告 | |
| | | | ★指导和检查各部门和下级单位信息系统安全人员及要害岗位人员的信息系统安全 | |
| | | | ★与有关部门共同组成应急处理小组或协助有关部门建立应急处理小组实施相关应急处理 | |
| | | | 管理信息系统安全机制集中管理机构的各项工作,实现信息系统安全的集中控制管理 | |
| | | | 完成信息系统安全领导小组交办的工作,并向领导小组报告信息系统安全工作 | |

表 A.34（续）

| 类 | 族 | 评估项 | 评估内容要点 | 标准依据 |
| --- | --- | --- | --- | --- |
| ★机构和人员管理 | 安全机制集中管理机构 | 设置集中管理机构 | ★明确集中管理机构人员和职责，接受信息安全职能部门的直接领导 | 5.2.2.1 a) |
| | | | 配备必要的领导和技术管理人员 | |
| | | | 选用熟悉安全技术、网络技术、系统应用等方面技术人员，明确责任，协同工作 | |
| | | | 统一承担信息系统的安全管理、系统管理、审计管理的运行监控、系统及安全配置 | |
| | | | 对与安全有关的信息进行汇集与分析 | |
| | | | 对与安全有关的事件进行响应与处置 | |
| | | | 对分布在信息系统中有关的安全机制进行集中管理 | |
| | | ★集中管理机构职能 | ★集中管理机构统一管理信息系统运行安全，包括系统管理、安全管理和审计管理 | 5.2.2.2 c) |
| | | | ★集中管理机构对关键区域的安全运行进行管理，控制知晓范围，对获取的有关信息进行相应安全等级的保护 | |
| | | | 建立物理、系统、网络、应用、管理等安全控制机制，构成整体安全控制机制 | |
| | | | 统一进行信息系统安全机制的配置与管理，确保各个安全机制按照设计要求运行 | |
| | | | 对服务器、路由器、防火墙等网络部件、系统安全运行性状态、信息（包括有害内容）的监控和检查 | |
| | | | 汇集各种安全机制所获取的与系统安全运行有关的信息，对所获取的信息进行综合分析 | |
| | | | 及时发现系统运行中的安全问题和隐患，提出解决的对策和方法 | |
| | | | 事件发现、响应、处置、应急恢复，根据应急处理预案，作出快速处理 | |
| | | | 对各种事件和处理结果有详细的记载并进行档案化管理，作为对后续事件分析的参考和可查性的依据 | |
| | | | 安全机制集中管理控制，完善管理信息系统安全运行的技术手段，进行信息系统安全的集中控制管理 | |
| | | | 负责接受和配合政府有关部门的信息安全监管工作 | |
| | | | **集中管理机构应与有关业务应用的主管部门协调，定制更高安全级别的管理方式** | |
| | ★人员管理 | ★安全管理人员配备 | ★安全管理人员不可兼任，属于专职人员，应具有安全管理工作权限和能力 | 5.2.3.1 d) |
| | | | 安全管理人员应按照机要人员条件配备 | |
| | | ★关键岗位人员管理 | ★关键岗位包括安全管理员、系统管理员、数据库管理员、网络管理员、重要业务开发人员、系统维护人员、重要业务应用操作人员，安全审计人员 | 5.2.3.2 e) |
| | | | 允许一人多岗，但业务应用操作人员不能由其他关键岗位人员兼任 | |

**表 A.34（续）**

| 类 | 族 | 评估项 | 评估内容要点 | 标准依据 |
|---|---|---|---|---|
| ★机构和人员管理 | ★人员管理 | ★关键岗位人员管理 | 业务开发人员和系统维护人员不能兼任或担负安全管理员、系统管理员、数据库管理员、网络管理员、重要业务应用操作人员等岗位或工作 | 5.2.3.2 e) |
| | | | ★关键岗位人员的权限应分散、不得交叉覆盖，系统管理员、数据库管理员、网络管理员不能相互兼任岗位或工作 | |
| | | | 关键岗位人员处理重要事务或操作时，应保持二人同时在场，关键事务应多人共管 | |
| | | | 必要时关键岗位人员应采取定期轮岗制度 | |
| | | | 定期安全培训，加强安全和风险防范意识 | |
| | | | **★应采取对内部人员全面控制的安全保证措施，对所有岗位工作人员实施全面安全管理** | |
| | | 人员录用管理 | 由人事部门进行人员背景、资质审查，技能考核等，确认其具有基本的专业技术水平，能够掌握信息安全管理基本知识，合格者还要签署保密协议方可上岗 | 5.2.3.3 d) |
| | | | ★对关键岗位的人员注重思想品质方面考察，重要区域或部位的安全管理人员一般可从内部符合条件人员选拔，要求认真负责和保守秘密 | |
| | | | 安全管理人员应具有基本的系统安全风险分析和评估能力 | |
| | | | 关键区域或部位的安全管理人员应选用实践证明精干、内行、忠实、可靠的人员，必要时可按机要人员条件配备 | |
| | | ★人员离岗 | ★立即中止被解雇的、退休的、辞职的或其他原因离开的人员的所有访问权限 | 5.2.3.4 d) |
| | | | 收回所有相关证件、密钥、访问控制标记等 | |
| | | | 收回机构提供的设备等 | |
| | | | ★管理层和信息系统关键岗位人员调离岗位，应经单位人事部门严格办理调离手续，承诺其调离后的保密要求 | |
| | | | 管理层和信息系统关键岗位人员调离单位，应进行离岗安全审查，在规定的脱密期限后，方可调离 | |
| | | | 关键部位的信息系统安全管理人员离岗，应按照机要人员管理办法办理 | |
| | | ★人员考核与审查 | 定期对各个岗位的人员进行不同侧重的安全认知和安全技能的考核，作为人员是否适合当前岗位的参考 | 5.2.3.5 d) |
| | | | ★定期审查关键岗位人员，如发现其违反安全规定，应控制使用 | |
| | | | ★对关键岗位人员的工作，应通过例行考核进行审查，并保留审查结果 | |
| | | | ★对所有安全岗位人员的工作，应通过全面考核进行审查，如发现其违反安全规定，应采取必要的应对措施 | |

表 A.34（续）

| 类 | 族 | 评估项 | 评估内容要点 | 标准依据 |
| --- | --- | --- | --- | --- |
| ★机构和人员管理 | ★人员管理 | ★第三方人员管理 | ★签署相关安全责任的合同书或保密协议 | 5.2.3.6 c) |
| | | | ★规定各类人员的活动范围，进入计算机房应有书面申请、批准和过程记录，有专人全程监督或陪同 | |
| | | | ★进行逻辑访问时，应划定范围并经书面申请、负责人批准和过程记录，有专人全程监督或陪同 | |
| | | | 进行逻辑访问应使用专门设置的临时用户，并进行审计 | |
| | | | ★在关键区域，一般不允许第三方人员进入或进行逻辑访问 | |
| | | | 如确有必要，除有书面申请外，可采取由组织机构内部人员带为操作的方式，对结果进行必要的过滤后再提供第三方人员，并进行审计 | |
| | | | 必要时对上述过程进行风险评估和记录备案，并对相应风险采取必要的安全补救措施 | |
| | 教育和培训 | ★信息安全教育 | 让员工知晓信息的敏感性和信息安全的重要性 | 5.2.4.1 e) |
| | | | 认识其自身的责任和安全违例会受到纪律惩罚 | |
| | | | 掌握的信息安全基本知识和技能 | |
| | | | ★进行对安全政策和操作规程的认知教育和训练，以及安全知识、安全技术、安全标准、安全要求、法律责任和业务控制措施等方面培训 | |
| | | | 制定并实施安全教育和培训计划，针对不同岗位制定不同的专业培训计划，培养信息系统各类人员安全意识 | |
| | | | 定期检查人员安全资质的取得情况，将安全资质教育作为信息安全教育工作计划的一部分 | |
| | | | **对所有工作人员进行相应的安全资质管理，并使安全意识成为所有工作人员的自觉存在** | |
| | | 信息安全专家 | 听取信息安全专家的建议 | 5.2.4.2 b) |
| | | | ★组织专家参与安全威胁的评价，对安全事件给予专业指导和原因调查等 | |
| | | | 对于邀请或聘用信息安全专家可提供必要的组织机构内部信息，同时应告知专家这些信息的敏感性和保密性 | |
| | | | 应采取必要的安全措施，保证提供的信息在安全可控的范围内 | |

### A.6.3 风险管理

表 A.35 风险管理(第五级信息系统)

| 类 | 族 | 评估项 | 评估内容要点 | 标准依据 |
|---|---|---|---|---|
| 风险管理 | ★风险管理要求和策略 | 风险管理要求 | ★编制资产清单,对资产价值/重要性进行分析,对信息系统面临的威胁进行初步分析 | 5.3.1.1 e) |
| | | | 对关键的系统资源进行定期风险分析和评估 | |
| | | | 使用规范方法和工作流程,进行规范化的风险评估 | |
| | | | 产生风险分析报告和留存重要过程文档,并向管理层提交,建立风险管理体系文件 | |
| | | | 针对风险管理过程,实施独立审计,确保风险管理的有效性 | |
| | | | **将风险管理贯穿信息系统安全管理的全过程,成为信息系统安全管理的组成部分,并具有可验证性** | |
| | | ★风险管理策略 | 制定基本的风险管理策略 | 5.3.1.2 c) |
| | | | ★定期进行信息安全和业务应用方面的风险评估 | |
| | | | 确定信息安全风险管理的基本方法 | |
| | | | 提供风险管理的组织和资源保证 | |
| | | | ★建立风险管理的监督机制,对风险管理相关过程的活动和影响进行评估和监控 | |
| | | | 针对风险的变化重新启动风险评估,明确规定重新启动风险评估的条件 | |
| | 风险分析和评估 | ★资产识别和分析 | 确定信息系统的资产范围,进行统计和编制资产清单 | 5.3.2.1 b) |
| | | | ★进行资产分类和重要性标识 | |
| | | | ★对信息系统的硬件、软件、系统接口、数据和信息、人员等方面的分析和识别 | |
| | | | 对信息系统的描述,包括信息系统的使命、边界、功能,以及系统和数据的关键性、敏感性等内容 | |
| | | 威胁识别和分析 | ★根据以往发生的安全事件、外部提供的资料和积累的经验,对威胁进行分析 | 5.3.2.2 d) |
| | | | ★结合业务应用、系统结构特点以及访问流程等因素,建立并维护威胁列表 | |
| | | | 根据不同业务系统面临的威胁,对每个或者每类资产有一个威胁列表 | |
| | | | 考虑威胁源在保密性、完整性或可用性等方面造成损害,对威胁的可能性和影响等属性进行分析,从而确定威胁的等级 | |
| | | | 通过综合威胁的可能性和强度的评价,修正威胁等级 | |
| | | | ★对关键区域或部位进行威胁分析,在业务应用许可并得到批准的条件下,可使用检测工具在特定时间捕捉攻击信息进行威胁分析 | |
| | | 脆弱性识别和分析 | ★通过扫描工具、人工检查和渗透测试,获取对系统脆弱性的认识 | 5.3.2.3 c) |
| | | | 针对信息系统资产组合、资产分类编制脆弱性列表和脆弱性检查表 | |

表 A.35(续)

| 类 | 族 | 评估项 | 评估内容要点 | 标准依据 |
|---|---|---|---|---|
| 风险管理 | 风险分析和评估 | 脆弱性识别和分析 | 应了解测试可能带来的后果,并做好充分准备 | 5.3.2.3 c) |
| | | | ★对不同的方法和工具所得出的评估结果,进行综合分析,得到脆弱性等级 | |
| | | | 坚持制度化脆弱性评估,应明确规定进行脆弱性评估的时间和系统范围、人员和责任、评估结果的分析和报告程序,以及报告中包括新发现的漏洞、已修补的漏洞、漏洞趋势分析等 | |
| | | 风险分析和评估要求 | 由用户和专家对资产、威胁和脆弱性等方面进行定性综合评估,建议处理和减缓风险的措施,形成风险评估报告 | 5.3.2.4 c) |
| | | | ★评估报告中包括风险级别、风险点等内容,确定信息系统的安全风险状况 | |
| | | | 基于这些报告,要求评估者对信息系统安全措施提出建议 | |
| | | | 应将风险评估中的信息资产、威胁、脆弱性、防护措施等评估项信息综合到一个数据库中进行管理 | |
| | | | 应当在后续的项目和工具中持续地维护该数据库 | |
| | 风险控制 | 选择和实施风险控制措施 | 基于安全等级标准,选择相应等级的安全技术和管理措施 | 5.3.3.1 c) |
| | | | ★根据风险评估结果,结合信息系统安全现状和需求,决定信息系统安全的控制措施 | |
| | | | 对相关的各种控制措施进行综合分析,得出紧迫性、优先级、投资比重等评价,形成体系化的防护控制系统 | |
| | 基于风险的决策 | 安全确认 | ★针对信息系统的资产清单、威胁列表、脆弱性列表,结合已采用的安全控制措施,分析存在的残余风险 | 5.3.4.1 c) |
| | | | 形成残余风险分析报告,由组织机构的高层管理人员决定残余风险是否可接受 | |
| | | | ★编制信息系统残余风险清单,监视残余风险可能诱发的安全事件,及时采取防护措施 | |
| | | | 对信息系统安全风险实施再次评估,验证防护措施的有效性 | |
| | | 信息系统运行的决策 | ★信息系统的主管者或运营者应根据安全确认的结果,判断残余风险是否可接受,决定是否允许信息系统继续运行 | 5.3.4.2 b) |
| | | | 如果信息系统的残余风险不可接受,而现实情况又要求系统必须投入运行,且当前没有其他资源能胜任组织机构的使命,经过管理层的审批,可临时批准信息系统投入运行 | |
| | | | 应同时采取相应的风险规避和监测控制措施,并明确风险一旦发生的责任陈述 | |
| | ★风险评估的管理 | ★评估机构的选择 | ★有国家主管部门认可的安全服务资质 | 5.3.5.1 c) 及公通字[2007]43号文件第22条 |
| | | | **由国家指定专门部门、专门机构组织进行信息系统风险评估** | |
| | | | ★在中华人民共和国境内注册成立(港澳台地区除外) | |
| | | | ★由中国公民投资、中国法人投资或者国家投资的企事业单位(港澳台地区除外) | |

表 A.35（续）

| 类 | 族 | 评估项 | 评估内容要点 | 标准依据 |
|---|---|---|---|---|
| 风险管理 | ★风险评估的管理 | ★评估机构的选择 | ★从事相关检测评估工作两年以上，无违法记录 | 5.3.5.1 c) 及公通字[2007]43号文件第22条 |
| | | | ★工作人员仅限于中国公民 | |
| | | | ★法人及主要业务、技术人员无犯罪记录 | |
| | | | ★使用的技术装备、设施应当符合本办法对信息安全产品的要求 | |
| | | | ★具有完备的保密管理、项目管理、质量管理、人员管理和培训教育等安全管理制度 | |
| | | | ★对国家安全、社会秩序、公共利益不构成威胁 | |
| | | 评估机构保密要求 | ★评估机构人员应按照第三方人员管理要求签署保密协议 | 5.3.5.2 c) |
| | | | ★应有专人在整个评估过程中监督检查评估机构对保密协议的执行情况 | |
| | | | 对专门评估组的保密要求应参照《中华人民共和国保守国家秘密法》的要求，结合实际情况制定具体实施办法 | |
| | | 评估信息的管理 | ★提交涉及评估需要的资料、数据等各种信息，应规定办理交接手续，防止丢失 | 5.3.5.3 c) |
| | | | 提交涉及评估需要的资料、数据等各种信息，必要时可以隐藏或替换核心的或敏感的参数 | |
| | | | ★所有提交涉及评估需要的资料、数据等各种信息，只能存放在被评估方指定的计算机内，不得带出指定办公区域 | |
| | | 技术检测过程管理 | ★使用工具或手工进行技术检测，应事先提交测试的技术方案，得到授权方可进行 | 5.3.5.4 d) |
| | | | 使用工具或手工进行技术检测，应在被测试方专人监督下按技术方案进行 | |
| | | | 使用工具或手工进行技术检测，可采用由被评估方技术人员按技术方案进行操作，评估机构技术人员进行场外指导 | |
| | | | 使用工具或手工进行技术检测，应由被评估方技术人员按技术方案进行操作，对测试结果过滤敏感或涉及国家秘密信息后再交评估方分析 | |

### A.6.4 环境和资源管理

表 A.36 环境和资源管理（第五级信息系统）

| 类 | 族 | 评估项 | 评估内容要点 | 标准依据 |
|---|---|---|---|---|
| 环境和资源管理 | 环境安全管理 | 环境安全管理要求 | ★应配置物理环境安全的责任部门和管理人员 | 5.4.1.1 e) |
| | | | 建立有关物理环境安全方面的规章制度 | |
| | | | **物理安全方面应达到 GB/T 20271—2006 中 6.5.1 的有关要求** | |
| | | | ★对物理环境划分不同保护等级的安全区域进行明确标识和管理，包括机房、办公区域、介质库房等，实施不同保护等级安全区域的隔离管理 | |

表 A.36（续）

| 类 | 族 | 评估项 | 评估内容要点 | 标准依据 |
|---|---|---|---|---|
| 环境和资源管理 | 环境安全管理 | 环境安全管理要求 | 介质库房的管理可以参照同等级的机房的要求 | 5.4.1.1 e) |
| | | | 制定对物理安全设施进行检验、配置、安装、运行的有关制度和保障措施 | |
| | | | 实行关键物理设施的登记制度 | |
| | | | 对重要安全区域的活动应实时监视和记录，出入人员应经过相应级别的授权并有监控措施 | |
| | | | **对物理安全保障措施，定期进行监督、检查和不断改进，实现持续改善** | |
| | | ★机房安全管理要求 | ★明确机房安全管理的责任人 | 5.4.1.2 e) |
| | | | 机房钥匙由专人管理，未经批准，不准任何人私自复制机房钥匙或服务器开机钥匙 | |
| | | | ★未经允许的人员不准进入机房 | |
| | | | 机房来访人员应经过正式批准，登记记录应妥善保存以备查 | |
| | | | 获准进入机房的来访人员，一般应禁止携带个人计算机等电子设备进入机房，其活动范围和操作行为应受到限制，并有机房接待人员负责和陪同，进入机房的人员应佩戴相应证件 | |
| | | | 任何进出机房的人员应经过门禁设施的监控和记录，应有防止绕过门禁设施的手段 | |
| | | | 所有来访人员的登记记录、门禁系统的电子记录以及监视录像记录应妥善保存以备查 | |
| | | | 未经批准，禁止任何人移动计算机相关设备或带离机房 | |
| | | | ★没有指定管理人员的明确准许，任何记录介质、文件材料及各种被保护品均不准带出机房，与工作无关的物品均不准带入机房 | |
| | | | 禁止携带移动电话、电子记事本等具有移动互连功能的个人物品进入机房 | |
| | | | 机房所在地应有专职警卫，通道和入口处应设置视频监控点，24 小时值班监视 | |
| | | | 机房内严禁吸烟及带入火种和水源 | |
| | | | **对需要防止电磁泄漏的计算机设备配备电磁干扰设备，在被保护的计算机设备工作时电磁干扰设备不准关机** | |
| | | | **可使用屏蔽机房（机柜），随时关闭屏蔽门，不得在屏蔽墙上打钉钻孔，不得在波导管以外或不经过过滤器对屏蔽机房（机柜）内外连接任何线缆** | |
| | | | **应定期测试屏蔽机房、机柜的泄漏情况并进行必要的维护** | |
| | | 办公环境安全管理要求 | ★防止利用终端系统窃取敏感信息或非法访问 | 5.4.1.3 c) |
| | | | 工作人员下班后，终端计算机应关闭 | |
| | | | 存放敏感文件或信息载体的文件柜应上锁或设置密码 | |
| | | | 工作人员调离部门或更换办公室时，应立即交还办公室钥匙 | |

表 A.36（续）

| 类 | 族 | 评估项 | 评估内容要点 | 标准依据 |
|---|---|---|---|---|
| 环境和资源管理 | 环境安全管理 | 办公环境安全管理要求 | 设立独立的会客接待室，不在办公环境接待来访人员 | 5.4.1.3 c) |
| | | | 工作人员离开座位应将桌面上含有敏感信息的纸件文档放在抽屉或文件柜内 | |
| | | | 工作人员离开座位，终端计算机应退出登录状态、采用屏幕保护口令保护或关机 | |
| | | | 在关键区域或部位，应使办公环境与相关机房的物理位置在一起，以便进行统一的物理保护 | |
| | 资源管理 | 资产清单管理 | ★应编制并维护与信息系统相关详细的资产清单，能够清晰识别每项资产的拥有权、责任人、安全分类以及资产所在的位置等 | 5.4.2.1 c) |
| | | | 信息资产：应用数据、系统数据、安全数据等数据库和数据文档、系统文件、用户手册、培训资料、操作和支持程序、持续性计划、备用系统安排、存档信息 | |
| | | | 软件资产：应用软件、系统软件、开发工具和实用程序 | |
| | | | 有形资产：计算机设备（服务器、终端、存储设备等），网络设备（路由器、交换机、安全设备等），移动存储介质（移动硬盘、磁带等），其他技术装备（电源，空调设备等），家具和机房 | |
| | | | 应用业务相关资产：由信息系统控制的或与信息系统密切相关的应用业务的各类资产，由于信息系统或信息的泄露或破坏，这些资产会受到相应的损坏 | |
| | | | 服务：计算和通信服务，通用设备如供暖、照明、供电和空调等 | |
| | | | ★必要时应包括主要业务应用系统处理流程和数据流的描述，以及业务应用系统用户分类说明 | |
| | | 资产的分类与标识要求 | ★根据资产的价值/重要性对资产进行标识，可基于资产的价值选择保护措施和进行资产管理 | 5.4.2.2 c) |
| | | | ★对信息资产进行分类管理，对信息系统内分属不同业务范围的各类信息，按其对安全性的不同要求分类加以标识 | |
| | | | 用户数据的重要性分类，如国家秘密信息、商业秘密和个人隐私信息、内部专有信息、公开信息等 | |
| | | | 系统数据重要性一般与其所在的系统或子系统的安全保护等级相关 | |
| | | | 根据业务应用的具体情况进行分类分级和标识，纳入规范化管理 | |
| | | | 以业务应用为主线，用体系架构的方法描述信息资产 | |
| | | | 通过对各个资产之间的关联，进行结构性描述 | |
| | | 介质管理 | ★脱机存放的数据和软件介质，根据重要程度进行标识和分类，存放在由专人管理的介质库中，防止被盗、被毁、被修改以及信息泄漏 | 5.4.2.3 e) |
| | | | 介质的归档和查询应有记录，其借阅、拷贝、分发传递须经相应级别的领导的书面审批后方可执行，并登记在册，对存档介质的目录清单应定期盘点，介质的分发传递以及带出工作环境应采取保护措施 | |

表 A.36（续）

| 类 | 族 | 评估项 | 评估内容要点 | 标准依据 |
| --- | --- | --- | --- | --- |
| 环境和资源管理 | 资源管理 | 介质管理 | 存储介质的销毁在经主管领导审批后应由两人完成，一人执行销毁一人负责监销，销毁过程应记录，不得自行销毁，对于需要送出维修或销毁的介质，应首先删除信息，再重复写操作进行覆盖，防止数据恢复和信息泄漏 | 5.4.2.3 e) |
| | | | 介质应保留 2 个以上的副本，而且要求介质异地存储，存储地的环境要求和管理方法应与本地相同，对重要介质的数据和软件必要时可以加密存储 | |
| | | | ★对存放在介质库中的介质应定期进行完整性和可用性检查，确认其数据或软件没有受到损坏或丢失，介质受损但无法执行删除操作的，必须销毁 | |
| | | | 对介质中的重要数据应使用加密技术或数据隐藏技术进行存储 | |
| | | | **对极为重要数据的介质应该使用高强度的加密技术或数据隐藏技术进行存储，并对有关密钥和数据隐藏处理程序严格保管** | |
| | | ★设备管理要求 | 对于信息系统的各种软硬件设备的选型、采购、发放或领用，使用者应提出申请，报经相应领导审批，才可以实施 | 5.4.2.4 c) |
| | | | ★设备的选型、采购、使用和保管应明确责任人 | |
| | | | 要求设备有专人负责，实行分类管理 | |
| | | | ★通过对资产清单的管理，记录资产的状况和资产使用、转移、废弃及其授权过程 | |
| | | | ★对各种资产进行全面管理，提高资产安全性和使用效率，保证设备的完好率 | |
| | | | 建立资产管理登记系统，提供资产分类标识、授权与访问控制、变更管理、系统安全审计等功能，为整个系统提供基础技术支撑 | |

### A.6.5 运行和维护管理

表 A.37 运行和维护管理（第五级信息系统）

| 类 | 族 | 评估项 | 评估内容要点 | 标准依据 |
| --- | --- | --- | --- | --- |
| 运行和维护管理 | ★用户管理 | ★用户分类管理 | 用户分类应包括系统用户、普通用户、外部客户用户、临时用户 | 5.5.1.1 d) |
| | | | ★按审查和批准的用户分类清单建立用户和分配权限，应对关键部位用户采取逐一审批和授权的程序，并记录备案 | |
| | | | ★用户分类清单应包括信息系统的所有用户的清单，包括所有特权用户、重要业务用户、关键部位用户的权限，以及用户的责任人员和授权记录 | |
| | | | 用户权限发生变化时应及时更改用户清单内容 | |
| | | | 对特权用户、重要业务用户、关键部位用户开启审计功能 | |
| | | | 定期检查特权用户、重要业务用户、关键部位用户的实际分配权限是否与用户清单符合 | |

表 A.37(续)

| 类 | 族 | 评估项 | 评估内容要点 | 标准依据 |
|---|---|---|---|---|
| 运行和维护管理 | ★用户管理 | 系统用户要求 | ★系统用户应由信息系统的主管领导指定 | 5.5.1.2 c) |
| | | | ★授权应以满足工作需要的最小权限为原则 | |
| | | | 系统用户应保护自己的身份鉴别信息的安全 | |
| | | | 系统用户应接受审计 | |
| | | | 对重要信息系统的系统用户,应进行审查并经过授权 | |
| | | | ★对系统用户应能区分责任到个人,不应以部门或组作为责任人 | |
| | | | 在关键信息系统中,对系统用户的授权操作,应有两人在场,经双重认可后方可操作 | |
| | | | 系统用户不准更改操作过程产生的审计日志 | |
| | | 普通用户要求 | ★用户应保护自己的身份鉴别信息和载体的安全,不得转借他人 | 5.5.1.3 c) |
| | | | 发现系统的漏洞、滥用或违背安全行为应及时报告 | |
| | | | 不应透露与组织机构有关的非公开信息 | |
| | | | 不应故意进行违规的操作 | |
| | | | 不应在不符合敏感信息保护要求的系统中保存和处理高敏感度的信息 | |
| | | | 不应使用各种非正版软件和不可信的自由软件 | |
| | | | 在系统规定的权限内进行操作,必要时某些重要操作应得到批准 | |
| | | 机构外部用户要求 | ★应对外部用户明确说明使用者的责任、义务和风险,并要求提供合法使用的声明 | 5.5.1.4 c) |
| | | | 外部用户应保护自己的身份鉴别信息的安全 | |
| | | | 外部用户只能是应用层的用户 | |
| | | | 可对特定外部用户提供专用通信通道,端口,特定的应用或数据协议,以及专用设备等 | |
| | | | 在关键部位,一般不允许设置外部用户 | |
| | | 临时用户要求 | ★临时用户的设置和期限必须经过审批 | 5.5.1.5 c) |
| | | | 临时用户应保护自己的身份鉴别信息的安全 | |
| | | | ★使用完毕或到期应及时删除 | |
| | | | 设置与删除均应记录备案 | |
| | | | 对主要部位的临时用户应进行审计,并进行风险评估 | |
| | | | ★在关键部位,一般不允许设置临时用户 | |
| | 运行操作管理 | ★服务器操作管理 | ★服务器操作系统、数据库系统的操作应由授权的系统管理员、数据库管理员实施 | 5.5.2.1 c) |
| | | | ★遵照操作规程对服务器进行操作,设置服务器的运行环境,设定服务器的系统及安全配置,操作系统、数据库系统用户管理,并检查实际配置与安全策略要求的符合性 | |
| | | | 系统管理员、数据库管理员应以自己的账户及身份鉴别信息登录操作系统、数据库系统进行操作 | |

表 A.37（续）

| 类 | 族 | 评估项 | 评估内容要点 | 标准依据 |
| --- | --- | --- | --- | --- |
| 运行和维护管理 | 运行操作管理 | ★服务器操作管理 | 监控管理，包括监控系统性能，如 CPU 和内存的利用率、检测进程运行及磁盘使用情况 | 5.5.2.1 c) |
| | | | 日志管理，包括对操作系统、数据库系统以及业务系统等日志的管理 | |
| | | | 负责系统配置和安全配置文件管理，包括服务器的操作系统和数据库系统的配置文件 | |
| | | | ★定期对操作系统和数据库系统安全进行检查，及时发现系统的缺陷或漏洞 | |
| | | 终端计算机操作管理 | ★用户应设置终端计算机的开机、屏幕保护口令，保护身份鉴别信息，进行必要的安全设置 | 5.5.2.2 c) |
| | | | 非本组织机构配备的终端计算机未获批准，不能在办公场所使用 | |
| | | | 及时安装经许可的软件和补丁程序，不得自行安装及使用其他软件和自由下载软件 | |
| | | | 未获批准，严禁使用 Modem 拨号、无线网卡等方式或另辟通路接入其他网络 | |
| | | | 应有措施防止终端计算机机箱被私自开启，如需拆机箱应经批准后由维修部门人员负责 | |
| | | | 高安全等级业务系统的终端计算机不得直接接入低级别系统或网络，应先作清理检查 | |
| | | 便携机操作管理 | 在接入组织机构内部网络时遵守"终端计算机操作管理"（上一节）的要求 | 5.5.2.3 d) |
| | | | 对不再使用或转为其他用途的便携机，应删除机内的敏感数据 | |
| | | | 在外网使用的便携机，接入本地网络前应进行必要的安全检查 | |
| | | | ★在组织机构内使用或存有敏感信息的便携机，未获批准，没有足够强度安全防护措施，严禁接入其他网络 | |
| | | | 便携机离开重要区域时不应存储敏感或涉密数据，外出使用应经有关领导批准并记录在案 | |
| | | | 在重要区域使用的便携机必须启用两个及两个以上身份鉴别技术的组合来进行身份鉴别 | |
| | | | 敏感数据应采用一定强度的加密储存技术，以规避便携机丢失的风险，必要时应对便携机采取物理保护措施 | |
| | | ★网络及安全设备操作管理 | ★对网络及安全设备的操作应由授权的网络管理员、安全管理员实施，按照安全策略要求进行网络及安全设备配置 | 5.5.2.4 c) |
| | | | 应按操作规程对网络设备和安全设备进行操作，进行网络和安全设备的运行环境配置和服务设定 | |
| | | | 网络管理员、安全管理员应以自己的账户及身份鉴别信息登录网络设备和安全设备进行操作 | |
| | | | ★定期检查实际配置与安全策略要求的符合性 | |
| | | | 应通过集中安全管理设施对网络及安全设备的安全机制进行监控管理和部署策略 | |

表 A.37（续）

| 类 | 族 | 评估项 | 评估内容要点 | 标准依据 |
| --- | --- | --- | --- | --- |
| 运行和维护管理 | 运行操作管理 | 业务应用操作管理 | 应用系统管理员及业务操作人员应自己的账户及身份鉴别信息登录业务应用系统（提供对外或专门服务的公共用户可除外） | 5.5.2.5 c) |
| | | | ★应用系统管理员根据安全策略和专门授权对应用系统的操作人员等用户及其权限进行管理，监控应用系统的运行 | |
| | | | 用户对业务应用系统的访问权限应受到控制，如以菜单等方式限制操作 | |
| | | | 用户应按照操作规程使用业务应用系统，操作规程应指明具体作业的指令，处理和使用的信息，以及操作步骤 | |
| | | | 业务应用系统操作规程应形成正式文档或帮助文件，需要进行改动时应得到管理层授权 | |
| | | | 操作规程应说明处理错误或其他异常情况的指令，以及在出现意外的操作或技术问题时需要技术支持的联系方法 | |
| | | | 对重要的业务应用操作应根据特别许可的权限执行，关键的业务应用操作应有 2 人同时在场或同时操作，并对操作过程进行记录 | |
| | | | 业务应用操作应进行审计 | |
| | | ★变更控制和重用管理 | ★信息系统的变更，应提出更改方案，**进行安全评估**并得到系统主管领导的审批才能进行 | 5.5.2.6 e) |
| | | | 进行变更应进行记录，对重大变更应评估其潜在影响，考虑全面安全事务一致性，更改后将变更结果书面向所有相关人员通报 | |
| | | | 操作系统、数据库系统的变更控制与应用系统的更改控制应相互配合 | |
| | | | 通过审计日志和过程记录，记载更改中的所有有关信息，过程记录应妥善保存 | |
| | | | 对重要的变更控制应实施安全审计，并对全面安全事务一致性进行检查，防止因变更而开放危险端口或服务 | |
| | | | 明确中止变更并从失败变更中恢复的责任和处理方法 | |
| | | | 对变更执行情况、过程文档管理，进行定期或不定期的检查**和持续改进** | |
| | | | 设备重用，应提出设备重用方案，**进行安全评估**并得到系统主管领导的审批才能进行，应清除重用设备中原有信息，过程记录应妥善保存 | |
| | | | 对设备重用执行情况、过程文档管理，进行定期或不定期的检查**和持续改进** | |
| | | 信息交换管理 | ★在信息系统中发布信息和用户交换信息，应符合国家有关政策法规的规定 | 5.5.2.7 d) |
| | | | 应采取适当的安全措施保护信息系统中发布信息和用户交换信息的完整性 | |
| | | | 应保护业务应用中的信息交换的安全性，防止欺诈、合同纠纷以及泄露或修改信息事件的发生 | |
| | | | 在组织机构之间进行信息交换应建立安全条件的协议 | |
| | | | 明确业务信息交换管理责任及数据传输的最低安全要求 | |
| | | | 还对于信息系统内部不同安全区域之间的信息传输，应有明确的安全要求 | |
| | | | 对高安全等级信息向低安全域的传输应经过领导层的批准，明确部门和人员的责任，并采取的安全专控措施 | |

**表 A.37（续）**

| 类 | 族 | 评估项 | 评估内容要点 | 标准依据 |
|---|---|---|---|---|
| 运行和维护管理 | 运行维护管理 | 日常运行安全管理 | ★应通过正式授权程序委派专人负责信息系统运行的安全管理和风险控制，**作为组织机构业务管理的组成部分** | 5.5.3.1 e) |
| | | | 应明确运行值班的日常处理工作和安全管理职责，建立和维护信息系统运行过程管理文档 | |
| | | | 应对运行安全进行监督检查，包括检测、监控、分析等措施，评估运行安全策略的落实情况和一致性 | |
| | | | 应明确各个岗位人员对信息系统各类资源的安全责任和目标，包括日常操作、备份及容错等，以及对责任履行情况的审计 | |
| | | | 应明确信息系统安全管理人员和系统用户、普通用户对信息系统资源的访问权限 | |
| | | | 对信息系统关键岗位人员采取最小授权和分权制衡措施，如关键安全操作双人共管 | |
| | | | 应检查和维护信息系统中业务应用数据完整性、可用性、保密性，可根据需要提出技术改进的建议 | |
| | | | ★应用软件的使用采取授权管理，未经验证的软件不得运行系统中安装，对应用软件的使用进行审计 | |
| | | | **不允许外部服务方对信息系统访问** | |
| | | | 执行信息系统的数据备份、病毒防范、安全事件处理、变更控制等安全管理规定的日常工作任务 | |
| | | | 进行应急响应和灾难恢复计划规定的实际演练和技术培训，明确专人负责执行情况检查和**组织评估**，如数据备份和备用设备的可用性 | |
| | | | 根据组织机构和信息系统出现的各种变化进行风险分析，及时修订、完善各种规章制度，保证各方面安全事务管理的一致性和有效性 | |
| | | | **接受本系统上级或国家指定专门部门、专门机构进行专门监督和检查** | |
| | | 运行状况监控 | ★委派专人负责监视信息系统重要应用、网络系统、核心服务器等是否运行正常，监视系统性能及与安全机制相关的服务器、网络性能变化 | 5.5.3.2 e) |
| | | | 信息系统应使用统一的时间，以确保记录日志和审计信息准确 | |
| | | | 信息系统审计日志应保留一定期限，有脱机保存的介质，不能被改变，只允许授权用户访问 | |
| | | | 定期分析信息系统日志并产生报告 | |
| | | | 应告知用户某些行为是会被审计的 | |
| | | | 安全机制集中管理机构负责信息系统安全管理、系统管理、审计管理的集中监控和分析 | |
| | | | 安全机制集中管理机构应对关键区域和关键业务应用系统运行的监视，并与主管部门共同制定具体的管理办法 | |
| | | | **安全机制集中管理机构对关键区域和关键业务应用系统核心数据进行监视，应与主管部门共同制定具体的管理办法，并经上一级负责人的批准执行** | |

表 A.37（续）

| 类 | 族 | 评估项 | 评估内容要点 | 标准依据 |
|---|---|---|---|---|
| 运行和维护管理 | 运行维护管理 | 软件硬件维护管理 | ★应明确信息系统的软件、硬件维护的人员和责任，规定维护的时限 | 5.5.3.3 d) |
| | | | 对涉及维修的重要区域的数据和软件系统采取保护措施，防止因维修造成破坏和泄漏 | |
| | | | 应明确信息系统的硬件设备维修、替换和更新的申报、审批和管理流程 | |
| | | | 应明确信息系统软件维护的申报、审批和管理流程 | |
| | | | ★对需要外出维修的设备，应经过审批，磁盘数据应进行删除 | |
| | | | ★一般不应允许外部维修人员进入关键区域，必须进入机房维修，应经过审批，并有专人负责陪同 | |
| | | | 应根据维修方案和风险评估的结果确定维修方式，可采用更新设备的方法解决 | |
| | | | 应对维修过程及有关故障现象记录备案 | |
| | | 外部服务方访问管理 | 对外部服务方访问实施严格控制，采取对外部服务方访问实施监视等安全措施，必要时应外部服务方的访问进行限制 | 5.5.3.4 d) |
| | | | 应对外部服务方访问的要求进行风险分析，并经过相应的申报和审批程序，在重要安全区域对外部服务方每次访问进行风险控制 | |
| | | | ★外部服务方访问应签署了相应的保密合同 | |
| | ★外包服务管理 | ★外包服务合同 | ★对由外部服务商承担完成的外包服务，应签署正式的书面合同 | 5.5.4.1 a) |
| | | | 对符合法律要求的说明，如数据保护法规 | |
| | | | 对外包服务的风险的说明，包括风险的来源、具体风险描述和风险的影响，明确如何维护并检测组织机构的业务资产的完整性和保密性 | |
| | | | 对外包服务合同各方的安全责任界定，应确保外包合同中的参与方（包括转包商）都了解各自的安全责任 | |
| | | | 对控制安全风险应采用的控制措施的说明，包括物理和逻辑控制措施，限制授权用户对组织机构的敏感业务信息的访问，以及设备的物理安全保护 | |
| | | | 对外包服务风险发生时应采取措施的说明，如在发生灾难事故时，应如何维护服务的可用性 | |
| | | | 对外包服务的期限、中止的条件和善后处理的事宜以及由此产生责任问题的说明 | |
| | | | 对审计人员权限的说明 | |
| | | 外包服务商 | 外包服务的限制，关键的或涉密的业务应用，一般不应采用业务应用系统外包服务方式 | 5.5.4.2 c) |
| | | | ★在行业认可或者是经过上级主管部门批准的范围内，选择具有相应服务资质并信誉好的可信的外包服务商 | |
| | | ★外包服务的运行管理 | ★外包服务的限制，关键的或涉密的业务应用，一般不应采用业务应用系统外包服务方式 | 5.5.4.3 b) |
| | | | ★对外包服务的业务应用系统运行的安全状况应进行监控和检查，应定期进行评估 | |
| | | | 对外包服务出现问题应遵照合同规定及时处理和报告 | |
| | | | ★当出现重大安全问题或隐患时应进行重新评估，提出改进意见，直至停止外包服务 | |

表 A.37（续）

| 类 | 族 | 评估项 | 评估内容要点 | 标准依据 |
|---|---|---|---|---|
| 运行和维护管理 | 有关安全机制保障 | ★身份鉴别机制管理要求 | 信息系统所有用户均应明确使用身份鉴别机制的责任，保护用户自己的身份鉴别信息的保密性和完整性 | 5.5.5.1 e) |
| | | | 在每一个用户注册到系统时，采用用户名和用户标识符标识用户身份，并确保在系统整个生存周期用户标识的唯一性 | |
| | | | ★在每次用户登录系统时和重新连接系统时，采用受安全管理中心控制的口令、令牌、基于生物特征、数字证书以及其他具有相应安全强度的两种或两种以上的组合机制进行用户身份鉴别，且其中一种鉴别技术产生的鉴别数据是不可替代的 | |
| | | | 应指定安全管理人员定期检查信息系统用户身份鉴别机制和身份鉴别信息的安全性，特别是跨网络的远程用户鉴别信息的安全性 | |
| | | | 必要时，采用身份鉴别信息分段由多人保管，输入时由多人进行操作，操作过程需要留有操作记录和审批记录 | |
| | | | **规定需要重新鉴别用户的事件，即在需要重新鉴别的条件成立时，对用户进行重新鉴别，如进行重要操作之前进行重新鉴别** | |
| | | | **必要时，对身份鉴别机制的管理，可与相关业务部门共同制定专项管理措施** | |
| | | ★访问控制机制管理要求 | 应根据自主访问控制安全策略，允许授权用户对其创建的客体具有相应的访问操作权限，包括对客体的创建、读、写、修改和删除等 | 5.5.5.2 e) |
| | | | 实施访问控制机制主体的粒度为用户，客体的粒度为文件或数据库表级和(或)记录或字段级，强制访问控制客体的粒度为**文件或数据库表级和（或）记录或字段级**，将自主和强制访问控制扩展到所有主体与客体 | |
| | | | ★能够阻止非授权用户读取敏感信息并能将这些权限的部分或全部授予其他用户 | |
| | | | 实现对自主访问控制过程的审计，告知访问者须为自己的行为负责 | |
| | | | 应由授权的安全管理员通过特定专用方式对主、客体进行安全标记；应按安全标记和强制访问控制规则，对确定主体访问客体的操作进行控制 | |
| | | | 应确保信息系统内的所有主、客体具有一致的标记信息，并实施同一安全策略的强制访问控制规则 | |
| | | | 对访问控制进行监控管理，对系统、用户或环境进行持续性检查，注意保护监控数据 | |
| | | | **对访问控制权限进行专项审批，安全管理人员对网络、系统和应用等方面的访问控制机制进行检查** | |
| | | 系统安全管理要求 | 应通过正式授权程序委派专人负责系统安全管理，包括对操作系统和数据库管理系统管理(系统管理员、数据库管理员) | 5.5.5.3 e) |
| | | | 建立系统安全配置、备份等安全管理规章制度及操作规程 | |
| | | | 由授权的系统安全员通过系统提供的操作界面，根据访问控制安全策略设置、维护用户及主、客体的标记信息 | |

表 A.37（续）

| 类 | 族 | 评估项 | 评估内容要点 | 标准依据 |
|---|---|---|---|---|
| 运行和维护管理 | 有关安全机制保障 | 系统安全管理要求 | ★按规章制度的要求进行正确的系统安全配置、备份等操作，及时进行补丁升级 | 5.5.5.3 e) |
| | | | 对操作系统和数据库系统进行用户账号安全使用和授权管理，并进行审计 | |
| | | | 对授权用户登录系统和使用许可的资源，进行身份鉴别和审计 | |
| | | | 依据安全策略确定审计事件、审计内容、审计归档、审计报告 | |
| | | | 应对系统的安全弱点和漏洞进行控制，对可能危及系统安全的系统工具进行严格的控制 | |
| | | | 应依据变更控制规程对系统的变更进行控制，保证变更不影响应用系统的可用性、安全性，保证变更过程的有效性、可审计性和可恢复性 | |
| | | | 应及时对系统资源和系统文档进行备份和安全标识 | |
| | | | 制定操作系统和数据库管理系统应急计划 | |
| | | | 应按系统内置角色强制指定系统安全管理责任人 | |
| | | | 保证系统管理过程的可审计，对系统管理过程留有记录 | |
| | | | 定期对操作系统、数据库系统的安全性进行检查 | |
| | | | **使用经过验证的系统及应用软件，对操作人员的操作过程实施监控或审计** | |
| | | | **信息系统的安全维护和管理工作也应受到监控，如一人操作一人检查** | |
| | | 网络安全管理要求 | 应通过正式授权程序指定网络管理人员对网络系统进行配置和安全管理 | 5.5.5.4 e) |
| | | | ★应按网络区域边界安全控制策略，实施数据包过滤措施，采用常规校验机制检验数据传输的完整性等安全管理，能够发现数据完整性被破坏，并在发现完整性被破坏时进行恢复 | |
| | | | 信息系统网络安全区域边界按访问控制策略设置自主和强制访问控制机制，对进出安全区域边界的数据信息进行控制，阻止非授权访问 | |
| | | | 依据总体安全策略制定网络访问控制策略，并定期检查和完善网络安全策略 | |
| | | | 采取网络访问授权管理，保证经过授权的用户才能得到许可的网络服务 | |
| | | | 告知用户使用网络的安全责任和操作规程 | |
| | | | 用户在外部访问组织机构内部网络应经审批，可采用由密码技术支持的保密性、完整性保护机制或具有相应强度的其他安全机制，保护网络数据传输安全 | |
| | | | 定期对外部网络连接接口的安全进行评估，可采用由密码技术支持的保密性、完整性保护机制或具有相应强度的其他安全机制，保护网络数据传输安全 | |
| | | | 对外公共服务的信息系统，应采取严格访问控制，保证外部用户的访问得到控制和审计，不危及内部信息系统的安全 | |

表 A.37（续）

| 类 | 族 | 评估项 | 评估内容要点 | 标准依据 |
|---|---|---|---|---|
| 运行和维护管理 | 有关安全机制保障 | 网络安全管理要求 | 对外传输的数据和信息要经过批准和审查，防止内部人员通过内外网的边界泄露敏感信息 | 5.5.5.4 e) |
| | | | 对可能从内部网络向外发起的连接资源实施控制和检查，探测非法外联等行为，保护网络及区域边界完整性 | |
| | | | 信息系统的关键网络设备设施的备份进行管理，保证可用性 | |
| | | | 对网络安全日常管理、网络配置变更、网络故障及事件处理等，定期进行安全检查和评估，对网络服务、网络安全策略、安全控制措施进行有效性检查和监督，提交正式的网络安全报告 | |
| | | | 可采用由密码技术支持的可信网络连接机制，通过对连接到通信网络的设备进行可信检验，保证接入通信网络的设备真实可信，防止设备的非法接入，保证信息系统网络之间的连接应使用可信路径 | |
| | | | 对可用性要求高的网络指定专人进行不间断的监控，并能及时处理安全事故 | |
| | | | **要求至少有两名以上的网络安全管理人员实施网络安全管理事务，并保证网络安全管理本身的安全风险得到控制** | |
| | | | **信息系统网络之间的连接严格控制在可信的物理环境范围内** | |
| | | 应用系统安全管理要求 | 应通过正式授权程序委派专人负责应用系统的安全管理（应用系统管理员） | 5.5.5.5 e) |
| | | | ★应用系统管理员根据安全策略和专门授权对应用系统的操作人员等用户及其权限进行管理，监控应用系统的运行 | |
| | | | 应明确管理范围、管理事务、管理规程，以及应用系统软件的安全配置、备份等安全工作 | |
| | | | 应结合业务需求制定相关规章制度，制定并落实应用系统的安全操作规程，并严格按照规章制度的要求实施应用系统安全管理 | |
| | | | 指定信息安全管理人员，依据信息安全操作规程，负责信息的分类管理和发布 | |
| | | | 对任何可能超越系统或应用程序控制的实用程序和系统软件都应得到正式的授权和许可，并对使用情况进行登记 | |
| | | | 保证对应用系统信息或软件的访问不影响其他信息系统共享信息的安全性 | |
| | | | 应用系统的内部用户，包括支持人员，应按照规定的程序办理授权许可，并根据信息的敏感程度签署安全协议，保证应用系统数据的保密性、完整性和可用性 | |
| | | | 应指定专人负责应用系统的审计工作，保证审计日志的准确性、完整性和可用性 | |
| | | | 组织有关人员定期或不定期对应用系统的安全性进行审查，并根据应用系统的变更或风险变化提交正式的报告，提出安全建议 | |
| | | | 对应用系统关键岗位的工作人员实施资质管理，保证人员的可靠性和可用性 | |

表 A.37（续）

| 类 | 族 | 评估项 | 评估内容要点 | 标准依据 |
|---|---|---|---|---|
| 运行和维护管理 | 有关安全机制保障 | 应用系统安全管理要求 | 制定切实可用的应用系统及数据的备份计划和应急计划，并由专人负责落实和管理 | 5.5.5.5 e) |
| | | | 对应用系统软件的使用采取授权管理，未授权用户不得在在运行系统中安装、调试、运行、卸载应用软件，并对应用软件的使用进行审计 | |
| | | | 应定期或不定期对应用系统的安全性进行评估，并根据应用系统的变更或风险变化提交正式的评估报告，提出安全建议，修订、完善有关安全管理制度和规程 | |
| | | | 应用系统的开发人员不得从事应用系统日常运行和安全审计工作，操作系统的管理人员不得负责应用系统的安全配置管理和应用管理 | |
| | | | 定期对应用系统的总体安全策略、应用系统安全措施的落实情况和运行管理进行检查 | |
| | | | 采取独立的应用安全审计，审计人员仅实施审计工作，不参与系统的其他任务，防止应用系统信息的泄漏 | |
| | | | **要求至少有两名以上的应用安全管理人员实施应用安全管理事务，并保证应用安全管理本身的安全风险得到控制，应与应用系统主管部门共同制定专项安全措施** | |
| | | | **应对应用系统的安全状态实施周期更短的审计、检查和操作过程监督，并保证对应用系统的安全措施能适应安全环境的变化** | |
| | | 病毒防护管理要求 | 安排专人负责计算机病毒防护，定期进行检查报告主机和网络的病毒安全状况 | 5.5.5.6 d) |
| | | | ★在主机安装防病毒软件，在安全区域边界设置防恶意代码网关，并及时升级，检查病毒库的升级情况并进行记录 | |
| | | | 对非在线的内部计算机设备及其他移动存储设备，以及外来或新增计算机做到入网前进行杀毒和防病毒软件版本检测 | |
| | | | 从不信任网络上所接收的文件或邮件，在使用前应首先检查是否有病毒 | |
| | | | 在网络内部建立专门的防病毒软件升级服务，实行整体策略、定期升级、统一控制，紧急情况下增加升级次数 | |
| | | | 采取对系统所有终端防范病毒软件集中管理的措施 | |
| | | | 定期检查信息系统病毒防护执行和管理情况 | |
| | | 密码管理要求 | ★应按国家密码主管部门的规定，对信息系统中使用的密码算法和密钥进行管理 | 5.5.5.7 b) |
| | | | 应按国家有关法律法规要求，对信息系统中包含密码的软、硬件信息处理模块的进、出口进行管理 | |

表 A.37（续）

| 类 | 族 | 评估项 | 评估内容要点 | 标准依据 |
|---|---|---|---|---|
| 运行和维护管理 | 安全集中管理 | ★安全机制集中控管 | ★对信息系统所涉及的服务器、网络、安全设备以及应用系统等的安全管理、系统管理、审计管理机制实施集中的监控、配置和管理 | 5.5.6.1 b) |
| | | | 建立一体化和开放性平台，提供标准的接口，具备对安全资源管理能力 | |
| | | | 对系统的资源和运行进行配置、控制和管理，包括用户身份管理、系统资源配置、系统加载和启动、系统运行的异常处理以及支持管理本地和(或)异地灾难备份与恢复等 | |
| | | | 对系统中的主体、客体进行统一标记，对主体进行授权，对服务器、网络设备、安全设备等配置一致的安全策略 | |
| | | | 对分布在系统各个组成部分的安全审计机制进行集中管理，对审计记录应进行分析，并根据分析结果进行处理 | |
| | | | 授权的安全、系统、审计管理员应以自己的账户和身份鉴别信息进行登录和操作 | |
| | | | 根据信息系统网络结构需要，可按照分布式多层次的管理结构，进行分层分级联合方式的集中安全管理 | |
| | | 安全信息集中管理 | ★将信息系统安全管理信息、系统管理信息、审计管理信息实施集中管理、综合分析 | 5.5.6.2 c) |
| | | | 提供可视化报表和安全事件分析过程，以及安全事件的管理与辅助分析机制 | |
| | | | 对关键区域安全信息的集中管理，应采用相应安全级别的访问控制和保护措施 | |
| | | | **核心区域安全信息的集中管理应根据的需要确定，与有关主管部门共同制定专项的安全控制和保护措施** | |
| | | 安全机制整合要求 | 进行信息系统资产信息管理 | 5.5.6.3 a) |
| | | | 进行信息系统网络异常流量监控 | |
| | | | 进行信息系统安全事件监控管理 | |
| | | | 进行信息系统脆弱性管理 | |
| | | | 进行信息系统安全策略管理 | |
| | | | 进行信息系统安全预警管理 | |
| | | 安全机制整合的处理方式 | 主要工作方式可包括自动处理、人工干预处理、远程处理、辅助决策分析处理、记录和事后处理等 | 5.5.6.4 a) |

### A.6.6 业务连续性管理

表 A.38 业务连续性管理（第五级信息系统）

| 类 | 族 | 评估项 | 评估内容要点 | 标准依据 |
| --- | --- | --- | --- | --- |
| 业务连续性管理 | ★备份与恢复 | ★数据备份和恢复 | ★应明确说明需定期备份重要业务信息、系统数据及软件等内容和备份周期，根据数据的重要程度和更新频率设定备份周期 | 5.6.1.1 d) |
| | | | 确定重要业务信息的保存期以及其他需要保存的归档拷贝的保存期 | |
| | | | 采用离线备份或在线备份方案，定期进行数据增量备份和应用系统全备份，必要时应采用热备份方式保存数据 | |
| | | | 指定专人负责数据备份和恢复，可使用手工或软件产品进行备份和恢复，同时保存几个版本的备份 | |
| | | | 定期检查备份介质，保证在紧急情况时可以使用 | |
| | | | 定期检查及测试恢复程序，确保在预定的时间内正确恢复 | |
| | | | 应分别指定专人负责不同方式的数据备份和恢复，并保存必要的操作记录 | |
| | | | 根据数据实时性和其他安全要求，采用本地或远地备份方式，制定适当的备份和恢复方式以及操作程序 | |
| | | | 必要时对备份后的数据采取加密或数据隐藏处理，操作时要求两名工作人员在场并登记备案 | |
| | | 设备和系统的备份与冗余 | ★实现信息系统的关键设备备份与容错，实现系统热备份与冗余 | 5.6.1.2 c) |
| | | | ★指定专人定期维护和检查备份设备和冗余设备的状况，确保需要接入系统时能够正常运行 | |
| | | | 根据实际需求确定备份设备接入的工作流程和操作时间，根据实际需求限定系统热备份和冗余设备切换的时间 | |
| | | | 指定专人定期维护和检查热备份的运行状况，定期进行切换试验，确保需要时能正常运行 | |
| | | | 选择远离市区的地方或其他城市，建立系统远地备份中心，确保主系统在遭到破坏中断运行时，远地系统能替代主系统运行，保证信息系统所支持的业务系统能按照需要继续运行 | |
| | 安全事件处理 | 安全事件划分 | 安全事件的处置需要贯穿整个安全管理的全过程，建立信息安全事件分等级响应和处置的制度 | 5.6.2.1 c) |
| | | | 安全事件包括不可抗拒的事件、设备故障事件、病毒爆发事件、外部网络入侵事件、内部信息安全事件、内部误用和误操作等事件等 | |
| | | | 应依据安全事件对信息系统的破坏程度、所造成的社会影响及涉及的范围，确定具体信息系统安全事件处置等级的划分原则 | |
| | | | ★对信息系统中发生的各类事件制定相应安全保护等级的处置预案，确定事件响应和处置的范围、程度及工作流程 | |
| | | | 信息安全事件发生后，按预案分等级进行响应和处置 | |
| | | | 在发现或怀疑系统或服务出现安全漏洞或受到威胁时，应按照安全事件处置要求处理 | |
| | | | 明确不同安全事件的管理责任，制定不同安全事件的管理流程，包括制定处理预案、分析原因、收集证据、处理过程控制、总结吸取教训、责任划分和追究等内容 | |

表 A.38（续）

| 类 | 族 | 评估项 | 评估内容要点 | 标准依据 |
|---|---|---|---|---|
| 业务连续性管理 | 安全事件处理 | ★安全事件报告和响应 | 信息安全事件实行分等级响应和处置 | 5.6.2.2 c) |
| | | | ★安全事件应尽快通过适当的管理渠道报告，注意安全弱点和可疑事件的报告，制定正式的报告程序和事故响应程序 | |
| | | | 对于暂不能确定为事故或入侵等的可疑事件也应报告 | |
| | | | 对于所有安全事件的报告应记录在案归档留存 | |
| | | | 使所有员工知道报告安全事件程序和责任，告知员工未经许可测试弱点属于滥用系统 | |
| | | | ★信息安全事件发生后，根据其危害和发生的部位，迅速确定事件等级，并根据等级启动相应的响应和处置预案 | |
| | | | 要求安全管理机构或职能部门负责接报安全事件报告，并及时进行处理，注意记录事件处理过程 | |
| | | | 对于重要区域或业务应用发生的安全事件，应注意控制事件的影响 | |
| | | | 事件处理后应有相应的反馈程序，应追究安全事件发生的技术原因和管理责任，写出处理报告，并进行必要的评估 | |
| | ★应急处理 | 应急处理和灾难恢复 | ★信息安全领导小组应有人负责或指定专人负责应急计划和灾难恢复计划管理工作 | 5.6.3.1 e) |
| | | | 信息系统安全机制集中管理机构应协助应急处理小组负责具体落实 | |
| | | | 检查或验证(演练)应急计划和灾难恢复计划，保证应急计划和灾难恢复计划能够有效执行 | |
| | | | 安全管理机构应制定总体应急计划和灾难恢复计划，应急处理小组负责落实 | |
| | | | 制定**所有**应用系统和支持系统的**全面的**应急预案和灾难恢复预案，并进行测试 | |
| | | | 对计划涉及人员进行培训，保证这些人员具有相应执行能力 | |
| | | | 与应急需要应急的外部支持单位，应签订合同 | |
| | | | 做好应急处理和灾难恢复的基础工作，包括安全事件处理，系统及数据备份的管理 | |
| | | | 针对应急计划和灾难恢复计划实施进行独立审计 | |
| | | | 针对应急计划和灾难恢复计划进行定期评估，不断改进和完善 | |
| | | | **基于应急计划和灾难恢复计划和安全策略，进行可验证的操作过程监督** | |
| | | ★应急计划 | ★制定应急计划(应急计划框架内容包括) | 5.6.3.2 a) |
| | | | 制定应急计划策略，明确制定应急计划所需的职权和相应的管理部门 | |
| | | | 进行业务影响分析，识别关键信息系统和部件，确定优先次序 | |
| | | | 确定防御性控制，减小系统中断的影响，提高系统的可用性；注意采取措施，减少应急计划生存周期费用 | |
| | | | 制定恢复策略，确保系统可以在中断后快速和有效的恢复 | |
| | | | 制定信息系统应急计划，包括恢复受损系统所需的指导方针和规程 | |
| | | | 计划测试、培训和演练，发现计划的不足，培训技术人员 | |
| | | | 计划维护，有规律地更新适应系统发展 | |

表 A.38(续)

| 类 | 族 | 评估项 | 评估内容要点 | 标准依据 |
|---|---|---|---|---|
| 业务连续性管理 | ★应急处理 | 应急计划的实施保障 | ★应对明确应急计划的组织和实施人员,使其知道在应急计划实施过程中各自的责任 | 5.6.3.3 e) |
| | | | 对系统相关的人员进行培训和组织演练,知道如何以及何时使用应急计划中的控制手段及恢复策略,保证执行应急计划应具有的能力 | |
| | | | 进行系统化管理用于实施和维护整个组织的应急计划体系,并记录计划实施过程 | |
| | | | 确保应急计划的执行有足够资源的保证 | |
| | | | 应对系统运行过程的风险进行评估,识别可能引起业务过程中断的事件,听取业务人员的建议,完善应急计划的实施 | |
| | | | **应针对计划的正确性和完整性进行定期检查,在计划发生重大变化时应立即检查** | |
| | | | **根据业务应用的重要程度的不同,不断对计划内容和规程进行评估和完善** | |

## A.6.7 监督和检查管理

表 A.39 监督和检查管理(第五级信息系统)

| 类 | 族 | 评估项 | 评估内容要点 | 标准依据 |
|---|---|---|---|---|
| 监督和检查管理 | 符合法律要求 | ★知晓适用的法律 | 应认识对于信息系统应用范畴适用的所有法律法规 | 5.7.1.1 c) |
| | | | ★对信息系统的设计、操作、使用和管理,以及信息管理方面,应认识和规避法律法规禁区,防止出现违法行为 | |
| | | | 保护组织机构的数据信息和个人信息隐私 | |
| | | | 对于详细而准确的法律要求应从组织机构的法律顾问,或者合格的法律从业人员处获得帮助 | |
| | | | 应知晓不允许滥用信息处理设备,以免危害组织机构和社会利益,并有措施防止滥用 | |
| | | | ★信息系统中采用的密码技术应使用国家主管部门批准的算法,符合国家有关法规的要求 | |
| | | 知识产权管理 | 应建立关于尊重知识产权的策略,防止发生侵犯版权的行为,并形成书面文档 | 5.7.1.2 c) |
| | | | 涉及软件开发的工作人员和承包商应做到符合和遵守相关的法律、法规 | |
| | | | 应明确规定外包开发的应用系统软件的有关软件版权问题 | |
| | | | 应防止外包开发的应用系统因软件升级或改造发生侵犯软件版权问题 | |
| | | | ★对关键业务应用,必要时应要求使用具有自主知识产权的软件,以保护关键业务应用的安全 | |

表 A.39（续）

| 类 | 族 | 评估项 | 评估内容要点 | 标准依据 |
|---|---|---|---|---|
| 监督和检查管理 | 符合法律要求 | 保护证据记录 | 规定组织机构的重要记录的内容范围，如财务记录、数据库记录、审计日志等 | 5.7.1.3 a) |
| | | | ★应按照法律法规的要求保护组织机构的重要记录，防止丢失、毁坏和被篡改 | |
| | | | 被作为证据的记录，信息的内容和保留的时间应遵守国家法律法规的规定 | |
| | 依从性检查 | 检查和改进 | 要求组织机构定期对安全管理活动的各个方面进行检查和评估工作 | 5.7.2.1 b) |
| | | | 建立检查和改进制度，做到定期检查实施的所有安全程序是否遵从了组织机构制定的安全方针和政策，检查信息系统在技术方面是否依从了安全标准，根据检查过程中发现的不足对安全管理体系进行不断改进 | |
| | | | ★对照组织机构的安全策略和管理制度做到自管、自查、自评，并应落实责任制，接受国家监管部门的监管 | |
| | | ★安全策略依从性检查 | 定期检查信息系统的网络、操作系统、数据库系统等系统管理员，对安全策略的遵守情况，包括是否能正确执行安全制度，遵从安全策略 | 5.7.2.2 c) |
| | | | ★定期检查信息系统各个岗位对操作规程和管理制度的执行情况，确保遵从组织机构的安全策略 | |
| | | | 检查范围应包括信息系统本身，以及系统供应商、信息和信息资产的所有者、用户和管理层，保证其符合安全策略和标准 | |
| | | | 检查有关系统使用情况和操作等监控过程，根据检查结果，对信息系统安全管理体系和安全管理执行过程存在的问题进行不断改进 | |
| | | ★技术依从性检查 | **★按照信息系统应达到安全保护等级第五级技术要求**定期进行检查，根据检查信息系统对安全实施标准的符合情况进行初步评价并形成意见 | 5.7.2.3 c) |
| | | | 对硬件和软件的检验，以及技术依从检查应由有能力的、经过授权的人员来进行 | |
| | | | 对于技术检测应由有经验的系统工程师手工或使用软件包进行并生成检测结果，经技术专家解释并产生技术报告 | |
| | | | 应根据检查结果，对存在的缺陷进行不断改进 | |
| | | | 对关键区域或敏感系统的技术依从性检查应严格控制，并注意对有关检测过程和检测结果的安全进行保护 | |

表 A.39(续)

| 类 | 族 | 评估项 | 评估内容要点 | 标准依据 |
|---|---|---|---|---|
| 监督和检查管理 | 审计及监管控制 | ★审计控制 | 应有独立的审计机构或人员对组织机构的安全管理体系、信息系统的安全风险控制、管理过程的有效性和正确性进行审计 | 5.7.3.1 c) |
| | | | ★对审计过程进行控制,应制定审计的工作程序和规范化工作流程,将审计活动周期化,同时加强安全事件发生后的审计 | |
| | | | 应对系统的审计活动进行规划,尽量减小中断业务流程的风险 | |
| | | | 系统审计过程控制要求,审计的范围必须经过授权并得到控制,审计所需的资源应明确定义并保证可用性,应审计和记录所有的访问,对所有的流程、需求和责任都应文档化 | |
| | | | 应对系统审计工具进行保护,防止误用造成危害 | |
| | | | 审计工具应与开发系统和运行系统分开管理 | |
| | | | 应明确审计工具的适用范围,使用过程应经过批准,应记录审计工具的所有使用过程,应明确审计工具的保存方式、责任人员等 | |
| | | 监管控制 | **依照国家有关法规和 GB 17859—1999 第五级的要求进行自主保护,国家指定专门部门、专门机构进行专门监督** | 5.7.3.2 e) |
| | 责任认定 | 审计结果的责任认定 | 对于审计及监管过程发现的问题应限期解决 | 5.7.4.1 c) |
| | | | ★应认定技术责任和管理责任,明确责任当事人,提出问题解决办法和责任处理意见 | |
| | | | 应对审计及监管过程发现的问题认定相关领导者的责任,组织机构领导层应就此提出问题解决办法和责任处理意见,以及监督问题解决情况 | |
| | | | 应对审计及监管过程发现问题的处理结果进行必要的复查,并明确进行审计及监管复查的期限和责任 | |
| | | 审计及监管者责任的认定 | 审计及监管者应按有关监督和检查的规定定期进行审计,逾期未进行审计及监管,使本应审计的问题因未审计而造成信息系统损失,应承担相应的责任 | 5.7.4.2 c) |
| | | | 审计及监管者虽能够按有关监督和检查的规定进行审计,但因未能及时发现本应审计出问题而造成信息系统损失的,应承担相应的责任 | |
| | | | 审计及监管者应对审计及监管过程发现问题的处理结果进行必要的跟踪检查直至问题的解决,如因未进行跟踪检查而造成损失的,应承担相应的责任 | |

### A.6.8 生存周期管理

表 A.40 生存周期管理(第五级信息系统)

| 类 | 族 | 评估项 | 评估内容要点 | 标准依据 |
|---|---|---|---|---|
| 生存周期管理 | ★规划和立项管理 | 系统规划要求 | 信息系统的管理者应对信息系统的建设和改造，以及近期和远期的发展制定工作计划，并应得到管理层的批准 | 5.8.1.1 c) |
| | | | 应制定安全策略规划并得到管理层的批准 | |
| | | | 安全策略规划主要包括信息系统的总体安全策略、安全保障体系的安全技术框架和安全管理策略等 | |
| | | | 能够为信息系统安全保障体系的规划、建设和改造提供依据，使管理者和使用者都了解信息系统安全防护的基本原则和策略，知道应采用的各种技术和管理措施对抗各种威胁 | |
| | | | 依据安全策略规划，制定安全建设和安全改造的规划，并应得到组织机构管理层的批准 | |
| | | 系统需求的提出 | ★信息系统应用部门或业务部门需要开发新的业务应用系统或更改已运行的业务应用系统时，以书面形式提出申请 | 5.8.1.2 c) |
| | | | ★信息系统的安全管理职能部门应根据信息系统的安全状况和存在隐患的分析，以及信息安全评估结果等提出加强系统安全的具体需求，并以书面形式提出申请 | |
| | | | 安全需求的分析和说明，至少包括组织机构的业务特点和需求，威胁、脆弱性和风险的说明，安全的要求和保护目标 | |
| | | | 信息系统的管理者应根据信息系统安全建设规划的要求，提出当前应进行安全建设和安全改造的具体需求，并以书面形式提出申请 | |
| | | ★系统开发的立项 | 接到系统需求的书面申请，必须组织有关部门负责人和有关安全技术专家进行可行性论证和安全性评价 | 5.8.1.3 c) |
| | | | ★通过可行性论证和确认项目安全性符合要求后由主管领导审批，或者经过管理层的讨论批准，才能正式立项 | |
| | ★建设过程管理 | ★建设项目准备 | ★对信息系统建设和改造项目应明确指定项目负责人，监督和管理项目的全过程，明确信息系统建设和改造项目的管理流程 | 5.8.2.1 c) |
| | | | 应制定详细的项目实施计划，作为项目管理过程的依据 | |
| | | | 建立工程实施监理管理制度，明确指定项目实施监理负责人 | |
| | | 工程项目外包要求 | 对于安全保护等级较高的信息系统工程项目，一般不应采取工程项目外包方式 | 5.8.2.2 d) |
| | | | 信息系统工程项目外包，应选择具有服务资质的信誉较好的厂商，要求其已获得国家规定的资质证书、有成功的实施案例 | |
| | | | 对重要的信息系统工程项目外包，应在主管部门指定或特定范围内选择具有服务资质的信誉较好的厂商，并应经实践证明是安全可靠的厂商 | |
| | | | 对外包中被废止和暂停的项目，要确保相关的系统设计、文档、代码等的安全 | |
| | | | 对代码的所有权和知识产权、软件开发过程质量控制、代码质量检测、上线前的安全测试等制定控制措施 | |

表 A.40（续）

| 类 | 族 | 评估项 | 评估内容要点 | 标准依据 |
|---|---|---|---|---|
| 生存周期管理 | ★建设过程管理 | 自行开发环境控制 | ★自行开发项目，要求开发环境与实际运行环境做到物理分开，建立完全独立的两个环境 | 5.8.2.3 d) |
| | | | 开发及测试活动也应尽可能分开 | |
| | | | 系统开发文档应有专人负责保管，系统开发文档的使用须经管理层的批准 | |
| | | | 系统开发文档的变更应按照变更管理流程进行控制 | |
| | | | 一般不鼓励对非自行开发的软件包进行修改，必须改动时应注意内置的控制措施和整合过程被损害的风险，软件的改动对将来的维护带来影响，应保留原始软件并在完全一样的复制件上进行改动，所有的改动应经过充分的测试并形成文件，以便必要时用于将来的软件升级 | |
| | | | 应严格控制对源程序的访问，源程序不应被保存在运行系统中，技术开发人员不应具有对程序资源库不受限制的访问权，源程序库的更新和向程序员发布的程序源应经授权，应保留程序的所有版本，程序清单应被保存在一个安全的环境中，应保存对所有源程序库访问的审计记录 | |
| | | | 对于安全保护等级较高的信息系统建设项目及涉密项目，应对开发全过程采取相应的保密措施，对参与开发的有关人员进行保密教育和管理 | |
| | | ★安全产品使用要求 | 信息安全产品包括构成信息系统安全保护功能的信息技术硬件、软件、固件设备，以及安全检查、检测验证工具等 | 5.8.2.4 a)及公通字[2007]43号文件第21条 |
| | | | ★信息系统使用的信息安全产品应按照相应的安全保护等级的要求选择相应等级的产品 | |
| | | | ★产品研制、生产单位是由中国公民、法人投资或者国家投资或者控股的，在中华人民共和国境内具有独立的法人资格 | |
| | | | ★产品的核心技术、关键部件具有我国自主知识产权 | |
| | | | ★产品研制、生产单位及其主要业务、技术人员无犯罪记录 | |
| | | | ★产品研制、生产单位声明没有故意留有或者设置漏洞、后门、木马等程序和功能 | |
| | | | ★对国家安全、社会秩序、公共利益不构成危害 | |
| | | | ★对已列入信息安全产品认证目录的，应当取得国家信息安全产品认证机构颁发的认证证书 | |
| | | ★建设项目测试验收 | ★对信息系统建设和改造项目进行功能及性能测试，进行安全测试验收，保证信息系统建设项目的保密性、完整性、可用性 | 5.8.2.5 c) |
| | | | 应指定项目测试(包括安全测试)验收负责人 | |
| | | | 应制订测试和接收标准，确保信息系统建设和改造项目的接收要求和标准被清晰定义并文档化 | |
| | | | 对安全系统的测试至少包括对组成系统的所有部件进行安全性测试，对系统进行集成性安全测试，对业务应用进行安全测试等 | |
| | | | 在信息系统建设和改造项目验收时至少还应考虑系统性能和容量的要求，错误恢复、重启程序及应急计划，制定并测试日常的操作程序以达到规定的标准，实施了设计方案规定的安全控制措施，提供了有效的用户指南，新系统对组织机构业务的安全影响，操作和使用新系统的培训 | |

表 A.40（续）

| 类 | 族 | 评估项 | 评估内容要点 | 标准依据 |
|---|---|---|---|---|
| 生存周期管理 | 系统启用和终止管理 | ★新系统启用管理 | ★在新的信息系统或子系统、信息系统设备在启用以前，应经过正式测试验收 | 5.8.3.1 d) |
| | | | 由使用者或管理者提出申请，经过相应领导审批才能正式投入使用 | |
| | | | 应进行一定期限的试运行，并得到相应领导和技术负责人认可才能正式投入使用，并形成文档备案 | |
| | | | 组织有关管理者、技术负责人、用户和安全专家，对新的信息系统或子系统、信息系统设备的试运行进行专项安全评估，得到认可并形成文档备案才能正式投入使用 | |
| | | | 新系统正式投入使用的一定时间内，应进行审计跟踪，定期对审计结果做出风险评价，对安全进行确认以决定是否能够继续运行，并形成文档备案 | |
| | | ★终止运行管理 | 终止运行包括现有信息系统或子系统、主要设备 | 5.8.3.2 c) |
| | | | 应由使用者或管理者提出申请并说明原因 | |
| | | | 应由使用者或管理者提出采取的保护措施 | |
| | | | ★在任何新的信息系统或子系统、信息系统设备需要终止运行以前，应进行必要数据和软件备份，对终止运行的设备进行数据清除 | |
| | | | 得到相应领导和技术负责人认可才能正式终止运行，并形成文档备案 | |
| | | | ★应采取必要的安全措施，并进行数据和软件备份，对终止运行的设备进行不可恢复的数据清除，如果存储设备损坏则必须采取销毁措施，在得到相应领导和技术负责人认可才能正式终止运行，并形成文档备案 | |

# 参 考 文 献


[1] GB/T 20271—2006 信息安全技术 信息系统通用安全技术要求

[2] GB/T 22239—2008 信息安全技术 信息系统安全等级保护基本要求

[3] GA/T 713—2007 信息安全技术 信息系统安全管理测评

[4] 公通字[2007]43 号 信息安全等级保护管理办法

[5] OCTAVE Method Implementation Guide v2.0(OCTAVE 方法实施指南)

ICS 35.040
L 80

# 中华人民共和国国家标准

GB/T 28454—2012

# 信息技术　安全技术
# 入侵检测系统的选择、部署和操作

**Information technology—Security techniques—Selection, deployment and operations of intrusion detection systems**

(ISO/IEC 18043:2006,MOD)

2012-06-29 发布　　2012-10-01 实施

中华人民共和国国家质量监督检验检疫总局
中国国家标准化管理委员会　发布

# 前　　言

本标准按照 GB/T 1.1—2009 给出的规则起草。

本标准修改采用 ISO/IEC 18043:2006《信息安全　安全技术　入侵检测系统的选择、部署和操作》,除编辑性修改外主要变化如下:

a) 修改附录 A.6、A.7 和 A.8 中不符合常用规范的标准章条编号;

b) 术语部分:当 ISO/IEC 18043 中的术语与定义与 GB/T 25069—2010《信息安全技术　术语》表达含义相同,但描述略有不同时,采纳 GB/T 25069—2010《信息安全技术　术语》中的定义,包括:攻击、拒绝服务攻击、非军事区、入侵、路由器、交换机、特洛伊木马等;

c) 标准结构:较原标准文本相比,增加了第 2 章"规范性引用文件"和第 4 章"缩略语"。

d) 标准 7.2 中增加了"当组织对 IDS 产品有安全等级方面的要求时,见 GB/T 20275"。

请注意本文件的某些内容可能涉及专利。本文件的发布机构不承担识别这些专利的责任。

本标准由全国信息安全标准化技术委员会(SAC/TC 260)提出并归口。

本标准起草单位:山东省标准化研究院、山东省计算中心、中国电子技术标准化研究所、济宁市质量技术监督信息所。

本标准主要起草人:王曙光、董火民、曲发川、朱瑞虹、周鸣乐、李刚、王运福、许玉娜、罗翔、周洋、胡鑫磊、孙大勇、郑伟、林华、戴雯。

# 引　言

有部署入侵检测系统需求的组织在选择和部署入侵检测系统之前，不仅宜知道其网络、系统或者应用的入侵什么时间发生、是否会发生以及如何发生，也宜知道入侵利用了什么样的脆弱性，以及为了预防类似的入侵，未来宜实施什么防护措施和适当的风险处理手段（即风险转移、风险接受、风险规避）。组织也宜识别并避免基于计算机的入侵。在20世纪中期，组织开始使用入侵检测系统来满足这些需求。随着一系列IDS产品的出现，IDS的应用不断扩大，以满足组织对先进入侵检测能力的需求级别。

为了从IDS得到最大的效益，宜由经过培训、经验丰富的人员谨慎策划和实施选择、部署和操作IDS的过程。当过程实现时，IDS产品能帮助组织获得入侵信息，并能在整个信息和通信技术基础设施中担当重要安全设施的角色。

本标准提供了有效选择、部署和操作IDS的指南，以及IDS的基础知识。同时适用于考虑外包其入侵检测能力的组织。外包服务级别协议的信息可在基于GB/T 24405的IT服务管理过程中找到。

# 信息技术　安全技术
# 入侵检测系统的选择、部署和操作

## 1　范围

本标准给出了帮助组织准备部署 IDS 的指南。特别是，详细说明了 IDS 的选择、部署和操作。同时给出了这些指导方针来源的背景信息。

注：IDS 的部署宜定位在网络节点和边界，最多到系统边界，不宜深入到信息系统内部或监控系统内资源。

本标准的目的是帮助组织：

a)　满足 GB/T 22080—2008 的下列要求：
- 组织应实施能提升检测和响应安全事件能力的程序和其他控制措施；
- 组织应执行监视和评审程序和其他控制措施，以识别潜在的或已经存在的安全漏洞和事件。

b)　在实施控制措施方面，满足 GB/T 22081—2008 的下列安全目标：
- 检测未授权的信息处理活动；
- 宜监视系统并记录信息安全事件；操作日志和故障日志宜用来确保识别信息系统问题；
- 组织宜遵守所有用于监视和记录日志活动的相关法律要求；
- 监视系统宜用于检查所采取控制措施的有效性，并验证访问控制方针模型的符合性。

组织宜认识到对满足上述要求来说，IDS 部署不是唯一的或完善的解决方案。此外，本标准期望作为合格评定的准则，例如信息安全管理体系(ISMS)认证、IDS 服务或产品认证。

## 2　规范性引用文件

下列文件对于本文件的应用是必不可少的。凡是注日期的引用文件，仅注日期的版本适用于本文件。凡是不注日期的引用文件，其最新版本(包括所有的修改单)适用于本文件。

GB/T 18336(所有部分)　信息技术　安全技术　信息技术安全性评估准则[ISO/IEC 15408(所有部分)]

GB/T 20275　信息安全技术　入侵检测系统技术要求和测试评价方法

GB/Z 20985—2007　信息技术　安全技术　信息安全事件管理指南(ISO/IEC TR 18044:2004，MOD)

GB/T 22080—2008　信息技术　安全技术　信息安全管理体系　要求(ISO/IEC 27001:2005，IDT)

GB/T 22081—2008　信息技术　安全技术　信息安全管理实用规则(ISO/IEC 27002:2005，IDT)

GB/T 25068.1—2012　信息技术　安全技术　IT 网络安全　第 1 部分：网络安全管理(ISO/IEC 18028-1:2006，IDT)

GB/T 25068.2—2012　信息技术　安全技术　IT 网络安全　第 2 部分：网络安全体系结构(ISO/IEC 18028-2:2005，IDT)

## 3　术语和定义

下列术语和定义适用于本文件。

3.1

**攻击　attack**

在信息系统中，对系统或信息进行破坏、泄露、更改或使其丧失功能的尝试(包括窃取数据)。

3.2

**攻击特征　attack signature**

执行某种攻击的计算机活动序列或其变体，通常通过检查网络流量或主机日志加以确定，入侵检测系统也依其来发现已经发生的攻击。

3.3

**证明　attestation**

公钥加密而产生的变量，可使 IDS 软件程序和设备鉴别其远程方的身份。

注：见 3.21 远程证明。

3.4

**网桥　bridge**

将位于 OSI 2 层的局域网连接到采用相同协议的另一局域网的网络设备。

3.5

**密码散列值　cryptographic hash value**

分配给一个文件并在后期用来测试这个文件的数学值，以验证包含在文件中的数据没有被恶意更改。

3.6

**拒绝服务攻击　DoS(Denial-of-Service)attack**

一种使系统失去可用性的攻击。

3.7

**非军事区　demilitarized zone;DMZ**

介于网络之间作为“中立区”的安全主机或小型网络(又称“掩蔽子网”)，形成的一个安全缓冲区。

3.8

**(漏洞)利用　exploit**

已明确定义的利用脆弱性破坏信息系统安全的一种方式。

3.9

**防火墙　firewall**

设置在网络环境之间的一类安全网关或者屏障。防火墙可以是一台专用设备，也可以是若干部件和技术的组合。防火墙具有如下特性：网络环境间所有通信流量都要流经防火墙，且仅允许授权的流量通过。

[GB/T 25068.1—2012]

3.10

**误报　false positive**

没有攻击时入侵检测系统有报警的情况。

3.11

**漏报　false negative**

攻击发生时入侵检测系统没有报警的情况。

3.12

**主机　host**

基于 TCP/IP 协议网络，可设定地址的系统或计算机。

3.13

**入侵者　intruder**

针对主机、站点、网络等，正在或已经进行入侵或攻击的人。

3.14

**入侵　intrusion**

对某一网络或联网系统的未经授权的访问，即对某一信息系统的有意无意的未经授权的访问(包括针对信息的恶意活动)。

3.15

**入侵检测　intrusion detection**

检测入侵的正式过程。该过程一般特征为采集如下知识：反常的使用模式，被利用的脆弱性及其类型、利用的方式，以及何时发生和如何发生。

3.16

**入侵检测系统　intrusion detection system；IDS**

在信息系统和网络中，一种用于辨识某些已经尝试、正在发生或已经发生的入侵行为，并可对其做出响应的技术系统。

3.17

**入侵防御系统　intrusion prevention system；IPS**

一种提供主动响应能力的入侵检测系统。

3.18

**蜜罐　honey pot**

用来欺骗、扰乱和引开攻击者的诱饵系统，促使攻击者把时间花在某些信息上，这些信息看起来有价值，实际上是虚假的，对合法用户没有任何价值。

3.19

**渗透　penetration**

绕过系统安全机制的、未经授权的行为。

3.20

**在线升级　provisioning**

从厂商网站远程搜索新的软件更新并下载经鉴定的更新的过程。

3.21

**远程证明　remote attestation**

使用数字证书来确保 IDS 的身份及其软件和硬件配置，并安全的将信息传输到可信操作中心的过程。

3.22

**响应(事件响应或入侵响应)　response(incident response or intrusion response)**

当攻击或入侵发生时，为了保护和恢复信息系统正常运行以及存储在其中的信息而采取的行动。

3.23

**路由器　router**

路由器是用来建立和控制两个不同网络间数据流的网络设备，它是通过基于路由协议机制和算法来选择路线或路由来实现建立和控制的，它们自身可以基于不同的网络协议。路由信息被存储在路由表内。

3.24

**服务器　server**

为其他计算机提供服务的计算机系统或程序。

3.25

**服务级别协议　service level agreement**

规定技术支持或业务性能目标的合同,包括服务提供方提供给其客户的性能和对失败结果的测量。

3.26

**探测器　sensor**

从被观察的信息系统中,通过感知、监测等收集事态数据的一种部件或代理。

3.27

**子网　subnet**

在某一网络中,共享某一公共地址成分的部分。

3.28

**交换机　switch**

在联网的设备之间,一种借助内部交换机制来提供连通性的设备。交换机不同于其他局域网互联设备(例如集线器),原因是交换机中使用的技术是以点对点为基础建立连接。这确保了网络通信量只对有地址的网络设备可见,并使几个连接能够并存。交换技术可在开放系统互连(OSI)参考模型的第二层或第三层实现。

3.29

**测试接入点　test access points;TAP**

典型的被动设备,不会在数据包中加装任何负载;当它们使数据收集接口在网络中不可见时,它们也能提高安全级别,在这里交换机仍然可保持端口的 2 层信息。TAP 也给出了多端口的功能,这样在不丧失 IDS 能力的情况下,可以调试网络问题。

3.30

**特洛伊木马　Trojan horse**

一种表面无害的程序,它包含恶性逻辑程序,可导致未授权地收集、伪造或破坏数据。

## 4　缩略语

下列缩略语适用于本文件。

| | | |
|---|---|---|
| API | 应用程序编程接口 | Application Programming Interface |
| ARP | 地址解析协议 | Address Resolution Protocol |
| CGI | 通用网关接口 | Common Gateway Interface |
| CPU | 中央处理器 | Central Processing Unit |
| DNS | 域名系统 | Domain Name System |
| ICMP | 网际控制报文协议 | Internet Control Message Protocol |
| IDS | 入侵检测系统 | Intrusion Detection System |
| IP | 网际协议 | Internet Protocal |
| IPS | 入侵防御系统 | Intrusion Prevention System |
| ISIRT | 信息安全事件响应团队 | Information Security Incident Response Team |
| HIDS | 基于主机的入侵检测系统 | Host Based IDS |
| HIPS | 基于主机的入侵防御系统 | Host Based IPS |
| HTTP | 超文本传送协议 | Hypertext Transfer Protocal |
| MAC | 媒体访问控制 | Media Access Control |
| NIDS | 基于网络的入侵检测系统 | Network Based IDS |

| | | |
|---|---|---|
| NIPS | 基于网络的入侵防御系统 | Network Based IPS |
| NOC | 网络操作中心 | Network Operations Center |
| OSI | 开放系统互连 | Open System Interconnection |
| ROI | 投资回报率 | Return On Investment |
| SIM | 安全信息管理 | Security Information Management |
| SMS | 短消息系统 | Short Message System |
| SLA | 服务级别协议 | Service Level Agreement |
| SMTP | 简单邮件传送协议 | Simple Mail Transfer Protocol |
| SNMP | 简单网络管理协议 | Simple Network Management Protocol |
| SPAN | 交换机端口分析器 | Switch Port Analyzer |
| TAP | 测试接入点 | Test Access Points |
| TCP | 传输控制协议 | Transport Control Protocal |
| UDP | 用户数据报协议 | User Datagram Protocal |

## 5 背景

IDS 的目的是被动监视、检测和记录不适当的、不正确的、可疑的或者反常的活动，这些活动可能代表入侵，当检测到这些活动时，IDS 会发出报警。专职 IT 安全人员的职责是主动评审 IDS 日志并根据不适当的访问意图做出后续活动的决策。

当组织需要迅速检测针对组织信息系统的入侵并进行适当的响应时，宜考虑部署 IDS。组织可通过获取 IDS 软件和(或)硬件产品，或向 IDS 服务提供商外包 IDS 能力的方式部署 IDS。

有许多商业的或者开源的 IDS 产品和服务，他们基于不同的技术和方法。另外，IDS 不是即插即用技术，因此当组织准备部署 IDS 时，宜至少熟知本标准提供的指南和信息。

IDS 的基础知识主要在附录 A 中。该附录解释了两种基本类型的 IDS 的不同特征：HIDS 和 NIDS，以及检测分析入侵的两种基本方法，也就是基于误用的方法和基于异常的方法。

HIDS 的检测信息来自于单个主机，而 NIDS 的信息来自于网络段的流量。基于误用的方法把对信息系统的攻击建模为特定的攻击特征，然后对系统进行整体扫描，统计攻击特征次数。本过程需要对前期认为带有入侵或恶意性的行为和活动进行特定编码。基于异常的方法则试图通过记录严重反常行为来检测入侵。该方法的原理基于这样一个假设：这些攻击行为不同于正常或者合法的行为，因此系统能够识别这些差异并检测出来。

组织宜认识到不同的信息来源和分析方法的优势和不足(或限制)，它们可影响检测特定攻击的能力，并能影响安装、维护 IDS 的困难程度。

## 6 概述

IDS 的功能和局限性(见附录 A)表明，组织宜把基于主机(包括应用监视)和基于网络的方法结合起来，以达到完全涵盖潜在入侵的效果。每类 IDS 都有其特长和局限性，结合在一起，他们能够提供更好的覆盖安全事态和报警分析的能力。

不同 IDS 技术的组合依赖于报警管理系统中关联引擎的可用性。人工关联 HIDS 和 NIDS 报警信息可能导致操作人员超负荷工作，没有任何优点。其结果比从单一的 IDS 中选取最合适的输出方式更糟。

在组织内选择、部署和操作 IDS 的过程如图 1 所示，后续章条将详细描述本过程中的关键步骤。

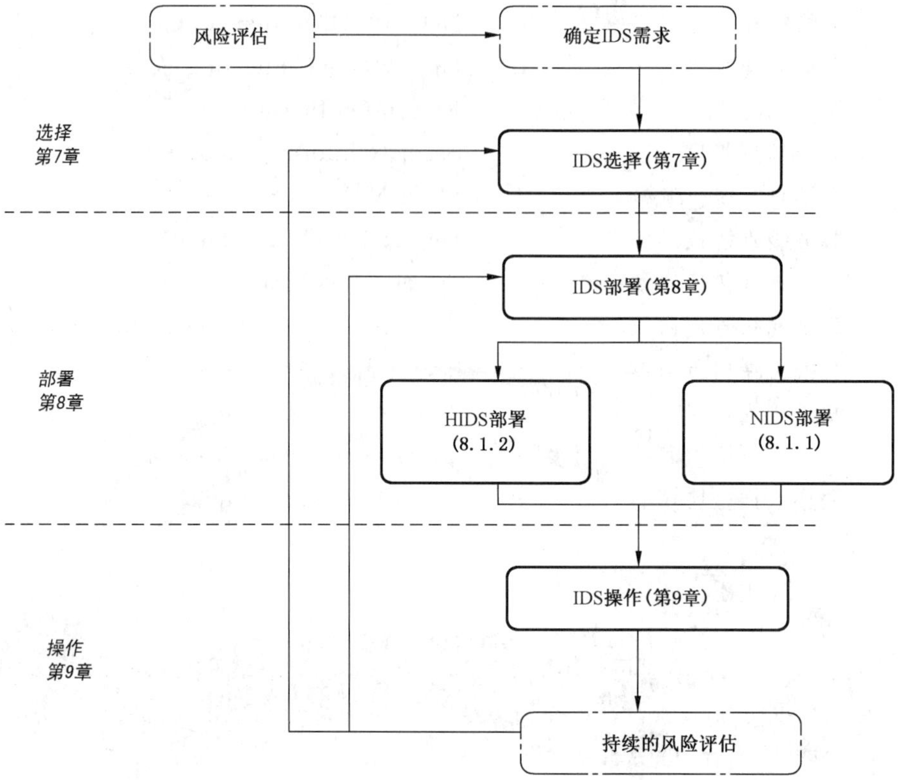


注：虚线框中的内容超出了本标准的范围。

**图 1 IDS 的选择、部署和操作**

## 7 选择

有许多可用的IDS产品和产品系列。产品涵盖了能够在低成本主机上部署的免费产品，和需要最新硬件支撑的非常昂贵的商用系统。因为有多种不同的IDS产品可供选择，因此选择最符合组织需求的IDS非常困难。此外，市场上提供的各种不同IDS产品之间存在的兼容性可能是有限的。另外，因为组织的合并和潜在广泛的地理分布，组织可能被迫使用不同的IDS，不同IDS的集成可能是巨大的挑战。

在一个大流量的运行网络中，厂商说明书不可能描述IDS能够如何很好的检测入侵，以及部署、操作和维护IDS是多么困难。厂商可能指出能检测到哪些攻击，但是在对组织网络流量缺乏了解的前提下，描述IDS如何有效的执行并避免误报和漏报是非常困难的。因此仅仅依赖厂商提供的关于IDS能力的信息是不够的，也不建议这么做。

GB/T 18336(所有部分)可用于IDS的评价。在这种情形下，相比厂商说明书，被称为“安全目标”的文档包含了IDS性能方面更为精确和可靠的描述。组织宜在选择过程中使用这个文档。

下列章条提供了在IDS选择过程中组织使用的要素。

### 7.1 信息安全风险评估

在选择IDS之前，组织宜执行信息安全风险评估，目的是识别针对可能存在脆弱性的特定信息系统的攻击和入侵(威胁)，考虑如下因素，诸如系统运行的网络环境、系统运用信息的性质以及需要如何保护信息、使用的通信系统类型以及其他操作和环境的因素。在组织特定信息系统安全目标的背景下，通过考虑这些潜在威胁，组织能识别可以有效减缓风险并具有成本效益的控制措施。已识别的控制措施为IDS提供的功能提供需求基础。

注：信息安全风险管理是GB/T 19715.2的主题。

一旦安装了IDS且IDS是可操作的，组织宜根据系统的操作和威胁环境的变更，持续实施风险评估过程，以便周期性评审控制措施的效力。

### 7.2 主机或网络IDS

IDS部署宜基于组织风险评估和资产保护优先级。在选择IDS时，宜研究监视事态最有效的方法。

每种选择都有其优点和缺点。例如，外部防火墙能有效阻止大量需要扫描的报警事态，因此当IDS部署在外部防火墙之外时，IDS能产生大量不需要仔细分析的报警。

当组织对IDS产品有安全等级方面的要求时，见GB/T 20275。

#### 7.2.1 基于主机的IDS(HIDS)

HIDS以系统日志、应用程序日志作为数据源，或通过其他手段(如监督系统调用)从所在的主机收集信息进行分析，从而发现异常行为的IDS。

选择HIDS需要确认目标主机。鉴于组织在每台主机上全面部署HIDS，代价非常昂贵，所以只能在关键主机上部署HIDS。因此HIDS的部署宜根据风险分析结果和成本效益的考虑区分优先级次序。当HIDS部署在所有或者相当大数量的主机上时，组织宜部署具备集中管理和报告功能的IDS。

#### 7.2.2 基于网络的IDS(NIDS)

NIDS是以网络上数据包作为数据源，监听所保护网络内的所有数据包并进行分析，从而发现异常行为的IDS。

当部署NIDS时，考虑的主要因素是在什么位置放置系统探测器，可选位置包括：

a) 在外部防火墙之内；
b) 在外部防火墙之外；
c) 在主要的骨干网络上；
d) 在关键子网上。

### 7.3 考虑事项

#### 7.3.1 系统环境

组织宜在安全风险评估的基础上，按照优先顺序，首先确定保护什么资产，然后定制适合环境的IDS。要实现这个目标至少需要收集下面的系统环境信息：

a) 主机数量和位置、网络入口以及与外部网络的连接点的网络拓扑图的详细说明；
b) 组织网络管理系统的描述；
c) 每个主机的操作系统；
d) 网络设备的数量和类型，如路由器、网桥和交换机；
e) 服务器和拨号线路的数量和类型；
f) 所有网络服务器的描述，包括类型、配置、应用软件和正在运行的版本；
g) 与外部网络的连接，包括标称带宽和支持协议；
h) 与引入连接路径不同的文档返回路径，即不对称数据流。

#### 7.3.2 安全

在记录系统环境的技术属性之后，宜识别已安装的安全保护机制。至少需要下列的信息：

a) 非军事区(DMZ)；

b) 防火墙和过滤路由器的数量、类型和位置；

c) 识别认证服务器；

d) 数据和通信链路加密；

e) 反恶意软件或病毒包；

f) 访问控制产品；

g) 专业的安全硬件，如加密硬件；

h) 虚拟专用网；

i) 任何其他已安装的安全机制。

#### 7.3.3 IDS安全策略

在识别系统和通用的安全环境之后，宜确定IDS的安全策略。策略至少需要回答以下关键问题：

a) 要监视什么信息资产?

b) 需要什么类型的IDS?

c) IDS能放置在什么位置?

d) 宜检测什么类型的攻击?

e) 什么类型的信息宜记入日志?

f) 当检测到攻击时，能提供什么类型的响应或报警?

IDS安全策略表现了组织为IDS投资的目标。这是尝试从IDS资产获得最大收益的最初步骤。

为了详细说明IDS安全策略目的和目标，组织宜首先识别来自内部和外部的风险。组织宜了解，一些IDS厂商把IDS安全策略定义为IDS产生报警的规则。

现有组织安全策略的评审宜提供针对IDS需求的模板，模板可根据保密性、完整性、可用性和抗抵赖性等安全目标进行明确和规定，也可根据更多的管理目标如隐私权、责任保护和易管理性等进行明确。

当IDS检测到违背安全策略的事件发生时，组织宜确定IDS如何应对。特别是，当组织希望主动响应某些类型的违背时，宜配置IDS来这样做，而且操作人员宜了解组织的响应策略，这样他们能够以适当的方式处理警报。例如，可要求执法机构调查以帮助安全事件的有效解决。为了达到其成为法律证据的目的，可要求相关信息移交到法律实施实体，包括IDS日志。

安全事件管理相关的其他信息可在GB/Z 20985—2007中查找。

#### 7.3.4 性能

在选择IDS时，性能是考虑的另外一个因素。组织至少要回答以下的问题：

a) IDS需要处理多大的带宽?

b) 在给定的带宽下操作时，误报可被容忍到什么程度?

c) 能为高速IDS成本提供正当理由么? 或者中速或低速的IDS就能够满足?

d) 因为IDS性能的局限性，错过潜在入侵的后果是什么?

可持续性能的定义是，在给定的带宽利用范围之内持续检测攻击的能力。在多数环境中，几乎不会容忍这样的IDS，即它会错过或者漏掉可能是攻击一部分的流量包。在某些时候，当带宽和(或)网络流量增加时，许多IDS不能有效和持续的检测入侵。

负载均衡和调整的结合能提高效率和性能。例如：

a) 组织需要网络及其脆弱性的知识:每个网络都是不同的;组织宜明确什么样的网络资产需要保护,以及什么样的攻击特征的调整可能与那些资产相关。这通常通过风险评估过程来完成。

b) 当 IDS 被配置成处理有限数量的网络流量和服务时,多数 IDS 的性能会更好。例如,有许多电子商务业务的组织需要监视所有的 HTTP 流量并调整一个或多个 IDS,仅仅为了查找与 WEB 流量相关的攻击特征。

c) 适当的负载平衡配置能使基于特征的 IDS 运行更快更彻底,因为基于特征的 IDS 仅仅需要遍历优化的更小的攻击特征数据库处理,而不是遍历所有可能攻击特征的数据库。

在 IDS 部署中,负载均衡用来分离可用带宽。然而,带宽分离可能产生问题,如:附加的成本、管理费用、流量失调、报警复制和漏报。此外,当前的 IDS 技术正达到 G 比特速度,造成的结果是与负载平衡的效益成本比可能是最小的。

### 7.3.5 能力的确认

依赖于厂商提供的有关 IDS 能力的信息通常是不够的。组织宜要求附加说明,或者是适用于组织环境和安全目标的特定 IDS 适用性的示范。当目标网络成长时,多数 IDS 厂商有采用他们产品方面的经验,一些厂商会负责在威胁环境中支持新协议标准、平台类型和变更。组织宜要求 IDS 厂商至少解答如下问题:

a) IDS 在特定环境中的适用性该做何种假设?

b) 为验证 IDS 能力的声明而执行的测试细节是什么?

c) 对 IDS 操作人员做什么假设?

d) 提供什么样的 IDS 接口?(重要的接口类型有:物理接口、通信协议以及与关联引擎接口的报告格式)

e) 报警输出机制或格式是什么,以及他们是否有据可查?(例如,格式或系统日志消息或 SNMP 消息的管理信息库)

f) 在工作时间,IDS 接口能与快捷键、定制的报警特性以及攻击特征一起配置么?

g) 在 IDS 可以在工作时间配置的情形下,能够提供该能力的特性是否都有据可查?

h) 产品能适应组织系统基础设施的发展和变更吗?

i) IDS 产品能适应日益扩展和变化的网络吗?

j) 部署 IDS 后对网络的传输能力有影响吗,影响多大?

k) IDS 提供自动防故障和故障排除能力吗,以及这些能力如何与网络链路层上的相同能力集成?

l) IDS 使用警报专用网络吗,还是与监视使用相同的网络进行传输?

m) 厂商的名誉和产品性能记录是什么?

### 7.3.6 成本

购买 IDS 的成本并不是购买者花费的真实成本。附加成本包括:购买运行 IDS 软件的系统的成本、安装和配置 IDS 的特别补助、人员培训和维护成本。管理系统和分析结果的人员是最大的成本。测量 IDS 成本的有效方法是 ROI 或者成本与效益分析。在这种情形下,当管理入侵时,组织基于了解到的节省的成本来计算 ROI。购买和操作 IDS 的成本要与帮助解决报警的人员成本以及由虚假报警和不适当的响应引起的费用相平衡,如,由于无力确定危及了哪些系统的安全而重新设置信息系统。

操作 IDS 的好处包括:

a) 识别有缺陷的或错误配置的设备;

b) 在工作时间确认配置;

c) 提供早期系统用法统计表。

为了作出有关 IDS 的财务决议,购买者宜回答 IDS 总成本的问题。为了做这些,宜分析在组织内部署 IDS 的花费。IDS 成本分析至少需要基于下列问题的回答上：

a） 购买 IDS 最初的基本建设费用的预算是多少？

b） IDS 运行周期要求是 7×24 h 或者更少？

c） 处理、分析和报告 IDS 输出需要的基本设备是什么，以及它的成本是多少？

d） 组织有按照组织的安全策略配置 IDS 所需的人员和其他资源吗？有操作、维护、更新和监视 IDS 输出以及响应报警的人员和资源吗？如果没有，如何实现这些功能？

e） 有用于 IDS 培训的资金吗？

f） 部署的范围是什么？如果使用 HIDS，将保护多少台主机？

通过向远程管理的入侵检测服务提供商外包 IDS 监视和维护功能来分摊日常管理成本，单个组织的成本可能更少。

IDS 部署最昂贵的部分是响应。其重要成本宜包括确定响应的形式、建立响应队伍、开发和部署响应策略以及培训和演练。

### 7.3.7 更新

多数 IDS 基于攻击特征，IDS 的价值实际上仅在于相当于针对事态分析的攻击特征数据库。因为经常会发现新的脆弱性和攻击，所以宜经常更新 IDS 攻击特征数据库。因此组织至少宜考虑下列因素：

a） 更新的及时性；

b） 内部分发的效力；

c） 实施；

d） 系统影响。

#### 7.3.7.1 基于特征的 IDS 更新的及时性

维护当前的攻击特征对检测已知攻击是必要的。为了确保攻击特征以实时方式更新，至少宜确认以下问题：

a） 当发现漏洞利用或者特定的脆弱性时，IDS 厂商发布攻击特征更新有多快？

b） 通知程序可靠吗？

c） 能够保证攻击特征更新的真实性和完整性吗？

d） 如果在组织内定制攻击特征，具备足够可用的技术吗？

e） 为了立即响应高风险的脆弱性或持续攻击，具备写入或者接收定制的攻击特征的可能性吗？

#### 7.3.7.2 内部分发和实施的效力

组织能在一定时间范围内向所有相关系统快速分发和实施具体的更新吗？在许多情形下，宜修改攻击特征的更新以包括具体 IP 地址、端口等。更加明确的是，至少宜回答如下问题：

a） 在具备手动分发过程的情况下，管理员或者用户会在可接受的时间范围内实施攻击特征吗？

b） 能测量自动分发和安装过程的效力吗？

c） 具备有效跟踪攻击特征更新的机制吗？

#### 7.3.7.3 系统影响

为了最小化攻击特征更新对系统性能上的影响，至少宜回答下列问题：

a） 攻击特征的更新影响重要服务或应用的性能吗？

b） 有可能选择性关注攻击特征的更新吗？这对避免冲突或影响服务或应用的性能是必要的。

#### 7.3.8 报警策略

IDS配置和操作宜基于组织的监视策略。组织至少宜确保IDS能支持用于组织现有的基础设施特定的报警方法。可支持的报警属性包括电子邮件、寻呼、SMS、SNMP事态以及攻击源的自动阻止。

当IDS数据用于司法取证目的时,包括为了内部纪律而进行的举证,至少应依据法律法规要求处理、管理、应用或提交这些IDS数据。

#### 7.3.9 身份管理

在无人干涉的条件下,身份管理是实行IDS远程证明和在线升级的关键基础。这些能力需要建立和使用可信第三方,该权力机构与通常假定为公钥基础设施中的一部分的权力机构极为相似。这些能力对无缝、安全、可控的IDS数据和组织网络信任边界中的IDS身份交换也很重要。

##### 7.3.9.1 远程证明

IDS可包含数百万行代码。在如此庞大代码的基础上,很难发现有意插入的恶意软件,因此可能允许攻击者控制IDS输出。因此,严格鉴别IDS软件和硬件的访问控制是非常重要的,并宜部分的基于发起访问请求的实体身份。远程证明在没有人发出指令的情况下,能提供这种访问控制能力。

在硬件中,远程证明通过产生加密证书或者哈希值来验证设备或者在无人设备上运行的软件的身份。最简单的形式是该身份通过加密哈希值来表示,此加密哈希值用于区分不同的软件程序或者设备和发现软件中的变更。在IDS用户请求中,证书可提供给任何远程方,原则上也有校验远程方的作用,即证明IDS正在使用预想的和不可替代的软件。如果IDS上的软件被改动,生成的证书会反映出来。这时,IDS的编码基础已经变更。

在使用IDS的情况下,远程证明的目的是检测IDS软件的未授权变更。例如,如果攻击者已经用一个恶意更改过的版本替换或者修改了一个IDS应用或者IDS操作系统的一部分,哈希值不会被远程服务或者其他软件认可。因此,远程方(如NOC)能检测到被病毒或木马破坏的IDS软件,它接着会对这些信息有所行动。因为证明是远程的,与IDS相联合的其他IDS也宜能知道一个特定的IDS已经损害。因此,在IDS未修复前,他们能够避免向其发送信息。

基于以上的原因,IDS宜远程向NOC证明或者报告其状态、配置或者其他重要的信息。证明能力或者IDS鉴别对评估IDS的健壮性和执行众多IDS配置和更新操作的能力是很关键的。更明确的是,证明是远程测试IDS完整性的能力。汇总后,这些IDS证明报告提供了网络防御状态的态势评估,而且是整个网络态势评估能力的关键部分。

##### 7.3.9.2 在线升级

当远程证明检测到IDS的问题时,需要正确的行动以减轻问题。这可以通过允许NOC推送IDS已鉴别的配置、软件更新和补丁来完成。业界已经采纳这个术语"在线升级",涵盖了为IT设备(也包括IDS)装载正确软件、安全策略和配置数据的过程。在线升级的目标是尽可能的远程处理。这两个方面都节约了物理访问单个IDS的人力成本,并允许更多的时间缓解问题,特别是攻击特征的更新。为了行之有效,IDS在线升级能力需要从操作中心安全的推出,并由IDS安全的拉入。在后面的情形中,IDS宜具备安全的和自动的能力以从厂商网站远程搜查新的软件更新并及时下载已鉴别的更新。

### 7.4 补充IDS的工具

组织宜迅速检测到入侵并减轻由入侵引起的破坏。组织也宜理解, IDS并不是认识到的这些目标的唯一或者彻底的解决方案。一些网络设备和信息技术工具可提供如IDS提供的能力。组织宜考虑部署这些设备和工具以加强和补充IDS的能力。

这些设备和工具的例子包括：

a) 文件完整性检查器；

b) 防火墙或安全网关；

c) 蜜罐；

d) 网络管理工具；

e) SIM 工具；

f) 病毒或内容保护工具；

g) 脆弱性评估工具。

### 7.4.1 文件完整性检查器

文件完整性检查器是辅助 IDS 的另一类安全工具。他们利用关键文件和对象的摘要信息或者其他的加密检查码，比较他们的参考值，标记不同之处或者变更。由于攻击者经常替换系统文件，在攻击的 3 个阶段使用加密校验码是很重要的。首先，他们替换了作为攻击目标的系统文件（例如，放置木马）。其次，他们试图在系统中留下后门，稍后通过这种途径他们能再次进入。最后，他们试图掩饰他们自己的痕迹，这样系统负责人可能意识不到攻击。

优点：

a) 确定厂商提供的 bug 补丁或者其他想得到的变更是否已经运用于系统；

b) 允许对攻击痕迹的快速可靠的诊断，特别是对已经被攻击的系统进行司法检查时；

c) 攻击者经常修改或者替换系统文件，并利用技术手段保留文件属性，这些文件属性会由系统管理员进行定期评审；使用加密校验码的完整性检查工具依然能检测任何变更或者修改；

d) 允许对数据文件的修改进行确认。

缺点：

a) 在分析期间，可要求启动和关掉信息系统或者至少是被验证的系统。

### 7.4.2 防火墙

防火墙（见 GB/T 25068.2—2012）的主要职责是限制网络间的访问。简单的防火墙基于组织可访问的源和目的 IP 地址和端口号来过滤网络流量。例如，组织可能仅要接受电子邮件服务器（端口号 25）或者 web 服务器（端口号 80）的流量。然而，应用级防火墙使用应用协议信息提供更多的复杂过滤。当防火墙位于一个封闭区域内时，它可以减少 NIDS 需要检查的流量。

当一些被阻止的信息流试图通过防火墙时，多数防火墙在监视网络信息内容和发起报警方面的能力是有限的。相比而言，NIDS 是专门用来检查网络包，检测合法和非法流量的构成，并在它检测到网络包的恶意内容时，能发出报警。在很多情形下，NIDS 警报可被用来改变防火墙的过滤参数。

当在防火墙内侧部署 NIDS 时，适当配置的防火墙会大大减少由 NIDS 检查的包的数量。这样的 NIDS 配置可极大的提高 NIDS 的精确性，因为当控制进入 NIDS 的流量时，能消除由扫描活动引起的因特网背景噪音。

### 7.4.3 蜜罐

蜜罐是诱骗系统的专业术语，用来欺骗、分散、转移并引诱攻击者在看起来有价值的信息上花费时间，这些信息实际上是捏造的，对合法用户来说没有一点价值。蜜罐主要的目的是收集对组织有威胁的信息，并引诱入侵者远离关键系统。

蜜罐不是一个操作系统，而是能引诱攻击者一直在线的信息系统，以使组织有足够长的时间评估攻击者的意图、技能水平和操作方法。

从分析蜜罐中入侵者的活动得到的信息使组织更好的理解系统中的威胁和脆弱性，从而改进组织

IDS 操作。通过分析蜜罐中入侵者的行动而得到的信息可为组织 IDS 策略、攻击特征数据库以及组织整体方法的发展做出贡献，这个整体方法是避免已知类型的攻击者威胁 IDS 的最佳实践。

在所有的情形下，组织只有在从法律建议中寻求指导后，才宜利用蜜罐。来自蜜罐的数据可认为是一种诱捕技术的形式，因此在某些管辖区域内不承认其数据的合法性。

蜜罐的一些优点和缺点是：

优点：

a) 攻击者可被转移到他们不能破坏的系统目标；

b) 没有误报；蜜罐不管理已授权的活动，因此任何被蜜罐捕捉到的活动均认为是可疑的；

c) 管理员有更多的时间决定如何回应一个攻击者；

d) 能容易且更广泛的监视攻击者的行动，监视结果可用来提炼威胁模型和改进系统保护；

e) 有效捕捉正在网络上窥探的内部人员。

缺点：

a) 使用此装置的合法意义不好确定；

b) 一旦进入诱捕系统，攻击者可能愤怒并试图对组织的系统发动更多充满敌意的攻击；

c) 为了使用这些系统，管理员和安全管理者需要高水平的专用技术。

#### 7.4.4 网络管理工具

网络管理工具利用不同的主动和被动检测技术来监视网络设备的可用性和性能。这些工具通过收集网络部件和拓扑信息，作为服务网络基础设施配置和管理的功能。

网络或系统管理工具与 IDS 报警的相互关联可帮助 IDS 操作者适当处理报警并评价他们对所监视系统的影响。

#### 7.4.5 安全信息管理(SIM)工具

组织使用 SIM 来合并管理和报警控制平台的报告。SIM 可收集来自 IDS、防火墙、嗅探器等的信息，并能减少过载信息，使分析者可以管理海量的信息。第二个理由是把数据收集在一起能使无数小的单包和复合源在雷达控制下长时间关联，而对单 IDS 来说攻击可能变成误报。

SIM 工具也可用于处理从 IDS 获得的数据。通常，SIM 工具可用来实施以下功能：

a) 将安全有关的来自不同源的事态数据收集并维护到中央数据库中，这可能包含来自一个或多个 IDS 的数据、网络设备和主机的日志文件以及反病毒工具的事态数据；

b) 进一步处理收集的数据，特别是提供广泛的过滤、聚集和相关性的能力；

c) 为报告相关报警和为基于收集数据的报警进行更深入的分析提供帮助，提供简单有用的界面。

SIM 工具的主要目标是提供自动化方式，区别高威胁的相关报警以及不相关或者没有威胁的误报。适当配置的 SIM 工具是达到本目标不可缺少的条件，当策划 SIM 工具的引入时，组织宜考虑将其作为重要的任务。当与 IDS 系统一起使用时，配置需要高级别专业技术和非凡的工作总量。有了适当的建设和配置，SIM 工具能提供高附加值，特别是能提供有价值的信息，触发进一步处理和活动(如，事件管理)。

#### 7.4.6 病毒或内容保护工具

病毒或内容保护工具可通过对特定流量和病毒来源信息的交叉分析，提供附加数据辅助 IDS。

#### 7.4.7 脆弱性评估工具

脆弱性评估是风险评估必需的部分，对良好安全审计或符合性检查和监视战略来说也是有价值的部件。此类型的评估允许组织查找脆弱性，并在多数情况下推荐纠正措施以减少入侵者利用他们入侵的机会。因此，脆弱性评估的使用能极大减少IDS查找攻击的数量。

脆弱性评估重点在于对存在脆弱性的无保护主机进行评估。本评估过程与执行攻击脚本不同。结果是，IDS检测脆弱性评估活动失效并不是指IDS不能检测攻击。相反的，IDS对脆弱性扫描活动的检测并不意味着相同的IDS能恰当的检测攻击。

脆弱性评估工具用来测试网络主机对危险的易感性。脆弱性测试工具结合IDS使用，不管是在攻击检测还是攻击反应方面，都为检查IDS的有效性提供了宝贵的方法。脆弱性评估工具的类型不是基于主机的就是基于网络的。基于主机脆弱性工具通过查询数据源（如文件内容）、配置细节和其他状态信息，来评估信息系统的安全。基于主机的工具允许访问目标主机，它通过远程连接在主机上运行。基于网络的脆弱性工具是用来扫描主机与网络设备相结合产生的脆弱性。为了执行主机或网络脆弱性评估，组织内一定级别的管理者宜批准测试。脆弱性评估工具的使用是对IDS的补充而不是作为一个替代者，强调这一点非常重要。

使用脆弱性评估工具的优点和缺点是：

优点：

a） 脆弱性评估工具为证明信息系统的安全状态以及在系统变更后重建安全基线，提供了有效的方法；
b） 脆弱性评估工具能定期识别信息系统安全声明中的变更；
c） 脆弱性评估工具最大的优点是帮助识别脆弱性。

缺点和问题：

a） 基于主机的脆弱性评估工具是特定的平台和应用，比基于网络的工具在建立、管理和维护方面要更加昂贵；
b） 基于网络的脆弱性评估工具是独立平台，不如基于主机的工具更有针对性；
c） 脆弱性评估是消耗资源的活动，可能是不切实际的活动，或者仅在以降低系统或网络性能为代价的条件下操作，或者仅在日期和时间要求严格的条件下操作；
d） 在许多情况下，脆弱性评估是以周、月、甚至相对于连续性更随机的周期性活动，因此及时检测安全问题可能是一个挑战，甚至有时是不可能的；
e） 和IDS一样，脆弱性评估工具受制于误报或漏报，宜认真分析；
f） 重复的脆弱性评估能使许多基于异常的IDS忽视真正的攻击；
g） 需要攻击特征的更新；
h） 基于主机的脆弱性评估工具不会检测网络中的未授权系统。

网络脆弱性评估测试宜仅限于目标系统，在整个过程中宜小心保护任何收集到的数据的隐私。由脆弱性工具收集到的数据是敏感信息，可被入侵者用来入侵组织的系统，因此宜保护这些信息。

### 7.5 可伸缩性

在使用IDS之前，组织宜研究特定IDS的可伸缩性。许多IDS在较低的数据传输速率运行充分，但是当带宽提高时，性能会降低。因为越来越多的包丢失且处理失效，所以性能降低通常会导致漏报（当攻击产生时没有产生报警）和误报（当没有攻击时产生了报警）。换句话说，许多IDS不能测量大规模的或者广泛分布的组织网络环境。

可伸缩性关注更多的是NIDS部署中的适用性，但在主机要求高性能的情况下，也应用于HIDS。

### 7.6 技术支持

像其他系统一样，IDS需要维护和支持。IDS不是“即插即用”技术。许多厂商提供了专家帮助使用者安装和配置IDS。其他的方面，厂商期望组织中的员工能处理这些功能，并提供电话和电子邮件帮助台功能。

技术支持的程度依赖于组织与IDS厂商的合同类型,并在个案的基础上实施。技术支持宜至少包括厂商协助调整或调试IDS使其适应特定的组织需求,不管他们监视组织内定制的或原有的系统,还是以定制的协议或格式报告IDS结果。

组织宜规定联系技术支持的方式(如,电子邮件、电话、在线聊天、基于web的报告、远程监视或者响应服务)。通常,合同条款能详细说明这些技术支持服务和响应时间。与厂商的合同宜为这些服务提供足够的可访问性,以支持事件处理或其他敏感时期的需要。

### 7.7 培训

只采用技术手段,对检测系统的入侵来说还不够。组织宜需要合格的技术人员评价、选择、安装、操作和维护IDS。合格IDS人员的要求非常高,在很多情形下,招聘、雇佣、留住满足IDS职责要求的有经验和知识的人员非常困难,因此许多组织决定向安全管理服务商外包IDS操作。这个选择提出了组织在培训方面的问题和风险。例如,即使在外包其多数持续功能的情况下,组织也宜向员工培训关于IDS问题和操作的重要知识,否则可能失去对IDS的控制。对组织来说,为了最佳利用IDS,负责监督IDS外包操作的员工宜熟悉IDS操作和规程。这种类型的培训通常可从提供IDS产品的厂商那里得到。组织在购买IDS时宜包含这种厂商培训并把它作为IDS购买成本的一部分。

当IDS厂商不把提供培训作为IDS包的一部分时,组织宜做适当的预算培训操作人员。这种培训宜持续的提供,以便允许人员更替和IDS及其环境的变更。

## 8 部署

根据本标准前面的内容,只有通过下列活动才能成功实现HIDS或NIDS部署:

a) 基于风险评估的全面需求分析,包括IDS安全要求;

b) 认真选择IDS部署策略;

c) 识别与组织网络基础设施、策略以及资源级别相一致的解决方案;

d) 专业的IDS维护和操作培训;

e) 为了处理和响应IDS报警,制定培训和演练规程。

根据两种IDS的优点和局限性,组织宜考虑结合使用NIDS和HIDS,以保护全组织范围内的网络。

### 8.1 分阶段部署

组织宜考虑分阶段部署IDS。这个方法能允许员工获取经验并确定有多少监视和维护资源可用于支持IDS操作。每种IDS的资源需求变化范围很广,其高度依赖于组织的系统和安全环境。

HIDS和NIDS可一前一后部署,选择这样一种IDS监视方法时,组织宜分阶段实施。在分阶段部署中,组织宜以NIDS开始部署,因为NIDS通常是安装和维护最简单的IDS。下一个步骤是利用HIDS保护关键服务器。此外,为了实现适当的功能和配置,组织宜使用脆弱性评估工具定期测试IDS和其他的安全机制。

#### 8.1.1 NIDS部署

当NIDS与HIDS配合使用时,组织宜确保在可控、主动测试和培训的环境中操作人员已经熟练的使用NIDS。在运行网络中全面部署NIDS之前,宜在不同位置试验NIDS探测器。NIDS探测器通常的位置在下面的图2中详细描述。在部署网络探测器时,组织宜平衡部署及持续运行成本和需要的实际保护级别之间的关系。

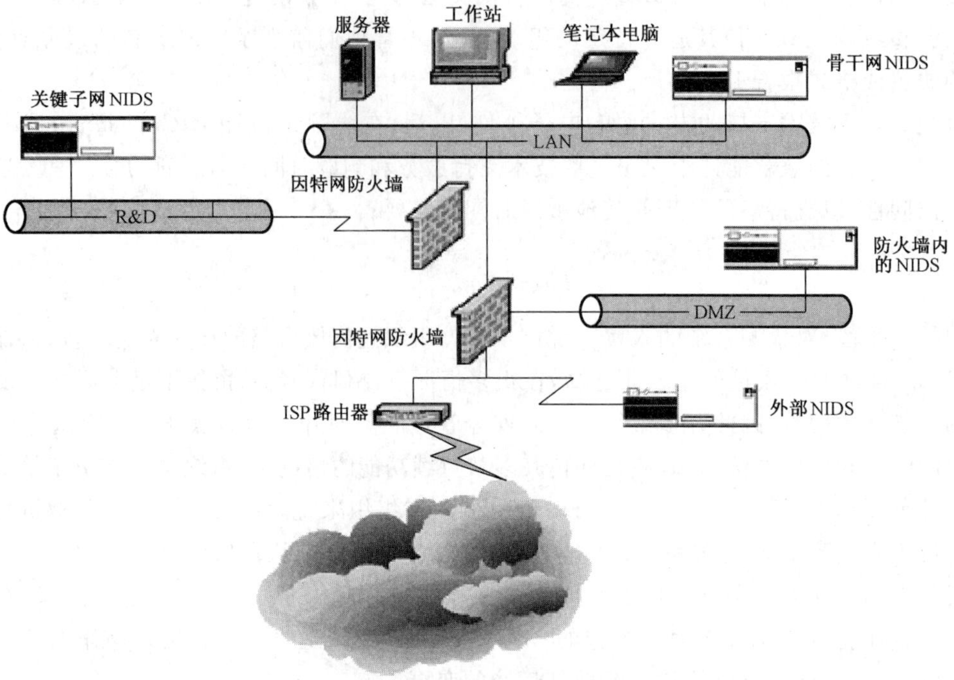


图 2 典型的 NIDS 位置

为了进行网络监视而部署 NIDS 时，特别是使用交换机或 TAP 的情况下，组织宜考虑数据捕捉方法。当部署 NIDS 时，组织宜使用物理隔离的交换机，而不是 VLAN 或者核心交换上类似的技术。通常，交换机只能允许单个 SPAN 端口在任何给定的时间起作用。SPAN 端口也增加了交换机的 CPU 使用率，且在 CPU 达到使用极限时，SPAN 通常用来停止数据复制。

类似的，当这个端口用于网络调试时，IDS 就变成非功能性的。组织宜向 NIDS 的功能开放此端口。为了处理此问题，组织宜考虑网络测试接入端口(TAP)，特别是，结合上行和下行流量的汇聚 TAP。这些设备是典型的被动设备，不会在数据包中加装任何负载。当他们使得数据收集界面对网络不可见时，也会增加安全级别，在这里交换机可保持这个端口的 2 层数据。TAP 也有多端口的功能，这样可在不损失 IDS 能力的条件下调试网络问题。

#### 8.1.1.1 位于因特网防火墙内的 NIDS

优点：

a) 识别源于外部网络、已经渗入防护边界的攻击；

b) 能帮助检测防火墙配置策略上的错误；

c) 监视针对 DMZ 中系统的攻击；

d) 能被配置为检测源于组织内部、针对外部目标的攻击。

缺点：

a) 由于其接近于外部网络，不能作为强保护；

b) 不能监视防火墙阻塞(过滤掉)的攻击。

#### 8.1.1.2 位于因特网防火墙外的 NIDS

优点：

a) 允许编制源于外部网络攻击的数量和类型的文件；

b) 可以发现没有被防火墙阻塞(过滤掉)的攻击;

c) 能减轻拒绝服务攻击的影响;

d) 在与位于外部防火墙内部的 IDS 合作的情况下,IDS 配置能评估防火墙的有效性。

缺点:

a) 当探测器位于网络安全边界外面时,它受制于攻击本身,因此需要一个加固的隐形设备;

b) 在此位置上产生的大量数据,使得分析已收集的 IDS 数据非常困难;

c) IDS 探测器和管理平台的交互可要求在防火墙中打开额外的突破口,这就导致了外部访问管理平台的可能性。

#### 8.1.1.3 位于重要骨干网络上的 NIDS

优点:

a) 监视大量的网络流量,因此提高了发现攻击的可能性;

b) 在 IDS 支持一个主要骨干网络的情况下,在拒绝服务攻击对关键子网造成破坏之前,具备了阻止它们的能力;

c) 在组织的安全边界内部检测授权用户的未授权活动。

缺点:

a) 捕捉和存储敏感的或保密性数据的风险;

b) IDS 宜处理大量的数据;

c) 检测不到不通过骨干网络的攻击;

d) 识别不到子网上主机对主机的攻击。

#### 8.1.1.4 位于关键子网上的 NIDS

优点:

a) 监视针对关键系统、服务和资源的攻击;

b) 允许有限资源聚焦于最大价值的网络资产上。

缺点:

a) 与子网间相互关联的安全事态的问题;

b) 如果警报没有在专用网络上传输,IDS 相关的流量可增加关键子网上的负载;

c) 如果配置不正确,IDS 可捕捉和存储敏感信息,并在未指定方式的情况下访问这些信息。

### 8.1.2 HIDS 部署

在 HIDS 进行运行部署之前,组织宜确保操作者在受保护但是主动的环境中熟悉其特性和能力。任何 IDS 的效力,特别是 HIDS,依赖于操作人员区分真假警报的能力。这需要组织的网络拓扑、脆弱性以及与解决虚假警报相关的其他细节的知识。随着时间流逝,在 HIDS 监视的环境中,凭借操作经验能够识别正常的或基线类型的活动。由于不会持续监视 HIDS,组织宜建立检查 IDS 输出的时间表。HIDS 操作的方式宜极大降低攻击者在攻击期间能损害 HIDS 的风险。

HIDS 全面部署宜从关键服务器开始。一旦 HIDS 的操作成为常规事务,其他服务器也可考虑 HIDS 部署。因为组织宜为每个特定的主机安装和配置一个 IDS,在组织内的每个主机上安装 HIDS 花费昂贵且耗时很长。因此组织宜首先在关键服务器上安装 HIDS。这个方法能降低整体部署的成本,并允许没有经验的人员将精力集中在最重要的资产发出的警报上。当这一部分 HIDS 操作成了常规事务,组织可能要重新访问最初的信息安全风险评估结果并考虑安装更多的 HIDS。组织宜使用具备中央管理和报告功能的 HIDS。这些特性能极大降低管理来自部署在整个组织中的 HIDS 报警的复杂度。在大量部署 HIDS 的情况下,组织可能要考虑向信息安全管理服务商外包其 HIDS 操作和维护。

#### 8.1.3 防护和保护 IDS 信息安全

IDS 数据库存储了与组织信息基础设施内的可疑活动和攻击相关的所有数据，因此是很敏感的安全信息。因此要求数据保护，并建议下列控制措施：

a) 使用检验码确认存储数据的完整性；

b) 加密存储的 IDS 数据；

c) 适当配置数据库，特别是通过使用访问控制机制；

d) 具备包括备份程序在内的适当数据库维护技术；

e) 加固运行 IDS 数据库的系统以充分抵抗渗透；

f) 连接 IDS 到以太网集线器或者交换机的嗅探(只接收)电缆；

g) 独立 IDS 管理网络的实施。

宜避免未授权修改或删除 IDS 日志、配置、攻击特征和 IDS 探测器和收集器之间交换的信息。

IDS 日志可能包含敏感或者隐私信息，宜在存储和传输中加以保护。负责分析来自 IDS 探测器或收集器信息的已授权人员宜保护他们负责的信息。

## 9 操作

在 IDS 操作之前，组织宜：

a) 建立过程、规程和机制，确保组织脆弱性管理过程涵盖 IDS；

b) 参照 GB/Z 20985—2007 准备事件管理过程；

c) 当 IDS 产生报警时，规定宜采取的行动；

d) 识别允许自动化和半自动化响应的条件，以及如何能监视这种类型的响应结果以确保执行安全和适当的行动；

e) 明确并准备要考虑的法律事宜。

### 9.1 IDS 调试

在 IDS 部署之后，组织宜确定使用什么样的 IDS 警报特性、以及何时和如何使用 IDS 报警特性，以确保能日常调整这些特性。

多数 IDS 与可配置报警特性一起，允许各种报警选项，包括：电子邮件、SMS、寻呼和 SNMP，甚至是攻击源的自动化阻塞。虽然很多警报特性可能吸引人，但是组织宜保守的使用他们，除非非常了解 IDS 安装，以及清楚 IDS 在组织环境内的行为特性。

在某些情形中，组织宜在最初安装之后将整套警报特性的活动延迟几个月。当警报和响应特性包含对攻击的自动响应，特别是允许 IDS 指示防火墙阻塞已感知攻击源的流量时，组织宜非常注意攻击者并非使用此 IDS 特性拒绝合法用户的访问，也就是说自己造成了拒绝服务攻击。最初，这些类型的 IDS 特性宜置于半自动模式下，在这种模式下，由人员决定是否宜激活 IDS 响应。

### 9.2 IDS 脆弱性

若以不安全方式实施 IDS 探测器，它很可能会被攻击，就像网络上的其他设备一样。在攻击者了解其存在的情况下，他们更倾向于尝试并利用任何已知的 IDS 脆弱性。攻击者可能试图使 IDS 失去能力，或者强迫它提供错误信息。另外，许多 IDS 存在安全弱点，如发送未加密的日志文件、限制访问控制措施和缺乏对日志文件的完整性检查。在安全的条件下实施 IDS 探测器和控制平台是必要的，并宜处理 IDS 的潜在弱点。

## 9.3 处理 IDS 报警

通常 IDS 产生很多的输出。为了从比较严重的报警中分离出一些没有价值的报警，组织宜全面分析 IDS 输出。报警一般包括检测到的攻击的简要摘要，至少宜包括：

a) 检测到攻击的时间和日期；

b) 检测到攻击的探测器的 IP 地址；

c) 厂商特定的攻击名称；

d) 标准的攻击名称（如果存在）；

e) 源和目的 IP 地址；

f) 源和目的端口号；

g) 用于攻击的网络协议。

多数 IDS 提供了所利用攻击方法的更通用详细信息。这些信息允许操作员测定攻击的严重性，并宜包含以下内容：

a) 攻击的文本描述；

b) 攻击严重级别；

c) 由攻击造成的损失的类型；

d) 攻击利用的脆弱性类型；

e) 易受到攻击的软件类型和版本号的列表；

f) 相关补丁的列表；

g) 可找到的来自于公共机构的关于攻击或脆弱性的详细信息。

### 9.3.1 信息安全事件响应团队（ISIRT）

当收到报警时，组织宜具备适当的信息安全事件响应团队。ISIRT 宜建立处理安全事件（如病毒）、系统的内部误用以及其他攻击类型的组织规程。组织规程宜略述发生信息安全事件要采取的行动，并为人员培训建立时间表，其培训内容是在信息事件处理过程中的人员的职责。特别是，ISIRT 宜设置 IDS 值班管理员，依据系统策略，及时处理 IDS 检测出的有关重要事件。安全事件报告和处理的更多信息见 GB/Z 20985—2007。

### 9.3.2 外包

除了 IDS 产品，一些安全服务提供商提供可管理的 IDS 服务，包括顾问咨询和操作中心管理。许多组织更喜欢外包其主要的支持职责，包括服务提供方可管理的安全服务，这样他们不必培训和保留具备专业技能的人员。选择 IDS 产品时，宜认真考虑其提供的可管理安全服务以确定在成本上是否可行，并考虑当保持保密性时，是否提供支持的适当级别。

当与提供可管理的安全服务解决方案的 IDS 厂商有交易往来时，组织至少宜询问厂商：

a) 具备什么样的保密性协议？

b) 监视 IDS 的人员需要具备什么样的资格？

c) 监督职员需要具备的资格是什么？

d) 服务商和组织内部安全人员之间的沟通和交流是怎样安排的？

e) 为补充组织的能力，厂商提供紧急响应服务吗？

f) 厂商提供法庭调查服务吗？

g) 厂商提供 SLA 吗？

h) 什么报告选项是可用的，他们能根据组织的需求定制吗？

i) 能为组织的环境定制检测策略吗，或者必须使用他们事先设置的默认值吗？

j) 为了强制执行这些协议，具备什么样的技术措施？

k) 服务提供方的人员采取什么样的安全诊断程序？

经过慎重考虑的外包服务级别协议宜包括下列详细的需求：

a) 定期(每日、每周等)报告的内容；

b) 响应时间的指标；

c) 发生攻击时，组织通报的机制(如，电子邮件、呼叫器、SMS、多媒体系统、电话等)；

d) 事件追踪和管理程序；

e) 保密性和不公开协议。

优点：

a) 在同等花费下，相对于组织为自己提供的服务，可管理的安全服务提供方可提供更高级别的安全；

b) 通常花费更少的成本，可更快、更有效的实现 7×24 h 能力；

c) 由于许多可管理的安全服务提供方可访问许多来自不同客户的信息，他们能够更好的处理可疑活动并识别攻击；

d) 组织可减少将有效 IDS 程序安置在一起所需要的时间，以及重复所有实施细节所需的时间；

e) 当在组织内需要了解 IDS 能力时，不要求提供员工最新 IDS 工具和能力的持续专业培训的需求。

缺点：

a) 宜监视和审计外包方，使其符合组织的安全需求、限制和策略；

b) 可能向第三方组织暴露敏感信息；

c) 如果没有谨慎实施，可能会比内部支持花费更多；

d) 可剥夺组织对敏感数据的控制权。

## 9.4 响应选项

许多 IDS 支持范围广泛的响应选项，这些选项可分类为主动的或被动的。

### 9.4.1 主动响应

主动响应包括检测攻击时 IDS 自动采取的行动。提供主动响应的入侵检测系统也被认为是入侵防御系统(IPS)。主动响应进一步分类如下：

a) 收集可疑攻击的附加信息；

b) 变更系统环境，以阻止攻击；

c) 在报警之后不需要人为的举动，IPS 采取预防措施，主动拒绝通信或(和)终止通信会话。

IPS 和 IDS 共有很多相似的功能，如包检查、协议确认、攻击特征匹配和全状态分析。然而，每个设备的部署均有不同的目的。IPS 表现了保护能力和入侵检测能力的结合，它首先检测攻击，接着以静态或者动态的方式来避免攻击。

IDS 是被动的设备，它监视活动并寻找已知的攻击特征或者非正常状况。IDS 是旁路设备，用来告诉网络上发生了什么样的恶意活动。根据 IDS 的被动本质，对 IDS 来说它几乎不会导致网络故障。

另一方面，IPS 允许或拒绝访问基于信任状和事先定义的规则集或策略的资源。IPS 是串行设备，用来监视流量并决定是否丢掉某些数据包、断开包含未授权数据的连接，还是允许流量通过。换句话说，当持续允许合法活动出现时，IPS 通过排除恶意网络流量为信息资产提供保护。IPS 的两种主要类型是：

a) HIPS：直接在工作站或者服务器上运行软件，并能检测并阻止针对本地主机的威胁；

b) NIPS:结合了标准 IDS 和 IPS 以及防火墙的特性。通信流传到检测引擎以确定在这种情况下流量在何处会构成威胁。当检测到恶意流量时,产生报警,通信流被丢弃。

正如 HIDS,HIPS 依赖于直接安装在被保护系统上的软件,并紧密的与操作系统和服务捆绑在一起。为了预防并记录攻击,允许监视和中途阻止操作系统或者 API 的系统调用。NIPS 结合了 IDS 和 IPS 以及防火墙的特性。信息包可能是内部接口或是外部接口,并被传到检测引擎,以确定这个信息包是否引起威胁。检测到恶意信息包时,产生报警,丢弃信息包,并标记信息流为恶意信息。这导致特定 TCP 对话的剩余包到达 IPS 设备并立即被丢弃。功能更加精良的 IPS 能阻止单独的信息包而不是整个会话,他们能动态重设防火墙规则、将流量路由到蜜罐中或者这些活动的结合等。

HIPS 软件拦截到其保护的系统的所有请求。因此,它必须非常可靠,必须不影响性能并且不阻塞合法流量。

优点:

a) 检测和阻塞攻击的能力;

b) 提供主动的保护;

c) 由于减少 IDS 事态日志的反应,提高了操作效率。

缺点:

a) 串行工作,因此会造成潜在的瓶颈点和单点故障;

b) 对 IDS 来说误报带来的影响可能更严重和深远,也就是说,可能造成自我拒绝服务攻击的结果;

c) 在预期的流量负载之下,在对流量没有明显的影响时,宜对每个信息包执行分析;

d) 主动响应仅可应用于特征集的子集上;

e) 把 HIPS 软件紧密的整合到操作系统内核中,未来操作系统的升级可能会引起问题。

#### 9.4.2 被动反应

被动响应是向操作员或者预定位置提供信息。它们依赖于 IDS 操作员基于所提供的信息而采取随后的行动。被动响应有以下形式:

a) 警报和通知,通常是屏幕报警、弹出窗口和传呼或者手机信息;

b) 配置 SNMP 陷阱,以对中央管理控制做出响应。

### 9.5 法律方面的考虑事项

#### 9.5.1 综述

在之后的入侵证据调查中,系统收集的信息可能包含敏感资料、员工数据或者刑事调查的证据,因而,应负责任的保存或者处理数据,并完全遵守适用的法律。组织应确保其员工意识到这方面的职责。本条略述了与 IDS 相关的法律方面的事项。

#### 9.5.2 隐私权

在正常的操作期间,IDS 系统可能收集个人信息,并用来监视员工的活动。这可能受制于隐私和适用的法规。组织应开发和实施策略以确保与隐私权和适用法律相一致。

#### 9.5.3 其他法律和方针的考虑事项

部署 IDS 时,IDS 的实施和操作可受制于其他的法律和法规要求,以及组织的方针要求。实施和操作 IDS 时,应评审和处理法律、法规和组织方针要求。法律和法规方面的问题见 GB/Z 20985—2007。

#### 9.5.4 司法取证

IDS日志可用于司法取证。应理解相关司法取证的要求，提出适当的存储和处理IDS日志的控制措施以确保司法部门详细审查信息。可能需要IDS系统和过程的文档以满足司法和证据调查的要求。

# 附 录 A
# （资料性附录）
# 入侵检测系统：框架和需考虑的问题

## A.1 入侵检测的介绍

尽管信息系统的漏洞可能导致意外或有意的入侵和攻击，但由于业务需求，组织仍然会使用信息系统并将其链接到因特网和其他网络上。因而，组织需要保护这些信息系统。

新的先进技术和获取信息的便利每周都会提高，但是新的安全漏洞也会随之出现。同时，入侵者不断加强攻击以发现这些脆弱性。他们不断提高入侵技术，并且有利于他们的信息也越来越容易得到。同样重要的是，由于计算机知识的普及和攻击脚本和先进工具的可用性，发动攻击所必需的技术正在减弱。因此，攻击能够在没有人确切知道将发生什么或者攻击能带来什么危害的情况下发生。

保护信息系统的第一层防御是利用物理、管理和技术的控制措施，包括身份验证和鉴别、物理和逻辑的访问控制、审计以及加密机制。组织能在 GB/T 22081—2008 中找到推荐的控制措施列表。然而，从经济方面考虑，一直保护每个信息系统、服务和网络是不可能的。举例来说，对于一个全球使用、没有地理界限，并且其内部和外部差别不明显的网络，很难实施访问控制机制。此外，传统的边界防御已经不再可行，原因是组织正在越来越多的信赖员工和商业合伙人的远程访问。IT 环境造成了复杂的网络配置，而这些配置是动态的，包含了访问组织 IT 系统和服务的多路访问点。因此，为了迅速有效的发现和响应入侵，需要第二层防御。这一防御层主要由 IDS 承担。除此之外，已部署 IDS 的反馈信息能完善组织信息系统脆弱性的知识，并能帮助组织改进信息安全措施。

组织通过从市场上获取 IDS 软件和（或）硬件产品，或者通过向 IDS 服务提供商外包 IDS 能力等方式部署 IDS。任何情况下，组织宜知道 IDS 不是一个即插即用设备，其有效部署需要对 IDS 有所理解。

像每一个控制措施一样，组织需要根据信息安全风险评估证明 IDS 部署的有效性，并将其融入信息安全管理过程。另外，需要考虑到，万一入侵者和攻击者窃听了包含已部署 IDS 内的信息并且覆盖它，将使组织遭遇巨大的困难。这些困难包括如何识别并且证明（如 IDS 在内的）保护措施需求。组织及有关系统或服务安全策略宜声明将要选择的保护措施以便适当的管理入侵风险。这些保护措施包括：

——减少入侵发生的机会；

——有效检测和响应可能发生的入侵。

像每个控制措施一样，组织需要根据信息安全风险评估证明 IDS 部署的有效性，并将其融入信息安全管理过程。另外，需要考虑到，万一入侵者和攻击者窃听了包含已部署的 IDS 内的信息并且覆盖它，将使组织遭遇巨大的困难。

当一个组织考虑部署 IDS 的时候，宜了解：

——入侵和攻击信息系统和（或）网络的类型；

——本标准提及的 IDS 的一般模型。

## A.2 入侵和攻击的类型

信息系统的入侵者和攻击者能够利用信息系统和（或）网络的配置缺陷、实施缺陷和（或）概念缺陷，而且能够利用异常的用户行为。

脆弱性会使入侵者和攻击者访问到被保护的信息系统及其处理或存储的信息，并且损害信息和信息系统的保密性、完整性和可用性。通过更多复杂的入侵或者攻击技术，入侵者和攻击者能访问到关于信息系统和(或)网络的有价值的信息。组织宜认识到不仅组织外部的人员会试图入侵和攻击，而且内部的人员也可能有这种意图。例如，组织信息系统的授权用户可试图获得没有得到授权的额外特权。恶意入侵和攻击可用来：

——信息搜集，攻击者试图通过信息搜集来检索目标信息系统的详细信息；

——试图获得未授权系统特权、资源或者数据；

——系统泄密，系统可能允许更多的攻击使用系统资源；

——信息泄露，入侵者试图用非授权手段来使用被保护的信息(如，密码、信用卡数据)；

——拒绝服务攻击，攻击者试图使信息系统服务变得迟缓，或者使其服务中止。

就可能入侵和攻击的脆弱点而言，入侵和攻击可分为：

——基于主机的；

——基于网络的；

——基于组合方法的。

### A.2.1 基于主机的入侵

通常，基于主机的入侵是采用引入恶意代码方式进行入侵的活动(例如，利用木马、蠕虫或病毒等的攻击)，以及在下列方面活动：

——应用层(SMTP、DNS)(如，伪造电子邮件、滥发信息、缓存溢出攻击、竞争状态攻击、中间人攻击)；

——鉴别系统(如，利用偷听或猜测密码)；

——基于 Web 服务(如，针对 CGI、ActiveX 或 JavaScript 的攻击)；

——系统可用性(如，拒绝服务攻击)；

——操作系统；

——网络和应用管理系统(如，SNMP 攻击)。

### A.2.2 基于网络的入侵

我们通常认为基于网络的入侵是在下列位置的入侵活动：

——物理层和数据链路层通信协议以及实施他们的系统(如，ARP 欺骗、MAC 地址“克隆”)；

——网络层和传输层通信协议和已经实施的系统(IP、ICMP、UDP、TCP)(如，IP-欺骗、IP-碎片攻击、同步洪泛攻击、异常 TCP 头信息攻击)。

注：克隆在此可以理解为复制，即从原型中产生出完全相同复制品。

## A.3 入侵检测过程的一般模型

软件和(或)硬件产品相结合的 IDS 通过自动监视、收集和分析信息系统或者网络中的可疑事态来标记入侵。入侵检测的一般模型由一组功能定义。这些功能包括：原始数据源、事态检测、分析、数据存储和响应。这些功能作为独立的部件或者作为较大系统的一部分软件包实施。图 A.1 说明这些功能相互关联的方式。

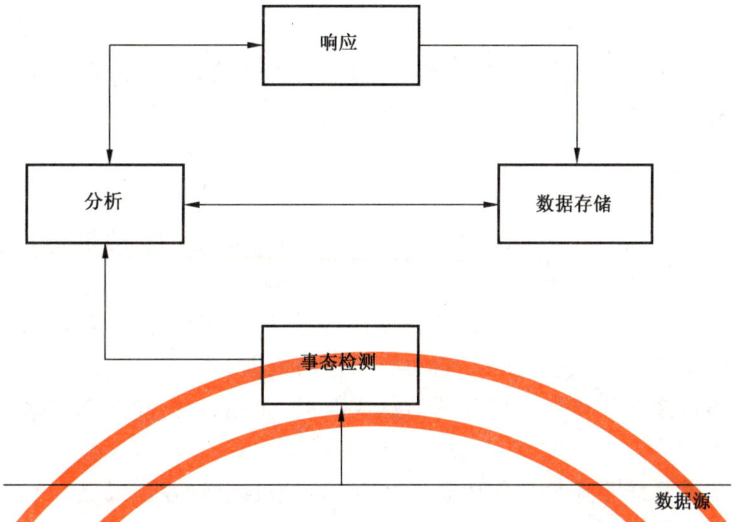


图 A.1 入侵检测的一般模型

### A.3.1 数据源

成功的入侵检测过程取决于所检测的入侵企图信息的数据来源。有如下的数据来源：

——不同系统资源的审计数据：审计数据记录包含消息和状态数据，范围从高级别的抽象信息到非常详细的按时间排列的事态流数据。审计数据的可用源是操作系统的日志文件，包括由操作系统产生的系统事态和活动日志，如审计痕迹和日志。记录文件系统、网络服务、访问企图等信息的应用也是原始数据的良好来源。

——操作系统的系统资源分配：系统监视的参数，例如 CPU 工作量、内存利用率、系统资源短缺情况、输入/输出率、活跃的网络连接数量等，可以帮助检测入侵。

——网络管理日志：网络管理日志提供网络设备的健壮程度、状态和设备状态转换信息。

——网络流量：网络流量提供与安全相关的源和目的地址、源和目的端口参数。通信协议（如，IP 和 TCP 状态标记，这些标记显示了路由或连接的企图和确认等的信息来源）的不同选项对 IDS 是有用的。因为在收集前熟练处理数据的可能性很小，因此参照 OSI 模型对收集较低级别的原始数据是很有帮助的。如果仅在抽象的较高级别层收集原始数据，例如一个代理服务器上，那么低级别的信息可能丢失。

——其他的数据来源：其他的数据来源包括防火墙、交换机和路由器，当然也包括 IDS 特定的探测器或监视器代理。

原始数据来源能分为两种：主机和网络。因为在入侵检测领域里位置的区分是非常明显的，IDS 也同样分为两种类型：基于主机和基于网络的。基于主机的 IDS 能够检查审计痕迹或日志和其他来自主机或应用的数据。基于网络的 IDS 能够检查网络管理日志，以及来自防火墙、交换机、路由器和 IDS 探测器代理的数据。

### A.3.2 事态检测

事态检测的目的是检测和提供用于分析功能的安全相关事态的数据。

检测的事态可能是简单的事态（包含部分攻击或者在正常操作过程期间发生的事情）或者复杂的事态（包含表示特定攻击的简单事态组合）。然而，事态或事态数据不能作为入侵的证据。

事态检测功能通过 IDS 的监视部件实现。他们能安装在一个网络设备上（如路由器、网桥、防火墙),或在一台特定的计算机上(如应用服务器、数据库服务器),这取决于要检测的事态数据的原始数据源。

因为事态检测过程产生大量的事态数据,事态检测的频率能影响IDS整体的效力。这种情形也将适用于下列的分析过程。

### A.3.3 分析

为了发现正在尝试的、正在发生的或已经发生的入侵,分析功能的目的是分析并处理由事态检测功能提供的事态数据。

除了检测到的事态数据之外,分析功能还能利用来自其他许多来源的信息或数据,包括:

——早先分析的结果数据和利用数据存储功能保存的数据;

——来自关于个体或系统应该如何表现的信息或数据(如:来自已知并期望执行的操作或授权去做的操作);

——来自关于个体或系统不应表现的信息或数据(如,来自已知攻击或已知有害行动);

——其他相关信息或数据,如可疑攻击的位置、个体或攻击者的位置。

有两种通用的分析方法:基于误用的和基于异常的。基于误用的方法也称作基于知识的方法。基于异常的方法也称作基于行为的方法。

#### A.3.3.1 基于误用的方法

基于误用的方法主要研究检测事态数据方面的攻击证据,并以已知攻击和授权活动的知识积累为基础。

通常,基于误用的方法试图模仿和编制信息系统中已知攻击以及先前认为是恶意入侵行为和活动的代码,建模为特定的攻击特征,并系统地扫描信息系统以发现那些攻击特征。因为已知攻击模式或已知攻击的微小变化叫做特征,误用检测有时叫做基于特征的IDS。

在商业产品中,最常见的基于特征的攻击检测技术指定了每个与攻击或未授权活动相一致的事态模式,作为一个独立的攻击特征。然而,一些更复杂的机制允许使用单一的攻击特征来检测一组已知攻击和未授权活动。

需要注意的是,基于误用的方法基于这样的假设,即事态数据与攻击特征不匹配时,不代表有入侵和攻击。但是一些不匹配的数据仍然可能包含入侵和攻击的证据,这些证据在攻击特征模式化时是未知的。

目前,基于误用的分析功能广泛使用的方法有:

##### A.3.3.1.1 攻击特征分析

这种方法可能是入侵检测最常见的方法,它期望信息系统中任何安全相关的行为都能通向相应的审计日志入口。

入侵场景可能转变为审计日志序列或者数据模式,这些信息能在计算机操作系统、应用、防火墙、交换机和路由器,或特定IDS探测器或监视器产生的数据中发现。其他的序列或攻击特征可能在网络传输流中发现。协议分析是网络特定攻击特征分析的一种形式,它使用了通信协议良好定义的结构。协议分析能够处理如包、帧和链接等元素。

通过分析程序,收集或者格式化已知攻击的语法描述或者攻击特征,并将其保存在数据库中。当在审计日志中发现与预先定义的入侵攻击特征相匹配的特定序列或攻击特征时,也就表示有了一个入侵企图。

攻击特征分析方法能用于有阈值或没有阈值的情况。如果没有阈值,当辨认出一个攻击特征时即产生警报。当定义阈值时,仅会在攻击特征数量超过阈值时才产生警报。每个时间段内,阈值可能定义为发生事件的比例或数量或者是其它的测量指标。

攻击特征分析方法主要的缺点是需要不断地更新攻击特征，以便发现新的脆弱性和(或)攻击。

#### A.3.3.1.2 专家系统

如果是基于误用的方法，专家系统包含描述入侵的规则。如果是基于异常的方法，则生成一系列规则，用于在给定时间内，根据用户行为记录，统计用户的使用行为。规则宜不断的更新以适应新的入侵描述或新的使用模式。

审计事态转化表达其语义的事实，输入专家系统中。入侵分析功能利用这些规则和事实得出结论，以便检测可疑入侵或检测不一致的行为。

#### A.3.3.1.3 状态转换分析

这项技术描述了带有一系列目标和转换的入侵，并且把它们表示成状态转换图。攻击特征里的状态与系统状态相一致，并具备与这些状态相关的布尔声明，这些声明宜满足到其他状态的转换。

### A.3.3.2 基于异常的方法

根据以往对正常运行系统或其他使用预期参数定义的轮廓文件的观察，基于异常的方法聚焦于从对通常行为的预测或猜想中，发现不合常规的行为。轮廓文件是一个预定义的特定事态模式，通常与一系列的事态相关，为了达到对比的目的而存储在数据库中。

需要注意的是，基于异常的方法基于这样的假设，即事态数据不与攻击特征相匹配，则表明入侵或攻击，但一些不相匹配数据可能仍然包含正常的证据或已授权行为，这些证据或行为在攻击特征模式化时是未知的。

目前基于误用的分析功能广泛使用的方法有：

#### A.3.3.2.1 识别异常行为

这个方法与用户的正常活动模式相匹配，而攻击特征分析与不正常的活动相匹配。

这个方法通过一系列的任务对用户正常或已授权的行为进行建模，用户通过使用非统计技术必须或被授权在系统上执行任务。这些任务描述为用户所期望或授权的行为模式，例如有权访问特殊文件或文件类型。

在审计痕迹中发现的个体行为与预期或授权的模式相比较，当行为模式与预期或授权模式不同时，产生警报。

#### A.3.3.2.2 专家系统

见A.3.3.1.2。

#### A.3.3.2.3 统计方法

在基于异常的检测入侵方法中，最常使用的是统计方法。

通过许多不同的样本来测量用户或系统行为，并将其存储在轮廓文件中。当前轮廓文件定期与已存储的轮廓文件合并，并随着用户行为的演变进行更新。

这些变化的例子包括每次会话的登录和退出时间、资源利用的持续时间，以及在会话和给定的时间内消耗的处理器存储磁盘资源。

轮廓文件由不同类型的测量标准组成，这些测量类型包括：

——活动强度测量；

——审计记录分配测量；

——分类测量(如,登录的相对频率);

——计数测量(如,特定用户的CPU或I/O的一组值)。

通过检查当前轮廓文件与存储的轮廓文件的阈值是否超过变量的标准偏差来确定是否为异常行为。

**A.3.3.2.4 神经网路**

神经网络是一种算法,用来得到输入-输出向量的关系并以适当的形式发现普遍规则以获得新的输入-输出向量。对入侵检测来说,神经网络的主要用途是得到系统内角色的行为(如,用户、后台程序)。在统计中使用神经网络的优势在于神经网络具备表示变量之间的非线性关系的简单方法,还在于神经网络的自动学习和再训练。

**A.3.3.3 组合方法**

基于误用和基于异常的方法能组合起来,以便利用彼此的优点。混合方式的IDS部署允许基于已知攻击特征和未经确认的模式(如,特定用户尝试登录的次数)来检测入侵。

目前正在研究其他检测入侵的方式或方法。例如,Petri网的应用研究,以及相对较新的计算机免疫领域的研究。

**A.3.3.4 分析频率**

通常,原始数据(如审计痕迹或日志)不断的产生,但是他们不可能总是由事态检测功能处理或者由事态分析功能分析。

分析的频率可能是:

——连续的;

——周期性的;

——特定的环境中。

**A.3.3.4.1 连续的或接近实时的**

当事态检测功能不断的查找出现的特定数据、情况或活动并提供事态数据时,分析功能仍然能持续进行。

宜注意到,有时候在检测和报告入侵之前,入侵已经完成,因为事态发生时间和检测并报告它的时间之间可能存在时间间隔。时间间隔可由参数决定,如时间数据来源和检测方法,或入侵属性,这些数据还会使得入侵开始和侵入目标系统之间产生一个时间差。

**A.3.3.4.2 定期或批量处理**

如果原始数据和(或)检测到的事态数据转移到存储介质,则周期性的或在适当时间检测和(或)分析这些数据将成为可能。例如,可以在IT系统负荷较低时进行检测和分析,如晚上或通过一个辅助的旁路子系统。

**A.3.3.4.3 仅在特定环境下发起**

一些分析可能仅在特定的环境下发起,如当已经识别到一个大范围的攻击,且正在引起严重破坏的时候。在这种情况下,可集中力量对攻击所有方面和产生的后果进行全面分析。这些成果有时叫做法定分析,可用于法律行动。如果有预期的法律行动,需要遵循适用的证据规则。

**A.3.4 数据存储**

数据存储功能的目的是存储安全相关信息,并且用于稍后的分析和(或)报告中。

存储的数据包括：

——检测事态和其他类型的必要数据；

——分析的结果，包括已检测到的入侵和以后用来协调可疑事态分析的可疑事态；

——收集已知攻击和正常行为的轮廓文件；

——一旦安全警报响起，收集和保存作为证据的详细原始数据（如，为了可追溯性）。

宜具备适当的数据保持和数据保护策略，处理各种关注的事项，如完成分析、数据取证和证据保存、以及避免安全相关的信息被窃听。

### A.3.5 响应

响应功能的目的是将分析结果展示给责任人员（如，系统管理员、安全负责人）。通常，这些结果在管理控制台上以图形用户界面形式展示，此外，需要将结果告知相关人员。

被动响应功能仅限于控制台产生警报，而主动响应功能能对入侵提供适当的对策。具有主动响应功能的入侵检测系统也称为 IPS。一些主动响应功能能通过以下方式，提供纠正或积极的措施来限制入侵或将影响降到最小：

——重新配置入侵的系统；

——锁定入侵的账户；

——封锁会话协议。

响应功能提供的信息能帮助组织合理的授权以评估入侵的严重程度，并决定实施适当的对策。组织需要确保，评估入侵的严重程度和所要实施的对策要与组织的信息安全策略和程序相一致。

在 GB/T 22081—2008 第 13 章中，组织能找到推荐的控制措施列表，其中包括信息安全事态的报告，以及恢复安全漏洞和复原系统故障的职责和程序。GB/Z 20985—2007 中也提供可信息安全事件管理的有用信息。

## A.4 IDS 的类型

如前所述，有两种类型的 IDS：HIDS 和 NIDS，且各有特点。IDS 的其他类型包括：

——基于应用的 IDS(AIDS)，它是 HIDS 的特殊类型并且具有与 HIDS 相似的特性。

大体上来说，IDS 能够实现下列的功能：

——监视和分析系统事态和用户行为；

——识别符合已知攻击的系统事态模式；

——识别与正常活动不同的活动模式；

——检测到攻击时，通过合理的方式向员工报警；

——测量分析引擎中编码安全策略的执行情况；

——允许非安全专家执行重要的安全监视功能；

——增加发现和处罚攻击者的感知风险；

——识别其他安全设备无法预防的问题；

——协调其他安全设备的事态，如防火墙；

——证实、逐条列出计算机对组织信息系统的威胁，并列出其特点；

——提供有关入侵的宝贵信息，这些信息支持事件处理、损害评估、恢复成果和特定环境中的法律活动。

宜了解 IDS 的局限性，主要局限性有：

——不能检测新的攻击，也不能捕捉多数新攻击的变体；

——难于弥补信息源的错误和噪音；

——难于有效的处理交换网络；
——难于升级大的或分布式网络；
——难于根据 IDS 输出确定入侵者的物理和(或)虚拟位置；
——难于用网络管理系统整合不同的 IDS 产品；
——无法补偿安全策略和(或)安全机制在基础设施保护中的缺陷或缺失，如防火墙、身份证明和鉴别、链路加密、访问控制机制和病毒的检测清除；
——无法快速检测、报告或者响应某种攻击类型；
——尽管有能力识别 DoS 攻击，但无法减轻其严重性；
——无法检测新的攻击或已知攻击的变体(这仅适用于基于特征的 IDS，不适用于基于异常的 IDS)；
——在无人干涉的情况下，无法对攻击进行详细分析；
——无法弥补组织内安全战略、策略或安全架构的重大缺陷；
——无法弥补网络协议的安全缺陷；
——通常，IDS 输出可能出现比较高的出错率，尤其是误报，可以通过消耗大量的时间和大量资源解决；
——可能丢失部分攻击序列；
——攻击者可能利用误报来分散 IDS 对主要攻击的注意力；
——可能产生大量的审计信息，这些信息可能要占用系统额外的存储空间；
——基于 IDS 报警的自动拦截可能引起安全性和可用性问题；
——需要有效地使用先进的技术和系统知识。

**A.4.1 基于主机的 IDS**

HIDS 存在于计算机内并且为特定计算机提供保护。允许 HIDS 检查计算机操作系统日志数据(如，审计痕迹或日志)和其他本地数据。IDS 也可以利用操作系统或者应用日志文件来分析应用事态。

通常，HIDS 使用的操作系统审计痕迹，是由操作系统内核产生的，因此与系统日志相比需要更详细和更好的保护。然而，系统日志比审计痕迹简短并易于理解。

一些 HIDS 用来支持 IDS 集中管理和报告的基础设施，并能允许单一的管理控制台来追踪多个主机。其他 HIDS 产生与网络管理系统相一致的格式化信息。

与 NIDS 不同，HIDS 能看出企图攻击的结果，因为它能直接访问和监视攻击所针对的数据文件和系统进程。例如，HIDS 允许检测来自关键任务服务器键盘的攻击。

HIDS 设计用来：
——联合特定用户识别可疑的活动；
——观察并追踪用户行为的变化；
——建立系统安全状态的基线，并跟踪基线的变化；
——管理操作系统审计、日志机制和产生的数据；
——当数据在加密或者非加密形式下传输和保存的时候，提供应用级别的日志和监视；
——观察攻击引起的数据修改；
——监视位于高速网络和使用加密网络里的系统；
——检测基于网络的 IDS 无法识别的攻击。

宜了解 HIDS 特有的局限性。其主要局限性有：
——某种 DoS 攻击可能使 HIDS 失去效力；
——HIDS 可能消耗主机资源，包括主机审计日志所需的数据存储；
——由于存在大量的安装实例(至少每台主机一个)，可能需要复杂的安装和维护程序；

——无法在隐蔽模式使用，因为由更高的网络层为主机分配地址；

——无法辨别针对其他主机或网络的攻击。

### A.4.2 基于网络的 IDS

NIDS 监视网络上通向主机系统的通信流量。通常，NIDS 由一系列单一目标探测器或位于网络中不同点的主机组成。这些单元监视网络通信，对其进行局部流量分析，并将攻击上报中央管理控制台。由于探测器可作为 IDS 的部件使用，因此更容易保护使其免于攻击。为了干扰攻击者确定探测器的状态和位置，大部分探测器对更高的网络层是不可见的(如，运行在“隐蔽”模式中)。

当 HIDS 的及时响应与轮询时间间隔频率直接相关时，NIDS 通过提供可疑入侵发生时的相关信息(如，DoS 攻击)，来实现实时或接近实时的检测和响应。

NIDS 具有独特功能特性，其能力如下：

——在“隐蔽模式”中操作并且隐藏来自更高级别网络协议的探测器(通常三层及以上)；

——在同一网络段上使用单一的探测器监视主机的流量；

——识别影响主机的分布式攻击。

宜了解 NIDS 特有的局限性。主要局限性有：

——无法处理好加密网络传输；

——与 HIDS 相比可能要求更大的带宽和更快的处理能力，NIDS 性能容量宜与部署性能最大化的网络段的流量相一致；

——在现代交换网络中，NIDS 提供的许多功能可能需要特殊的可用的技术设置(如，网络探测器，它需要与网络交换机特殊端口链接，这个交换机映射所有端口数据)；

——由于涉及解码应用级别的协议(如，HTTP、SMTP)，一些 NIDS 可能需要处理网络级别(IP)或者传输级别(TCP/UDP)片段包攻击问题；

——无法正常观察攻击是否成功。

## A.5 架构

可以通过不同方式实施 IDS。

在较小的组织中，或为了保护良好定义和相对独立的系统，单一的 IDS 可能是一个很好的解决方法。

在相当巨大和复杂的支持网络、系统和应用的基础设施中，单一的 IDS 不可能充分实现入侵检测的要求。为了满足这些需求，每个 IDS 被定制为一个子系统或部件。在这种环境下，攻击可针对不同的系统或部件。在另一情况下，攻击可针对子系统或部件的具体配置，而不是子系统或部件本身的脆弱性。此时，为了检测攻击，需要关联和分析来自不同 IDS 的事态数据。

IDS 架构的目标是以高效和有效的方式实现入侵检测的功能。

在本标准中，需要考虑架构的两个问题是：

——不同 IDS 相互连接和关联的方法；

——IDS 架构中任务的集中或分配。

分层的入侵检测架构的例子如图 A.2 中所示。

在图 A.2 中，为了更高级别的分析和关联，若干分析结果与相关部件汇聚到一起。在任何多层应用基础设施中，可能有多个位置要运行必需的功能。

在集中式架构中，事态检测和探测器部件可简单的收集原始数据并且将它们发送给一个单一部件，以便更进一步的分析和关联。虽然这方法设计简单，但是它不能很好的扩展，而且它可能只适用于较小的环境。

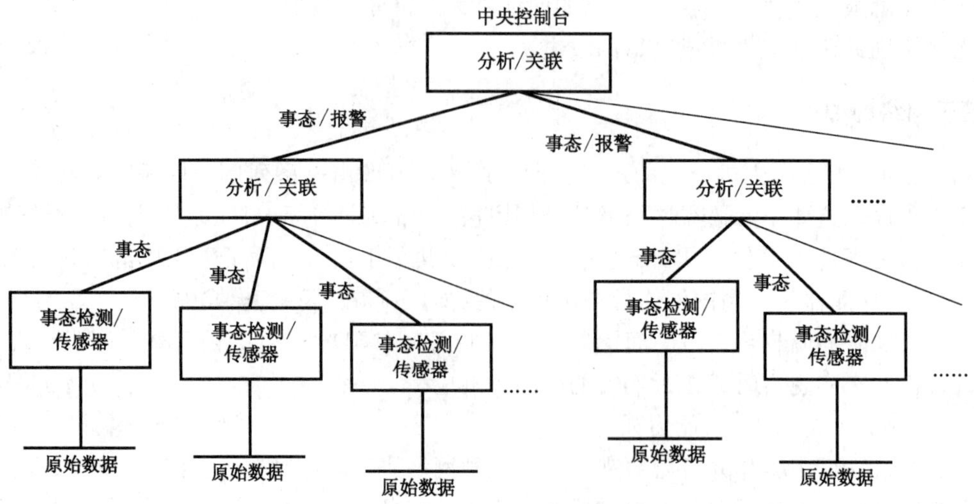


图 A.2 分层的入侵检测架构

更多可扩展的解决方案可在分散的部件中执行一些 IDS 任务，目的是在这一过程中尽可能早的减少原始数据，提取出与下一层部件相关的事态。通过将相关事态或报警传递给一个终极中央部件，部件链可以更进一步分析并且关联事态数据。这样，系统可产生一些非常复杂的任务。例如，这需要通过找出中央部件中的攻击标志和处理正确报警来配置过滤器，参与分析和关联部件。

## A.6 IDS 的管理

### A.6.1 管理功能

在组织的网络基础设施中，高效和有效的部署入侵检测管理系统至关重要。为了使 IDS 更有效，管理子系统必须提供足够的功能。本章讨论 IDS 各个管理方面。

#### A.6.1.1 配置管理

配置管理提供控制、识别、收集来自实体的数据并向实体提供数据的功能，这些实体是 IDS 的一部分。为了达到入侵检测的目标，配置管理包括检测功能和相应响应机制的管理。

#### A.6.1.2 检测功能

配置检测功能包括为发现违反安全策略的事态和事态序列而设置标准，也可包括描述误用模式和正常用户行为。

#### A.6.1.3 响应功能

响应功能的管理决定了安全警报上的系统行为。这包括控制各种不同的响应机制，如声响报警、管理员和(或)安全官员的通知以及会话终止。IDS 还必须防止未授权响应的初始化。万一攻击者发现欺骗系统响应其不存在的入侵方法(这取决于响应配置)，有可能比没有安装 IDS 造成更大损坏。响应管理宜与组织的事件管理方案相一致。

#### A.6.1.4 安全服务管理

安全服务管理涉及作为 IDS 一部分的安全服务管理。它包括控制使用者证书、保密性、完整性和访问控制服务。根据用户的证书，可限制访问配置参数、审计痕迹以及与安全事态相关信息的访问权。

#### A.6.1.5 和其他管理系统的集成

IDS 管理系统宜与受保护环境下的网络管理、系统管理和(或)安全管理系统进行安全接口,或成为这些管理系统中不可或缺的一部分。这可能有必要实施某种类型的检测功能(如访问日志)和某种类型的响应功能。因为 IDS 管理功能必须更好的与其他系统管理功能集成在一起,所以不能孤立的选择或实施 IDS 是很关键的。

#### A.6.1.6 管理操作的安全

必须保证管理操作的安全,防止入侵者访问 IDS 中信息或控制 IDS 的资源。IDS 管理的安全包括管理服务的鉴别、完整性、保密性和可用性。

运行 IDS 管理特权的系统宜根据所要求的高级别安全策略进行配置(与其他管理系统进行比较)。通常,基于主机的 IDS 探测器在操作系统特权模式中运行,损害管理特权可能导致更严重的安全漏洞,并可能损害运行 IDS 代理的所有主机。在监视主机上,经常会忽视 IDS 管理特权的安全漏洞的后果,特别是基于主机的 IDS 身份证管理特权的安全漏洞,而大多数商业产品都具有可执行指令的攻击响应选项。

监视事态检测器和探测器,以确保正确的操作和功能,这是成功的 IDS 不可缺少的工作。事态检测器转发来自有检测分析功能的探测器的信息。未能保持这些设备的持续监视功能可能导致虚假的安全感应,如,探测器失效且中央系统(和这个组织)没有意识到这个技术失误,因此中央系统将没有发出报警或解释,并转发给依然认为所有情况良好的中央管理员。

#### A.6.1.6.1 鉴别

在进行管理操作之前,宜对管理实体进行识别和鉴别。管理实体可能是使用者或系统实体。

#### A.6.1.6.2 完整性

管理操作宜避免完整性攻击。在未授权方式下,不能插入、删除或改变管理操作。

#### A.6.1.6.3 保密性

管理操作宜避免保密性攻击。不能通过未鉴别的方式,推测任何管理操作的意图。

#### A.6.1.6.4 可用性

针对网络基础设施、IDS 自身或监视目标的攻击不宜影响管理服务的可用性。举例来说,IDS 的管理可能受制于拒绝服务攻击。当 IDS 发生故障时,IDS 管理必须是可用的。宜在业务连续计划过程中处理 IDS 及其管理。

#### A.6.2 管理模型

对成功的实施入侵检测来说,控制和管理是必要的,特别是在使用大量入侵检测部件的分布式环境中。图 A.3 提供了一个分级方式的实施管理模型的例子,模型同样适用于大型组织。在某些情况下,集中控制意味着单点失效,在一些环境中可能不会接受这种情况。它也将会向攻击者提供单点攻击。这可能给了攻击者延迟攻击检测的机会,并阻止管理员采取适当的行动。

在分级模型中除了使用一对多集合,可能还使用其他合适的管理关系的基数:

——多对多:多个管理控制台能管理多个分布式代理;

——一到多:一个管理控制台能管理多个分布式代理;

——一对一:一个管理控制台能管理一个代理。

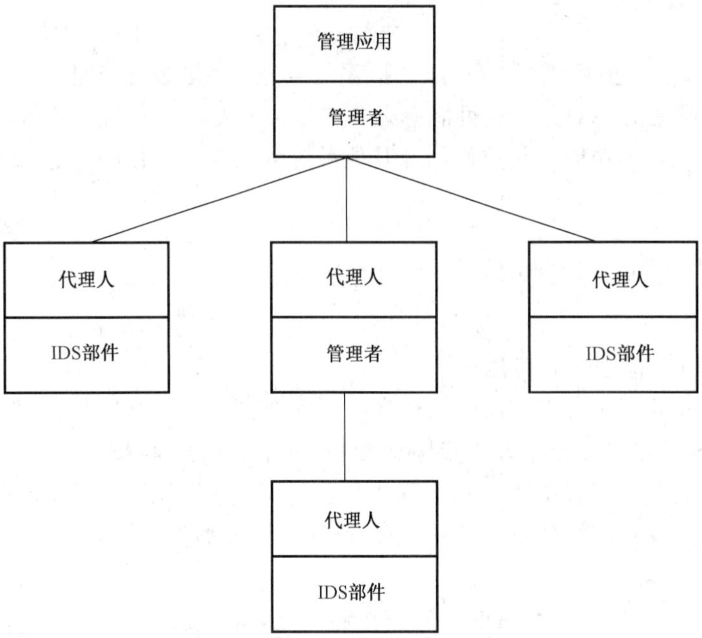


图 A.3　入侵检测管理模型

## A.7　实施和部署问题

当决定部署 IDS 时，有很多重要的问题和考虑事项。所有的 IDS 并不完全相同，因此，组织在对部署 IDS 进行评价时，必须根据其 IT 风险管理和安全策略来考虑组织的需求。

### A.7.1　效率

在对部署 IDS 进行评价时，一个重要的考虑事项就是效率。评价 IDS 效率的相关标准有：

——准确性：当 IDS 把活动误认为攻击（如误报）或者 IDS 把攻击误认为合法的活动（如漏报）时，就会出现误差。任何一种类型失败的数量与检测事态总数的比率都会明显地影响 IDS 的可用性。误报与漏报的比率可能是一个重要的安全策略参数并且可以表示分析执行情况的偏差。

——性能指标：IDS 的性能在于收集、存储和处理审计事态的速度。如果 IDS 性能较差，就不可能实时检测。性能考虑的另一方面是 IDS 可能产生的网络负载。

——完全性：当 IDS 检测不出攻击时，就会出现不完全性。这项测量指标与其他评价指标相比更加有难度，因为它不可能全面的认识攻击或滥用特权。

——容错性：IDS 自身宜抵抗攻击，尤其是拒绝服务，并且宜根据这种目标进行设计。IDS 设计尤其重要，因为大多数 IDS 运行在商用操作系统或硬件的顶层，这是已知的容易受到攻击的脆弱性。

——及时性：IDS 必须尽快执行并传送它的分析报告，以使安全负责人能在大的破坏发生前做出反应，同样也要阻止攻击者破坏数据、数据源或 IDS 本身。

### A.7.2　功能性

部署 IDS 时，另一个重要的考虑事项是前面章条讨论过的功能性。下面将讨论一些功能性方面的内容：

——在加密或交换环境中使用：基于主机的IDS能够很好的适应加密和交换环境。由于基于主机的系统部署在组织的各种主机上，它们可以克服在交换和加密环境中部署基于网络的IDS所面临的挑战。

——检测攻击：基于网络的数据源允许通过提供数据检测恶意和可疑的攻击（如，拒绝服务攻击）来实时检测和响应，并且也提供快速的通知和响应。基于网络的IDS能够检测到基于主机的系统漏检的攻击。许多基于IP的拒绝服务和分段包攻击在网络中传输时仅能够通过查找包头才能识别它们。

——综合分析基于主机和基于网络的数据：一些IDS利用主机和网络的数据源，因此集成了主机和网络的部件。正如8.1中的讨论，基于网络的和基于主机的IDS解决方法各自具有独特的优势和长处，它们可以相互补充。因此，基于主机的和基于网络的入侵检测技术能够整合分析，创建更强大的防御信息系统。

### A.7.3　部署和操作IDS的人员

选择的IDS可能是最先进的，并且它的子系统可以与IT系统、服务和（或）网络很好的集成。然而，大部份的功能必须要由通过接受过培训和了解入侵检测、IT安全（包括网络安全）以及组织的IT（包括网络拓扑结构和配置）人员手动操作。

入侵检测程序包括安装IDS和拥有具备以下能力的人力资源：

——自定义IDS以便能够发现与已部署IDS的IT环境相关的事态；

——当警报发出时，解释IDS告诉你什么；

——为响应看起来真实的IDS报警，制定策略和程序；

——改正导致入侵成功的脆弱性。

这些人力密集型的操作超出了安装IDS的范围，且必须是入侵检测过程不可缺少的一部分。

分析功能分析由探测器收集未经授权签名的数据或可疑活动或事态，这些事态表明黑客正在探测或扫描网络，入侵已经产生或恶意攻击正在进行中。如果没有人员输入、配置、解释输出和调整IDS的支持，自动化部分将不能够运行。

在合理配置IDS时，为了理解网络中正在发生的入侵行为是什么，必须仔细地分析IDS提供的信息。IDS要求加强人员合作，而不是安静的守护着拒收不需要的数据包的网络。当IDS输出时，IDS要求技术熟练的人员能理解哪些是误报（一个合法的活动被认为是入侵）或漏报（未能识别一个入侵活动）。

响应功能包括使用自动化工具和手动操作。例如，现在多数IDS根据预先确定的严格标准归类警报，但没有指出报警发生时应当做什么。因为许多IDS产生大量的误报，这种状况进一步加剧，而且在很多情况下，第一级别的响应涉及到没有经验的操作员。即使一个组织恰巧拥有经验丰富的并熟悉IDS的操作人员，也未必了解如何恰当响应检测到的每一种类型的入侵。另一方面，在事态迅速扩展的紧张时期，快速响应IDS报警是非常重要的。由于这些和其他原因，拥有能够针对特定类型的IDS报警提出周密策略的操作员是非常重要的。如果这些策略不可用，那么对IDS报警的响应可能是不充分、混乱或过度反应的。完全依赖自动响应机制是不明智的。

### A.7.4　其他的实施考虑事项

当考虑实施、操作、集成和选择IDS的时候，还有其他需要考虑的重要特性如下所示：

——用户接口；

——网络探测器的布局：网络探测器能灵活放置以支持一系列的检测和响应策略，如检测入侵企图的外部防火墙；

——系统故障容错：系统完整性是最重要的关注点，拒绝服务就是攻击的一个例子；如果可以的话，

IDS 探测器、监视器和管理者之间的通信宜在被监视的网络之外的网络中进行，这将会提高安全性和可用性；

——IDS 的保证；

——可用性，如解除使用；

——IDS 的可伸缩性；

——与其他安全产品的互通性；

——供应商支持的级别和质量；

——管理：IDS 不是即插即用设备，通常要求技术人员分析和解释 IDS 输出；

——硬件和软件需求；

——文档；

——费用：除软件、硬件和安装的费用之外，还有教育、培训、操作和维护的费用。

## A.8 入侵检测问题

### A.8.1 入侵检测和隐私

隐私已经成为使用 IDS 的问题。当查找表示恶意和可疑内容的攻击特征或特定模式时，识别或检测入侵要求分析网络传输和(或)操作系统的审计痕迹。

收集的网络传输或事态数据可包含一些个人数据，如与特定人员有关的数据。硬件或 IP 地址是以上数据的例子。因此，入侵检测可能成为监视使用者和他们行为的工具。为防止入侵检测用来检测“内部”入侵者，如组织中的员工，必须考虑其隐含的信息。

如果使用入侵检测，宜考虑涉及隐私权问题的 3 个原则：

——入侵检测必须为数据或系统提供保护服务；

——数据(网络包、审计日志)收集必须充分满足保护的目的；

——宜开发和应用涵盖 IDS 收集的个人信息隐私权保护需求的策略。

第 1 个方面的意思是入侵检测不需要用作监督员工行为的工具。

第 2 个方面指出识别攻击必须分析收集到的数据。事态数据与 IDS 的攻击特征比较后，宜删除不再需要的数据或不表示攻击的数据；宜通过安全的方式存储表示攻击的相关数据。然而，在有些情况下，删除数据可能是不恰当的行为；事态数据可能需要保存供以后的检查使用，如为了追溯攻击者或为了对后面的数据进行法定分析。起初一些数据可能有用，在进一步分析后，可能会证明与攻击相关。后来收集的相关数据也可能证明其与攻击相关。在任何情况下，宜该加强保护用于多种访问目的的数据，包括隐私。所采取的措施宜与组织的安全策略一致。

第 3 个方面的意思是保护和管理个人信息隐私，需要根据组织的全局隐私策略和(或)任何适用于敏感个人信息的法律。

目前，很少有专门的与入侵检测相关的法律和规章要求。我们期望法律或规章为个人提供适当的隐私保护，同时允许 IDS 和相关事态日志收集和使用足够的数据来识别潜在的破坏性入侵。一些国家的规章已经包含足够的标准，以及与使用个人数据相关的目标。一些国家有关于保护工作人员个人数据和工作人员参与保护个人数据的权利的规章。另外，不同的国家关于越境数据流的规章和条约可能影响入侵检测和隐私。

如果一些国家的立法和规章要求监视员工的活动，如通过事态日志和特殊 IDS 探测器或监视器代理，那么必须明确通知雇员和承包商，并且在操作开始之前确认。这可能以签订雇佣合同条款或验收单或电子通知的形式。

### A.8.2 关于入侵的共享数据

共享入侵数据可能对所有积极利用 IDS 共享数据和经验的组织有益。例如,一些组织对可能入侵的早期预警可能来自于对其他组织的相似入侵的分析,或一种新类型入侵信息将对其他许多组织非常有用。使用 IDS 的经验信息可能帮助其他组织来改善他们的运营。

然而,大多数组织宜认识到需全面了解影响 IT 系统及其运营的入侵。入侵有关的公共知识小到会引起误解,大到会影响商业利益,如收益率、股份等。基于这点,对组织来说,最恰当的做法是借助入侵的信息来源和 IDS 的使用,匿名参加合作方案。这些方案是建立在收集匿名知识和用于服务 IDS 社区数据库信息的基础之上。这种入侵检测数据库宜用来:

——调整脆弱性配置、入侵类型和操作指南的详细信息;

——根据先决条件、影响、踪迹、困难、补救办法等信息,处理大量特殊入侵样本的信息,纠正入侵类型的声明;

——如果两种类型的观察痕迹明显不同,则存储有关入侵类型的技术数据并共享二者之间的主要差异;

——确保痕迹信息是结构化的格式,以支持下载新的入侵描述信息;

——当发现新的脆弱性时,更新规则和(或)变更参数;

——能够摘录需要的信息,以自动产生识别新入侵的新规则(如签名、参数等)。

IDS 数据库可与现代病毒检测系统相对比,后者通常具有基于网络的自动更新功能。

入侵数据库并不是存储攻击事件证据的入侵事件数据库。

ICS 35.020
L 80

# 中华人民共和国国家标准

GB/T 28455—2012

# 信息安全技术　引入可信第三方的实体鉴别及接入架构规范

**Information security technology—Entity authentication involving a trusted third party and access architecture specification**

2012-06-29 发布　　2012-10-01 实施

中华人民共和国国家质量监督检验检疫总局
中国国家标准化管理委员会　发布

# 前　言

本标准按照 GB/T 1.1—2009 给出的规则起草。

本标准由全国信息安全标准化技术委员会(SAC/TC 260)提出并归口。

本标准主要起草单位:西安西电捷通无线网络通信股份有限公司、国家密码管理局商用密码检测中心、信息安全国家重点实验室、中国电子技术标准化研究所、国家无线电监测中心检测中心、西安电子科技大学、西安邮电学院、广州杰赛科技股份有限公司、深圳市明华澳汉科技股份有限公司、中国信息安全认证中心、国家信息安全工程技术研究中心、国家计算机网络应急技术处理协调中心、国家信息技术安全研究中心、公安部第一研究所、工业和信息化部通信计量中心、公安部信息安全等级保护评估中心、国防科技大学、北京市政务网络管理中心、重庆邮电大学、宇龙计算机通信科技(深圳)有限公司、中国人民大学、中国人民解放军信息安全测评认证中心、中国电信集团公司、国家信息中心、北京大学深圳研究生院、中国电力科学研究院、北京中电华大电子设计有限责任公司、东南大学、中国移动通信集团设计院有限公司、中国人民解放军信息工程大学、江南计算技术研究所、北京邮电大学、上海龙照电子有限公司、北京五龙电信技术公司、北京网贝合创科技有限公司、深圳市宏电技术股份有限公司、北大方正集团公司、海尔集团公司、北京广信融科技术有限公司、北京六合万通微电子技术有限公司、弘浩明传科技(北京)有限公司、北京城市热点资讯有限公司、北京华安广通科技发展有限公司、迈普通信技术有限公司、长春吉大正元信息技术股份有限公司、清华大学、北京天一集成科技有限公司、桂林电子工业学院、西安立人科技股份有限公司、宽带无线 IP 标准工作组、WAPI 产业联盟等。

本标准主要起草人:黄振海、赖晓龙、李大为、冯登国、宋起柱、铁满霞、曹军、李建东、林宁、舒敏、朱志祥、陈晓桦、郭晓雷、李京春、余亚莉、王育民、张变玲、肖跃雷、高波、高昆仑、潘峰、胡亚楠、蒋庆生、肖雳、朱建平、贾焰、施伟年、李琴、李广森、吴亚非、梁朝晖、梁琼文、罗旭光、龙昭华、沈凌云、张伟、徐平平、马华兴、高峰、仇洪冰、朱跃生、王雅辉、兰天、王志坚、杜志强、张国强、田小平、田辉、张永强、寿国梁、毛立平、曹竹青、郭志刚、高宏、韩康、王钢、白国强、陈志峰、李建良、李大伟、王立仁、高原、岳林、井京涛。

# 引　言

网络通信经常处于这样的环境，非授权的终端设备可以物理地连接到网络上，授权的终端设备所连接的网络也不一定是它所期望的，因此在终端和网络通信前，需要通过鉴别和授权功能互相鉴别对方身份的合法性，以保证通信的安全。对此通信和信息技术业界一直在寻找经济有效的安全解决方案，安全的网络应受到保护，免遭恶意和无意的攻击，并且应满足业务对信息和服务的保密性、完整性、可用性、抗抵赖、可核查性、真实性和可靠性的要求。

因此本文件的主要目标是提出一套适用于网络访问控制和身份管理的、支撑上层业务的、具有普遍适用性的实体鉴别与安全接入协议和结构。本标准将采用非对称密码技术，并引入在线的可信第三方，构建鉴别协议，并定义网络安全接入架构。

本标准主要内容是：

——引入可信第三方的实体鉴别及接入架构采用三元结构，将参加鉴别和授权的实体置于对等的角色，利用逻辑的端口控制方法完成双方的鉴别和授权；

——本标准确定的访问控制方法可应用于无线网络访问控制、有线网络访问控制以及 IP 自适应移动访问控制系统等。

本标准的使用者是通信行业的生产企业、检测机构和科研机构。

本标准的发布机构提请注意，声明符合本标准时，可能涉及到 5.4.5.4 与“一种三元结构的对等访问控制方法”、“一种三元结构的对等访问控制系统”等相关的专利的使用。

本标准的发布机构对于该专利的真实性、有效性和范围无任何立场。

该专利持有人已向本标准的发布机构保证，他愿意同任何申请人在合理且无歧视的条款和条件下，就专利授权许可进行谈判。该专利持有人的声明已在本标准发布机构备案。相关信息可通过以下联系方式获得：

专利权人：西安西电捷通无线网络通信股份有限公司

地址：西安市高新区科技二路 68 号西安软件园秦风阁 A201

联系人：刘长春

邮政编码：710075

电子邮件：ipri@iwncomm.com

电　　话：029-87607836

传　　真：029-87607829

网　　址：http://www.iwncomm.com

请注意除了上述专利外，本标准的某些内容仍可能涉及专利。本标准的发布机构不承担识别这些专利的责任。

# 信息安全技术　引入可信第三方的实体鉴别及接入架构规范

## 1　范围

本标准规定了引入可信第三方的实体鉴别及接入架构的一般方法。包括：

a）　引入可信第三方的实体鉴别及接入架构的框架；

b）　引入可信第三方的实体鉴别及接入架构的基本原理；

c）　定义引入可信第三方的实体鉴别及接入架构的不同级别以及相应收发数据时端口的行为；

d）　定义引入可信第三方的实体鉴别及接入架构的参与实体间的消息交互协议；

e）　定义使用消息交互协议完成引入可信第三方的实体鉴别及接入架构的过程；

f）　规定协议交互消息中的数据编码；

g）　建立引入可信第三方的实体鉴别及接入架构管理的需求，识别管理对象，定义管理操作；

h）　描述远程管理者利用简单网络管理协议(SNMP)所能进行的管理操作；

i）　描述符合本标准的设备应满足的需求，见附录A。

本标准适用于无线网络访问控制、有线网络访问控制和IP网络访问控制系统等。

## 2　规范性引用文件

下列文件对于本文件的应用是必不可少的。凡是注日期的引用文件，仅注日期的版本适用于本文件。凡是不注日期的引用文件，其最新版本(包括所有的修改单)适用于本文件。

GB/T 15629.2—2008　信息技术　系统间远程通信和信息交换　局域网和城域网　特定要求　第2部分：逻辑链路控制

GB/T 15629.3—1995　信息处理系统　局域网　第3部分：带碰撞检测的载波侦听多址访问(CSMA/CD)的访问方法和物理层规范

GB 15629.11—2003　信息技术　系统间远程通信和信息交换　局域网和城域网　特定要求　第11部分：无线局域网媒体访问控制和物理层规范

ISO/IEC 9798-3:1998/Amd.1:2010　信息技术　安全技术　实体鉴别　第3部分：采用数字签名技术的机制　修改单1(Information technology—Security techniques—Entity authentication—Part 3:Mechanisms using digital signature techniques—Amendment 1)

IEEE Std 802.3™-2005　局域网和城域网规范　第3部分：带检测冲突的载波检测多址存取(CSMA/CD)方法和物理层规范[IEEE Standard for Local and Metropolitan Area Networks—Part 3: Carrier Sense Multiple Access with Collision Detection (CSMA/CD)　Access Method and Physical Layer Specifications]

IEEE Std 802.1D™-2004　局域网和城域网规范　媒体访问控制桥[IEEE Standard for Local and Metropolitan Area Networks—Media Access Control(MAC) Bridges]

IEEE Std 802.1Q™-2003　局域网和城域网规范　局域网虚拟桥(IEEE Standards for Local and Metropolitan Area Networks—Virtual Bridged Local Area Networks)

IEEE Std 802.1x™-2004　局域网和城域网规范　基于端口的网络访问控制(IEEE Standards for Local and Metropolitan Area Networks—Port-Based Network Access Control)

## 3 术语和定义

下列术语和定义适用于本文件。

3.1

**鉴别访问控制器 authentication access controller**

位于点到点链路一端的实体，该实体可以鉴别和被鉴别另外一端的实体，它与鉴别服务器有直接的通信。

3.2

**请求者 requester**

**REQ**

位于点到点链路一端的实体，该实体可以鉴别和被鉴别另外一端的实体，它必须通过鉴别访问控制器与鉴别服务器通信。

3.3

**鉴别服务器 authentication server**

**AS**

提供鉴别服务给请求者和鉴别访问控制器，使请求者和鉴别访问控制器可以相互鉴别。

3.4

**桥端口 bridge port**

IEEE802.1D 或者 802.1Q 桥的端口。

3.5

**边缘端口 edge port**

连到一个 LAN 的端口，该 LAN 没有连接其他桥。

3.6

**网络接入端口 network access port**

系统和链路的连接点，它可以是物理端口，如一个 LAN MAC，或是一个逻辑端口，如 GB 15629.11 中工作站和无线接入点的关联。

3.7

**端口访问实体 port access entity**

**PAE**

关联于端口的协议实体，它可以支持自适应、请求者或鉴别访问控制器的功能。

3.8

**系统 system**

有一个或多个网络接入端口的设备，包括终端工作站、服务器、桥和路由器等。

## 4 缩略语

| | | |
|---|---|---|
| AAC | 鉴别访问控制器 | Authentication Access Controller |
| AS | 鉴别服务器 | Authentication Server |
| ASF | 警告标准论坛 | Alerting Standards Forum |
| CBAP | 基于证书的鉴别协议 | Certificate Based Authentication Protocol |
| CHAP | 挑战握手认证协议 | Challenge Handshake Authentication Protocol |
| CMAP | 基于证书的 WMAN 鉴别协议 | Certificate-based WMAN Authentication Protocol |

| | | |
|---|---|---|
| DHCP | 动态主机配置协议 | Dynamic Host Configuration Protocol |
| FDDI | 分布式光纤数据接口 | Fiber Distributed Data Interface |
| IBAP | 基于身份签名的鉴别协议 | Identity Based Authentication Protocol |
| IP | 互联网协议 | Internet Protocol |
| LAC | 链路访问控制 | Link Access Control |
| LAN | IEEE 802 局域网 | IEEE 802 Local Area Network |
| LLC | 逻辑链接控制 | Logical Link Control |
| MAC | 媒体访问控制 | Media Access Control |
| MIC | 消息完整性校验 | Message Integrity Check |
| MPDU | MAC 协议数据单元 | MAC Protocol Data Unit |
| OID | 客体标识符 | Object Identifier |
| OUI | 组织全球惟一性标识 | Organizationally Unique Identifier |
| PCAP | 对等控制访问协议 | Peer Control Access Protocol |
| PDU | 协议数据单元 | Protocol Data Unit |
| Port | 网络访问端口 | network access port |
| PPP | 点到点协议 | Point-to-Point Protocol |
| REQ | 请求者 | Requester |
| SNAP | 子网络访问协议 | Subnetwork Access Protocol |
| SNMP | 简单网络管理协议 | Simple Network Management Protocol |
| TAEP | 三元鉴别可扩展协议 | Tri-element Authentication Extensible Protocol |
| TAEPoL | 基于链路的三元鉴别可扩展协议 | TAEP over Link |
| TePA | 三元对等鉴别 | Tri-element Peer Authentication |
| TePA-AC | 基于三元对等鉴别的访问控制技术 | TePA-based Access Control |
| TP | 可信第三方 | the Trusted third Party |
| VLAN | 虚拟局域网 | Virtual LAN |

## 5 引入可信第三方的实体鉴别及接入架构

### 5.1 概述

引入可信第三方的实体鉴别及接入系统采用三元结构，将参加鉴别和授权的实体置于对等的角色，利用逻辑的端口控制方法完成双方的鉴别和授权。本标准确定的访问控制方法可应用于无线网络访问控制、有线网络访问控制以及 IP 自适应移动访问控制系统等。

本章描述了引入可信第三方的实体鉴别及接入系统的结构框架、控制功能以及采用该机制的设备所进行的各项操作之间的关系。

引入可信第三方的实体鉴别及接入架构对系统功能进行了扩展，它提供了一种访问控制方法，可以用来阻止请求者对鉴别访问控制器系统的资源进行未授权的访问，同时阻止请求者误访问未授权的鉴别访问控制器系统；还可以让请求者用来阻止来自未授权鉴别访问控制器系统的连接。例如，对于MAC 桥系统，引入可信第三方的实体鉴别及接入架构可以实现限制用户只能访问公共桥端口，或者在一个组织内，限制组织内资源只能被组织内用户访问等应用场景。访问控制是通过对连接在受控端口上的系统进行鉴别来实现的，所谓端口是指参加鉴别和授权的实体附着于它们之间的逻辑点到点连接的接口，例如 GB 15629.11—2003 无线局域网的关联、GB/T 15629.3—1995 LAN 交换机的端口。根据鉴别的结果，请求者系统或鉴别访问控制器系统决定是否给予对方授权，允许对方通过受控端口访问自己的资源。如果对方没有获得授权，根据受控端口的 OperControlledDirections 参数限制在请求者系统和鉴别访问控制器系统间未授权的数据流动。引入可信第三方的实体鉴别及接入架构采用基于三元对等鉴别的访问控制技术(TePA-AC),可以被一个系统用来鉴别其他任何连接在该系统受控端口上的系统,系统可以是路由器、终端设备、交换机、无线接入点、无线基站、网关、应用程序等。附录C和附录D描述了三元对等鉴别的访问控制在城域网和局域网设备的参考实现。

本标准中,请求者系统和鉴别访问控制器系统之间的鉴别采用基于密码技术的鉴别协议实现。鉴别协议运行要求双方具有"密钥"的信任基础,即双方共享一个秘密——密钥,作为双方的信任凭证。如果只有请求者系统和鉴别访问控制器系统这两种实体,密钥管理将是对多个请求者系统和多个鉴别访问控制器系统之间的管理,也就是管理多对多的信任关系。多对多的信任关系导致系统实现异常复杂,为了降低系统实现的复杂性,本标准定义了第三种实体——鉴别服务器。鉴别服务器和请求者系统有"密钥"的信任基础,鉴别服务器和鉴别访问控制器系统也有"密钥"的信任基础,而请求者系统和鉴别访问控制器系统之间没有"密钥"的信任基础。这样多对多的信任关系将演变为两个多对一的信任关系,有效地降低了系统实现的复杂性。

本标准中,请求者系统和鉴别访问控制器系统之间的鉴别可以通过鉴别服务器作为中介来实现,鉴别协议在请求者系统、鉴别访问控制器系统和鉴别服务器三个实体上运行,称为三元对等鉴别。

## 5.2 访问控制的范围

引入可信第三方的实体鉴别及接入架构的操作假设所操作的端口在请求者与鉴别访问控制器之间提供点到点的连接。

本标准提供了一个用于在请求者与鉴别访问控制器之间、鉴别访问控制器和鉴别服务器之间传递消息的协议,并根据协议执行的结果来决定请求者与鉴别访问控制器的端口状态。

## 5.3 系统、角色和端口

### 5.3.1 概述

系统的端口提供了一种手段,通过该方式可以访问其他系统提供的服务,也可以通过该方式向其他系统提供服务。引入可信第三方的实体鉴别及接入架构可以控制系统的端口状态,保证只有被授权的系统才能访问该系统提供的服务,或者访问被授权系统提供的服务。

为了描述引入可信第三方的实体鉴别及接入架构的操作,一个系统的端口(更准确地说,是端口的端口控制实体PAE)可以采用以下两种角色:

——鉴别访问控制器(AAC):如果系统需要通过端口提供资源给其他系统访问,那么它采用鉴别访问控制器的角色;鉴别访问控制器也可以通过该端口访问其他系统的资源,鉴别访问控制器可以直接与鉴别服务器通信。

——请求者(REQ):如果系统需要通过端口访问其他系统提供的资源,那么它采用请求者的角色;请求者要通过鉴别访问控制器与鉴别服务器通信。

另外还定义了一个系统角色:

——鉴别服务器(AS):鉴别访问控制器和请求者进行鉴别时,需要通过鉴别服务器完成鉴别协议的交互过程。鉴别服务器作为鉴别访问控制器和请求者共同信任的可信第三方提供初始信任。

以上描述的三种角色在通常情况下的系统中都需要,以完成鉴别协议交换。但在某些特殊情况下,鉴别服务器并不是必须存在的。例如,当两个系统采用共享密钥鉴别,且不需要其他的管理时,鉴别服务器就没有必要存在。一个系统可以采用其中一个角色或多个角色,例如,AAC可和AS在一个系统中实现;PAE可以在一个协议交换中采用AAC角色,而在另一个协议交换中采用REQ角色。

### 5.3.2 受控端口与非受控端口

引入可信第三方的实体鉴别及接入架构在系统和链路的连接点上建立两个不同的访问点，一个是非受控端口，不论授权状态如何，允许链路上的系统之间不受控地交换数据包；一个是受控端口，只有处于授权状态，才允许交换数据包。非受控端口和受控端口是同一连接点的两个部分，从物理连接点得到的数据帧会被它们同时得到。见图1。

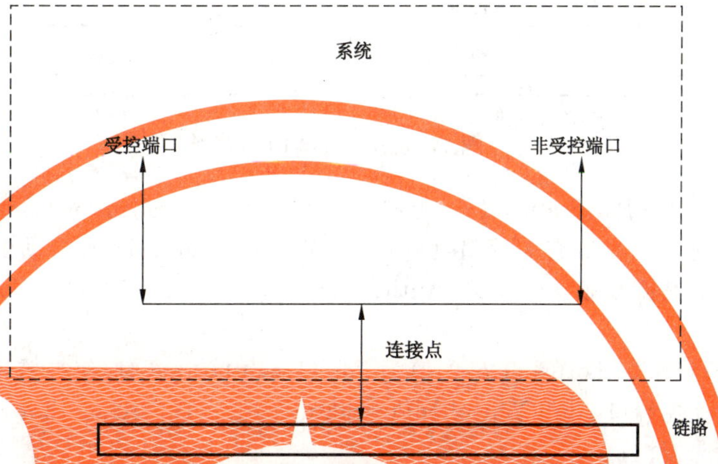


说明：尽管数据包在受控端口和非受控端口均可得到，但协议实体在某一时刻只能关联到其中一个端口。

图1 受控端口与非受控端口

系统与链路的连接点可以是物理端口，也可以是逻辑端口，该端口提供到其他系统的一对一连接。例如，在交换的LAN中，该连接点可以通过MAC地址实现，MAC地址使鉴别访问控制器和请求者之间一对多的关系成为可能；在IP网络中，该连接点可以通过IP地址实现；对于应用程序，该连接点可以通过应用程序和会话层/传输层的接口实现；在GB 15629.11—2003无线局域网中，无线接入点和工作站之间存在独立的关联实现一对一的连接；在PPP连接中，终端和网关之间是点对点的连接。在本标准中，两个系统之间建立单独的关联是引入可信第三方的实体鉴别及接入架构方法实施的前提条件。

受控端口和非受控端口是逻辑概念，它将数据流进行了分类。管理和控制流可以通过非受控端口，信息流则通过受控端口，在不影响系统通信管理的前提下，通过受控端口对信息流进行控制。

图2描述了受控端口AuthControlledPortStatus和LAC控制的结果。任何对链路的访问都要受到端口的链路访问控制能力LAC(LAC在802网络是MAC，在IP网络中是IP)当前的管理性和可操作性状态以及AuthControlledPortStatus参数的控制。如果LAC在物理上或管理上不可操作时，那么无论在受控端口还是非受控端口都不会发生基于LAC的任何协议交换。在图2的系统1中，因为到链路连接点的LAC是可操作的，受控端口和非受控端口均可访问链路；而在图2的系统2中，因为到链路连接点的LAC是不可操作的，受控端口和非受控端口都不能访问链路，LAC的不可操作性也导致系统的受控端口状态为非授权的。

AuthControlledPortStatus通过一个开关来表示，开或者关表示允许或阻止数据包通过该端口。图2中有两个系统，每个系统均有一个受控端口，端口的OperControlledDirections参数为Both。图2的系统2中受控端口的AuthControlledPortStatus为Unauthorized，因此不允许数据包通过，故开关的状态是断开的；图2的系统1中受控端口AuthControlledPortStatus为Authorized，因此允许数据包通过的，故开关的状态是闭合的。

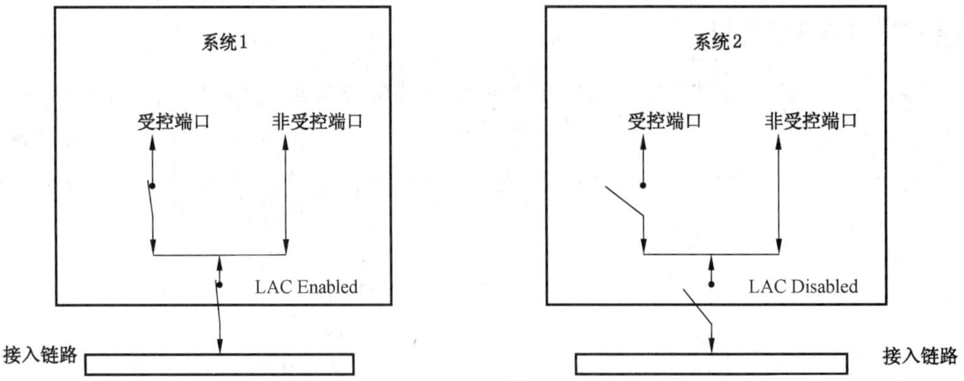


图2　LAC 对端口的影响

除了 AuthControlledPortStatus 以外，受控端口的 AuthControlledPortControl 参数使管理员可以控制端口的授权状态。该参数有 3 个值：强制授权的 ForceAuthorized、自动的 Auto、强制非授权的 Force Unauthorized，其默认值为 Auto。AuthControlledPortStatus 和 AuthControlledPortControl 之间的关系如下：

——当 AuthControlledPortControl 的值为 ForceUnauthorized 时，使得鉴别访问控制器或请求者状态机将受控端口 AuthControlledPortStatus 的值设置为 Unauthorized，即受控端口无条件地设置为未授权；

——当 AuthControlledPortControl 的值为 ForceAuthorized 时，使得鉴别访问控制器或请求者状态机将 AuthControlledPortStatus 的值设置为 Authorized，即受控端口无条件地鉴别访问控制器或请求者为授权；

——当 AuthControlledPortControl 的值为 Auto 时，鉴别访问控制器和请求者状态机根据请求者、鉴别访问控制器和鉴别服务器之间的鉴别交换的结果确定 AuthControlledPortStatus 的值。

在上述 3 种情况中，AuthControlledPortStatus 的值直接反映鉴别访问控制器和请求者状态机中 portStatus 变量的值。以下 3 个因素影响 portStatus 变量的值：

——鉴别访问控制器状态机的授权状态(如果端口上没有实施状态机，则认为是“授权的”)。

——请求者状态机的授权状态(如果端口没有实施状态机，则认为是“授权的”)。

——REQ Access Control With AAC Administrative Control 参数。该参数有两个可能值：Active 和 Inactive，默认是 Inactive，支持 Active 是可选的。只有当 AAC 状态机和 REQ 状态机在一个端口都实现时，该参数才有效。如果该参数值是 Inactive，则 portStatus 参数值仅被 AAC 状态机的授权状态确定。如果该参数的值是 Active，则 portStatus 参数值被 AAC 状态机和 REQ 状态机共同决定，AAC 和 REQ 状态机中任何一个状态是 Unauthorized 时，则 portStatus 参数值为 Unauthorized。

一个系统中每个端口的 AuthControlledPortControl 参数值都受到系统 SystemAuthControl 参数值的控制。SystemAuthControl 参数值可以为 Enabled 和 Disabled，默认值是 Disabled。如果 SystemAuthControl 被置为 Enabled，那么鉴别对于系统即为可用，则每个端口的授权状态均由 AuthControlledPortControl 参数来控制。如果 SystemAuthControl 被置为 Disabled，则表示所有端口的 AuthControlledPortControl 参数均被置为 ForceAuthorized。实际上，将 SystemAuthControl 参数设置为 Disabled 会导致所有端口的鉴别被禁止，使得所有受控端口被授权。

通常希望其他系统的协议交换使用本系统的一个或多个受控端口，然而，一个给定的协议可能需要绕过授权功能而使用非受控端口。图 3 显示了鉴别访问控制器系统和请求者系统中的受控和非受控端口，以及 PAEs 根据授权交换的结果来控制受控端口的授权状态，其中，为了完成协议交换，PAEs 需要利用非受控端口。

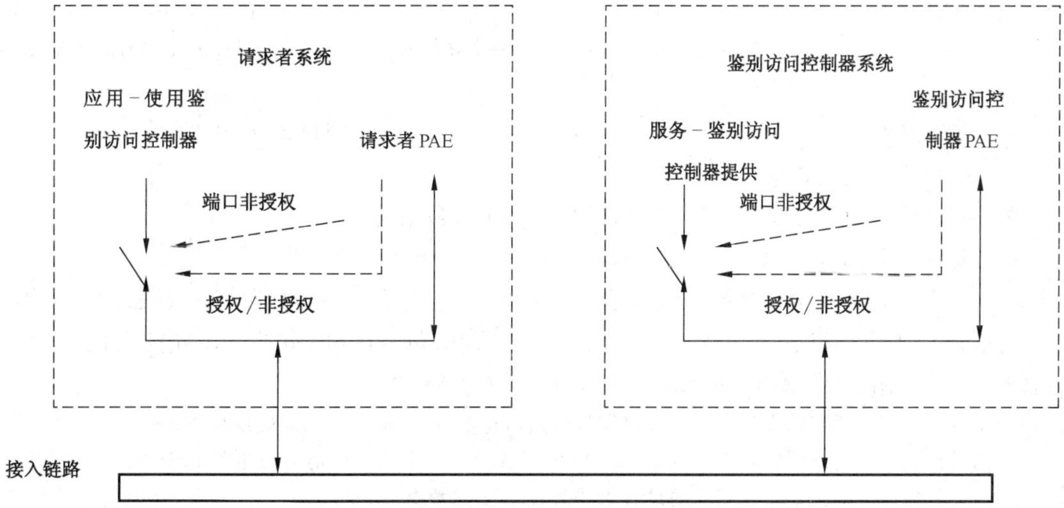


图 3 鉴别访问控制器系统和请求者系统中的受控和非受控端口

图 4 显示了请求者、鉴别访问控制器和鉴别服务器，以及它们之间信息交换的关系。

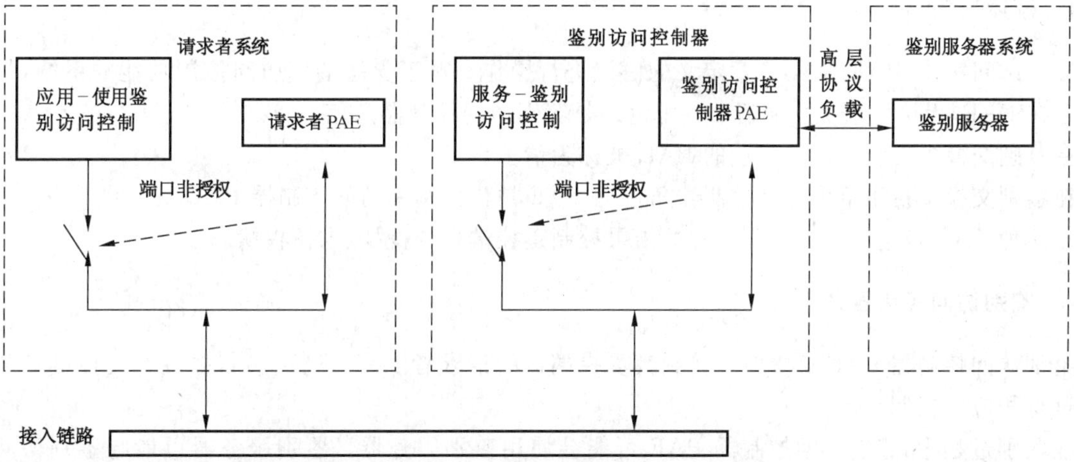


图 4 请求者、鉴别访问控制器和鉴别服务器系统

图 4 中，鉴别访问控制器和请求者的受控端口为未授权状态，因此请求者系统无法访问鉴别访问控制器系统提供的服务。两个 PAE 利用各自的非受控端口，使用鉴别协议互相通信，鉴别访问控制器 PAE 通过高层协议负载的鉴别协议与鉴别服务器进行通信。

鉴别访问控制器和鉴别服务器之间的通信可以利用 LAN，或使用其他通信信道。如果鉴别服务器和鉴别访问控制器没有设置在一台设备上，则其之间应进行鉴别协议交换。

### 5.3.3 接收和发送控制

每个受控端口的受控方向参数 AdminControlledDirections 和 OperControlledDirections 决定未授权的控制端口是对双向的通信进行控制(向内进入的帧和向外发送的帧)，还是仅对来向通信(仅只对向内进入的帧)进行控制。受控方向参数取值为 Both 或 In。这两个参数的含义如下：

——AdminControlDirection＝Both：表示对受控端口的向内进入和向外发送的双向传输均进行控制。如果 AdminControlledDirections＝Both，则 OperControlledDirections 参数的值无条件等于 Both。

——AdminControlledDirection＝In：表示仅对受控端口向内进入的传输进行控制。如果 Admin-

ControlledDirections＝In，则 OperControlledDirections 参数的值在初始化且端口的 LAC 服务可用时为 In。然而，如果出现下列任何一种情况，则 OperControlledDirections 参数值将为 Both：

- 端口是一个桥端口，且桥检测状态机（见 IEEE Std 802.1D-2004 中的第 17 章）检测到另外一个桥连接到该端口；
- 端口是一个桥端口，且该端口的 Edge Port 参数值为 FALSE；
- 端口的 LAC 不可用。

AdminControlledDirection 参数的值只能通过管理操作进行修改。引入可信第三方的实体鉴别及接入架构的实施应支持能够独立地将每个受控端口的 AdminControllledDirection 参数设置为 Both 以及独立地将每个受控端口的 AdminControllledDirection 参数设置为 In。

注：当一个与受控端口相连的设备需要从受控端口获得协议消息，即从受控端口传输出去协议消息，以支持某种形式的启动或初始化时（例如，Wake-on-LAN），In 的设置允许基于端口的访问控制将安全条件放宽，但是它仍然希望在鉴别完成之前阻止与之相连的设备给受控端口发送数据（参见 E.1）。很明显，受控端口采用这种形式放宽的安全限制，减弱了基于端口的访问控制处理某些攻击的有效性。

## 5.4 端口访问实体（PAE）

### 5.4.1 概述

端口访问实体（PAE）对第 7 章定义的协议进行操作。对于支持端口访问控制功能的系统，每个端口都存在 PAE，无论该系统扮演请求者角色还是鉴别访问控制器角色。

在鉴别交换中扮演请求者角色的 PAE 被称为请求者 PAE。

在鉴别交换中扮演鉴别访问控制器角色的 PAE 被称为鉴别访问控制器 PAE。

这两种 PAE 角色均根据鉴别过程的结果控制受控端口的授权/未授权状态。

### 5.4.2 鉴别访问控制器角色

鉴别访问控制器 PAE 负责对连接到其受控端口的请求者 PAE 进行鉴别，并且对受控端口的授权状态进行相应的控制。

在鉴别过程中，鉴别访问控制器 PAE 可能会使用鉴别服务器。鉴别服务器可能与鉴别访问控制器处于同一系统，或者处于能通过远程通讯机制、基于 LAN 或其他机制进行访问的其他系统中。请求者 PAE 和鉴别访问控制器 PAE 的通信，以及鉴别访问控制器 PAE 和鉴别服务器（当鉴别服务器和鉴别访问控制器不在同一个系统中时）之间的通信将通过第 7 章描述的协议和程序来完成。

### 5.4.3 请求者角色

请求者 PAE 负责将请求者的鉴别凭证发送给鉴别访问控制器 PAE，作为对鉴别访问控制器 PAE 请求的响应，还负责根据与鉴别访问控制器 PAE 进行鉴别交换的结果来控制受控端口的授权状态。请求者 PAE 也可能发起鉴别交换，完成特定的注销交换。

### 5.4.4 端口访问限制

鉴别一般发生在系统初始化时或者请求者系统连接到鉴别访问控制器系统的端口时。在鉴别成功完成之前，请求者系统只能访问鉴别访问控制器系统来完成鉴别交换，或者访问鉴别访问控制器系统提供的、没有访问控制限制的、处于鉴别访问控制器非受控端口上或者请求者非受控端口上的服务（见 5.3）。一旦鉴别成功完成，两个系统均允许请求者系统访问通过鉴别访问控制器系统受控端口提供的服务。

支持受控端口的 LAC 的操作状态可以被启用或禁用。如果 LAC 的操作状态为禁用，那么无论受控端口的授权状态是什么，LAC 都不能使用。

注 1：IEEE Std 802.1D-2004 中的第 6 章描述了表示端口的 MAC 启用/禁用状态的桥(Bridge)端口。GB/T 15629.3—1995 描述了类似的参数，它定义了通过聚合提供的逻辑端口的启用/禁用状态。

在使用 PAE 的系统中，受控端口在鉴别之前一直处于未授权状态，因此是禁用的。一旦鉴别成功，且 PAE 决定授权所鉴别的用户来访问受控端口，则受控端口将进入授权状态。如果受控端口没有被其他原因禁用(例如，由于管理方面的原因而禁用 LAC)，受控端口就可以使用(见 5.3)。

注 2：当鉴别访问控制器系统的受控端口处于未授权状态时，动态主机配置协议(DHCP)和其他初始化传输可能不会通过受控端口发送和接收，这依赖于端口控制的层次和端口的 ControlledDirection 参数。因此，鉴别需要在终端工作站的初始化序列时就进行(例如，在 DHCP 和 IP 初始化之前)。当请求者的受控端口处于未授权状态时，不能发送和接收 DHCP 和其他初始化传输。请求者在授权之前试图利用受控端口，将会导致 DHCP 或初始化包的丢失，还可能会导致无法获取 IP 地址。

除了能控制受控端口的授权状态之外，PAE 的操作还能支持受控端口授权状态的老化，可在任何时间激活请求者或鉴别访问控制器进行重新鉴别。在重新鉴别期间，受控端口保持授权状态，仅在重新鉴别失败时，才转变到未授权状态。

在某些配置中不需要对特定端口进行鉴别(例如，在 Inter-Bridge 链路中，端口连接到服务器上)，因此鉴别是针对每个端口进行配置的。这种配置的管理操作将在第 8 章中描述。

### 5.4.5 TAEP

#### 5.4.5.1 概述

PAE 包含鉴别控制和互相通信两个功能，其中鉴别控制功能实现 PAE 的状态转换，见第 7 章；通信功能传递两个 PAE 之间的鉴别消息。以下定义的 TAEP(Triple-element Authentication Extensible Protocol)协议支持鉴别访问控制器 PAE 和请求者 PAE 之间、鉴别访问控制器 PAE 和鉴别服务器之间的通信功能。

#### 5.4.5.2 TAEP 分组格式

图 5 给出了 TAEP 分组格式。

| Code(8位比特) | Identifier(8位比特) | Length(16位比特) |
|---|---|---|
| Data | | |

图 5 TAEP 分组格式

TAEP 分组各个域的定义见表 1。

表 1 TAEP 分组域定义

| 名称 | 长度(比特) | 描 述 |
|---|---|---|
| Code 编码 | 8 | 表示 TAEP 分组的类型<br>1 Request<br>2 Response<br>3 Success<br>4 Failure |
| Identifier 标识 | 8 | 用于匹配 Request 和 Response 分组 |
| Length 长度 | 16 | 表示整个 TAEP 分组的八位位组数，即指包括 Code、Identifier、Length 和 Data 所有字段的长度总和 |
| Data 数据 | 可变 | 分组含 0 个或多个八位位组，其格式由 Code 字段的值决定 |

#### 5.4.5.3 TAEP 分组字段各个域定义

##### 5.4.5.3.1 Request 和 Response

格式见图 6。

<table>
<tr><td>Code(8位比特)</td><td>Identifier(8位比特)</td><td>Length(16位比特)</td></tr>
<tr><td>Application Type<br>(8位比特)</td><td colspan="2">Reserved(24位比特)</td></tr>
<tr><td>Type(8位比特)</td><td colspan="2">Type-Data</td></tr>
</table>

**图 6 Request 和 Response 分组格式**

图 6 给出了 Request 和 Response 分组格式。

其中 Application Type 字段表示 TAEP 协议运行的应用环境：

0:表示未特定定义的应用环境。

1～223:表示公有的应用环境,数值含义等待定义。

224～239:表示私有的应用环境,用于 TAEP 在私有应用环境中使用,数值含义由使用者定义。

240～255:保留。

Application Type 字段默认值为 0。

其中 Type 字段长度为 1 个八位位组,它表示 Request 和 Response 分组的类型,定义见表 2。

**表 2 Request 和 Reponse 分组类型定义**

| Type 值 | 定义 | 描 述 |
|---|---|---|
| 1 | Identity | Identity 类型用于鉴别访问控制器询问请求者的身份。对于 Identity 类型的 Request 分组,包含可显示的消息,采用 UTF-8 编码的 ISO 10646 字符,用于提示请求者;请求者应发送 Identity 类型的 Response 分组来响应 Identity 类型的 Request 分组 |
| 2 | Notification | Notification 类型用于将一个可显示的消息从鉴别访问控制器传递到请求者。在鉴别过程完成之前,鉴别访问控制器可在任何时候发送一个 Notification 类型的 Request 分组到请求者,除非正在进行的鉴别协议禁止使用 Nofification 类型的分组;请求者收到 Notification 类型的 Request 分组后应使用 Notification 类型的 Response 来响应鉴别访问控制器 |
| 3 | Nak (Response only) | Nak 在 Response 分组中存在,用于表示不支持 Request 分组中提议的鉴别方法。Nak 类型的 Type-Data 字段的内容包含可变长度的 8 位位组,每个 8 位位组表示 1 个通用的鉴别方法。数值 4～249 表示可以替代使用鉴别方法,如果没有可替代的鉴别方法,Type-Data 字段内容为数值 0 |
| 248 | TAEP-IBAP | TAEP-IBAP 是一个基于身份签名机制的鉴别协议,Type-Data 定义参见附录 B 的 B.1 中描述 TAEP-IBAP 类型的分组中 Type-Data 字段的内容 |
| 249 | TAEP-CBAP | TAEP-CBAP 是一个基于三实体公钥的鉴别协议,Type-Data 定义参见附录 B.2 中描述 TAEP-CBAP 类型的分组中 Type-Data 字段的内容 |

表 2（续）

| Type 值 | 定义 | 描　　述 |
|---|---|---|
| 250 | TP Authentication | TP Authentication 类型用于鉴别访问控制器向鉴别服务器询问可用的鉴别方法 |
| 254 | Expanded Types | Expanded Types 用来支持厂商自定义的鉴别协议以及扩展通用鉴别协议类型的范围到预定数值 255 以外 |
| 255 | Experimental use | Experimental Use 类型分组的 Typa-Data 字段没有固定的格式，它用于测试新的 TAEP 鉴别协议类型 |

TP Authentication 类型用于鉴别访问控制器向鉴别服务器询问可用的鉴别方法。如果鉴别访问控制器需要从鉴别服务器获得鉴别方法的类型，则鉴别访问控制器向鉴别服务器发送 TP Authentication 类型的 Request 分组来请求可用的鉴别方法，该分组包含请求者和鉴别访问控制器的身份；鉴别服务器将发送 TP Authenticaiton 类型的 Response 分组进行响应，该分组包含鉴别服务器支持的用于该请求者和鉴别访问控制器的鉴别方法类型。TP Authenticaion 类型的分组 Type-Data 字段格式见图 7。

| Type（8位比特） | Subtype（24位比特） |
|---|---|
| SubData | |

**图 7　TP Authentication 和 NAK 类型分组中 Type-Data 字段格式**

TP Authentication 类型分组中 Type-Data 字段各个域的定义见表 3。

**表 3　TP Authentication 类型分组中 Type-Data 字段域定义**

| 名　　称 | 长度（比特） | 描　　述 |
|---|---|---|
| Type 类型 | 8 | Type＝250 |
| Subtype 子类型 | 24 | 00-00-00　Identity<br>FF-FF-FF　通用鉴别方法<br>其他　Vendor ID，由 IANA 分配的厂商的 SMI 网络管理专用企业代码 |
| Subdata 子数据 | 可变 | 当 SubTyp 取值为“00-00-00”时，SubData 字段包含长度和身份内容，前 2 个八位位组为长度字段，表示后面身份字段的八位位组个数；<br>当 SubType 取值为“FF-FF-FF”时，表示通用的鉴别方法，SubData 字段为 4 个八位位组，表示通用的鉴别协议类型；<br>当 SubType 取值为其他值，即厂商的 Vendor ID 值，SubData 字段为 4 个八位位组，表示厂商自定义的鉴别方法 |

当鉴别服务器传递所支持的多种鉴别方法时，TP Authenticaion 类型的分组 Type-Data 字段格式见图 8。

| Type(8位比特) | Subtype(24位比特) |
|---|---|
| SubData | |

| Type(8位比特) | Subtype(24位比特) |
|---|---|
| SubData | |
| …… | |

图 8 **TP Authentication 类型的分组中 Type-Data 字段格式**

Expanded Types 用来支持厂商自定义的鉴别协议以及扩展通用鉴别协议类型的范围到预定数值 255 以外。

Expanded Types 类型的分组 Type 和 Type-Data 字段格式见图 9。

| Type(8位比特) | Vendor-ID(24位比特) |
|---|---|
| Vendor-Type | |

图 9 **Expanded Types 类型的分组中 Type-Data 字段格式**

Expanded Type 类型分组中 Type-Data 字段各个域的定义见表 4。

**表 4 Expanded Type 类型分组中 Type 和 Type-Data 字段域定义**

| 名称 | 长度(比特) | 描述 |
|---|---|---|
| Type 类型 | 8 | Type=254 |
| Vendor-ID 厂商标识 | 24 | 00-00-00 通用<br>其他 厂商的 Vendor ID,由 IANA 分配的厂商的 SMI 网络管理专用企业代码 |
| Vendor-Type 厂商类型 | 32 | 当 Vendor-ID 为 0 时,Vendor-Type 字段用于扩展通用的鉴别协议类型。Vendor-Type 字段为 4 个八位位组,数值 0～255 保留,用于兼容在非扩展时用一个八位位组表示的鉴别协议类型,数值 3 是个例外。<br>当 Vendor-ID 为 0 且 Vendor-Type 为 3 时,其意义为 Expanded-NAK。<br>当 Vendor-ID 非 0 时,Vendor-Type 字段为 4 个八位位组,表示厂商自定义的鉴别协议类型。 |

Expanded Types 类型的分组使用示例见图 10 和图 11。

| Type=254 | Vendor-ID=0 |
|---|---|
| Vendor-Type=3(NAK) | |

| Type=254 | Vendor-ID=20(MIT) |
|---|---|
| Vendor-Type=6 | |

| Type=254 | Vendor-ID=0 |
|---|---|
| Vendor-Type=249(TAEP-CBAP) | |

图 10 **支持多种可选鉴别协议的 Expanded Types 类型的分组中 Type-Data 字段格式**

| | |
|---|---|
| Type=254 | Vendor-ID=0 |
| Vendor-Type=3(NAK) | |

| | |
|---|---|
| Type=254 | Vendor-ID=0 |
| Vendor-Type=0(没有可选鉴别协议) | |

**图 11　没有可选鉴别协议的支持多种可选鉴别协议的 Expanded Types 类型的分组中 Type-Data 字段格式**

#### 5.4.5.3.2　Failure 和 Success

图 12 给出了 Failure 和 Success 分组的格式，分组中不包含 Data 字段。

| | | |
|---|---|---|
| Code(8位比特) | Identifier(8位比特) | Length(16位比特) |

**图 12　Failure 和 Success 分组格式**

### 5.4.5.4　TAEP 复用模型

#### 5.4.5.4.1　一般要求

TAEP 复用模型见图 13。

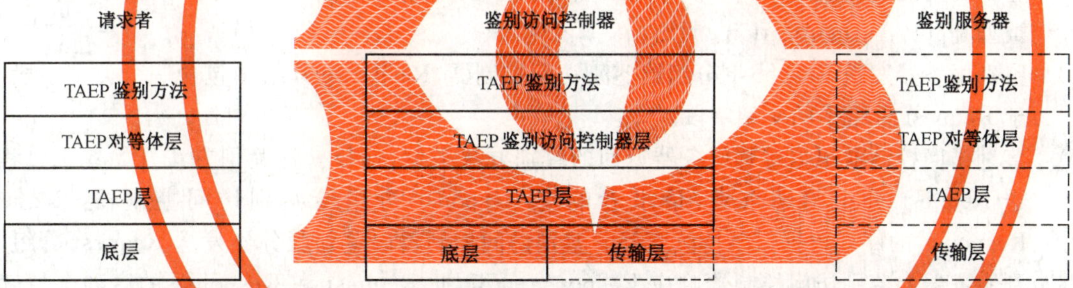


**图 13　TAEP 复用模型**

图 13 的虚线部分表示可选，该部分在运行中是否起作用由 TAEP 鉴别方法决定。

#### 5.4.5.4.2　底层和传输层

底层和传输层负责在请求者、鉴别访问控制器和鉴别服务器之间传送和接收 TAEP 分组，该传输层是逻辑概念，表示该层和相邻的底层可以不是同一种技术。TAEP 可以运行在多种底层技术上，包括 PPP、IEEE 802.3、IEEE 802.11、IEEE 802.16、IEEE 802.15、IP、TCP 等。

#### 5.4.5.4.3　TAEP 层

TAEP 层通过底层传送和接收 TAEP 分组，实现重复分组检测和重传，在对等体层和鉴别访问控制器层之间传送消息。

#### 5.4.5.4.4　TAEP 对等体层和鉴别访问控制器层

根据 Code 字段的值，TAEP 层解析收到的 TAEP 分组，传送到 TAEP 对等体层或 TAEP 鉴别访问控制器层。

#### 5.4.5.4.5 TAEP 鉴别方法

通过 TAEP 对等体层和 TAEP 鉴别访问控制器层传送消息，TAEP 鉴别方法层实现了鉴别算法。由于在 TAEP 层没有实现分片，因此 TAEP 鉴别方法层必须自己实现分片功能。

#### 5.4.5.5 端对端的协议

TAEP 是一个端对端的协议，是指在对等体和鉴别访问控制器之间 TAEP 协议的运行。因此，一条链路的两端都可以同时作为鉴别访问控制器和对等体。在这种情况下，两端都必须实现 TAEP 鉴别访问控制器层和 TAEP 对等体层。另外，TAEP 鉴别方法的实现必须指出鉴别访问控制器和对等体的功能。

存在鉴别服务器的情况下，即 TAEP 鉴别方法需要鉴别服务器的存在，实现鉴别访问控制器功能的一端必须能够和鉴别服务器无限制通信。

#### 5.4.5.6 TAEP 消息交换

TAEP 消息交换的步骤如下：

a) 鉴别访问控制器发送 Request 分组给请求者要求开始鉴别，Request 有一个类型字段指示请求的种类，类型是 Identity。
b) 请求者发送 Response 分组给鉴别访问控制器来响应有效的 Request，Response 分组中包含一个类型字段，对应于 Request 分组中的类型字段，消息中包含有对等体的身份。
c) 鉴别访问控制器发送 Request 分组给鉴别服务器，Request 有一个类型字段指示请求的种类，类型是 TP Authentication。
d) 鉴别服务器发送 Response 分组给鉴别访问控制器，Response 分组中包含一个类型字段，对应于 Request 分组中的类型字段。
e) 鉴别访问控制器根据鉴别服务器返回的鉴别方法类型，选择一种鉴别方法开始鉴别过程。发送 Request 分组给请求者，请求者响应 Response 分组给鉴别访问控制器，Request 和 Response 的序列根据需要持续交互。鉴别访问控制器向鉴别服务器发送 Request 分组，而鉴别服务器向鉴别访问控制器响应 Response 分组，此 Request 和 Response 的序列会持续需要的长度。鉴别访问控制器负责重传 Request 分组。
f) 对话一直持续到鉴别访问控制器不能鉴别请求者，鉴别访问控制器将发送 Failure 分组给请求者；或者鉴别访问控制器判断成功的鉴别已经完成，鉴别访问控制器或停止发送 Request 分组，结束消息交互，或发送 Success 分组给请求者。

以上步骤描述了典型 TAEP 消息交换，但根据鉴别方法的不同，步骤过程会有不同。

#### 5.4.5.7 底层、传输层协议

在鉴别访问控制器和鉴别服务器之间传递 TAEP 消息使用 TAEP-AS-SVC 服务协议，鉴别服务器作为服务端在 UDP/TCP 端口 5111 上接收 TAEP 消息，鉴别访问控制器作为客户端发送 TAEP 消息。

请求者和鉴别访问控制器通过第 6 章定义的 TAEPoL 进行 TAEP 消息传递。

### 5.4.6 注销机制

有很多操作能导致受控端口变成未授权状态，使受控端口根据自己的 OperControlledDireciton 参数来控制通过端口的访问：

a) 请求者和鉴别访问控制器之间的鉴别交换会使得对端口的授权失败；
b) 管理控制能阻止端口变成授权状态；

c) 端口的 LAC 可以处于任何原因而不可操作(包括硬件失败或管理原因)；

d) 请求者和鉴别访问控制器之间的连接失败会导致鉴别访问控制器的授权状态超时；

e) 重新鉴别计时器超时，但重新鉴别没有成功；

f) 请求者 PAE 可能不会应答鉴别访问控制器 PAE 的重新鉴别信息请求；

g) 请求者 PAE 会发布一个明确的注销请求。

当一个用户从一个终端工作站注销，在某些情况下，可能会发生用户(或不同的用户)不通过新的登陆请求就能访问终端工作站和网络的情况。提供明确的注销机制能保证会话结束，这不仅关于用户对终端工作站的访问，也涉及与终端工作站相连的鉴别访问控制器系统受控端口的授权状态。因此一个明确的注销会使得请求者和鉴别访问控制器 PAE 将受控端口设置为未授权状态。

#### 5.4.7 自适应端口选择

一个 PAE 可静态地采用请求者或鉴别访问控制器的角色，也可根据情况动态选择请求者和鉴别访问控制器角色。若对方为鉴别访问控制器，自适应 PAE 将采用请求者角色；若对方为请求者，自适应 PAE 将采用鉴别访问控制器角色。如果双方均为自适应 PAE，那么根据优先级和物理地址来确定角色。优先级高的 PAE 将成为鉴别访问控制器，另外一个将成为请求者。如果优先级一样，那么物理地址高的 PAE 将成为鉴别访问控制器。如果 PAE 没有物理地址，那么 PAE 就无法使用自适应端口选择的功能，只能静态设定。PAE 通过第 6 章定义的 TAEPoL 帧进行自适应选择。

### 5.5 IEEE Std 802.3-2005 中端口访问控制的使用

当使用了引入可信第三方的实体鉴别及接入架构，同时也使用了 IEEE Std 802.3-2005 中的第 43 章定义的端口聚合时，PAE 的鉴别和授权机制应在各自端口上进行，当端口处于未授权状态时，不应考虑将端口聚合。任何已成为聚合端口族中的成员端口状态变为未授权时，这些成员端口均应从聚合端口族中去掉。

为了保证此环境中能产生安全聚合，完成单次聚合的端口应被授权，可以给实体本身授权，或者给那些授权后能参加聚合的实体授权。决定是否授权一个端口参加聚合，该过程不属于本标准范畴。

注：链路聚合会将该聚合密钥和其他聚合密钥联合，以便产生 LACP 使用的最终聚合密钥。

## 6 链路上的 TAEP 封装(TAEPoL)

### 6.1 概述

本章定义了请求者 PAE 和鉴别访问控制器 PAE 之间负载 TAEP 分组的封装技术。该封装称为链路上的 TAEP，或 TAEPoL。

在不同形式的链路上，封装的方法会有所不同，但其功能是相似的，即要能够传递 TAEP 数据分组和管理请求者 PAE 和鉴别访问控制器 PAE 之间的鉴别会话。

本标准定义了 GB/T 15629.2(IEEE 802)系列网络中的 TAEPoL，对于其他网络形式时的 TAEPoL 协议本标准没有定义。本章中的 TAEPoL 表示在 GB/T 15629.2(IEEE 802)系列网络中的 TAEP 链路封装。

### 6.2 八位位组的发送和标识

所有的 TAEPoL PDU 均包含整数个八位位组，这些八位位组编号从 1 开始，按照它们在 MAC 中的顺序依次递增。每个八位位组中的位编号从 1 到 8，1 为最低位。

当用连续的八位位组来表示二进制数时，低编号的八位位组为二进制数字中的高位八位位组。

当 TAEPoL PDU 的编码(元素)使用第 6 章中的图表示时，表示规则如下：

a) 八位位组 1 显示在页的最顶部,高编号的八位位组显示在底部;
b) 在一行中如果出现多个八位位组,那么低编号八位位组在最左边,高编号八位位组在右边;
c) 在一个八位位组内,位 8 在左边,位 1 在右边。

### 6.3 TAEPoL MPDU 在 GB/T 15629.2(IEEE 802.2)逻辑链路控制(LLC)中的格式

TAEPoL MPDU 在 GB/T 15629.2 LLC 格式的定义见图 14。从 GB/T 15629.2 MPDU 的 Length/Type 字段开始。图 14 中除 SNAP-编码以太网类型字段以外的其他字段均在 6.6 中定义。

| 字段 | 八位位组 |
|---|---|
| SNAP－编码以太网类型 | 1～8 |
| 协议版本 (6.6.2) | 9 |
| 类型 (6.6.3) | 10 |
| 长度 (6.6.4) | 11～12 |
| 内容 (6.6.5) | 13～N |

图 14　TAEPoL MPDU 在 GB/T 15629.2 逻辑链路控制(LLC)中的格式

SNAP-编码以太网类型字段:长度为(1～8)个八位位组,内容如下:
a) 八位位组 1～3 载有标准 SNAP 报头,包含 16 进制值 AA-AA-03;
b) 八位位组 4～6 载有 SNAP 协议标示符(PDI),包含 16 进制值 00-00-00;
c) 八位位组 7～8 载有以太网类型值,定义见表 5。

表 5　标准以太网类型分配

| 分　配 | 值 |
|---|---|
| PAE Ethernet Type | 0×891b |

### 6.4 TAEPoL MPDU 在 GB/T 15629.3(IEEE 802.3)中的格式

TAEPoL MPDU 在 GB/T 15629.3 中的格式如图 15 所示。图 15 中除 PAE 以太网类型字段外的其他字段均在 6.6 中定义。

| 字段 | 八位位组 |
|---|---|
| PAE 以太网类型 | 1～2 |
| 协议版本 (6.6.2) | 3 |
| 类型 (6.6.3) | 4 |
| 长度 (6.6.4) | 5～6 |
| 内容 (6.6.5) | 7～N |

图 15　TAEPoL MPDU 在 GB/T 15629.3 中的格式

PAE 以太网类型字段长度为 2 个八位位组,表示 PAE 要使用的以太网类型值,定义见表 5。

### 6.5 标签 TAEPoL MPDU

PAE 发送的 TAEPoL MPDU 不应该附加虚拟 LAN(VLAN)的标签,但是可以附加优先权标签。所有的 PAE 都应能接受优先权标签和非优先权标签的 TAEPoL MPDU。

标签报头的结构见 IEEE Std 802.1Q。

### 6.6 TAEPoL PDU 的格式

#### 6.6.1 概述

TAEPoL PDU 字段的格式见图 16,各个字段的定义见 6.6.2、6.6.3、6.6.4、6.6.5。

| 字段 | 八位位组序号 |
|---|---|
| 协议版本 | 1 |
| 类型 | 2 |
| 长度 | 3～4 |
| 内容 | 5～N |

图 16 TAEPoL PDU 的格式

#### 6.6.2 协议版本

该字段长度为 1 个八位位组,用一个无符号数表示。它的值表示 TAEPoL 帧的发送端所支持的 TAEPoL 协议版本。符合本标准的此字段值应为 0000 0001。

#### 6.6.3 类型

该字段长度为 1 个八位位组,用一个无符号数表示,它的值标识所发送的帧的类型,定义如下:

——TAEP-Packet:值 0000 0000 表示帧载有 TAEP 分组;

——TAEPoL-Start:值 0000 0001 表示帧为 TAEPoL-Start 帧;

——TAEPoL-Logoff:值 0000 0010 表示帧为 TAEPoL-Logoff 请求帧;

——TAEPoL-Key:值 0000 0011 表示帧为 TAEPoL-Key 帧;

——TAEPoL-Encapsulated-ASF-Alert:值 0000 0100 表示帧载 TAEPoL-Encapsulated-ASF-Alert。

除上述 5 个值以外的所有其他值都不能使用,因为它们是为本协议未来扩展保留的。

TAEPoL-Encapsulated-ASF-Alert 类型的帧由 Alerting Standards Forum(ASF)作为允许告警(例如,特定的 SNMP 陷阱,参见 E.4),均通过非受控端口提供。在非受控端口收到的所有具有此类型的 TAEPoL 帧都会被传递给协议实体,该协议实体负责处理 ASF 告警确认,并进一步说明可以载此种类型帧的警告消息的语法或语义,或者在接受到此种类型帧时的协议行动。

#### 6.6.4 长度

该字段长度为 2 个八位位组,用一个无符号二进制数表示。该字段的值定义了内容字段的长度,值 0 表示没有内容字段。

#### 6.6.5 内容

在负载有 TAEP-Packet 的 TAEPoL 帧内，该字段包含 5.4.5 定义的 TAEP 分组，即仅仅封装一个 TAEP 分组。

在负载有 TAEPoL-Key 的 TAEPoL 帧内，该字段包含 6.6.6.1 定义的 Key Descriptor，即仅仅封装一个 Key Descriptor。

在负载有 TAEPoL-Start 的 TAEPoL 帧内，该字段包含 6.6.6.2 定义的 Hello，即仅仅封装一个 Hello 或不封装任何内容。

在负载有 TAEPoL-Logoff 的 TAEPoL 帧内，该字段包含 6.6.6.3 定义的 Logoff，即仅仅封装一个 Logoff 或不封装任何内容。

在负载有 TAEPoL-Encapsulate-ASF-Alert 的 Packet Type 帧内，此字段包含 ASF 描述的 ASF 告警(参见 E.4)。

注：TAEPoL 帧可以负载的 TAEP 分组的最大值依赖于发送帧的 MAC 方法所支持的最大 MAC 帧的大小。

#### 6.6.6 内容字段中封装数据定义

##### 6.6.6.1 Key Descriptor

##### 6.6.6.1.1 Key Descriptor 格式

Key Descriptor 的格式见图 17，各个字段的定义见 6.6.6.1.2、6.6.6.1.2、6.6.6.1.2、6.6.6.1.2、6.6.6.1.2、6.6.6.1.2、6.6.6.1.8。

| |
|---|
| 长度——2个八位位组 |
| 标识——2个八位位组 |
| 重放计数器——8个八位位组 |
| 算法——OID |
| 保留——8个八位位组 |
| MIC——32个八位位组 |
| 协议数据——*n*个八位位组 |

图 17 Key Descriptor 的格式

##### 6.6.6.1.2 长度字段

长度字段长度为 2 个八位位组，是一个整数，表示包含长度字段在内的 Key Descriptor 中所有字段的八位位组数。

##### 6.6.6.1.3 标识字段

标识字段长度为 2 个八位位组，表示密钥的性质，格式见图 18。

| B0 | B1～B3 | B4 | B5 | B6 | B7～B8 | B9～B15 |
|---|---|---|---|---|---|---|
| Ack | Key type | Request | Encryption | MIC | Operation type | Reserved |

图 18 标识字段的格式

标识字段中各位的定义如下：

——Ack 位为 1 个比特，当鉴别访问控制器发送的 TAEPoL 帧要求被响应，则在帧中被置位，否则复位。请求者响应帧中的 Ack 位使用和鉴别访问控制器发送帧的一样。
——Key type 位为 3 个比特，用于表示 TAEPoL 帧交互的密钥的类型。
——Request 位为 1 个比特，当请求者要求鉴别访问控制器开始一个密钥交换协议时，在请求者发送的帧中被置位。若鉴别访问控制器应请求者的要求开始一个密钥交换协议，鉴别访问控制器发送的帧中该位也置位表示是请求者要求开始密钥交换协议的。
——Encryption 位为 1 个比特，如果 Key Data 字段中的 Key 是密文，则该位置位，否则复位。
——MIC 位为 1 个比特，如果 TAEPoL 帧中包含 MIC 值，该位置位，否则复位。
——Operation type 为 2 个比特，表示使用该 TAEPoL 帧的操作类型。例如表示密钥的建立、更新或者删除。
——Reserved 为 7 个比特，保留。

#### 6.6.6.1.4 重放计数器字段

重放计数器为 8 个八位位组长，是一个整数。当基共享密钥建立以后，重放计数器初始化为 0。请求者在响应一个 TAEPoL 帧时，使用收到的帧中的重放计数器值作为重放计数器值。它是一个序列，协议用它来检查重放攻击。请求者在收到有效的 TAEPoL-Key 帧后，递增收到帧中的重放计数器值作为自己的重放计数器值。鉴别访问控制器在收到有效的 TAEPoL-Key 帧后，递增收到帧中的重放计数器值作为自己的重放计数器值。有效的帧是指帧的 MIC 值校验正确。

#### 6.6.6.1.5 算法字段

算法字段长度是可变的，该字段是一个 OID，采用 DER 编码。它表示 MIC 字段使用的算法，该算法的选择需符合国家密码政策的规定。

#### 6.6.6.1.6 保留字段

保留字段为 8 个八位位组。

#### 6.6.6.1.7 MIC 字段

MIC 字段为 32 个八位位组，采用算法字段描述算法计算。它是 TAEPoL-Key 帧的 MIC 值，包含帧的全部内容，在进行 MIC 计算时 MIC 字段屏蔽为 0。

#### 6.6.6.1.8 协议数据字段

协议数据字段是变长字段，包含用于密钥交换协议的附加数据，其封装格式见图 19。

| 类型 | 数据 |
|---|---|

图 19 协议数据的格式

其中：

——类型字段为 1 个八位位组：
- 0x00 保留；
- 0x01～0xFE，用于分配给不同的协议；
- 0xFF 私有，用于私有协议的使用。

#### 6.6.6.2 Hello 格式

Hello 的格式见图 20。

| |
|---|
| 地址类型——1个八位位组 |
| 地址长度——1个八位位组 |
| 地址 |
| 鉴别访问控制器的地址 |
| 邻居的地址 |
| 序列号——6个八位位组 |
| 优先级——1个八位位组 |
| 保留——1个八位位组 |
| MIC——32个八位位组 |

**图 20 Hello 的格式**

其中：

——地址类型字段：表示后面地址的种类，取值定义如下：

0 无地址；

1 MAC 地址；

其他值保留。

——地址长度字段：表示一个地址字段的八位位组数，当地址类型为 0 时，该字段必须为 0。

——地址字段：表示 PAE 的地址。

——鉴别访问控制器的地址字段：表示两个 PAE 中角色为鉴别访问控制器的 PAE 的地址。

——邻居地址字段：表示邻居 PAE 的地址。

——序列号字段：表示单调递增的整数，用于防止重放攻击。

——优先级字段：表示 PAE 成为鉴别访问控制器的优先程度，取值范围是 0～255，值越大，优先级越高。

——MIC 字段：表示完整性校验码。如果双方支持安全 Hello，即设置了预共享密钥且采用 HMAC-SHA256 算法计算，则它是 TAEPoL-Start 帧的 MIC 值，包含帧的全部内容。计算时 MIC 字段屏蔽为 0；如果双方不支持安全 Hello，该字段值为 0。

#### 6.6.6.3 Logoff 格式

Logoff 的格式见图 21。

| |
|---|
| 随机数——32个八位位组 |
| MIC——32个八位位组 |

**图 21 Logoff 的格式**

其中：

——随机数字段为 32 个八位位组。

——MIC 字段为 32 个八位位组。它采用 HMAC-SHA256 算法对 TAEPoL-Logoff 帧进行 MIC 计算，包含帧的全部内容，计算时 MIC 字段屏蔽为 0。

### 6.7 接收到 TAEPoL PDU 和 TAEPoL 协议格式处理的确认

当且仅当如下条件为真时，一个 PAE 才应处理收到 TAEPoL PDU：

a) 接入链路的封装指示该 PDU 为 TAEPoL PDU。在 IEEE 802 网络中，PAE Ethernet Type 字段包含如 6.3 描述的 PAE Ethernet Type 的值；

b) 类型字段包含 TAEP-Packet、TAEPoL-Start、TAEPoL-Logoff 或 TAEPoL-Key 其中之一，详见 6.6.3。

注：6.7 描述的操作模式如下，在受控端口和非受控端口，潜在的 MAC 收到的任何 PDU 均可用。端口访问实体总是连接到非受控端口的（永远不会连到受控端口）；因此，无论受控端口的状态如何，受控端口可用的任何 TAEPoL PDU 都应被丢弃。

## 7 对等鉴别访问控制协议

### 7.1 概述

鉴别过程利用 TAEP 在请求者和鉴别访问控制器之间进行鉴别。TAEP 是一个支持多种鉴别协议的封装，通过 TAEP，各种鉴别协议可以在请求者和鉴别访问控制器之间使用。TAEPoL 在请求者和鉴别访问控制器之间传递消息，每个 PAE 包含两个逻辑分离的组件，一套 PCAP 状态机和一个高层的实体。对于请求者，高层实体包括 TAEP 功能；对于鉴别访问控制器，高层实体包含 TAEP 功能和其他用于鉴别访问控制器及鉴别服务器通信的必要功能。本章描述了 PCAP 状态机、TAEP 以及 PCAP 与高层实体的接口。

图 22 描述了请求者和鉴别访问控制器中 PCAP 状态机和高层实体的接口。系统的 PortEnable 信号通告给 PCAP，指示一个端口是活跃的。PCAP 在物理层和高层之间传递 TAEP 消息，来自 PCAP 的 taepReq 指示 TAEP 有消息要处理，请求者的消息流使用来自 TAEP 的 taepResp/taepNoResp 参数指示 TAEP 准备好接收另外一个消息。鉴别访问控制器的消息流控制和请求者类似。在高层实体中，TAEP 和 TAEP 关联的鉴别协议驱动鉴别会话。一旦完成会话，高层实体使用 taepSuccess 和 taepFail 通知 PCAP。

由于 TAEP 消息都由 TAEP 协议实体产生，因此将高层实体和 PCAP 分开。TAEP 除了允许事先确定的鉴别方法，还允许在决定鉴别方法前交换更多的信息。

鉴别访问控制器的 TAEP 实体要处理解析 TAEP 消息，根据所选择的具体鉴别协议，不仅要和请求者通信，还要和鉴别服务器通信。若鉴别服务器不支持该鉴别协议，鉴别服务器将返回 NAK 消息给鉴别访问控制器。一般情况下，鉴别访问控制器应首先获得鉴别服务器支持的鉴别协议类型。当鉴别访问控制器和请求者协商鉴别协议时，选择鉴别服务器支持的类型。不同的鉴别协议会完成不同的鉴别功能，可为单向鉴别无密钥、单向鉴别有密钥、双向鉴别无密钥和双向鉴别有密钥。鉴别访问控制器的 TAEP 实体应对 TAEP 消息进行处理，而非简单的传递给鉴别服务器。在请求者、鉴别访问控制器和鉴别服务器之间存在两个 TAEP 会话——请求者与鉴别访问控制器之间、鉴别访问控制器与鉴别服务器之间。请求者和鉴别访问控制器根据 TAEP 关联的鉴别协议运行的结果，使用 taepSuccess 和 taepFail 通知 PCAP，从而 PAE 可以根据结果控制受控端口的状态。

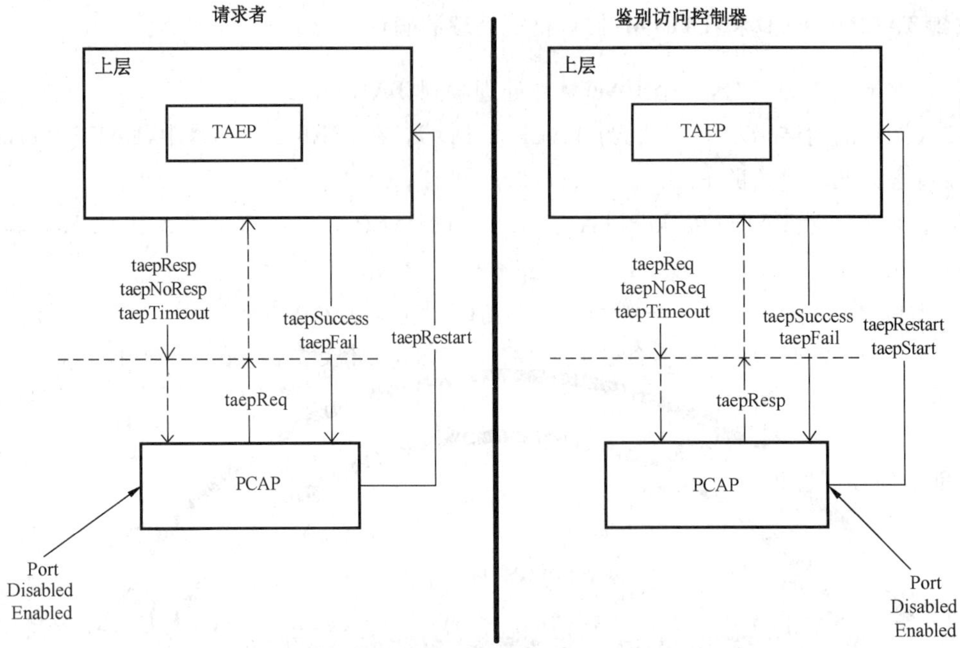


图 22 **PCAP** 状态机与高层的关系

## 7.2 鉴别过程

鉴别可以由请求者或鉴别访问控制器发起，如果鉴别功能在端口上激活(例如：端口支持鉴别访问控制器 PAE，AuthControlledPortControl 参数设置为 Auto，SystemAuthControl 参数设置为 Enabled)，当鉴别访问控制器 PAE、请求者 PAE 收到端口从 Disabled 变到 Enabled 状态的信息或收到 TAEPoL-Start 帧，其将发起鉴别。在鉴别开始之前，鉴别访问控制器和请求者的受控端口是非授权的。

当 PAE 是请求者角色时，它发送 TAEPoL-Start 帧请求对方 PAE 开始鉴别。TAEPoL-Start 帧不包含 Hello 字段。

当 PAE 是鉴别访问控制器角色时，如果鉴别访问控制器 PAE 收到端口的状态是 Enabled 或收到请求者 PAE 发来的 TAEPoL-Start 帧时，则鉴别访问控制器 PAE 通知上层协议实体 TAEP 开始鉴别。鉴别访问控制器 PAE 把来自 TAEP 协议实体的 TAEP-Request 帧发送出去开始鉴别协议。一般情况下，TAEP 会通过某一个 TAEP-Request 帧开始鉴别协议，然而任何一个 TAEP-Request 帧都可以开始鉴别协议。收到 TAEP-Request 帧的请求者回复一个 TAEP-Response 帧给鉴别访问控制器。

当 PAE 是自适应角色时，如果收到 TAEP-Request 帧，则将角色设置为请求者，开始鉴别过程；如果收到不包含 Hello 字段的 TAEPoL-Start 帧，则将角色设置为鉴别访问控制器，开始鉴别过程；如果收到端口的状态是 Enabled 或收到对方 PAE 发来的包含 Hello 字段的 TAEPoL-Start 帧时，它将发送 TAEPoL-Start 帧来确定自己的角色。TAEPoL-Start 帧中的优先级为 MIB 变量 Priority 的值，如果没有收到对方 PAE 的 TAEPoL-Start 帧，鉴别访问控制器 PAE 的地址为自己的地址，邻居地址为空；如果收到对方 PAE 的 TAEPoL-Start 帧，邻居地址为对方 PAE 的地址。若收到 TAEPoL-Start 帧中的优先级值大于自己的优先级值，鉴别访问控制器 PAE 的地址为对方 PAE 的地址，如果收到 TAEPoL-Start 帧中的优先级值小于自己的优先级值，鉴别访问控制器 PAE 的地址为自己的地址；如果优先级相同，则地址大的 PAE 的地址作为鉴别访问控制器的地址。若自适应 PAE 收到对方 TAEPoL-Start 帧，根据优先级和地址决定自己是请求者时，按照请求者的角色进行状态转换。如为鉴别访问控制器，则按照鉴别访问控制器的角色进行状态转换。

鉴别访问控制器和请求者都可以提供定期的重鉴别功能，鉴别访问控制器 PCAP 可以在任何时候通知上层实体 TAEP 开始重鉴别，请求者 PCAP 也可以在任何时候发送 TAEPoL-Start 帧给鉴别访问控制器 PAE 开始重鉴别。对于请求者提出的重鉴别请求，鉴别访问控制器 PCAP 可以对 TAEPoL-Start 帧进行验证后再决定是否开始重鉴别。当受控端口在重鉴别前处于已授权状态时，在重鉴别进行期间，受控端口的状态保持不变。如果重鉴别失败，则受控端口的状态从已授权的转变为非授权的。

如果请求者希望鉴别访问控制器 PAE 执行 Logoff(例如，将受控端口置为非授权状态)，请求者 PAE 发起一个 TAEP-Logoff 消息给鉴别访问控制器 PAE，那么鉴别访问控制器 PAE 立刻将受控端口置为非授权状态。

请求者和鉴别访问控制器 PAE 都可以定期的使授权状态信息过期而触发重鉴别，超时时间间隔是从上一次授权状态确认后经过的 reAuthPeriod 秒。状态变量 reAuthEnabled 控制是否允许定期重鉴别。

管理员可以设置是否允许重鉴别和更改 reAuthPeriod 变量，默认是禁止重鉴别。当允许重鉴别时，reAuthPeriod 的默认值是 3 600 s。

鉴别访问控制器 PAE 负责它和请求者 PAE 之间消息的重传，准确的说，是 TAEP 实体(PAE 的一部分)负责重传，而不是 PCAP。因此，如果鉴别访问控制器 PAE 和请求者 PAE 之间的 TAEP-Packet 丢失了，鉴别访问控制器 PAE 将重传。TAEP-Start 帧是个例外，如果请求者 PAE 认为需要，它可以重传该帧。在 FAIL 和 SUCCESS 状态下的 TAEP 消息也都可以由鉴别访问控制器 PAE 或请求者 PAE 进行重传，因为这些消息并不被鉴别访问控制器 PAE 或请求者 PAE 确认。

鉴别访问控制器的 TAEP 实体负责它和鉴别服务器之间消息的重传。

当支持对等控制的设备与不支持对等控制的传统设备通信时，其兼容性考虑如下：如果 MIB 变量 systemRole 为请求者 REQ，traditionEnabled 为 TRUE，则当 PAE 发送的 TAEPoL-Start 帧没有响应，重传适当次数后，请求者可以认为它已经被对方授权，并强制打开自己受控端口。

注：这种情况会带来安全的隐患，这意味着请求者也不对对方进行鉴别就授权。因此，使用者应该谨慎将 traditionEnabled 置为 TRUE。

## 7.3 PCAP 状态机

### 7.3.1 一般要求

本章规定了 PCAP 状态机的下述状态：

a) 端口时钟状态机；
b) 鉴别访问控制器 PAE 状态机；
c) 密钥传送状态机；
d) 密钥接收状态机；
e) 重鉴别时钟状态机；
f) 鉴别访问控制器后台状态机；
g) 控制方向状态机；
h) 请求者 PAE 状态机；
i) 请求者后台状态机；
j) 自适应端口状态机。

这些状态机是基于每端口定义的，表 6 总结了状态机对于实现鉴别访问控制器或请求者功能的支持要求。表中 M 表示必须支持，O 表示可选支持。

**表 6　鉴别访问控制器和请求者对状态机的支持要求**

| | 功能支持 | |
|---|---|---|
| | 鉴别访问控制器 | 请求者 |
| 端口时钟状态机 | M | M |
| 鉴别访问控制器 PAE 状态机 | M | |
| 密钥传送状态机 | O | O |
| 密钥接收状态机 | O | O |
| 重鉴别计时器状态机 | M | M |
| 鉴别访问控制器后台状态机 | M | |
| 控制方向状态机 | M | |
| 请求者 PAE 状态机 | | M |
| 请求者后台状态机 | | M |
| 自适应端口状态机 | O | O |

### 7.3.2　状态图中的符号约定

规程的操作可用状态图描述。每一状态图表示一个功能域，由一些连接且互斥的状态组成。每一个状态都由下图所示的方框表示，在任一给定时刻仅有一个状态起作用。这些状态被水平线分为两部分。上部分为状态的名称，下部分包含所产生信号的名称，方括号内的短语描述动作。表 7 描述了状态图中符号意义。

**表 7　状态图中符号**

| 符号 | 表示 |
|---|---|
| () | 在布尔表达式中强制设定运算的顺序或在状态框中作为参数的边界 |
| ; | 在状态框作为一个动作结束分隔符 |
| = | 赋值动作，运算符右侧的表达式结果赋给运算符左侧的变量 |
| ! | 逻辑非 |
| && | 逻辑与 |
| \|\| | 逻辑或 |
| != | 不等于，如果运算符左边和右边的值不相同，结果为真；否则为假 |
| == | 等于，如果运算符左边和右边的值相同，结果为真；否则为假 |

状态间所有允许的转换通过由起始状态到终止状态的箭头以图形化表示。转移上的标记是在采用转移必须满足的条件。标记 UCT 指定无条件转移。所有条件的结果是真或是假，如果是真，则条件被满足。

状态的转移和消息的发送接收都是瞬间发生地。当进入一个状态，并且离开状态的条件未立即满足时，该状态将持续有效，以连续的方式发送信息并执行该状态内所包含的动作。

状态图包含对它们描述的规程的权威性说明。当描述性文本和状态图出现明显矛盾时，则状态图应处于优先地位。然而，这并不表示可以忽视在状态图内没有表述而在与之平行文本中的任何清晰描述。

### 7.3.3 时钟和全局变量

#### 7.3.3.1 时钟

所有状态机中定义的时钟，如果其值不为0，则该值将被端口时钟状态机递减。PCAP状态机中使用时钟的粒度是1 s，启动时钟的初始值是整数，表示一个整数秒的时间段。以下是各个时钟参数的描述：

a) aWhile。鉴别访问控制器后台用来确定在超时之前，等待上层进程的响应的时间，该时钟的初始值是 serverPeriod。
b) authWhile。请求者后台用来决定在超时之前，等待来自鉴别访问控制器的请求的时间，该时钟的初始值是 authPeriod。
c) heldWhile。请求者状态机用来确定在多长时间内不向鉴别访问控制器连接，该时钟的初始值为 heldPeriod。
d) quietWhile。鉴别访问控制器状态机用来确定在多长时间内不向请求者连接，该时钟的初始值为 quietPeriod。
e) reAuthWhen。重鉴别时钟状态机用来确定何时进行重鉴别，该时钟的初始值为 reAuthPeriod。
f) startWhen。请求者状态机用来确定在何时传送 TAEPoL-Start 帧，该时钟的初始值为 startPeriod。

#### 7.3.3.2 全局变量

全局变量可以被一个以上的状态机访问，它用来执行状态机间通信和初始化功能，如下：

a) authAbort。该变量被鉴别访问控制器 PAE 状态机设置为 TRUE，通知后台鉴别状态机终止鉴别过程；当鉴别过程被终止后，后台鉴别状态机将该变量设置为 FALSE。
b) authFail。如果鉴别进程失败，该变量被设置为 TRUE；该变量在初始化鉴别前，被鉴别访问控制器状态机设置为 FALSE。
c) authPortStatus。该变量表示鉴别访问控制器状态机当前的授权状态，根据状态机的运行被设置为 Unauthorized 或 Authorized。如果没有实现鉴别访问控制器 PAE 状态机，该变量值为 Authorized。
d) authStart。该变量被鉴别访问控制器 PAE 状态机设置为 TRUE，通知后台鉴别状态机开始鉴别过程；一旦后台鉴别过程开始后，后台鉴别状态机将该变量设置为 FALSE。
e) authTimeout。如果鉴别进程获得请求者的响应失败，该变量被设置为 TRUE。该变量可能被管理行为设置，也可以在 AUTHENTICATED 状态中由状态机设置。该变量由鉴别访问控制器 PAE 状态机设置为 FALSE。
f) authSuccess。如果鉴别过程成功，该变量被设置为 TRUE。在开始鉴别之前，该变量被鉴别访问控制器 PAE 状态机设置为 FALSE。
g) taepFail。如果上层确定鉴别失败，它设置该变量为 TRUE。
h) taepolTaep。如果收到一个封装 TAEP 分组的 TAEPoL 帧，外部实体设置该变量为 TRUE。
i) taepSuccess。如果上层确定鉴别成功，它设置该变量为 TRUE。
j) taepTimeout。如果上层确定请求者对请求没有响应，它设置该变量为 TRUE。
k) initialize。该变量是被外部控制的。当该变量被置位时，所有的 TAEPoL 状态机被强迫进入初始状态。PCAP 状态机将一直保持在初始状态，直到该变量被复位。

l) keyAvailable。当一个新的密钥可以被用于密钥状态机开始新的密钥交换，该变量被外部实体设置为 TRUE。当密钥传输状态机已经传送密钥，该变量被设置为 FALSE。

m) keyDone。当密钥状态机处于可以检测 portValid 变量的状态时，该变量被设置为 TRUE。

n) keyRun。当传输密钥状态机应该运行时，该变量被 PCAP 状态机设置为 TRUE。PAE 设置该变量为 FALSE，指示 PAE 状态机已经被复位，密钥状态机应该被中止运行。

o) keyEnabled。该变量表示受控端口是否受密钥交换的结果管理，TRUE 表示受管理。

p) keyFail。该变量为 TRUE 表示密钥交换过程失败。

q) keySuccess。该变量为 TRUE 表示密钥交换过程成功。

r) portControl。该变量的值根据相应端口的 AuthControlledPortControl 和 SystemAuthControl 参数得出。如果 SystemAuthControl 参数设置为 Enabled，portControl 的值直接反映了 AuthControlledPortControl 参数的值，如果 SystemAuthControl 参数设置为 Disabled，portControl 的值是 ForceAuthorized。它可以有以下取值：

   1) ForceUnauthorized。受控端口被保持在 Unauthorized 状态。

   2) ForceAuthorized。受控端口被保持在 Authorized 状态。

   3) Auto。受控端口的状态根据请求者和鉴别访问控制器之间的鉴别交换结果设置为 Authorized 或 Unauthorized。

s) portEnabled。该变量是外部控制的，它的值反映了端口的 LAC 的操作状态。如果端口的 LAC 服务处于可操作状态，该变量的值为 TRUE；否则为 FALSE。

t) portValid。当端口已经被认为符合需要的安全等级，该变量被设置为 TRUE；否则为 FALSE。

u) reAuthenticate。该变量在 reAuthWhen 计时器超时后被 Reauthentication Timer 状态机设置为 TRUE，该变量也可以被管理行为设置为 TRUE。它在鉴别访问控制器 PAE 状态机运行中被设置为 FALSE。重鉴别也许不会立刻开始，鉴别访问控制器不会中断当前的鉴别，等它结束后，鉴别访问控制器开始一个新的鉴别。

v) reqAbort。该变量被请求者 PAE 状态机设置为 TRUE，用来通知请求者后台状态机中止鉴别序列。它被请求者后台状态机设置为 FALSE。

w) reqFail。该变量被请求者 PAE 状态机设置为 FALSE，在不成功鉴别序列完成后，它被请求者后台状态机设置为 TRUE。

x) reqPortStatus。该变量反映了请求者受控端口的授权状态，它在状态机运行中被设置为 Authorized 或 Unautorized。如果请求者状态机没有实现，该变量为 Authorized。

y) reqStart。该变量被请求者 PAE 状态机设置为 TRUE，用来通知请求者后台状态机开始鉴别序列。它被请求者后台状态机设置为 FALSE。

z) reqSuccess。该变量被请求者 PAE 状态机设置为 FALSE，在成功鉴别序列完成后，它被请求者后台状态机设置为 TRUE。

aa) reqTimeout。该变量被请求者 PAE 设置为 FALSE，如果鉴别序列超时，它被请求者后台状态机设置为 TRUE。

ab) systemRole。该变量可以取 selfAdapted、REQ、AAC 三种值。它可以由管理层设定，也可以由自适应端口状态机更改。

ac) reKeyCount。该变量表示更新密钥的次数，被密钥接收状态机设置。

ad） reKeyMax。为常量，该常量表示允许更新密钥的尝试次数，其默认值是 255。

### 7.3.4 端口计时器状态机

给定端口的端口计时器状态机负责每一秒消耗该端口计时器变量，对应于外部系统时钟功能。计时器变量被端口的各个状态机设置为初始值。端口计时器状态机按照端口计时器状态机描述的功能实现（参见 IEEE Std 802.1x），见图 23。

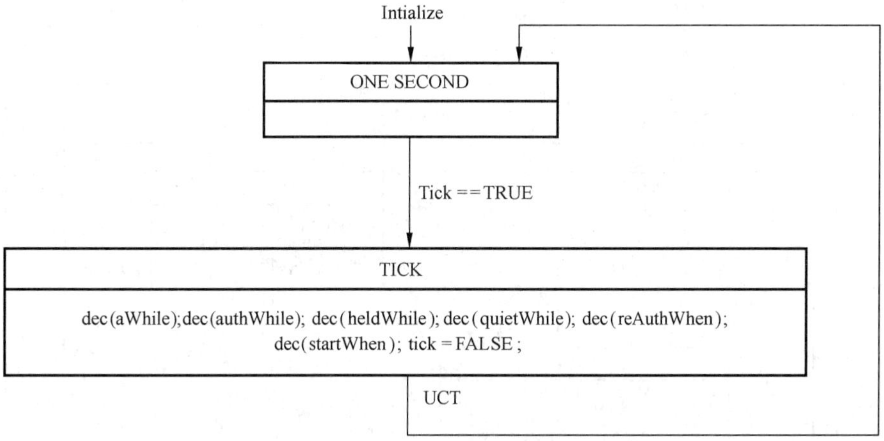


图 23 端口计时器状态机

变量 Tick：为了模拟外部系统时钟功能的每一秒嘀嗒功能，设置该变量。当系统时钟产生一秒嘀嗒时，该变量设置为 TRUE，端口计时器状态机的操作设置该变量为 FALSE。

### 7.3.5 鉴别访问控制器状态机

#### 7.3.5.1 一般要求

鉴别访问控制器的状态机见图 24。鉴别访问控制器状态机有以下状态：

a） INITIALIZE；

b） DISCONNECTED；

c） RESTART；

d） CONNECTING；

e） AUTHENTICATING；

f） AUTHENTICATED；

g） ABORTING；

h） HELD；

i） FORCE_AUTH；

j） FORCE_UNAUTH；

k） AUTHORIZED。

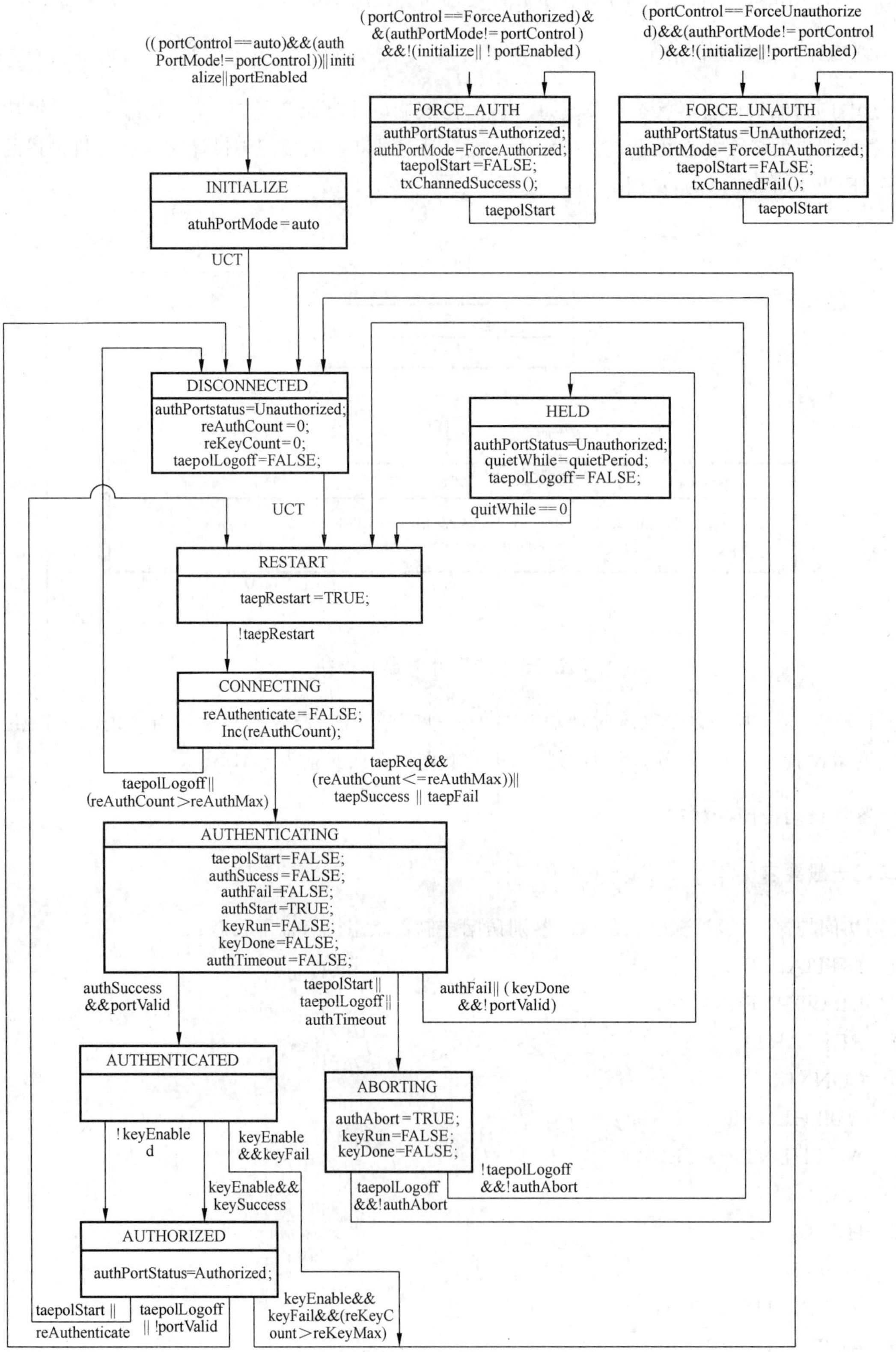


图 24 鉴别访问控制器状态机

#### 7.3.5.2 鉴别访问控制器 PAE 状态机定义中使用的变量、常量和过程

##### 7.3.5.2.1 变量

鉴别访问控制器 PAE 状态机定义中使用了以下几种变量：

a) taepolLogoff：如果收到封装 TAEPoL-Logoff 的 TAEPoL 帧，则该变量被设置为 TRUE，否则该变量被鉴别访问控制器 PAE 状态机的操作设置为 FALSE；

b) taepolStart：如果收到封装 TAEPoL-Start 的 TAEPoL 帧，则该变量被设置为 TRUE，否则该变量被鉴别访问控制器 PAE 状态机的操作设置为 FALSE；

c) taepReq：当发送一个 TAEP 帧给请求者时，该变量被上层设置为 TRUE；当 TAEP 帧已被传送，该变量被鉴别访问控制器后台状态机设置为 FALSE；

d) taepRestart：该变量被鉴别访问控制器状态机设置为 TRUE，来指示它因为 TAEPoL、超时、初始化事件正在重启状态机；

e) authPortMode：该变量和 PortControl 一起用于表示鉴别访问控制器 PAE 状态机在 Auto 和 non-Auto，操作状态间的切换，其取值如下：

   1) ForceUnauthorizd：受控端口应保持在 Unauthorized 状态；

   2) Auto：受控端口的状态根据请求者和鉴别访问控制器之间的鉴别交换结果设置为 Authorized 或 Unauthorized；

   3) ForceAuthorized：受控端口应保持在 Authorized 状态；

f) reAuthCount：该变量用于统计重新进入 CONNECTING 状态的次数，如果统计值超过 reAuthMax，则下次鉴别开始之前，将强制端口进入 Unauthorized 状态。

##### 7.3.5.2.2 常量

鉴别访问控制器 PAE 状态机定义中定义了以下几个常量：

a) quietPeriod：该常量用于 quietWhile 计时器，默认值为 60 s，可被管理实体设置为 0～65 535 s 中的任何值；

b) reAuthMax：该常量表示端口进入 Unauthorized 状态前允许重鉴别的尝试次数，其默认值是 2。

##### 7.3.5.2.3 过程

鉴别访问控制器 PAE 状态机定义中定义了以下几个过程：

a) txCannedFail()：封装 TAEP-Failuer 分组的 TAEPoL 帧从鉴别访问控制器发送给请求者。若端口上没有 TAEP 通信，TAEP 分组的 identifier 字段可以设置为任何值；若端口上有 TAEP 通信，TAEP 分组的 identifier 字段应置为不同于最近一次发送的 TAEP 分组的其他分组。

b) txCannedSuccess()：封装 TAEP-Success 分组的 TAEPoL 帧从鉴别访问控制器发送给请求者。若端口上没有 TAEP 通信，TAEP 分组的 identifier 字段可以设置为任何值；若端口上有 TAEP 通信，TAEP 分组的 identifier 字段应置为不同于最近一次发送的 TAEP 分组。

#### 7.3.5.3 鉴别访问控制器 PAE 状态机维护的计数器

##### 7.3.5.3.1 概述

为诊断目的，鉴别访问控制器 PAE 状态机可对下述计数器进行维护。这些计数器的值可通过第 8 章描述的管理操作来访问。假设这些计数器的值在超过最大值后会回转为 0。

7.3.5.3.2 **authEntersConnecting**

统计状态机从任何状态转移到 CONNECTING 状态的转移次数。

7.3.5.3.3 **authTaepLogoffsWhileConnecting**

统计收到 TAEPoL-Logoff 消息时,状态机从 DISCONNECTED 状态转移到 CONNECTING 状态的转移次数。

7.3.5.3.4 **authEntersAuthenticating**

统计收到 TAEP-Response/Identity 消息时,状态机从 CONNECTING 状态转移到 AUTHENTICATING 状态的转移次数。

7.3.5.3.5 **authAuthSuccessesWhileAuthenticating**

统计收到后台鉴别状态机指示请求者鉴别成功的消息时(authSuccess=TRUE),状态机从 AUTHENTICATING 状态转移到 AUTHENTICATED 状态的转移次数。

7.3.5.3.6 **authAuthTimeoutsWhileAuthenticating**

统计收到后台鉴别状态机指示请求者鉴别超时的消息时(authTimeout=TRUE),状态机从 AUTHENTICATING 状态转移到 ABORTING 状态的转移次数。

7.3.5.3.7 **authAuthFailWhileAuthenticating**

统计收到后台鉴别状态机指示请求者鉴别失败的消息时(authFail=TRUE),状态机从 AUTHENTICATING 状态转移到 HELD 状态的转移次数。

7.3.5.3.8 **authAuthTaepStartsWhileAuthenticating**

统计收到来自请求者的 TAEPoL-Start 的消息(是指 TAEPoL-Start 传来的消息,还是 TAEPoL-Start 消息?)时,状态机从 AUTHENTICATING 状态转移到 ABORTING 状态的转移次数。

7.3.5.3.9 **authAuthTaepLogoffWhileAuthenticating**

统计收到来自请求者的 TAEPoL-Logoff 的消息时,状态机从 AUTHENTICATING 状态转移到 ABORTING 状态的转移次数。

7.3.5.3.10 **authAuthReauthsWhileAuthenticated**

统计收到重鉴别请求时(reAuthenticate=TRUE),状态机从 AUTHENTICATED 状态转移到 RESTART 状态的转移次数。

7.3.5.3.11 **authAuthTaepStartsWhileAuthenticated**

统计收到来自请求者的 TAEPoL-Start 的消息时,状态机从 AUTHENTICATED 状态转移到 CONNECTING 状态的转移次数。

7.3.5.3.12 **authAuthTaepLogoffWhileAuthenticated**

统计收到来自请求者的 TAEPoL-Logoff 的消息时,状态机从 AUTHENTICATED 状态转移到 DISCONNECTED 状态的转移次数。

#### 7.3.5.4 INITIALIZE 状态

如果 portControl 变量设置为 Auto，而 authPortMode 变量设置为 Auto 以外其他的值，或者端口的 LAC 不可操作，或者状态机正在初始化，则进入该状态，并将 authPortMode 变量的值设置为 Auto。初始化完成后，如果 authPortMode 和 portControl 的值相同，并且端口 LAC 是可操作的，鉴别访问控制器状态机将无条件转移到 DISCONNECTED 状态；若在 authPortMode 和 portControl 的值不同的情况下，将转移到 FORCE_AUTH 或 FORCE_UNAUTH 状态。

#### 7.3.5.5 DISCONNECTED 状态

如果收到来自请求者的显式注销请求，该状态可以从 CONNECTING、AUTHENTICATED 和 ABORTING 状态转入。在任何时候，如果端口 LAC 不可操作，PAE 将转入 DISCONNECTED 状态。在该状态下，authPortStatus 变量被设置为 Unauthorized，因此 AuthControlledPortStatus 的值也被置为 Unauthorized，TaepolLogoff 变量被设置为 False，reAuthCount 复位。

该状态无条件转移到 RESTART 状态。

#### 7.3.5.6 RESTART 状态

当鉴别访问控制器 PAE 需要通知上层它已经重启了，进入 RESTART 状态，鉴别访问控制器状态机可以通过以下几个途径进入该状态：

——从 DISCONNECTED 状态无条件转移到 RESTART 状态；

——在 AUTHENTICATE 状态收到 taepolStart 或 reAuthenticate 信号，将从 AUTHENTICATE 状态进入 RESTART 状态；

——没有收到 taepolLogoff 而离开 ABORTING 状态，将从 ABORTING 状态进入 RESTART 状态；

——当 quietWhile 计时器超时，从 HELD 状态进入 RESTART 状态。

taepRestart 变量被设置为 TRUE 来通知鉴别访问控制器 PAE 已经重启动了。当 TAEP 已经确认了重启动，将 taepRestart 置为 FALSE 后，鉴别访问控制器 PAE 从 RESTART 状态进入 CONNECTING 状态。

#### 7.3.5.7 CONNECTING 状态

当鉴别访问控制器从 RESTART 状态进入该状态后，鉴别访问控制器端口是可操作的，上层处于同步状态，准备好和请求者建立通信。鉴别访问控制器通过以下几个途径退出该状态：

——如果收到 TAEPoL-Logoff 帧，状态机转变到 DISCONNECTED 状态，以强迫端口置为 Unauthorized 状态。

——当上层准备好发送最初的 TAEP-Request 消息，或者 TAEP 成功，或者 TAEP 失败，从该状态转移到 AUTHENTICATING 状态。

——TAEP 负责最初的和后续的 TAEP-Request 消息，然而重新进入该状态将更新记录 (reAuthCount)，如果记录(reAuthCount)超过了最大值(reAuthMax)，将转移到 DISCONNECTED 状态，设置 authPortStatus 为 Unauthorized 并清除 reAuthCount。

#### 7.3.5.8 AUTHENTICATING 状态

在该状态，请求者正在被鉴别。authSuccess、authTimeout、authFail、keyRun 和 keyDone 变量被设

置为 FALSE,authStart 变量被设置为 TRUE 来通知后台鉴别状态机开始鉴别过程。鉴别过程可以产生以下结果：

——鉴别过程因为请求和响应序列的超时而停止,变量 authTimeout 设置为 TRUE,致使状态机转移到 ABORTING 状态；

——鉴别过程因为鉴别结果是失败而停止,变量 authFail 设置为 TRUE,致使状态机转移到 HELD 状态；

——鉴别过程因为鉴别结果是成功而停止,变量 authSuccess 设置为 TRUE,如果 portValid 是 TRUE,将致使状态机转移到 AUTHENTICATED 状态。

如果收到 TAEPoL-Start 或 TAEPoL-Logoff 帧,状态机将转移到 ABORTING 状态以中止鉴别过程。如果收到重鉴别请求,该请求不会立刻生效,它要等到鉴别进程完成以后才会生效。

#### 7.3.5.9 AUTHENTICATED 状态

在该状态下,鉴别访问控制器已经成功地鉴别了请求者,但还不能改变端口的状态。

如果不进行密钥交换,状态机转移到 AUTHORIZED 状态。如果进行密钥交换,密钥交换成功则转移到 AUTHORIZED 状态;失败则转移到 DISCONNECTED 状态。

#### 7.3.5.10 ABORTING

在该状态,鉴别过程因为收到 TAEPoL-Start、TAEPoL-Logoff 或者 authTimeout 而提起中止。authAbort 变量被设置为 TRUE,通知后台鉴别状态机它应该停止鉴别过程。

如果是 TAEPoL-Logoff 导致状态机进入 ABORTING 状态,状态机从该状态转移到 DISCONNECTED 状态;否则一旦鉴别过程中止,状态机转移到 RESTART 状态。

#### 7.3.5.11 HELD 状态

在该状态下,状态机忽略并丢弃所有的 TAEPoL 帧,以削弱强力攻击。由于鉴别失败,该状态从 AUTHENTICATING 状态转移过来。authPortStatus 变量被设置为 Unauthorized,quietWhile 计时器采用 quietPeriod 初始值启动。当 quietWhile 计时器超时后,状态机转移到 RESTART 状态。

#### 7.3.5.12 FORCE_AUTH

当且仅当以下 4 个条件同时为真,状态机将从任何其他状态转移到 FORCE_AUTH 状态：

——portControl 变量设置为 ForceAuthorized；

——authPortMode 变量设置为除 ForceAuthorized 以外的其他值；

——端口的 LAC 可操作；

——状态机未处于初始化状态。

authPortStatus 被设置为 Authorized 时,鉴别访问控制器发送 TAEP Success 分组给请求者,如果收到来自请求者的 TAEPoL-Start 消息,将重新进入该状态,发送 TAEP Success 分组。

#### 7.3.5.13 FORCE_UNAUTH

当且仅当以下 4 个条件同时为真,状态机将从任何其他状态转移到 FORCE_UNAUTH 状态：

——portControl 变量设置为 ForceUnauthorized；

——authPortMode 变量设置为除 ForceUnauthorized 的其他值；

——端口的 LAC 可操作；

——状态机未处于初始化状态。

authPortStatus 被设置为 Unauthorized 时,鉴别访问控制器发送 TAEP Failure 分组给请求者,如果收到来自请求者的 TAEPoL-Start 消息,将重新进入该状态,并发送 TAEP Failure 分组。

#### 7.3.5.14 AUTHORIZED

在 AUTHORIZED 状态下，鉴别访问控制器已对请求者鉴别成功，portValid 变量为 TRUE，authPortStatus 变量设置为 Authorized，reauth 计数器被复位以允许后续的重鉴别请求。

如果收到 TAEPoL-Start 帧或需要进行重鉴别，则状态机将转移到 RESTART 状态以和请求者进行重鉴别。

如果收到 TAEPoL-Logoff 帧，或 portValid 值为 FALSE，则状态机将转移到 DISCONNECTED 状态以迫使 authPortStatus 值置为 Unauthorized。

如果在该状态下进行密钥更新过程时的密钥交换失败次数大于最大允许值，则状态机转移到 DISCONNECTED 状态以迫使 authPortStatus 值置为 Unauthorized。

### 7.3.6 密钥传输状态机

密钥传输状态机实现图 25 描述的功能。

如果以下所有条件均为真，密钥传输状态机将向对方发送 TAEPoL-Key PDUs：

a) 端口没有正在进行初始化；

b) portControl 值置为 Auto；

c) 允许密钥传输；

d) 有新的密钥材料要传送；

e) 后台鉴别状态机置位 keyRun 指示密钥状态机可以运行。

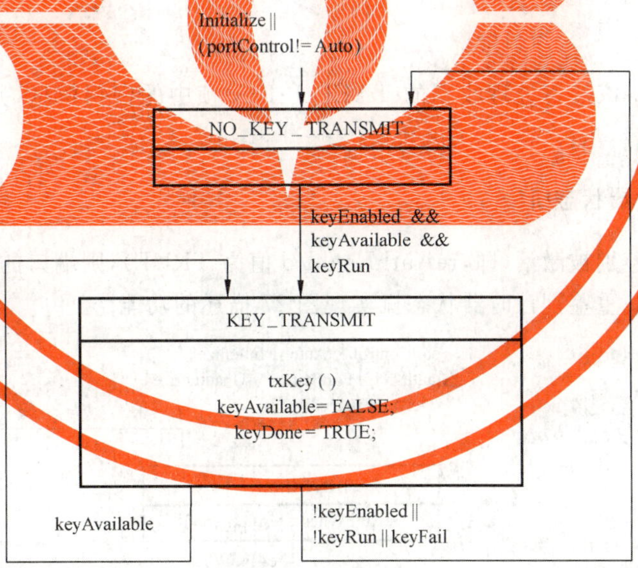


图 25 密钥传输状态机

密钥传输状态机使用以下过程传述密钥：

txKey()，包含 TAEPoL-Key 的 TAEPoL 帧被发送。

### 7.3.7 密钥接收状态机

#### 7.3.7.1 一般要求

密钥接收状态机实现图 26 描述的功能。

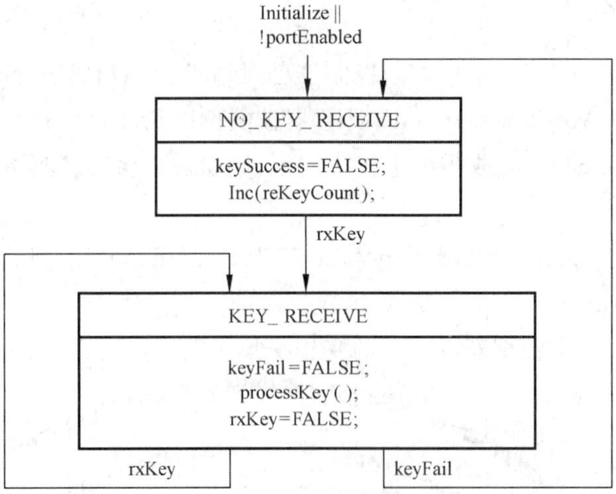


图 26 密钥接收状态机

密钥接收状态机允许 TAEPoL-Key PDU 被请求者或鉴别访问控制器接收，并根据相应的密码机制进行处理。

### 7.3.7.2 变量

密钥接收状态机的变量为 rxKey。如果请求者或鉴别访问控制器收到一个 TAEPoL-Key 帧，则该变量被设置为 TRUE。当密钥接收状态机对收到的密钥信息完成处理后，该变量被设置为 FALSE。

### 7.3.7.3 过程

processKey()。该过程处理收到的 TAEPoL-Key 帧中的密钥信息，并根据处理结果设置 keyFail 和 keySuccess 变量。

## 7.3.8 重鉴别计时器状态机

如果定期的重鉴别被激活(即，reAuthEnabled 值为 TRUE)，则端口的重鉴别计时器状态机负责保证重鉴别定期进行。重鉴别计时器状态机实现图 27 描述的功能。

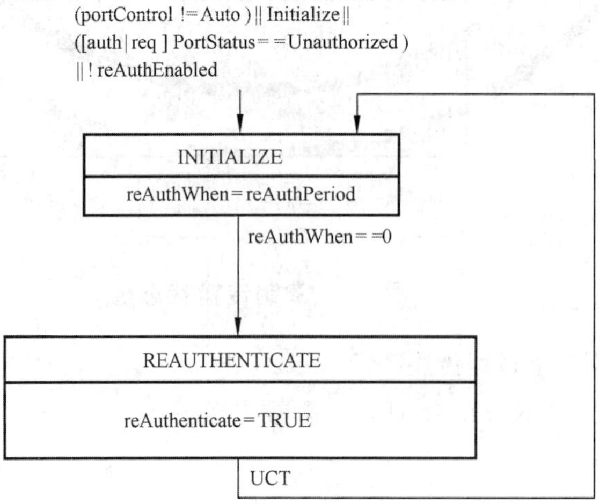


图 27 重鉴别计时器状态机

重鉴别计时器状态机使用以下常量：

——reAuthPeriod：该常量表示定期重鉴别间隔的秒数(非 0)，默认值是 3 600 s。

——reAuthEnabled：该常量表示是否允许该端口定期进行重鉴别，TRUE 表示允许，FALSE 表示不允许。

### 7.3.9 鉴别访问控制器后台状态机

#### 7.3.9.1 概述

鉴别访问控制器后台状态机具有以下状态：

a) REQUEST；

b) RESPONSE；

c) SUCCESS；

d) FAIL；

e) TIMEOUT；

f) IDLE；

g) INITIALIZE；

h) IGNORE。

鉴别访问控制器后台状态机实现图 28 描述的功能。

#### 7.3.9.2 变量和过程

##### 7.3.9.2.1 变量

鉴别访问控制器后台状态机使用以下变量：

——taepNoReq：上层不发送 TAEP 帧到请求者时，该变量被设置为 TRUE；

——taepReq：上层发送 TAEP 帧到请求者时，该变量被设置为 TRUE；

——taepResp：鉴别访问控制器状态机设置该变量为 TRUE 以通知上层有新的 TAEP 帧要处理，当上层已经得到该帧后，上层设置该变量为 FALSE。

##### 7.3.9.2.2 常量

常量 serverPeriod 为 aWhile 计时器的初始值，默认值为 30s。

##### 7.3.9.2.3 过程

鉴别访问控制器后台状态机使用以下过程：

a) txReq(x)。上层需要发送 TAEP 分组时将封装该分组的 TAEPoL 帧发送给请求者。

b) abortAuth。该过程允许鉴别访问控制器后台状态机在通知鉴别访问控制器状态机中止鉴别会话前，释放所有的系统资源。

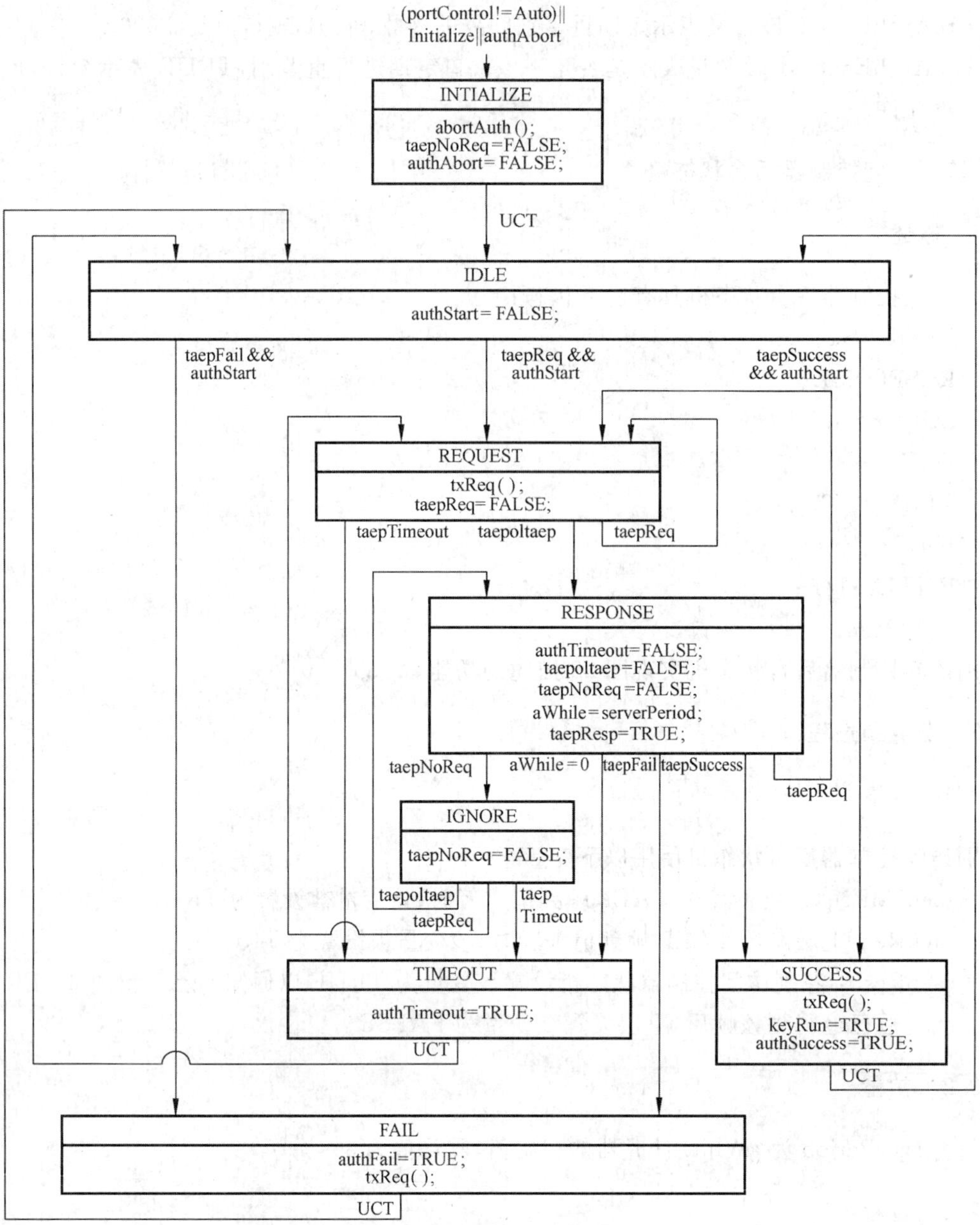


图 28 鉴别访问控制器后台状态机

#### 7.3.9.3 鉴别访问控制器后台维护的计数器

##### 7.3.9.3.1 概述

为便于诊断，鉴别访问控制器后台状态机对以下计数器进行维护。这些计数器的值可通过第 8 章给出的管理操作进行访问。如果这些计数器增长超过最大允许值，它们回转为 0。

##### 7.3.9.3.2 backendAuthSuccesses

该参数表示状态机收到上层成功的指示(例如，taepSuccess＝TRUE)，从 RESPONSE 状态转移到 SUCCESS 状态的次数。

7.3.9.3.3 **backendAuthFails**

表示状态机收到上层失败的指示(例如,taepFail=TRUE),从 RESPONSE 状态转移到 FAIL 状态的次数。

7.3.9.4 **REQUEST**

在该状态下,状态机收到来自上层的 TAEP-Request 分组,并将该分组通过 TAEPoL 帧发送到请求者。若 TAEP-Request 分组丢失,TAEP 将重传该分组,同时状态机将转回 REQUEST 状态。

如果从请求者处收到包含 TAEP-Response 分组的 TAEPoL 帧,状态机将转移到 RESPONSE 状态。

7.3.9.5 **RESPONSE**

在该状态下,状态机收到来自请求者封装在 TAEPoL 帧中的 TAEP-Response 分组,并将该分组传递给上层,然后等待上层的指令。aWhile 变量用于判定上层响应是否超时,包含以下几种情况:

——如果发生超时,状态机将转入 TIMEOUT 状态;

——如果上层指示鉴别成功(taepSuccess),则状态机转入 SUCCESS 状态;

——如果上层指示鉴别失败(taepFail),则状态机转入 FAIL 状态;

——如果上层决定忽略收到的 TAEP-Response 分组,它将置位 taepNoReq(将该位置为何值),则状态机转入 IGNORE 状态;

——如果上层准备发送 TAEP-Request 分组,则状态机转入 REQUEST 状态。

7.3.9.6 **SUCCESS**

状态机设置全局变量 authSuccess 为 TRUE,以通知鉴别访问控制器状态机鉴别会话已成功完成。如果 KeyRun 变量被设置为 TRUE,状态机转入 IDLE 状态。

7.3.9.7 **FAIL**

状态机设置全局变量 authFail 为 TRUE,以通知鉴别访问控制器状态机鉴别会话已失败,状态机将转入 IDLE 状态。

7.3.9.8 **TIMEOUT**

如果鉴别超时或上层通过 taepTimeout 通知超时,则状态机进入 TIMEOUT 状态。状态机设置全局变量 authTimeout 为 TRUE,以通知鉴别访问控制器状态机鉴别会话已因超时而停止,状态机将转入 IDLE 状态。

7.3.9.9 **IDLE**

在该状态下,状态机等待鉴别访问控制器状态机通知是否开始新的鉴别会话。当 authStart 变成 TRUE 时,表示上层已经准备开始一个新的会话,状态机转入 REQUEST 状态。上层可以不进行鉴别会话而直接置位 taepSuccess 或 taepFail,使状态机转入 SUCCESS 或 FAIL 状态。

7.3.9.10 **INITIALIZE**

如果鉴别访问控制器状态机设置全局变量 authAbort 为 TRUE,或者系统进行初始化,则状态机将进入 INITIALIZE 状态。abortAuth 过程用于释放系统资源,一旦变量 initialize、taepNoReq 和 authAbort 被设置为 FALSE,则状态机转入 IDLE 状态。

#### 7.3.9.11 IGNORE

如果上层决定忽略收到的 TAEP-Response 消息,则状态机将进入 IGNORE 状态。在这种情况下,上层置位 taepNoReq,指示没有相应于 TAEP-Response 消息的请求要发送。

当收到下一个 TAEP-Response 消息时,该状态将清除 TAEPNoReq 变量,转入 RESPONSE 状态。

### 7.3.10 受控方向状态机

#### 7.3.10.1 一般要求

端口的受控方向状态机负责确保端口的 operControlledDirections 参数正确反映 adminControlledDirections 参数的当前状态、LAC 的操作状态以及是否有 Birdge 存在。如果给定 Birdge 的端口 OperControlledDirections 被设置为 IN,则允许 Bridge 在该端口上转发从其他端口收到的帧,但不允许转发和处理从该端口收到的帧。为了防止配置错误,通常将两个 Bridge 相连的端口都配置为 IN。如果端口的 operEdge 变量设置为 FALSE(见 IEEE Std 802.1D-2004 中的第 17 章),则 operControlledDirections 被强制为 BOTH。

受控方向状态机实现图 29 描述的功能(参见 IEEE Std 802.1x)。

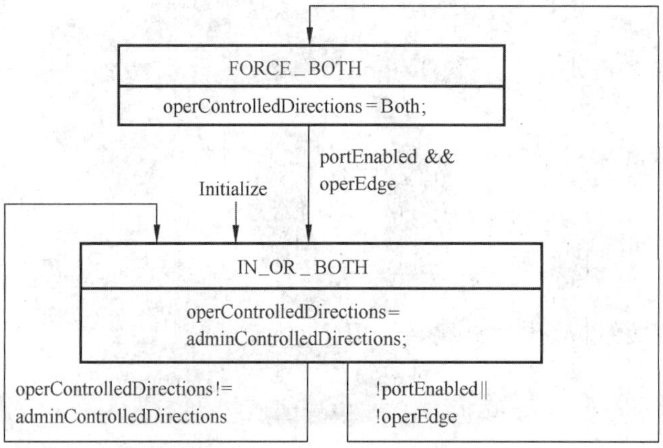


图 29 受控方向状态机

如果该状态机在 Bridge 端口上实现,则该端口支持 operControlledDirections 参数和 adminControlledDirections 参数值 IN 和 BOTH,Bridge 受控方向状态机也应在非受控端口上实现,以符合 IEEE Std 802.1D-2004 中的第 17 章。

状态机初始化时进入 IN_OR_BOTH 状态,同时 operControlledDirections 参数值设置为 adminControlledDirections 参数的值。如果端口的 LAC 为不可操作或端口为 Bridge 端口而非 Edge 端口,则状态机转入 FORCE_BOTH 状态。如果 operControlledDirections 参数和 adminControlledDirections 参数的值不一致,则状态机将重新进入 IN_OR_BOTH 状态。

处于 FORCE_BOTH 状态时,状态机 operControlledDirections 参数值设置为 BOTH。

如果进入 FORCE_BOTH 状态的条件不复存在,状态机将从 FORCE_BOTH 状态转入 IN_OR_BOTH 状态。

#### 7.3.10.2 变量

受控方向状态机使用以下变量:

——adminControlledDirections:值可为 IN 或 BOTH。该参数被状态机使用,但其值不能被状态机更改,其值只能被管理层改动。

——operControlledDirections：由状态机决定，值可为 IN 或 BOTH。

——operEdge：值由 Bridge 端口维护（见 IEEE Std 802.1D-2004 中的第 17 章），如果端口不是 Bridge 端口，则 operEdge 值为 TRUE。

#### 7.3.11 请求者 PAE 状态机

##### 7.3.11.1 概述

请求者 PAE 状态机有以下状态：

a) LOGOFF；
b) DISCONNECTED；
c) CONNECTING；
d) AUTHENTICATING；
e) HELD；
f) AUTHENTICATED；
g) RESTART；
h) REQ_FORCE_AUTH；
i) REQ_FORCE_UNAUTH；
j) AUTHORIZED。

请求者 PAE 状态机实现图 30 描述的功能。

##### 7.3.11.2 变量、常量和过程

###### 7.3.11.2.1 变量

请求者状态机使用以下变量：

a) taepRestart：该变量被请求者状态机设置为 TRUE 以指明其正在重启状态机，并且有一个新的 TAEP-Request 帧需要 TAEP 处理。当上层准备好建立鉴别会话，该变量被设置为 FALSE。
b) logoffSent：指示 PAE 状态机处于 LOGOFF 状态，TAEPoL-Logoff 消息已经被发送。
c) reqPortMode：该变量和 PortControl 一起将请求者 PAE 状态机在 Auto 和 non-Auto 操作状态间切换，它可以取以下值：
   1) ForceUnauthorizd：受控端口应保持 Unauthorized 状态；
   2) Auto：受控端口的状态根据请求者和鉴别访问控制器之间的鉴别交换结果设置为 Authorized 或 Unauthorized；
   3) ForceAuthorized：受控端口应保持 Authorized 状态。
d) startCount：该变量用于统计已发送但没有收到响应的 TAEPoL-Start 消息的数量。
e) userLogoff：该变量由外部控制，它反映了请求者系统中的用户登录/登出状态。如果请求者系统认为用户是登录状态，该变量设置为 FALSE；如果请求者系统认为用户是登出状态，该变量设置为 TRUE。
f) traditionEnabled：该变量由管理层设置，当该变量为 TRUE 且鉴别访问控制器未响应时，请求者状态机将受控端口置为 Authorized 状态；当该变量为 FALSE 且鉴别访问控制器未响应时，请求者状态机将受控端口置为 Unauthorized 状态。

###### 7.3.11.2.2 常量

请求者状态机使用以下常量：

——heldPeriod:表示 heldWhile 计时器的初始化值,其默认值为 60s;

——startPeriod:表示 startWhen 计时器的初始化值,其默认值为 30s;

——maxStart:在请求者认为没有鉴别访问控制器存在前,连续发送 TAEPoL-Start 消息的最大次数,默认值为 3。

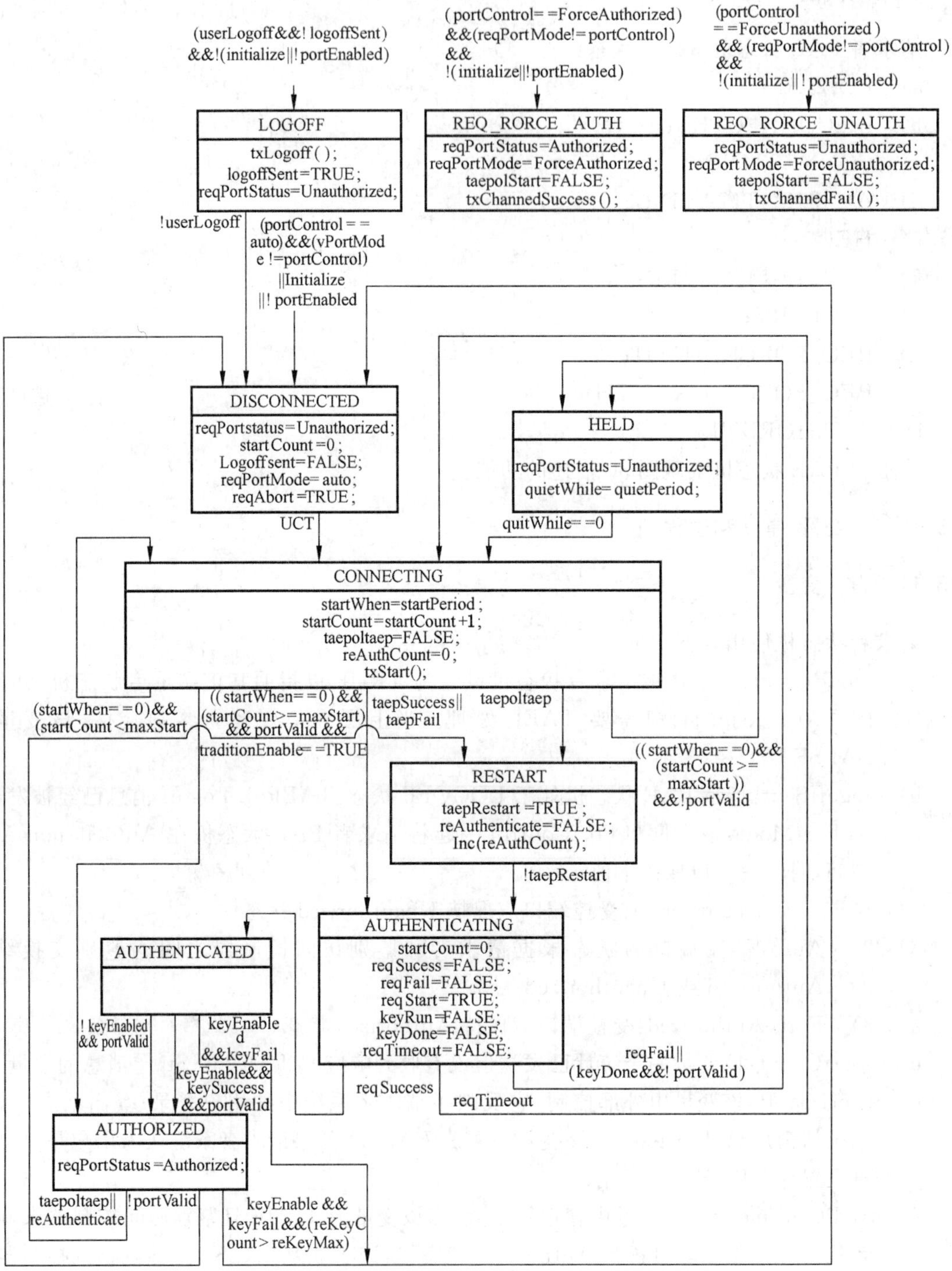


图 30 请求者 PAE 状态机

7.3.11.2.3 过程

请求者状态机使用以下过程：

a) txStart()：传送 TAEPoL-Start 帧给鉴别访问控制器；

b) txLogoff()：传送 TAEPoL-Logoff 给鉴别访问控制器。

7.3.11.3 **LOGOFF**

如果系统用户要求登出，则状态机进入该状态，同时向鉴别访问控制器发送 TAEPoL-Logoff 帧。如果 userLogoff 变量值置为 FALSE，则状态机进入 DISCONNECTED 状态。

7.3.11.4 **DISCONNECTED**

当端口的 LAC 服务不可用，或者系统被初始化，则状态机进入该状态。当系统的用户要求登录时，状态机将从 LOGOFF 状态转入该状态。如果 portValid 变量值为 FALSE，则状态机从 AUTHENTICATED 状态进入该状态。

如果状态机初始化完成且 LAC 服务可用，则其转入 CONNECTING 状态。

7.3.11.5 **CONNECTING**

在该状态下，状态机各端口可操作，请求者试图连接鉴别访问控制器。请求者发送 TAEPoL-Start 帧，启动 startWhen 计时器用于重传 TAEPoL-Start 帧。如果 startWhen 计时器超时，则 TAEPoL-Start 将被重传最多 maxStart 次。如果在 maxStart 次重传后，仍未收到响应，则状态机认为它已经关联到一个不识别 TAEPoL 帧的系统，若 portValid 为 TRUE，则状态机转入 AUTHORIZED 状态。请求者状态机在收到 TAEP-Request 帧后将转入 RESTART 状态。如果收到上层指示 taepSuccess 或 taepFail，请求者将直接转入 AUTHENTICATING 状态。

7.3.11.6 **AUTHENTICATING**

在该状态下，状态机已经收到来自鉴别访问控制器的 TAEP-Request 帧。reqStart 变量被置位，通知请求者后台状态机应处理来自鉴别访问控制器的请求。一旦请求者后台状态机完成工作，reqSuccess、reqFail 或 vTimeout 被设置为 TRUE，状态机将退出该状态。如果 reqSuccess 被为 TRUE，转移到 AUTHENTICATED 状态；如果 reqFail 或者 reqTimeout 是 TRUE，状态机分别转移到 HELD 或 CONNECTING 状态。

7.3.11.7 **HELD**

如果请求者后台状态机设置 reqFail 变量为 TRUE，则表面鉴别失败，状态机从 AUTHENTICATING 状态转入 HELD 状态。如果未连接任何鉴别访问控制器且 portValid 变量为 FALSE，则状态机从 CONNECTING 状态转入该状态。

heldWhile 计时器以 heldPeriod 为初始值启动，如果 heldWhile 超时，则状态机转入 CONNECTING 状态。如果收到鉴别访问控制器发送的请求帧，则状态机转入 RESTART 状态。

7.3.11.8 **AUTHENTICATED**

当请求者后台状态机把 reqSuccess 变量置位，请求者 PAE 状态机从 AUTHENTICATING 状态转入 AUTHENTICATED 状态。如果不进行密钥交换，则状态机转入 AUTHORIZED 状态；如果进行密钥交换，若密钥交换成功则转入 AUTHORIZED 状态，失败则转入 DISCONNECTED 状态。

#### 7.3.11.9 RESTART

当请求者 PAE 需要通知上层其已经重启，则状态机进入 RESTART 状态。当在 AUTHENTICATED、CONNECTING 或者 HELD 状态收到 TAEP 分组，taepRestart 变量将设置为 TRUE 以通知上层请求者 PAE 已经重启。

当上层确认此次重启，其复位 taepRestart 变量为 FALSE，请求者 PAE 状态机从该状态退出，进入 AUTHENTICATING 状态。

#### 7.3.11.10 REQ_FORCE_AUTH

如果同时符合以下 4 个条件，则任何其他状态都应转入 REQ_FORCE_AUTH 状态：

——portControl 变量被设置为 ForceAuthorized；

——reqPortMode 变量被设置为除 ForceAuthorized 以外的其他值；

——端口的 LAC 可操作；

——状态机未处于初始化状态。

reqPortStatus 被设置为 Authorized 时，reqPortMode 也将设置为 ForceAuthorized。

#### 7.3.11.11 REQ_FORCE_UNAUTH

如果同时符合以下 4 个条件，则任何其他状态都应转入 REQ_FORCE_UNAUTH 状态：

——portControl 变量设置为 ForceUnauthorized；

——reqPortMode 变量设置为除 ForceUnauthorized 以外的其他值；

——端口的 LAC 可操作；

——状态机未处于初始化状态。

当 reqPortStatus 被设置为 Unauthorized，请求者发送 TAEPoL-Logoff 帧到鉴别访问控制器，reqPortMode 变量被设置为 ForceAuthorized。

这一系列动作的效果是强制端口到 Unauthorized 状态，并通过发送登出请求将该状态反映到鉴别访问控制器。

#### 7.3.11.12 AUTHORIZED

当且仅当 portValid 为 TRUE，并同时满足下面三种情况之一时，才能进入 AUTHORIZED 状态：

——请求者成功鉴别鉴别访问控制器；

——请求者认为鉴别访问控制器不识别 TAEPoL 帧；

——密钥交换成功。

如果请求者和鉴别访问控制器建立连接超时，则状态机从 CONNECTING 转入该状态；如果管理实体设置 keyEnabled 为 FALSE，则状态机从 AUTHENTICATED 状态直接转入该状态；如果管理实体设置 keyEnabled 为 TRUE，且密钥交换成功，则状态机从 AUTHENTICATED 状态转入该状态。

如果收到 TAEPolTAEP 帧或需要进行重新鉴别，则状态机转入 RESTART 状态。

如果 portValid 为 FALSE，状态机转入 DISCONNECTED 状态以迫使 reqPortStatus 成为 Unauthorized。

如果状态机在 AUTHORIZED 状态进行密钥更新过程，且密钥交换失败次数大于允许的最大值，则状态机转入 DISCONNECTED 状态以迫使 reqPortStatus 成为 Unauthorized。

### 7.3.12 请求者后台状态机

#### 7.3.12.1 概述

请求者后台状态机有以下几种状态：

a) REQUEST；

b) RESPONSE；

c) SUCCESS；

d) FAIL；

e) TIMEOUT；

f) IDLE；

g) INITIALIZE；

h) RECEIVE。

请求者后台状态机用于实现图31描述的功能。

#### 7.3.12.2 变量、常量和过程

##### 7.3.12.2.1 变量

请求者后台状态机使用以下变量：

——taepNoResp：对于刚收到的TAEP帧，如果上层没有相应的TAEP-Response，则该变量被上层置为TRUE。当请求者状态机确认它已经看到该变量，则设置该变量为FALSE。

——taepReq：当收到一个可由TAEP处理的TAEP帧时，请求者后台状态机设置该变量为TRUE。当上层收到了TAEP帧，它设置该帧为FALSE。

——taepResp：如果需要发送TAEP帧，则上层设置该变量为TRUE。当TAEP帧发出后，请求者状态机设置该变量为FALSE。

##### 7.3.12.2.2 常量

常量authPeriod为authWhile计时器的初始值，默认值为30 s。

##### 7.3.12.2.3 过程

请求者后台状态机使用以下过程(见图31)：

a) abortREQ()：该过程允许请求者后台状态机在通知请求者状态机中止鉴别会话前，释放所有的系统资源；

b) getREQRsP()：该过程用于模拟请求者后台状态机从上层获得响应；

c) txREQRsp()：该过程用于将包含TAEP分组的TAEPoL帧发送给鉴别访问控制器。

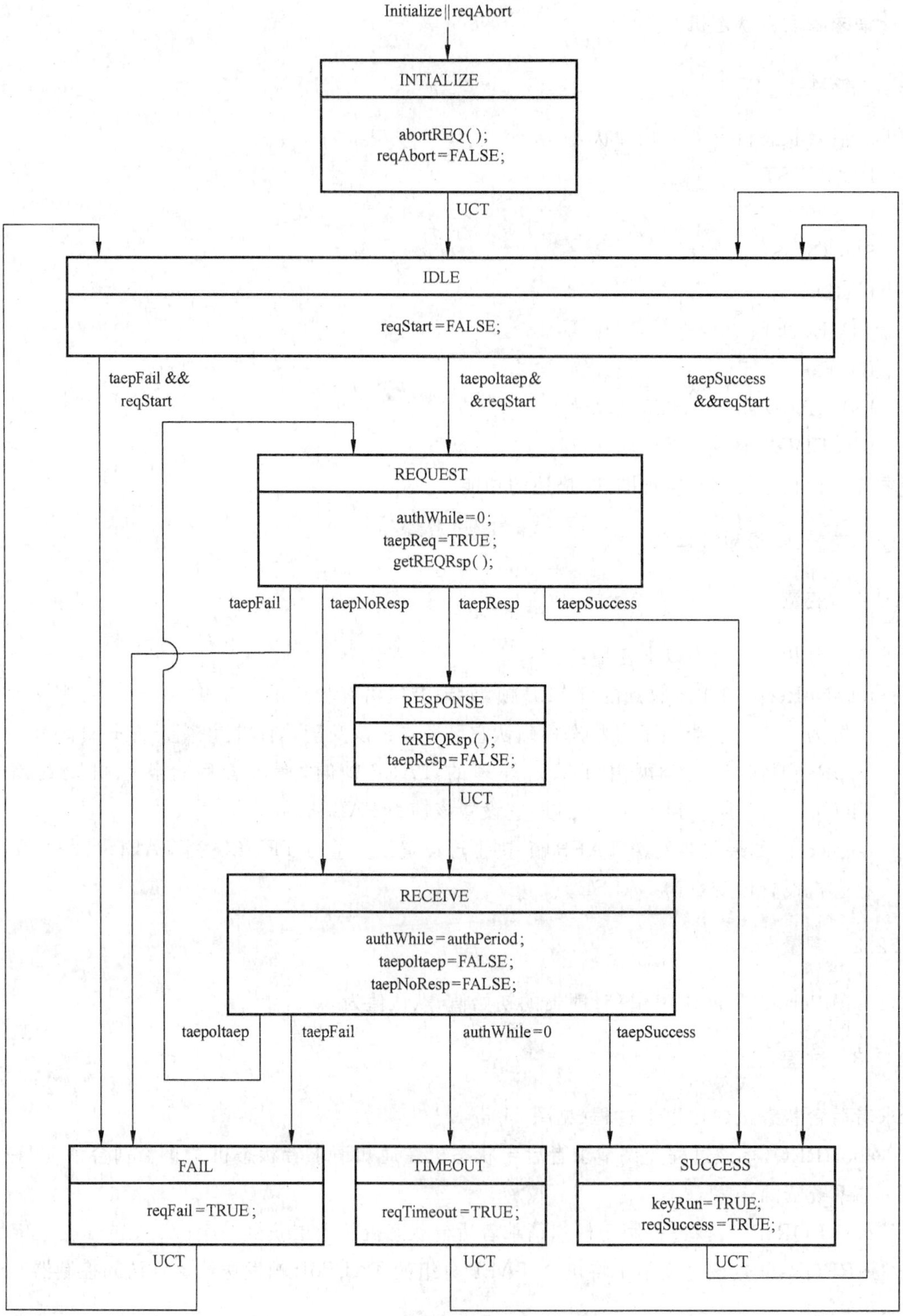


图 31 请求者后台状态机

#### 7.3.12.3 REQUEST

在该状态下，状态机从鉴别访问控制器收到 TAEP-Request 分组，并触发 TAEP 处理。

当 TAEP 表明其有 Response 分组需要发送时，状态机从 REQUEST 状态转入 RESPONSE 状态。

如果 TAEP 决定忽略鉴别访问控制器的请求,则状态机从 REQUEST 状态转入 RECEIVE 状态。如果 TAEP 决定鉴别失败(鉴别失败如何决定),状态机从 REQUEST 状态转入 FAIL 状态。如果 TAEP 决定鉴别成功,状态机从 REQUEST 状态转入 SUCCESS 状态。

7.3.12.4 **RESPONSE**

在该状态下,状态机发送 TAEP-Response 给鉴别访问控制器,然后无条件转入 RECEIVE 状态。

7.3.12.5 **SUCCESS**

在该状态下,状态机设置全局变量 reqSuccess 为 TRUE,通知请求者状态机鉴别会话已成功结束。同时,全局变量 keyRun 也被设置为 TRUE,指示请求者密钥传输状态机可以运行。然后,状态机转入 IDLE 状态。

7.3.12.6 **FAIL**

在该状态下,状态机设置全局变量 reqFail 为 TRUE,通知请求者状态机鉴别会话已经以失败结束。然后,状态机转入 IDLE 状态。

7.3.12.7 **TIMEOUT**

在该状态下,状态机设置全局变量 reqTimeout 为 TRUE,通知请求者状态机鉴别会话已因超时而结束。然后,状态机转入 IDLE 状态。

7.3.12.8 **IDLE**

在该状态下,状态机等待请求者状态机通知开始一个新的鉴别会话。如果 reqStart 为 TRUE,状态机转入 REQUEST 状态;如果 taepSuccess 为 TRUE,状态机转入 SUCCESS 状态;如果 taepFail 为 TRUE,状态机转入 FAIL 状态。

7.3.12.9 **INITIALIZE**

如果系统进行初始化,或请求者状态机设置全局变量 reqAbort 为 TRUE,则状态机进入该状态。abortREQ()进程被调用,状态机释放系统资源。

一旦变量初始化和 reqAbort 都是 FALSE,则状态机转入 IDLE 状态。

7.3.12.10 **RECEIVE**

在该状态下,请求者等待来自鉴别访问控制器的下一个 TAEP-Request。为了防止鉴别访问控制器中止鉴别会话而使请求者挂死,将起用超时保护。

当发送 TAEP-Response 给鉴别访问控制器后,状态机从 RESPONSE 状态转入该状态。

如果 TAEP 决定丢弃前一个 TAEP-Request 帧,则状态机从 REQUEST 状态转入该状态。

7.3.13 **自适应端口状态机**

7.3.13.1 **概述**

自适应端口状态机有以下五种状态:

a) DISCONNECT;

b) CONNETCTING;

c) DECIDING;

d) REQ_STATUS；

e) AAC_STATUS。

自适应端口状态机实现图 37 描述的功能。

#### 7.3.13.2 过程

自适应端口状态机使用以下过程(见图 32)：

a) txstart()：发送 TAEPoL-Start 帧到对方；

b) decide()：根据收到的 TAEPoL-Start 帧设置 systemRole 的值。

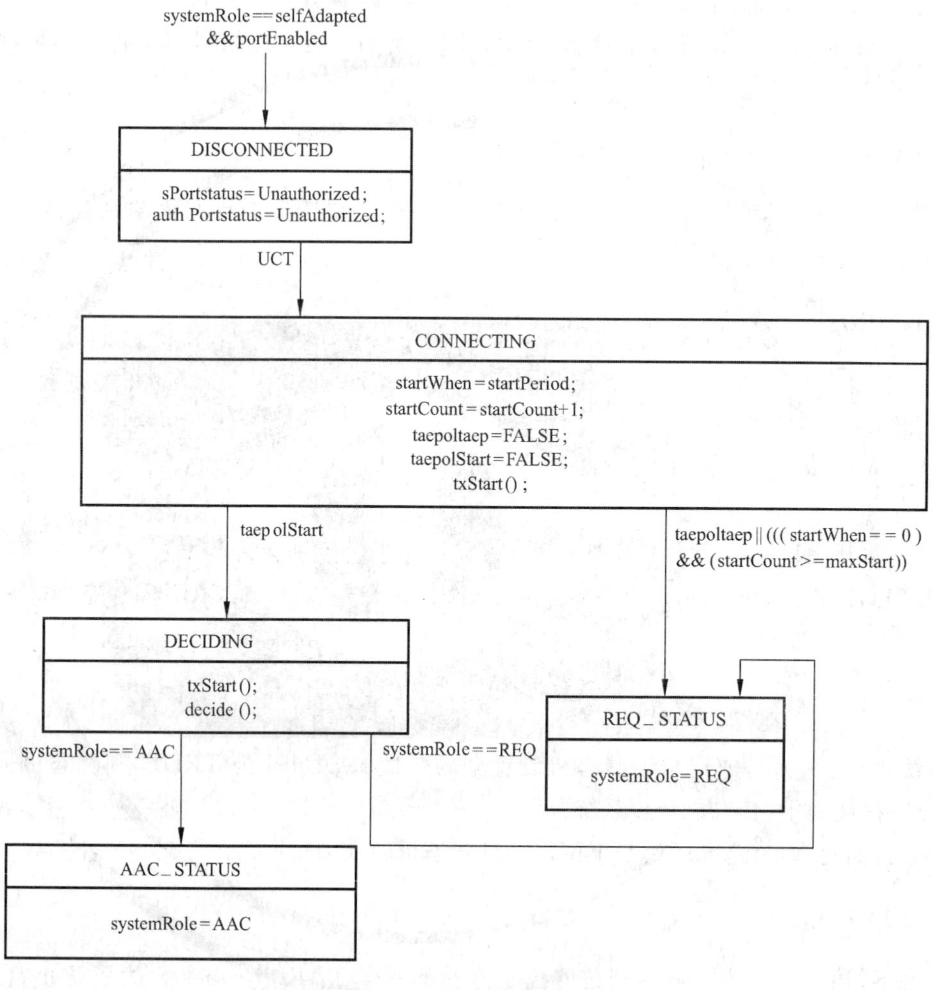


图 32 自适应端口状态机

#### 7.3.13.3 DISCONNECT

当全局变量 systemRole 的值为 selfAdapted，且 LAC 服务可用时，自适应端口状态机进入该状态。当端口状态设置为 Unauthorized 时，状态机无条件转入 CONNECTING 状态。

#### 7.3.13.4 CONNECTING

端口在该状态下可操作，PAE 试图决定自己的角色。PAE 发送 TAEPoL-Start 帧，同时启动 startWhen 计时器。如果 startWhen 计时器超时，TAEPoL-Start 将被重传最多 maxStart 次。如果在 maxStart 次重传后，仍未收到响应，状态机认为它已经关联到一个不识别 TAEPoL 帧的系统，则其转入 REQ_STATUS 状态。如果收到响应为 TAEP-Request 帧,则请求者状态机也转入 REQ_STATUS 状态。如果收到 TAEPoL-Start 帧,则状态机转入 DECIDING 状态。

#### 7.3.13.5 DECIDING

在该状态下,状态机发送 TAEPoL-Start 帧,然后调用 deciding()进程决定自己的角色。如果 deciding()进程设置 systemRole 为 AAC,则状态机转入 AAC_STATUS 状态。如果 deciding()进程设置 systemRole 为 REQ,则状态机转入 REQ_STATUS 状态。

#### 7.3.13.6 REQ_STATUS

在该状态下,状态机设置 systemRole 为 REQ,PAE 为请求者。

#### 7.3.13.7 AAC_STATUS

在该状态下,设置 systemRole 为 AAC,PAE 为鉴别访问控制器。

# 8 端口接入控制管理

## 8.1 一般要求

本章定义了被管对象集合及其功能,允许对端口接入控制进行管理配置和监视,包含以下功能:

——介绍管理功能,帮助确定支持管理功能对端口接入控制的需求;

——建立用于模仿端口接入控制及其管理对象操作的状态机之间的通信;

——规定每个被管对象支持的管理操作。

本章规定的管理功能关系到对 PCAP 协议的控制和监视以及对会话参数的监视,不包括鉴别访问控制器和鉴别服务器之间通信可能使用的任何协议的管理规范。假定被选协议有关的规范将包括适当的管理功能定义。

## 8.2 管理功能

### 8.2.1 概述

管理功能描述用户必须实现的功能,并说明其用途。这些功能支持通信资源的计划、组织、监督、控制、保护及安全,可被分类为配置、故障、性能、安全及计费管理等功能域。8.2.2～8.2.6 分别对每个功能域作介绍,并同时介绍通信资源管理通常所需的功能以及端口接入控制管理在对应功能域上所提供的特殊功能。

### 8.2.2 配置管理

配置管理功能用于对对象提供通信资源的识别、初始化、复位与关闭、操作参数的提供以及资源间关系的建立与发现。端口接入控制管理在该功能域上提供的功能如下:

——为鉴别访问控制器配置操作参数(见 8.5.2.2 和 8.5.2.3);

——为请求者配置操作参数 (见 8.6.2.2 和 8.6.2.3);

——为系统配置操作参数(见 8.7.2.3);

——为端口初始化状态机(见 8.7.2.4)。

### 8.2.3 故障管理

故障管理功能提供故障的预防、检测、诊断及修复。当被管设备出现异常后,设备能够自动告警。

端口接入控制管理在该功能域上提供的功能如下：

a) 提取鉴别访问控制器的统计信息(见 8.5.2.2)；

b) 提取请求者的统计信息(见 8.6.2.2)；

c) 为鉴别访问控制器配置操作参数(见 8.5.2.2 和 8.5.2.3)；

d) 为请求者配置操作参数(见 8.6.2.2 和 8.6.2.3)；

e) 为系统配置操作参数(见 8.7.2.3)；

f) 通过 SNMP trap 发送告警。

#### 8.2.4 性能管理

性能管理功能用于提供对通信资源的行为和通信动作的效力的评估。端口接入控制管理在该功能域上提供的功能如下：

a) 提取鉴别访问控制器的统计信息(见 8.5.2.2)；

b) 提取请求者的统计信息(见 8.6.2.2)；

c) 为鉴别访问控制器配置操作参数(见 8.5.2.2 和 8.5.2.3)；

d) 为请求者配置操作参数(见 8.6.2.2 和 8.6.2.3)。

#### 8.2.5 安全管理

安全管理功能用于提供对资源的保护。端口接入控制管理在该功能域上提供的功能如下：

a) 为鉴别访问控制器配置操作参数(见 8.5.2.2 和 8.5.2.3)；

b) 为请求者配置操作参数(见 8.6.2.2 和 8.6.2.3)；

c) 强迫重新鉴别(见 8.5.2.4)。

#### 8.2.6 计费管理

计费管理功能用于提供费用的识别与分发以及费用的设置。端口接入控制管理在该功能域上提供的功能如下：

提取会话计费统计(见 8.5.5)。

### 8.3 被管对象

对被管对象的操作提供关于该被管对象有关的过程或实体的信息，或者实现该被管对象有关的过程或实体的控制。端口接入控制的管理根据支持端口控制的单个端口有关被管资源来描述，端口的被管资源就是 7.3 中建立的那些过程和实体，特别是：

a) 支持鉴别访问控制器 PAE 操作的状态机(见 7.3.4、7.3.5、7.3.8 和 7.3.9)。与这些资源有关的被管对象和操作在 8.5 中定义。

b) 支持 REQ PAE 操作的状态机(见 7.3.4、7.3.8、7.3.11 和 7.3.12)。与这些资源有关的被管对象和操作在 8.6 中定义。

除此之外，对于单个鉴别访问控制器 PAE 或请求者 PAE 的操作而言，某些被管资源并不明确，因此它们将作为系统及其端口的部分管理能力进行描述。与这些资源有关的被管对象和操作在 8.7 中定义，这些资源将根据 8.5、8.6 和 8.7 中定义的被管对象和操作描述。

注：本章规定的值作为管理操作的输入和输出，属于抽象信息元素。格式或编码问题与传输或表示该信息的特定协议有关。

### 8.4 数据类型

以下规定了管理协议中与编码无关的操作的语义。操作参数的数据类型只能定义成符合规范的数据类型。使用的数据类型如下：

a) 布尔类型(Boolean)；

b) 枚举类型(Enumerated)，用于指定值的搜集；

c) 无符号类型(Unsigned)，用于定义为某些量个数的所有参数；

d) MAC 地址类型(MAC 地址)；

e) 时间间隔类型(Time Interval)，一个表示正整数秒的 Unsigned 类型值，用于所有的 TAEPOL 协议超时参数；

f) 计数器类型(Counter)，用于定义为某些量计数的所有参数(计数器增加并取 264 模值)。

## 8.5 鉴别访问控制器 PAE 被管对象

### 8.5.1 一般要求

鉴别访问控制器 PAE 和支持其操作的状态机在 7.3.4、7.3.5、7.3.8 和 7.3.9 中描述。由这些被管资源组成的对象如下：

a) 鉴别访问控制器配置被管对象(见 8.5.2)；

b) 鉴别访问控制器统计被管对象(见 8.5.3)；

c) 鉴别访问控制器诊断被管对象(见 8.5.4)；

d) 鉴别访问控制器会话统计被管对象(见 8.5.5)。

支持鉴别访问控制器功能的端口应支持鉴别访问控制器配置被管对象定义的管理功能，并支持鉴别访问控制器统计、诊断、会话统计等对被管对象定义的管理功能。提供这种管理功能的手段(例如，支持的管理协议)应在与实现有关的 PICS 中规定。

### 8.5.2 鉴别访问控制器配置

#### 8.5.2.1 一般要求

鉴别访问控制器配置被管对象模型化鉴别访问控制器资源配置的修改或查询操作。每个支持鉴别访问控制器功能的端口均有一个鉴别访问控制器配置被管对象。对鉴别访问控制器配置被管对象执行的管理操作有：

a) 读取鉴别访问控制器配置(见 8.5.2.2)；

b) 设置鉴别访问控制器配置(见 8.5.2.3)；

c) 重新鉴别(见 8.5.2.4)。

#### 8.5.2.2 读取鉴别访问控制器配置

##### 8.5.2.2.1 目的

请求关于端口有关的鉴别访问控制器的配置信息。

##### 8.5.2.2.2 输入

端口号：端口驻留的系统为该端口分配的识别号。

所分配的端口号不需连续，也就是意味着某些端口号为虚拟项，没有真正的 LAN 端口(例如，未来通过增加 MAC 接口允许系统扩展)。这样的虚拟端口应以与永久禁止端口所关联的 MAC 一致的方式支持管理操作。

注：当 MAC 桥(见 IEEE Std 802.1D-2004)实现端口接入控制时，很容易使端口接入控制管理使用的端口号与由桥分配的端口号相同。但这并不总是可能的，例如，当还实现了 GB/T 15629.3 的链路会聚时，端口接入控制工作在物理端口上，MAC 桥却利用会聚端口。

#### 8.5.2.2.3 输出

读取鉴别访问控制器配置的输出如下：

a） 端口号。端口驻留的系统为该端口分配的识别号。

b） 鉴别访问控制器 PAE 状态。鉴别访问控制器 PAE 状态机的当前状态（见 7.3.5），该参数能取以下值：

   1） INITIALIZE；
   2） DISCONNECTED；
   3） CONNECTING；
   4） AUTHENTICATING；
   5） AUTHENTICATED；
   6） ABORTING；
   7） HELD；
   8） FORCE_AUTH；
   9） FORCE_UNAUTH；
   10） RESTART；
   11）AUTHORIZED。

c） 鉴别访问控制器后台状态。鉴别访问控制器后台状态机的当前状态（见 7.3.9），该参数能取以下值：

   1） REQUEST；
   2） RESPONSE；
   3） SUCCESS；
   4） FAIL；
   5） TIMEOUT；
   6） IDLE；
   7） INITIALIZE；
   8） IGNORE。

d） AdminControlledDirections。端口有关的 AdminControlledDirections 参数的当前值（见 5.3），该参数能取以下值：

   1） Both；
   2） In。

e） OperControlledDirections。端口有关的 OperControlledDirections 参数的当前值（见 5.3），该参数能取以下值：

   1） Both；
   2） In。

f） AuthControlledPortControl。端口有关的 AuthControlledPortControl 参数的当前值（见 5.3），该参数能取以下值：

   1） ForceAuthorized；
   2） ForceUnauthorized；
   3） Auto。

g） AuthControlledPortStatus。端口有关的 AuthControlledPortStatus 参数的当前值（见 5.3），该参数能取以下值：

   1） Authorized；

2） Unauthorized。

h） quietPeriod。鉴别访问控制器 PAE 状态机目前使用的常量 quietPeriod 的值(见 7.3.5.2.2)。

i） reAuthPeriod。重鉴别计时器状态机目前使用的常量 reAuthPeriod 的值(见 7.3.8)。

j） reAuthEnabled。重鉴别计时器状态机使用的使能/禁止控制(见 7.3.8)。

k） KeyEnabled。若密钥信息使能，为 TRUE；若禁止，为 FALSE (见 7.3.3.2)。

### 8.5.2.3 设置鉴别访问控制器配置

#### 8.5.2.3.1 目的

配置控制与端口有关的鉴别访问控制器操作的参数。

#### 8.5.2.3.2 输入

任何标为可选的参数可从操作中省略，以允许配置参数子集的选择性修改。但是，实现应支持包含下列所有参数的能力：

a） 端口号。端口驻留的系统为该端口分配的识别号。

b） AdminControlledDirections (可选的)。分配给端口有关的 AdminControlledDirections 参数的新值(见 5.3)，该参数能取以下值：

1） Both；

2） In。

c） AuthControlledPortControl (可选的)。分配给端口有关的 AuthControlledPortControl 参数的新值(见 5.3)，该参数能取以下值：

1） ForceAuthorized；

2） ForceUnauthorized；

3） Auto。

d） quietPeriod (可选的)。分配给鉴别访问控制器 PAE 状态机的常量 quietPeriod 的新值(见 7.3.5.2.2)。

e） taepTimeout (可选的)。新值，单位为秒(s)，用于确定等待请求者响应 TAEP Request 的时间长短(见7.3.3.2)。

f） reAuthPeriod (可选的)。分配给重鉴别计时器状态机的常量 reAuthPeriod 的新值(见 7.3.8)。

g） reAuthEnabled (可选的)。分配给重鉴别计时器状态机的常量 reAuthEnabled 的新值(见 7.3.8)。

h） KeyEnabled (可选的)。分配给 KeyEnabled 参数的新值(见 7.3.3.2)。

#### 8.5.2.3.3 输出

无。

### 8.5.2.4 重新鉴别

#### 8.5.2.4.1 目的

引起端口的鉴别访问控制器 PAE 状态机重新鉴别请求者。若已经有一个正在进行的鉴别过程，该重新鉴别不会发生直到当前的鉴别完成(成功或不成功)。

#### 8.5.2.4.2 输入

端口号：端口驻留的系统为该端口分配的识别号。

8.5.2.4.3 输出

无。

8.5.2.4.4 效果

该操作引起端口的鉴别访问控制器PAE状态机的重新鉴别变量(见7.3.3.2)被设置为TRUE。

8.5.3 鉴别访问控制器统计值

8.5.3.1 概述

鉴别访问控制器统计值管理对象模型化修改、查询关联于鉴别访问控制器操作的统计值的操作。对于每个支持鉴别访问控制器功能的端口，都有一个鉴别访问控制器统计值管理对象。能够对该对象进行的管理操作如下：

读取鉴别访问控制器统计值(见8.5.3.2)。

8.5.3.2 读鉴别访问控制器统计值

8.5.3.2.1 目的

请求关于鉴别访问控制器操作的统计信息。

8.5.3.2.2 输入

端口号。端口驻留的系统为该端口分配的识别号。

8.5.3.2.3 输出

读取鉴别访问控制器统计值的输出如下：

a) 端口号。端口驻留的系统为该端口分配的识别号。
b) 收到的TAEPoL帧。鉴别访问控制器收到的有效的TAEPoL帧，包括所有类型的数量。
c) 发送的TAEPoL帧。鉴别访问控制器发送的TAEPoL帧，包括所有类型的数量。
d) 收到的TAEPoL-Start帧。鉴别访问控制器收到的TAEPoL-Start帧的数量。
e) 收到的TAEPoL-Logoff帧。鉴别访问控制器收到的TAEPoL-Logoff帧的数量。
f) 收到的TAEP-Resp/Id帧。鉴别访问控制器收到的有效的TAEP-Resp/Id帧的数量。
g) 收到的TAEP-Response帧。鉴别访问控制器收到的有效的TAEP-Response帧(除过Resp/Id帧)的数量。
h) 发送的TAEP-Initial Request帧。鉴别访问控制器发送的TAEP初始请求帧的数量。
i) 发送的TAEP-Request帧。鉴别访问控制器发送的有效的TAEP-Request帧的数量(除过初始的请求帧)。
j) 收到的无效TAEPoL帧。鉴别访问控制器收到的类型字段无法识别的TAEPoL帧的数量。
k) 收到的长度错误TAEPoL帧。鉴别访问控制器收到的长度字段无效的TAEPoL帧的数量。
l) 最后的TAEPoL帧版本。在最近收到的TAEPoL帧中的版本号。
m) 最后的TAEPoL帧源。在最近收到的TAEPoL帧中的源MAC地址。

8.5.4 鉴别访问控制器诊断

8.5.4.1 概述

鉴别访问控制器诊断管理对象模型化修改、查询关联于鉴别访问控制器操作的诊断信息的操作。

对于每个支持鉴别访问控制器功能的端口，都有一个鉴别访问控制器诊断管理对象。能够对该对象进行读取鉴别访问控制器诊断值的管理操作。

8.5.4.2 读取鉴别访问控制器诊断值

8.5.4.2.1 目的

请求关于鉴别访问控制器操作的诊断信息。

8.5.4.2.2 输入

端口号：端口驻留的系统为该端口分配的识别号。

8.5.4.2.3 输出

读取鉴别访问控制器诊断值的输出如下：

a) 端口号，端口驻留的系统为该端口分配的识别号；
b) authTEntersConnecting（定义见 7.3.5.3.2）；
c) authTaepLogoffsWhileConnecting（定义见 7.3.5.3.3）；
d) authEntersAuthenticating（定义见 7.3.5.3.4）；
e) authAuthSuccessWhileAuthenticating（定义见 7.3.5.3.5）；
f) authAuthTimeoutsWhileAuthenticating（定义见 7.3.5.3.6）；
g) authAuthFailWhileAuthenticating（定义见 7.3.5.3.7）；
h) authAuthTaepStartsWhileAuthenticating（定义见 7.3.5.3.8）；
i) authAuthTaepLogoffWhileAuthenticating（定义见 7.3.5.3.9）；
j) authAuthReauthsWhileAuthenticated（定义见 7.3.5.3.10）；
k) authAuthTaepStartsWhileAuthenticated（定义见 7.3.5.3.11）；
l) authAuthTaepLogoffWhileAuthenticated（定义见 7.3.5.3.12）；
m) backendAuthSuccesses（定义见 7.3.9.3.2）；
n) backendAuthFails（定义见 7.3.9.3.3）。

8.5.5 鉴别访问控制器会话统计

8.5.5.1 概述

鉴别访问控制器会话统计管理对象模型化修改、查询关联于一个会话的统计值的操作。对于每个支持鉴别访问控制器功能的端口，都有一个鉴别访问控制器会话统计对象。该管理对象记录了当前会话的统计值（如果存在一个激活的会话）或者前一个会话的统计值（如果当前没有激活的会话），可对该对象进行读取鉴别访问控制器会话统计的管理操作。

在会话期间（例如，在端口处于授权状态期间）对关联于每个端口的会话统计进行维护。当鉴别访问控制器 PAE 状态机的 portStatus 变量从 Unauthorized 转变到 Authorized，统计参数被设置为 0 以进行初始化。当 portStatus 保持在 Authorized，会话统计根据它们各自的参数定义更新。当 portStatus 成为 Unauthorized，会话统计值被冻结，不再更新。

8.5.5.2 读取鉴别访问控制器会话统计

8.5.5.2.1 目的

请求关于鉴别访问控制器操作的诊断信息。

8.5.5.2.2 输入

端口号:端口驻留的系统为该端口分配的识别号。

8.5.5.2.3 输出

读取鉴别访问控制器会话统计的输出如下:

a) 端口号。端口驻留的系统为该端口分配的识别号。
b) 收到的会话八位位组。在会话期间从端口上收到的用户数据帧中的八位位组数。
c) 发送的会话八位位组。在会话期间从端口上发送的用户数据帧中的八位位组数。
d) 收到的会话帧。在会话期间从端口上收到的用户数据帧数。
e) 发送的会话帧。在会话期间从端口上发送的用户数据帧数。
f) 会话标识。会话的标识符,对于该鉴别访问控制器是唯一的。该标识是可打印的字符串,至少为3个字符。
g) 会话鉴别方法。用于建立该会话的鉴别方法,该参数可以取下面的值:
    1) Server In。鉴别方法需要服务器。
    2) Server empty。鉴别方法不需要服务器。
h) 会话时间。会话持续的时间,以秒(s)计。
i) 会话终止原因。会话终止的原因,该参数可以取下面的值:
    1) 请求者 Logoff;
    2) 端口失败;
    3) 请求者重启动;
    4) 重鉴别失败;
    5) AuthControlledPortControl 设置为 ForceUnauthorized;
    6) 端口重初始化;
    7) 端口管理性的禁止;
    8) 其他未明原因。
j) 会话用户名。代表请求者 PAE 身份的用户名。

8.6 请求者 PAE 管理对象

8.6.1 概述

请求者 PAE 和支持其操作的状态机在 7.3.4、7.3.11、7.3.12 中描述,包含这些管理资源的管理对象如下:

——请求者配置管理对象;
——请求者统计管理对象。

支持请求者功能的端口要支持由请求者配置管理对象定义的管理功能,也许支持由请求者统计管理对象定义的管理功能。

这些管理功能提供的手段将在 PICS 中规定。

8.6.2 请求者配置

8.6.2.1 一般要求

请求者配置被管对象模型化请求者资源配置的修改或查询操作。每个支持请求者功能的端口均有一个请求者配置被管对象。对请求者配置被管对象执行的管理操作有:

——读取请求者状态；
——设置请求者配置。

#### 8.6.2.2 读取请求者状态

##### 8.6.2.2.1 目的

请求有关请求者的配置信息。

##### 8.6.2.2.2 输入

端口号:端口驻留的系统为该端口分配的识别号。

所分配的端口号不需连续，也就是意味着某些端口号为虚拟项，没有真正的 LAN 端口(例如，未来通过增加 MAC 接口允许系统扩展)。这样的虚拟端口应以与永久禁止端口所关联的 MAC 一致的方式支持管理操作。

注：当 MAC 桥(见 IEEE Std 802.1D-2004)实现端口接入控制时，端口接入控制管理使用的端口号与由桥分配的端口号相同。

##### 8.6.2.2.3 输出

读取请求者状态的输出如下：

a) 端口号。端口驻留的系统为该端口分配的识别号。
b) 请求者 PAE 状态。请求者 PAE 状态机当前的状态(见 7.3.11)，可以有以下参数：
   1) DISCONNECTED；
   2) LOGOFF；
   3) CONNECTING；
   4) AUTHENTICATING；
   5) AUTHENTICATED；
   6) HELD；
   7) RESTART；
   8) REQ_FORCE_AUTH；
   9) REQ_FORCE_UNAUTH；
   10) AUTHORIZED。
c) heldPeriod。当前用在请求者 PAE 状态机的 heldPeriod 常量的值(见 7.3.11.2.2)。
d) authPeriod。当前用在请求者 PAE 状态机的 authPeriod 常量的值(见 7.3.12.2.2)。
e) startPeriod。当前用在请求者 PAE 状态机的 startPeriod 常量的值(见 7.3.11.2.2)。
f) maxStart。当前用在请求者 PAE 状态机的 maxStar 常量的值(见 7.3.11.2.2)。
g) reqControlledPortStatus。该参数直接反映了由请求者 PAE 状态机维护的 portStatus 变量的值，它可以取下面的值：
   1) Authorized；
   2) Unauthorized。
h) 请求者后台状态。请求者后台状态机的当前状态，该参数可以有以下值：
   1) INITIALIZE；
   2) IDLE；
   3) REQUEST；
   4) RESPONSE；

5) RECEIVE;
6) FAIL;
7) SUCCESS;
8) TIMEOUT。

#### 8.6.2.3 设置请求者配置

##### 8.6.2.3.1 目的

配置控制请求者操作的参数。

##### 8.6.2.3.2 输入

任何被标为 optional 的参数可以在操作中省略,以允许选择性的修改配置参数的子集。具体实现要具有包含以下所有参数的能力:

a) 端口号:端口驻留的系统为该端口分配的识别号;
b) heldPeriod(optional):分配给请求者 PAE 状态机 heldPeriod 常量的新值;
c) authPeriod(optional):分配给请求者 PAE 状态机 authPeriod 常量的新值;
d) startPeriod(optional):分配给请求者 PAE 状态机 startPeriod 常量的新值;
e) maxStart(optional):分配给请求者 PAE 状态机 maxStart 常量的新值。

##### 8.6.2.3.3 输出

空。

### 8.6.3 请求者统计

#### 8.6.3.1 一般要求

请求者统计值管理对象模型化修改、查询关联于请求者操作的统计值的操作。对于每个支持请求者功能的端口,都有一个请求者统计值管理对象。能够对该对象进行读取请求者统计值的管理操作(见8.6.3.2)。

#### 8.6.3.2 读取请求者统计

##### 8.6.3.2.1 目的

请求关于请求者操作的统计信息。

##### 8.6.3.2.2 输入

端口号。端口驻留的系统为该端口分配的识别号。

##### 8.6.3.2.3 输出

读取请求者统计的输出如下:

a) 端口号。端口驻留的系统为该端口分配的识别号。
b) 收到的 TAEPoL 帧。请求者收到的有效的 TAEPoL 帧,包括所有类型的数量。
c) 发送的 TAEPoL 帧。请求者发送的 TAEPoL 帧,包括所有类型的数量。
d) 发送的 TAEPoL-Start 帧。请求者发送的 TAEPoL-Start 帧的数量。
e) 发送的 TAEPoL-Logoff 帧。请求者发送的 TAEPoL-Logoff 帧的数量。

f) 发送的 TAEP-Resp/Id 帧。请求者发送的有效的 TAEP-Resp/Id 帧的数量。

g) 发送的 TAEP-Response 帧。请求者发送的有效的 TAEP-Response 帧(除过 Resp/Id 帧)的数量。

h) 收到的 TAEP-Req/Id 帧。请求者收到的有效的 TAEP-Req/Id 帧的数量。收到的 TAEP-Request 帧。

i) 收到的 TAEP-Request 帧。请求者收到的 TAEP 请求帧(除过 Req/Id 帧)的数量。

j) 收到的无效 TAEPoL 帧。请求者收到的类型字段无法识别的 TAEPoL 帧的数量。

k) 收到的长度错误 TAEPoL 帧。请求者收到的长度字段无效的 TAEPoL 帧的数量。

l) 最后的 TAEPoL 帧版本。在最近收到的 TAEPoL 帧中的版本号。

m) 最后的 TAEPoL 帧源。在最近收到的 TAEPoL 帧中的源 MAC 地址。

## 8.7 系统管理对象

### 8.7.1 概述

包含管理资源的对象有系统配置管理对象。

支持 PAE 功能的端口,不论采用请求者或者鉴别访问控制器的角色,要支持由系统配置管理对象定义的管理功能。这些管理功能提供的手段将在 PICS 中规定。

### 8.7.2 系统配置

#### 8.7.2.1 一般要求

系统配置被管对象模型化系统资源配置的修改或查询操作。每个支持端口访问控制功能的系统均有一个系统配置管理对象。对系统配置被管对象执行的管理操作有:

——读取系统配置;

——设置系统配置;

——初始化。

#### 8.7.2.2 读取系统配置

##### 8.7.2.2.1 目的

读取同系统相关的配置信息

##### 8.7.2.2.2 输入

空。

##### 8.7.2.2.3 输出

读取系统配置的输出如下:

a) SystemAuthControl(Optional)。系统的 SystemAuthControl 参数值,该参数仅存在于支持鉴别访问控制器功能的系统。

b) 对于系统的每一个端口:

  1) 端口号。端口驻留的系统为该端口分配的识别号。

  2) 协议版本。端口支持的 TAEPoL 实现的协议版本号。

  3) PAE 能力。端口 PAE 的能力,该参数指示了端口 PAE 支持鉴别访问控制器、请求者或自适应功能。

4) PAE优先级。端口PAE的优先级。0保留给请求者,255保留给鉴别访问控制器,自适应优先级为1～254。

5) 安全Hello能力。指示端口PAE是否支持安全Hello。

8.7.2.3 设置系统配置

8.7.2.3.1 目的

设置系统相关的配置信息。

8.7.2.3.2 输入

SystemAuthControl。要配置给系统的SystemAuthControl参数的值,参数可以取Enabled或Disabled。

8.7.2.3.3 输出

空。

8.7.2.4 初始化端口

8.7.2.4.1 目的

使端口的TAEPoL状态机初始化。

8.7.2.4.2 输入

端口号。端口驻留的系统为该端口分配的识别号。

8.7.2.4.3 输出

空。

8.7.2.4.4 效果

该操作导致端口的初始化全局变量在很短的一段时间内被设置为TRUE,然后设置为FALSE。

注:"很短的一段时间"要足够长以使端口的所有状态机能够识别状态的变化来进行全局的转移。这个时间段是实现相关的。

## 9 端口接入控制MIB定义

在下面的MIB定义中,若DESCRIPTION文本与第8章中对应的定义出现偏差时,应优先采用第8章中的定义。

```
GBT28455-PAE-MIB DEFINITIONS ::= BEGIN
-- ------------------------------------------------------------ --
-- GB/T28455 MIB
-- ------------------------------------------------------------ --
IMPORTS
  MODULE-IDENTITY,OBJECT-TYPE,Counter32,Counter64,
  Unsigned32,TimeTicks
FROM SNMPv2-SMI
  MacAddress,TEXTUAL-CONVENTION,TruthValue
```

```
    FROM SNMPv2-TC
      MODULE-COMPLIANCE,OBJECT-GROUP
    FROM SNMPv2-CONF
      SnmpAdminString
    FROM SNMP-FRAMEWORK-MIB
      InterfaceIndex
    FROM IF-MIB
      ;

    gbt28455paeMIB MODULE-IDENTITY
     ORGANIZATION
     "中国宽带无线 IP 标准工作组(ChinaBWIPS)(China Broadband Wireless IP Standard Group)"
     CONTACT-INFO
     "工作组信息如下:
     通信地址:中国西安高新技术产业开发区西高新邮局 88#信箱
     邮政编码:710075
      电话:86-29-87607832
      传真:86-29-87607829
     E-mail:bwips@chinabwips. org
     Address:P. O. BOX 88,Xi′an High-Tech Inducstrial Development Zone,China
     Postcode:710075
     Tel:+86 29 87607832
     Fax:+86 29 87607829"
     DESCRIPTION
     "管理本文件的端口接入控制模块。"
     DESCRIPTION
     ::= { iso(1)  member-body(2)  cn(156)  bwips(11235)  gbt28455(28455)
        gbt28455-mibs(1)  1  }

paeMIBObjects OBJECT IDENTIFIER ::={gbt28455paeMIB 1 }
-- ---------------------------------------------------------------- --
-- 文本约定
-- ---------------------------------------------------------------- --
  PaeControlledDirections ::= TEXTUAL-CONVENTION
    STATUS mandatory
    DESCRIPTION
          "用于 AAC PAE 的控制模式值。"
    SYNTAX INTEGER {both(0),in(1)}

   PaeControlledPortStatus ::= TEXTUAL-CONVENTION
   STATUS mandatory
     DESCRIPTION
          "AAC PAE 受控端口的状态值。"
```

```
    SYNTAX INTEGER {authorized(1),unauthorized(2)}

  PaeControlledPortControl ::= TEXTUAL-CONVENTION
  STATUS mandatory
     DESCRIPTION
         "AAC PAE 受控端口的控制值。"
    SYNTAX INTEGER {forceUnauthorized(1),auto(2),forceAuthorized(3)}

-- ---------------------------------------------------------------- --
-- ---------------------------------------------------------------- --
-- PAE MIB 中的组
-- ---------------------------------------------------------------- --
gbt28455PaeSystem OBJECT IDENTIFIER ::={paeMIBObjects 1}
gbt28455PaeAAC OBJECT IDENTIFIER ::={paeMIBObjects 2}
gbt28455PaeREQ OBJECT IDENTIFIER ::={paeMIBObjects 3}
-- ---------------------------------------------------------------- --
-- ---------------------------------------------------------------- --
-- PAE 系统组
-- ---------------------------------------------------------------- --
gbt 28455PaeSystemAuthControl OBJECT-TYPE
    SYNTAX INTEGER{enabled(1),disabled(2)}
    MAX-ACCESS read-write
    STATUS mandatory
    DESCRIPTION
     "用于系统中端口接入控制的管理状态:使能/禁止。"
  REFERENCE
     "GB/T28455 8.6.1,SystemAuthControl"
  ::={gbt28455PaeSystem   1}

gbt28455PaeSystemAbnormalAlert OBJECT-TYPE
  SYNTAX VALUEABLES{厂商 OUI}
  SYNTAX VALUEABLES{设备 SN}
  MAX-ACCESS read-only
  STATUS mandatory
  DESCRIPTION
         "用于系统中异常状态时触发告警。"
  REFERENCE
         "GB/T28455 8.2.3"
  ::={gbt28455PaeSystem   2}

-- ---------------------------------------------------------------- --
-- PAE 端口表
-- ---------------------------------------------------------------- --
```

```
gbt28455PaePortTable OBJECT-TYPE
    SYNTAX SEQUENCE OF GBT28455PaePortEntry
    MAX-ACCESS not-accessible
        STATUS mandatory
        DESCRIPTION
        "PAE 支持的每个端口的系统级信息表。出现在表中的一项对应本系统的一个端口。"
   REFERENCE
      "GB/T28455 8.7.2"
   ::={gbt28455PaeSystem 2}

  gbt28455PaePortEntry OBJECT-TYPE
     SYNTAX GBT28455PaePortEntry
     MAX-ACCESS not-accessible
STATUS mandatory
     DESCRIPTION
     "端口的端口号、协议版本、初始化控制。"
      INDEX{gbt28455PaePortNumber}
      ::={gbt28455PaePortTable 1}

GBT28455PaePortEntry ::=
       SEQUENCE {
     gbt28455PaePortNumber               InterfaceIndex,
     gbt28455PaePortProtocolVersion      Unsigned32,
     gbt28455PaePortCapabilities             BITS,
     gbt28455PaePortPriority             Interger,
     gbt28455PaePortSecureHello          TruthValue,
     gbt28455PaePortInitialize               TruthValue,
     gbt28455PaePortReauthenticate       TruthValue
     }

  gbt28455PaePortNumber OBJECT-TYPE
     SYNTAX InterfaceIndex
     MAX-ACCESS not-accessible
     STATUS mandatory
     DESCRIPTION
     "与该端口有关的端口号。"
     REFERENCE
     "GB/T28455 8.7.2,端口号"
     ::={gbt28455PaePortEntry 1}

  gbt28455PaePortProtocolVersion OBJECT-TYPE
     SYNTAX Unsigned32
     MAX-ACCESS read-only
```

```
    STATUS mandatory
    DESCRIPTION
    "与该端口有关的协议版本。"
    REFERENCE
    "GB/T28455 8.7.2,协议版本"
    ::={gbt28455PaePortEntry 2}

gbt28455PaePortCapabilities OBJECT-TYPE
    SYNTAX BITS {
    gbt28455PaePortAACCapable(0),-- 支持 AAC 功能
    gbt28455PaePortREQCapable(1),-- 支持 REQ 功能
    gbt28455PaePortSelfAdaptedCapable(2)-- 支持自适应功能
    }
    MAX-ACCESS read-only
    STATUS mandatory
    DESCRIPTION
    "指示该端口支持的且可通过该 MIB 管理的 PAE 功能。"
    REFERENCE
    "GB/T28455 8.7.2,PAE 能力"
    ::={ gbt28455PaePortEntry 3}

gbt28455PaePortPriority OBJECT-TYPE
    SYNTAX INTEGER {
                REQ(0),-- 请求者的优先级为 0
                AAC(255),-- 鉴别访问控制器的优先级为 255
                selfAdaptedPAE-1(1),
                selfAdaptedPAE-2(2),
                ...,
                selfAdaptedPAE-254(254) --自适应 PAE 的优先级为 1～254
    }
    MAX-ACCESS read-only
    STATUS mandatory
    DESCRIPTION
    "指示该端口支持的 PAE 优先级的能力。"
    REFERENCE
    "GB/T28455 8.7.2,PAE 优先级"
::={gbt28455AuthConfigEntry 4}
gbt28455PaePortSecureHello OBJECT-TYPE
    SYNTAX TruthValue
    MAX-ACCESS read-write
    STATUS mandatory
    DESCRIPTION
    "指示端口 PAE 是否支持安全 Hello. True 表示支持,Flase 表示不支持。"
```

REFERENCE
"GB/T28455 8.7.2,安全 Hello "
::={gbt28455PaePortEntry 5}

gbt28455PaePortInitialize OBJECT-TYPE
SYNTAX TruthValue
MAX-ACCESS read-write
STATUS mandatory
DESCRIPTION
"用于该端口的初始化控制。设置该属性为 TRUE 时引起端口初始化,一旦初始化完成,该属性值翻转为 FALSE。"
REFERENCE
"GB/T28455 8.7.2.4,初始化端口"
::={gbt28455PaePortEntry 6}

gbt28455PaePortReauthenticate OBJECT-TYPE
SYNTAX TruthValue
MAX-ACCESS read-write
STATUS mandatory
DESCRIPTION
"用于该端口的重新鉴别控制。设置该属性为 TRUE 时,引起该端口的 PAE 状态机重新鉴别对方;设置该属性为 FALSE 时不起任何作用。
读取该属性时,总返回 FALSE。"
REFERENCE
"GB/T28455 8.5.2.4,重新鉴别"
::={gbt28455PaePortEntry 7}

-- ---------------------------------------------------------------- --
-- PAE AAC 组
-- ---------------------------------------------------------------- --
-- ---------------------------------------------------------------- --
-- AAC 配置表
-- ---------------------------------------------------------------- --
gbt28455AuthConfigTable OBJECT-TYPE
SYNTAX SEQUENCE OF GBT28455AuthConfigEntry
MAX-ACCESS not-accessible
STATUS mandatory
DESCRIPTION
"包含与每个端口有关的 AAC PAE 的配置对象的表。出现在表中的项对应可鉴别访问它自己的端口。"
REFERENCE
"GB/T28455 8.5.2,AAC 配置"
::={gbt28455PaeAAC 1}

```
gbt28455AuthConfigEntry OBJECT-TYPE
    SYNTAX GBT28455AuthConfigEntry
    MAX-ACCESS not-accessible
    STATUS mandatory
    DESCRIPTION
    "用于 AAC AE 的配置信息。"
    INDEX{gbt28455PaePortNumber}
    ::={gbt28455AuthConfigTable 1}

GBT28455AuthConfigEntry ::=
    SEQUENCE {
    gbt28455AuthPaeState                        INTEGER,
    gbt28455AuthBackendAuthState                INTEGER,
    gbt28455AuthAdminControlledDirections       PaeControlledDirections,
    gbt28455AuthOperControlledDirections            PaeControlledDirections,
    gbt28455AuthAuthControlledPortStatus            PaeControlledPortStatus,
    gbt28455AuthAuthControlledPortControl           PaeControlledPortControl,
    gbt28455AuthQuietPeriod                     Unsigned32,
    gbt28455ServerTiomeout                      Unsigned32,
    gbt28455AuthReAuthPeriod                    Unsigned32,
    gbt28455AuthReAuthEnabled                   TruthValue,
    gbt28455AuthKeyEnabled                      TruthValue
    }

gbt28455AuthPaeState OBJECT-TYPE
    SYNTAX INTEGER {
                initialize(1),
                disconnected(2),
                connecting(3),
                authenticating(4),
                authenticated(5),
                aborting(6),
                held(7),
                forceAuth(8),
                forceUnauth(9),
                restart(10),
                authorized(11)
            }
MAX-ACCESS read-only
STATUS mandatory
DESCRIPTION
    "AAC PAE 状态机的当前值。"
```

```
REFERENCE
    "GB/T28455 8.5.2,AAC PAE 状态"
::={gbt28455AuthConfigEntry 1}

gbt28455AuthBackendAuthState OBJECT-TYPE
  SYNTAX INTEGER {
                request(1),
                response(2),
                success(3),
                fail(4),
                timeout(5),
                idle(6),
                initialize(7),
                ignore(8)
              }
  MAX-ACCESS read-only
  STATUS mandatory
  DESCRIPTION
          "Backend AAC 状态机的当前状态。"
  REFERENCE
      "GB/T28455 8.5.2,Backend AAC 状态"
  ::={gbt28455AuthConfigEntry 2}

gbt28455AuthAdminControlledDirections OBJECT-TYPE
  SYNTAX PaeControlledDirections
  MAX-ACCESS read-write
  STATUS mandatory
  DESCRIPTION
      "端口的管理控制方向参数的当前值。"
  REFERENCE
      "GB/T28455 8.5.2,管理控制模式"
  ::={gbt28455AuthConfigEntry 3}

gbt28455AuthOperControlledDirections OBJECT-TYPE
  SYNTAX PaeControlledDirections
  MAX-ACCESS read-only
  STATUS mandatory
  DESCRIPTION
  "端口的操作控制方向参数的当前值。"
  REFERENCE
      "GB/T28455 8.5.2,操作控制模式"
  ::={gbt28455AuthConfigEntry 4}
```

```
gbt28455AuthAuthControlledPortStatus OBJECT-TYPE
  SYNTAX PaeControlledPortStatus
  MAX-ACCESS read-only
  STATUS mandatory
  DESCRIPTION
        "端口的受控端口状态参数的当前值。"
REFERENCE
       "GB/T28455 8.5.2,AuthControlledPortStatus"
  ::={gbt28455AuthConfigEntry 5}

gbt28455AuthAuthControlledPortControl OBJECT-TYPE
  SYNTAX PaeControlledPortControl
  MAX-ACCESS read-write
  STATUS mandatory
  DESCRIPTION
       "端口的受控端口控制参数的当前值。"
  REFERENCE
       "GB/T28455 8.5.2,AuthControlledPortControl"
  ::={gbt28455AuthConfigEntry 6}

gbt28455AuthQuietPeriod OBJECT-TYPE
  SYNTAX Unsigned32
  MAX-ACCESS read-write
  STATUS mandatory
  DESCRIPTION
        "AAC PAE 状态机当前使用的 quietPeriod 常量的值,单位为秒。"
  REFERENCE
        "GB/T28455 8.5.2,quietPeriod"
  DEFVAL{60}
  ::={gbt28455AuthConfigEntry 7}

gbt28455ServerTiomeout OBJECT-TYPE
  SYNTAX Unsigned32
  MAX-ACCESS read-write
  STATUS mandatory
  DESCRIPTION
        "后台鉴别状态当前使用的 serverTiomeout 常量的值,单位为秒。"
  REFERENCE
        "GB/T28455 8.5.2,serverTiomeout"
  DEFVAL{30}
::={gbt28455AuthConfigEntry 8}

gbt28455AuthReAuthPeriod OBJECT-TYPE
```

```
  SYNTAX Unsigned32
  MAX-ACCESS read-write
  STATUS mandatory
  DESCRIPTION
        "Reauthentication Timer 状态机当前使用的 reAuthPeriod 常量的值，单位为秒。"
  REFERENCE
        "GB/T28455 8.5.2,reAuthPeriod"
  DEFVAL{3600}
::={gbt28455AuthConfigEntry 9}

gbt28455AuthReAuthEnabled OBJECT-TYPE
  SYNTAX TruthValue
  MAX-ACCESS read-write
  STATUS mandatory
  DESCRIPTION
        "Reauthentication Timer 状态机(7.3.8)使用的使能/禁止控制。"
  REFERENCE
  "GB/T28455 8.5.2,reAuthEnabled"
  DEFVAL{false}
  ::={gbt28455AuthConfigEntry 10}

gbt28455AuthKeyEnabled OBJECT-TYPE
  SYNTAX TruthValue
  MAX-ACCESS read-write
  STATUS mandatory
  DESCRIPTION
        "AAC PAE 状态机当前使用的 keyEnabled 常量的值。"
  REFERENCE
        "GB/T28455 8.5.2,keyEnabled"
  ::={gbt28455AuthConfigEntry 11}

-- ------------------------------------------------------------ --
-- AAC 统计表
-- ------------------------------------------------------------ --
gbt28455AuthStatsTable OBJECT-TYPE
  SYNTAX SEQUENCE OF GB15629dotxxAuthStatsEntry
  MAX-ACCESS not-accessible
  STATUS mandatory
  DESCRIPTION
"包含与每个端口有关的 AAC PAE 的统计对象的表。出现在表中的项对应可鉴别访问它自己的端口。"
  REFERENCE
        "GB/T28455 8.5.3,AAC 统计"
  ::={gbt28455PaeAAC 2}
```

```
gbt28455AuthStatsEntry OBJECT-TYPE
  SYNTAX GBT28455AuthStatsEntry
  MAX-ACCESS not-accessible
  STATUS mandatory
  DESCRIPTION
   "用于 AAC PAE 的统计信息。"
  INDEX{gbt28455PaePortNumber}
  ::={gbt28455AuthStatsTable 1}

GBT28455AuthStatsEntry ::=
  SEQUENCE {
  gbt28455AuthTaepolFramesRx                Counter32,
  gbt28455AuthTaepolFramesTx                Counter32,
  gbt28455AuthTaepolStartFramesRx           Counter32,
  gbt28455AuthTaepolLogoffFramesRx          Counter32,
  gbt28455AuthTaepolRespIdFramesRx          Counter32,
  gbt28455AuthTaepolRespFramesRx            Counter32,
  gbt28455AuthTaepolReqIdFramesTx           Counter32,
  gbt28455AuthTaepolReqFramesTx             Counter32,
  gbt28455AuthInvalidTaepolFramesRx         Counter32,
  gbt28455AuthTaepLengthErrorFramesRx       Counter32,
  gbt28455AuthLastTaepolFrameVersion        Unsigned32,
  gbt28455AuthLastTaepolFrameSource         MacAddress
  }

gbt28455AuthTaepolFramesRx OBJECT-TYPE
  SYNTAX Counter32
  MAX-ACCESS read-only
  STATUS mandatory
  DESCRIPTION
        "该 AAC 已经收到的有效的任意类型 TAEPOL 帧的个数。"
  REFERENCE
        "GB/T28455 8.5.3,收到的 TAEPOL 帧"
  ::={gbt28455AuthStatsEntry 1}

gbt28455AuthTaepolFramesTx OBJECT-TYPE
  SYNTAX Counter32
  MAX-ACCESS read-only
  STATUS mandatory
  DESCRIPTION
      "该 AAC 已经发送的任意类型 TAEPOL 帧的个数。"
  REFERENCE
```

```
        "GB/T28455 8.5.3,发送的 TAEPOL 帧"
    ::={gbt28455AuthStatsEntry 2}

gbt28455AuthTaepolStartFramesRx OBJECT-TYPE
    SYNTAX Counter32
    MAX-ACCESS read-only
    STATUS mandatory
    DESCRIPTION
        "该 AAC 已经收到的 TAEPOL Start 帧的个数。"
    REFERENCE
        "GB/T28455 8.5.3,收到的 TAEPOL Start 帧"
    ::={gbt28455AuthStatsEntry 3}

gbt28455AuthTaepolLogoffFramesRx OBJECT-TYPE
    SYNTAX Counter32
    MAX-ACCESS read-only
    STATUS mandatory
    DESCRIPTION
        "该 AAC 已经收到的 TAEPOL Logoff 帧的个数。"
    REFERENCE
        "GB/T28455 8.5.3,收到的 TAEPOL Logoff 帧"
    ::={gbt28455AuthStatsEntry 4}

gbt28455AuthTaepolRespIdFramesRx OBJECT-TYPE
    SYNTAX Counter32
    MAX-ACCESS read-only
    STATUS mandatory
    DESCRIPTION
        "该 AAC 已经收到的 TAEP Resp/Id 帧的个数。"
    REFERENCE
        "GB/T28455 8.5.3,收到的 TAEPOL Resp/Id 帧"
    ::={gbt28455AuthStatsEntry 5}

gbt28455AuthTaepolRespFramesRx OBJECT-TYPE
    SYNTAX Counter32
    MAX-ACCESS read-only
    STATUS mandatory
    DESCRIPTION
        "该 AAC 已经收到的有效的 TAEP Response 帧(非 Resp/Id 帧)的个数。"
    REFERENCE
        "GB/T28455 8.5.3,收到的 TAEPOL Response 帧"
    ::={gbt28455AuthStatsEntry 6}
```

```
gbt28455AuthTaepolReqIdFramesTx OBJECT-TYPE
  SYNTAX Counter32
  MAX-ACCESS read-only
  STATUS mandatory
  DESCRIPTION
      "该 AAC 已经发送的 TAEP Req/Id 帧的个数。"
  REFERENCE
      "GB/T28455 8.5.3,发送的 TAEPOL Req/Id 帧"
  ::={gbt28455AuthStatsEntry 7}

gbt28455AuthTaepolReqFramesTx OBJECT-TYPE
  SYNTAX Counter32
  MAX-ACCESS read-only
  STATUS mandatory
  DESCRIPTION
      "该 AAC 已经发送的 TAEP Request 帧(非 Req/Id 帧)的个数。"
  REFERENCE
      "GB/T28455 8.5.3,发送的 TAEPOL Request 帧"
  ::={gbt28455AuthStatsEntry 8}

  gbt28455AuthInvalidTaepolFramesRx OBJECT-TYPE
    SYNTAX Counter32
    MAX-ACCESS read-only
    STATUS mandatory
    DESCRIPTION
            "该 AAC 已经收到的无效的 TAEPOL 帧的个数,其中帧的类型没有被识别出来。"
    REFERENCE
            "GB/T28455 8.5.3,收到的无效 TAEPOL 帧"
    ::={gbt28455AuthStatsEntry 9}

gbt28455AuthTaepLengthErrorFramesRx OBJECT-TYPE
  SYNTAX Counter32
  MAX-ACCESS read-only
  STATUS mandatory
  DESCRIPTION
          "该 AAC 已经收到的长度错误的 TAEPOL 帧的个数,其中帧体中 Length 字段无效。"
  REFERENCE
          "GB/T28455 8.5.3,收到的 TAEP 长度错误帧"
  ::={gbt28455AuthStatsEntry 10}

gbt28455AuthLastTaepolFrameVersion OBJECT-TYPE
  SYNTAX Unsigned32
  MAX-ACCESS read-only
```

```
    STATUS mandatory
    DESCRIPTION
            "最近收到的 TAEPOL 帧的协议版本号。"
    REFERENCE
            "GB/T28455 8.5.3,最后一个 TAEPOL 帧的版本"
    ::={gbt28455AuthStatsEntry 11}

gbt28455AuthLastTacpolFrameSource OBJECT-TYPE
    SYNTAX MacAddress
    MAX-ACCESS read-only
    STATUS mandatory
    DESCRIPTION
            "最近收到的 TAEPOL 帧的源 MAC 地址。"
    REFERENCE
            "GB/T28455 8.5.3,最后一个 TAEPOL 帧的源"
    ::={gbt28455AuthStatsEntry 12}

-- ------------------------------------------------------------ --
-- AAC 会话统计表
-- ------------------------------------------------------------ --
gbt28455AuthSessionStatsTable OBJECT-TYPE
    SYNTAX SEQUENCE OF GBT28455AuthSessionStatsEntry
    MAX-ACCESS not-accessible
    STATUS mandatory
    DESCRIPTION
        "包含与每个端口有关的 AAC PAE 的会话统计对象的表。出现在表中的项对应可鉴别访问
    它自己的端口。"
    REFERENCE
            "GB/T28455 8.5.5"
    ::={gbt28455PaeAAC 3}

gbt28455AuthSessionStatsEntry OBJECT-TYPE
    SYNTAX GBT28455AuthSessionStatsEntry
    MAX-ACCESS not-accessible
    STATUS mandatory
    DESCRIPTION
        "用于 AAC PAE 的会话统计信息。表示为每个还在进行的会话收集的当前值或者端口当前
    没有激活会话时最后有效会话的最终值。"
    INDEX{gbt28455PaePortNumber}
    ::={  gbt28455AuthSessionStatsTable 1}

GBT28455AuthSessionStatsEntry ::=
    SEQUENCE {
```

```
  gbt28455AuthSessionOctetsRx                  Counter64,
  gbt28455AuthSessionOctetsTx                  Counter64,
  gbt28455AuthSessionFramesRx                  Counter32,
  gbt28455AuthSessionFramesTx                  Counter32,
  gbt28455AuthSessionId                        SnmpAdminString,
  gbt28455AuthSessionAuthenticMethod              INTEGER,
  gbt28455AuthSessionTime                      TimeTicks,
  gbt28455AuthSessionTerminateCause               INTEGER,
  gbt28455AuthSessionUserName                  SnmpAdminString
  }

gbt28455AuthSessionOctetsRx OBJECT-TYPE
  SYNTAX Counter64
  MAX-ACCESS read-only
  STATUS mandatory
  DESCRIPTION
      "在会话期间,该端口上用户数据帧中收到的八位位组数。"
  REFERENCE
      "GB/T28455 8.5.5,收到的会话八位位组"
  ::={gbt28455AuthSessionStatsEntry 1}

gbt28455AuthSessionOctetsTx OBJECT-TYPE
  SYNTAX Counter64
  MAX-ACCESS read-only
  STATUS mandatory
  DESCRIPTION
      "在会话期间,该端口上用户数据帧中发送的八位位组数。"
  REFERENCE
      "GB/T28455 8.5.5,发送的会话八位位组"
      ::={gbt28455AuthSessionStatsEntry 2}

gbt28455AuthSessionFramesRx OBJECT-TYPE
  SYNTAX Counter32
  MAX-ACCESS read-only
  STATUS mandatory
  DESCRIPTION
      "在会话期间,该端口收到的用户数据帧的个数。"
  REFERENCE
      "GB/T28455 8.5.5,收到的会话帧"
  ::={gbt28455AuthSessionStatsEntry 3}

gbt28455AuthSessionFramesTx OBJECT-TYPE
  SYNTAX Counter32
```

```
  MAX-ACCESS read-only
  STATUS mandatory
  DESCRIPTION
      "在会话期间,该端口发送的用户数据帧的个数。"
  REFERENCE
      "GB/T28455 8.5.5,发送的会话帧"
  ::={gbt28455AuthSessionStatsEntry 4}

gbt28455AuthSessionId OBJECT-TYPE
  SYNTAX SnmpAdminString
  MAX-ACCESS read-only
  STATUS mandatory
  DESCRIPTION
      "会话的惟一标识,可打印的至少3个字符的ASCII串。"
  REFERENCE
      "GB/T28455 8.5.5,会话标识"
  ::={gbt28455AuthSessionStatsEntry 5}

gbt28455AuthSessionAuthenticMethod OBJECT-TYPE
  SYNTAX INTEGER {remoteAuthServer(1),localAuthServer(2)}
  MAX-ACCESS read-only
  STATUS mandatory
  DESCRIPTION
      "用于建立会话的鉴别方法。"
  REFERENCE
      "GB/T28455 8.5.5,会话鉴别方法"
  ::={gbt28455AuthSessionStatsEntry 6}

gbt28455AuthSessionTime OBJECT-TYPE
  SYNTAX TimeTicks
  MAX-ACCESS read-only
  STATUS mandatory
  DESCRIPTION
      "会话持续时间,单位为秒。"
  REFERENCE
      "GB/T28455 8.5.5,会话时间"
  ::={gbt28455AuthSessionStatsEntry 7}

gbt28455AuthSessionTerminateCause OBJECT-TYPE
  SYNTAX INTEGER {
                  REQLogoff(1),
                  portFailure(2),
                  REQRestart(3),
```

```
                    reauthFailed(4),
                    authControlForceUnauth(5),
                    portReInit(6),
                    portAdminDisabled(7),
                    notTerminatedYet(999)
                    }
  MAX-ACCESS read-only
  STATUS mandatory
  DESCRIPTION
      "会话终止的原因。"
  REFERENCE
      "GB/T28455 8.5.5,会话终止原因"
  ::={gbt28455AuthSessionStatsEntry 8}

gbt28455AuthSessionUserName OBJECT-TYPE
  SYNTAX SnmpAdminString
  MAX-ACCESS read-only
  STATUS mandatory
  DESCRIPTION
      "表示 REQ PAE 身份的用户名。"
  REFERENCE
      "GB/T28455 8.5.5,会话用户名"
  ::={gbt28455AuthSessionStatsEntry 9}

-- ----------------------------------------------------------- --
-- PAE REQ 组
-- ----------------------------------------------------------- --
-- ----------------------------------------------------------- --
-- REQ 配置表
-- ----------------------------------------------------------- --
gbt28455REQConfigTable OBJECT-TYPE
  SYNTAX SEQUENCE OF GBT28455REQConfigEntry
  MAX-ACCESS not-accessible
  STATUS mandatory
  DESCRIPTION
      "包含与每个端口有关的 REQ PAE 的配置对象的表。出现在表中的项对应远端系统发起的
  鉴别它自己的端口。"
  REFERENCE
      "GB/T28455 8.6.2"
  ::={gbt28455PaeREQ 1}

gbt28455REQConfigEntry OBJECT-TYPE
  SYNTAX GBT28455REQConfigEntry
```

```
  MAX-ACCESS not-accessible
  STATUS mandatory
  DESCRIPTION
      "用于 REQ PAE 的配置信息。"
  INDEX { gbt28455PaePortNumber}
  ::={gbt28455REQConfigTable 1}

GBT28455REQConfigEntry ::=
  SEQUENCE {
  gbt28455REQPaeState                    INTEGER,
  gbt28455REQHeldPeriod                  Unsigned32,
  gbt28455REQAuthPeriod                  Unsigned32,
  gbt28455REQStartPeriod                 Unsigned32,
  gbt28455REQMaxStart                    Unsigned32,
  gbt28455REQControlledPortStatus        PaeControlledPortStatus,
  gbt28455REQAccessCtrlWithAuth          INTEGER,
  gbt28455REQBackendState                INTEGER
  }

gbt28455REQPaeState OBJECT-TYPE
  SYNTAX INTEGER {
                disconnected(1),
                logoff(2),
                connecting(3),
                authenticating(4),
                authenticated(5),
                held(6),
                restart(7),
                sForceAuth(8),
                sForceUnauth(9),
                Authorized(10)
          }
  MAX-ACCESS read-only
  STATUS mandatory
  DESCRIPTION
      "REQ PAE 状态机(7.3.11)的当前状态。"
  REFERENCE
      "GB/T28455 8.6.2,REQ PAE 状态"
  ::={gbt28455REQConfigEntry 1}

gbt28455REQHeldPeriod OBJECT-TYPE
  SYNTAX Unsigned32
  MAX-ACCESS read-write
```

```
    STATUS mandatory
    DESCRIPTION
        "REQ PAE 状态机(7.3.11.2.2)当前使用的 heldPeriod 常量的值,单位为秒。"
    REFERENCE
        "GB/T28455 8.6.2,heldPeriod"
    DEFVAL{60}
    ::={gbt28455REQConfigEntry 2}

  gbt28455REQAuthPeriod OBJECT-TYPE
    SYNTAX Unsigned32
    MAX-ACCESS read-write
    STATUS mandatory
    DESCRIPTION
        "REQ PAE 状态机(7.3.12.2.2)当前使用的 authPeriod 常量的值,单位为秒。"
    REFERENCE
        "GB/T28455 8.6.2,authPeriod"
    DEFVAL{30}
    ::={gbt28455REQConfigEntry 3}

  gbt28455REQStartPeriod OBJECT-TYPE
    SYNTAX Unsigned32
    MAX-ACCESS read-write
    STATUS mandatory
    DESCRIPTION
        "REQ PAE 状态机(7.3.11.2.2)当前使用的 startPeriod 常量的值,单位为秒。"
    REFERENCE
        "GB/T28455 8.6.2,startPeriod"
    DEFVAL{30}
    ::={gbt28455REQConfigEntry 4}

  gbt28455REQMaxStart OBJECT-TYPE
    SYNTAX Unsigned32
    MAX-ACCESS read-write
    STATUS mandatory
    DESCRIPTION
        "REQ PAE 状态机(7.3.11.2.2)当前使用的 maxStart 常量的值。"
    REFERENCE
        "GB/T28455 8.6.2,maxStart"
    DEFVAL{3}
    ::=  {gbt28455REQConfigEntry 5}

  gbt28455REQControlledPortStatus OBJECT-TYPE
    SYNTAX PaeControlledPortStatus
```

```
  MAX-ACCESS read-only
  STATUS mandatory
  DESCRIPTION
      "REQ PAE 状态机(7.3.11)的当前状态。"
  REFERENCE
      "GB/T28455 8.6.2,REQ PAE 状态"
  ::={gbt28455REQConfigEntry 6}

gbt28455REQBackendState OBJECT-TYPE
  SYNTAX INTEGER {
                initialize(1),
                idle(2),
                request(3),
                response(4),
                receive(5),
                fail(6),
                success(7),
                timeout(8)
                      }
  MAX-ACCESS read-only
  STATUS mandatory
  DESCRIPTION
      "REQ Backend 状态机的当前状态。"
  REFERENCE
      "GB/T28455,Backend REQ 状态"
  ::={gbt28455REQConfigEntry 7}

-- ------------------------------------------------------------ --
-- REQ 统计表
-- ------------------------------------------------------------ --
gbt28455REQStatsTable OBJECT-TYPE
  SYNTAX SEQUENCE OF GBT28455REQStatsEntry
  MAX-ACCESS not-accessible
  STATUS mandatory
  DESCRIPTION
      "包含与每个端口有关的 REQ PAE 的统计对象的表。出现在表中的项对应远端系统发起的
  鉴别它自己的端口。"
  REFERENCE
      "GB/T28455 8.6.3"
  ::= {  gbt28455PaeREQ 2}

gbt28455REQStatsEntry OBJECT-TYPE
  SYNTAX GBT28455REQStatsEntry
```

```
    MAX-ACCESS not-accessible
    STATUS mandatory
    DESCRIPTION
        "用于 REQ PAE 的统计信息。"
    INDEX{gbt28455PaePortNumber}
    ::={gbt28455REQStatsTable 1}

  GBT28455REQStatsEntry ::=
    SEQUENCE {
    gbt28455REQTaepolFramesRx                 Counter32,
    gbt28455REQTaepolFramesTx                 Counter32,
    gbt28455REQTaepolStartFramesTx            Counter32,
    gbt28455REQTaepolLogoffFramesTx           Counter32,
    gbt28455REQInvalidTaepolFramesRx          Counter32,
    gbt28455REQTaepLengthErrorFramesRx        Counter32,
    gbt28455REQLastTaepolFrameVersion         Unsigned32,
    gbt28455REQLastTaepolFrameSource          MacAddress
    }

  gbt28455REQTaepolFramesRx OBJECT-TYPE
    SYNTAX Counter32
    MAX-ACCESS read-only
    STATUS mandatory
    DESCRIPTION
        "该 REQ 收到的任意类型的 TAEPoL 帧的个数。"
    REFERENCE
        "GB/T28455 8.6.3,收到的 TAEPoL 帧"
    ::={gbt28455REQStatsEntry 1}

  gbt28455REQTaepolFramesTx OBJECT-TYPE
    SYNTAX Counter32
    MAX-ACCESS read-only
    STATUS mandatory
    DESCRIPTION
        "该 REQ 发送的任意类型的 TAEPoL 帧的个数。"
    REFERENCE
        "GB/T28455 8.6.3,发送的 TAEPoL 帧"
    ::={gbt28455REQStatsEntry 2}

  gbt28455REQTaepolStartFramesTx OBJECT-TYPE
    SYNTAX Counter32
    MAX-ACCESS read-only
    STATUS mandatory
```

```
  DESCRIPTION
      "该 REQ 发送的 TAEPoL-Start 帧的个数。"
  REFERENCE
      "GB/T28455 8.6.3,发送的 TAEPoL-Start 帧"
  ::={gbt28455REQStatsEntry 3}

gbt28455REQTaepolLogoffFramesTx OBJECT-TYPE
  SYNTAX Counter32
  MAX-ACCESS read-only
  STATUS mandatory
  DESCRIPTION
      "该 REQ 发送的 TAEPoL-Logoff 帧的个数。"
  REFERENCE
      "GB/T28455 8.6.3,发送的 TAEPoL-Logoff 帧"
  ::={gbt28455REQStatsEntry 4}

gbt28455REQInvalidTaepolFramesRx OBJECT-TYPE
  SYNTAX Counter32
  MAX-ACCESS read-only
  STATUS mandatory
  DESCRIPTION
      "该 REQ 收到的无效的 TAEPoL 帧的个数,其中帧的类型没被识别出来。"
  REFERENCE
      "GB/T28455 8.6.3,收到的无效 TAEPoL 帧"
  ::={gbt28455REQStatsEntry 5}

  gbt28455REQTaepLengthErrorFramesRx OBJECT-TYPE
  SYNTAX Counter32
  MAX-ACCESS read-only
  STATUS mandatory
  DESCRIPTION
      "该 REQ 收到的长度错误的 TAEPoL 帧的个数,其中帧体中 Length 字段无效。"
  REFERENCE
      "GB/T28455 8.6.3,收到的 TAEP 长度错误帧"
  ::={gbt28455REQStatsEntry 6}

gbt28455REQLastTaepolFrameVersion OBJECT-TYPE
  SYNTAX Unsigned32
  MAX-ACCESS read-only
  STATUS mandatory
  DESCRIPTION
      "最近收到的 TAEPoL 帧的协议版本号。"
  REFERENCE
```

```
    "GB/T28455 8.6.3,最后一个 TAEPoL 帧的版本"
  ::={gbt28455REQStatsEntry 7}

gbt28455REQLastTaepolFrameSource OBJECT-TYPE
  SYNTAX MacAddress
  MAX-ACCESS read-only
  STATUS mandatory
  DESCRIPTION
      "最近收到的 TAEPoL 帧的源 MAC 地址。"
  REFERENCE
      "GB/T28455 8.6.3,最后一个 TAEPoL 帧的源"
  ::={gbt28455REQStatsEntry 8}

-- ------------------------------------------------------------ --
-- GB/T28455 MIB — 一致性信息
-- ------------------------------------------------------------ --
gbt28455PaeConformance OBJECT IDENTIFIER
      ::={  gbt28455paeMIB 2}
gbt28455PaeGroups OBJECT IDENTIFIER
      ::={  gbt28455PaeConformance 1}
gbt28455PaeCompliances OBJECT IDENTIFIER
      ::={  gbt28455PaeConformance 2}
-- ------------------------------------------------------------ --
-- 一致性单元
-- ------------------------------------------------------------ --
gbt28455PaeSystem Group OBJECT-GROUP
  OBJECTS {
      gbt28455PaeSystemAuthControl,
      gbt28455PaePortProtocolVersion,
      gbt28455PaePortCapabilities,
      gbt28455PaePortPriority,
      gbt28455PaePortSecureHello,
      gbt28455PaePortInitialize,
      gbt28455PaePortReauthenticate
  }
  STATUS mandatory
  DESCRIPTION
      "提供关于 PAE 的系统信息及通过 PAE 控制的对象集合。"
  ::={gbt28455PaeGroups 1}

gbt28455PaeAuthStatsGroup OBJECT-GROUP
  OBJECTS {
      gbt28455AuthTaepolFramesRx,
```

```
        gbt28455AuthTaepolFramesTx,
        gbt28455AuthTaepolStartFramesRx,
        gbt28455AuthTaepolLogoffFramesRx,
        gbt28455AuthTaepolRespIdFramesRx,
        gbt28455AuthTaepolRespFramesRx,
        gbt28455AuthTaepolReqIdFramesTx,
        gbt28455AuthTacpolReqFramesTx,
        gbt28455AuthInvalidTaepolFramesRx,
        gbt28455AuthTaepLengthErrorFramesRx,
        gbt28455AuthLastTaepolFrameVersion,
        gbt28455AuthLastTaepolFrameSource
    }
    STATUS mandatory
    DESCRIPTION
        "提供 AAC PAE 统计信息的对象集合。"
    ::={gbt28455PaeGroups 2}

gbt28455PaeAuthSessionStatsGroup OBJECT-GROUP
    OBJECTS {
        gbt28455AuthSessionOctetsRx,
        gbt28455AuthSessionOctetsTx,
        gbt28455AuthSessionFramesRx,
        gbt28455AuthSessionFramesTx,
        gbt28455AuthSessionId,
        gbt28455AuthSessionAuthenticMethod,
        gbt28455AuthSessionTime,
        gbt28455AuthSessionTerminateCause,
        gbt28455AuthSessionUserName
    }
    STATUS mandatory
    DESCRIPTION
        "为 AAC PAE 提供关于当前或最终会话的统计对象集合。"
    ::={gbt28455PaeGroups 3}

gbt28455PaeREQConfigGroup OBJECT-GROUP
    OBJECTS {
        gbt28455REQPaeState,
        gbt28455REQHeldPeriod,
        gbt28455REQAuthPeriod,
        gbt28455REQStartPeriod,
        gbt28455REQMaxStart,
        gbt28455REQControlledPortStatus,
        gbt28455REQAccessCtrlWithAuth,
```

```
        gbt28455REQBackendState

    }
    STATUS mandatory
    DESCRIPTION
        "提供 REQ PAE 配置信息的对象集合。"
    ::={gbt28455PaeGroups 4}

gbt28455PaeAuthConfigGroup OBJECT-GROUP
    OBJECTS {
        gbt28455AuthPaeState,
        gbt28455AuthBackendAuthState,
        gbt28455AuthAdminControlledDirections,
        gbt28455AuthOperControlledDirections,
        gbt28455AuthAuthControlledPortStatus,
        gbt28455AuthAuthControlledPortControl,
        gbt28455AuthQuietPeriod,
        gbt28455AuthServerTimeout,
        gbt28455AuthReAuthPeriod,
        gbt28455AuthReAuthEnabled,
        gbt28455AuthKeyTxEnabled
    }
    STATUS mandatory
    DESCRIPTION
        "提供 AAC PAE 配置信息的对象集合。"
    ::={gbt28455PaeGroups 5}

gbt28455PaeREQStatsGroup OBJECT-GROUP
    OBJECTS {
        gbt28455REQTaepolFramesRx,
        gbt28455REQTaepolFramesTx,
        gbt28455REQTaepolStartFramesTx,
        gbt28455REQTaepolLogoffFramesTx,
        gbt28455REQInvalidTaepolFramesRx,
        gbt28455REQTaepLengthErrorFramesRx,
        gbt28455REQLastTaepolFrameVersion,
        gbt28455REQLastTaepolFrameSource
    }
    STATUS mandatory
    DESCRIPTION
        "提供 REQ PAE 统计信息的对象集合。"
    ::={gbt28455PaeGroups 6}
```

```
-- ---------------------------------------------------------- --
-- 一致性声明
-- ---------------------------------------------------------- --
gbt28455PaeCompliance MODULE-COMPLIANCE
  STATUS mandatory
  DESCRIPTION
      "设备支持端口接入控制的一致性声明。"
  MODULE
  MANDATORY-GROUPS {
      gbt28455PaeSystem Group
      }


  GROUP gbt28455PaeAuthConfigGroup
  DESCRIPTION
      "对于支持 PAE 的 AAC 功能的系统,该组是必备的。"

  OBJECT gbt28455AuthAdminControlledDirections
  SYNTAX INTEGER {
                 both(0)
                     }
  MIN-ACCESS   read-only
  DESCRIPTION
      "支持 in(1)是可选的。"

  OBJECT gbt28455AuthOperControlledDirections
  SYNTAX INTEGER {
                 both(0)
         }
  DESCRIPTION
      "支持 in(1)是可选的。"

  OBJECT gbt28455AuthKeyEnabled
  MIN-ACCESS read-only
  DESCRIPTION
      "不支持 TAEPOL-Key 帧的 AAC PAE 可实现该对象为仅读的,返回值为 FALSE。"

  GROUP gbt28455PaeAuthStatsGroup
  DESCRIPTION
      "对于支持 PAE 的 AAC 功能的系统,该组是必备的。"

  GROUP gbt28455PaeAuthSessionStatsGroup
  DESCRIPTION
```

"对于支持 PAE 的 AAC 功能的系统,该组是可选的。"

GROUP gbt28455PaeREQConfigGroup
DESCRIPTION
"对于支持 PAE 的 REQ 功能的系统,该组是必备的。"

GROUP gbt28455PaeREQStatsGroup
DESCRIPTION
"对于支持 PAE 的 REQ 功能的系统,该组是必备的。"

∷={gbt28455PaeCompliances 1}

END

# 附 录 A
# （规范性附录）
# PICS 形式表

## A.1 引言

声称与本标准一致的协议实现供应商应填写下列协议实现一致性声明(PICS)形式表。

已填写的 PICS 形式表即为正在讨论的用于实现的 PICS。PICS 是对已实现协议的能力和选项的声明。

PICS 可有多种用途，包括：

——协议实现者将其作为检查清单，通过对其进行监督以降低与本部分不一致的风险；

——协议实现的供应商和获得者或潜在的获得者将 PICS 作为实现能力的详细指示，说明了它与标准的 PICS 形式表所提供的通常理解基础的相对关系；

——实现的用户或潜在的用户将其作为初始检查与另一种实现互操作的可能性的基础(注意，尽管从不保证互操作，但不能互操作往往能从不兼容的 PICS 中预测出来)；

—— 协议测试者将其作为选择合适测试的基础，根据这些测试对实现一致性的声称进行评估。

## A.2 缩略语和状态符号

### A.2.1 状态符号

| | |
|---|---|
| M | 必备的 |
| O | 可选的 |
| O.<n> | 可选的，但要求至少支持一组由相同数字<n>标记的选项 |
| X | 禁止的 |
| pred: | 条件项的符号，包括谓词标识(见 A.3.4) |

### A.2.2 缩略语

| | |
|---|---|
| N/A | 不适用 |
| PICS | 协议实现一致性声明 |

## A.3 填写 PICS 形式表说明

### A.3.1 PICS 形式表的通用结构

PICS 形式表的第一部分，即“实现标识和协议概要”，用于填写为充分识别供应商和实现方式所必需的信息。

PICS 形式表的主要部分是一张具有固定格式的调查表，它被分为若干部分，每部分包含若干独立项。对调查表各项的回答放在最右边的一列中，它或者是简单地勾出一个答案以指明一个受限制的选择(通常用“是”或“否”)，或者是键入一个值或值的集合或范围(注意，对于某些项目，若一组可能的答案中两种或多种选择都适用，则所有有关的选择都要勾出)。

每个项目通过第一栏的项目引用标识，第二栏包含需回答的问题，第三栏记录项目的状态即该支持是必备的、可选的还是有条件的，另见 A.3.4。第四栏包含在本附录的正文中规定该项目的一个或多个引用材料，第五栏提供空格以填写答案。

供应商还可以提供或被要求提供进一步的信息，这些信息分为附加信息和异常信息两类。当提供时，每类进一步的信息要在分别标以 A<i>或 X<i>项目的子部分中提供，为了达到交叉引用的目的，其中<i>是该项目无二义性的标识(例如一个简单的数字)，对其格式或表示没有其他的限制。

包括任何附加信息和异常信息的一张已填好的 PICS 形式表，是正在讨论的用于实现的 PICS。

注意，一种实现能以一种以上的方式配置，单个的 PICS 能够描述所有这些配置。然而，如果使信息的表示更容易和更清楚，那么供应商还可以提供一个以上的 PICS，且每个 PICS 覆盖实现配置能力的某个子集。

### A.3.2 附加信息

附加信息项目允许供应商提供进一步的信息以试图帮助解释 PICS。不企图或不希望它供给大量的信息，在没有任何这种信息的情况下，也可认为 PICS 是完整的。例子可能是若干方法的一种概括，其中单个实现能被建立起来，以便工作在各种环境和配置下；或者关于实现方面的信息虽然超出本附录范围，但对某些项的回答有影响。

附加信息项的引用可在调查表中的任何答案后填写，且还可以包含在异常信息项目中。

### A.3.3 异常信息

供应商希望用与指定的需求相矛盾的方式(在任何条件业已加上之后)回答带有必备状态的项目，这或许是一种偶然发生的情况。在支持栏中，找不到预先写好的答案，相反，供应商应在支持栏中写入遗漏的答复，同时写入异常信息项目的引用 X<i>，并应在异常项目自身中提供一个合适的理由。

按这种方式，要求异常项目的实现不符合本附录的规定。

注意，对于上述情况的一种可能理由是，本标准中已经报告的某种缺陷，期望对其进行纠正以更改实现不能满足的需求。

### A.3.4 条件状态

#### A.3.4.1 条件项目

PICS 形式表包含了若干有条件的项目。这些有条件的项目自身的适用性及其状态是否适用(必备的或可选的)均取决于是否支持某些其他项目。

当一组项目在适用性方面受限于同一条件时，单独的关于条件的初步问题出现在该组的开头处。如果选择的是 N/A 答案，则表示可跳到调查表较后的位置，否则单独的条件项目在状态栏中用条件符号示出。

条件符号形式为“<pred>:<s>”，其中<pred>为 A.3.4.2 描述的谓词，而<s>为状态符号 M 或 O。

如果谓词值为真(见 A.3.4.2)，则有条件的项目可适用，其状态通过谓语后的状态符号给出，用通常的方式填写支持项目。若谓词值为假，则有条件的项目不适用，选择 N/A 答案。

#### A.3.4.2 谓语

谓词为下列情况之一：

a) 在 PICS 形式表中某个项目的项目引用：如果该项目标记为被支持，谓语的值为真，否则为假。

b) 谓语名称通过使用布尔操作符“OR”组合项目引用所构造的布尔表达式来定义：如果一个或多个项目标记为“被支持”，则谓语值为真，否则为假。

c) 谓语名称通过使用布尔操作符“AND”组合项目引用所构造的布尔表达式来定义:如果所有项目标记为“被支持”,则谓语值为真,否则为假。

在谓语或用于成组有条件项目预备的问题中引用的每个项目在项目栏中用星号(*)标注。

## A.4 GB/T 28455 的 PICS 形式表

### A.4.1 实现标识

见表 A.1。

表 A.1 实现标识

| | |
|---|---|
| 供应商 | |
| 咨询有关 PICS 的联系方式 | |
| 实现名称与版本 | |
| 用于完整标识的其他信息,比如,机器的名称与版本,操作系统名称 | |
| 注 1:只有前三项对于所有实现都要求;在满足完整标识的情况下可适当给出其他信息。<br>注 2:对项目名称和版本应作适应解释,以符合供应商的术语(如类型、系列和模型)。 | |

### A.4.2 协议概要

见表 A.2。

表 A.2 协议概要

| | |
|---|---|
| 协议规范的标识 | GB/T 28455—2012 |
| 作为本 PICS 一部分的对 PICS 形式表的修订和勘误的标识 | Amd. : Corr. :<br>Amd. : Corr. : |
| 是否需要异常项目?<br>(见 A.3.3:答案“是”则意味着实现不符合本附录) | No□ Yes□ |
| 声明的日期 | |

## A.5 主要能力与选项

见表 A.3。

表 A.3 主要能力与选项

| 项目 | 特　征 | 状态 | 引用条号 | 支持 |
|---|---|---|---|---|
| * auth | 通过非受控端口支持端口访问实体 PAE 的操作,称为 AAC PAE | O.1 | 5.3,7,8.5,8.7 | Yes[ ]No[ ] |
| * req | 通过非受控端口支持端口访问实体 PAE 的操作,称为 REQ PAE | O.1 | 5.3,7,8.6,8.7 | Yes[ ]No[ ] |

表 A.3(续)

| 项目 | 特　征 | 状态 | 引用条号 | 支持 |
|---|---|---|---|---|
| sysm | 支持系统配置功能 | M | 5,7.3,8 | Yes[ ] |
| authM1 | 支持配置 AAC 操作的能力 | auth:M | 5,8.5.2 | Yes[ ]N/A[ ] |
| authM2 | 支持维护和获取 AAC 统计的能力 | auth:M | 5,8.5.3 | Yes[ ]N/A [ ] |
| authM3 | 支持与 AuthControlledPortControl 的值强制未授权、自动及强制已授权一致的受控端口操作 | M | 5.3 | Yes[ ]N/A [ ] |
| authM4 | 支持通过管理设置 AuthControlledPortControl 的值为强制未授权、自动或强制已授权的能力 | M | 5.3,<br>8.5.2 | Yes[ ]N/A [ ] |
| | 口操作 | | | |
| authM6 | 支持通过管理对 Sbjectt 的定期重新鉴别与对 reAuthTimer 和 reAuthEnabled 参数的配置 | auth:M | 5.4.3,7.3.8,<br>8.5.2 | Yes[ ]N/A [ ] |
| reqM1 | 支持配置 REQ 操作的能力 | req:M | 5,8.6.2 | Yes[ ]N/A [ ] |
| reqM2 | 支持维护和获取 REQ 统计的能力 | req:M | 5,8.6.3 | Yes[ ]N/A [ ] |
| authO1 | 支持维护和获取 AAC 诊断的能力 | auth:O | 8.5.4 | Yes[ ]No[ ] |
| authO2 | 支持维护和获取 AAC 会话统计的能力 | auth:O | 8.5.5 | Yes[ ]No[ ] |
| * authO3 | 通过管理,支持与 AdminControlledDirections 和 OperControlledDirections 的值 Both 一致的受控端口操作,并支持设置 AdminControlledDirections 参数为 Both 和 In 值的能力 | O | 5.3.2,<br>8.5.2 | Yes[ ]No[ ] |
| * authO4 | 通过管理,支持向 REQ 发送密钥信息或接受密钥信息的能力及修改 KeyTransmissionEnabled 参数的能力 | auth:O | 7.3.6,8.5.2 | Yes[ ]No[ ] |
| * reqO1 | 通过管理,支持向 AAC 发送密钥信息的能力及修改 KeyTransmissionEnabled 参数的能力 | auth:O | 7.3.6,8.6.2 | Yes[ ]No[ ] |
| * ether | 支持基于 GB/T 15629.3 以太 MAC 的 TAEPOL 封装 | O.2 | 6.4 | Yes[ ]No[ ] |
| * trfddi | 支持基于令牌环网/FDDI MAC 的 TAEPOL 封装 | O.2 | 6.3 | Yes[ ]No[ ] |
| mgt | 依靠端口访问控制 SNMP MIB,利用第 8 章定义的功能,支持远程控制 | O | 9 | Yes[ ]No[ ] |

## A.6 TAEPOL 帧格式

TAEPOL 帧格式,见表 A.4。

表 A.4 TAEPOL 帧格式

| 项目 | 特　　征 | 状态 | 引用条号 | 支持 |
|---|---|---|---|---|
| taepol | 用于 AAC 和 REQ 之间的 TAEPoL 封装 | M | 6 | Yes[ ] |
| norif | RIF 不会出现在基于令牌环网/FDDI 封装的 TAEPoL 帧中 | trfddi:M | 6.3 | Yes[ ]N/A [ ] |
| vtag | TAEPoL 帧不会标有 VLAN | M | 6.5 | Yes[ ] |
| ptag1 | 支持标有优先级的 TAEPoL 帧的接收 | M | 6.5 | Yes[ ] |
| ptag2 | 支持标有优先级的 TAEPoL 帧的发送 | O | 6.5 | Yes[ ]No[ ] |
| petype | 定义的发送 TAEPoL 帧中的 PAE 以太类型字段 | ether:M | 6.3 | Yes[ ]N/A [ ] |
| psnap | 定义的发送 TAEPoL 帧中的 SNAP 编码的以太类型字段 | trfddi:M | 6.3 | Yes[ ]N/A [ ] |
| pver | 定义的用于发送 TAEPoL 帧中的协议版本 | M | 6.6.2 | Yes[ ] |
| ptype | 分组类型的保留值将不用于发送的 TAEPoL 帧中 | M | 6.6.3 | Yes[ ] |
| pvalid | 帧将根据有效规则被处理和解释 | M | 6.7 | Yes[ ] |
| ppvi | 接收时检查协议版本标识 | X | 6.7 | No[ ] |

PAE 支持见表 A.5。

表 A.5 PAE 支持

| 项目 | 特　　征 | 状态 | 引用条号 | 支持 |
|---|---|---|---|---|
| | 状态机支持 | | | |
| mach | 根据每个端口支持的 PAE 角色，实现支持每个端口所要求的系列状态机 | M | 7，表 6 | Yes[ ] |
| timers | 定义支持的端口定时器状态机 | M | 7.3.4，图 23， | Yes[ ] |
| apsm | 定义支持的 AAC PAE 状态机 | auth:M | 7.3.5，图 24，7.3.5.2，7.3.3 | Yes[ ]　N/A [ ] |
| akey | 定义支持的 AAC 密钥状态机 | authO4:M | 7.3.6，7.3.7，图 25，图 26，7.3.3 | Yes[ ]　N/A [ ] |
| skey | 定义支持的 REQ 密钥状态机 | reqO1:M | 7.3.6，7.3.7，图 25，图 26，7.3.3 | Yes[ ]　N/A [ ] |
| rtsm | 定义支持的重新鉴别定时器状态机 | auth:M | 7.3.8，图 27，7.3.3 | Yes[ ]　N/A [ ] |
| basm | 定义支持的后台鉴别状态机 | auth:M | 7.3.9，图 28，7.3.3，7.3.9.2 | Yes[ ]　N/A [ ] |

表 A.5（续）

| 项目 | 特　征 | 状态 | 引用条号 | 支持 |
| --- | --- | --- | --- | --- |
| cdsm | 定义支持控制方向的状态机 | auth：M | 7.3.10，图 29，7.3.3，7.3.10.2 | Yes[ ]　N/A [ ] |
| cdbd | 定义的任意桥端口支持的桥检测状态机 | bridge：M | 7.3.10，IEEE Std 802.1D-2004 中的第 17 章 | Yes[ ]　N/A [ ] |
| spsm | 定义支持的 REQ PAE 状态机 | req：M | 7.3.11，图 30，7.3.3，7.3.11.2 | Yes[ ]　N/A [ ] |
| spbe | 定义支持的 REQ 后台状态机 | req：M | 7.3.12，图 31，7.3.3，7.3.12.2 | Yes[ ]　N/A [ ] |

谓语：bridge ＝ auth AND authO3 AND {端口为桥端口}

# 附　录　B
（资料性附录）
基于TAEP封装的鉴别协议

## B.1　TAEP-IBAP(TAEP-Identity Based Authentication Protocol)

### B.1.1　概述

基于ID鉴别协议也就是基于身份密码体制的鉴别协议，若需要进行公钥撤销查询，则鉴别过程还需要鉴别服务器的参与，也就是请求者、鉴别访问控制器与鉴别服务器共同完成鉴别；若不需要进行公钥撤销查询，则请求者和鉴别访问控制器完成鉴别。本附录中的公私钥是指基于ID的公私钥。

### B.1.2　TAEP-IBAP协议分组格式

TAEP-IBAP协议是基于ID的鉴别协议，其协议分组封装格式见图B.1。

| Message Type (8位比特) | Data(可变) |
|---|---|

图B.1　TAEP-IBAP协议分组格式

其中：

——Message Type类型：定义见表B.1。

表B.1　TAEP-IBAP类型分组Message Type子类型定义

| Message Type值 | 定义 |
|---|---|
| 1 | 消息1 |
| 2 | 消息2 |
| 3 | 消息3 |
| 4 | 消息4 |
| 5 | 消息5 |
| 其他 | 保留 |

——Data：每种分组的Data将在协议分组介绍中进行介绍。

### B.1.3　TAEP-IBAP协议字段的定义

TAEP-IBAP协议分组中字段的定义如下：

a)　公钥撤销结果：长度为1个八位位组，比特0有意义。

b)　一次性随机数：长度为32个八位位组。

c)　请求者身份标识，见图B.2。

| | 请求者身份标识 |
|---|---|
| 八位位组数： | 2 |

图B.2　请求者身份标识

d)　基于ID的公钥，见图B.3。

| TTP 证书身份标识 | 网络标识 | 请求者身份标识 | 公钥有效期限 |
| --- | --- | --- | --- |
| 八位位组数：2 | 1 | 2 | 1 |

图 B.3 基于 ID 的公钥

其中：

——TTP 证书身份标识字段表示基于 ID 公私钥对的申请主体的 TTP 证书的身份；

——网络标识表示请求者和鉴别访问控制器所在网络的标识；

——公钥有效期限表示基于身份密码体制的公钥使用时间期限。

e) 标识 FLAG，见图 B.4。

| 对鉴别访问控制器的公钥撤销查询请求 | 对请求者的公钥撤销查询请求 | 保留 |
| --- | --- | --- |
| 比特位数：1 | 1 | 6 |

图 B.4 标识 FLAG

f) 鉴别访问控制器的公钥撤销查询结果，见图 B.5。

| 请求者询问 | 鉴别访问控制器公钥 | 公钥撤销结果 | 鉴别服务器签名 |
| --- | --- | --- | --- |
| 八位位组数：4 | 可变 | 1 | 可变 |

图 B.5 鉴别访问控制器的公钥撤销查询结果

其中：

——请求者询问为请求者产生的随机数；

——鉴别访问控制器公钥的定义如 j)密钥数据；

——公钥撤销结果的定义如 a)；

——鉴别服务器签名是鉴别服务器利用基于 ID 的私钥对请求者询问、鉴别访问控制器公钥和鉴别访问控制器公钥撤销结果的签名。

g) 可变长属性字段

可变长属性字段采用类型-长度-值(TLV)格式，格式见图 B.6：

| 类型 | 长度 | 值 |
| --- | --- | --- |
| 八位位组数：1 | 2 | 可变 |

图 B.6 属性格式

其中：

——类型字段表示属性的类型，其长度为 1 个八位位组，类型值定义如下：

1 签名属性；

2 消息鉴别码属性；

3 密钥数据；

其他值保留。

——长度字段表示值字段的八位位组数，本字段长度为 2 个八位位组。

——值字段表示属性的内容。

h) 签名属性，见图 B.7。

| 类型 | 长度 | 签名算法 | 签名值 |
|---|---|---|---|
| 1 | 2 | 1 | 可变 |

八位位组数：

图 B.7 签名属性

其中：

——签名算法字段只包含 1 个八位位组的签名算法标识，定义如下：

1 表示 160 位的基于 ID 的数字签名算法；

其他值保留。

——签名值字段包含长度和内容，长度子字段为 2 个八位位组，表示内容子字段的八位位组数。内容子字段为签名的值。

i) 消息鉴别码属性，见图 B.8。

| 类型 | 长度 | 消息鉴别码算法 | 消息鉴别码 |
|---|---|---|---|
| 1 | 2 | 1 | 可变 |

八位位组数：

图 B.8 消息鉴别码属性

其中：

——消息鉴别码算法字段只包含 1 个八位位组的消息鉴别码算法标识，定义如下：

1 表示采用 HMAC-SHA256 算法；

其他值保留。

——消息鉴别码字段包含长度和内容，长度子字段为 2 个八位位组，表示内容子字段的八位位组数。内容子字段为消息鉴别码。

j) 密钥数据，见图 B.9。

| 类型 | 长度 | 密钥算法 | 密钥值 |
|---|---|---|---|
| 1 | 2 | 1 | 可变 |

八位位组数：

图 B.9 属性格式

其中：

——密钥算法字段只包含 1 个八位位组的密钥算法标识，定义如下：

1 表示采用 ECDH 算法；

其他值保留。

——密钥值字段为密钥。

### B.1.4 TAEP-IPAP 协议过程

#### B.1.4.1 一般要求

鉴别过程如图 B.10 所示。

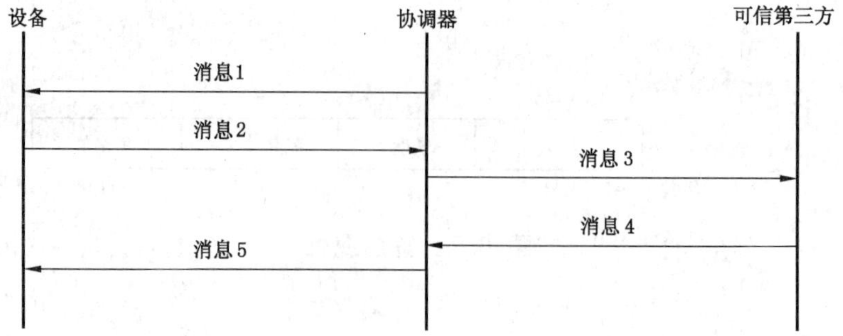


图 B.10 基于 ID 的鉴别过程

#### B.1.4.2 消息 1

消息 1 格式见图 B.11,Message Type=1。

| | 鉴别访问控制器询问 |
|---|---|
| 八位位组数: | 32 |

图 B.11 消息 1 格式

其中:

鉴别访问控制器询问字段长度为 32 个八位位组,记为 $N_1$。

请求者接收到由鉴别访问控制器发送的消息 1 后,进行如下处理:

a) 利用随机数产生器产生 32 个八位位组的请求者询问 $N_2$;

b) 利用预安装的 ECC 域参数产生用于 ECDH 交换的临时私钥 x 和临时公钥 x · P;

c) 在预安装的基于 ID 的公共参数下,请求者使用基于 ID 的私钥对鉴别访问控制器询问 $N_1$、请求者询问 $N_2$、对应公钥的后两个字段、临时公钥 x · P 和鉴别访问控制器的身份标识进行签名;

d) 若请求者请求对鉴别访问控制器的公钥撤销查询,则将标识 FLAG 比特 0 的值为设为 1;否则,设为 0;然后生成消息 2 发送给鉴别访问控制器。

#### B.1.4.3 消息 2

当请求者收到鉴别访问控制器的消息 1 时,请求者发送消息 2,Message Type=2 给鉴别访问控制器。

消息 2 格式见图 B.12。

| | 标识 FLAG | 鉴别访问控制器询问 | 请求者询问 | 请求者密钥数据 | 鉴别访问控制器的身份标识 | 请求者公钥的后两个字段 | 请求者的签名 |
|---|---|---|---|---|---|---|---|
| 八位位组数: | 1 | 32 | 32 | 可变 | 2 | 3 | 可变 |

图 B.12 消息 2 格式

其中:

——标识 FLAG 字段长度为 1 个八位位组,比特 0 和比特 1 有意义。比特 0(请求者对鉴别访问控制器的公钥撤销查询请求标识)为 1 表示请求者要求验证鉴别访问控制器的公钥是否已经被撤销,为 0 表示不需要验证鉴别访问控制器的公钥是否已经被撤销。比特 1(鉴别访问控制器对请求者的公钥撤销查询请求标识)为 1 表示鉴别访问控制器要求验证请求者的公钥是否已经被撤销,为 0 表示不需要验证请求者的公钥是否已经被撤销。

——鉴别访问控制器询问字段长度为 32 个八位位组。本字段值应与鉴别访问控制器发送的消息 1 中鉴别访问控制器询问字段值相同。

——请求者询问字段长度为 32 个八位位组，由请求者采用随机数生成算法生成，记作 $N_2$。

——请求者密钥数据格式如前定义，内容是请求者生成的用于 ECDH 交换的临时公钥。

——鉴别访问控制器的身份标识字段的格式定义如前。

——请求者公钥的后两个字段定义如前。

——请求者的签名字段采用签名属性表示，其定义如前。它是对本消息中除本字段之外所有数据字段的签名。

鉴别访问控制器收到请求者发来的消息 2 后，进行如下处理：

a) 检查鉴别访问控制器询问是否与自己在消息 1 中发送的值相同，若不同，则丢弃该消息；否则，执行 b)操作。

b) 检查鉴别访问控制器的身份标识是否与自己的身份标识相同，若不同，则丢弃该消息；否则，执行 c)操作。

c) 检查请求者公钥的后两个字段中的最后一个字段，若该字段表示的公钥使用时限已经逾期，则丢弃该消息；否则，执行 d)操作。

d) 级联请求者公钥的后两个字段与请求者公钥的前两个字段，然后使用该请求者公钥和预安装的基于 ID 的公开参数验证请求者的签名，若签名验证不成功，则丢弃该消息；否则，执行 e)操作。

e) 检查标识 FLAG 的比特 0，若比特 0 的值为 1，则执行 f)操作；否则，执行 g)操作。

f) 利用随机数生成算法生成另一个鉴别访问控制器询问。若鉴别访问控制器也要求验证请求者的公钥是否被撤销，则以该鉴别访问控制器询问、消息 2 中的请求者询问、请求者公钥的后两个字段和设置好的标识 FLAG 为内容生成消息 3；否则，以该鉴别访问控制器询问、消息 2 中的请求者询问和设置好的标识 FLAG 为内容生成消息 3。生成的消息 3 在鉴别访问控制器与鉴别服务器之间的会话密钥保护下发送给鉴别服务器。鉴别访问控制器与鉴别服务器之间的会话密钥是利用其基于 ID 的公私钥生成的。

g) 若鉴别访问控制器要求验证请求者的公钥是否被撤销，则利用随机数生成算法生成另一个鉴别访问控制器进行询问。以该鉴别访问控制器询问、请求者公钥的后两个字段和设置好的标识 FLAG 为内容生成消息 3，然后在鉴别访问控制器与鉴别服务器之间的会话密钥保护下发送给鉴别服务器；否则，执行 h)操作。

h) 利用预安装的 ECC 域参数生成用于 ECDH 交换的临时私钥 y、临时公钥 y·P，使用自己的临时私钥 y 和消息 2 中请求者的临时公钥 x·P 进行 ECDH 计算，得到主密钥种子 $(x \cdot y \cdot P)_{abscissa}$，对其进行扩展 KD-HMAC-SHA256 ($(x \cdot y \cdot P)_{abscissa}$, $N_1||N_2||$"base key expansion for key and additional nonce")，生成 16 个八位位组的基密钥 BK。其中，$N_1$ 是鉴别访问控制器询问，$N_2$ 是请求者询问。然后鉴别访问控制器使用自己基于 ID 的私钥计算请求者询问 $N_2$、对应公钥的后两个字段、临时公钥 y·P 和请求者的身份标识的签名，生成消息 5 发送给请求者。

#### B.1.4.4 消息 3

若消息 2 中的标识 FLAG 指示要验证鉴别访问控制器的公钥撤销查询或鉴别访问控制器自己要求验证请求者的公钥撤销查询，则鉴别访问控制器向鉴别服务器发送消息 3，Message Type＝3。

消息 3 格式见图 B.13。

| 标识 FLAG | 请求者询问 | 鉴别访问控制器询问 | 请求者公钥的后两个字段 | 鉴别访问控制器公钥的后两个字段 |
|---|---|---|---|---|
| 1 | 32 | 32 | 3 | 3 |

八位位组数：1、32、32、3、3

图 B.13 消息 3 格式

其中：

——标识 FLAG 字段长度为 1 个八位位组，定义如前。

——请求者询问字段长度为 32 个八位位组。本字段值应与请求者发送的消息 2 中请求者询问字段值相同。当标识 FLAG 字段的比特 0 的值为 0，比特 1 的值为 1 时，该字段不存在。

——鉴别访问控制器询问字段长度为 32 个八位位组。由鉴别访问控制器采用随机数生成算法生成，记为 $N_3$。

——请求者公钥的后两个字段的定义如前。当标识 FLAG 字段的比特 0 的值为 1，比特 1 的值为 0 时，该字段不存在。

——鉴别访问控制器公钥的后两个字段的定义如前。当标识 FLAG 字段的比特 0 的值为 0，比特 1 的值为 1 时，该字段不存在。

鉴别服务器收到消息 3 后，进行如下处理：

a) 检查标识 FLAG 字段的比特 0 和比特 1 的值，若比特 0 和比特 1 的值都为 1，则执行 b)操作；若比特 0 的值为 1 而比特 1 的值为 0，则执行 c)操作；若比特 0 的值为 0 而比特 1 的值为 1，则执行 d)操作。

b) 鉴别服务器使用本地公钥的前两个字段合成请求者和鉴别访问控制器的公钥，然后查询公钥撤销表生成对应的公钥撤销结果。使用鉴别服务器基于 ID 的私钥对请求者询问、鉴别访问控制器的公钥和它的公钥撤销结果进行签名，以鉴别访问控制器询问、请求者的公钥撤销结果、鉴别访问控制器的公钥撤销结果和上述签名为内容生成消息 4，然后在鉴别访问控制器与鉴别服务器之间的会话密钥保护下发送给鉴别访问控制器。

c) 鉴别服务器使用本地公钥的前两个字段合成鉴别访问控制器的公钥，然后查询公钥撤销表生成对应的公钥撤销结果。使用鉴别服务器基于 ID 的私钥对请求者询问、鉴别访问控制器的公钥和它的公钥撤销结果进行签名，以鉴别访问控制器询问、鉴别访问控制器的公钥撤销结果和上述签名为内容生成消息 4，然后在鉴别访问控制器与鉴别服务器之间的会话密钥保护下发送给鉴别访问控制器。

d) 鉴别服务器使用本地公钥的前两个字段合成请求者的公钥，然后查询公钥撤销表生成对应的公钥撤销结果。以鉴别访问控制器询问和请求者的公钥撤销结果为内容生成消息 4，然后在鉴别访问控制器与鉴别服务器之间的会话密钥保护下发送给鉴别访问控制器。

### B.1.4.5 消息 4

鉴别服务器完成消息 3 处理后，向鉴别访问控制器发送消息 4，Message Type＝4。

消息 4 格式见图 B.14。

| 标识 FLAG | 鉴别访问控制器询问 | 请求者的公钥撤销结果 | 鉴别访问控制器的公钥撤销查询结果 |
|---|---|---|---|
| 1 | 32 | 1 | 可变 |

八位位组数：1、32、1、可变

图 B.14 消息 4 格式

其中：

——标识 FLAG 字段长度为 1 个八位位组，定义如前。该字段值和消息 3 中的标识 FLAG 值相同。

——鉴别访问控制器询问字段长度为 32 个八位位组。该字段值和消息 3 中的鉴别访问控制器询问字段的值相同。

——请求者的公钥撤销结果字段长度为 1 个八位位组，比特 0 有意义（值为 1 表示该公钥已被撤销，值为 0 表示该公钥未被撤销）。当标识 FLAG 字段的比特 0 的值为 1，比特 1 的值为 0 时，该字段不存在。

——鉴别访问控制器的公钥撤销查询结果字段定义如前。当标识 FLAG 字段的比特 0 的值为 0，比特 1 的值为 1 时，该字段不存在。

鉴别访问控制器收到消息 4 后，进行如下处理：

a) 先检查标识 FLAG 值是否与鉴别访问控制器发送的消息 3 中的标识 FLAG 值相同，若不同，则丢弃消息；否则，则检查标识 FLAG 字段的比特 0 和比特 1 的值，若比特 0 和比特 1 的值都为 1，则执行 b)操作；若比特 0 的值为 1 而比特 1 的值为 0，则执行 c)操作；若比特 0 的值为 0 而比特 1 的值为 1，则执行 d)操作。

b) 检查鉴别访问控制器询问与自己在消息 3 中的鉴别访问控制器询问是否相同，若不同，则丢弃该消息；否则，验证请求者的公钥撤销结果。若请求者的公钥已被撤销，则断开与请求者的 TAEP-IPAP 连接；否则，执行 e)操作后鉴别访问控制器使用自己基于 ID 的私钥计算请求者询问 $N_2$、对应公钥的后两个字段、临时公钥 y·P、请求者的身份标识和鉴别访问控制器的公钥撤销查询结果的签名，生成消息 5 发送给请求者。

c) 检查鉴别访问控制器询问与自己在消息 3 中的鉴别访问控制器询问是否相同，若不同，则丢弃该消息；否则，执行 e)操作后鉴别访问控制器使用自己基于 ID 的私钥计算请求者询问 $N_2$、对应公钥的后两个字段、临时公钥 y·P、请求者的身份标识和鉴别访问控制器的公钥撤销查询结果的签名，生成消息 5 发送给请求者。

d) 检查鉴别访问控制器询问与自己在消息 3 中的鉴别访问控制器询问是否相同，若不同，则丢弃该消息；否则，验证请求者的公钥撤销结果。若请求者的公钥已被撤销，则断开与请求者的 TAEP-IPAP 连接；否则，执行 e)操作后鉴别访问控制器使用自己基于 ID 的私钥计算请求者询问 $N_2$、对应公钥的后两个字段、临时公钥 y·P 和请求者的身份标识的签名，生成消息 5 发送给请求者。

e) 利用预安装的 ECC 域参数生成用于 ECDH 交换的临时私钥 y、临时公钥 y·P，使用自己的临时私钥 y 和消息 2 中请求者的临时公钥 x·P 进行 ECDH 计算，得到主密钥种子 $(x\cdot y\cdot P)_{abscissa}$，对其进行扩展 KD-HMAC-SHA256 ($(x\cdot y\cdot P)_{abscissa}$，$N_1||N_2||$ "base key expansion for key and additional nonce")，生成 16 个八位位组的基密钥 BK。其中，$N_1$ 是鉴别访问控制器询问，$N_2$ 是请求者询问。

### B.1.4.6 消息 5

鉴别访问控制器处理完成消息 4 或消息 2 后，发送消息 5，Message Type=5，格式见图 B.15。

| | 标识 FLAG | 请求者询问 | 鉴别访问控制器密钥数据 | 请求者的身份标识 | 鉴别访问控制器公钥的后两个字段 | 鉴别访问控制器的公钥撤销查询结果 | 鉴别访问控制器的签名 |
|---|---|---|---|---|---|---|---|
| 八位位组数： | 1 | 32 | 可变 | 2 | 3 | 可变 | 可变 |

**图 B.15　消息 5 格式**

其中：

——标识 FLAG 字段长度为 1 个八位位组，定义如前。该字段值比特 0 的值应与请求者发送的消息 2 中标识 FLAG 字段比特 0 的值相同。

——请求者询问字段长度为32个八位位组。本字段值应与请求者发送的消息2中请求者询问字段值相同。
——鉴别访问控制器密钥数据格式如前定义,内容是鉴别访问控制器生成的用于ECDH交换的临时公钥。
——请求者的身份标识字段如前定义。
——鉴别访问控制器公钥的后两个字段如前定义。
——鉴别访问控制器的公钥撤销查询结果字段如前定义。当标识FLAG字段的比特0的值为0时,该字段不存在。
——鉴别访问控制器的签名字段采用签名属性表示,其定义如前。它是对本消息中除本字段之外所有数据字段的签名。

鉴别访问控制器收到消息4,或收到消息2后,发送消息5。

请求者收到消息5后,进行如下处理:

a) 检查请求者询问字段值是否与请求者发送的消息2中的请求者询问值相同,若不同,则丢弃该消息;否则,检查请求者的身份标识字段值是否与自己的身份标识值相同。若不同,则丢弃该消息;否则执行b)操作。
b) 检查标识FLAG字段的比特0的值与自己发送的消息2中相应字段的值是否相同,若不同,则丢弃该消息;否则执行c)操作。
c) 检查鉴别访问控制器公钥的后两个字段的最后一个字段,若公钥的使用时限已逾期,则丢弃该消息;否则,执行d)操作。
d) 级联公钥的前两个字段和鉴别访问控制器公钥的后两个字段合成鉴别访问控制器的基于ID的公钥,使用该公钥和预安装的基于ID的公开参数验证鉴别访问控制器的签名是否正确,若不正确,则丢弃该消息;否则,执行e)操作。
e) 若标识FLAG的比特0的值为0时,则执行f)操作;否则,执行g)操作。
f) 请求者使用自己的临时私钥x和鉴别访问控制器的临时公钥y·P进行ECDH计算,得到主密钥种子$(x \cdot y \cdot P)_{abscissa}$,对其进行扩展KD-HMAC-SHA256 ($(x \cdot y \cdot P)_{abscissa}$, $N_1$||$N_2$||"base key expansion for key and additional nonce"),生成16个八位位组的基密钥BK。其中,$N_1$是鉴别访问控制器询问,$N_2$是请求者询问。
g) 检查鉴别访问控制器的公钥撤销查询结果字段的第三个子字段,若公钥撤销结果显示鉴别访问控制器的公钥已被撤销,则请求者断开与鉴别访问控制器的TAEP-IPAP连接;否则,使用请求者询问、鉴别访问控制器的公钥撤销结果、鉴别访问控制器的公钥和基于ID的公开参数验证该字段的第四个子字段是否正确(验证鉴别服务器的签名是否正确)。若签名验证失败,则丢弃该消息;否则,执行f)操作。

#### B.1.4.7 公钥算法说明

在鉴别过程中,要进行ECDH协商出基密钥BK。对于ECDH算法,做以下说明:

a) 临时私钥x、y是在[1..n-1]间的整数,n是椭圆曲线域参数中基点P的阶。
b) 临时公钥x·P、y·P是椭圆曲线域参数定义的椭圆曲线上的点。
c) ECDH协商出来密钥种子$(x \cdot y \cdot P)_{abscissa}$是x·y·P的x坐标,x·y·P不能是无穷远点。

## B.2 基于证书的身份鉴别协议TAEP-CBAP(TAEP-Certificate Based Authentication Protocol)

### B.2.1 概述

基于证书鉴别协议也就是基于公钥证书体制的鉴别协议。

TAEP-CBAP 过程见图 B.16。

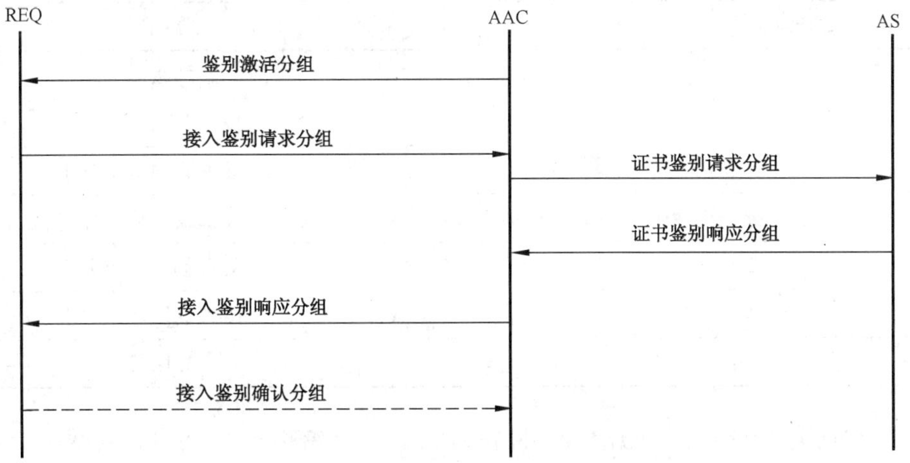


**图 B.16 TAEP-CBAP 过程**

TAEP-CBAP 各分组的主要组成见图 B.17。

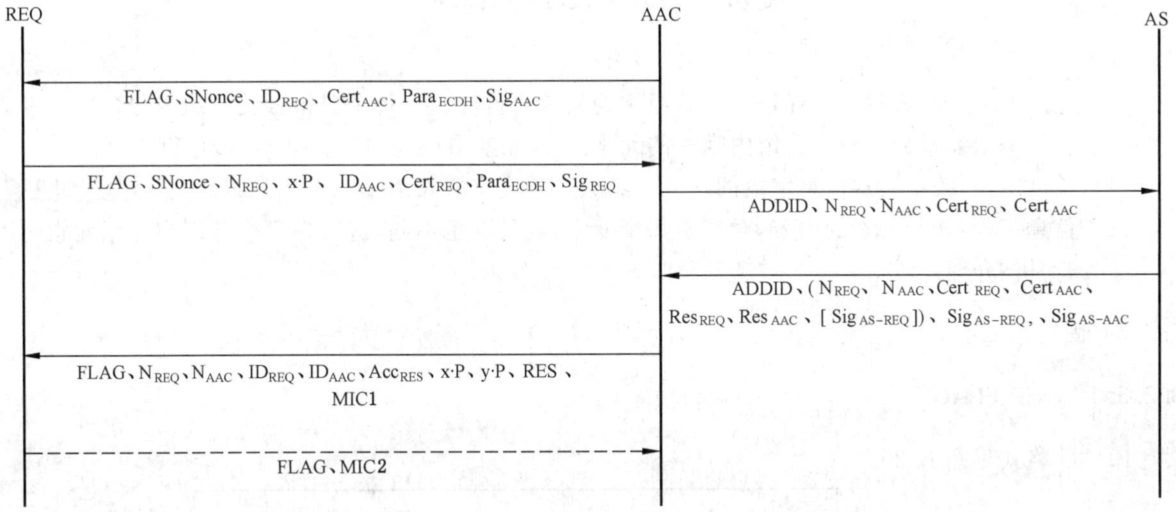


**图 B.17 TAEP-CBAP 各分组的主要组成示意**

### B.2.2 TAEP-CBAP 协议分组格式

TAEP-CBAP 协议是基于证书的鉴别协议,其分组封装格式见图 B.18。

| | |
|---|---|
| Message Type<br>(8位比特) | Data(可变) |

**图 B.18 TAEP-CBAP 协议分组格式**

其中:

——Message Type 类型:定义见表 B.2。

**表 B.2 TAEP-CBAP 类型分组 Message Type 子类型定义**

| Message Type 值 | 分组定义 |
|---|---|
| 1 | 鉴别激活分组 |
| 2 | 接入鉴别请求分组 |
| 3 | 证书鉴别请求分组 |
| 4 | 证书鉴别响应分组 |
| 5 | 接入鉴别响应分组 |
| 6 | 接入鉴别确认分组 |
| 其他 | 保留 |

——Data 数据：每个分组的数据 Data 将在协议分组介绍中进行介绍。其数据元素封装格式见图 B.19。

| | 元素 ID | 长度 | 信息 |
|---|---|---|---|
| 八位位组数： | 1 | 2 | 可变 |

**图 B.19 数据信息元素封装格式**

其中：

——元素 ID 字段：表示元素在每一个分组中的元素身份标识。每个分组根据分组内包含的元素集合给每个元素分配一个分组内唯一的元素 ID。元素 ID 字段长为 1 个八位位组。

——长度字段：表示元素信息字段的八位位组数。长度字段长为 2 个八位位组。

——信息字段：表示元素的内容，对应于每个元素，其长度也不同，这将在每个分组中介绍元素时进行具体介绍。

### B.2.3 固定格式定义

#### B.2.3.1 标识 FLAG

FLAG 格式见图 B.20。

| | 标识ID | 长度 | 标识 FLAG |
|---|---|---|---|
| 八位位组数： | 2 | 2 | 1 |

**图 B.20 FLAG 格式**

其中：

——标识 ID 字段表示标识的来源，长度为 2 个八位位组。标识 ID 定义如下：

0 表示该字段的标识来自 REQ；

1 表示该字段的标识来自 AAC；

其他值保留。

——长度字段为鉴别数据字段的八位位组数。

——标识 FLAG 字段为该属性字段的内容。

#### B.2.3.2 鉴别标识 SNonce

SNonce 格式见图 B.21。

| | 标识 ID | 长度 | 鉴别标识 |
|---|---|---|---|
| 八位位组数： | 2 | 2 | 32 |

图 B.21 SNonce 格式

其中：

——标识 ID 字段表示鉴别标识的来源，长度为 2 个八位位组。标识 ID 定义如下：

0 表示该字段的标识来自 REQ；

1 表示该字段的标识来自 AAC；

其他值保留。

——鉴别长度字段为鉴别数据字段的八位位组数。

——鉴别标识字段为该属性字段的内容。

**B.2.3.3 证书**

证书格式见图 B.22。

| | 标识 ID | 证书长度 | 证书数据 |
|---|---|---|---|
| 八位位组数： | 2 | 2 | 0～65535 |

图 B.22 证书格式

其中：

——标识 ID 字段表示证书的所有者身份，长度为 2 个八位位组。标识 ID 定义如下：

0 表示该字段的标识来自 REQ；

1 表示该字段的标识来自 AAC；

其他值保留。

——证书长度字段为证书数据字段的八位位组数。

——证书数据字段为该属性字段的内容。

**B.2.3.4 $Para_{ECDH}$**

$Para_{ECDH}$ 格式见图 B.23。

| | 标识 ID | 长度 | ECDH 参数 |
|---|---|---|---|
| 八位位组数： | 2 | 2 | 可变 |

图 B.23 $Para_{ECDH}$ 格式

其中：

——标识 ID 字段表示标识的来源，长度为 2 个八位位组。标识 ID 定义如下：

0 表示该字段的标识来自 REQ；

1 表示该字段的标识来自 AAC；

其他值保留。

——长度字段为鉴别数据字段的八位位组数。

——参数字段为该属性字段的内容。

**B.2.3.5 数字签名 Sig**

数字签名 Sig 格式见图 B.24。

| | 标识 ID | 长度 | 数字签名 |
| --- | --- | --- | --- |
| 八位位组数： | 2 | 2 | 可变 |

图 B.24 数字签名 Sig 格式

其中：

——标识 ID 字段表示鉴别标识的来源，长度为 2 个八位位组。标识 ID 定义如下：

0 表示该字段的标识来自 REQ；

1 表示该字段的标识来自 AAC；

其他值保留。

——长度字段为鉴别数据字段的八位位组数。

——数字签名字段为该属性字段的内容。

### B.2.3.6 身份 ID

身份 ID 格式见图 B.25。

| | 标识 ID | 长度 | 身份 ID |
| --- | --- | --- | --- |
| 八位位组数： | 2 | 2 | 可变 |

图 B.25 身份 ID 格式

其中：

——标识 ID 字段表示鉴别标识的来源，长度为 2 个八位位组。标识 ID 定义如下：

0 表示该字段的标识来自 REQ；

1 表示该字段的标识来自 AAC；

其他值保留。

——长度字段为鉴别数据字段的八位位组数。

——身份 ID 字段为该属性字段的内容。

### B.2.3.7 ADDID

身份索引，长度为 12 个八位位组。ADDID 格式见图 B.26。

| | REQ 身份 ID | AAC 身份 ID |
| --- | --- | --- |
| 八位位组数： | 可变 | 可变 |

图 B.26 ADDID 格式

## B.2.4 鉴别激活分组

### B.2.4.1 概述

鉴别方法协商过程成功完成后，AAC 向 REQ 发送鉴别激活分组。鉴别激活分组主要包括：标识 FLAG、一次性随机数 SNonce（标识鉴别的新鲜性，亦称鉴别标识）、本地 ASU 的身份、AAC 的证书 $Cert_{AAC}$、$Para_{ECDH}$及 AAC 的签名 $Sig_{AAC}$。为了方便 REQ 选择鉴别证书，还可包含 AAC 所信任的 ASU 信息。该分组封装在 TAEP-Request-CBAP/TAEPoL 中，Message Type=1。

鉴别激活分组信息字段被定义为包含 1 个八位位组的元素 ID 字段、1 个八位位组的长度字段以及可变长度的特定元素信息字段的通用格式，如图 B.27 所示。

| 元素 ID | 长度 | 信息 |
|---|---|---|
| 1 | 1 | 长度 |

八位位组数：

图 B.27 元素封装格式

鉴别激活分组有效元素的集合见表 B.3。

表 B.3 鉴别激活分组有效元素集合

| 信 息 元 素 | 元素 ID |
|---|---|
| 标识 FLAG 元素 | 0 |
| 鉴别标识 SNnonce 元素 | 1 |
| 本地 REQ 的身份元素 | 2 |
| AAC 的证书 $Cert_{AAC}$ 元素 | 3 |
| $Para_{ECDH}$ 元素 | 4 |
| AAC 的签名 $Sig_{AAC}$ 元素 | 5 |
| 保留 | 6 |
| 保留 | 7～15 |
| 保留 | 16～255 |

**B.2.4.2 标识 FLAG 元素**

标识 FLAG 信息字段长度为 1 个八位位组。其中，标识 FLAG 字段定义见 B.2.3.1。

**B.2.4.3 鉴别标识 SNonce 元素**

鉴别标识 SNonce 信息字段定义见 B.2.3.2。

**B.2.4.4 本地 REQ 的身份元素**

本地 REQ 的身份信息字段长度为可变个八位位组了，定义见 B.2.3.6。

**B.2.4.5 AAC 的证书 $Cert_{AAC}$ 元素**

AAC 的证书 $Cert_{AAC}$ 信息字段长度为可变个八位位组。表示作为 AAC 实体的证书。定义见B.2.3.3。

**B.2.4.6 $Para_{ECDH}$ 元素**

ECDH 参数信息字段长度为可变个八位位组，定义见 B.2.3.4。

**B.2.4.7 AAC 的签名 $Sig_{AAC}$ 元素**

AAC 的签名 $Sig_{AAC}$ 信息字段长度为可变个八位位组，定义见 B.2.3.5。

AAC 向 REQ 实体发送鉴别激活分组激活 REQ 实体进行双向证书鉴别。

REQ 实体接收到由 AAC 发送的鉴别激活分组后，进行如下处理：

a) REQ 实体检查鉴别激活分组中鉴别标识字段与上一次证书鉴别过程中保存的鉴别标识是否一致，若不一致，则丢弃该鉴别激活分组；否则执行 b)操作；

b) REQ 实体根据鉴别激活分组中的 AAC 信任的 REQ 身份选择由该 REQ 实体颁发的证书或

者根据本地策略选择证书,产生用于 ECDH 交换的临时私钥 x、临时公钥 x·P 和 32 个八位位组的 REQ 询问 NREQ(随机数),生成接入鉴别请求分组,发送给 AAC。

### B.2.5 接入鉴别请求分组

#### B.2.5.1 概述

REQ 收到鉴别激活分组后,验证 AAC 的签名 $Sig_{AAC}$,验证通过后构造接入鉴别请求分组发送给 AAC,否则直接丢弃鉴别激活分组。

接入鉴别请求分组主要包括:标识 FLAG、鉴别激活分组中的一次性随机数 SNonce、本地生成的一次性随机数 $N_{REQ}$(用于生成下一次鉴别标识值的部分资料)、本地生成的临时公钥 x·P、AAC 的身份信息 $ID_{AAC}$(可根据鉴别激活分组中的 AAC 公钥证书 $Cert_{AAC}$ 得到)、REQ 选择的鉴别证书 $Cert_{REQ}$、$Para_{ECDH}$ 及签名信息 $Sig_{REQ}$(利用 REQ 的长期私钥计算得到)。若 REQ 所信任的 AS 不止一个,该分组还可包含 REQ 所信任的 AS 列表,方便 AS 系统的鉴别。

接入鉴别请求分组封装在 TAEP-Request-CBAP/TAEPoL 中,Message Type=2。

接入鉴别请求分组信息字段被定义为包含 1 个八位位组的元素 ID 字段、1 个八位位组的长度字段以及可变长度的特定元素信息字段的通用格式。本部分为每个元素分配唯一的元素 ID,长度字段规定了信息字段中的八位位组数,各元素的封装格式定义见图 B.28。

| | 元素 ID | 长度 | 信息 |
|---|---|---|---|
| 八位位组数: | 1 | 1 | 长度 |

图 B.28 元素封装格式

接入鉴别请求分组的有效元素集合见表 B.4。

表 B.4 接入鉴别请求分组有效元素集合

| 信 息 元 素 | 元素 ID |
|---|---|
| 标识 FLAG 元素 | 0 |
| 鉴别标识 SNnonce 元素 | 1 |
| 本地询问 $N_{REQ}$ 元素 | 2 |
| 临时公钥 x·P 元素 | 3 |
| AAC 的身份 $ID_{AAC}$ 元素 | 4 |
| 鉴别证书 $Cert_{REQ}$ 元素 | 5 |
| $Para_{ECDH}$ 元素 | 6 |
| REQ 信任 ASU 列表元素 | 7 |
| 签名 $Sig_{REQ}$ 元素 | 8 |
| 保留 | 9~15 |
| 保留 | 16~255 |

#### B.2.5.2 标识 FLAG 元素

标识 FLAG 字段定义同 B.2.3.1。其中,比特 0、1、2、3 有意义。本字段除比特 2(证书验证请求标识)、比特 3(可选字段标识)以外的其他比特,应与 AAC 发送的鉴别激活分组中标识字段对应比特相同。比特 2(证书验证请求标识)为 1 表示 REQ 要求验证 AAC 证书的有效性,为 0 表示不需要验证

AAC 证书的有效性。比特 3(可选字段标识)为 1 表示分组中有可选字段,为 0 表示没有。

**B.2.5.3 鉴别标识 SNonce 元素**

鉴别标识 SNonce 字段定义同 B.2.3.2。本字段值应与 AAC 发送的鉴别激活分组中鉴别标识字段值相同。

**B.2.5.4 本地询问 $N_{REQ}$ 元素**

本地询问 $N_{REQ}$ 字段长度为 32 个八位位组,本地询问 $N_{REQ}$ 元素格式见图 B.29。

| | 元素 ID | 长度 | 本地 $N_{REQ}$ |
|---|---|---|---|
| 八位位组数: | 1 | 1 | 32 |

图 B.29 $N_{REQ}$ 元素格式

REQ 询问字段长度为 32 个八位位组,由 REQ 采用随机数生成算法生成,记作 $N_{REQ}$。

**B.2.5.5 临时公钥 x.P 元素**

临时公钥 x.P 元素格式见图 B.30。

| | 元素 ID | 长度 | 临时公钥 x.P |
|---|---|---|---|
| 八位位组数: | 1 | 1 | 可变 |

图 B.30 临时公钥 x.P 元素格式

临时公钥 x.P 字段长度为可变个八位位组,临时公钥 x.P 的内容是 REQ 生成的用于 ECDH 交换的临时公钥。

**B.2.5.6 AAC 的身份 $ID_{AAC}$ 元素**

AAC 的身份 $ID_{AAC}$ 字段长度为可变个八位位组,格式见图 B.31。

| | 元素 ID | 长度 | 身份 ID |
|---|---|---|---|
| 八位位组数: | 1 | 1 | 可变 |

图 B.31 AAC 的身份格式

AAC 的身份 $ID_{AAC}$ 字段长度为可变个八位位组,身份 ID 定义见 B.2.3.6。

**B.2.5.7 鉴别证书 $Cert_{REQ}$ 元素**

REQ 的证书 $Cert_{REQ}$ 字段长度为可变个八位位组。表示作为 REQ 实体的证书,格式见图 B.32。

| | 元素 ID | 长度 | 证书 |
|---|---|---|---|
| 八位位组数: | 1 | 1 | 可变 |

图 B.32 REQ 的证书格式

其中,证书字段定义见 B.2.3.3。REQ 选择的鉴别证书 $Cert_{REQ}$ 字段表示作为 REQ 实体的站的证书。

**B.2.5.8 $Para_{ECDH}$ 元素**

ECDH 参数字段定义同 B.2.3.4。ECDH 参数字段和鉴别激活分组中的 ECDH 参数字段相同。

#### B.2.5.9 REQ 信任 ASU 列表元素

REQ 信任 ASU 列表字段长度为可变个八位位组，格式见图 B.33。

| | 元素 ID | 长度 | REQ 信任 ASU 列表 |
|---|---|---|---|
| 八位位组数： | 1 | 1 | 可变 |

图 B.33 REQ 信任 ASU 列表格式

REQ 信任的 ASU 列表字段，该字段为可选字段，采用身份列表属性表示。内容包含 REQ 实体信任的服务器，但不包含 REQ 的证书颁发者。若 REQ 实体除了信任他的证书颁发者以外，还信任其他的某些实体，可以通过该字段通知鉴别服务器。

REQ 的签名 $Sig_{REQ}$ 字段长度为可变个八位位组，格式见图 B.34。

| | 元素 ID | 长度 | 签名 $Sig_{REQ}$ |
|---|---|---|---|
| 八位位组数： | 1 | 1 | 可变 |

图 B.34 REQ 的签名 $Sig_{REQ}$ 格式

其中，签名 $Sig_{REQ}$ 字段定义见 B.2.3.5。

它采用签名属性表示，是对本分组中除本字段之外所有数据字段的签名。

当 REQ 实体收到 AAC 的鉴别激活分组或 REQ 实体需要进行鉴别时，REQ 实体发送接入鉴别请求分组给 AAC。AAC 收到 REQ 实体发来的接入鉴别请求分组后，进行如下处理：

a) 如果 AAC 没有发送鉴别激活分组，则检查鉴别标识字段值和上一次证书鉴别过程中保存的鉴别标识是否相同，若相同，执行 b)操作；否则丢弃该分组。如果 AAC 发送了鉴别激活分组，则比较鉴别标识字段值及标识字段的比特 0、比特 1 与 AAC 发送的鉴别激活分组中相应字段的值是否相同，若不同，则丢弃该分组；否则，执行 b)操作。

b) 检查 REQ 的身份字段是否与自己的身份一致，以及 ECDH 参数字段是否与自己在鉴别激活分组中的 ECDH 参数一致，若不一致，则丢弃该分组；否则验证 REQ 实体的签名，若验证不通过，则丢弃该分组；若标识字段的比特 2 为 1 或 AAC 的本地策略要求使用 AS 鉴别 REQ 实体的证书，则 AAC 生成证书鉴别请求分组，发往 AS；否则执行 c)操作。

c) AAC 本地鉴别 REQ 实体的证书，即根据本地缓存的 REQ 实体证书的验证结果及其根据本地策略所定义的时效性确定 REQ 实体证书的验证结果。若该证书鉴别结果成功，本地生成用于 ECDH 交换的临时私钥 y、临时公钥 x · P 和 32 个八位位组的 AAC 询问 $N_{REQ}$(随机数)，使用自己的临时私钥 y 和接入鉴别请求分组中 REQ 实体的临时公钥 x · P 进行 ECDH 计算，得到主密钥种子$(x \cdot y \cdot P)_{abscissa}$，对其进行扩展 KD-HMAC-SHA256 ($(x \cdot y \cdot P)_{abscissa}$，$N_{AAC}$ || $N_{REQ}$ || “base key expansion for key and additional nonce”)，生成长度为 16 个八位位组的基密钥 BK 和长度为 32 个八位位组的下一次证书鉴别过程的鉴别标识种子，然后对该鉴别标识种子进行 SHA-256 运算，得到长度为 32 个八位位组的下一次证书鉴别过程的鉴别标识。然后设定接入结果为成功，同时标识字段的比特 3(可选字段标识)置为 0，表示没有可选字段，构造没有可选字段的接入鉴别响应分组发送给 REQ 实体。若 REQ 实体证书鉴别结果不成功，AAC 设定接入结果为相应内容，同时标识字段的比特 3(可选字段标识)置为 0，表示没有可选字段。AAC 的询问 $N_{AAC}$ 和 AAC 的密钥数据(AAC 的临时公钥)可设置任意值，构造没有可选字段的接入鉴别响应分组发送给 REQ 实体，然后解除与 REQ 实体的链路验证。

### B.2.6 证书鉴别请求分组

#### B.2.6.1 概述

AAC 收到接入鉴别请求分组后，验证 SNonce、$ID_{AAC}$、签名信息 $Sig_{REQ}$，验证通过后构造证书鉴别请求分组并发往 AS,否则直接丢弃接入鉴别请求分组。

证书鉴别请求分组主要包括:地址索引 ADDID(标识鉴别所服务的主体)、接入鉴别请求分组中的 $N_{REQ}$、本地生成的一次性随机数 $N_{AAC}$(用于生成下一次鉴别标识值的部分资料)、$Cert_{REQ}$和 $Cert_{AAC}$。若接入鉴别请求分组中包含 REQ 信任的 ASU 列表,则证书鉴别请求分组中也应包含该信息。

证书鉴别请求分组封装在 TAEP-Request-CBAP/TAEP-AS-SVC 中,Message Type=3。

证书鉴别请求分组信息字段被定义为包含 1 个八位位组的元素 ID 字段、1 个八位位组的长度字段以及可变长度的特定元素信息字段的通用格式。本部分为每个元素分配惟一的元素 ID,长度字段规定了信息字段中的八位位组数,各元素的封装格式定义见图 B.35。

| | 元素 ID | 长度 | 信息 |
|---|---|---|---|
| 八位位组数: | 1 | 1 | 长度 |

图 B.35 元素封装格式

证书鉴别请求分组有效元素集合如表 B.5 所示。

表 B.5 证书鉴别请求分组有效元素集合

| 信 息 元 素 | 元素 ID |
|---|---|
| ADDID 元素 | 0 |
| AAC 询问 $N_{AAC}$元素 | 1 |
| REQ 询问 $N_{REQ}$元素 | 2 |
| REQ 的证书 $Cert_{REQ}$元素 | 3 |
| AAC 的证书 $Cert_{AAC}$元素 | 4 |
| REQ 信任 ASU 列表元素 | 5 |
| 保留 | 6 |
| 保留 | 7～15 |
| 保留 | 32～255 |

### B.2.6.2 ADDID 元素

ADDID 字段长度为 12 个八位位组,格式见图 B.36。

| | 元素 ID | 长度 | ADDID |
|---|---|---|---|
| 八位位组数: | 1 | 1 | 12 |

图 B.36 ADDID 元素

其中,ADDID 字段定义见 B.2.3.7。

### B.2.6.3 AAC 询问 $N_{AAC}$元素

AAC 询问 $N_{AAC}$字段长度为 32 个八位位组,格式见图 B.37。

| | 元素 ID | 长度 | AAC 询问 $N_{AAC}$ |
|---|---|---|---|
| 八位位组数: | 1 | 1 | 32 |

图 B.37 AAC 询问 NAAC 元素格式

AAC 询问字段 $N_{AAC}$ 长度为 32 个八位位组。由 AAC 采用随机数生成算法生成。

#### B.2.6.4 REQ 询问 $N_{REQ}$ 元素

REQ 询问 $N_{REQ}$ 字段定义同 B.2.5.4。本字段值应与 REQ 实体发送的接入鉴别请求分组中 REQ 询问字段值相同。

#### B.2.6.5 REQ 的证书 $Cert_{REQ}$ 元素

REQ 的证书 $Cert_{REQ}$ 字段定义同 B.2.5.7。该字段和接入鉴别请求分组中 REQ 的证书字段相同。

#### B.2.6.6 AAC 的证书 $Cert_{AAC}$ 元素

AAC 的证书 $Cert_{AAC}$ 字段定义同 B.2.4.5。内容包含 AAC 的证书。

#### B.2.6.7 REQ 信任 ASU 列表元素

REQ 信任 ASU 列表字段定义同 B.2.5.9，本字段值应与 REQ 实体发送的接入鉴别请求分组中的 REQ 信任的 ASU 服务器列表字段相同。

若接入鉴别请求分组中的标识 FLAG 指示要进行证书验证或 AAC 自己需要进行证书验证，AAC 向 AS 发送证书鉴别请求分组。

AAC 接收到 REQ 实体发送的接入鉴别请求分组并向 AS 发送证书鉴别请求分组后，在证书鉴别请求分组超时时间内不对 REQ 实体发送的接入鉴别请求进行处理。

### B.2.7 证书鉴别响应分组元素

#### B.2.7.1 概述

AS 收到证书鉴别请求分组后，验证 $Cert_{REQ}$ 和 $Cert_{AAC}$ 证书的有效性，构造证书鉴别响应分组返回给 AAC。

证书鉴别响应分组主要包括：地址索引 ADDID、证书验证结果及 REQ 信任的 AS 对证书验证结果的签名 $Sig_{AS\text{-}REQ}$、AAC 所信任的 AS 的签名 $Sig_{AS\text{-}AAC}$。其中证书验证结果包含 $N_{REQ}$、$N_{AAC}$、$Cert_{REQ}$、$Cert_{AAC}$、REQ 证书的验证结果 $Res_{REQ}$ 与 AAC 证书的验证结果 $Res_{AAC}$。若 AAC 和 REQ 信任的 AS 相同，则证书鉴别相应分组中的签名只存在一个。

证书鉴别响应分组封装在 TAEP-Response-CBAP/TAEP-AS-SVC 中，Message Type=4。

证书鉴别响应分组信息字段被定义为包含 1 个八位位组的元素 ID 字段、1 个八位位组的长度字段以及可变长度的特定元素信息字段的通用格式。本部分为每个元素分配惟一的元素 ID，长度字段规定了信息字段中的八位位组数，各元素的封装格式定义如图 B.38 所示。

| | 元素 ID | 长度 | 信息 |
|---|---|---|---|
| 八位位组数： | 1 | 1 | 长度 |

图 B.38 元素封装格式

证书鉴别响应分组有效元素集合见表 B.6。

表 B.6　证书鉴别响应分组有效元素集合

| 信 息 元 素 | 元素 ID |
|---|---|
| ADDID 元素 | 0 |
| 证书的验证结果元素 | 1 |
| REQ 信任的服务器签名 $Sig_{AS\text{-}REQ}$ 元素 | 2 |
| AAC 信任的服务器签名 $Sig_{AS\text{-}AAC}$ 元素 | 3 |
| 保留 | 4～15 |
| 保留 | 32～255 |

### B.2.7.2　ADDID 元素

ADDID 字段长定义同 B.2.6.2。该字段值和证书鉴别请求分组中的 ADDID 字段的值相同。

### B.2.7.3　证书的验证结果元素

证书的验证结果字段长度为可变个八位位组，格式见图 B.39。

| | 元素 ID | 长度 | 证书的验证结果 |
|---|---|---|---|
| 八位位组数： | 1 | 1 | 可变 |

图 B.39　证书的验证结果元素

证书的验证结果字段采用证书验证结果属性表示。字段中的第一个一次性随机数值和证书鉴别请求分组中的 AAC 询问值相同，第二个一次性随机数值和证书鉴别请求分组中的 REQ 询问值相同。字段中的第一个证书及结果对应于证书鉴别请求分组中的 REQ 证书，第二个证书及结果对应于证书鉴别请求分组中的 AAC 证书。证书结果定义如下：

0　表示证书有效；

1　表示证书的颁发者不明确；

2　表示证书基于不可信任的根证书；

3　表示证书未到生效期或已过期；

4　表示签名错误；

5　表示证书已吊销；

6　表示证书未按规定用途使用；

7　表示证书吊销状态未知；

8　表示证书错误原因未知；

其他值保留。

### B.2.7.4　REQ 信任的服务器签名 $Sig_{AS\text{-}REQ}$ 元素

REQ 信任的服务器签名 $Sig_{AS\text{-}REQ}$ 字段长度为可变个八位位组，格式见图 B.40。

| | 元素 ID | 长度 | REQ 信任的服务器签名 $Sig_{AS\text{-}REQ}$ |
|---|---|---|---|
| 八位位组数： | 1 | 1 | 可变 |

图 B.40　REQ 信任的服务器签名 $Sig_{AS\text{-}REQ}$ 字段

其中 REQ 信任的服务器签名 $Sig_{AS-REQ}$字段定义见 B.2.3.5。它对本分组中证书的验证结果字段的签名。

### B.2.7.5 AAC 信任的服务器签名 $Sig_{AS-AAC}$元素

AAC 信任的服务器签名 $Sig_{AS-AAC}$字段长度为可变个八位位组，格式见图 B.41。

| | 元素 ID | 长度 | REQ 信任的服务器签名 $Sig_{AS-AAC}$ |
|---|---|---|---|
| 八位位组数： | 1 | 1 | 可变 |

**图 B.41 AAC 信任的服务器签名 $Sig_{AS-AAC}$字段格式**

其中 AAC 信任的服务器签名 $Sig_{AS-AAC}$字段定义见 B.2.3.5。它对本分组中除本字段和 ADDID 字段之外所有数据字段的签名。

注：若 REQ 信任的服务器和 AAC 信任的服务器为同一个，即 REQ 信任的服务器和 AAC 信任的服务器的身份属性相同，则证书鉴别响应分组中 REQ 信任的服务器签名字段和 AAC 信任的服务器签名字段只存在一个；若 REQ 证书的验证结果为证书的颁发者不明确，则证书鉴别响应分组不包含 REQ 信任的服务器签名字段。

AS 收到证书鉴别请求分组后，向 AAC 发送证书鉴别响应分组。

AAC 收到证书鉴别响应分组后，进行如下处理：

a) 根据 ADDID 确定对应的证书鉴别请求分组，检查证书的验证结果字段中的第一个一次性随机数值与自己在证书鉴别请求分组中的 AAC 的询问是否相同，若相同，则执行 b)操作；否则，丢弃该证书鉴别响应分组。

b) AAC 查找自身所信任的 AS 的签名，验证其签名，若不正确，则丢弃该证书鉴别响应分组；否则执行 c)操作。

c) 若 REQ 证书鉴别结果成功，本地生成用于 ECDH 交换的临时私钥 y 和临时公 y·P，使用自己的临时私钥 y 和 REQ 的临时公钥 x·P 进行 ECDH 计算，得到密钥种子$(x\cdot y\cdot P)_{abscissa}$，对其进行扩展 KD-HMAC-SHA256 ($(x\cdot y\cdot P)_{abscissa}$，$N_{AAC}$ || $N_{REQ}$ ||“base key expansion for key and additional nonce”)，生成长度为 16 个八位位组的基密钥 BK 和长度为 32 个八位位组的下一次证书鉴别过程的鉴别标识种子，然后对该鉴别标识种子进行 SHA-256 运算，得到长度为 32 个八位位组的下一次证书鉴别过程的鉴别标识并保存。然后设定接入结果为成功，构造接入鉴别响应分组发送给 REQ 实体。若接入鉴别请求分组中 REQ 要求验证 AAC 证书，则接入鉴别响应分组中标识字段的比特 3(可选字段标识)置为 1，表示有可选字段；否则置为 0，表示没有可选字段。

   若 REQ 证书鉴别结果不成功，AAC 设定接入结果为不成功，AAC 的询问 $N_{AAC}$和 AAC 的密钥数据(AAC 的临时公钥)可设置任意值。构造接入鉴别响应分组发送给 REQ，然后解除与 REQ 实体的链路验证。若接入鉴别请求分组中 REQ 实体要求验证 AAC 证书，则接入鉴别响应分组中标识字段的比特 3(可选字段标识)置为 1，表示有可选字段；否则置为 0，表示没有可选字段。

## B.2.8 接入鉴别响应分组

### B.2.8.1 概述

AAC 收到证书鉴别响应分组后，验证 $N_{REQ}$、$N_{AAC}$、$Sig_{AS-AAC}$等，若无效，则直接丢弃，否则构造接入鉴别响应分组返回给 REQ。

接入鉴别响应分组主要包括：标识 FLAG、$N_{REQ}$、$N_{AAC}$、$ID_{REQ}$（可根据 $Cert_{REQ}$得到）、接入结果、$ID_{AAC}$、REQ 密钥数据 x·P、本地生成的临时公钥 y.P、复合的证书验证结果 RES 及 AAC 生成的 MIC1。其中复合的证书验证结果 RES 为证书鉴别响应分组中除 ADDID 之外的其他内容。

接入鉴别响应分组封装在 TAEP-Response-CBAP/TAEPoL 中，Message Type=5。

接入鉴别请求分组信息字段被定义为包含 1 个八位位组的元素 ID 字段、1 个八位位组的长度字段以及可变长度的特定元素信息字段的通用格式。本部分为每个元素分配惟一的元素 ID，长度字段规定了信息字段中的八位位组数，各元素的封装格式定义见图 B.42。

| | 元素 ID | 长度 | 信息 |
|---|---|---|---|
| 八位位组数： | 1 | 1 | 长度 |

图 B.42 元素封装格式

接入鉴别响应分组有效元素集合见表 B.7。

表 B.7 接入鉴别响应分组有效元素集合

| 信 息 元 素 | 元素 ID |
|---|---|
| 标识 FLAG 元素 | 0 |
| REQ 询问 $N_{REQ}$元素 | 1 |
| AAC 询问 $N_{AAC}$元素 | 2 |
| 接入结果 $Acc_{RES}$元素 | 3 |
| REQ 密钥数据 x·P 元素 | 4 |
| AAC 密钥数据 y·P 元素 | 5 |
| AAC 的身份 $ID_{AAC}$元素 | 6 |
| REQ 身份 $ID_{REQ}$元素 | 7 |
| 证书验证结果 RES 元素 | 8 |
| MIC1 元素 | 9 |
| 保留 | 10～15 |
| 保留 | 32～255 |

#### B.2.8.2 标识 FLAG 元素

标识 FLAG 字段定义同 B.2.3.1。比特 0、1、3 有意义。本字段比特 0、比特 1 应与 REQ 实体发送的鉴别接入请求分组中标识字段值相同。比特 3(可选字段标识)由 REQ 实体根据上下文环境设置。比特 3(可选字段标识)为 1 表示分组中有可选字段，为 0 表示没有。

#### B.2.8.3 REQ 询问 $N_{REQ}$元素

REQ 询问 $N_{REQ}$字段定义同 B.2.5.4。本字段值应与 REQ 实体发送的鉴别接入请求分组中 REQ 实体的询问字段值相同。

#### B.2.8.4 AAC 询问 $N_{AAC}$元素

AAC 询问 $N_{AAC}$字段定义同 B.2.6.3。本字段值应与 AAC 发送的证书鉴别请求分组中 AAC 的询问字段值相同。

**B.2.8.5 接入结果 RES 元素**

格式见图 B.43。

| | 元素 ID | 长度 | RES |
|---|---|---|---|
| 八位位组数： | 1 | 1 | 1 |

图 B.43 接入结果 RES 元素

接入结果字段的长度为 1 个八位位组。具体意义如下：

0 表示接入成功，对应证书验证结果值为 0；

1 表示无法验证证书，对应证书验证结果值为 1；

2 表示证书错误，对应证书验证结果除 0 和 1 之外的其他值；

3 表示本地策略禁止；

其他值保留。

**B.2.8.6 REQ 密钥数据 x·P 元素**

REQ 密钥数据 x·P 字段长度为可变个八位位组，格式见图 B.44。

| | 元素 ID | 长度 | REQ 密钥数据 x·P |
|---|---|---|---|
| 八位位组数： | 1 | 1 | 可变 |

图 B.44 REQ 密钥数据 x·P 字段

REQ 密钥数据是 REQ 实体生成的用于 ECDH 交换的临时公钥，本字段值应与 REQ 实体发送的鉴别接入请求分组中 REQ 实体密钥数据字段值相同。

**B.2.8.7 AAC 密钥数据 y·P 元素**

AAC 密钥数据 y·P 字段长度为可变个八位位组，格式见图 B.45。

| | 元素 ID | 长度 | AAC 密钥数据 y·P |
|---|---|---|---|
| 八位位组数： | 1 | 1 | 可变 |

图 B.45 AAC 密钥数据 y·P 元素

内容是 AAC 生成的用于 ECDH 交换的临时公钥。

**B.2.8.8 AAC 的身份 $ID_{AAC}$ 元素**

AAC 的身份 $ID_{AAC}$ 字段定义同 B.2.5.6。

**B.2.8.9 REQ 身份 $ID_{REQ}$ 元素**

REQ 的身份 $ID_{REQ}$ 字段定义同 B.2.4.4。

**B.2.8.10 证书验证结果 RES 元素**

证书验证结果 RES 字段长度为可变个八位位组，格式见图 B.46。

| 元素 ID | 长度 | 证书验证结果RES |
|---|---|---|
| 1 | 1 | 可变 |

八位位组数：

图 B.46 证书验证结果 RES 元素

复合的证书验证结果字段是可选的，若存在，则由证书鉴别响应分组中除 ADDID 外的其他各个字段组成，并且内容和它们相同。

**B.2.8.11 MIC1 元素**

**B.2.8.11.1** MIC1 元素格式见图 B.47。

| 元素 ID | 长度 | MIC1 |
|---|---|---|
| 1 | 1 | 可变 |

八位位组数：

图 B.47 MIC1 元素格式

MIC1 字段的计算过程如下：

a) AAC 使用自己的临时私钥 y 和接入鉴别请求分组中 REQ 的临时公钥 x·P 进行 ECDH 计算，得到主密钥种子 $(x \cdot y \cdot P)_{abscissa}$；

b) AAC 对主密钥种子进行扩展 KD-HMAC-SHA256 ($(x \cdot y \cdot P)_{abscissa}$，$N_{AAC}$||$N_{REQ}$||"base key expansion for key and additional nonce")，生成长度为 16 个八位位组的基密钥 BK 和长度为 32 个八位位组的下一次证书鉴别过程的鉴别标识种子，然后对该鉴别标识种子进行 SHA-256 运算，得到长度为 32 个八位位组的下一次证书鉴别过程的鉴别标识；

c) 利用 BK 对接入鉴别响应分组中除 MIC1 字段外的所有字段计算的杂凑值作为 MIC1 的值。

**B.2.8.11.2** REQ 实体收到证书鉴别响应分组，或收到接入鉴别请求分组后，发送接入鉴别响应分组。REQ 实体收到接入鉴别响应分组后，进行如下处理：

a) 根据 $ID_{AAC}$ 和 $ID_{REQ}$ 的身份判断是否为对应当前接入鉴别请求分组的接入鉴别响应分组，若不是，则丢弃该接入鉴别响应分组；否则，执行 b)操作；

b) 检查标识字段的比特 0、比特 1 与自己发送的接入鉴别请求分组中相应字段的值是否相同，若不同，则丢弃该分组；否则执行 c)操作；

c) 比较 REQ 实体的询问与 AAC 在接入鉴别请求分组中发送的 REQ 实体询问是否相同、比较 REQ 密钥数据与 REQ 发送的鉴别接入请求分组中 REQ 密钥数据是否相同，若不同，则丢弃该接入鉴别响应分组；否则，执行 d)操作；

d) 验证 AAC 的签名是否正确，若不正确，则丢弃该接入鉴别响应分组；如果签名正确，若该接入鉴别响应分组中的接入结果为不成功，则解除与该 AAC 的链路验证；否则执行 e)操作；

e) 若 REQ 实体在接入鉴别请求分组中不要求进行证书验证，执行 f)操作；否则 REQ 实体在复合的证书鉴别结果中查找自身所信任的鉴别服务器的签名，验证 AS 签名，若不正确，则丢弃该接入鉴别响应分组；否则检查 AAC 证书的鉴别结果是否为有效，若无效，解除与该 AAC 的链路验证；若有效，则执行 f)操作；

f) REQ 实体使用自己的临时私钥 x 和 AAC 的临时公钥 y·P 进行 ECDH 计算，得到密钥种子 $(x \cdot y \cdot P)_{abscissa}$，将其扩展为 KD-HMAC-SHA256 ($(x \cdot y \cdot P)_{abscissa}$，$N_{AAC}$||$N_{REQ}$||"base key expansion for key and additional nonce")，以生成长度为 16 个八位位组的基密钥 BK 和长度为 32 个八位位组的下一次证书鉴别过程的鉴别标识种子，然后对该鉴别标识种子进行 SHA-256 运算，得到长度为 32 个八位位组的下一次证书鉴别过程的鉴别标识。

**B.2.8.11.3** 在证书鉴别过程中，要进行 ECDH 协商出基密钥。对于 ECDH 算法，做以下说明：

——临时私钥 x、y 是在[1..n-1]间的整数，n 是椭圆曲线域参数中基点 P 的阶；

——临时公钥 x·P、y·P 是椭圆曲线域参数定义的椭圆曲线上的点；

——ECDH 协商出来密钥种子$(x \cdot y \cdot P)_{abscissa}$是 x·y·P 的 x 坐标，x·y·P 不能是无穷远点。

## B.2.9 接入鉴别确认分组

### B.2.9.1 概述

REQ 收到接入鉴别响应分组后，验证 $N_{REQ}$、$ID_{REQ}$、$Sig_{AS\text{-}REQ}$ 等，若无效，则直接丢弃，否则构造接入鉴别确认分组返回给 AAC。接入鉴别确认分组主要包括：标识 FLAG 及 MIC2。

接入鉴别确认分组封装在 TAEP-Response-CBAP/TAEPoL 中，Message Type=6。

接入鉴别确认分组信息字段被定义为包含 1 个八位位组的元素 ID 字段、1 个八位位组的长度字段以及可变长度的特定元素信息字段的通用格式。本部分为每个元素分配惟一的元素 ID，长度字段规定了信息字段中的八位位组数，各元素的封装格式定义见图 B.48。

| | 元素 ID | 长度 | 信息 |
|---|---|---|---|
| 八位位组数： | 1 | 1 | 长度 |

图 B.48 元素封装格式

接入鉴别响应分组有效元素集合见表 B.8。

表 B.8 接入鉴别响应分组有效元素集合

| 信息元素 | 元素 ID |
|---|---|
| 标识 FLAG 元素 | 0 |
| MIC2 元素 | 1 |
| 保留 | 2～15 |
| 保留 | 16～255 |

### B.2.9.2 标识 FLAG 元素

标识 FLAG 字段定义同 B.2.8.2。

### B.2.9.3 MIC2 元素

MIC2 元素格式见图 B.49。

| | 元素 ID | 长度 | MIC2 |
|---|---|---|---|
| 八位位组数： | 1 | 1 | 可变 |

图 B.49 MIC2 元素格式

MIC2 字段的计算过程为：

a) REQ 使用自己的临时私钥 x 和接入鉴别响应分组中 AAC 的临时公钥 y·P 进行 ECDH 计算，得到主密钥种子$(x \cdot y \cdot P)_{abscissa}$；

b) REQ 对主密钥种子进行扩展 KD-HMAC-SHA256 ($(x \cdot y \cdot P)_{abscissa}$，$N_{AAC}||N_{REQ}||$"base key expansion for key and additional nonce")，生成长度为16个八位位组的基密钥BK和长度为32个八位位组的下一次证书鉴别过程的鉴别标识种子，然后对该鉴别标识种子进行SHA-256运算，得到长度为32个八位位组的下一次证书鉴别过程的鉴别标识；

c) 利用BK对接入鉴别确认分组中除MIC2字段外的所有字段计算的杂凑值作为MIC2的值。

AAC根据证书鉴别响应分组中REQ证书的验证结果$Res_{REQ}$及本地策略，决定是否允许客户端REQ接入，再向REQ发送鉴别结果分组TAEP-Success或TAEP-Failure。

REQ收到接入鉴别响应分组后，验证$Sig_{AAC}$及其他字段，若无效，则直接丢弃；否则，根据AAC证书的验证结果$Res_{AAC}$及本地策略，决定是否接入该网络，若拒绝接入网络，可向AAC发送TAEPoL-Logoff。

基于证书的核心鉴别过程成功完成后，AAC和REQ分别根据对方的临时公钥与本地的临时私钥进行ECDH计算，并将结果与双方生成的一次性随机数$N_{AAC}$、$N_{REQ}$通过HASH计算得到下一次鉴别标识SNonce，用于鉴别更新时双方的同步锁定。

需要说明几点：

——基于证书的核心鉴别过程支持双向与单向鉴别，若使用单向鉴别，则AS无需对AAC的证书$Cert_{AAC}$进行验证，即证书鉴别请求、证书鉴别响应及接入鉴别响应等分组中均不包含$Cert_{AAC}$、$Res_{AAC}$等字段。

——TAEP-CBAP协议功能高度集中，既可实现双向鉴别，又可实现单向鉴别，还支持鉴别更新以及简化的鉴别更新。所谓简化的鉴别更新就是指不需要AS验证证书，AAC与REQ之间的直接签名验证，反映在分组中的内容上，就是接入鉴别响应分组中不包含复合的证书验证结果字段。简化的鉴别过程只能用作鉴别更新过程，不能用作客户端与网络连接时的首次鉴别。

# 附　录　C
## （资料性附录）
## 适用于无线城域网的 TAAA 机制

### C.1　引入 TAAA 机制后的安全子层架构

三元接入鉴别与授权 TAAA（Tri-element Access Authentication and Authorization）机制提供了从 BS 到 SS 上密钥数据的安全分发。通过这个 TAAA 机制，实现了 SS 和 BS 之间的密钥数据同步，此外，BS 还利用该协议加强了对网络业务的有条件访问。图 C.1 显示了引入 TAAA 机制后系统的安全组件的协议栈。

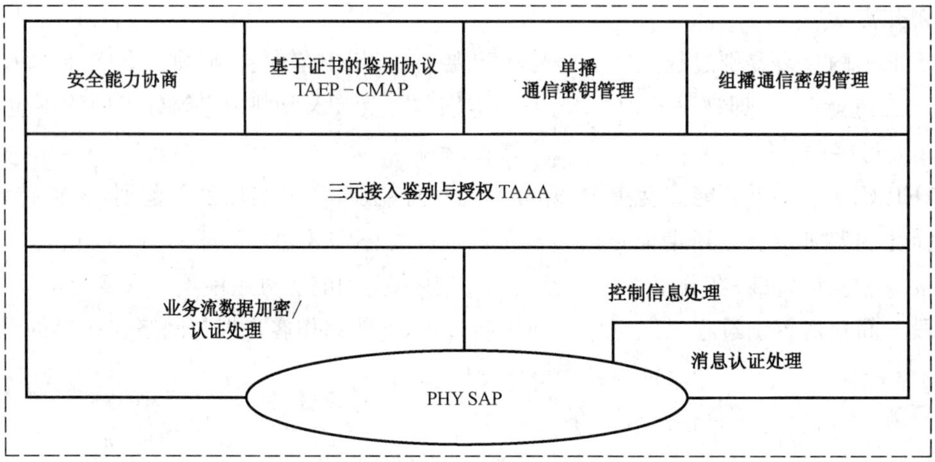


图 C.1　安全子层

### C.2　三元接入鉴别与授权 TAAA

#### C.2.1　概述

SS 利用 TAAA 机制从 BS 获得授权和通信密钥材料、维持周期性的重授权和密钥更新。TAAA 机制使用 X.509 数字证书（IETF RFC3280）、公钥算法（签名算法推荐 ECC）以及对称加密算法（推荐 SMS4）来实现 BS 和 SS 之间的安全通信。

TAAA 机制使用了客户端/服务器模型，在这个模型中，SS 作为 TAAA 机制的“客户端”，向 BS 请求密钥材料，而 BS 作为 TAAA 机制“服务器”，对这些请求进行响应，确保了每个 SS 只收到向他授权的密钥材料。TAAA 机制使用授权密钥管理过程的完成。

TAAA 机制用公钥加密机制在 BS 和 SS 之间建立共享的授权密钥（AK）。这个共享的授权密钥确保后续 TEK 的安全交换。这种密钥分发的两层机制使得 TEK 的更新不再出现公钥操作的计算代价。

BS 在授权密钥管理过程中对 SS 进行鉴权。每个 SS 都有一个 X.509 数字证书。当 SS 向 BS 请求 AK 时，SS 将它的数字证书发给 BS。BS 验证数字证书，然后利用验证后的公钥对 AK 加密后，将其发送给 SS。

TAAA 机制包括安全能力协商、基于证书的鉴别协议 TAEP-CMAP（TAEP Certificate-based

WMAN Authentication Protocol)、单播通信密钥管理、组播通信密钥管理等四个过程。其中安全能力协商过程中的分组在传输时封装在终端能力报告请求和终端能力报告响应消息中，其他三个过程包括TAEP-CMAP、单播通信密钥管理、组播通信密钥管理的所有分组在传输时封装在管理消息中。

### C.2.2 安全能力协商过程

图C.2 安全能力协商过程完成城域网系统的确认和安全参数的协商。涉及消息流程。

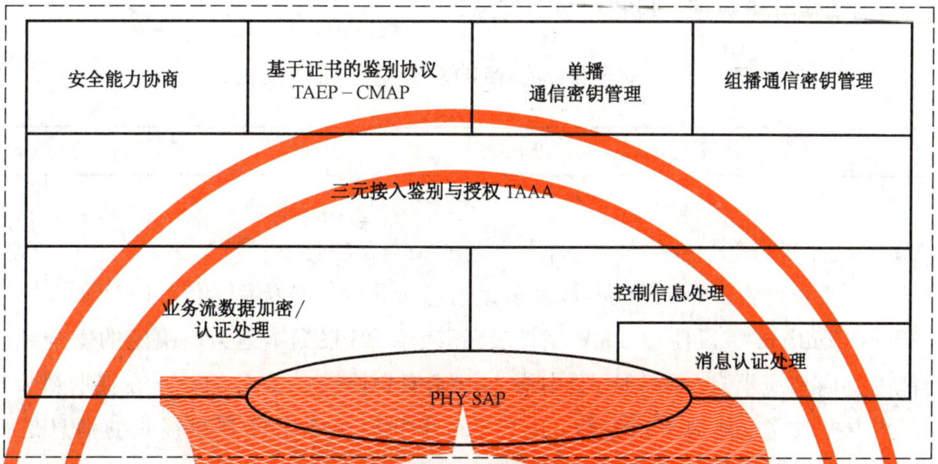


**图C.2 安全能力协商过程**

其中，安全能力协商请求分组数据字段格式见表C.1。

**表C.1 安全能力协商请求分组数据字段格式**

| | | |
|---|---|---|
| FLAG | PFLAG | Negotiation-Parameters |

其中：

——FLAG字段长度为1个八位位组，高4位用来表示本安全方案或其他安全方案；

——PFLAG字段长度为1个八位位组，表示该消息所属的协议类别为协商请求分组，值为0x11；

——Negotiation-Parameters字段使用TLV属性表示，表示SS的协商的安全参数。

属性字段采用表C.2TLV格式定义。

**表C.2 扩展属性**

| | | |
|---|---|---|
| 类型 | 长度 | 数值 |

类型字段表示属性的类型，其长度为1个八位位组，类型值定义如下：

——签名属性；

——证书验证结果；

——身份；

——密钥材料；

——算法列表；

——SA列表；

——其他值保留。

长度字段表示值字段的八位位组数，本字段长度为2个八位位组。数值字段表示属性的内容。

在SS的能力协商请求消息(SBC-REQ)中嵌入上述安全协商请求分组,BS在接收到SS的能力协商请求消息后,提取安全能力协商请求分组,通过FLAG和PFLAG字段判断SS发送的消息是否为本方案的协商请求分组后,进行如下处理:

a) 读取Negotiation-Parameters字段的值,根据本地策略构造Neg-Para-Confirm字段,发送协商响应分组;
b) 串联Negotiation-Parameters字段和Neg-Para-Confirm字段的值,保存用于确认协商的分组。其中,协商响应分组数据字段格式见表C.3。

**表C.3 安全能力协商响应分组数据字段格式**

| | | |
|---|---|---|
| FLAG | PFLAG | Neg-Para-Confirm |

其中:

——FLAG字段长度为1个八位位组,高4位表示安全方法类别;
——PFLAG字段长度为1个八位位组,表示该消息所属的协议类别,值为0x12;
——Neg-Para-Confirm字段使用TLV属性表示,表示BS根据本地策略决定的安全参数。

在BS的能力协商响应消息(SBC-RSP)中嵌入上述安全协商响应分组,SS在接收到BS的能力协商响应消息后,从中提取安全能力分组字段,从FLAG和PFLAG字段判断接收的消息是否为本方案的协商分组响应后,进行以下处理:

串联发送的Negotiation-Parameters和接收的Neg-Para-Confirm字段的值,保存用于确认协商的安全参数。

### C.2.3 基于证书的鉴别协议(TAEP-CMAP)

#### C.2.3.1 TAEP-CMAP概述

基于证书的鉴别协议(TAEP-CMAP)完成SS和BS之间的双向身份鉴别或者BS对SS的单向身份鉴别,身份鉴别成功后,在SS和BS之间协商授权密钥AK,同时,BS为SS授权一系列SA。TAEP-CMAP协议使用TAEP数据封装格式进行封装,完成消息在SS、BS和ASU之间交互,其过程见图C.3所示。

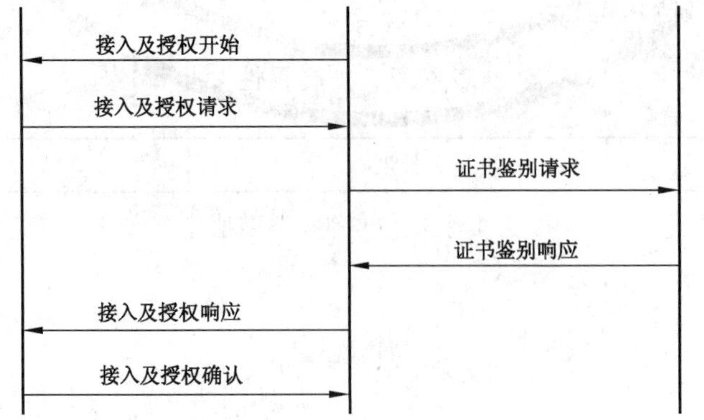


**图C.3 基于证书的鉴别协议(TAEP-CMAP)过程**

#### C.2.3.2 接入及授权开始分组

接入及授权开始分组封装在TAEP-Request-TAAA的Date字段中,数据字段为空,指示SS发送接入及授权请求。

### C.2.3.3 接入及授权请求分组

接入及授权请求分组封装在 TAEP-Response-TAAA 的 Date 字段中，数据字段的格式见表 C.4。

**表 C.4 接入及授权请求分组数据字段格式**

| 标识 FLAG | PFLAG | SS 身份 IDSS | SS 第一证书 PrimaryCertSS | SS 第二证书 SecondyCertSS | 算法列表 AlgsList | 授权密钥标识符 AKID | SS 挑战 NSS | 消息校验码 MIC 或 SS 签名 SigSS |
|---|---|---|---|---|---|---|---|---|

其中：

——标识 FLAG 字段长度为 1 个八位位组，高 4 位标识鉴别方法类别，而低 4 位中的位 0、1、2 有意义。当 SS 初次物理关联至 BS 时，位 0（AK 更新标识）的值为 0；当进行 AK 更新时，位 0(AK 更新标识）的值为 1。如果 SS 和 BS 进行单证书模式的鉴别过程，位 1(证书模式标识）的值为 0；如果进行双证书模式的鉴别过程，位 1 的值为 1。如果 SS 和 BS 进行双向鉴别过程，位 2（鉴别类型标识）的值为 0；如果仅进行 BS 对 SS 的单向鉴别过程，位 2(鉴别类型标识）的值为 1。

——PFLAG 字段长度为 1 个八位位组，表示该消息所属的协议类别，值为 0x21。

——SS 身份字段，其格式定义为 TLV 属性，即类型-长度-值格式。

——SS 第一证书字段，证书格式定义为 X.509 v3。该字段为可选项，当且仅当标识字段 Flag 位 0 的值置为"0"时使用，而置为"1"时省略。也就是说，当且仅当 SS 初次物理关联至 BS 时需要该字段，而当进行 AK 更新时，该字段可以略去。

——SS 第二证书字段，证书格式定义为 X.509 v3。该字段为可选项，当且仅当标识字段 Flag 位 0 的值置为"0"时、并且标识字段 Flag 位 1 的值置为"1"时使用，也就是说，当且仅当 SS 初次物理关联至 BS 并采用双证书的鉴别模式时需要该字段，而当进行 AK 更新时，该字段可以略去。

——算法列表字段标识 SS 支持的所有分组算法，其格式定义为 TLV 属性。该字段为可选项，当且仅当标识字段 Flag 的位 0 值置为"0"时使用，而置为"1"时省略。也就是说，当且仅当 SS 初次物理关联至 BS 时需要该字段，而当进行 AK 更新时，该字段可以略去。

——授权密钥标识符字段长度为 1 个八位位组，其中位 0 有意义，标识当前协商或更新的密钥 AK，其值在"0"和"1"之间进行翻转。

——SS 挑战字段长度为 32 个八位位组，可以由伪随机数生成算法产生。

——消息完整性校验码或 SS 签名字段。消息校验码字段长度为 32 个八位位组，当且仅当标识字段 Flag 位 0 的值置为"1"时使用。也就是说，当且仅当进行 AK 更新时需要该字段，该字段值使用旧 AK 导出的授权完整性密钥计算。而当 SS 初次物理关联至 BS 并使用双证书模式时，也就是说，标识字段 Flag 位 0 的值置为"0"且位 1 值的置为"1"时该字段为 SS 签名，此时使用 SS 第一证书私钥计算签名。

当 SS 物理关联或重新关联至 BS，SS 和 BS 选择采用单向或双向身份鉴别方法，或 SS 的本策略要求进行授权密钥 AK 更新过程时，SS 向 BS 发送接入及授权请求分组。

BS 接收到由 SS 发送的接入及授权请求分组后，进行如下处理：

a) BS 检查接入鉴别请求分组中标识 FLAG 字段的位 0(AK 更新标识）的值，当值为 1 时执行 b)

操作;当值为0时执行c)操作;

b) BS利用旧的AK导出的授权完整性密钥本地计算MIC并与接收到的MIC进行比较,如果它们的值相等,构造接入及授权响应分组发送给SS;若不相等,则丢弃该接入及授权请求分组;

c) 若采用单证书模式,构造证书鉴别请求分组发送给ASU;若采用双证书模式,则验证SS签名,若不正确,则丢弃该接入授权请求分组,否则构造证书鉴别请求分组发送给ASU。

#### C.2.3.4 证书鉴别请求分组

由BS发往ASU,证书鉴别请求分组封装在TAEP-Request-TAAA的Date域中,数据字段的格式见表C.5。

**表C.5 证书鉴别请求分组数据字段格式**

| 标识 FLAG | PFLAG | SS第一证书 PrimaryCertSS | SS第二证书 SecondyCertSS | BS证书 CertBS | AK密钥材料密文AKM | SS挑战 NSS | BS挑战 NBS | BS签名 SigBS |
|---|---|---|---|---|---|---|---|---|

其中:

——标识FLAG字段长度为1个八位位组,高4位标识方法类别,而低4位中的位0、1、2有意义。当SS关联或重新关联至BS时进行证书鉴别过程,位0(AK更新标识)的值为0;当进行AK更新时,位0(AK更新标识)的值为1。如果SS和BS进行单证书模式的鉴别过程,位1(证书模式标识)的值为0;如果进行双证书模式的鉴别过程,位1的值为1。如果SS和BS进行双向鉴别过程,位2(鉴别类型标识)的值为0;如果仅进行BS对SS的单向鉴别过程,位2(鉴别类型标识)的值为1。该字段的取值应与接入及授权请求中的标识FLAG字段取值相同。

——PFLAG字段长度为1个八位位组,表示该消息所属的协议类别,值为0x22。

——SS第一证书字段,证书格式定义为X.509 v3。

——SS第二证书字段,证书格式定义为X.509 v3。该字段为可选项,当且仅当标识字段Flag位1的值置为“1”时使用,也就是说,当且仅当采用双证书的鉴别模式时需要该字段,采用单证书模式时该字段可以略去。

——BS证书字段,证书格式定义为X.509 v3。该字段为可选项,当且仅当标识字段Flag位2的值置为“0”时使用,而置为“1”时省略。也就是说,当且仅当SS与BS进行双向身份鉴别时需要该字段,而仅进行BS对SS的单向鉴别过程时不需要该字段。

——AK密钥材料密文字段,即由SS公钥加密密钥材料,其格式定义为TLV属性。该字段为可选项,当且仅当标识字段Flag位2值的置为“1”时使用,而置为“0”时省略。也就是说,当且仅当只进行BS对SS的单向身份鉴别过程时需要该字段,而SS与BS进行双向身份鉴别时不需要该字段。

——SS挑战字段长度为32个八位位组,该字段的取值应与接入及授权请求中的SS挑战字段取值相同。

——BS挑战字段长度为32个八位位组,由BS通过伪随机数生成算法产生。

——BS签名字段采用签名TLV属性表示,它是对本分组中除本字段之外所有数据字段的签名。该字段为可选项,当且仅当标识字段Flag位2的值置为“0”时使用,而置为“1”时省略。也就是说,当且仅当SS与BS进行双向身份鉴别时需要该字段,而仅进行BS对SS的单向身份鉴别过程时不需要该字段。

BS 在收到 SS 的接入及授权请求分组，并且该分组中的标识 FLAG 字段的位 0 值为“0”时，BS 发送证书鉴别请求分组给 ASU。

ASU 收到 BS 发来的证书鉴别请求分组后，进行如下处理：

a) ASU 验证 SS 第一证书、SS 第二证书和 BS 证书(SS 第二证书仅在双证书的鉴别模式时存在，BS 证书仅在双向身份鉴别过程中存在)，若无法验证，则将相应证书的验证结果置为证书的颁发者不明确再执行 b)操作；否则验证 SS 第一证书、SS 第二证书和 BS 证书的状态，并执行 b)操作。

b) 根据 SS 第一证书、SS 第二证书和 BS 证书的验证结果，构造证书鉴别响应分组，并且附加相应的签名，发往 BS。

#### C.2.3.5 证书鉴别响应分组

由 ASU 发往 BS，证书鉴别响应分组封装在 TAEP-Response-TAAA 的 Date 字段中，数据字段的格式见表 C.6。

**表 C.6 证书鉴别响应分组数据字段格式**

| 标识 FLAG | PFLAG | SS 第一证书 PrimaryCertSS | SS 第一证书验证结果 ResultPrimarySS | SS 第二证书 SecondyCertSS | SS 第二证书验证结果 ResultSecondySS | BS 证书 CertBS | BS 证书验证结果 ResultSS |
|---|---|---|---|---|---|---|---|
| AK 密钥材料密文 AKM | | SS 挑战 NSS | BS 挑战 NBS | $ASU_1$ 签名 $SigASU_1$ | | $ASU_2$ 签名 $SigASU_2$ | |

其中：

——标识 FLAG 字段长度为 1 个八位位组，高 4 位标识方法类别，而低 4 位中的位 0、1、2 有意义。当 SS 关联或重新关联至 BS 时进行证书鉴别过程，位 0(AK 更新标识)的值为 0；当证书鉴别过程进行 AK 更新时，位 0(AK 更新标识)的值为 1。如果 SS 和 BS 进行单证书模式的鉴别过程，位 1(证书模式标识)的值为 0；如果进行双证书模式的鉴别过程，位 1 的值为 1。如果 SS 和 BS 进行双向鉴别过程，位 2(鉴别类型标识)的值为 0；如果仅进行 BS 对 SS 的单向鉴别过程，位 2(鉴别类型标识)的值为 1。该字段的取值应与证书鉴别请求中的标识 FLAG 字段取值相同。

——PFLAG 字段长度为 1 个八位位组，表示该消息所属的协议类别，值为 0x23。

——SS 第一证书字段，证书格式定义为 X.509 v3。

——SS 第一证书验证结果字段采用 TLV 属性表示。证书结果定义如下：

0 表示证书有效；

1 表示证书的颁发者不明确；

2 表示证书基于不可信任的根证书；

3 表示证书未到生效期或已过期；

4 表示签名错误；

5 表示证书已吊销；

6 表示证书未按规定用途使用；

7 表示证书吊销状态未知；

8 表示证书错误原因未知；

其他值保留。

——SS 第二证书字段，证书格式定义为 X.509 v3。该字段为可选项，当且仅当标识字段 Flag 位 1 的值置为“1”时使用，而置为“0”时省略。也就是说，当且仅当采用双证书鉴别模式时需要该字段，而采用单证书鉴别模式时不需要该字段。

——SS 第二证书验证结果字段采用 TLV 属性表示。该字段为可选项，当且仅当标识字段 Flag 位 1 的值置为“1”时使用，而置为“0”时省略。也就是说，当且仅当采用双证书鉴别模式时需要该字段，而采用单证书鉴别模式时不需要该字段。证书结果如上定义。

——BS 证书字段，证书格式定义为 X.509 v3。该字段为可选项，当且仅当标识字段 Flag 位 2 的值置为“0”时使用，而置为“1”时省略。也就是说，当且仅当 SS 与 BS 进行双向身份鉴别时需要该字段，而仅进行 BS 对 SS 的单向鉴别过程时不需要该字段。

——BS 证书验证结果字段采用 TLV 属性表示。该字段为可选项，当且仅当标识字段 Flag 位 2 的值置为“0”时使用，而置为“1”时省略。也就是说，当且仅当 SS 与 BS 进行双向身份鉴别时需要该字段，而仅进行 BS 对 SS 的单向鉴别过程时不需要该字段。证书结果如上定义。

——AK 密钥材料密文字段，其格式定义为 TLV 属性。该字段为可选项，当且仅当标识字段 Flag 位 1 值的置为“1”时使用，而置为“0”时省略。也就是说，当且仅当只进行 BS 对 SS 的单向鉴别过程时需要该字段，而 SS 与 BS 进行双向身份鉴别时不需要该字段。该字段取值应与证书鉴别请求中的 AK 密钥材料密文字段值相等。

——SS 挑战字段长度为 32 个八位位组，该字段的取值应与证书鉴别请求中的 SS 挑战字段取值相同。

——BS 挑战字段长度为 32 个八位位组，该字段的取值应与证书鉴别请求中的 BS 挑战字段取值相同。

——ASU1 签名字段采用签名 TLV 属性表示，它是对本分组中本字段之前所有数据字段的签名。ASU1 表示 BS 所信任的 ASU。

——ASU2 签名字段采用签名 TLV 属性表示，它是对本分组中 ASU1 签名字段之前所有数据字段的签名。ASU2 表示 SS 所信任的 ASU。该字段为可选项，当且仅当 SS 信任的 ASU 和 BS 信任的 ASU 不同时才会用到该字段，如果他们信任的 ASU 相同，那么该字段将被略去。

ASU 收到证书鉴别请求分组后，向 BS 发送证书鉴别响应分组。

BS 收到证书鉴别响应分组后，进行如下处理：

a) 检查证书鉴别响应分组中的 BS 挑战字段的值是否与自己在证书鉴别请求分组中的 BS 挑战字段值相同，若相同，则执行 b)操作；否则，丢弃该证书鉴别响应分组；

b) BS 验证 ASU1 签名，若不正确，则丢弃该证书鉴别响应分组；否则执行 c)操作；

c) 若 SS 证书鉴别结果成功，构造接入及授权响应分组发送给 SS。若 SS 证书鉴别结果不成功，BS 设定接入结果为不成功，并构造接入及授权响应分组发送给 SS，然后解除与 SS 的链路验证。

#### C.2.3.6 接入及授权响应分组

由 BS 发往 SS，接入及授权响应分组封装在 TAEP-Request-TAAA 的 Date 字段中，数据字段的格式如表 C.7。

表 C.7 接入及授权响应分组数据字段格式

<table>
<tr><td>标识 FLAG</td><td>PFLAG</td><td>SS 身份<br>IDSS</td><td>BS 身份<br>IDBS</td><td>SS 第一证书<br>PrimaryCertSS</td><td>SS 第一证书验证结果<br>ResultPrimarySS</td></tr>
<tr><td colspan="2">SS 第二证书<br>SecondyCertSS</td><td>SS 第二证书验证结果<br>ResultSecondySS</td><td>BS 证书<br>CertBS</td><td>BS 证书验证结果<br>ResultBS</td><td>ASU1 签名<br>$SigASU_1$</td></tr>
<tr><td colspan="2">ASU2 签名<br>$SigASU_2$</td><td>算法列表<br>AlgsList</td><td>算法标识<br>Alg</td><td>SA 列表<br>SasList</td><td>授权密钥标识符<br>AKID</td></tr>
<tr><td colspan="2">AK 密钥材料密文<br>AKM</td><td>AK 有效期<br>LifeAK</td><td>SS 挑战<br>NSS</td><td>BS 挑战<br>NBS</td><td>消息校验码<br>MIC 或<br>BS 签名 SigBS</td></tr>
</table>

其中：

——标识 FLAG 字段长度为 1 个八位位组，高 4 位标识方法类别，而低 4 位中的位 0、1、2 有意义。当 SS 物理关联或重新关联至 BS 时，位 0(AK 更新标识)的值为 0；当进行 AK 更新时，位 0(AK 更新标识)的值为 1。如果 SS 和 BS 进行单证书模式的鉴别过程，位 1(证书模式标识)的值为 0；如果进行双证书模式的鉴别过程，位 1 的值为 1。如果 SS 和 BS 进行双向鉴别过程，位 2(鉴别类型标识)的值为 0；如果仅进行 BS 对 SS 的单向鉴别过程，位 2(鉴别类型标识)的值为 1。该字段的取值应与接入及授权请求中的标识 FLAG 字段取值相同。

——PFLAG 字段长度为 1 个八位位组，表示该消息所属的协议类别，值为 0x24。

——SS 身份字段，其格式定义为 TLV 属性。

——BS 身份字段，其格式定义为 TLV 属性。

——SS 第一证书字段，证书格式定义为 X.509 v3。该字段为可选项，当且仅当标识字段 Flag 位 0 的值置为“0”时使用，而置为“1”时省略。也就是说，当且仅当 SS 物理关联或重新关联至 BS 时需要该字段，而当进行 AK 更新时不需要该字段。

——SS 第一证书验证结果字段采用 TLV 属性表示。该字段为可选项，当且仅当标识字段 Flag 位 0 的值置为“0”时使用，而置为“1”时省略。也就是说，当且仅当 SS 物理关联或重新关联至 BS 时需要该字段，而当进行 AK 更新时不需要该字段。证书结果如上定义。

——SS 第二证书字段，证书格式定义为 X.509 v3。该字段为可选项，当且仅当标识字段 Flag 位 1 的值置为“1”时使用，而置为“0”时省略。也就是说，当且仅当采用双证书鉴别模式时需要该字段，而采用单证书鉴别模式时不需要该字段。

——SS 第二证书验证结果字段采用 TLV 属性表示。该字段为可选项，当且仅当标识字段 Flag 位 1 的值置为“1”时使用，而置为“0”时省略。也就是说，当且仅当采用双证书鉴别模式时需要该字段，而采用单证书鉴别模式时不需要该字段。证书结果如上定义。

——BS 证书字段，证书格式定义为 X.509 v3。该字段为可选项，当标识字段 Flag 位 2 的值置为“0”且位 1 为“0”时使用，其余情况不需要该字段。也就是说，仅当 SS 物理关联或重新关联至 BS，且他们之间需要进行双向身份鉴别时需要该字段，除此之外都不需要该字段。

——BS 证书验证结果字段采用 TLV 属性表示。该字段为可选项，当标识字段 Flag 位 2 的值置为“0”且位 1 为“0”时使用，其余情况不需要该字段。也就是说，仅当 SS 物理关联或重新关联至 BS，且他们之间需要进行双向身份鉴别时需要该字段，除此之外都不需要该字段。证书结果如上定义。

——ASU1 签名字段采用签名 TLV 属性表示，该字段应与证书鉴别响应分组中的 ASU1 签名字段值相同。ASU1 表示 BS 所信任的 ASU。该字段为可选项，当标识字段 Flag 位 0 的值置为

"0"时使用,其余情况不需要该字段。也就是说,仅当SS物理关联或重新关联至BS时需要该字段,除此之外都不需要该字段。

——ASU2签名字段采用签名TLV属性表示,该字段应与证书鉴别响应分组中的ASU2签名字段值相同。ASU2表示SS所信任的ASU。该字段为可选项,当标识字段Flag位0的值置为"0"且SS信任的ASU和BS信任的ASU不同时使用,其余情况不需要该字段。也就是说,仅当SS物理关联或重新关联至BS,且他们信任的ASU不同时需要该字段,除此之外都不需要该字段。

——算法列表字段标识SS支持的所有分组算法,其格式定义为TLV属性,该字段应与接入及授权请求分组中的算法列表字段值相同。该字段为可选项,当且仅当标识字段Flag的位0值置为"0"时使用,而置为"1"时省略。也就是说,当且仅当SS物理关联或重新关联至BS时需要该字段,而当进行AK更新时不需要该字段。

——算法标识字段标识BS从SS支持的算法列表中确定选取的算法,其格式定义为TLV属性。该字段为可选项,当且仅当标识字段Flag的位0值置为"0"时使用,而置为"1"时省略。也就是说,当且仅当SS物理关联或重新关联至BS时需要该字段,而当进行AK更新时不需要该字段。

——SA列表字段标识BS对SS授权的SA,其格式定义为TLV属性。该字段为可选项,当且仅当标识字段Flag的位0值置为"0"时使用,而置为"1"时省略。也就是说,当且仅当SS物理关联或重新关联至BS时需要该字段,而当进行AK更新时不需要该字段。

——授权密钥标识符字段长度为1个八位位组,其中位0有意义,标识协商或更新的当前密钥AK,其值在"0"和"1"之间进行翻转。该字段应与接入及授权请求分组中的授权密钥标识符字段值相同。

——AK密钥材料密文字段,其格式定义为TLV属性。当采用单证书模式时,该字段标识BS选取的AK密钥材料使用SS第一证书公钥加密后的密文,当采用双证书模式时,该字段标识BS选取的AK密钥材料使用SS第二证书公钥加密后的密文。

——AK有效期字段标识由AK密钥材料导出的密钥AK的使用有效期。

——SS挑战字段长度为32个八位位组,该字段的取值应与接入及授权请求中的SS挑战字段取值相同。

——BS挑战字段长度为32个八位位组,该字段的取值应与证书鉴别请求中的BS挑战字段取值相同。

——消息完整性校验码或BS签名字段。如果标识字段Flag位0值的置为"0"且位2值的置为"0"时使用BS签名,其余情况使用消息完整性校验码。也就是说,当且仅当SS物理关联或重新关联至BS,且SS与BS进行双向身份鉴别时使用BS签名,除此之外,使用消息完整性校验码。如果使用消息校验码,其值通过授权密钥标识符字段对应的授权密钥导出的授权完整性密钥计算。

BS收到证书鉴别响应分组,或收到接入及授权请求分组后,发送接入及授权响应分组。

SS收到接入及授权响应分组后,进行如下处理:

a) 根据BS身份和SS身份判断是否为对应当前接入及授权请求分组的接入及授权响应分组,若不是,则丢弃该接入及授权响应分组;否则,执行b)操作。

b) 检查标识FLAG字段的位0、位1与自己发送的接入及授权请求分组中相应字段的值是否相同,若不同,则丢弃该分组;否则执行c)操作。

c) 比较SS挑战与自己在接入及授权请求分组中发送的SS挑战是否相同,若不同,则丢弃该接入及授权响应分组;否则,执行d)操作。

d) SS在证书鉴别结果中查找自身所信任的鉴别服务单元的签名,验证ASU2签名,若不正确,则丢弃该接入及授权响应分组。如果SS和BS信任的鉴别服务单元相同,则只需验证ASU1签名。

e) 如果Flag字段标识需要进行BS与SS的双向鉴别时,则检查BS的证书的鉴别结果是否为有效，若无效，解除与该 BS 的链路验证；若有效，则执行 f)操作。如果 Flag 字段标识只需进行 BS 对 SS 的单向鉴别时，则直接执行 f)操作。

f) 如果 Flag 字段标识 AK 更新过程或只需进行 BS 对 SS 的单向鉴别时，验证消息完整性校验码 MIC 的正确性，其值通过授权密钥标识符字段对应的授权密钥导出的授权完整性密钥计算；否则验证 BS 的签名有效性。如果验证不通过，则解除与该 BS 的链路验证；否则执行 g)操作。

g) SS 使用自己的私钥解密 AK 密钥材料密文 AKM 获得 AK，再利用 SS 挑战和 BS 挑战导出密钥加密密钥和授权完整性密钥。

#### C.2.3.7 接入及授权确认分组

由 SS 发往 BS，接入及授权确认分组封装在 TAEP-Response-TAAA 的 Date 字段中，数据字段的格式见表 C.8。

**表 C.8 接入及授权确认分组数据字段格式**

| | | | | | | | |
|---|---|---|---|---|---|---|---|
| FLAG | PFLAG | SS 身份 IDSS | BS 身份 IDBS | 授权密钥标识符 AKID | BS 挑战 NBS | 算法标识 Alg | 消息校验码 MIC2 |

其中：

——标识 FLAG 字段长度为 1 个八位位组，高 4 位标识方法类别，而低 4 位中的位 0、1、2 有意义。当 SS 物理关联或重新关联至 BS 时，位 0(AK 更新标识)的值为 0；当进行 AK 更新时，位 0(AK 更新标识)的值为 1。如果 SS 和 BS 进行单证书模式的鉴别过程，位 1(证书模式标识)的值为 0；如果进行双证书模式的鉴别过程，位 1 的值为 1。如果 SS 和 BS 进行双向鉴别过程，位 2(鉴别类型标识)的值为 0；如果仅进行 BS 对 SS 的单向鉴别过程，位 2(鉴别类型标识)的值为 1。该字段的取值应与接入及授权请求中的标识 FLAG 字段取值相同。

——PFLAG 字段长度为 1 个八位位组，表示该消息所属的协议类别，值为 0x25。

——SS 身份字段，其格式定义为 TLV 属性。

——BS 身份字段，其格式定义为 TLV 属性。

——授权密钥标识符字段长度为 1 个八位位组，其中位 0 有意义，标识协商或更新的当前密钥 AK，其值在“0”和“1”之间进行翻转。该字段应与接入及授权请求分组中的授权密钥标识符字段值相同。

——BS 挑战字段长度为 32 个八位位组，该字段应与接入及授权响应分组中的 BS 挑战字段值相同。

——算法标识字段标识 BS 从 SS 支持的算法列表中确定选取的算法，其格式定义为 TLV 属性。该字段应与接入及授权响应分组中的算法标识字段值相同。

——消息校验码，其值通过授权密钥标识符字段对应的授权密钥导出的消息授权完整性密钥计算。

SS 收到接入及授权响应分组后，向 BS 发送接入及授权确认分组。

BS 收到接入及授权确认分组后，进行如下处理：

a) 根据 BS 身份和 SS 身份判断是否为对应当前接入及授权请求分组的接入及授权响应分组，若不是，则丢弃该接入及授权确认分组；否则，执行 b)操作；

b) 检查标识 FLAG 字段的位 0、位 1 与自己发送的接入及授权响应分组中相应字段的值是否相同，若不同，则丢弃该分组；否则执行 c)操作；

c) 比较 BS 挑战与自己在接入及授权响应分组中发送的 BS 挑战是否相同，若不同，则丢弃该接入及授权确认分组；否则，执行 d)操作；

d) 比较算法标识字段与自己在接入及授权响应分组中发送的算法标识是否相同，若不同，则丢弃该接入及授权确认分组；否则，执行 e)操作；

e) 验证完整性校验码 MIC 的正确性，其值通过授权密钥标识符字段对应的授权密钥导出的授权完整性密钥计算。如果验证不通过，则丢弃该接入及授权确认分组；否则，接入鉴别成功，启用新的授权密钥 AK。

### C.2.4 单播通信密钥管理

#### C.2.4.1 概述

单播通信密钥管理完成单播通信密钥的生成、分配、和更新，涉及图 C.4 消息流程。

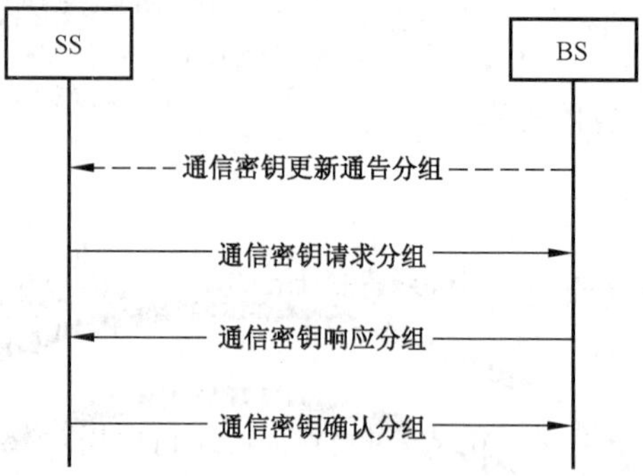


图 C.4 单播通信密钥管理协议

#### C.2.4.2 通信密钥更新通告分组

通信密钥更新通告分组数据字段格式见表 C.9。

表 C.9 通信密钥更新通告分组数据字段格式

| FLAG | PFLAG | SAID | BSID | AKID | TEKIDOld | MIC |
|---|---|---|---|---|---|---|

其中：

——FLAG 字段长度为 1 个八位位组，高 4 位表示安全方法类别；

——PFLAG 字段长度为 1 个八位位组，表示该消息所属的协议类别，值为 0x31；

——SAID 字段长度为 2 个八位位组，表示需要更新的通信密钥所属的安全关联；

——BSID 字段长度为 6 个八位位组，表示 BS 的标志；

——AKID 字段长度为 1 个八位位组，表示所使用的授权密钥的索引值；

——TEKIDOld 字段长度为 1 个八位位组，表示需要更新的通信密钥的索引值；

——MIC 字段长度为 32 个八位位组，表示该消息数据的完整性校验值，使用 AKID 对应的授权密钥 AK 导出的授权完整性密钥计算。

在 BS 的状态机指示当前单播通信密钥需要更新时，BS 发送该分组通告 SS 开始更新单播通信密钥。

SS 通过 FLAG 字段和 PFLAG 字段确认接收到 BS 发送的消息为本方案的通信密钥更新通告分组后，进行如下处理：

a) 用户设备使用 AKID 指向的完整性密钥使用本地的 BSID 重新计算 MIC，如果接收的 MIC 与本地计算的 MIC 不同，则忽略该分组，不进行任何处理；否则执行步骤 b)；

b) 检查 SAID 是否是当前激活的安全连接，如果不是当前激活的安全连接，则忽略通信密钥更新通告分组，不进行任何处理，否则执行 c)；

c) SS 构造通信密钥请求分组，通信密钥请求分组的 SAID 字段拷贝自通信密钥更新通告消息，通信密钥请求分组的 TEKID 字段拷贝自通信密钥更新通告消息。

#### C.2.4.3 通信密钥请求分组

通信密钥请求分组数据字段格式见表 C.10。

**表 C.10　通信密钥请求分组数据字段格式**

| | | | | | | | |
|---|---|---|---|---|---|---|---|
| FLAG | PFLAG | SSID | SAID | AKID | TEKIDOld | NSS | MIC |

其中：

——FLAG 字段长度为 1 个八位位组，高 4 位标识安全方法类别；

——PFLAG 字段长度为 1 个八位位组，表示该消息所属的协议类别，值为 0x32；

——SSID 字段长度为 6 个八位位组，表示用户设备的唯一标志符；

——SAID 字段长度为 2 个八位位组，表示需要更新的通信密钥所属的安全关联；

——AKID 字段长度为 1 个八位位组，表示客户端当前使用的授权密钥索引值；

——TEKIDOld 字段长度为 1 个八位位组，表示需要更新的通信密钥的索引值；

——NSS 字段长度为 16 个八位位组，表示用户设备生成的 128 比特随机数；

——MIC 字段长度为 16 个八位位组，使用 AKID 对应的授权密钥 AK 导出的授权完整性密钥计算。

在 SS 的状态机指示某个 SAID 的单播通信密钥需要更新时，SS 构造并发送该分组请求 BS 传输新的单播通信密钥。或者在 SS 接收到 BS 的单播通信密钥更新通告时，SS 构造上述分组。或者在 SS 状态机指示需要为某个 SAID 申请单播通信密钥时，SS 构造上述分组。

BS 通过 FLAG 字段和 PFLAG 字段确认接收到 SS 发送的消息为本方案的通信密钥请求分组后，进行如下处理：

a) 使用 AKID 指向的完整性密钥重新计算 MIC，如果接收的 MIC 与本地计算的 MIC 不同，则忽略该分组，不进行任何处理；否则执行步骤 b)。

b) 检查 SSID 是否是 BS 的当前连接用户，如果不是 BS 的当前连接用户，则忽略该分组，不进行任何处理；否则执行步骤 c)。

c) 检查 SAID 是否是 BS 与 SSID 激活的安全连接，如果是当前激活的安全连接则执行步骤 d)。否则检查该 SAID 是否属于该 SS 的授权安全连接，如果属于该 SSID 的授权安全连接，则执行步骤 d)。否则忽略通信密钥更新通告分组，不进行任何处理。

d) 检查 AKID 是否指向 BS 与该 SSID 建立的当前授权密钥索引，如果指向有效的授权密钥，则执行步骤 e)，否则忽略该分组，不进行任何处理。

e) 如果 BS 与 SSID 在 SAID 确定的连接中存在 TEKIDOld，则生成新的 TEK 的 Key，并使用 TEKIDOld 的翻转值 TEKIDNew 指向。之后执行步骤 f)。

f) BS 构造通信密钥响应分组，其中的 SSID 字段、SAID 字段、N1SS 字段拷贝自通信密钥请求分组，N1BS 字段存放 BS 为该 SSID 的该 SAID 更新 TEK 的会话期间生成的新的 N1BS 随机数，Key 字段使用协商的通信密钥加密算法和通信密钥响应分组中 AKID 字段指向的数据加密密钥加密，加密的内容为 BS 中该 SSID 的 SAID 确定的连接中新生成的单播通信密钥材料 TEKM，TEKM 可以通过随机数产生函数生成，LifeTEKOld 字段填充请求更新的 TEK 的生命周期，LifeTEKNew 字段填充被新生成的 TEK 的生命周期，MIC 字段使用被加密的 TEKM 推导的单播通信完整性密钥计算。

#### C.2.4.4 通信密钥响应分组

通信密钥响应分组数据字段格式见表 C.11。

**表 C.11　通信密钥响应分组数据字段格式**

<table>
<tr><td colspan="2">FLAG</td><td>PFLAG</td><td>SSID</td><td>BSID</td><td>SAID</td><td>AKID</td><td>TEKIDOld</td><td>TEKIDNew</td></tr>
<tr><td>N1SS</td><td>N1BS</td><td>TEKMC</td><td>LifeTEKOld</td><td colspan="3">LifeTEKNew</td><td colspan="2">MIC</td></tr>
</table>

其中：

——FLAG 字段长度为 1 个八位位组，高 4 位标识安全方法类别；

——PFLAG 字段长度为 1 个八位位组，表示该消息所属的协议类别，值为 0x33；

——SSID 字段长度为 6 个八位位组，表示用户设备的唯一标志符；

——BSID 字段长度为 6 个八位位组，表示 BS 的唯一标志符；

——SAID 字段长度为 2 个八位位组，表示需要更新的通信密钥所属的安全关联；

——AKID 字段长度为 1 个八位位组，表示 BS 当前使用的授权密钥索引值；

——TEKIDOld 字段长度为 1 个八位位组，表示需要更新的通信密钥的索引值；

——TEKIDNew 字段长度为 1 个八位位组，表示更新后的通信密钥的索引值；

——N1SS 字段长度为 16 个八位位组，表示用户设备生成的 128 比特随机数；

——N1BS 字段长度为 16 个八位位组，表示 BS 生成的 128 比特随机数；

——TEKMC 字段长度为 16 个八位位组，表示加密新的通信密钥材料后生成的密文分组；

——LifeTEKOld 字段长度为 4 个八位位组，表示与需要更新的通信密钥对应的生命周期；

——LifeTEKNew 字段长度为 4 个八位位组，表示与更新的通信密钥对应的生命周期；

——MIC 字段长度为 32 个八位位组，表示该消息数据的完整性校验值。该字段使用 TEKIDNew 所指向的 TEKM 推导的完整性密钥计算。

BS 接收到通信密钥请求分组后，构造上述通信密钥响应分组。

SS 通过 FLAG 字段和 PFLAG 字段确认接收到 BS 发送的消息为本方案的通信密钥响应分组后，进行如下处理：

a) 使用 AKID 指向的密钥加密密钥解密 TEKMC 字段的密文，获得新的 TEKM。执行步骤 b)。

b) 使用新的 TEKIDNew 指向的 TEKM 推导完整性密钥，使用本地的 SSID，本地当前连接的 BSID，通信密钥请求分组中的 SAID，通信密钥响应分组中的 AKID 和 TEKIDOld，TEKIDNew，本地的 N1SS，通信密钥响应分组中的 N1BS、Key 字段和 LifeTEKOld、LifeTEKNew 字段来重新计算 MIC 值，比较本地计算的 MIC 值与接收的 MIC 值是否相同，如果不同，忽略该分组，否则执行步骤 c)。

c) 构造通信密钥确认分组。其中 BSID 为 SS 当前连接的 BS 标志，SAID 与通信密钥请求分组中的 SAID 相同，TEKIDNew 为指向新安装的 TEKM 的索引值，N1BS 拷贝自通信密钥响应分组的 N1BS 字段，MIC 使用 TEKID 指向的 TEKM 推导的完整性密钥来计算。

d) 更新第 a)步获得的 LifeTEKOld 字段的密钥生命周期参数以及 TEKIDOld 字段到本地 TEK 状态机，根据第 a)步获得的 TEKM 和 LifeTEKNew 字段的密钥生命周期参数以及 TEKIDNew 字段创建新的 TEK 状态机，并作为新的 TEKM。此时用户设备可继续使用旧的 TEKM 推导的加密密钥解密，在旧的 TEK 生命周期过期前使用新的 TEKM 推导的 TEK 解密。用户设备使用新的 TEKM 推导的密钥加密。

#### C.2.4.5 通信密钥确认分组

通信密钥确认分组数据字段格式如下表 C.12。

**表 C.12 通信密钥确认分组数据字段格式**

| | | | | | | | | |
|---|---|---|---|---|---|---|---|---|
| FLAG | PFLAG | BSID | SSID | SAID | TEKIDOld | TEKIDNew | N1BS | MIC |

其中：

——FLAG 字段长度为 1 个八位位组，高 4 位标识安全方法类别；

——PFLAG 字段长度为 1 个八位位组，表示该消息所属的协议类别，值为 0x34；

——BSID 字段长度为 6 个八位位组，表示 BS 设备的唯一标志符；

——SSID 字段长度为 6 个八位位组，表示 SS 设备的唯一标志符；

——SAID 字段长度为 2 个八位位组，表示需要更新的通信密钥所属的安全关联；

——TEKIDOld 字段长度为 1 个八位位组，表示用户设备旧的 TEK 索引值；

——TEKIDNew 字段长度为 1 个八位位组，表示用户设备新的 TEK 索引值；

——N1BS 字段长度为 16 个八位位组，该字段拷贝自通信密钥响应分组的 N1BS 字段；

——MIC 字段长度为 32 个八位位组，表示该消息数据的完整性校验值，该字段使用 TEKID 所指向的 TEKM 中推导的完整性密钥计算。

在 SS 处理完 BS 的通信密钥响应分组后，SS 构造上述分组。

BS 通过 FLAG 字段和 PFLAG 字段确认接收到 SS 发送的消息为本方案的通信密钥确认分组后，进行如下处理：

a) 使用 TEKIDNew 指向的 TEKM 推导出完整性密钥，使用本地的 BSID，通信密钥相应分组的 SAID，本地 TEKIDOld，TEKIDNew，本地的 N1BS 计算 MIC 值，如果该值与通信密钥确认分组中的 MIC 值不同，忽略该分组，否则执行步骤 b)。

b) 生成新的 TEK 替换该 SAID 确认的连接中的 TEKIDNew 指向的密钥，旧的 TEK 使用该分组中的 TEKIDOld 指向。BS 可以使用旧的 TEK 进行加密，在旧的 TEK 生命周期过期前使用新的 TEKM 推导的 TEK 加密。BS 使用新的 TEKM 推导的密钥解密。

### C.2.5 组播通信密钥管理

#### C.2.5.1 概述

组播通信密钥管理完成 BS 与组内每一个连接 SS 的组播密钥加密密钥 GKEK 和完整性密钥 GKIK 的同步，并完成组播通信加密密钥 GTEK 的同步。涉及图 C.5、图 C.6、图 C.7 消息流程。

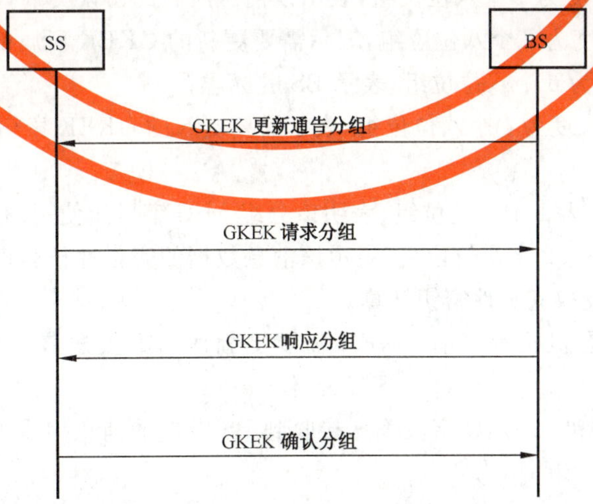


图 C.5 组播密钥加密密钥管理协议

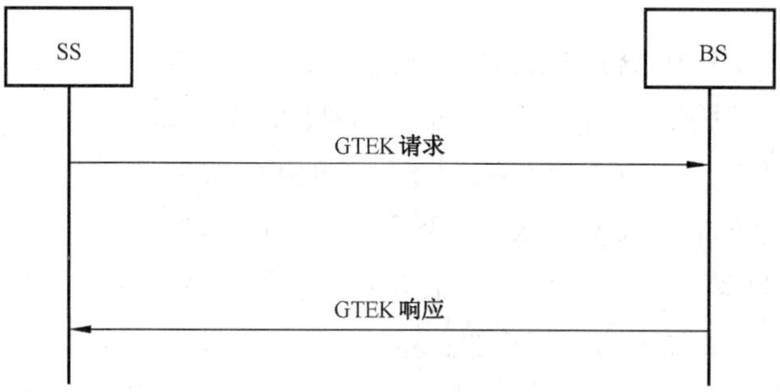


图 C.6　组播通信加密密钥管理协议

图 C.7　组播通信加密密钥广播协议

### C.2.5.2　GKEK 更新通告分组

GKEK 更新通告分组数据字段格式见表 C.13。

表 C.13　GKEK 更新通告分组数据字段格式

| | | | | | | |
|---|---|---|---|---|---|---|
| FLAG | PFLAG | GSAID | BSID | GTEKID | AKID | MIC |

其中：

——FLAG 字段长度为 1 个八位位组，高 4 位标识安全方法类别；

——PFLAG 字段长度为 1 个八位位组，表示该消息所属的协议类别，值为 0x41；

——GSAID 字段长度为 2 个八位位组，表示需要更新的 GKEK 所属的安全关联；

——BSID 字段长度为 6 个八位位组，表示 BS 的标志；

——GTEKID 字段长度为 1 个八位位组，表示需要更新的 GKEK 索引值，索引值最低 2 位有效，其他位为 0；

——AKID 字段长度为 1 个八位位组，表明该分组 MIC 字段所使用的 AK 的索引；

——MIC 字段长度为 32 个八位位组，表示该消息数据的完整性校验值，使用 AKID 对应的授权密钥 AK 导出的授权完整性密钥计算。

在 BS 的 GKEK 状态机指示当前 GKEK 需要更新时，BS 发送该分组通告 SS 开始更新 GKEK 密钥。

SS 通过 FLAG 字段和 PFLAG 字段确认接收到 BS 发送的消息为本方案的 GKEK 更新通告分组后，进行如下处理：

a) 用户设备使用 AKID 指向的完整性密钥使用本地的 BSID 重新计算 MIC，如果接收的 MIC 与本地计算的 MIC 不同，则忽略该分组，不进行任何处理；否则执行步骤 b)；

b) 检查 GSAID 是否是当前激活的安全连接，如果不是当前激活的安全连接，则忽略 GKEK 更新通告分组，不进行任何处理，否则执行 c)；

c) SS 构造 GKEK 请求分组,GKEK 请求分组的 GSAID 字段拷贝自通信密钥更新通告消息,GKEK 请求分组的 GTEKID 字段拷贝自通信密钥更新通告消息。

#### C.2.5.3 GKEK 请求分组

GKEK 请求分组数据字段格式如下表 C.14。

**表 C.14 GKEK 请求分组数据字段格式**

| FLAG | PFLAG | SSID | GSAID | AKID | GKEKID | N2SS | MIC |
|---|---|---|---|---|---|---|---|

其中:
——FLAG 字段长度为 1 个八位位组,高 4 位标识安全方法类别;
——PFLAG 字段长度为 1 个八位位组,表示该消息所属的协议类别,值为 0x42;
——SSID 字段长度为 6 个八位位组,表示用户设备的唯一标志符;
——GSAID 字段长度为 2 个八位位组,表示需要更新的 GKEK 安全关联;
——AKID 字段长度为 1 个八位位组,表示客户端当前使用的授权密钥索引值;
——GKEKID 字段长度为 1 个八位位组,表示需要更新的 GKEK 索引值,或者表示用户设备为该 GSAID 生成的新的 GKEK 索引值;
——N2SS 字段长度为 16 个八位位组,表示用户设备生成的 128 比特随机数;
——MIC 字段长度为 32 个八位位组,表示该消息数据的完整性校验值,使用 AKID 对应的授权密钥 AK 导出的授权完整性密钥计算。

在 SS 的 GKEK 状态机指示当前 GKEK 需要更新时,SS 构造并发送该分组请求 BS 传输新的 GKEK。或者在 SS 接收到 BS 的 GKEK 更新通告时,SS 构造上述分组。或者在 SS 状态机指示需要为某个 GSAID 申请 GKEK 密钥时,SS 构造上述分组。

BS 通过 FLAG 字段和 PFLAG 字段确认接收到 SS 发送的消息为本方案的 GKEK 请求分组后,进行如下处理:

a) 使用 AKID 指向的完整性密钥计算 MIC,重新计算接收的数据,如果校验通过,执行步骤 b);
b) 检查 SSID 是否是 BS 的当前连接用户,如果不是 BS 的当前连接用户,则忽略该分组,不进行任何处理;否则执行步骤 b);
c) 检查 GSAID 是否是 BS 与 SSID 激活的组播安全连接,如果是当前激活的安全连接则执行步骤 c),否则检查该 GSAID 是否属于该 SS 的授权安全连接,如果属于该 SSID 的授权安全连接,则执行步骤 c),否则忽略通信密钥更新通告分组,不进行任何处理;
d) 如果 BS 与 SSID 在 GSAID 确定的连接中不存在 GKEKID,则生成新的 GKEK,并使用通信密钥请求分组中用户设备生成的 GKEKID 指向,之后执行步骤 e);
e) BS 构造 GKEK 响应分组,其中的 SSID 字段、GSAID 字段、N2SS 字段拷贝自 GKEK 请求分组,N2BS 字段存放 BS 为该 SSID 更新 GKEK 期间生成的新的 N2BS 随机数,GKEKID 字段的值是 GKEK 请求分组的翻转值,Key 字段使用协商的组播通信密钥加密算法和 GKEK 响应分组中 AKID 字段指向的数据加密密钥加密,加密的内容为 BS 中该 SSID 的 GSAID 确定的连接中新生成的 GKEKM,密钥参数填充被加密的 GKEKM 的生命周期 KeyLife,MIC 字段使用被加密的 GKEK 推导的完整性密钥计算。

#### C.2.5.4 GKEK 响应分组

GKEK 响应分组数据字段格式见表 C.15。

**表 C.15　GKEK 响应分组数据字段格式**

| | | | | | | | |
|---|---|---|---|---|---|---|---|
| FLAG | | PFLAG | SSID | BSID | GSAID | GKEKID | AKID |
| N2SS | N2BS | Key | KeyLife | | | MIC | |

其中：

——FLAG 字段长度为 1 个八位位组，高 4 位标识安全方法类别；

——PFLAG 字段长度为 1 个八位位组，表示该消息所属的协议类别，值为 0x43；

——SSID 字段长度为 6 个八位位组，表示用户设备的唯一标志符；

——BSID 字段长度为 6 个八位位组，表示 BS 的唯一标志符；

——GSAID 字段长度为 2 个八位位组，表示需要更新的 GKEK 所属的安全关联；

——AKID 字段长度为 1 个八位位组，表示 BS 当前使用的授权密钥索引值；

——GKEKID 字段长度为 1 个八位位组，表示更新后的 GKEK 索引值；

——N2SS 字段长度为 16 个八位位组，表示用户设备生成的 128 比特随机数；

——N2BS 字段长度为 16 个八位位组，表示 BS 生成的 128 比特随机数；

——Key 字段长度为 16 个八位位组，表示加密新的 GKEKM 后生成的密文分组；

——KeyLife 字段长度为 4 个八位位组，表示与密钥对应的生命周期；

——MIC 字段长度为 32 个八位位组，表示该消息数据的完整性校验值，该字段使用 GKEKID 所指向的 GKEKM 推导的完整性密钥计算。

BS 接收到 GKEK 请求分组后，构造上述 GKEK 响应分组。

SS 通过 FLAG 字段和 PFLAG 字段确认接收到 BS 发送的消息为本方案的 GKEK 响应分组后，进行如下处理：

a) 使用 AKID 指向的密钥加密密钥解密 Key 字段的密文，获得新的 GKEKM。执行步骤 b)。

b) 使用新的 GKEKID 指向的 GKEKM 推导的完整性密钥，使用本地的 SSID，本地当前连接的 BSID，GKEK 请求分组中的 GSAID，GKEK 响应分组中的 AKID 和 GKEKID，本地的 N2SS，GKEK 响应分组中的 N2BS、Key 字段和 KeyLife 字段来重新计算 MIC 值，比较本地计算的 MIC 值与接收的 MIC 值是否相同，如果不同，忽略该分组，否则执行步骤 c)。

c) 构造 GKEK 确认分组，其中 BSID 为 SS 当前连接的 BS 标志，GSAID 与 GKEK 请求分组中的 SAID 相同，GKEKID 为指向新安装的 GKEK 的索引值，N2BS 拷贝自 GKEK 响应分组的 N2BS 字段，MIC 使用 GKEKID 指向的 GKEKM 推导的完整性密钥来计算。

d) 安装第 a)步获得的 GKEKM 和 KeyLife 字段的密钥生命周期参数以及 GKEKID 字段的 GKEKID 到本地 GKEKM 状态机，作为新的 GKEKM，设置当前的 GKEKM 作为旧的 GKEKM，并使用新的 GKEKM 的翻转值指向。此时用户设备继续使用旧的 GKEKM 推导的密钥材料解密，在解密完整性校验出错后使用新的 GKEKM 推导的密钥材料解密。

### C.2.5.5　GKEK 确认分组

GKEK 确认分组数据字段格式如下表 C.16。

**表 C.16　GKEK 确认分组数据字段格式**

| FLAG | PFLAG | BSID | SSID | GSAID | AKID | GKEKID | N2BS | MIC |
|---|---|---|---|---|---|---|---|---|

其中：

——FLAG 字段长度为 1 个八位位组，高 4 位标识安全方法类别；

——PFLAG 字段长度为 1 个八位位组，表示该消息所属的协议类别，值为 0x44；
——BSID 字段长度为 6 个八位位组，表示 BS 设备的唯一标志符；
——SSID 字段长度为 6 个八位位组，表示 BS 设备的唯一标志符；
——GSAID 字段长度为 2 个八位位组，表示需要更新的 GKEK 所属的安全关联；
——AKID 字段长度为 1 个八位位组，表示客户端当前使用的授权密钥索引值；
——GKEKID 字段长度为 1 个八位位组，表示 SS 当前使用的 GKEK 索引值；
——N2BS 字段长度为 16 个八位位组，该字段拷贝自 GKEK 响应分组的 N2BS 字段；
——MIC 字段长度为 32 个八位位组，表示该消息数据的完整性校验值，该字段使用 GKEKID 所指向的 GKEKM 推导的完整性密钥计算。

在 SS 处理完 BS 的 GKEK 响应分组后，SS 构造上述分组。

BS 通过 FLAG 字段和 PFLAG 字段确认接收到 SS 发送的消息为本方案的 GKEK 确认分组后，进行如下处理：

a) 使用接收的确认分组中 GKEKID 指向的 GKEKM 推导的出完整性密钥，使用本地的 BSID，GKEK 响应分组的 GSAID，本地 GKEKID 的翻转值，本地的 N2BS 计算 MIC 值，如果该值与 GKEK 确认分组中的 MIC 值不同，忽略该分组，否则执行步骤 b)；
b) 生成新的 GKEKM 替换该本地 GKEKID 指向的密钥材料，更新 GKEKID 为 GKEKID 的翻转值。

#### C.2.5.6 GTEK 请求分组

GTEK 请求分组数据字段格式见表 C.17。

**表 C.17 GTEK 请求分组数据字段格式**

| FLAG | PFLAG | SSID | GSAID | GKEKID | GTEKID | N3SS | MIC |
|---|---|---|---|---|---|---|---|

其中：
——FLAG 字段长度为 1 个八位位组，高 4 位标识安全方法类别；
——PFLAG 字段长度为 1 个八位位组，表示该消息所属的协议类别，值为 0x51；
——SSID 字段长度为 6 个八位位组，表示用户设备的唯一标志符；
——GSAID 字段长度为 2 个八位位组，表示需要更新的 GTEK 所属安全关联；
——GKEKID 字段长度为 1 个八位位组，表示客户端当前使用的 GKEK 索引值；
——GTEKID 字段长度为 1 个八位位组，表示需要更新的 GTEK 索引值，或者表示用户设备为该 SAID 生成的新的 GTEK 索引值；
——N3SS 字段长度为 16 个八位位组，表示用户设备生成的 128 比特随机数；
——MIC 字段长度为 32 个八位位组，表示该消息数据的完整性校验值，该字段使用 GKEKID 所指示的 GKEKM 推导的完整性密钥计算。

在 SS 的 GTEK 状态机指示当前 GKEK 需要更新时，SS 构造并发送该分组请求 BS 传输新的 GTEK。或者在 SS 状态机指示需要为某个 GSAID 申请 GTEK 密钥时，SS 构造上述分组。

BS 通过 FLAG 字段和 PFLAG 字段确认接收到 SS 发送的消息为本方案的 GTEK 请求分组后，进行如下处理：

a) 使用 GKEKID 指向的 GKEKM 推导的完整性密钥 GKIK 计算 MIC，重新计算接收的数据，如果校验通过，执行步骤 b)；
b) 检查 SSID 是否是 BS 的当前连接用户，如果不是 BS 的当前连接用户，则忽略该分组，不进行任何处理；否则执行步骤 c)；

c) 检查 GSAID 是否是 BS 与 SSID 激活的组播安全连接，如果是当前激活的安全连接则执行步骤 d)，否则检查该 GSAID 是否属于该 SS 的授权安全连接，如果属于该 SSID 的授权安全连接，则执行步骤 d)，否则忽略 GTEK 请求分组，不进行任何处理；

d) 如果 BS 与 SSID 在 GSAID 确定的连接中不存在 GTEKID，则生成新的 GTEK，并使用 GTEK 请求分组中用户设备生成的 GTEKID 指向，之后执行步骤 e)；

e) BS 构造 GTEK 响应分组，其中的 SSID 字段、GSAID 字段、GKEKID 字段、N3SS 字段拷贝自 GTEK 请求分组，GTEKID 字段的值是 GTEK 请求分组的翻转值，Key 字段使用协商的通信密钥加密算法和 GTEK 请求分组中 GKEKID 字段指向的数据加密密钥 GKEK 加密，加密的内容为 BS 中该 SSID 的 GSAID 确定的连接中新生成的 GTEK，密钥参数填充被加密的 GTEK 的生命周期 KeyLife，MIC 字段使用被加密的 GTEK 推导的完整性密钥计算。

#### C.2.5.7 GTEK 响应分组

GTEK 响应分组数据字段格式见表 C.18。

**表 C.18 GTEK 响应分组数据字段格式**

<table>
<tr><td>FLAG</td><td>PFLAG</td><td>SSID</td><td>BSID</td><td>GSAID</td><td>GKEKID</td></tr>
<tr><td>GTEKID</td><td>N3SS</td><td>Key</td><td colspan="2">KeyLife</td><td>MIC</td></tr>
</table>

其中：

——FLAG 字段长度为 1 个八位位组，高 4 位标识安全方法类别；

——PFLAG 字段长度为 1 个八位位组，表示该消息所属的协议类别，值为 0x52；

——SSID 字段长度为 6 个八位位组，表示用户设备的唯一标志符；

——BSID 字段长度为 6 个八位位组，表示 BS 的唯一标志符；

——GSAID 字段长度为 2 个八位位组，表示需要更新的 GTEK 所属的安全关联；

——GKEKID 字段长度为 1 个八位位组，表示 BS 当前使用的 GKEK 索引值；

——GTEKID 字段长度为 1 个八位位组，表示更新后的 GTEK 索引值，索引值最低 2 位有效，其他位为 0；

——N3SS 字段长度为 16 个八位位组，表示用户设备生成的 128 比特随机数；

——Key 字段长度为 16 个八位位组，表示加密新的 GTEK 后生成的密文分组，使用的加密密钥由 GKEKID 指向；

——KeyLife 字段长度为 4 个八位位组，表示与密钥对应的生命周期；

——MIC 字段长度为 32 个八位位组，表示该消息数据的完整性校验值，该字段使用 GTEKID 所指向的 GTEKM 推导的完整性密钥计算。

BS 接收到 GTEK 请求分组后，构造上述 GTEK 响应分组。

SS 通过 FLAG 字段和 PFLAG 字段确认接收到 BS 发送的消息为本方案的 GTEK 分组后，进行如下处理：

a) 使用 GKEKID 指向的密钥加密密钥解密 Key 字段的密文，获得新的 GTEK，解密完整性校验出错则忽略该密文分组，否则执行步骤 b)。

b) 使用新的 GTEKID 指向的 GTEKM 推导的完整性密钥，使用本地的 SSID，本地当前连接的 BSID，GTEK 请求分组中的 GSAID，GTEK 请求分组中的 GKEKID 和 GTEKID，本地的 N3SS，GTEK 响应分组中的 Key 字段和 KeyLife 字段来重新计算 MIC 值，比较本地计算的 MIC 值与接收的 MIC 值是否相同，如果不同，忽略该分组，否则执行步骤 c)。

c) 安装第 a)步获得的 GTEK 和 KeyLife 字段的密钥生命周期参数以及 GTEKID 字段的

GTEKID 到本地 GTEK 状态机,作为新的 GTEK。设置当前的 GTEK 作为旧的 GTEK,并使用新的 GTEKID 的翻转值指向。此时用户设备继续使用旧的 GTEK 解密,在解密完整性校验出错后使用新的 GTEK。

### C.2.5.8 GTEK 组内广播分组

GTEK 组内广播分组数据字段格式见表 C.19。

**表 C.19 GTEK 组内广播分组数据字段格式**

<table>
<tr><td colspan="2">FLAG</td><td>PFLAG</td><td colspan="2">BSID</td><td colspan="2">GSAID</td><td>GKEKID</td><td>GTEKID</td></tr>
<tr><td>Counter</td><td>N3SS</td><td colspan="2">Key</td><td colspan="3">KeyLife</td><td colspan="2">MIC</td></tr>
</table>

其中:

——FLAG 字段长度为 1 个八位位组,高 4 位标识安全方法类别;

——PFLAG 字段长度为 1 个八位位组,表示该消息所属的协议类别,值为 0x61;

——BSID 字段长度为 6 个八位位组,表示 BS 的唯一标志符;

——GSAID 字段长度为 2 个八位位组,表示需要更新的 GTEK 所属的安全关联;

——GKEKID 字段长度为 1 个八位位组,表示 BS 当前使用的 GKEK 索引值;

——GTEKID 字段长度为 1 个八位位组,表示更新后的 GTEK 索引值,索引值最低 2 位有效,其他位为 0;

——Counter 字段长度为 32 个八位位组,表示 BS 为该 GSAID 发送组播 GTEK 更新消息的计数值,每发送一次更新消息,该计数值增加 1;

——N3SS 字段长度为 16 个八位位组,表示用户设备生成的 128 比特随机数;

——Key 字段长度为 16 个八位位组,表示利用协商的密码算法加密新的 GTEK 后生成的密文字段,使用的加密密钥由 GKEKID 指向;

——KeyLife 字段长度为 4 个八位位组,表示与密钥对应的生命周期;

——MIC 字段长度为 32 个八位位组,表示该消息数据的完整性校验值,该字段使用 GKEKID 所指示的 GKEKM 推导的完整性密钥计算。

BS 的 GTEK 状态机触发 GTEK 更新后,构造上述 GTEK 响应分组。

SS 通过 FLAG 字段和 PFLAG 字段确认接收到 BS 发送的消息为本方案的 GTEK 组内 GTEK 广播分组后,进行如下处理:

a) 检查 GSAID 是否是当前激活的 GSAID 中的一个,如果是则执行步骤 b),否则忽略该分组。

b) 在该 GSAID 确定的连接中,使用 GKEKID 指向的密钥加密密钥解密 Key 字段的密文,获得新的 GTEK。解密完整性校验出错则忽略该密文分组,否则执行步骤 c)。

c) 使用 GKEKID 指向的 GKEKM 推导的完整性密钥,本地当前连接的 BSID, GTEK 请求分组中的其他字段来重新计算 MIC 值,比较本地计算的 MIC 值与接收的 MIC 值是否相同,如果不同,忽略该分组,否则执行步骤 d)。

d) 比较本地的 Counter 字段与接收的 Counter 字段的值,如果本地的 Counter 字段小,则执行步骤 e),否则忽略该分组。

e) 安装第 b)步获得的 GTEK 和 KeyLife 字段的密钥生命周期参数以及 GTEKID 字段的 GTEKID 到本地 GTEK 状态机,作为新的 GTEK。设置当前的 GTEK 为旧的 GTEK,并使用新的 GTEKID 的翻转值指向。此时用户设备继续使用旧的 GTEK 解密,在解密完整性校验出错后使用新的 GTEK。

# 附　录　D
（资料性附录）
# 局域网媒体访问控制技术

## D.1　范围

本附录规定了基于TePA的有线局域网媒体访问控制安全TLSec(TePA-based wired LAN MAC Security)技术的整体方案，主要涉及基于TePA的局域网鉴别协议TLA(TePA-based LAN Authentication Protocol)以及基于TLA协议的局域网保密通信协议TLP(TLA-based LAN Privacy Protocol)。TLA协议为有线局域网节点合法访问提供保障，TLP协议为有线局域网节点之间保密数据通信提供保障。

本附录适用于有线局域网，为有线局域网客户端和网络控制(交换)设备提供媒体访问控制层安全接入控制和保密通信功能。本附录适用于具有安全增强功能的有线局域网媒体访问控制产品的开发、生产。

## D.2　概述

本附录旨在解决有线局域网MAC层安全问题，TLSec是一种基于三元对等鉴别的局域网媒体访问控制安全技术，该技术具备如下特点：

a)　可实现用户与网络接入控制设备之间的直接身份鉴别；
b)　可实现用户与网络接入控制设备之间的预共享密钥鉴别；
c)　可实现用于链路层数据保护的密钥的协商及动态更新管理；
d)　可保障数据的机密性、完整性、源鉴别及防重放；
e)　支持企业网、电信网等多种网络架构；
f)　具有高度可扩展性，支持多种鉴别方法；
g)　采用对等思想，具有普适应性；
h)　最大化利用了现有协议，如X.509等；
i)　协议的子模块相互独立、灵活，便于取舍。

## D.3　安全策略整体方案

### D.3.1　系统实体

本附录定义了一种三实体三元结构，见图D.1。基于对等控制思想，可完成用户与网络之间直接的对等双向鉴别，为有线客户端和网络控制(交换)设备提供安全的接入控制与高强度的保密通信功能。根据用户或设备身份ID(Identity)，利用鉴别服务器AS(Authentication Server)对网络客户端(或端口)和局域网控制设备(或端口)进行鉴别，该鉴别被称为“端口级别的鉴别”。通过这种鉴别可提供自动的用户与网络身份识别，可实现集中鉴别、密钥管理和LAN连接配置等功能。

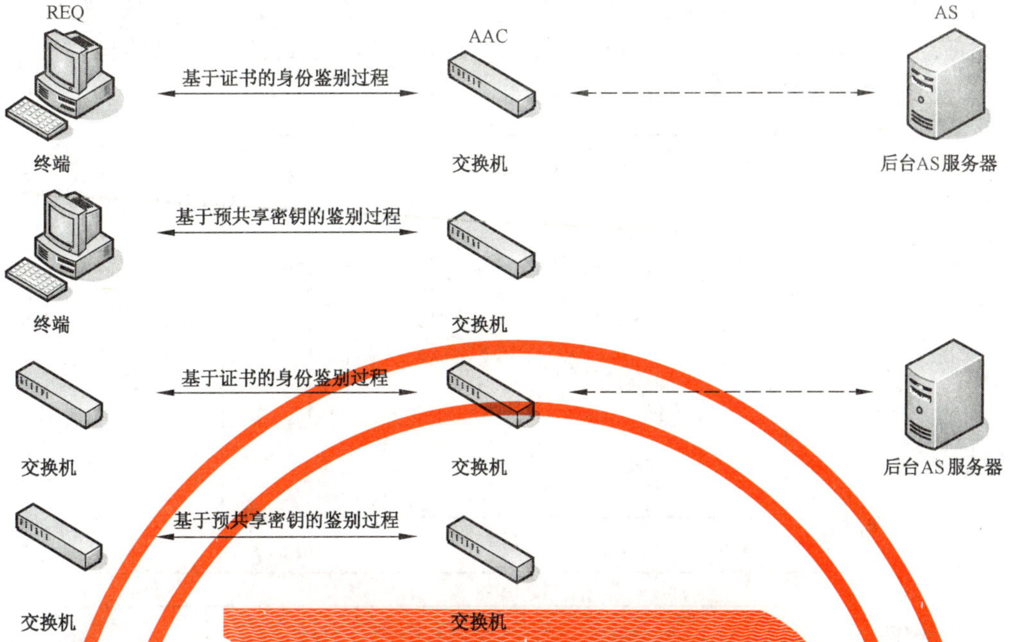


图 D.1　三元架构示意图

本附录中的系统包括三个实体部分：

a) 请求者 REQ(Requester)：是位于局域网链路一端的实体，由连接到该链路另一端的鉴别服务器对其进行鉴别。REQ 通常驻留在用户终端或网络接入、控制和交换设备上，用户通过启动客户端软件发起鉴别过程。

b) 鉴别访问控制器 AAC(Authentication Access Controller)：通过链路另一端的鉴别服务器对连接到链路对端的 REQ 进行鉴别，也可通过该鉴别服务器完成 REQ 对其的鉴别。AAC 通常驻留在网络接入、控制或交换等设备上，如访问控制器、交换机等，为 REQ 提供服务端口，该端口可以是物理端口也可以是逻辑端口。

c) 鉴别服务器 AS(Authentication Server)：为 REQ 和 AAC 提供鉴别服务，是二者所信任的第三方实体。

其中鉴别访问控制器实体和请求者实体都称为鉴别子系统。

### D.3.2　系统端口

请求者 REQ 和鉴别访问控制器 AAC 驻留的设备均提供两种访问 LAN 的逻辑通道，定义为两类端口，即受控端口与非受控端口。它们是系统和链路的连接点上建立的两个不同的访问点。鉴别子系统中的受控端口和非受控端口见图 D.2。

非受控端口，不论授权状态如何，允许链路上的系统之间不受控地交换数据包；受控端口，只有处于授权状态，才允许交换数据包。非受控端口和受控端口是同一连接点的两个部分，从物理连接点得到的数据帧会被它们同时得到。

系统与链路的连接点可以是物理端口，也可以是逻辑端口，该端口提供到其他系统的一对一连接。在交换的 LAN 中，该连接点可以通过 MAC 地址实现，MAC 地址使鉴别访问控制器和请求者之间一对多的关系成为可能。

受控端口和非受控端口是逻辑概念，它将数据流进行了分类。管理和控制流可以通过非受控端口，信息流则通过受控端口，在不影响系统通信管理的前提下，通过受控端口对信息流进行控制。

非受控端口允许管理和控制数据在 LAN 中传送，该传送过程不受当前鉴别状态的限制。对于受控端口，只有当该端口的鉴别状态为已鉴别时，才允许用户数据通过。受控端口和非受控端口可以是连接到同一物理端口的两个逻辑端口，所有通过物理端口的数据都可以到达受控端口和非受控端口，此时根据鉴别状态决定数据的实际流向(受控端口或非受控端口)。

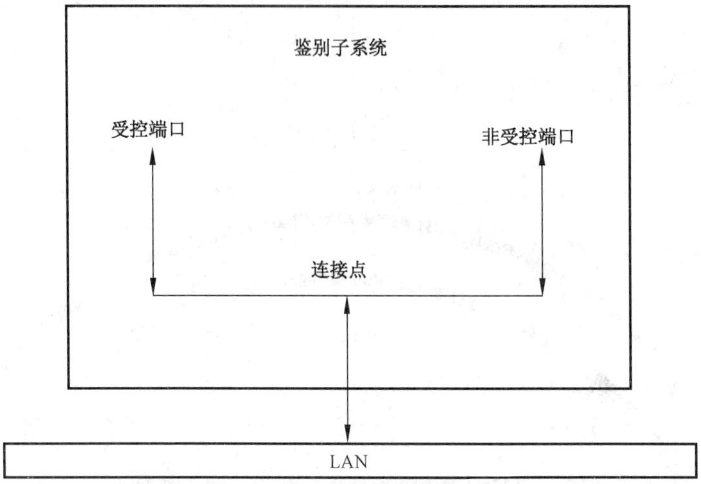


**图 D.2 鉴别子系统示意图**

受控端口具有两种不同的鉴别状态：On 和 Off，分别允许或拒绝受控端口的协议数据单元 MPDU (MAC Protocol Data Unit)通过，其中 On 表示端口状态为已鉴别，Off 表示端口状态为未鉴别，见图 D.3。在鉴别子系统 1 中，受控端口鉴别状态是未鉴别，此时受控端口拒绝通过任何数据；在鉴别子系统 2 中，受控端口鉴别状态是已鉴别，受控端口允许 MPDU 通过。

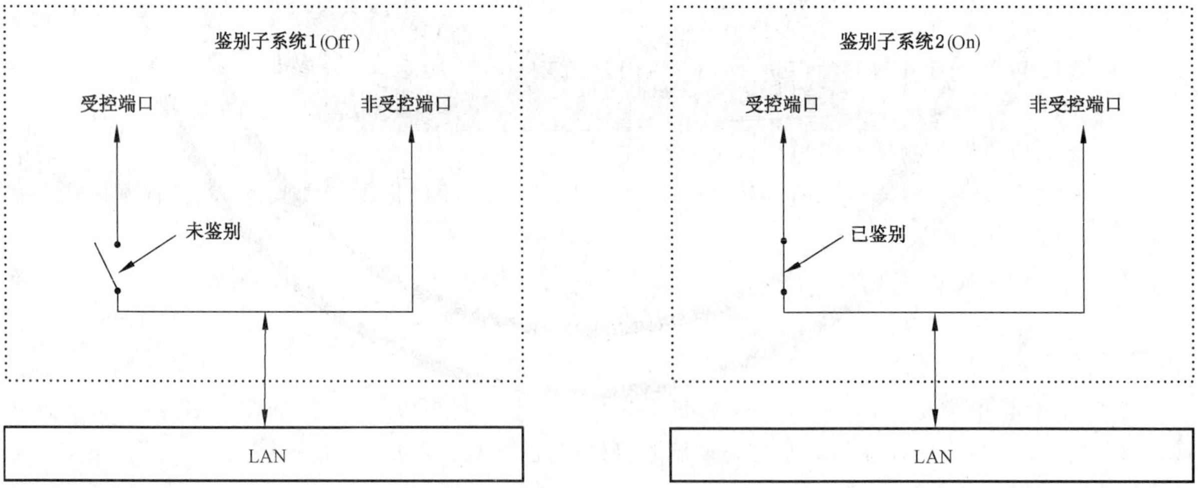


**图 D.3 受控端口的鉴别状态**

系统的每一个受控端口状态由系统鉴别控制参数 AuthControlledPortStatus 确定。系统鉴别控制参数的值为“启动鉴别”或“不启动鉴别”。如果系统鉴别控制参数设置为“不启动鉴别”时，所有的受控端口的鉴别控制状态为“已鉴别”；如果系统鉴别控制参数设置为“启动鉴别”，系统的每一个受控端口的鉴别状态由鉴别控制类型 AuthControlledPortControl 决定，鉴别控制类型取值如下：

a) 强制非鉴别：鉴别访问控制器实体强制某一个受控端口的状态为未鉴别，即无条件指定受控端口状态为“未鉴别”(即不允许通过该受控端口传送数据)；

b） 自动：是指根据鉴别访问控制器和请求者实体之间通过鉴别服务实体相互鉴别的结果来设定受控端口状态（只有鉴别通过才可通过受控端口传送数据）。

除鉴别数据外，系统中 REQ 与 AAC 之间的网络协议数据交换是通过受控端口来实现的。受控端口和非受控端口的逻辑结构图见图 D.4，系统中受控端口的鉴别状态是由鉴别访问控制器根据 AS 对 REQ 的鉴别结果来设定的。

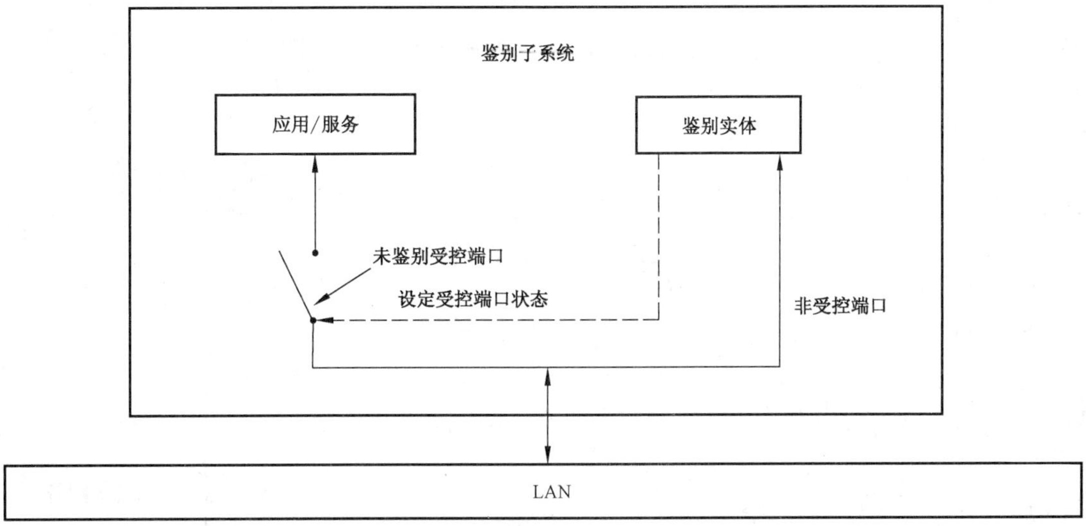


图 D.4 受控端口和非受控端口的用法

请求者、鉴别访问控制器和鉴别服务器之间的关系及信息交换过程见图 D.5。在该图中，鉴别访问控制器和请求者的受控端口均处于未鉴别状态，拒绝数据通过受控端口。AAC 与 AS 之间不需要专用网络。

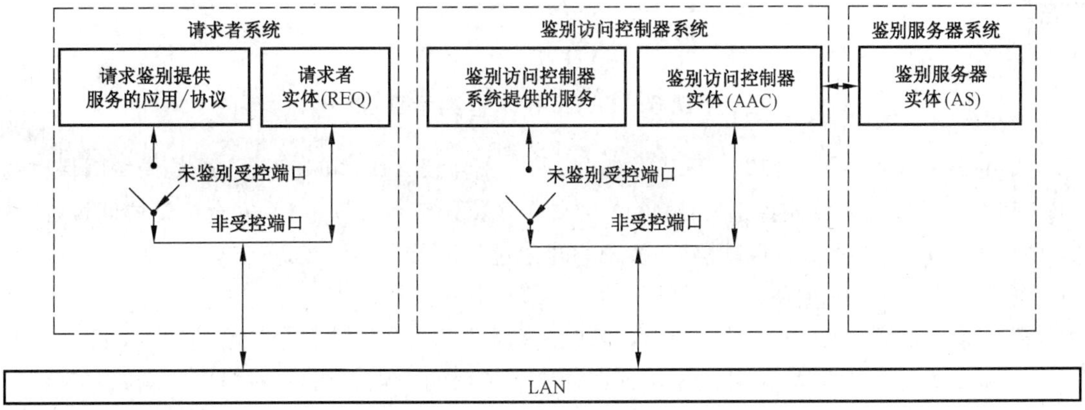


图 D.5 鉴别系统结构

### D.3.3 系统安全策略

在 LAN 系统中，REQ 驻留在用户终端或交换设备上，AAC 驻留在交换设备上，AS 可驻留在局域网交换设备上或局域网服务器上，也可以驻留在 Internet 中的服务器上。若存在多个交换设备，则用户终端作为 REQ 所对应的 AAC 驻留的交换设备应为距用户最近的交换设备。在 LAN 系统中，存在多级交换设备时，交换设备之间的安全性保障可采用本协议在网络初始化运行时进行保护，完成合法性确认，但考虑到数据传输的效率，建议：

a） 在一般网络应用中，交换设备之间，即网络基础设施之间进行身份合法性验证，交换设备和用户终端之间进行身份合法性验证，可以不需要数据加密传输；

b） 在专网或安全等级要求较高的网络中，除交换设备、交换设备和用户之间完成身份认证之外，还需进行用户数据传输的加密保护。

鉴别系统中，REQ 和 AAC 所驻留设备的每个物理端口内部都包含有受控端口和非受控端口。非受控端口始终处于双向连通状态，主要用来传递 TAEPoL 协议帧，可随时保证接收 REQ 和 AAC 实体发出的 TAEPoL 封装的鉴别分组，受控端口只有在鉴别通过的状态下才打开，用于传递网络资源和服务，即收发非 TAEPoL 的其他协议数据。

TLSec 技术框架示意图见图 D.6。

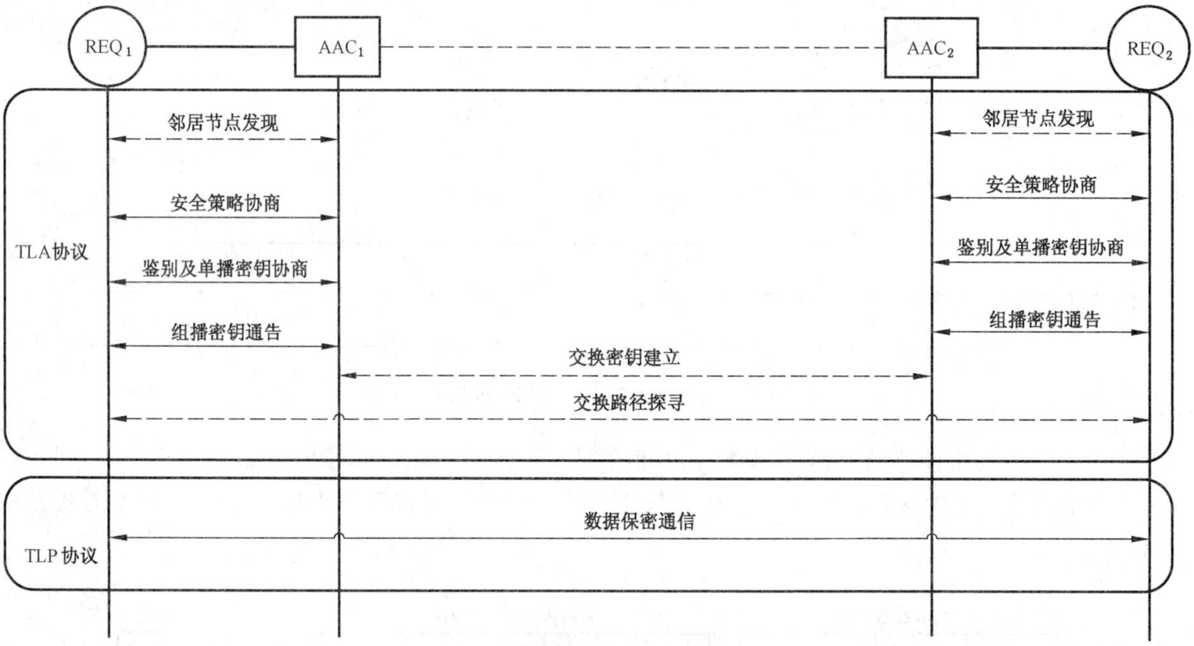


**图 D.6 TLSec 技术框架示意图**

TLSec 主要包含两个协议：基于 TePA 的局域网鉴别协议 TLA 和基于 TLA 的局域网保密通信协议 TLP。基于 TePA 的局域网鉴别协议 TLA 主要包含邻居节点发现过程、安全策略协商过程、鉴别及单播密钥协商过程、组播密钥通告过程、交换密钥建立过程以及交换路径探寻过程。其中：

a） 邻居节点过程，在第 7 章进行介绍，实现了节点获得邻居节点信息；

b） 安全策略协商，在第 8 章进行介绍，实现对鉴别与密钥套件等安全策略的协商，TLA 支持两种鉴别和密钥管理方法，一种是基于证书的鉴别和密钥管理方法，一种是基于预共享密钥的鉴别和密钥管理方法；

c） 鉴别和单播密钥协商，在第 9 章进行介绍，根据安全策略协商所选择的套件进行鉴别并建立相邻节点之间的安全路径；

d） 组播密钥通告，在第 10 章进行介绍，实现了局域网组播密钥的发放；

e） 站间密钥建立，在第 11 章进行介绍，为需要建立站间密钥的用户终端建立安全路径；

f） 交换密钥建立，在第 12 章进行介绍，为局域网所有交换设备建立两两之间的安全路径；

g） 交换路径探寻，在 13.1 进行介绍，建立发送节点到目的节点之间的保密通信连接，获得交换路径信息，用于后续的数据保密通信过程。

基于 TLA 的局域网保密通信协议 TLP 主要包含数据保密通信过程，在第 13 章进行介绍，该保密通信过程使用 TLA 过程建立好的密钥及得到的交换路径信息来保证局域网节点之间的数据通信的机密性。

TLSec 中的 TLA 将构建一种三段式的安全网络架构(例如 $REQ_1$ 与 $AAC_1$ 之间的安全链路、$AAC_1$ 与 $AAC_2$ 之间的安全链路以及 $AAC_2$ 与 $REQ_2$ 之间的安全链路)。TLP 就是根据得到的交换路径信息,选择合适的三段式安全路径,采取一种三段式的加密模式实现数据的保密传输。

### D.3.4 安全关联的管理

#### D.3.4.1 安全关联的定义

安全关联是一组用来保护信息的策略和密钥,TLSec 中包含 6 种安全关联:

——BKSA:基密钥安全关联,是证书鉴别过程完成后或通过预共享密钥信息得到的结果;

——USKSA:单播会话密钥安全关联,单播密钥协商的结果;

——MSKSA:组播会话密钥安全关联,组播密钥通告的结果;

——STAKeySA:站间密钥安全关联,站间密钥通告的结果;

——SWBKSA:交换基密钥安全关联,交换基密钥通告的结果;

——SWkeySA:交换密钥安全关联,交换密钥协商的结果。

**BKSA**

BKSA 是双向的,当证书鉴别过程成功或设置了预共享密钥,BKSA 在 AAC 或 REQ 中创建。BKSA 用来创建 USKSA,BKSA 在它的生存期内被缓存。它包含以下内容:

——BKID,标识 BKSA;

——REQ 的 MAC 地址;

——AAC 的 MAC 地址;

——BK;

——生存期;

——AKM;

——其他安全参数(可选)。

**USKSA**

USKSA 是单播密钥协商的结果,它是双向的。USKSA 是基于 BK 协商的,在生存期中被缓存。对于每一对 AAC 和 REQ,最多只有两个 USKSA。一般只有一个 USKSA 处于有效状态,但在密钥更新时,会有两个 USKSA 处于有效状态,在接收到使用新 USKSA 加密的单播数据 MPDU 时,旧 USKSA 被置为无效状态。当新的 USKSA 处于有效状态时,旧的 USKSA 立刻处于无效状态。

USKSA 包含以下内容:

——USKID;

——AAC 的 MAC 地址;

——REQ 的 MAC 地址;

——USK;

——生存期;

——选择的单播密码套件;

——其他安全参数,比如重放计数器等。

**MSKSA**

MSKSA 是组播密钥通告的结果。MSK 是由 AAC 通告给 REQ 的,在生存期中被缓存。MSK 最多只有两个 MSKSA。一般只有一个 MSKSA 处于有效状态,但在密钥更新时,会有两个 MSKSA 处于有效状态,在接收到使用新 MSKSA 加密的广播/组播 MPDU 后,旧的 MSKSA 才被置为无效状态。一个 MSKSA 包含以下内容:

——MSKID；

——REQ 的 MAC 地址；

——MSK；

——生存期；

——选择的组播密码套件；

——其他安全参数(可选)。

**STAKeySA**

STAKeySA 是 STAKey 协商的结果，它是双向的。一个 STAKeySA 包含以下内容：

——STAKeyID；

——本端 STA 的 MAC 地址；

——对端 STA 的 MAC 地址。

——STAKey；

——生存期；

——采用的单播密码套件(采用交换设备通告的组播密码套件)；

——其他安全参数(可选)。

**SWBKSA**

SWBKSA 是 SWBK 交换基密钥通告的结果或设置了预共享交换基密钥后在交换设备中创建，它是双向的。SWBKSA 用来创建 SWkeySA，SWBKSA 在它的生存期内被缓存。它包含以下内容：

——SWBKID，标识 SWBKSA；

——本端 SW 的 MAC 地址；

——对端 SW 的 MAC 地址；

——SWBK；

——生存期；

——其他安全参数(可选)。

**SWKeySA**

SWKeySA 是交换密钥 SWkey 协商的结果，它是双向的。SWkeySA 是基于 SWBK 协商的，在生存期中被缓存。对于每一对 $SW_1$ 和 $SW_2$，最多只有两个 SWkeySA。一般只有一个 SWkeySA 处于有效状态，但在密钥更新时，会有两个 SWkeySA 处于有效状态，在接收到使用新 SWkeySA 加密的单播数据 MPDU 时，旧 SWkeySA 被置为无效状态。当新的 SWkeySA 处于有效状态时，旧的 SWkeySA 立刻处于无效状态。

SWkeySA 包含以下内容：

——SWkeyID；

——本端 SW 的 MAC 地址；

——对端 SW 的 MAC 地址；

——SWkey；

——生存期；

——支持的多播密码套件；

——其他安全参数，比如重放计数器。

#### D.3.4.2 安全关联的删除

当 STA/SW 收到关联、重新关联、解除关联、链路验证、解除链路验证的原语，或当它相信它已经断开和另一个 SW/STA 的连接后，它将删除一些安全关联。

STA 将删除 USKSA、MSKSA、STAkeySA；SW 将删除 USKSA、SWBKSA、SWkeySA。

若某个安全关联的生存期到期或处于无效状态，该安全关联将被删除。STA 基于自己的管理策略，可以使某些安全关联处于无效状态。

## D.4 TLSec 协议帧结构

### D.4.1 TLA 协议分组中字段固定格式

#### D.4.1.1 标识 TAEP_FLAG

标识 TAEP_FLAG 固定格式见图 D.7。

| | |
|---|---|
| | TAEP_FLAG |
| 八位位组数： | 1 |

图 D.7 标识 TAEP_FLAG 固定格式

具体每个比特代表的意义见图 D.8。

| B0 | B1 | B2 | B3 | B4～B7 |
|---|---|---|---|---|
| BKUpdate | PreAuth | CertVerifyReq | Opt | Reserved |

图 D.8 标识 TAEP_FLAG 比特位意义

其中：

——BK 更新标识 BKUpdate：表示是否为 BK 更新过程。如果是 BK 更新过程，此比特位置 1，否则置 0；

——预鉴别标识 PreAuth：表示是否为预鉴别过程。如果是预鉴别过程，此比特位置 1，否则置 0；

——证书验证请求标识 CertVerifyReq：表示 REQ 是否请求 AS 对 AAC 进行证书验证；如果需要请求证书验证，此比特位置 1，否则置 0；

——可选字段标识 Opt：表示此分组是否含有可选字段；如果含有可选字段，此比特位置 1，否则置 0；

——保留 Reserved：供以后扩展使用。

#### D.4.1.2 鉴别标识 SNonce

鉴别标识 SNonce 固定格式见图 D.9。

| | |
|---|---|
| | SNonce |
| 八位位组数： | 32 |

图 D.9 鉴别标识 SNonce 固定格式 1

其中：

——鉴别标识 SNonce 字段：长度为 32 个八位位组，表示一个整数，用于鉴别更新时双方的同步锁定。

#### D.4.1.3 随机数 N

随机数 N 固定格式见图 D.10。

| | |
|---|---|
| | N |
| 八位位组数: | 32 |

图 D.10　随机数 N 固定格式

其中：

——随机数 N 字段，长为 32 个八位位组，是由随机数生成算法生成的一个整数，也称为本地询问，即本地生成的随机数。

#### D.4.1.4　身份 ID

身份 ID 固定格式见图 D.11。

| | | | |
|---|---|---|---|
| | ID_Id | ID_Length | ID_Data |
| 八位位组数: | 2 | 2 | 可变 |

图 D.11　身份 ID 固定格式

其中：

——身份标识 ID_Id 字段：表示身份类型，长度为 2 个八位位组。身份标识：1 表示该字段的身份数据 ID_Data 字段：由 X.509 v3 证书的持有者名称、颁发者名称、序列号字段组成；其他值保留。

——身份长度 ID_Length 字段：长度为 2 个八位位组，标识身份数据字段的八位位组数。

——身份数据 ID_Data 字段：为从证书中提取出的持有者名称 ID_DataHolder、颁发者名称 ID_DataLicensor、序列号字段 ID_DataSN。身份数据字段定义见图 D.12。

| | | | |
|---|---|---|---|
| | ID_DataHolder | ID_DataLicensor | ID_DataSN |
| 八位位组数: | 可变 | 可变 | 4 |

图 D.12　身份数据 ID_Data 字段定义

其中：

——持有者名称 ID_DataHolder 字段：由长度字段与内容字段组成，其中长度字段为 2 个八位位组，表示内容字段的八位位组数；

——颁发者名称 ID_DataLicensor 字段：由长度字段与内容字段组成，其中长度字段为 2 个八位位组，表示内容字段的八位位组数；

——序列号 ID_DataSN 字段：长度为 4 个八位位组，表示一个整数。

#### D.4.1.5　证书 Cert

证书 Cert 固定格式见图 D.13。

| | | | |
|---|---|---|---|
| | Cert_Id | Cert_Length | Cert_Data |
| 八位位组数: | 2 | 2 | 可变 |

图 D.13　证书 Cert 固定格式

其中：

——证书标识 Cert_Id 字段：表示证书类型，长度为 2 个八位位组。证书标识定义：1 表示该字段的证书数据为 X.509 v3 证书;其他值保留。

——证书长度 Cert_Length 字段:为证书数据字段的八位位组数。

——证书数据 Cert_Data 字段:为该属性字段的内容。

#### D.4.1.6 ECDH 参数 $Para_{ECDH}$

ECDH 参数 $Para_{ECDH}$ 固定格式见图 D.14。

| | $Para_{ECDH}$_Id | $Para_{ECDH}$_Length | $Para_{ECDH}$_Info |
|---|---|---|---|
| 八位位组数: | 2 | 2 | 可变 |

图 D.14 ECDH 参数 $Para_{ECDH}$ 固定格式

其中:

——参数标识 $Para_{ECDH}$_Id 字段:表示参数类型。

参数标识为 1 时,参数内容以 OID 方式表示,参数长度字段表示参数内容的八位位组数,参数内容为 OID 编码。本标准采用值为 1.2.156.11235.1.1.2.1 的 OID 表示国家密码管理局批准的 ECC 域参数,OID 编码采用 ASN.1/DER。

参数标识其他值保留。

——参数长度 $Para_{ECDH}$_Length 字段:表示参数内容的八位位组数。

——参数内容 $Para_{ECDH}$_Info 字段:为 OID 编码。

#### D.4.1.7 数字签名 Sig

数字签名 Sig 固定格式见图 D.15。

| | ID | Sig_Alg | Sig_Val |
|---|---|---|---|
| 八位位组数: | 可变 | 可变 | 可变 |

图 D.15 数字签名 Sig 固定格式

其中:

——身份 ID 字段:定义见 D.4.1.4。

——签名算法 Sig_Alg 字段:定义见图 D.16。

| | Sig_AlgLength | Sig_AlgHASH | Sig_AlgId | Sig_AlgPara |
|---|---|---|---|---|
| 八位位组数: | 2 | 1 | 1 | 可变 |

图 D.16 签名算法 Sig_Val 字段定义

其中:

- 长度 Sig_AlgLength 字段:为 2 个八位位组,表示签名算法标识、杂凑算法标识及参数的总长度。
- 签名算法标识 Sig_AlgId 字段,定义如下:
  - 1 表示 256 位的椭圆曲线数字签名算法,即 ECDSA-256;
  - 2 表示 384 位的椭圆曲线数字签名算法,即 ECDSA-384;
  - 3 表示 192 位的椭圆曲线数字签名算法,即 ECDSA-192;
  - 其他值保留。

- 杂凑算法标识 Sig_AlgHASH 字段，定义如下：
  - ◆ 1 表示 SHA-256 杂凑算法；
  - ◆ 其他值保留。
- 参数 Sig_AlgPara 字段：表示签名算法的参数，定义如 D.4.1.6。

——签名值 Sig_Val 字段：定义见图 D.17。

| | Sig_ValLength | Sig_ValInfo |
|---|---|---|
| 八位位组数： | 2 | 可变 |

**图 D.17　2 签名值 Sig_Val 字段定义**

其中：

- 签名长度 Sig_ValLength 字段：为 2 个八位位组，表示内容子字段的八位位组数；
- 签名内容 Sig_ValInfo 字段：为签名的值，将签名结果转化成的八位位组串。

### D.4.1.8　MAC 地址

MAC 地址固定格式见图 D.18。

| | MAC |
|---|---|
| 八位位组数： | 6 |

**图 D.18　MAC 地址固定格式**

其中：

MAC 地址字段：表示实体的 MAC 地址，长为 6 个八位位组。

### D.4.1.9　地址索引 ADDID

地址索引 ADDID 固定格式见图 D.19。

| | $MAC_1$ | $MAC_2$ |
|---|---|---|
| 八位位组数： | 6 | 6 |

**图 D.19　地址索引 ADDID 固定格式**

其中：

MAC 地址字段：表示实体的 MAC 地址，长为 6 个八位位组。

### D.4.1.10　消息鉴别码 MIC

消息鉴别码 MIC 固定格式见图 D.20。

| | MIC |
|---|---|
| 八位位组数： | 20 |

**图 D.20　消息鉴别码 MIC 固定格式**

其中：

消息鉴别码 MIC 字段：长度为 20 个八位位组，具体计算方法，在各分组内进行介绍。

#### D.4.1.11 证书验证结果 RES

证书验证结果 RES 固定格式见图 D.21。

<table>
<tr><td colspan="2">RES_Length(2)</td></tr>
<tr><td colspan="2">$N_1$(32)</td></tr>
<tr><td colspan="2">$N_2$(32)</td></tr>
<tr><td>$RES\_Result_1$(1)</td><td>$Cert_1$(可变)</td></tr>
<tr><td>$RES\_Result_2$(1)</td><td>$Cert_2$(可变)</td></tr>
<tr><td colspan="2">注:括号内单元为八位位组数。</td></tr>
</table>

**图 D.21 证书验证结果 RES 固定格式**

其中:

——长度 RES_Length 字段:为后面随机数,验证结果和证书的总长度。

——一次性随机数 N 字段:定义如 D.4.1.3。

——验证结果 RES_Result 字段:表示证书的验证结果,长为 1 个八位位组,验证结果定义见表 D.1。

**表 D.1 验证结果字段定义表**

| | |
|---|---|
| 0 | 表示证书有效 |
| 1 | 表示证书的颁发者不明确 |
| 2 | 表示证书基于不可信任的根证书 |
| 3 | 表示证书未到生效期或已过期 |
| 4 | 表示签名错误 |
| 5 | 表示证书已吊销 |
| 6 | 表示证书未按规定用途使用 |
| 7 | 表示证书吊销状态未知 |
| 8 | 表示证书错误原因未知 |
| 9～255 | 保留 |

——证书字段 Cert:定义如 D.4.1.5。

注:如果为单向鉴别过程,则证书的验证结果中不包含一次性随机数 2,验证结果 2 以及证书 2。

#### D.4.1.12 复合的证书验证结果 MRES

复合证书验证结果 MRES 固定格式见图 D.22。

| | RES | Sig |
|---|---|---|
| 八位位组数: | 可变 | 可变 |

**图 D.22 复合证书验证结果 MRES 固定格式**

其中:

——证书验证结果 RES 字段:定义如 D.4.1.11;

——签名 Sig 字段：定义如 D.4.1.7。

#### D.4.1.13 身份列表 List

身份列表 List 固定格式见图 D.23。

| |
|---|
| List_IDNum(2) |
| $ID_1$(可变) |
| $ID_2$(可变) |
| …… |
| 注：括号内单元为八位位组数。 |

图 D.23 身份列表 List 固定格式

其中：

——身份个数 List_IDNum 字段：表示身份列表中身份的个数，长为 2 个八位位组；

——身份 ID 字段：定义如 D.4.1.4。

#### D.4.1.14 TLA 信息元素 TIE

TLA 信息元素 TIE 固定格式见图 D.24。

| | 鉴别和密钥管理(AKM)套件计数 | 鉴别和密钥管理(AKM)套件 | 单播密码(USK)套件计数 | 单播密码(USK)套件 | 组播密码(MSK)套件 |
|---|---|---|---|---|---|
| 八位位组数： | 2 | $4\times n$ | 2 | $4\times n$ | 4 |

注：$m$表示鉴别和密钥管理(AKM)套件计数字段的值，$n$表示单播密码套件计数的值。

图 D.24 信息元素 TIE 固定格式

其中：

——鉴别和密钥管理(AKM)套件计数字段：表示鉴别访问控制器 AAC 或请求者 REQ 支持的或选择的鉴别和密钥管理套件的个数；

——鉴别和密钥管理(AKM)套件字段：表示鉴别访问控制器 AAC 或请求者 REQ 支持的或选择的鉴别和密钥管理套件，m 为鉴别和密钥管理套件计数字段的值；

——单播密码(USK)套件计数字段：表示鉴别访问控制器 AAC 或请求者 REQ 支持的或选择的单播密码套件个数；

——单播密码(USK)套件字段：表示接入设备鉴别访问控制器 AAC 或请求者 REQ 支持的或选择的单播密码套件，n 为单播密码套件计数字段的值；

——组播密码(MSK)套件字段：描述接入设备鉴别访问控制器 AAC 或请求者 REQ 支持的组播密码套件。

套件选择格式见图 D.25。

| | OUI | OUI_Type |
|---|---|---|
| 八位位组数： | 3 | 1 |

图 D.25 套件选择格式

鉴别和密钥管理套件类型见表 D.2。

单播密码套件类别见表 D.3。

组播密码套件类别见表 D.4。

**表 D.2　鉴别和密钥管理套件**

| OUI<br>3 八位位组 | 类型<br>1 八位位组 | 含　　义 |
|---|---|---|
| 00-14-72 | 0 | 保留 |
| 00-14-72 | 1 | TLA 证书鉴别和密钥管理 |
| 00-14-72 | 2 | TLA 预共享密钥鉴别和密钥管理 |
| 00-14-72 | 3～255 | 保留 |
| 其他 | 0～255 | 保留 |

**表 D.3　单播密码套件**

| OUI<br>3 八位位组 | 类型<br>1 八位位组 | 含　　义 |
|---|---|---|
| 00-14-72 | 0 | 保留 |
| 00-14-72 | 1 | SMS4-GCM |
| 00-14-72 | 2～255 | 保留 |
| 其他 | 0～255 | 保留 |

**表 D.4　组播密码套件**

| OUI<br>3 八位位组 | 类型<br>1 八位位组 | 含义 |
|---|---|---|
| 00-14-72 | 0 | 保留 |
| 00-14-72 | 1 | SMS4-GCM |
| 00-14-72 | 2～255 | 保留 |
| 其他 | 0～255 | 保留 |

### D.4.1.15　单播密码信息元素 UIE

单播密码信息元素 UIE 固定格式见图 D.26。

| | 单播密码(USK)套件计数 | 单播密码(USK)套件 |
|---|---|---|
| 八位位组数： | 2 | 4×*n* |

**图 D.26　单播密钥信息元素 UIE 固定格式**

其中：

——单播密码(USK)套件计数字段：表示鉴别访问控制器 AAC 或请求者 REQ 支持的或选择的单

播密码套件个数；

——单播密码(USK)套件字段：表示接入设备鉴别访问控制器 AAC 或请求者 REQ 支持的或选择的单播密码套件，$n$ 为单播密码套件计数字段的值。

**D.4.1.16 邻居交换设备信息 NIE**

邻居交换设备信息 NIE 固定格式见图 D.27。

| | 邻居交换设备计数 | 邻居交换设备MAC地址列表 |
|---|---|---|
| 八位位组数： | 2 | 6×$n$ |

**图 D.27 邻居交换设备信息 NIE 固定格式**

其中：

——邻居交换设备计数字段：表示邻居交换设备的个数；

——邻居交换设备 MAC 地址列表：表示用户终端拥有的或者选择邻居交换设备的信息列表，这里用 MAC 地址表示交换设备的信息值。

**D.4.1.17 邻居信息元素 NeighborItem**

邻居信息元素 NeighborItem 固定格式见图 D.28。

| | 节点MAC地址 | 节点类型 |
|---|---|---|
| 八位位组数： | 6 | 1 |

**图 D.28 邻居信息元素 NeighborItem 固定格式**

其中：

——节点 MAC 地址：表示邻居节点的信息，用其 MAC 地址进行标识；

——节点类型：第一个比特位有效，0 表示为用户终端，1 表示为交换设备；其余比特位保留。

**D.4.1.18 公钥信息 PKI**

公钥信息 PKI 固定格式见图 D.29。

| | PKI_Length | PKI_AlgId | PKI_AlgPara | PKI_Val |
|---|---|---|---|---|
| 八位位组数： | 2 | 1 | 可变 | 可变 |

**图 D.29 公钥信息 PKI 固定格式**

其中：

——长度 PKI_Length：表示公钥算法标识、公钥算法参数和公钥值的长度。

——公钥算法标识 PKI_AlgId：长度为 1 个八位位组。

值为 1 表示 ECDSA-256；

值为 2 表示 ECDSA-384；

值为 3 表示 ECDSA-192；

其他保留。

——公钥算法参数 PKI_AlgPara，定义如 D. 4. 1. 6；

——公钥值 PKI_Val 字段：定义见图 D. 30。

| | PKI_ValLength | PKI_ValInfo |
|---|---|---|
| 八位位组数： | 2 | 可变 |

**图 D. 30 公钥值 PKI_Val 字段定义**

其中：

——公钥长度 PKI_ValLength 字段：为 2 个八位位组，表示内容子字段的八位位组数；

——公钥内容 PKI_ValInfo 字段：为公钥信息，在公钥算法标识为 1 时，其长度为 49 个八位位组。

#### D. 4. 1. 19 接入结果 $Acc_{RES}$

接入结果 $Acc_{RES}$ 固定格式见图 D. 31。

| | $Acc_{RES}$ |
|---|---|
| 八位位组数： | 1 |

**图 D. 31 接入结果 $Acc_{RES}$ 固定格式**

其中：

接入结果字段的长度为 1 个八位位组。具体意义如下：

0 表示接入成功，对应证书验证结果值为 0；

1 表示无法验证证书，对应证书验证结果值为 1；

2 表示证书错误，对应证书验证结果除 0 和 1 之外的其他值；

3 表示本地策略禁止；

其他值保留。

#### D. 4. 1. 20 基密钥标识/交换基密钥标识 BKID/SWBKID

基密钥标识/交换基密钥标识 BKID/SWBKID 固定格式见图 D. 32。

| | BKID/SWBKID |
|---|---|
| 八位位组数： | 16 |

**图 D. 32 基密钥标识/交换基密钥标识 BKID/SWBKID 固定格式**

其中：

——BKID：基密钥标识，长度为 16 个八位位组，其计算方法为，BKID＝ KD-HMAC-SHA256(BK，$MAC_{AAC}$||$MAC_{REQ}$)。其中“||”为链接操作，算法 KD-HMAC-SHA256 具体见附录 A. 4。

——SWBKID：交换基密钥标识，长度为 16 个八位位组，其计算方法为，SWBKID＝KD-HMAC-SHA256(SWBK，$MAC_{SW1}$||$MAC_{SW2}$)。其中“||”为链接操作。

#### D.4.1.21 单播会话密钥索引/交换密钥索引 USKID/SWKeyID

单播会话密钥索引/交换密钥索引 USKID/SWKeyID 固定格式见图 D.33。

| | |
|---|---|
| | USKID/SWKeyID |
| 比特数 | 2 |

图 D.33 单播会话密钥索引/交换密钥索引 USKID/SWKeyID 固定格式

其中：

USKID/SWKeyID:单播会话密钥索引/交换密钥索引,长度为 2 个比特位,其中比特 0 有意义。

#### D.4.1.22 组播会话密钥索引/站间密钥索引 MSKID/STAKeyID

组播会话密钥索引/站间密钥索引 MSKID/STAKeyID 固定格式见图 D.34。

| | |
|---|---|
| | MSKID/STAKeyID |
| 比特数 | 2 |

图 D.34 组播会话密钥索引/站间密钥索引 MSKID/STAKeyID 固定格式

其中：

MSKID/STAKeyID:组播会话密钥索引/站间密钥索引,长度为 2 个比特位,其中比特 0 有意义。

### D.4.2 数据元素封装格式

在 TLSec 协议中,定义一种数据元素封装格式见图 D.35。

| | | | |
|---|---|---|---|
| | 元素ID | 长度 | 信息 |
| 八位位组数: | 1 | 2 | 可变 |

图 D.35 数据元素封装格式

其中：

——元素 ID 字段:表示元素在每一个分组中的元素身份标识。每个分组根据分组内包含的元素集合给每个元素分配一个分组内唯一的元素 ID。元素 ID 字段长为 1 个八位位组。

——长度字段:表示元素信息字段的八位位组数。长度字段长为 2 个八位位组。

——信息字段:表示元素的内容,对应于每个元素,其长度也不同,这将在每个分组中介绍元素时进行具体介绍。

### D.4.3 TePA-AC 的 TAEPoL 协议

TLA 协议分组都使用 TePA-AC 标准中定义的 TAEPoL 协议进行封装,TAEPoL 协议在 GB/T 15629.3 网络中其协议帧结构及各组成部分相对位置见图 D.36。

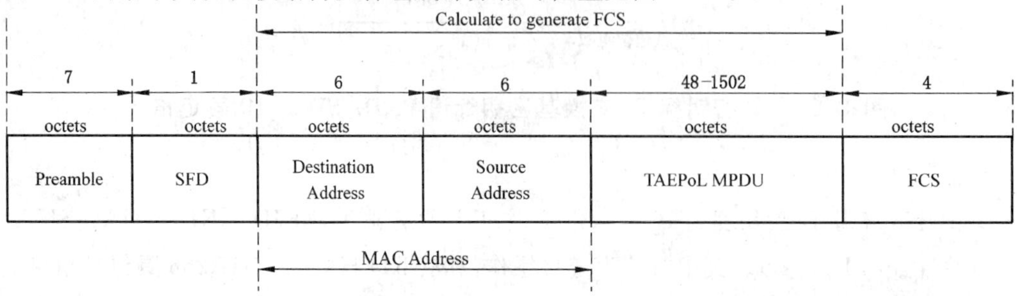


图 D.36 TAEPoL 协议帧结构示意图

#### D.4.3.1 TAEPoL 协议各组成部分

##### D.4.3.1.1 前导码 Preamble

IEEE802.3 帧的前导码有 7 个字节(56 位)交替出现的 0 和 1,交替序列如下:

预同步码=10101010101010101010101010101010101010101010101010101010

即 16 进制的 AAAAAAAAAAAAAAAAAAAAAAAAAAAAAA

##### D.4.3.1.2 帧首定界符 SFD

IEEE802.3 帧的 SFD 字段占 1 个字节,其比特模式为"10101011",它紧跟在前导码后,用于指示一帧的开始。前导码的作用是使接收端能根据"1"、"0"交变的比特模式迅速实现比特同步,当检测到连续两位"1"(即读到帧起始定界符字段 SFD 最末两位)时,便将后续的信息递交给 MAC 子层。

##### D.4.3.1.3 MAC 地址

每个帧应包含两种地址字段:依次为目的地址字段和源地址字段。每种地址字段应包含 48 比特,地址字段见图 D.37。

图 D.37 MAC 地址字段格式

###### D.4.3.1.3.1 目的 MAC 地址

目的地址字段规定该帧应发往的目的地。目的地址字段中的第 1 个比特位用作地址类型指示比特,以标识目的地址是单地址还是组地址。如果该比特位为"0",表示目的地址为单地址;如果该比特位为"1",表示目的地址字段中包含组地址,它标识连接到局域网上的 0 个、1 个、多个或所有的站。第 2 个比特位用来区分本地管理地址和全球管理地址。对于全球管理地址,该比特置为"0"。如果地址是要本地分配的,则给比特置为"1"。注意,对于广播地址,该比特也置为"1"。

###### D.4.3.1.3.2 源 MAC 地址

源地址地段应标识启动发送该帧的站。在源地址字段中,第 1 比特是被保留并置成"0"。第 2 比特位用法同目的地址字段。

##### D.4.3.1.4 完整性校验值 FCS

完整性校验值 FCS 字段,字段长度为 4 个八位位组。该字段存放经 CRC 校验后产生的值。

#### D.4.3.2 TAEPoL MPDU 结构

TePA-AC 标准中 TAEPoL MPDU 在 GB/T 15629.3 中的格式见图 D.38。

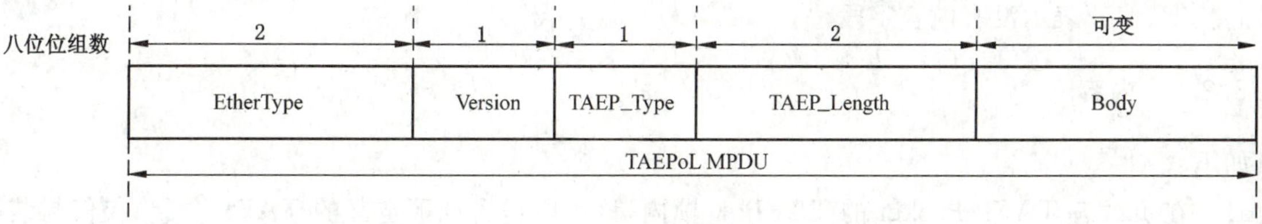


图 D.38 TAEPoL MPDU 结构示意图

其中以太网类型(EtherType)字段长度为2个八位位组,定义见表D.5。

**表D.5 标准以太网类型分配**

| 分配 | 值 |
|---|---|
| EtherType | 0x891b |

**D.4.3.2.1 TAEPoL PDU 结构**

TAEPoL 协议数据单元(TAEPoL PDU)为 TAEPoL MPDU 中除 EtherType 字段以外的部分,其格式见图D.39。

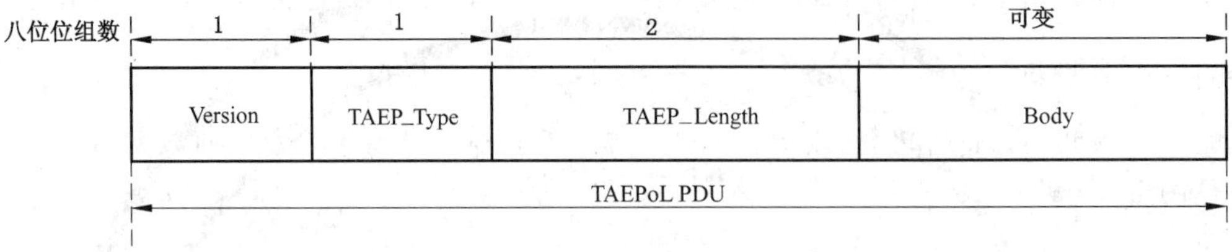


**图D.39 TAEPoL PDU 的格式**

**D.4.3.2.2 协议版本 Version**

Version 字段长度为1个八位位组,用一个无符号数表示。它的值表示 TAEPoL 帧的发送端所支持的 TAEPoL 协议版本。符合本附录的此字段值应为 0000 0001。

**D.4.3.2.3 类型 TAEP_Type**

TAEP_Type 字段长度为1个八位位组,用一个无符号数表示。它的值标识所发送的帧的类型,定义如下:

a) TAEP-Packet:值 0000 0000 表示帧载有 TAEP 分组;
b) TAEPoL-Start:值 0000 0001 表示帧为 TAEPoL-Start 帧;
c) TAEPoL-Logoff:值 0000 0010 表示帧为 TAEPoL-Logoff 请求帧;
d) TAEPoL-Key:值为 0000 0011 表示帧为 TAEPoL-Key 帧;
e) TAEPoL-Encapsulated-ASF-Alert:值为 0000 0100,用于支持 AlertStandardForum (ASF)的 Alerting 报文。

除上述5个值以外的所有其他值都是 TAEPoL 为未来扩展保留的。

**D.4.3.2.4 长度 TAEP_Length**

TAEP_Length 字段长度为2个八位位组,用一个无符号二进制数表示。该字段的值定义了内容字段的长度;值0表示没有内容字段。

**D.4.3.2.5 内容 Body**

如下:

a) 在负载有 TAEP-Packet 的 TAEPoL 帧内,该字段包含如下定义的 TAEP 分组;仅仅封装一个 TAEP 分组。
b) 在负载有 TAEPoL-Start 帧内,该字段包含如下所定义的 Hello;仅仅封装一个 Hello 或不封装任何内容。

c) 在负载有 TAEPoL-Logoff 帧内，该字段包含如下所定义的 Logoff；仅仅封装一个 Logoff 或不封装任何内容。

d) 在负载有 TAEPoL-Key 帧内，该字段包含如下所定义的 Key Descriptor；仅仅封装一个 Key Descriptor。

e) 在负载有 TAEPoL-Encapsulated-ASF-Alert 的帧内，此字段包含 ASF 描述的 ASF 警告。

#### D.4.3.3 TAEPoL 协议下的数据帧

根据 TAEPoL PDU 中类型字段的不同取值，构造出不同类型的数据帧。分别为以下：TAEP-Packet 帧、TAEPoL-Key 帧、TAEPoL-Start 帧、TAEPoL-Logoff 帧等。其中 TLA 协议分组使用 TAEP-Packet 帧、TAEPoL-Key 帧进行封装。

#### D.4.3.4 TAEP 分组

TAEP 分组用于在安全策略协商阶段、身份鉴别阶段及交换路径探寻阶段，完成请求者 REQ 与鉴别访问控制器 AAC 之间的 TAEP 分组传递。TAEP 分组支持鉴别访问控制器和请求者之间、鉴别访问控制器和鉴别服务器之间的通信功能。TAEP 分组的格式见图 D.40。

| Code(8位比特) | Identifier(8位比特) | TB_Length(16位比特) |
|---|---|---|
| Data | | |

**图 D.40 TAEP 分组格式示意图**

其中：

——Code 字段：长度为 1 个八位位组，表示 TAEP 分组的类型，该字段编码分配方式如下：

1 Request 0000 0001；

2 Response 0000 0010；

3 Success 0000 0011；

4 Failure 0000 0100。

——Identifier 字段：长度为 1 个八位位组，用于匹配 Request 和 Response 分组。

——TB_Length 字段：长度为 2 个八位位组，表示整个 TAEP 分组的八位位组数，即指包括 Code、Identifier、Length 和 Data 所有字段的长度总和。

——Data 字段：长度可变，分组包含 0 个或多个八位位组，其格式由 Code 字段的值决定。

##### D.4.3.4.1 Request 和 Response

当 Code 字段取值 Request 和 Response 时的 TAEP 分组格式定义见图 D.41。

| Code(8位比特) | Identifier(8位比特) | TB_Length(16位比特) |
|---|---|---|
| Type(8位比特) | | |
| Type-Data(可变) | | |

**图 D.41 Request 和 Response 类型的 TAEP 分组格式示意图**

其中：

Type 字段长度为 1 个八位位组，它表示 Request 和 Response 分组的类型，TePA-AC 中已定义部分类型，根据 TLSec 的应用需求，经申请增加如下的表 D.6 类型。

**表 D.6　新增 Request 和 Reponse 分组类型定义**

| Type 值 | 定　义 | 描　述 |
|---|---|---|
| 243 | Neighbor SW Negotiation | Neighbor SW Negotiation 类型用于邻居用户终端间协商选择一个共同的邻居交换设备，用于后期站间密钥的建立过程。见 D.9.8。 |
| 244 | Neighbor information | Neighbor information 类型用于节点发现邻居节点过程。见 D.5。 |
| 245 | TAEP-CAAP | TAEP-CAAP 是一个局域网基于证书的鉴别协议。见 D.7.1.3。 |
| 246 | Policy Negotiation | Policy Negotiation 类型用于节点之间协商安全策略，当 AAC 需要将自己支持的安全策略信息告知 REQ 时，使用 Policy Negotiation 类型 Request 分组；当 REQ 收到 AAC 发送的 Policy Negotiation 类型 Request 分组后，使用 Policy Negotiation 类型 Response 分组进行响应，告知 AAC，自己所选择用于后续通信的安全策略信息。见 D.6。 |
| 247 | SW Routing Seek | SW Routing Seek 类型用于节点探寻交换路径信息。当一个发送源节点需要发送数据包到一个目的节点时，需要根据它们之间的交换路径信息判断此次数据通信的类型，进而选择适用的保密通信策略。节点之间的交换路径信息就需要使用 SW Routing Seek 类型的 Request 分组来发起探寻分组，目的节点收到后，就是用 SW Routing Seek 类型的 Response 分组进行响应发送源节点。 |

**D.4.3.4.2　Failure 和 Success**

当 Code 字段取值 Failure 和 Success 时的 TAEP 分组格式定义见图 D.42。Failure 和 Success 分组不包含 Data 字段。

| Code(8位比特) | Identifier(8位比特) | TB_Length(16位比特) |
|---|---|---|

**图 D.42　Failure 和 Success 类型的 TAEP 分组格式示意图**

**D.4.3.5　TAEPoL-Key 数据帧**

**D.4.3.5.1　Key Descriptor 格式**

在完成安全策略协商阶段、身份鉴别阶段后，在密钥协商阶段时使用 TAEPoL-Key 帧在请求者 REQ 与鉴别访问控制器 AAC 之间传递消息。

每一个 TAEPoL-Key 帧仅仅封装一个 Key Descriptor，用来描述密钥及其相关信息。Key Descriptor 的格式见图 D.43。

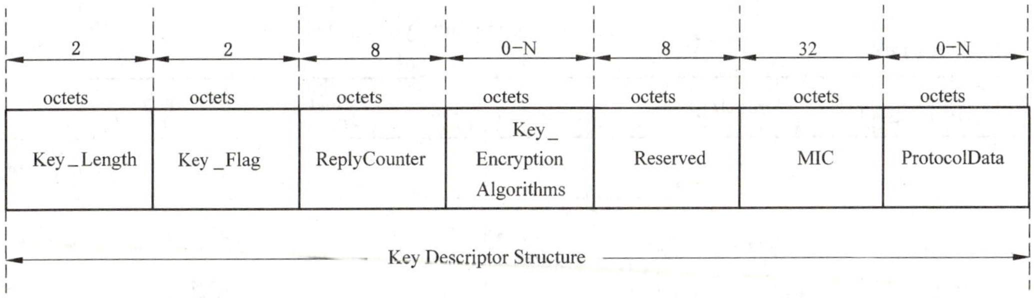


图 D.43 Key Descriptor 的格式示意图

**D.4.3.5.2 长度字段 Key_Length**

长度字段为 2 个八位位组长，是一个整数，表示包含长度字段在内的 Key Descriptor 中所有字段的八位位组数。

**D.4.3.5.3 标识字段 Key_FLAG**

标识字段为 2 个八位位组长，表示密钥的性质，其格式见图 D.44。

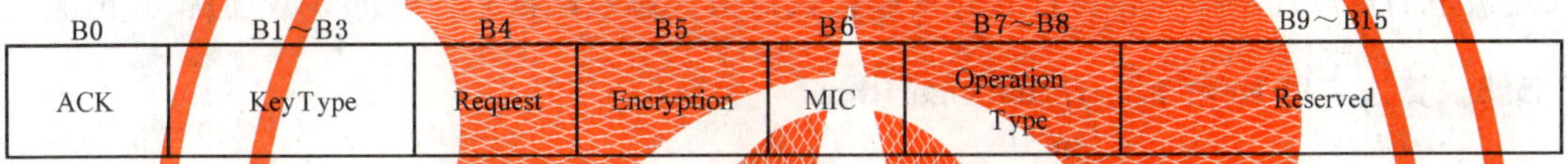


图 D.44 标识 Key_FLAG 字段的格式

其中：

——应答标识 ACK 为 1 个比特，当鉴别访问控制器发送的 TAEPoL 帧要求被响应，则在帧中被置位，否则复位。请求者响应帧中的 ACK 位使用和鉴别访问控制器发送帧的一样。

——密钥类型 KeyType 为 3 个比特，用于表示 TAEPoL 帧的密钥交换协议的类型，见表 D.7。

**表 D.7 KeyType 类型**

| KeyType 取值 | 意 义 |
|---|---|
| 000 | 单播密钥 |
| 001 | 组播密钥 |
| 010 | 站间密钥 |
| 011 | 交换基密钥 |
| 100 | 交换密钥 |
| 101～111 | 保留 |

——请求标识 Request 为 1 个比特，当请求者要求鉴别访问控制器开始一个密钥交换协议时，在请求者发送的帧中被置位。若鉴别访问控制器应请求者的要求开始一个密钥交换协议，鉴别访问控制器发送的帧中该位也置位，表示是请求者要求开始密钥交换协议的。

——加密标识 Encryption 为 1 个比特，如果密钥数据 KeyData 字段中的 Key 是密文，则该位置位，否则复位。

——检验标识 MIC 为 1 个比特，如果 TAEPoL 帧中包含 MIC 值，该位置位，否则复位。

——操作类型 OperationType 为 2 个比特，用于表示交互过程的类型，见表 D.8。

**表 D.8 OperationType 类型**

| OperationType 取值 | 意　　义 |
|---|---|
| 00 | 建立过程 |
| 01 | 更新过程 |
| 10 | 删除过程 |
| 11 | 保留 |

#### D.4.3.5.4 重放计数器 ReplyCounter

重放计数器 ReplyCounter 字段为 8 个八位位组长，是一个整数。当其共享密钥建立以后，重放计数器初始化为 0。请求者在响应一个 TAEPoL-Key 帧时，使用收到的帧中的重放计数器值作为重放计数器值。它是一个序列，协议用它来检查重放攻击。请求者在收到有效的 TAEPoL-Key 帧后，递增收到帧中的重放计数器值作为自己的重放计数器值。鉴别访问控制器在收到有效的 TAEPoL-Key 帧后，递增收到帧中的重放计数器值作为自己的重放计数器值。有效的帧是指帧的 MIC 值校验正确。

#### D.4.3.5.5 算法字段 Key_ EncryptionAlgorithms

算法 Key Encryption Algorithms 字段长度是可变的，该字段是一个 OID，采用 DER 编码。它表示 MIC 字段使用的算法，该算法的选择需符合国家密码政策的规定。

#### D.4.3.5.6 保留字段 Reserved

保留字段为八个八位位组。

#### D.4.3.5.7 MIC 字段

消息完整性校验 MIC 字段为 32 个八位位组，采用 HMAC-SHA256 算法计算。它是 TAEPoL-Key 帧的 MIC 值，包含帧的全部内容，在进行 MIC 计算时 MIC 字段屏蔽为 0。

#### D.4.3.5.8 协议数据字段 ProtocolData

协议数据字段是变长字段，包含用于密钥交换协议的附加数据，其封装格式见图 D.45。

| | |
|---|---|
| Key Descriptor 类型 | 数据 |

**图 D.45 协议数据的格式**

其中：

Key Descriptor 类型字段为 1 个八位位组，其中 0x00 保留；0x01～0xFF，用于分配给不同的协议。根据 TLSec 的应用需求，经申请增加如下的表 D.9 类型。

**表 D.9 新增 Key Descriptor 类型定义**

| Type 值 | 定　义 | 描　述 |
|---|---|---|
| 0x10 | TLA 单播密钥协商协议 | 参见 D.7.1.4 |
| 0x11 | TLA 基于预共享密钥的鉴别及单播密钥管理协议 | 参见 D.7.2 |
| 0x12 | 组播密钥通告 | 参见 D.8 |
| 0x13 | TLA 站间密钥建立 | 参见 D.9 |
| 0x14 | TLA 交换基密钥建立 | 参见 D.10.2 |
| 0x15 | TLA 交换密钥协商 | 参见 D.10.3 |

## D.5 邻居节点发现

### D.5.1 邻居节点发现过程概述

新节点接入网络后，需要通过邻居节点发现过程来获取所有的邻居节点信息，同时也将自己的信息告知周围的邻居节点。邻居节点发现过程包含 2 个分组：邻居节点发现请求分组，邻居节点发现响应分组。其中邻居节点发现请求分组使用 Type＝244，code＝1 即 TAEP-Request-Neighbour Information/TAEPoL 进行封装；邻居节点发现响应分组使用 Type＝244，code＝2 即 TAEP-Response-Neighbour Information/TAEPoL 进行封装。

每个节点保存的邻居节点列表中，邻居节点信息元素固定格式见 D.4.1.17。

邻居节点发现协议分组数据封装格式见图 D.46。

| MessageType（8位比特） | MessageData（可变） |
|---|---|

**图 D.46 邻居节点发现协议分组数据封装格式**

其中：

——MessageType，表示消息分组所属的分组类别，定义如下表 D.10。

**表 D.10 邻居节点发现协议分组 MessageType 子类型定义**

| MessageType 值 | 定　义 |
|---|---|
| 0x00 | 保留 |
| 0x01 | 邻居节点发现请求分组 |
| 0x02 | 邻居节点发现响应分组 |
| 其余 | 保留 |

——MessageData 数据：每种分组的消息数据 MessageData 将在协议分组介绍中进行介绍。其数据元素封装格式见 D.4.2。

### D.5.2 邻居节点发现请求分组

新节点加入网络后，主动构造“邻居节点发现请求分组”分组，以广播形式进行发送。该分组的目的MAC地址，使用广播MAC地址；源MAC地址是该新节点的MAC地址；该分组的主要字段为新节点的节点类型字段。

对于邻居节点发现请求分组，所有的节点收到后均不进行转发，只需提取发送节点的MAC信息及节点类型字段添加到自己的邻居节点列表中；之后，接收节点需构造邻居节点发现响应分组，发送给新节点。

邻居节点发现请求分组中，数据元素都采用D.4.2介绍的封装格式进行封装。分组中有效数据信息元素的集合及元素ID定义见表D.11。

**表 D.11 邻居节点发现请求分组有效元素集合**

| 信息元素 | 元素ID | 元素长度（八位位组） | 定义 |
|---|---|---|---|
| 新节点的节点类型 | 0 | 1 | D.4.1.17 |
| 保留 | 1～255 | — | — |

其中：

新节点Node的节点类型：表示新节点Node是交换设备还是用户终端。

### D.5.3 邻居节点发现响应分组

节点若收到新节点发送的邻居节点发现请求分组，则说明该节点是新节点的邻居节点；该节点作为响应节点，将新节点信息添加到自己的邻居节点列表中后，还需构造邻居节点发现响应分组，告诉新节点自己的信息，以便于新节点收集邻居节点的信息。

邻居节点发现响应分组是单播消息，源MAC是响应节点的MAC地址，目的节点是新节点的MAC地址；该分组的主要字段为响应节点的节点类型字段。

邻居节点发现请求分组中，数据元素都采用D.4.2介绍的封装格式进行封装。分组中有效数据信息元素的集合及元素ID定义见表D.12。

**表 D.12 邻居节点发现响应分组有效元素集合**

| 信息元素 | 元素ID | 元素长度（八位位组） | 定义 |
|---|---|---|---|
| 响应节点的节点类型 | 0 | 1 | D.4.1.17 |
| 保留 | 1～255 | — | — |

其中：

响应节点的节点类型字段：表示响应节点是交换设备还是用户终端。

## D.6 安全策略协商

### D.6.1 安全策略协商过程概述

请求者REQ和鉴别访问控制器AAC通过安全策略协商过程协商所使用的鉴别和密钥管理方法，

包括鉴别及单播密钥管理方法，单播密码套件，组播密码套件等信息。安全策略协商过程包含 2 个分组：安全策略协商请求分组，以及安全策略协商响应分组。安全策略协商请求分组使用 Type＝246，code＝1 的 TAEP-Request-Policy Negotiation/TAEPoL 分组进行封装；安全策略协商响应分组使用 Type＝246，code＝2 的 TAEP-Response-Policy Negotiation/TAEPoL 分组进行封装。协商过程见图 D.47。

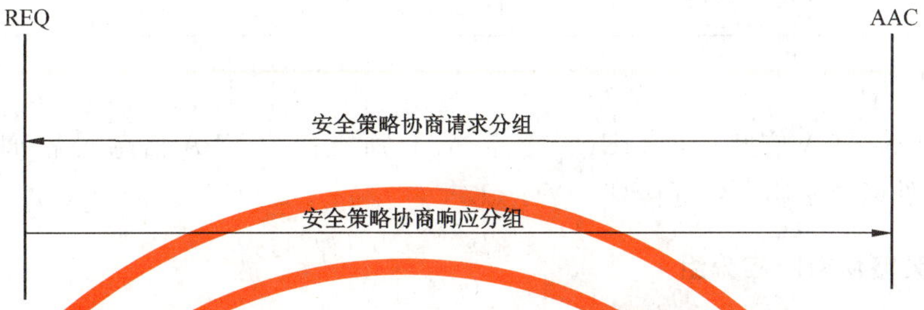


**图 D.47 安全策略协商过程**

安全策略协商协议分组数据封装格式见图 D.48。

| MessageType（8位比特） | MessageData（可变） |
| --- | --- |

**图 D.48 安全策略协商协议分组数据封装格式**

其中：

——MessageType，表示消息分组所属的分组类别，定义如下表 D.13。

**表 D.13 安全策略协商协议分组 MessageType 子类型定义**

| MessageType 值 | 定 义 |
| --- | --- |
| 0x00 | 保留 |
| 0x01 | 安全策略协商请求分组 |
| 0x02 | 安全策略协商响应分组 |
| 其余 | 保留 |

——MessageData 数据：每种分组的消息数据 MessageData 将在协议分组介绍中进行介绍。其数据元素封装格式见 D.4.2。

### D.6.2 安全策略协商请求分组

当用户设备试图接入网络或收到用户设备发出的 TAEPoL-Start 分组时，网络接入设备向客户端发送安全策略协商请求分组，该分组包含 $TIE_{AAC}$ 字段，描述 AAC 支持的所有鉴别和密钥管理套件及密码套件供 REQ 进行选择，并封装在 TAEP-Request/Policy Negotiation 中。

安全策略协商请求分组中，数据元素都采用 D.4.2 介绍的封装格式进行封装。分组中有效数据信息元素的集合及元素 ID 定义见表 D.14。

表 D.14　安全策略协商请求分组有效元素集合

| 信息元素 | 元素 ID | 元素长度<br>（八位位组） | 定义 |
| --- | --- | --- | --- |
| AAC 支持的 TLA 信息元素 $TIE_{AAC}$ | 0 | 可变 | D.4.1.14 |
| 保留 | 1～255 | — | — |

其中：

AAC 支持的 TLA 信息元素 $TIE_{AAC}$：表示 AAC 所支持的 TLA 信息元素，即 AAC 所支持的鉴别和密钥管理套件以及密码套件等信息。

### D.6.3　安全策略协商响应分组

当请求者 REQ 收到鉴别访问控制器 AAC 发来的安全策略协商请求分组时，根据安全策略协商请求分组中的 $TIE_{AAC}$ 元素选择一种双方共有的鉴别和密钥管理套件及密码套件，或者 REQ 结合本地策略，选择一种鉴别和密钥管理套件及密码套件，组成安全策略协商响应分组发送给鉴别访问控制器 AAC，该分组封装在 TAEP-Response/Policy Negotiation 中。若 REQ 对安全策略协商请求分组中罗列的鉴别和密钥管理套件或密码套件都不支持，根据本地策略可丢弃该分组。

安全策略协商响应分组中，数据元素都采用 D.4.2 介绍的封装格式进行封装。分组中有效数据信息元素的集合及元素 ID 定义见表 D.15。

表 D.15　安全策略协商响应分组有效元素集合

| 信息元素 | 元素 ID | 元素长度<br>（八位位组） | 定义 |
| --- | --- | --- | --- |
| REQ 选择的 TLA 信息元素 $TIE_{REQ}$ | 0 | 可变 | D.4.1.14 |
| 保留 | 1～255 | — | — |

其中：

REQ 支持的 TLA 信息元素 $TIE_{REQ}$ 元素：表示 REQ 选择的 TLA 信息元素，即 REQ 选择的鉴别和密钥管理套件以及密码套件等信息；该字段中的鉴别和密钥管理（AKM）套件计数以及单播密码套件计数均为 1。

当 AAC 收到 REQ 回应的安全策略协商响应分组时，判断其中的 $TIE_{REQ}$ 字段是否有效，即 AAC 是否支持 REQ 选择的鉴别和密钥管理套件及密码套件，若不支持，则丢弃该分组；否则，根据 REQ 选择的鉴别和密钥管理套件开始相应的核心鉴别过程。

鉴别过程可实现用户与网络之间的双向鉴别，也可仅完成网络对用户的单向鉴别。鉴别过程既可基于公钥证书，也可基于预共享密钥。公钥证书建议采用 X.509.v3 证书。

## D.7　鉴别和单播密钥管理

### D.7.1　基于证书的鉴别和单播密钥管理

#### D.7.1.1　过程概述

基于证书的鉴别和密钥管理过程，主要包括身份鉴别过程，单播密钥协商过程，组播/站间密钥通告过程及交换密钥建立过程，见图 D.49。

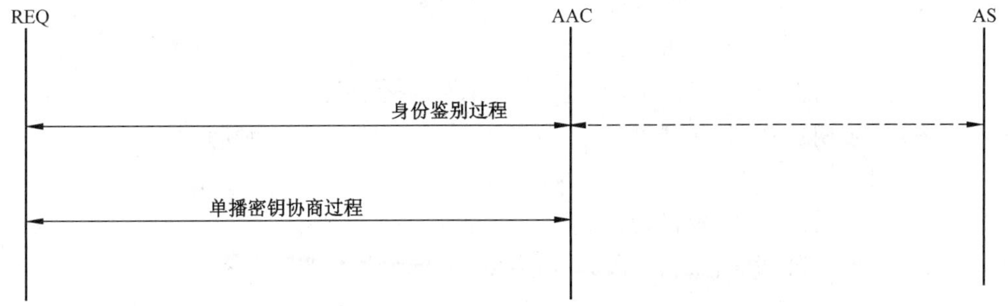


图 D.49 基于证书的鉴别和密钥管理过程

身份鉴别过程是基于三元实体利用公钥证书完成的。根据鉴别的安全等级不同,可分为单向鉴别和双向鉴别。单向鉴别过程仅完成网络对用户的鉴别;双向鉴别完成网络与用户之间的双向鉴别,既可以验证用户的合法性,也可以为用户验证接入网络的合法性。

### D.7.1.2 公钥证书

#### D.7.1.2.1 公钥证书格式

凭借证书和私钥可以唯一地确定网络设备的身份,公钥证书是网络设备在网络环境中的数字身份凭证。通过与密码技术及安全协议相结合,确保公钥证书的唯一性、不可伪造性。

公钥证书格式定义见表 D.16。

表 D.16 公钥证书的格式

| |
|---|
| 公钥证书的版本号 |
| 证书的序列号 |
| 证书颁发者采用的签名算法 |
| 证书颁发者名称 |
| 证书颁发者的公钥信息 |
| 证书的有效期 |
| 证书持有者名称 |
| 证书持有者的公钥信息 |
| 证书类型 |
| 扩展 |
| 证书颁发者对证书的签名 |

其中:

——公钥证书的版本号:指定证书的格式,以使具体的协议能提取该公钥证书的有效数据项;

——证书的序列号:每个由 AS 颁发的公钥证书都需要分配一个唯一的序列号,由证书的序列号和证书颁发者的名称可以唯一确定证书持有者;

——证书颁发者采用的签名算法:该字段指定了证书颁发者所采用的签名算法,包括签名算法名称、签名长度与签名者所使用的公钥长度;本部分采用国家密码管理委员会办公室批准的用于

LAN 的椭圆曲线密码(ECC)体制实现签名算法；

——证书颁发者名称：该字段指定证书颁发者的身份；

——证书颁发者的公钥信息：该字段为证书颁发者的公钥信息；

——证书的有效期：该字段用于规定公钥证书可以有效使用的时间，采用 UTC 时间格式，表示1970 年 1 月 1 日 0 时到当前时间的秒数；

——证书持有者名称：该字段指定证书持有者的身份；

——证书持有者的公钥信息：该字段为证书持有者的公钥信息；

——证书类型：该字段表示证书持有者的设备类型，即 REQ、AAC 或 AS；

——扩展：该字段保留，用于以后的扩展应用；

——证书颁发者对证书的签名：该字段由证书颁发者(AS)对该证书上的所有字段项进行签名得到。

#### D.7.1.2.2 公钥证书管理

##### D.7.1.2.2.1 证书颁发

申请证书时，先在 AS 处登记，AS 对证书申请实体的身份进行确认后，按照申请者所需的安全等级为其制作和颁发证书。证书产生步骤如下：

a) AS 产生实体的非对称密钥对；

b) 检查公钥信息；

c) 接受公钥信息；

d) 添加公钥证书管理所需的数据；

e) 计算公钥证书的签名；

f) 审计记录登记，记录 AS 在公钥证书产生过程中的行为。

证书颁发可以采用拖拉模式，由一个证书本(数据库)记录所有用户的证书，用户需要时通过数据库提取出所需证书；另一种采用推进模式，证书生成后送给所有的用户或定期向用户发放。

##### D.7.1.2.2.2 证书吊销

AS 可以在证书到期之前吊销证书。具体的原因包括：

a) 实体私钥的损坏或丢失；

b) 实体请求吊销；

c) 实体隶属关系的改变；

d) 实体的终止；

e) 实体的错误识别；

f) AS 私钥的损坏；

g) AS 的终止。

因此，应有一定的程序和快速的通信方法以便能安全而可鉴别地吊销，吊销应提供三种方式：

——一个或多个实体的一个或多个证书的吊销；

——由 AS 颁发的基于单个非对称密钥对的一系列公钥证书的吊销；

——由 AS 颁发的所有公钥证书的吊销。

在已知或怀疑 AS 的私钥泄露时，或在用于签发证书的非对称密钥对被更换时，后两项要求为吊销公钥证书提供了手段。无论公钥证书是过期还是被吊销，旧的公钥证书的拷贝应由可信任的第三方保留一段时间。

当实体或 AS 的私钥因为某种原因而被取消时，颁发该公钥证书的 AS 应立即主动通知系统中的所有实体，所有有关的公钥证书都被吊销。可采取的形式有：由 AS 鉴别并发送给所有实体的消息、由另一 AS 鉴别的消息、由可信任的第三方保存的一个在线的已吊销公钥证书列表以及公开已吊销或有效的公钥证书列表。

当一个公钥证书因被怀疑或已知某一私钥损坏而被吊销时，该私钥不能继续使用。如果数据已在吊销前签名，公钥证书应只用于验证，而且任何由该公钥证书加密的密钥材料（无论何种类型）都应在操作方便时更换。

吊销列表包括一个带时间戳的顺序表或公钥证书标识符表，以表示由 AS 吊销的公钥证书。在吊销列表中使用两种时间标记：一种是 AS 颁布的吊销日期和时间，另一种是已知或怀疑泄露的日期和时间。

如果知道泄露的日期和时间，就更加容易审计可疑消息。公钥证书在吊销列表上至少应保持到截止期为止。

一旦由于已知或怀疑泄露而执行吊销，如果签名是在怀疑密钥泄露之后进行的或签名日期无法确定，应认为使用有关私钥签发的信息不再有效。不能使用已吊销的公钥加密消息。

吊销列表应该由 AS 注明吊销日期并进行签名，以使实体能确认该表的完整性，并确定颁发日期；吊销列表由 AS 定期发布，即使自上次发布之日起无任何变化。系统的所有实体都可以获得吊销列表，除非由法律、法规所排除在外的。

以下分发机制可用于吊销列表，包括：

——由可信任的第三方作为消息/报告发送给每个用户；

——由用户请求可信任的第三方提供指定公钥证书的当前情况；

——向 AS 索取当前的吊销列表。

AS 应定期生成并公布新的吊销列表。

### D.7.1.3 基于证书的鉴别协议 TAEP-CAAP

#### D.7.1.3.1 基于证书的鉴别过程概述

基于证书的鉴别过程包含 6 个分组，其中接入鉴别确认分组是可选分组，是否需要接入鉴别确认分组会根据鉴别激活分组的字段情况决定的。基于证书的鉴别过程见图 D.50。

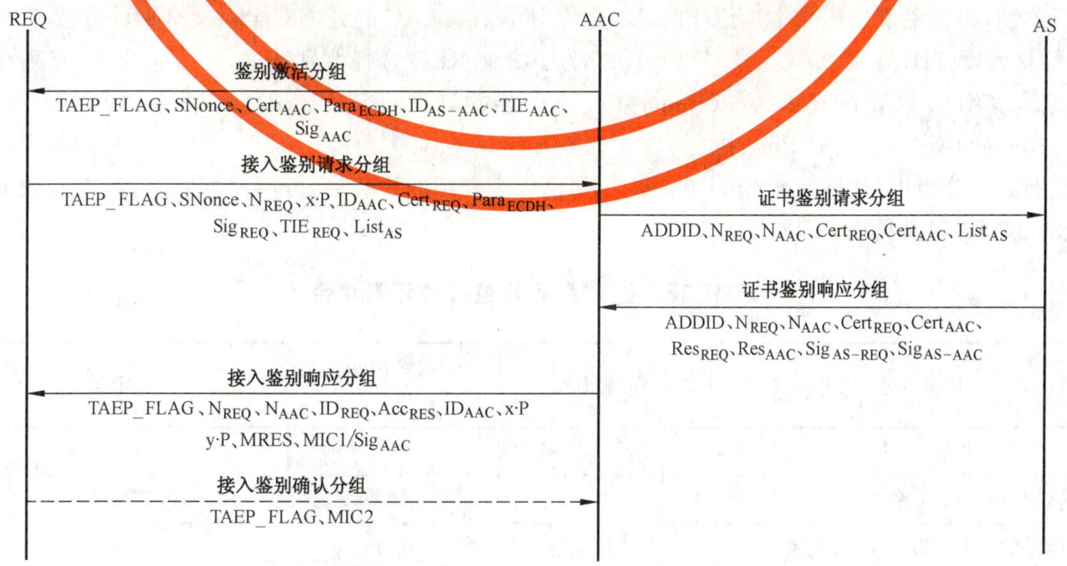


图 D.50 TAEP-CAAP 过程

基于证书的鉴别协议分组数据封装格式见图 D.51。

| MessageType (8位比特) | MessageData (可变) |
|---|---|

图 D.51　TAEP-CAAP 类型分组数据封装格式

其中：

——MessageType，表示消息分组所属的分组类别，定义如下表 D.17。

表 D.17　TAEP-CAAP 类型分组 MessageType 子类型定义

| MessageType 值 | 定义 |
|---|---|
| 0x00 | 保留 |
| 0x01 | 鉴别激活分组 |
| 0x02 | 接入鉴别请求分组 |
| 0x03 | 证书鉴别请求分组 |
| 0x04 | 证书鉴别响应分组 |
| 0x05 | 接入鉴别响应分组 |
| 0x06 | 接入鉴别确认分组 |
| 其余 | 保留 |

——MessageData 数据：每种分组的消息数据 MessageData 将在协议分组介绍中进行介绍。其数据元素封装格式见 D.4.2。

#### D.7.1.3.2　鉴别激活分组

安全策略协商过程成功完成后，如果 AAC 与 REQ 协商选择采用基于证书的鉴别和密钥管理策略，则 AAC 向 REQ 发送鉴别激活分组。主要包括：标识 TAEP_FLAG、一次性随机数 SNonce(标识鉴别的新鲜性，亦称鉴别标识)、本地信任的 AS 身份 $ID_{AS\text{-}AAC}$、AAC 的证书 $Cert_{AAC}$、ECDH 参数 $Para_{ECDH}$、TLA 信息元素 $TIE_{AAC}$ 及 AAC 的签名 $Sig_{AAC}$。为了方便 REQ 选择鉴别证书，还可包含 AAC 所信任的 AS 信息。该分组封装在 Code＝1(Request)，Type＝245(TAEP-CAAP)，MessageType ＝ 0x01 的 TAEP-Request-CAAP/TAEPoL 中。

鉴别激活分组中，数据元素 SubData 都采用 D.4.2 介绍的封装格式进行封装。分组中有效元素的集合及元素 ID 定义见表 D.18。

表 D.18　鉴别激活分组有效元素集合

| 信息元素 | 元素 ID | 元素长度(八位位组) | 定义 |
|---|---|---|---|
| 标识 TAEP_FLAG 元素 | 0 | 1 | D.4.1.1 |
| 鉴别标识 SNonce 元素 | 1 | 32 | D.4.1.2 |
| 本地信任的 AS 身份 $ID_{AS\text{-}AAC}$ 元素 | 2 | 可变 | D.4.1.4 |
| AAC 的证书 $Cert_{AAC}$ 元素 | 3 | 可变 | D.4.1.5 |
| ECDH 参数 $Para_{ECDH}$ 元素 | 4 | 可变 | D.4.1.6 |

表 D.18（续）

| 信息元素 | 元素 ID | 元素长度（八位位组） | 定义 |
|---|---|---|---|
| TLA 信息元素 $TIE_{AAC}$ 元素 | 5 | 可变 | D.4.1.14 |
| AAC 的签名 $Sig_{AAC}$ 元素 | 6 | 可变 | D.4.1.7 |
| 保留 | 7～15 | | |
| 保留 | 16～255 | | |

其中：

——标识 TAEP_FLAG：标识 TAEP_FLAG 的比特 0、2 有意义。当 REQ 实体与 AAC 实体完成安全策略协商后进行证书鉴别过程，比特 0（BK 更新标识）的值为 0；当证书鉴别过程进行 BK 更新时，比特 0（BK 更新标识）的值为 1。

——鉴别标识 SNonce：如果分组中标识 TAEP_FLAG 元素的比特 0 值为 1，即如果是 BK 更新过程，则此分组中鉴别标识 SNonce 为上一次证书鉴别过程中保存的鉴别标识；否则分组中的鉴别标识 SNonce 为鉴别访问控制器 AAC 生成的随机数。

——本地 AAC 信任的 AS 身份 $ID_{AS-AAC}$：表示 AAC 信任的 AS 身份 ID。

——AAC 的证书 $Cert_{AAC}$：表示 AAC 的实体证书。

——ECDH 参数 $Para_{ECDH}$：表示 ECDH 参数内容。

——TLA 信息元素 $TIE_{AAC}$：$TIE_{AAC}$ 表示 AAC 所支持的 TLA 信息元素，也就是 AAC 所支持的鉴别与密钥管理套件及密码套件，此字段的值应与安全策略协商过程中 AAC 所发出的安全策略请求分组中的 $TIE_{AAC}$ 字段值相同。

——AAC 的签名 $Sig_{AAC}$：表示 AAC 利用自己的常用私有密钥对鉴别激活分组除本元素外的其他所有元素进行的签名。该字段为可选字段。

当 REQ 实体与 AAC 实体进行通信时，REQ 和 AAC 选择采用证书鉴别和密钥管理方法，或 AAC 的本地策略要求重新进行证书鉴别过程，或 AAC 收到 REQ 实体的预鉴别开始分组时，AAC 向 REQ 实体发送鉴别激活分组，激活 REQ 实体进行证书鉴别。

REQ 实体接收到由 AAC 发送的鉴别激活分组后，进行如下处理：

a) 检查鉴别激活分组中 $TIE_{AAC}$ 字段值与之前收到的安全策略协商请求分组中的 $TIE_{AAC}$ 字段值是否相同，如果不同，则丢弃该分组，否则执行 b)；

b) 检查鉴别激活分组中标识字段的比特 0（BK 更新标识）的值，当值为 1 时执行 c）操作；当值为 0 时执行 d）操作；

c) REQ 实体检查鉴别激活分组中鉴别标识字段与上一次证书鉴别过程中保存的鉴别标识是否一致，若不一致，则丢弃该鉴别激活分组；否则执行 d）操作；

d) 如果收到的鉴别激活分组中包含 $SIG_{AAC}$ 字段，则需要验证 $SIG_{AAC}$ 字段的正确性，如果不正确则丢弃该分组，否则执行 e）；如果分组中不包含 $SIG_{AAC}$ 字段，则直接执行 e）；

e) REQ 实体根据鉴别激活分组中的 AAC 信任的鉴别服务器 AS 的身份标识 $ID_{AS}$ 字段选择由该鉴别服务器 AS 实体颁发的证书或者根据本地策略选择证书，产生用于 ECDH 交换的临时私钥 x、临时公钥 x·P 和 32 个八位位组的 REQ 询问，即随机数 $N_{REQ}$，生成接入鉴别请求分组，发送给 AAC。

**D.7.1.3.3 接入鉴别请求分组**

接入鉴别请求分组主要包括：标识 TAEP_FLAG、鉴别激活分组中的一次性随机数 SNonce、本地生成的一次性随机数 $N_{REQ}$、本地生成的临时公钥 x·P、AAC 的身份信息 $ID_{AAC}$(可根据鉴别激活分组中的 AAC 公钥证书 $Cert_{AAC}$ 得到)、REQ 选择的鉴别证书 $Cert_{REQ}$、$Para_{ECDH}$、REQ 信任的 AS 列表 $List_{AS}$、TLA 信息元素 $TIE_{REQ}$ 及签名信息 $Sig_{REQ}$(利用 REQ 的长期私钥计算得到)。若 REQ 所信任的 AS 不止一个,该分组还可包含 REQ 所信任的 AS 列表,方便 AS 系统的鉴别。

接入鉴别请求分组封装在 Code=1(Request),Type=245(TAEP-CAAP),MessageType = 0x02 的 TAEP-Request-CAAP/TAEPoL 中。

接入鉴别请求分组中,数据元素 SubData 都采用 D.4.2 介绍的封装格式进行封装。分组中有效元素集合见表 D.19。

**表 D.19 接入鉴别请求分组有效元素集合**

| 信息元素 | 元素 ID | 元素长度<br>(八位位组) | 定义 |
|---|---|---|---|
| 标识 TAEP_FLAG 元素 | 0 | 1 | D.4.1.1 |
| 鉴别标识 SNonce 元素 | 1 | 32 | D.4.1.2 |
| 本地询问 $N_{REQ}$ 元素 | 2 | 32 | D.4.1.3 |
| 临时公钥 x·P 元素 | 3 | 可变 | D.4.1.15 |
| AAC 的身份 $ID_{AAC}$ 元素 | 4 | 可变 | D.4.1.4 |
| 鉴别证书 $Cert_{REQ}$ 元素 | 5 | 可变 | D.4.1.5 |
| $Para_{ECDH}$ 元素 | 6 | 可变 | D.4.1.6 |
| REQ 信任 AS 列表 $List_{AS}$ 元素 | 7 | 可变 | D.4.1.13 |
| TLA 信息元素 $TIE_{REQ}$ 元素 | 8 | 可变 | D.4.1.14 |
| 签名 $Sig_{REQ}$ 元素 | 9 | 可变 | D.4.1.7 |
| 保留 | 10～15 | | |
| 保留 | 16～255 | | |

其中:

——标识 TAEP_FLAG 元素:比特 0、2、3 有意义。本字段除比特 2(证书验证请求标识)、比特 3(可选字段标识)以外的其他比特,应与 AAC 发送的鉴别激活分组中标识字段对应比特相同。比特 2(证书验证请求标识)为 1 表示 REQ 要求验证 AAC 证书的有效性,为 0 表示不需要验证 AAC 证书的有效性。当在比特 0(BK 更新标识)为 0 时,比特 2 必须为 1,即不是进行 BK 更新时,必须验证 AAC 证书的有效性。比特 3(可选字段标识)为 1 表示分组中有可选字段,为 0 表示没有。

——鉴别标识 SNonce:如果存在鉴别激活分组,则接入鉴别激活分组中的鉴别标识 SNonce 字段值应与接入鉴别激活分组中的鉴别标识 SNonce 字段值相同,如果没有鉴别激活分组,也即是由 REQ 发起的 BK 更新的鉴别过程,那么接入鉴别请求分组中的鉴别标识 SNonce 值应与上一次证书鉴别过程中生成的鉴别标识相同。

——本地询问 $N_{REQ}$ 元素:由 REQ 采用随机数生成算法生成。

——临时公钥 x·P 元素:内容是 REQ 生成的用于 ECDH 交换的临时公钥。

——AAC 的身份 $ID_{AAC}$ 元素:根据鉴别激活分组中的 AAC 公钥证书 $Cert_{AAC}$ 得到。

——REQ 的证书 $Cert_{REQ}$ 元素:REQ 的公钥证书。

——ECDH 参数元素:和鉴别激活分组中的 $Para_{ECDH}$ 字段相同;当 REQ 发起 BK 更新时,该字段和初次证书鉴别过程的鉴别激活分组中的 ECDH 参数字段相同。

——REQ 信任 AS 列表 $List_{AS\text{-}REQ}$元素：该字段为可选字段，采用身份列表属性表示。身份列表的定义如 D.4.1.13。内容包含 REQ 实体信任的服务器，但不包含 REQ 的证书颁发者。若 REQ 实体除了信任他的证书颁发者以外，还信任其他的某些实体，可以通过该字段通知鉴别服务器。

——TLA 信息元素 $TIE_{REQ}$元素：表示 REQ 所选择的 TLA 信息元素，也就是 REQ 所选择的鉴别与密钥管理套件及密码套件信息。该字段应与其在安全策略协商过程中发送的安全策略协商响应分组中的 $TIE_{REQ}$字段值相同。

——REQ 的签名 $Sig_{REQ}$元素：采用签名属性表示，是对本分组中除本字段之外所有数据字段的签名。

当 REQ 实体收到 AAC 的鉴别激活分组或 REQ 实体需要进行 BK 更新时，REQ 实体发送接入鉴别请求分组给 AAC。AAC 收到 REQ 实体发来的接入鉴别请求分组后，进行如下处理：

a) 如果鉴别访问控制器 AAC 发送了鉴别激活分组，则检查收到的分组中的 SNonce、$Para_{ECDH}$字段值和鉴别激活分组中对应的字段值是否一致，如果有一个不一致，则丢弃该分组，否则执行 b)；如果鉴别访问控制器 AAC 没有发送鉴别激活分组，则检查 SNonce 字段值和上一次证书鉴别过程中计算的鉴别标识是否一致，并检查 $Para_{ECDH}$ 字段和上一次鉴别激活分组中的 $Para_{ECDH}$是否一致，如果有一个不一致，则丢弃该分组；否则执行 b)。

b) 检查 $ID_{AAC}$与自己的身份是否一致，并检查 $TIE_{REQ}$字段的值与安全策略协商过程中收到的安全策略协商响应分组中的 $TIE_{REQ}$字段值是否一致，如果有一个不一致，则丢弃该分组；否则执行 c)。

c) 验证 REQ 实体的签名，若验证不通过，则丢弃该分组；否则执行 d)。

d) 若标识字段的比特 2 为 1 或 AAC 的本地策略要求使用 AS 鉴别 REQ 实体的证书，则 AAC 生成证书鉴别请求分组，发往 AS；否则执行 e)操作。

e) AAC 本地鉴别 REQ 实体的证书，即根据本地缓存的 REQ 实体证书的验证结果及其根据本地策略所定义的时效性确定 REQ 实体证书的验证结果。若该证书鉴别结果成功，本地生成用于 ECDH 交换的临时私钥 y、临时公钥 x·P 和 32 个八位位组的 AAC 询问 $N_{AAC}$(随机数)，使用自己的临时私钥 y 和接入鉴别请求分组中 REQ 实体的临时公钥 x·P 进行 ECDH 计算，得到主密钥种子 (x·y·P) abscissa，对其进行扩展 KD-HMAC-SHA256 ((x·y·P) abscissa，$N_{AAC}$||$N_{REQ}$||"base key expansion for key and additional nonce")，生成长度为 16 个八位位组的基密钥 BK 和长度为 32 个八位位组的下一次证书鉴别过程的鉴别标识种子，然后对该鉴别标识种子进行 SHA-256 运算，得到长度为 32 个八位位组的下一次证书鉴别过程的鉴别标识。然后设定接入结果为成功，同时标识字段的比特 3(可选字段标识)置为 0，表示没有可选字段，构造没有可选字段的接入鉴别响应分组发送给 REQ 实体。若 REQ 实体证书鉴别结果不成功，AAC 设定接入结果为相应内容，同时标识字段的比特 3(可选字段标识)置为 0，表示没有可选字段。AAC 的询问 $N_{AAC}$和 AAC 的密钥数据(AAC 的临时公钥)可设置任意值，构造没有可选字段的接入鉴别响应分组发送给 REQ 实体，然后解除与 REQ 实体的链路验证。

**D.7.1.3.4 证书鉴别请求分组**

AAC 收到接入鉴别请求分组后，验证 TAEP_FLAG、SNonce、$ID_{AAC}$、$TIE_{REQ}$、ECDH 参数信息、签名信息 $Sig_{REQ}$，验证通过后，如果需要请求 AS 进行证书验证，则构造证书鉴别请求分组并发往 AS，否则直接丢弃接入鉴别请求分组。

证书鉴别请求分组主要包括：地址索引 ADDID（标识鉴别所服务的主体）、接入鉴别请求分组中的 $N_{REQ}$、本地生成的一次性随机数 $N_{AAC}$、$Cert_{REQ}$ 和 $Cert_{AAC}$。若接入鉴别请求分组中包含 REQ 信任的 AS 列表，则证书鉴别请求分组中也应包含该信息。

证书鉴别请求分组封装在 Code＝1（Request），Type＝245（TAEP-CAAP），MessageType ＝ 0x03 的 TAEP-Request-CAAP/TAEP-AS-SVC 中。

证书鉴别请求分组中，数据元素 SubData 都采用 D.4.2 介绍的封装格式进行封装。证书鉴别请求分组有效元素集合见表 D.20。

**表 D.20　证书鉴别请求分组有效元素集合**

| 信息元素 | 元素 ID | 元素长度（八位位组） | 定义 |
|---|---|---|---|
| ADDID 元素 | 0 | 12 | D.4.1.9 |
| AAC 询问 $N_{AAC}$ 元素 | 1 | 32 | D.4.1.3 |
| REQ 询问 $N_{REQ}$ 元素 | 2 | 32 | D.4.1.3 |
| REQ 的证书 $Cert_{REQ}$ 元素 | 3 | 可变 | D.4.1.5 |
| AAC 的证书 $Cert_{AAC}$ 元素 | 4 | 可变 | D.4.1.5 |
| REQ 信任 AS 列表 $List_{AS\text{-}REQ}$ 元素 | 5 | 可变 | D.4.1.13 |
| 保留 | 6 | | |
| 保留 | 7～15 | | |
| 保留 | 16～255 | | |

其中：

——ADDID 元素：表示 $MAC_{AAC}||MAC_{REQ}$；

——AAC 询问 $N_{AAC}$ 元素：由 AAC 采用随机数生成算法生成；

——REQ 询问 $N_{REQ}$ 元素：该字段应与收到的接入鉴别请求分组中的 $N_{REQ}$ 字段值相同；

——REQ 的证书 $Cert_{REQ}$ 元素：该字段和接入鉴别请求分组中 REQ 的证书字段相同；

——AAC 的证书 $Cert_{AAC}$ 元素：内容包含 AAC 的证书；

——REQ 信任 AS 列表 $List_{AS\text{-}REQ}$ 元素：本字段值应与 REQ 实体发送的接入鉴别请求分组中的 REQ 信任的 AS 服务器列表字段相同。

若接入鉴别请求分组中的标识 TAEP_FLAG 指示要进行证书验证或 AAC 自己需要进行证书验证，AAC 向 AS 发送证书鉴别请求分组。

AAC 接收到 REQ 实体发送的接入鉴别请求分组并向 AS 发送证书鉴别请求分组后，在证书鉴别请求分组超时时间内不对 REQ 实体发送的接入鉴别请求进行处理。

AS 收到证书鉴别请求分组后，进行如下处理：

a) 如果此次鉴别过程为单向鉴别，则只需验证请求者 REQ 的证书 $Cert_{REQ}$，如果是双向鉴别则需要同时验证鉴别访问控制器 AAC 的证书 $Cert_{AAC}$ 和请求者 REQ 的证书 $Cert_{REQ}$，参照 RFC3280 进行的证书的验证，若无法验证，则将相应证书的验证结果置为证书的颁发者不明确，否则验证证书的状态，然后执行 b)；

b) 根据证书的验证结果，构造证书鉴别响应分组，并且附加相应的签名，发往鉴别访问控制器 AAC。

### D.7.1.3.5　证书鉴别响应分组

AS 收到证书鉴别请求分组后，验证 $Cert_{REQ}$ 和 $Cert_{AAC}$ 证书的有效性，构造证书鉴别响应分组返回给 AAC。

证书鉴别响应分组主要包括：地址索引 ADDID、证书验证结果及 REQ 信任的 AS 对证书验证结果的签名 $Sig_{AS\text{-}REQ}$、AAC 所信任的 AS 的签名 $Sig_{AS\text{-}AAC}$。其中证书验证结果包含 $N_{REQ}$、$N_{AAC}$、$Cert_{REQ}$、$Cert_{AAC}$、REQ 证书的验证结果 $Res_{REQ}$ 与 AAC 证书的验证结果 $Res_{AAC}$。若 AAC 和 REQ 信任的 AS 相同，则证书鉴别相应分组中的签名只存在一个。

证书鉴别响应分组封装在 Code=2(Response)，Type=245(TAEP-CAAP)，MessageType = 0x04 的 TAEP-Response-CAAP/TAEP-AS-SVC 中。

证书鉴别响应分组中，数据元素 SubData 都采用 D.4.2 介绍的封装格式进行封装。证书鉴别响应分组有效元素集合见表 D.21。

**表 D.21 证书鉴别响应分组有效元素集合**

| 信息元素 | 元素 ID | 元素长度（八位位组） | 定义 |
|---|---|---|---|
| ADDID 元素 | 0 | 12 | D.4.1.9 |
| 证书的验证结果元素 | 1 | 可变 | D.4.1.11 |
| REQ 信任的服务器签名 $Sig_{AS\text{-}REQ}$ 元素 | 2 | 可变 | D.4.1.7 |
| AAC 信任的服务器签名 $Sig_{AS\text{-}AAC}$ 元素 | 3 | 可变 | D.4.1.7 |
| 保留 | 4～15 | | |
| 保留 | 16～255 | | |

其中：

——ADDID 元素：表示 $MAC_{AAC}||MAC_{REQ}$，该字段值和证书鉴别请求分组中的 ADDID 字段的值相同。

——证书的验证结果元素：字段中的第一个一次性随机数值和证书鉴别请求分组中的 AAC 询问值相同，第二个一次性随机数值和证书鉴别请求分组中的 REQ 询问值相同。字段中的第一个证书及结果对应于证书鉴别请求分组中的 REQ 证书，第二个证书及结果对应于证书鉴别请求分组中的 AAC 证书。如果此次鉴别为单向鉴别过程，则证书的验证结果字段中不包含一次性随机数 2，验证结果 2，证书 2。也即不包含请求者 REQ 的询问 $N_{REQ}$、鉴别访问控制器 AAC 的验证结果，以及鉴别访问控制器 AAC 的证书。

——REQ 信任的服务器签名 $Sig_{AS\text{-}REQ}$ 元素：对本分组中证书的验证结果字段的签名，本字段为可选字段，如果 REQ 证书的验证结果为证书的颁发者不明确，则证书鉴别响应分组不包含此字段。

——AAC 信任的服务器签名 $Sig_{AS\text{-}AAC}$ 元素：对本分组中除本字段和 ADDID 字段之外所有数据字段的签名。本字段为可选字段，如果对证书验证结果进行签名的鉴别服务器 AS 和 AAC 信任的鉴别服务器 AS 相同，则不包含此字段。如果 AAC 证书的验证结果为颁发者不明确，则证书鉴别响应分组中也不包含此字段。

AS 收到证书鉴别请求分组后，向 AAC 发送证书鉴别响应分组。AAC 收到证书鉴别响应分组后，进行如下处理：

a) 根据 ADDID 确定对应的证书鉴别请求分组，检查证书的验证结果字段中的第一个一次性随机数值与自己在证书鉴别请求分组中的 AAC 的询问是否相同，若相同，则执行 b)操作；否则，丢弃该分组。

b) 如果分组中含有两个签名字段，则检查 $SIG_{AS\text{-}AAC}$ 字段是否正确，若不正确，则丢弃该分组，否则执行 c)；如果分组中只含有一个签名字段，即表明对证书验证结果进行签名的鉴别服务器 AS 也是鉴别访问控制器 AAC 所信任的鉴别服务器 AS，则检查 $SIG_{AS\text{-}REQ}$ 字段是否正确，若不正确，则丢弃该分组，否则执行 c)。

c) 检查证书验证结果中，REQ 的证书验证结果是否合法，如果为合法，执行 d)；如果不合法则执行 e)。

d) 如果本地生成用于 ECDH 交换的临时私钥 y 和临时公 y · P，使用自己的临时私钥 y 和 REQ 的临时公钥 x · P 进行 ECDH 计算，得到密钥种子 $(x \cdot y \cdot P)_{abscissa}$，对其进行扩展 KD-HMAC-SHA256 ($(x \cdot y \cdot P)_{abscissa}$, $N_{AAC}$ || $N_{REQ}$ ||"base key expansion for key and additional nonce")，生成长度为 16 个八位位组的基密钥 BK 和长度为 32 个八位位组的下一次证书鉴别过程的鉴别标识种子，然后对该鉴别标识种子进行 SHA-256 运算，得到长度为 32 个八位位组的下一次证书鉴别过程的鉴别标识并保存。然后设定接入结果为成功，构造接入鉴别响应分组发送给 REQ 实体。若接入鉴别请求分组中 REQ 要求验证 AAC 证书，则接入鉴别响应分组中标识字段的比特 3(可选字段标识)置为 1，表示有可选字段；否则置为 0，表示没有可选字段。

e) AAC 设定接入结果为不成功，AAC 的询问 $N_{AAC}$ 和 AAC 的密钥数据(AAC 的临时公钥)可设置任意值。构造接入鉴别响应分组发送给 REQ，然后解除与 REQ 实体的链路验证。若接入鉴别请求分组中 REQ 实体要求验证 AAC 证书，则接入鉴别响应分组中标识字段的比特 3(可选字段标识)置为 1，表示有可选字段；否则置为 0，表示没有可选字段。

#### D.7.1.3.6 接入鉴别响应分组

AAC 收到证书鉴别响应分组后，验证 $N_{REQ}$、$N_{AAC}$、$Sig_{AS\text{-}AAC}$ 等，若无效，则直接丢弃，否则构造接入鉴别响应分组返回给 REQ。

接入鉴别响应分组主要包括：标识 TAEP_FLAG、$N_{REQ}$、$N_{AAC}$、$ID_{REQ}$(可根据 $Cert_{REQ}$ 得到)、接入结果、$ID_{AAC}$、REQ 密钥数据 x · P、本地生成的临时公钥 y · P、复合的证书验证结果 RES 及 AAC 生成的消息鉴别码 MIC1。如果在之前的鉴别激活分组中没有 AAC 的签名 $Sig_{AAC}$ 字段或者此次鉴别过程没有鉴别激活分组，则分组中不需要计算消息鉴别码 MIC1，而是需要计算签名 $Sig_{AAC}$。其中复合的证书验证结果 RES 为证书鉴别响应分组中除 ADDID 之外的其他内容。

接入鉴别响应分组封装在 Code=2(Response)，Type=245(TAEP-CAAP)，MessageType = 0x05 的 TAEP-Response-CAAP/TAEPoL 中。

接入鉴别响应分组中，数据元素 SubData 都采用 D.4.2 介绍的封装格式进行封装。接入鉴别响应分组有效元素集合见表 D.22。

**表 D.22 接入鉴别响应分组有效元素集合**

| 信息元素 | 元素 ID | 元素长度<br>(八位位组) | 定义 |
|---|---|---|---|
| 标识 TAEP_FLAG 元素 | 0 | 1 | D.4.1.1 |
| REQ 询问 $N_{REQ}$ 元素 | 1 | 32 | D.4.1.3 |
| AAC 询问 $N_{AAC}$ 元素 | 2 | 32 | D.4.1.3 |
| 接入结果 $Acc_{RES}$ 元素 | 3 | 1 | D.4.1.19 |
| REQ 密钥数据 x · P 元素 | 4 | 可变 | D.4.1.15 |
| AAC 密钥数据 y · P 元素 | 5 | 可变 | D.4.1.15 |

**表 D.22（续）**

| 信息元素 | 元素 ID | 元素长度（八位位组） | 定义 |
|---|---|---|---|
| AAC 的身份 $ID_{AAC}$ 元素 | 6 | 可变 | D.4.1.4 |
| REQ 身份 $ID_{REQ}$ 元素 | 7 | 可变 | D.4.1.4 |
| 复合的证书验证结果 MRES 元素 | 8 | 可变 | D.4.1.14 |
| 消息鉴别码 MIC1 元素 | 9 | 20 | D.4.1.10 |
| AAC 的签名 $Sig_{AAC}$ 字段 | 10 | 可变 | D.4.1.7 |
| 保留 | 11～15 | | |
| 保留 | 16～255 | | |

其中：

——标识 TAEP_FLAG 元素：比特 0、1、3 有意义。本字段比特 0、比特 1 应与 REQ 实体发送的接入鉴别请求分组中标识字段值相同。比特 3(可选字段标识)由 REQ 实体根据上下文环境设置。比特 3(可选字段标识)为 1 表示分组中有可选字段，为 0 表示没有。

——REQ 询问 $N_{REQ}$ 元素：本字段值应与 REQ 实体发送的接入鉴别请求分组中 REQ 实体的询问字段值相同。

——AAC 询问 $N_{AAC}$ 元素：本字段值应与 AAC 发送的证书鉴别请求分组中 AAC 的询问字段值相同。

——$ACC_{RES}$ 字段：表示接入结果。

——REQ 密钥数据 x・P 元素：x・P 是 REQ 实体生成的用于 ECDH 交换的临时公钥，本字段值应与 REQ 实体发送的接入鉴别请求分组中 REQ 实体密钥数据字段值相同。

——AAC 密钥数据 y・P 元素：y・P 是 AAC 生成的用于 ECDH 交换的临时公钥。

——AAC 的身份 $ID_{AAC}$ 元素：表示 AAC 的身份标识 ID，定义同 D.4.1.4。

——REQ 的身份 $ID_{REQ}$ 元素：表示 REQ 的身份标识 ID，定义同 D.4.1.4。

——复合的证书验证结果 MRES 字段：其定义如 D.4.1.12。此字段仅在双向鉴别过程中需要包含在接入鉴别响应分组中。若存在，则由证书鉴别响应分组中除 ADDID 外的其他各个字段组成，并且内容和它们相同。其中签名为请求者 REQ 信任的鉴别服务器 AS 的签名 $Sig_{AS\text{-}REQ}$；它是对复合的证书验证结果 MRES 中证书的验证结果字段的签名。

——消息鉴别码 MIC1 字段定义如 D.4.1.10，其计算过程为：

- AAC 使用自己的临时私钥 y 和接入鉴别请求分组中 REQ 的临时公钥 x・P 进行 ECDH 计算，得到主密钥种子 $(x\cdot y\cdot P)_{abscissa}$；
- AAC 对主密钥种子进行扩展 KD-HMAC-SHA256（$(x\cdot y\cdot P)_{abscissa\ a}$，$N_{AAC}$||$N_{REQ}$||"base key expansion for key and additional nonce"），生成长度为 16 个八位位组的基密钥 BK 和长度为 32 个八位位组的下一次证书鉴别过程的鉴别标识种子，然后对该鉴别标识种子进行 SHA-256 运算，得到长度为 32 个八位位组的下一次证书鉴别过程的鉴别标识；
- 利用 BK 对接入鉴别响应分组中除消息鉴别码 MIC1 字段外的所有字段计算的杂凑值作为消息鉴别码 MIC1 的值。

——签名 $Sig_{AAC}$ 字段：采用签名属性表示，是对本分组中除本字段之外所有数据字段的签名。

接入鉴别响应分组只需要包含 $SIG_{AAC}$ 字段和消息鉴别码 MIC 字段二者之一即可；如果在此次身份鉴别过程中存在鉴别激活分组，且鉴别激活分组包含 $SIG_{AAC}$ 字段，则此分组中只包含消息鉴别码

MIC 字段；如果此次身份鉴别过程不存在鉴别激活分组或者鉴别激活分组中没有包含 $SIG_{AAC}$字段，则此分组中只包含 $SIG_{AAC}$字段；

REQ 实体收到接入鉴别响应分组后，进行如下处理：

a） 根据 $ID_{AAC}$和 $ID_{REQ}$的身份判断是否为对应当前接入鉴别请求分组的接入鉴别响应分组，若不是，则丢弃该接入鉴别响应分组；否则，执行 b)操作；

b） 检查标识字段的比特 0、比特 1 与自己发送的接入鉴别请求分组中相应字段的值是否相同，若不同，则丢弃该分组；否则执行 c)操作；

c） 比较分组中请求者 REQ 密钥数据 x・P 字段值与自己发送的接入鉴别请求分组中的 x・P 字段值是否一致，若不一致，则丢弃该分组，否则执行 d)；

d） 比较 REQ 实体的询问 $N_{REQ}$与自己在接入鉴别请求分组中发送的 $N_{REQ}$是否相同，若不同，则丢弃该分组；否则，执行 e)；

e） 如果收到的接入鉴别响应分组中含有鉴别访问控制器 AAC 的签名 $SIG_{AAC}$字段，执行 f)；否则执行 h)；

f） 验证 $SIG_{AAC}$的正确性，如果不正确，则丢弃该分组，否则执行 g)；

g） 查看分组中的 $Acc_{RES}$字段，如果接入结果为不成功，则得知不能访问该网络，鉴别过程结束；否则执行 h)；

h） 若 REQ 在接入鉴别请求分组中不要求进行证书验证，则执行 i)；否则，REQ 在复合的证书鉴别结果中查找自身所信任的 AS 的签名，验证 $Sig_{AS\text{-}REQ}$的正确性，若不正确，则丢弃该接入鉴别响应分组；否则检查 AAC 证书的鉴别结果是否为有效，若无效，丢弃该分组；若有效，则执行 i)；

i） 请求者 REQ 根据鉴别访问控制器 AAC 的临时公钥 y・P 和自己的临时私钥 x 进行 ECDH 计算，得到密钥种子$(x \cdot y \cdot P)_{abscissa}$，对其进行扩展 KD-HMAC-SHA256（$(x \cdot y \cdot P)_{abscissa}$，$N_{AAC}||N_{REQ}||$“base key expansion for key and additional nonce”），生成长度为 16 个八位位组的基密钥 BK 和长度为 32 个八位位组的下一次证书鉴别过程的鉴别标识种子，然后对该鉴别标识种子进行 SHA-256 运算，得到长度为 32 个八位位组的下一次证书鉴别过程的鉴别标识；

j） 如果收到的接入鉴别响应分组中含有鉴别访问控制器 AAC 的签名 $SIG_{AAC}$字段，则执行 l)；否则执行 k)；

k） 验证消息鉴别码 MIC1 字段的正确性，如果不正确，则丢弃分组，否则执行 l)；

l） 如果收到的接入鉴别响应分组中含有消息鉴别码 MIC1 字段，则是否发送接入鉴别确认分组是可选的；如果收到的分组中含有鉴别访问控制器 AAC 的签名 $SIG_{AAC}$字段，则需要构造接入鉴别确认分组，发送给鉴别访问控制器 AAC。

在证书鉴别过程中，要进行 ECDH 协商出基密钥。对于 ECDH 算法，做以下说明：

a） 临时私钥 x、y 是在[1..n-1]间的整数，n 是椭圆曲线域参数中基点 P 的阶；

b） 临时公钥 x・P、y・P 是椭圆曲线域参数定义的椭圆曲线上的点；

c） ECDH 协商出来密钥种子$(x \cdot y \cdot P)_{abscissa}$是 x・y・P 的 x 坐标，x・y・P 不能是无穷远点。

### D.7.1.3.7 接入鉴别确认分组

REQ 收到接入鉴别响应分组后，验证 $N_{REQ}$、$ID_{REQ}$、$Sig_{AS\text{-}REQ}$等，若无效，则直接丢弃，否则构造接入鉴别确认分组返回给 AAC。如果收到的接入鉴别响应分组中包含 AAC 的签名 $Sig_{AAC}$，则接入鉴别确认分组就是必须的。如果收到的接入鉴别响应分组中不包含 AAC 的签名 $Sig_{AAC}$，而是包含了消息鉴别码 MIC1 字段，则接入鉴别确认分组就是可选的。接入鉴别确认分组主要包括：标识 TAEP_FLAG 及消息鉴别码 MIC2。

接入鉴别确认分组封装在 Code＝2(Response)，Type＝245(TAEP-CAAP)，MessageType ＝ 0x06

的 TAEP-Response-CAAP/TAEPoL 中。

接入鉴别确认分组中，数据元素 SubData 都采用 D.4.2 介绍的封装格式进行封装。接入鉴别确认分组有效元素集合见表 D.23。

**表 D.23 接入鉴别确认分组有效元素集合**

| 信息元素 | 元素 ID | 元素长度（八位位组） | 定义 |
|---|---|---|---|
| 标识 TAEP_FLAG 元素 | 0 | 1 | D.4.1.1 |
| 消息鉴别码 MIC2 元素 | 1 | 20 | D.4.1.10 |
| 保留 | 2～15 | | |
| 保留 | 16～255 | | |

其中：

——标识 TAEP_FLAG 元素：比特 0 有意义。本字段比特 0 应与 REQ 实体发送的接入鉴别请求分组中标识字段值相同。

——消息鉴别码 MIC2 元素，计算过程为：

a) REQ 使用自己的临时私钥 x 和接入鉴别响应分组中 AAC 的临时公钥 y · P 进行 ECDH 计算，得到主密钥种子$(x \cdot y \cdot P)_{abscissa}$；

b) REQ 对主密钥种子进行扩展 KD-HMAC-SHA256 （$(x \cdot y \cdot P)_{abscissa}$，$N_{AAC}$||$N_{REQ}$||“base key expansion for key and additional nonce”），生成长度为 16 个八位位组的基密钥 BK 和长度为 32 个八位位组的下一次证书鉴别过程的鉴别标识种子，然后对该鉴别标识种子进行 SHA-256 运算，得到长度为 32 个八位位组的下一次证书鉴别过程的鉴别标识；

c) 利用 BK 对接入鉴别确认分组中除消息鉴别码 MIC2 字段外的所有字段计算的杂凑值作为消息鉴别码 MIC2 的值。

鉴别访问控制器 AAC 在发送接入鉴别响应分组给请求者之后，如果发送的接入鉴别响应分组中包含的是鉴别访问控制器 AAC 的签名 $SIG_{AAC}$字段，则鉴别访问控制器 AAC 需要等待收到接入鉴别响应分组之后才能进行后续的密钥协商过程；如果发送的接入鉴别响应分组中包含的是消息鉴别码 MIC1 字段则可直接开始后续的密钥协商过程。

鉴别访问控制器 AAC 在收到请求者 REQ 发送的接入鉴别确认分组之后，要验证分组中消息鉴别码 MIC2 字段的正确性，如果正确，则意味着请求者 REQ 具有和自己一致的基密钥 BK，就可以开始后续的密钥协商过程，否则就解除与请求者 REQ 之间的链路验证。

AAC 根据证书鉴别响应分组中 REQ 证书的验证结果 $Res_{REQ}$及本地策略，决定是否允许客户端 REQ 接入，再向 REQ 发送鉴别结果分组 TAEP-Success 或 TAEP-Failure。

REQ 收到接入鉴别响应分组后，验证 $Sig_{AAC}$及其他字段，若无效，则直接丢弃；否则，根据 AAC 证书的验证结果 $Res_{AAC}$及本地策略，决定是否接入该网络，若拒绝接入网络，可向 AAC 发送 TAEPoL-Logoff。基于证书的核心鉴别过程成功完成后，AAC 和 REQ 分别根据对方的临时公钥与本地的临时私钥进行 ECDH 计算，并将结果与双方生成的一次性随机数 $N_{AAC}$、$N_{REQ}$通过哈希计算得到下一次鉴别标识 SNonce，用于鉴别更新时双方的同步锁定。

需要说明几点：

a) 基于证书的核心鉴别过程支持双向与单向鉴别，若使用单向鉴别，则 AS 无需对 AAC 的证书 $Cert_{AAC}$进行验证，即证书鉴别请求、证书鉴别响应及接入鉴别响应等分组中均不包含 $Cert_{AAC}$、$Res_{AAC}$等字段。

b) 该协议功能高度集中，即可实现双向鉴别，又可实现单向鉴别，还支持鉴别更新以及简化的鉴别更新。所谓简化的鉴别更新就是指不需要 AS 验证证书，AAC 与 REQ 之间的直接签名验证，反映在分组中的内容上，就是接入鉴别响应分组中不包含复合的证书验证结果字段。简化的鉴别过程只能用作鉴别更新过程，不能用作客户端与网络连接时的首次鉴别。

c) TAEP-CLAP 提供了 AAC 与 REQ 之间对 ECDH 交换结果的一致性验证机制。文中描述了两种验证机制：

  1) 在鉴别激活分组中添加 AAC 的签名，然后在接入鉴别响应分组中不再附加签名，而是利用协商出来的 BK 计算分组的消息鉴别码消息鉴别码 MIC1。在这种机制下，REQ 可以验证 AAC 的签名，也可以通过验证 AAC 利用 BK 计算的消息鉴别码 MIC1 来验证它们拥有一致的 BK。这种机制下接入鉴别确认分组就是可选的。

  2) 在鉴别激活分组中不附带 AAC 的签名，而是在接入鉴别响应分组中附带签名，之后 AAC 需要等到接收到 REQ 发送的接入鉴别确认分组后验证 REQ 利用 BK 计算的消息鉴别码 MIC2，进行确认后方可确认与 REQ 拥有一致的 BK，之后就可以开始密钥协商的过程了。

#### D.7.1.4 单播密钥协商

##### D.7.1.4.1 单播密钥协商过程概述

基于证书的鉴别和密钥管理方法中，密钥管理包括单播密钥协商与组播密钥通告过程。TLA 的密钥管理协议在单播密钥协商协议的请求分组中添加消息鉴别码 MIC 校验字段，防止 Dos 攻击。其中，该消息鉴别码 MIC 字段利用鉴别过程协商的 BK 计算得到；此外，在密钥协商协议的分组定义中，添加标识业务类型字段，实现不同业务不同密钥。

单播密钥协商使用预共享密钥完成单播会话密钥的协商，建立 USKSA。单播密钥协商过程见图 D.52。

图 D.52 单播密钥协商过程

单播密钥协商协议分组使用 TAEPoL-Key 帧封装，其协议数据字段中 Key Descriptor 类型取值为 0x10，其协议数据字段中的数据字段封装格式见图 D.53。

| | |
|---|---|
| MessageType<br>(8位比特) | MessageData (可变) |

图 D.53 单播密钥协商协议分组数据封装格式

其中：

——MessageType，表示消息分组所属的分组类别，定义如下表 D.24。

**表 D.24　单播密钥协商协议分组 MessageType 子类型定义**

| MessageType 值 | 定　义 |
|---|---|
| 0x00 | 保留 |
| 0x01 | 单播密钥协商请求分组 |
| 0x02 | 单播密钥协商响应分组 |
| 0x03 | 单播密钥协商确认分组 |
| 其余 | 保留 |

——MessageData 数据：每种分组的消息数据 MessageData 将在协议分组介绍中进行介绍。其数据元素封装格式见 D.4.2。

**D.7.1.4.2　单播密钥协商请求分组**

**D.7.1.4.2.1　帧格式**

**D.7.1.4.2.1.1　Key_FLAG**

Key_FLAG 定义见 D.4.3.5.3。

Key_FLAG.ACK=1

Key_FLAG.KeyType=000(单播密钥)

Key_FLAG.Request=1

Key_FLAG.Encryption=0

Key_FLAG.MIC=1

Key_FLAG.OperationType=00(建立过程)/01(更新过程)/10(删除过程)

**D.7.1.4.2.1.2　协议数据**

协议数据包含 BKID、USKID、$MAC_{REQ}$、$MAC_{AAC}$、$N_{AAC}$。分组中的协议数据的集合及元素 ID 定义见表 D.25。

**表 D.25　单播密钥协商请求分组有效元素集合**

| 信息元素 | 元素 ID | 元素长度（八位位组） | 定义 |
|---|---|---|---|
| BKID | 0 | 16 | D.4.1.20 |
| USKID | 1 | 1 | D.4.1.21 |
| $MAC_{REQ}$ | 2 | 6 | D.4.1.8 |
| $MAC_{AAC}$ | 3 | 6 | D.4.1.8 |
| $N_{AAC}$ | 4 | 32 | D.4.1.3 |
| 保留 | 5～15 | | |
| 保留 | 16～255 | | |

其中：

——BKID：表示当前作为共享密钥的基密钥，其定义见 D.4.1.20；

——USKID：其中比特 0 标识当前协商的单播会话密钥，其他位保留；本字段的比特 0 在 BKSA 建立后第一次单播密钥协商时初值为 0，以后再重新进行单播密钥协商时该位在 0 和 1 之间翻转，其定义见 D.4.1.21；

——$MAC_{REQ}$：请求者 REQ 的 MAC 地址，其定义见 D.4.1.8；

——$MAC_{AAC}$：鉴别访问控制器 AAC 的 MAC 地址，其定义见 D.4.1.8；

——$N_{AAC}$：AAC 询问字段定义见 D.4.1.3；若标识 Key_FLAG 字段的 OperationType 字段的值为 00，则 AAC 的询问为 AAC 产生的随机数；若标识 Key_FLAG 字段的 OperationType 字段的值为 01 或者 10，则 AAC 询问为上一次单播密钥协商过程所协商的值。

**D.7.1.4.2.1.3 消息鉴别码 MIC**

该消息鉴别码 MIC 字段记为 MIC1，是鉴别访问控制器 AAC 利用鉴别过程协商的 BK 计算得到。目的为防止 Dos 攻击，其定义见 D.4.1.10。

**D.7.1.4.2.2 处理过程**

在 AAC 完成基于证书鉴别过程并建立有效的 BKSA 后，或进行单播密钥更新时，AAC 向 REQ 发送单播密钥协商请求分组开始与 REQ 进行单播密钥协商。

REQ 接收到与其相关联的 AAC 发送的单播密钥协商请求分组后，进行如下处理：

a) 首先检查 BKID 所指 BKSA 是否有效，若无效，则丢弃该分组；否则检查标识 Key_FLAG 字段的 OperationType 字段的值，若为 00，则执行 c)；若为 01，则检查 USKID 所指的 USKSA 是否有效，若有效，则丢弃该分组；否则，执行 b)操作。
b) 检查 AAC 询问与本地保存的值是否相同，若不同，则丢弃该分组；否则，执行 c)操作。
c) 验证消息鉴别码 MIC 的正确性，如果消息鉴别码 MIC 不正确则丢弃该分组，否则执行 d)。
d) REQ 利用随机数产生器产生 REQ 询问 $N_{REQ}$，然后计算 KD-HMAC-SHA256 (BK ,ADDID|| $N_{AAC}$|| $N_{REQ}$||“pairwise key expansion for unicast and additional keys and nonce”)，其中 $N_{AAC}$为 AAC 询问，$N_{REQ}$为 REQ 询问。生成 80 个八位位组，前 48 个八位位组为单播会话密钥(第一个 16 个八位位组为单播加密密钥 UEK，第二个 16 个八位位组为消息鉴别密钥 MAK，第三个 16 个八位位组为密钥加密密钥 KEK)。最后 32 个八位位组为下一次单播会话密钥协商过程的 AAC 询问的种子，即协商标识种子，然后对该种子使用 SHA-256 函数计算得到长度为 32 个八位位组的下一次单播密钥协商过程的 AAC 询问并保存。
e) 用消息鉴别密钥 MAK 通过 HMAC-SHA256 算法本地计算消息鉴别码，构造单播密钥协商响应分组发往 AAC。
f) 安装新协商的单播会话密钥。对于新安装的密钥，REQ 仅启用其接收功能，即允许用其解密 AAC 发来的单播数据。

**D.7.1.4.3 单播密钥协商响应分组**

**D.7.1.4.3.1 帧格式**

**D.7.1.4.3.1.1 Key_FLAG**

Key_FLAG 定义见 D.4.3.5.3。

Key_FLAG.ACK=1

Key_FLAG.KeyType=000(单播密钥)

Key_FLAG. Request=1

Key_FLAG. Encryption=0

Key_FLAG. MIC=1

Key_FLAG. OperationType=00(建立过程)/01(更新过程)/10(删除过程)

#### D.7.1.4.3.1.2 协议数据

协议数据包含 BKID、USKID、$MAC_{REQ}$、$MAC_{AAC}$、$N_{AAC}$、$N_{REQ}$。分组中的协议数据的集合及元素 ID 定义见表 D.26。

**表 D.26 单播密钥协商响应分组有效元素集合**

| 信息元素 | 元素 ID | 元素长度(八位位组) | 定义 |
|---|---|---|---|
| BKID | 0 | 16 | D.4.1.20 |
| USKID | 1 | 1 | D.4.1.21 |
| $MAC_{REQ}$ | 2 | 6 | D.4.1.8 |
| $MAC_{AAC}$ | 3 | 6 | D.4.1.8 |
| $N_{AAC}$ | 4 | 32 | D.4.1.3 |
| $N_{REQ}$ | 5 | 32 | D.4.1.3 |
| 保留 | 6～15 | | |
| 保留 | 16～255 | | |

其中:

——BKID:表示当前作为共享密钥的基密钥,其定义见 D.4.1.20;

——USKID:其中比特 0 标识当前协商的单播会话密钥,其他位保留;本字段的比特 0 在 BKSA 建立后第一次单播密钥协商时初值为 0,以后再重新进行单播密钥协商时该位在 0 和 1 之间翻转,其定义见 D.4.1.21;

——$MAC_{REQ}$:请求者 REQ 的 MAC 地址,其定义见 D.4.1.8;

——$MAC_{AAC}$:鉴别访问控制器 AAC 的 MAC 地址,其定义见 D.4.1.8;

——$N_{AAC}$:是 AAC 询问字段定义见 D.4.1.3,字段长度为 32 个八位位组;若 REQ 发起密钥更新或者密钥删除,REQ 设置标识 Key_FLAG 字段的 OperationType 字段的值为 01 或者 10,AAC 询问字段为上一次单播密钥协商过程所协商的值;否则该字段和单播密钥协商请求分组中的 AAC 询问字段相同;

——$N_{REQ}$:是 REQ 询问字段定义见 D.4.1.3,字段长度为 32 个八位位组,由 REQ 利用随机数产生器生成。

#### D.7.1.4.3.1.3 消息鉴别码 MIC

记为 MIC2,其值为 REQ 利用最新协商的消息鉴别密钥 MAK 通过 HMAC-SHA256 算法计算得到。其定义见 D.4.1.10。

#### D.7.1.4.3.2 处理过程

REQ 进行密钥更新时,或收到 AAC 的单播密钥协商请求分组并构造单播密钥协商响应后,发送单播密钥协商响应分组给 AAC。

AAC 收到单播密钥协商响应分组后，进行如下处理：

a) 若标识 Key_FLAG 字段的 OperationType 字段为 01，执行 b)操作；若标识 Key_FLAG 字段的 OperationType 字段为 00，则执行 c)操作。
b) 若当前有有效的 USKSA 并且 USKID 所指 USKSA 无效，则执行 c)操作；否则，丢弃该分组。
c) 检查 AAC 询问值 $N_{AAC}$ 与之前发送的单播密钥协商请求分组中的 $N_{AAC}$ 值是否一致，若不一致，则丢弃该分组；若一致，执行 d)操作。
d) 计算 KD-HMAC-SHA256(BK，ADDID||$N_{AAC}$||$N_{REQ}$||"pairwise key expansion for unicast and additional keys and nonce")，其中 $N_{AAC}$ 是 AAC 询问，$N_{REQ}$ 是 REQ 询问。生成 80 个八位位组，前 48 个八位位组为单播会话密钥(第一个 16 个八位位组为单播加密密钥 UEK，第二个 16 个八位位组为消息鉴别密钥 MAK，第三个 16 个八位位组为密钥加密密钥 KEK)。后 32 个八位位组为下一次单播会话密钥协商过程的 AAC 询问的种子，即协商标识种子，然后对种子使用 SHA-256 函数计算得到长度为 32 个八位位组的下一次单播会话密钥协商过程的 AAC 询问。利用消息鉴别密钥 MAK 通过 HMAC-SHA256 算法本地计算消息鉴别码，与分组中的消息鉴别码字段值比较，若相同，则执行操作 e)；否则，丢弃该分组。
e) 用消息鉴别密钥 MAK 通过 HMAC-SHA256 算法本地计算消息鉴别码，构造单播密钥协商确认分组，发送给 REQ。
f) AAC 安装新协商的单播会话密钥。对于新安装的密钥，AAC 启用其收发功能，即可利用其对单播数据进行加解密。若此次单播密钥协商过程为更新过程，则一旦使用新密钥正确解密过数据后，删除旧的单播会话密钥；或者启用新密钥收发数据 60 s 之后，自动删除旧的单播密钥。

#### D.7.1.4.4 单播密钥协商确认分组

##### D.7.1.4.4.1 帧格式

###### D.7.1.4.4.1.1 Key_FLAG

Key_FLAG 定义见 D.4.3.5.3。

Key_FLAG.ACK=0

Key_FLAG.KeyType=000(单播密钥)

Key_FLAG.Request=1

Key_FLAG.Encryption=0

Key_FLAG.MIC=1

Key_FLAG.OperationType=00(建立过程)/01(更新过程)/10(删除过程)

###### D.7.1.4.4.1.2 协议数据

协议数据包含 BKID、USKID、$MAC_{REQ}$、$MAC_{AAC}$、$N_{REQ}$。分组中的协议数据的集合及元素 ID 定义见表 D.27。

表 D.27 鉴别激活分组有效元素集合

| 信息元素 | 元素 ID | 元素长度(八位位组) | 定义 |
|---|---|---|---|
| BKID | 0 | 16 | D.4.1.20 |
| USKID | 1 | 1 | D.4.1.21 |
| $MAC_{REQ}$ | 2 | 6 | D.4.1.8 |

表 D.27(续)

| 信息元素 | 元素 ID | 元素长度(八位位组) | 定　义 |
|---|---|---|---|
| $MAC_{AAC}$ | 3 | 6 | D.4.1.8 |
| $N_{REQ}$ | 4 | 32 | D.4.1.3 |
| 保留 | 5～15 | | |
| 保留 | 16～255 | | |

其中:

——BKID:表示当前作为共享密钥的基密钥,其定义见 D.4.1.20;

——USKID:其中比特 0 标识当前协商的单播会话密钥,其他位保留;本字段的比特 0 在 BKSA 建立后第一次单播密钥协商时初值为 0,以后再重新进行单播密钥协商时该位在 0 和 1 之间翻转,其定义见 D.4.1.21;

——$MAC_{REQ}$:请求者 REQ 的 MAC 地址,其定义见 D.4.1.8;

——$MAC_{AAC}$:鉴别访问控制器 AAC 的 MAC 地址,其定义见 D.4.1.8;

——$N_{REQ}$:REQ 询问字段 $N_{REQ}$ 定义同 D.4.1.3,长度为可变位位组;由 REQ 利用随机数产生器生成,字段值同单播密钥协商响应分组中的 REQ 询问字段 $N_{REQ}$ 值。

#### D.7.1.4.4.1.3 消息鉴别码 MIC

记为 MIC3,其定义见 D.4.1.10,值为 AAC 利用最新协商的消息鉴别密钥 MAK 对单播密钥协商确认分组中除本字段外所有字段及计算得到的下一次单播密钥协商过程中的 AAC 询问通过 HMAC-SHA256 算法计算得到。

#### D.7.1.4.4.2 处理过程

AAC 收到单播密钥响应分组后,发送单播密钥协商确认分组给 REQ。

REQ 接收到 AAC 的单播密钥协商确认分组后,进行如下处理:

a) 比较 REQ 询问 $N_{REQ}$ 与自己在单播密钥协商响应分组中发送的值是否相同,若不同,则丢弃该分组;否则,执行 b)操作;

b) 利用消息鉴别密钥 MAK 通过 HMAC-SHA256 算法本地计算消息鉴别码,与分组中的消息鉴别码字段值比较,若相同,则执行操作 c);否则,丢弃该分组;

c) 启用新安装的单播会话密钥的发送功能,即允许利用该新密钥加密发送单播数据;若此次单播密钥协商过程为更新过程,则还需删除旧的单播会话密钥。

## D.7.2 基于预共享密钥的鉴别及单播密钥管理

### D.7.2.1 身份鉴别及单播密钥协商过程概述

基于预共享密钥的鉴别及密钥管理过程将身份鉴别和单播密钥协商综合在一起,在完成单播密钥协商的同时,也完成了双向鉴别过程。基于预共享密钥的鉴别及密钥管理过程主要包含四个分组,见图 D.54。

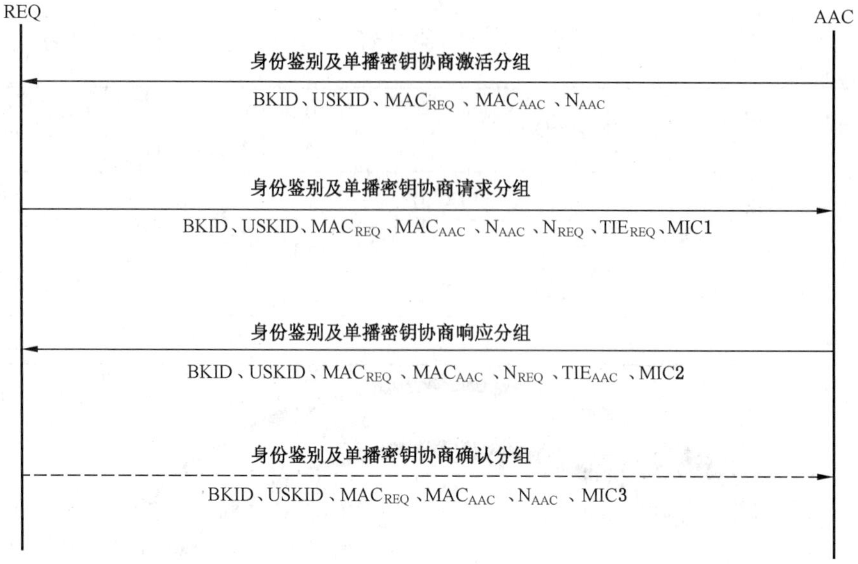


图 D.54 身份鉴别及单播密钥协商过程

身份鉴别及单播密钥协商过程分组使用 TAEPoL-Key 帧封装，其协议数据字段中 Key Descriptor 类型取值为 0x11，其协议数据字段中的数据字段封装格式见图 D.55。

| MessageType（8位比特） | MessageData（可变） |
| --- | --- |

图 D.55 身份鉴别及单播密钥协商协议分组数据封装格式

其中：

——MessageType，表示消息分组所属的分组类别，定义如下表 D.28。

表 D.28 身份鉴别及单播密钥协商协议分组 MessageType 子类型定义

| MessageType 值 | 定　　义 |
| --- | --- |
| 0x00 | 保留 |
| 0x01 | 身份鉴别及单播密钥协商激活分组 |
| 0x02 | 身份鉴别及单播密钥协商请求分组 |
| 0x03 | 身份鉴别及单播密钥协商响应分组 |
| 0x04 | 身份鉴别及单播密钥协商确认分组 |
| 其余 | 保留 |

——MessageData 数据：每种分组的消息数据 MessageData 将在协议分组介绍中进行介绍。其数据元素封装格式见 D.4.2。

### D.7.2.2 身份鉴别及单播密钥协商激活分组

#### D.7.2.2.1 帧格式

##### D.7.2.2.1.1 Key_FLAG

Key_FLAG 定义见 D.4.3.5.3。

Key_FLAG. ACK=1

Key_FLAG. KeyType=000(单播密钥)

Key_FLAG. Request=1

Key_FLAG. Encryption=0

Key_FLAG. MIC=0

Key_FLAG. OperationType=00(建立过程)/01(更新过程)/10(删除过程)

#### D.7.2.2.1.2 协议数据

协议数据包含 BKID、USKID、$MAC_{REQ}$、$MAC_{AAC}$、$N_{AAC}$。分组中的协议数据的集合及元素 ID 定义见表 D.29。

**表 D.29 身份鉴别及单播密钥协商激活分组有效元素集合**

| 信息元素 | 元素 ID | 元素长度<br>(八位位组) | 定　义 |
|---|---|---|---|
| BKID | 0 | 16 | D.4.1.20 |
| USKID | 1 | 1 | D.4.1.21 |
| $MAC_{REQ}$ | 2 | 6 | D.4.1.8 |
| $MAC_{AAC}$ | 3 | 6 | D.4.1.8 |
| $N_{AAC}$ | 4 | 32 | D.4.1.3 |
| 保留 | 5～15 | | |
| 保留 | 16～255 | | |

其中：

——BKID:表示当前作为共享密钥的基密钥,其定义见 D.4.1.20;其中 BK 是由预共享密钥导出。

——USKID:其中比特 0 标识当前协商的单播会话密钥,其他位保留。本字段的比特 0 在 BKSA 建立后第一次单播密钥协商时初值为 0,以后再重新进行单播密钥协商时该位在 0 和 1 之间翻转,其定义见 D.4.1.21。

——$MAC_{REQ}$:请求者 REQ 的 MAC 地址,其定义见 D.4.1.8。

——$MAC_{AAC}$:鉴别访问控制器 AAC 的 MAC 地址,其定义见 D.4.1.8。

——$N_{AAC}$:AAC 询问字段定义见 D.4.1.3。若标识 Key_FLAG 字段的 OperationType 字段的值为 00,则 AAC 的询问为 AAC 产生的随机数;若标识 Key_FLAG 字段的 OperationType 字段的值为 01 或者 10,则 AAC 询问为上一次身份鉴别及单播密钥协商过程所协商的值。

#### D.7.2.2.2 处理过程

REQ 与 AAC 在安全策略协商过程中,如果选择使用基于预共享密钥的鉴别和密钥管理方法,或者 REQ 与 AAC 选择利用基于预共享密钥的鉴别和密钥管理方法来更新它们之间的单播密钥时,则直接利用它们之前预共享的密钥开始鉴别与单播密钥协商过程。AAC 构造身份鉴别及单播密钥协商激活分组,发送给 REQ。

REQ 接收到 AAC 发送的身份鉴别及单播密钥协商激活分组后,进行如下处理：

a) 首先检查标识 Key_FLAG 中 OperationType 字段值,若为 01 或者 10,则检查 BKID 所指的

BKSA 以及 USKID 所指的 USKSA 是否有效，若其中一个无效，则丢弃该分组，否则执行 b)；如果标识 Key_FLAG 中 OperationType 字段值为 00，则直接执行 c)。

b) 检查分组中的 $N_{AAC}$ 与上次身份鉴别及单播密钥协商过程中保存的身份鉴别及单播密钥协商标识的值是否一致，若不一致，则丢弃该分组；若一致，则进一步查看标识 Key_FLAG 中 OperationType 字段值，若为 01 则为更新过程，执行 c)；若为 10 则为删除过程，则构造身份鉴别及单播密钥协商响应分组发送给 AAC，并删除与 AAC 之间的单播密钥，身份鉴别及单播密钥协商激活分组接收处理完成。

c) 利用预共享密钥，通过 KD-HMAC-SHA256(PreKey,"Preshared key expansion for unicast and additional keys and nonce")计算得到 16 个八位位组的基密钥 BK。

d) REQ 利用随机数产生器产生 REQ 询问 $N_{REQ}$，然后计算 KD-HMAC-SHA256 (BK ,ADDID|| $N_{AAC}$|| $N_{REQ}$||"pairwise key expansion for unicast and additional keys and nonce")，其中 $N_{AAC}$ 为 AAC 询问，$N_{REQ}$ 为 REQ 询问。生成 80 个八位位组，前 48 个八位位组为单播会话密钥(第一个 16 个八位位组为单播加密密钥 UEK，第二个 16 个八位位组为消息鉴别密钥 MAK，第三个 16 个八位位组为密钥加密密钥 KEK)。最后 32 个八位位组为下一次单播会话密钥协商过程的 AAC 询问的种子，然后对该种子使用 SHA-256 函数计算得到长度为 32 个八位位组的下一次单播密钥协商过程的 AAC 询问并保存。

e) 用消息鉴别密钥 MAK 通过 HMAC-SHA256 算法本地计算消息鉴别码，构造单播密钥协商响应分组发往 AAC。

f) 安装新协商的单播会话密钥。

注：如果请求者 REQ 需要发起身份鉴别及单播密钥协商的更新过程，则可直接执行上述 c)、d)和 e)，其中身份鉴别及单播密钥协商标识 NAAC 字段值取决于上一次身份鉴别及单播密钥协商过程中计算的身份鉴别及单播密钥协商标识值，构造身份鉴别及单播密钥协商请求分组发送给鉴别访问控制器 AAC，无需等待鉴别访问控制器 AAC 先发送身份鉴别及单播密钥协商激活分组。

#### D.7.2.3 身份鉴别及单播密钥协商请求分组

##### D.7.2.3.1 帧格式

###### D.7.2.3.1.1 Key_FLAG

Key_FLAG 定义见 D.4.3.5.3。

Key_FLAG.ACK=1

Key_FLAG.KeyType=000(单播密钥)

Key_FLAG.Request=1

Key_FLAG.Encryption=0

Key_FLAG.MIC=1

Key_FLAG.OperationType=00(建立过程)/01(更新过程)/10(删除过程)

###### D.7.2.3.1.2 协议数据

协议数据包含 BKID、USKID、$MAC_{REQ}$、$MAC_{AAC}$、$N_{AAC}$、$N_{REQ}$。分组中的协议数据的集合及元素 ID 定义见表 D.30。

**表 D.30 身份鉴别及单播密钥协商请求分组有效元素集合**

| 信息元素 | 元素 ID | 元素长度（八位位组） | 定　义 |
|---|---|---|---|
| BKID | 0 | 16 | D.4.1.20 |
| USKID | 1 | 1 | D.4.1.21 |
| $MAC_{REQ}$ | 2 | 6 | D.4.1.8 |
| $MAC_{AAC}$ | 3 | 6 | D.4.1.8 |
| $N_{AAC}$ | 4 | 32 | D.4.1.3 |
| $N_{REQ}$ | 5 | 32 | D.4.1.3 |
| $TIE_{REQ}$ | 6 | 可变 | D.4.1.14 |
| 保留 | 7～15 | | |
| 保留 | 16～255 | | |

其中：

——BKID：表示当前作为共享密钥的基密钥，其定义见 D.4.1.20；

——USKID：其中比特 0 标识当前协商的单播会话密钥，其他位保留；本字段的比特 0 在 BKSA 建立后第一次单播密钥协商时初值为 0，以后再重新进行单播密钥协商时该位在 0 和 1 之间翻转；其定义见 D.4.1.21；

——$MAC_{REQ}$：请求者 REQ 的 MAC 地址，其定义见 D.4.1.8；

——$MAC_{AAC}$：鉴别访问控制器 AAC 的 MAC 地址，其定义见 D.4.1.8；

——$N_{AAC}$：是 AAC 询问字段定义见 D.4.1.3，字段长度为 32 个八位位组；若 REQ 发起密钥更新或者密钥删除，REQ 设置标识 Key_FLAG 字段的 OperationType 字段的值为 01 或者 10，AAC 询问字段为上一次身份鉴别及单播密钥协商过程所协商的值；否则该字段和身份鉴别及单播密钥协商激活分组中的 AAC 询问字段相同；

——$N_{REQ}$：是 REQ 询问字段定义见 D.4.1.3，字段长度为 32 个八位位组，由 REQ 利用随机数产生器生成；

——$TIE_{REQ}$：REQ 所支持的鉴别和密钥管理套件及密钥套件等信息，该字段值与安全策略协商过程中 REQ 发送的安全策略协商响应分组中 $TIE_{REQ}$ 字段值相同，其定义见 D.4.1.14。

#### D.7.2.3.1.3 消息鉴别码 MIC

记为 MIC1 字段，其值为 REQ 利用最新协商的消息鉴别密钥 MAK 通过 HMAC-SHA256 算法对身份鉴别及单播密钥协商请求分组中除本字段外所有字段进行计算得到的杂凑值。

#### D.7.2.3.2 处理过程

AAC 收到身份鉴别及单播密钥协商请求分组后，进行如下处理：

a) 若标识字段的 OperationType 字段值为 01 或者 10，执行 b)操作；若标识字段的 OperationType 字段值为 00，则执行 c)操作。

b) 若当前有有效的 USKSA 并且 USKID 所指 USKSA 无效，则执行 c)操作；否则，丢弃该分组。

c) 检查身份鉴别及单播密钥协商标识是否正确，若不正确，则丢弃该分组；否则，执行 d)操作。

d) 检查分组中的 $TIE_{REQ}$ 字段值与安全策略协商过程中 REQ 发送的安全策略协商响应分组中 $TIE_{REQ}$ 字段值是否相同，如果不相同，则丢弃该分组；否则，执行 e)。

e) 利用之前通过预共享密钥计算得到的 BK 计算 KD-HMAC-SHA256(BK,ADDID||$N_{AAC}$||$N_{REQ}$||“pairwise key expansion for unicast and additional keys and nonce”),其中 $N_{AAC}$ 是 AAC 询问,$N_{REQ}$ 是 REQ 询问。生成 80 个八位位组,前 48 个八位位组为单播会话密钥(第一个 16 个八位位组为单播加密密钥 UEK,第二个 16 个八位位组为消息鉴别密钥 MAK,第三个 16 个八位位组为密钥加密密钥 KEK)。后 32 个八位位组为下一次单播会话密钥协商过程的 AAC 询问的种子,然后对种子使用 SHA-256 函数计算得到长度为 32 个八位位组的下一次单播会话密钥协商过程的 AAC 询问。利用消息鉴别密钥 MAK 通过 HMAC-SHA256 算法本地计算消息鉴别码,与分组中的消息鉴别码字段值比较,若相同,则执行操作 e);否则,丢弃该分组。

f) 用消息鉴别密钥 MAK 通过 HMAC-SHA256 算法本地计算消息鉴别码,构造身份鉴别及单播密钥协商响应分组,发送给 REQ。

g) AAC 安装新协商的单播会话密钥。

### D.7.2.4 身份鉴别及单播密钥协商响应分组

#### D.7.2.4.1 帧格式

##### D.7.2.4.1.1 Key_FLAG

Key_FLAG 定义见 D.4.3.5.3。

Key_FLAG. ACK=0

Key_FLAG. KeyType=000(单播密钥)

Key_FLAG. Request=1

Key_FLAG. Encryption=0

Key_FLAG. MIC=1

Key_FLAG. OperationType=00(建立过程)/01(更新过程)/10(删除过程)

##### D.7.2.4.1.2 协议数据

协议数据包含 BKID、USKID、$MAC_{REQ}$、$MAC_{AAC}$、$N_{REQ}$。分组中的协议数据的集合及元素 ID 定义见表 D.31。

**表 D.31 身份鉴别及单播密钥协商响应分组有效元素集合**

| 信息元素 | 元素 ID | 元素长度(八位位组) | 定　义 |
|---|---|---|---|
| BKID | 0 | 16 | D.4.1.20 |
| USKID | 1 | 1 | D.4.1.21 |
| $MAC_{REQ}$ | 2 | 6 | D.4.1.8 |
| $MAC_{AAC}$ | 3 | 6 | D.4.1.8 |
| $N_{REQ}$ | 4 | 32 | D.4.1.3 |
| $TIE_{AAC}$ | 5 | 可变 | D.4.1.14 |
| 保留 | 6～15 | | |
| 保留 | 16～255 | | |

其中：

——BKID：表示当前作为共享密钥的基密钥，其定义见 D. 4. 1. 20；

——USKID：其中比特 0 标识当前协商的单播会话密钥，其他位保留；本字段的比特 0 在 BKSA 建立后第一次单播密钥协商时初值为 0，以后再重新进行单播密钥协商时该位在 0 和 1 之间翻转，其定义见 D. 4. 1. 21；

——$MAC_{REQ}$：请求者 REQ 的 MAC 地址，其定义见 D. 4. 1. 8；

——$MAC_{AAC}$：鉴别访问控制器 AAC 的 MAC 地址，其定义见 D. 4. 1. 8；

——$N_{REQ}$：REQ 询问字段 $N_{REQ}$ 定义同 D. 4. 1. 3，长度为可变位位组；由 REQ 利用随机数产生器生成，字段值同身份鉴别及单播密钥协商请求分组中的 REQ 询问字段 $N_{REQ}$ 值；

——$TIE_{AAC}$：AAC 所支持的鉴别和密钥管理套件及密钥套件等信息；该字段值与安全策略协商过程中 AAC 发送的安全策略协商请求分组中 $TIE_{AAC}$ 字段值相同，其定义见 D. 4. 1. 14。

#### D. 7. 2. 4. 1. 3　消息鉴别码 MIC

记为 MIC2 字段，表示消息鉴别码，由鉴别访问控制器 AAC 利用生成的消息鉴别密钥 MAK 对身份鉴别及单播密钥协商响应分组中除本字段外所有字段进行计算得到的杂凑值。

#### D. 7. 2. 4. 2　处理过程

REQ 接收到 AAC 的身份鉴别及单播密钥协商响应分组后，进行如下处理：

a) 检查 $N_{REQ}$ 字段与之前发送的身份鉴别及单播密钥协商请求分组中的 $N_{REQ}$ 字段是否相同，若不同，则丢弃该分组；否则，执行 b)操作；

b) 验证 $TIE_{AAC}$ 字段值与安全策略协商过程中收到的安全策略协商请求分组中的 $TIE_{AAC}$ 字段值是否一致，如果不一致，则丢弃该分组；否则执行 c)操作；

c) 利用消息鉴别密钥 MAK 验证身份鉴别及单播密钥协商响应分组中的消息鉴别码 MIC2 字段的正确性，如果不正确则丢弃该分组；否则请求者 REQ 完成对鉴别访问控制器 AAC 的身份鉴别，并协商出和鉴别访问控制器 AAC 之间一致的单播会话密钥，则执行 d)操作；

d) 用消息鉴别密钥 MAK 本地计算消息鉴别码消息鉴别码 MIC3，构造身份鉴别及单播密钥协商确认分组，发送给鉴别访问控制器 AAC；是否发送身份鉴别及单播密钥协商确认分组是可选的；

e) 启用新安装的单播会话密钥的发送功能，即允许利用该新密钥加密发送单播数据；若此次单播密钥协商过程为更新过程，则还需删除旧的单播会话密钥。

### D. 7. 2. 5　身份鉴别及单播密钥协商确认分组

#### D. 7. 2. 5. 1　帧格式

#### D. 7. 2. 5. 1. 1　Key_FLAG

Key_FLAG 定义见 D. 4. 3. 5. 3。

Key_FLAG. ACK＝0

Key_FLAG. KeyType＝000(单播密钥)

Key_FLAG. Request＝1

Key_FLAG. Encryption＝0

Key_FLAG. MIC＝1

Key_FLAG. OperationType ＝00(建立过程)/01(更新过程)/10(删除过程)

**D.7.2.5.1.2 协议数据**

协议数据包含BKID、USKID、$MAC_{REQ}$、$MAC_{AAC}$、$N_{AAC}$、$N_{REQ}$。分组中的协议数据的集合及元素ID定义见表D.32。

**表D.32 身份鉴别及单播密钥协商确认分组有效元素集合**

| 信息元素 | 元素ID | 元素长度（八位位组） | 定义 |
|---|---|---|---|
| BKID | 0 | 16 | D.4.1.20 |
| USKID | 1 | 1 | D.4.1.21 |
| $MAC_{REQ}$ | 2 | 6 | D.4.1.8 |
| $MAC_{AAC}$ | 3 | 6 | D.4.1.8 |
| $N_{AAC}$ | 4 | 32 | D.4.1.3 |
| 保留 | 5～15 | | |
| 保留 | 16～255 | | |

其中：

——BKID：表示当前作为共享密钥的基密钥，其定义见D.4.1.20；

——USKID：其中比特0标识当前协商的单播会话密钥，其他位保留；本字段的比特0在BKSA建立后第一次单播密钥协商时初值为0，以后再重新进行单播密钥协商时该位在0和1之间翻转，其定义见D.4.1.21；

——$MAC_{REQ}$：请求者REQ的MAC地址，其定义见D.4.1.8；

——$MAC_{AAC}$：鉴别访问控制器AAC的MAC地址，其定义见D.4.1.8；

——$N_{AAC}$：表示身份鉴别及单播密钥协商标识$N_{AAC}$，该字段值同身份鉴别及单播密钥协商请求分组中的$N_{AAC}$字段的值；其定义见D.4.1.3。

**D.7.2.5.1.3 消息鉴别码MIC**

记为MIC3字段，表示消息鉴别码，由请求者REQ利用生成的消息鉴别密钥MAK对身份鉴别及单播密钥协商确认分组中除本字段外所有字段及下一次身份鉴别及单播密钥协商过程中的身份鉴别及单播密钥协商标识进行计算得到的杂凑值。

**D.7.2.5.2 处理过程**

AAC接收到REQ的身份鉴别及单播密钥协商确认分组后，进行如下处理：

a) 检查$N_{AAC}$字段值与收到的身份鉴别及单播密钥协商请求分组中的$N_{AAC}$字段值是否相同，若不同，则丢弃该分组；否则，执行b)操作；

b) 利用消息鉴别密钥MAK验证身份鉴别及单播密钥协商确认分组中的消息鉴别码MIC3字段的正确性，如果不正确则丢弃该分组；否则鉴别访问控制器AAC可确认与请求者REQ之间具有一致的单播会话密钥。

对于新安装的密钥，AAC启用其收发功能，即可利用其对单播数据进行加解密。若此次单播密钥协商过程为更新过程，则一旦使用新密钥正确解密过数据时，删除旧的单播会话密钥；或者启用新密钥收发数据60 s之后，自动删除旧的单播密钥。

## D.8 组播密钥通告

### D.8.1 组播密钥通告过程概述

组播密钥通告过程使用单播密钥协商过程协商出来的密钥进行通告，并建立 MSKSA。组播密钥通告的核心过程见图 D.56。

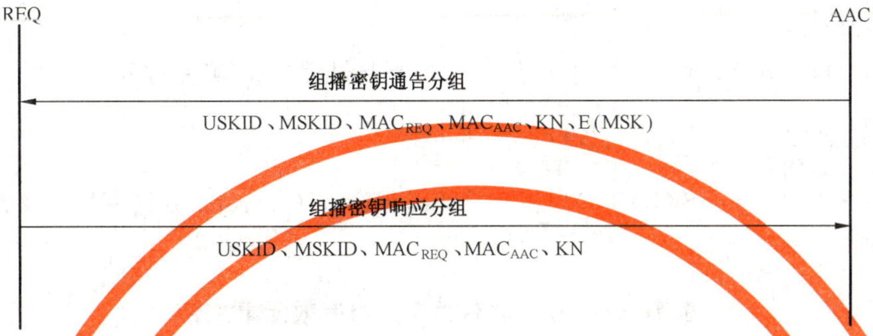


图 D.56 组播密钥通告的核心过程

组播密钥通告分组和组播密钥响应分组使用 TAEPoL-Key 帧封装，其协议数据字段中 Key Descriptor 类型取值为 0x12，其协议数据字段中的数据字段封装格式见图 D.57。

| | |
|---|---|
| MessageType（8位比特） | MessageData（可变） |

图 D.57 组播密钥通告协议分组数据封装格式

其中：

——MessageType，表示消息分组所属的分组类别，定义如下表 D.33。

表 D.33 组播密钥通告协议分组 MessageType 子类型定义

| MessageType 值 | 定　义 |
|---|---|
| 0x00 | 保留 |
| 0x01 | 组播密钥通告分组 |
| 0x02 | 组播密钥响应分组 |
| 其余 | 保留 |

——MessageData 数据：每种分组的消息数据 MessageData 将在协议分组介绍中进行介绍。其数据元素封装格式见 D.4.2。

### D.8.2 组播密钥通告分组

单播密钥协商成功后，或 AAC 要更新组播密钥时，AAC 向 REQ 发送组播密钥通告分组通告组播主密钥。

#### D.8.2.1 帧格式

组播密钥通告分组使用 TAEPoL-Key 帧封装，各字段的定义如下。

D.8.2.1.1 Key_FLAG

Key_FLAG 定义见 D.4.3.5.3。

Key_FLAG.ACK=1

Key_FLAG.KeyType=001(组播密钥)

Key_FLAG.Request=0

Key_FLAG.Encryption=1

Key_FLAG.MIC=1

Key_FLAG.OperationType=00(建立过程)/01(更新过程)/10(删除过程)

D.8.2.1.2 协议数据

协议数据包含 USKID、MSKID、$MAC_{REQ}$、$MAC_{AAC}$、KN、E(MSK)。分组中的协议数据的集合及元素 ID 定义见表 D.34。

表 D.34 组播密钥通告分组有效元素集合

| 信息元素 | 元素 ID | 元素长度(八位位组) | 定 义 |
|---|---|---|---|
| USKID | 0 | 16 | D.4.1.21 |
| MSKID | 1 | 1 | D.4.1.22 |
| $MAC_{REQ}$ | 2 | 6 | D.4.1.8 |
| $MAC_{AAC}$ | 3 | 6 | D.4.1.8 |
| KN | 4 | 16 | |
| E(MSK) | 5 | 32 | |
| 保留 | 5~15 | | |
| 保留 | 16~255 | | |

其中:

——USKID:其中比特 0 标识计算消息鉴别码字段值所用的消息鉴别密钥 MAK,其定义见 D.4.1.21;

——MSKID:其中比特 0 标识当前通告的密钥,其他位保留;本字段中比特 0 初始值为 0,每次更新通告密钥时,该位在 0 和 1 之间翻转,其定义见 D.4.1.22;

——$MAC_{REQ}$:请求者 REQ 的 MAC 地址,其定义见 D.4.1.8;

——$MAC_{AAC}$:鉴别访问控制器 AAC 的 MAC 地址,其定义见 D.4.1.8;

——KN:表示密钥通告标识,初始化为一个整数,在每次密钥更新通告时该字段值加 1,若通告的密钥不变,则该字段值保持不变;

——E(MSK):其内容字段是 AAC 利用密钥加密密钥 KEK 采用协商选择的单播密码算法对要通告的组播密钥 MSK 加密后的密文(不带 MIC),要通告的组播密钥 MSK 为 AAC 生成的 16 个八位位组的随机数。

D.8.2.1.3 消息鉴别码 MIC

其值为 AAC 利用 USKID 字段标识的消息鉴别密钥 MAK 通过 HMAC-SHA256 算法计算得到,其定义见 D.4.1.10。

#### D.8.2.2 处理过程

REQ 接收到 AAC 发送的组播密钥通告分组后，进行如下处理：

a) 检查密钥通告标识 KN 字段值是否单调递增，若为单调递增，则执行 b)操作；否则丢弃该分组；

b) REQ 利用 USKID 字段标识的消息鉴别密钥 MAK 计算校验值，与消息鉴别码字段值进行比较，若不同，则丢弃该分组；否则执行 c)操作；

c) 对密钥数据解密得到 16 个八位位组的组播密钥 MSK；

d) 保存密钥通告标识字段值，生成组播密钥响应分组，发送给 AAC；

e) 安装新的组播会话密钥，并启用其接收功能；若此次组播密钥通告过程为 BKSA 建立后的首次通告过程，则将受控端口的状态设置为 On；若此次组播密钥通告过程为更新过程，则一旦使用此新密钥正确解密过数据后，删除旧的组播密钥。

若 AAC 通告了新的组播密钥，REQ 保存组播密钥，在接收组播数据帧时根据 KeyID 字段选择组播解密密钥，当 REQ 接收到 AAC 用最新通告的组播密钥加密的组播数据帧，并且校验和解密均正确时，丢弃旧的组播密钥。

### D.8.3 组播密钥通告响应分组

#### D.8.3.1 帧格式

组播密钥响应分组使用 TAEPoL-Key 帧封装，各字段的定义如下。

##### D.8.3.1.1 Key_FLAG

Key_FLAG 定义见 D.4.3.5.3。

Key_FLAG.ACK＝0

Key_FLAG.KeyType＝001(组播密钥)

Key_FLAG.Request＝0

Key_FLAG.Encryption＝0

Key_FLAG.MIC＝1

Key_FLAG.OperationType＝00(建立过程)/01(更新过程)/10(删除过程)

##### D.8.3.1.2 协议数据

协议数据包含 USKID、MSKID、$MAC_{REQ}$、$MAC_{AAC}$、KN。分组中的协议数据的集合及元素 ID 定义见表 D.35。

**表 D.35 组播密钥通告响应分组有效元素集合**

| 信息元素 | 元素 ID | 元素长度<br>(八位位组) | 定　义 |
|---|---|---|---|
| USKID | 0 | 16 | D.4.1.21 |
| MSKID | 1 | 1 | D.4.1.22 |
| $MAC_{REQ}$ | 2 | 6 | D.4.1.8 |
| $MAC_{AAC}$ | 3 | 6 | D.4.1.8 |
| KN | 4 | 16 | |
| 保留 | 5～15 | | |
| 保留 | 16～255 | | |

其中：

——USKID：其中比特0标识计算消息鉴别码字段值所用的消息鉴别密钥MAK，其定义见D.4.1.21；

——MSKID：其中比特0标识当前通告的密钥，其他位保留；本字段中比特0初始值为0，每次更新通告密钥时，该位在0和1之间翻转，其定义见D.4.1.22；

——$MAC_{REQ}$：请求者REQ的MAC地址，其定义见D.4.1.8；

——$MAC_{AAC}$：鉴别访问控制器AAC的MAC地址，其定义见D.4.1.8；

——KN：表示密钥通告标识，其值同组播密钥通告响应分组中KN字段值。

#### D.8.3.1.3 消息鉴别码MIC

其值为REQ利用USKID字段标识的消息鉴别密钥MAK通过HMAC-SHA256算法计算得到，其定义见D.4.1.10。

#### D.8.3.2 处理过程

REQ向AAC发送组播密钥响应分组，AAC接收到REQ发送的组播密钥响应分组后，进行如下处理：

a) 比较标识Key_FLAG字段的OperationType字段、MSKID字段、USKID字段、$MAC_{REQ}$、$MAC_{AAC}$字段和密钥通告标识字段与发送的组播密钥通告分组中的相应字段值，若有一个不同，则丢弃该分组；否则，执行b)操作；

b) 利用USKID字段标识的消息鉴别密钥MAK计算校验值，与消息鉴别码字段值进行比较，若相同，则本次组播密钥通告成功，执行c)操作；否则，丢弃该分组；

c) 通告成功后，若此次通告的密钥尚未安装，则安装新密钥；AAC启动新密钥的发送功能，即利用此密钥加密组播数据；若此次组播密钥通告过程为BKSA建立后的首次通告过程，则将受控端口的状态设置为On；若此次组播密钥通告过程为更新过程且已通告给所有已关联的REQ，则删除旧密钥。

AAC在更新组播密钥过程中，使用旧的组播密钥对组播数据帧进行加密发送，当对所有已关联到该AAC的REQ均组播密钥通告后，才启用最新通告的组播密钥用于组播数据帧的加密发送。

## D.9 站间密钥建立

### D.9.1 站间密钥建立过程概述

交换设备SW下的直连用户终端是指直接连接在交换设备SW某个端口下的用户终端，包括通过网线直接连接到交换设备SW的用户终端及通过集线器(hub)等物理层设备连接到交换设备SW的用户终端。通过其他设备连接到交换设备SW的用户终端不属于交换设备SW的直连用户终端。

当第一用户终端$STA_1$要与第二用户终端$STA_2$进行保密通信时，若用户终端$STA_1$与用户终端$STA_2$是同一交换设备SW下直连用户终端，第一用户终端$STA_1$可请求通过交换设备SW建立与第二用户终端$STA_2$共享的站间密钥，并利用该站间密钥保障与第二用户终端$STA_2$之间的数据保密通信。站间密钥的建立过程主要包括站间密钥请求、站间密钥对$STA_2$的通告、$STA_2$的响应、站间密钥对$STA_1$的通告、$STA_1$的响应，具体描述见图D.58。

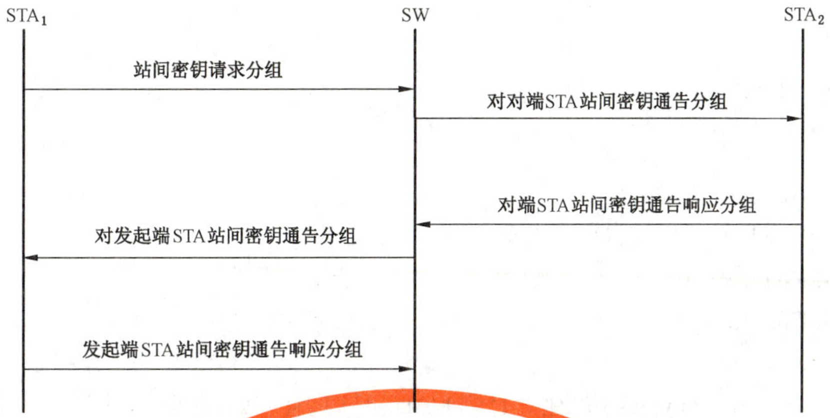


**图 D.58 站间密钥建立过程图示**

站间密钥建立协议分组使用 TAEPoL-Key 帧封装，其协议数据字段中 Key Descriptor 类型取值为 0x13，其协议数据字段中的数据字段封装格式见图 D.59。

| MessageType（8位比特） | MessageData（可变） |
|---|---|

**图 D.59 站间密钥建立协议分组数据封装格式**

其中：

——MessageType，表示消息分组所属的分组类别，定义如下表 D.36。

**表 D.36 站间密钥建立协议分组 MessageType 子类型定义**

| MessageType 值 | 定义 |
|---|---|
| 0x00 | 保留 |
| 0x01 | 站间密钥请求分组 |
| 0x02 | 对对端 STA 站间密钥通告分组 |
| 0x03 | 对端 STA 站间密钥通告响应分组 |
| 0x04 | 对发起端 STA 站间密钥通告分组 |
| 0x05 | 发起端 STA 站间密钥通告响应分组 |
| 其余 | 保留 |

——MessageData 数据：每种分组的消息数据 MessageData 将在协议分组介绍中进行介绍。其数据元素封装格式见 D.4.2。

### D.9.2 站间密钥请求

当第一用户终端 $STA_1$ 要与第二用户终端 $STA_2$ 进行保密通信时，若用户终端 $STA_1$ 与用户终端 $STA_2$ 是同一交换设备 SW 下的直连用户终端，第一用户终端 $STA_1$ 首先检查本地是否保存有与第二用户终端 $STA_2$ 共享的站间密钥。若有，则使用站间密钥加密数据包；若没有，则第一用户终端 $STA_1$ 构造站间密钥请求分组，发送给交换设备 SW。

#### D.9.2.1 帧格式

##### D.9.2.1.1 Key_FLAG

Key_FLAG 定义见 D.4.3.5.3。

Key_FLAG.ACK＝1

Key_FLAG.KeyType＝010(站间密钥)

Key_FLAG.Request＝0

Key_FLAG.Encryption＝0

Key_FLAG.MIC＝0

Key_FLAG.OperationType＝00(建立过程)/01(更新过程)/10(删除过程)

##### D.9.2.1.2 协议数据

协议数据包含 USKID、STAKeyID、$MAC_{STA1}$、$MAC_{STA2}$、$UIE_{STA1}$。分组中的协议数据的集合及元素 ID 定义见表 D.37。

**表 D.37 站间密钥请求分组有效元素集合**

| 信息元素 | 元素 ID | 元素长度（八位位组） | 定　义 |
|---|---|---|---|
| USKID | 0 | 16 | D.4.1.21 |
| STAKeyID | 1 | 1 | D.4.1.22 |
| $MAC_{STA1}$ | 2 | 6 | D.4.1.8 |
| $MAC_{STA2}$ | 3 | 6 | D.4.1.8 |
| $UIE_{STA1}$ | 4 | 可变 | D.4.1.15 |
| KN1 | 5 | 16 | |
| 保留 | 5～15 | | |
| 保留 | 16～255 | | |

其中：

——USKID:其中比特 0 标识计算消息鉴别码字段值所用的消息鉴别密钥 MAK，其定义见 D.4.1.21；

——STAKeyID:其中比特 0 标识当前通告的密钥，其他位保留；本字段中比特 0 初始值为 0，每次更新通告密钥时，该位在 0 和 1 之间翻转，其定义见 D.4.1.22；

——$MAC_{STA1}$:该字段的值为 $MAC_{STA1}$，其定义见 D.4.1.8；

——$MAC_{STA2}$:该字段的值为 $MAC_{STA2}$，其定义见 D.4.1.8；

——$UIE_{STA1}$:表示第一用户终端 $STA_1$ 的单播密码信息元素，描述第一用户终端 $STA_1$ 支持的所有单播密码套件供第二用户终端 $STA_2$ 进行选择，其定义见 D.4.1.15；

——KN1:表示第一用户终端 $STA_1$ 的密钥通告标识密钥通告标识，长度为 16 个八位位组，表示一个整数，初始值为 0x5C365C365C365C365C365C365C365C36，在每次密钥请求时，该字段值加 1；交换设备 SW 判断密钥通告标识字段值单调递增溢出后，与所有已关联的 STA 实体解除关联。

**D.9.2.1.3 消息鉴别码 MIC**

记为 MIC1 字段，其值为 $STA_1$ 利用 USKID 字段标识的消息鉴别密钥 MAK 通过 HMAC-SHA256 算法计算得到，其定义见 D.4.1.10。

**D.9.2.2 处理过程**

交换设备 SW 收到第一用户终端 $STA_1$ 发来的站间密钥请求分组后，进行如下处理：

a） 检查 KN1 字段是否单调递增，若不是，则丢弃该分组；若是，则执行 b）；

b） 利用与第一用户终端 $STA_1$ 共享的单播密钥中的消息鉴别密钥 MAK 验证站间密钥请求分组中消息鉴别码 MIC1 字段的正确性，若正确，则执行 c）；若不正确，则丢弃该分组；

c） 生成一个随机数作为第一用户终端 $STA_1$ 和第二用户终端 $STA_2$ 之间的站间密钥 $STAkey_{1\text{-}2}$，构造站间密钥通告分组，将其发送给第二用户终端 $STA_2$，该站间密钥请求分组不再转发。

**D.9.3 对对端 STA 的站间密钥通告**

**D.9.3.1 帧格式**

**D.9.3.1.1 Key_FLAG**

Key_FLAG 定义见 D.4.3.5.3。

Key_FLAG.ACK＝1

Key_FLAG.KeyType＝ 010（站间密钥）

Key_FLAG.Request＝0

Key_FLAG.Encryption＝1

Key_FLAG.MIC＝1

Key_FLAG.OperationType＝00（建立过程）/01（更新过程）/10（删除过程）

**D.9.3.1.2 协议数据**

协议数据包含 USKID、MSKID、$MAC_{STA1}$、$MAC_{STA2}$、$UIE_{STA1}$、KN2、$E_2(STAkey_{1\text{-}2})$。分组中的协议数据的集合及元素 ID 定义见表 D.38。

**表 D.38 对对端 STA 的站间密钥通告分组有效元素集合**

| 信息元素 | 元素 ID | 元素长度（八位位组） | 定　义 |
|---|---|---|---|
| USKID | 0 | 16 | D.4.1.21 |
| STAKeyID | 1 | 1 | D.4.1.22 |
| $MAC_{STA1}$ | 2 | 6 | D.4.1.8 |
| $MAC_{STA2}$ | 3 | 6 | D.4.1.8 |
| $UIE_{STA1}$ | 4 | 可变 | D.4.1.15 |
| KN2 | 5 | 16 | |
| $E_2(STAkey_{1\text{-}2})$ | 6 | 16 | |
| 保留 | 7～15 | | |
| 保留 | 16～255 | | |

其中：

——USKID：其中比特 0 标识计算消息鉴别码字段值所用的消息鉴别密钥 MAK，其定义见 D.4.1.21；

——STAKeyID：其中比特 0 标识当前通告的密钥，其他位保留；本字段中比特 0 初始值为 0，每次更新通告密钥时，该位在 0 和 1 之间翻转，其定义见 D.4.1.22；

——$MAC_{STA1}$：该字段的值为 $MAC_{STA1}$，其定义见 D.4.1.8；

——$MAC_{STA2}$：该字段的值为 $MAC_{STA2}$，其定义见 D.4.1.8；

——$UIE_{STA1}$：表示第一用户终端 $STA_1$ 的单播密码信息元素，描述第一用户终端 $STA_1$ 支持的所有单播密码套件供第二用户终端 $STA_2$ 进行选择，其定义见其定义见 D.4.1.15；该字段值同收到的站间密钥请求分组中的 $UIE_{STA1}$ 字段值；

——KN2：表示第二用户终端 $STA_2$ 的密钥通告标识 KN2，长度为 16 个八位位组，表示一个整数，初始值为 0x5C365C365C365C365C365C365C365C36，在每次密钥更新通告时该字段值加 1；若通告的密钥不变，则本字段值保持不变；交换设备 SW 判断密钥通告标识字段值单调递增溢出后，与所有已关联的 STA 实体解除关联；

——$E_2(STAkey_{1-2})$：其内容字段是交换设备 SW 利用与 $STA_2$ 之间的密钥加密密钥 KEK 采用协商选择的单播密码算法对用户终端 $STA_1$ 与 $STA_2$ 之间的站间密钥 $STAkey_{1-2}$ 加密后的密文（不带 MIC），站间密钥 $STAkey_{1-2}$ 为 SW 生成的 32 个八位位组的随机数。

**D.9.3.1.3　消息鉴别码 MIC**

记为 MIC2，其值为交换设备 SW 利用与 $STA_2$ 之间的 USKID 字段标识的消息鉴别密钥 MAK 通过 HMAC-SHA256 算法计算得到，其定义见 D.4.1.10。

**D.9.3.2　处理过程**

当第二用户终端 $STA_2$ 收到交换设备 SW 发送的站间密钥通告分组后，进行如下处理：

a)　检查 KN2 字段是否单调递增，若不是，则丢弃该分组；若是，则执行步骤 b)；

b)　利用与交换设备 SW 共享的单播密钥中的消息鉴别密钥 MAK 验证消息鉴别码 MIC2 字段是否正确，若不正确，则丢弃该分组；若正确，则执行步骤 c)；

c)　利用与交换设备 SW 共享的单播密钥中的密钥加密密钥 KEK 解密 $E_2(STAkey_{1-2})$ 字段即可得到与第一用户终端 $STA_1$ 之间的站间密钥 $STAkey_{1-2}$；

d)　根据收到的站间密钥通告分组中的 $UIE_{STA1}$ 字段，选择一种第二用户终端 $STA_2$ 也支持的单播密码套件；

e)　保存此次的密钥通告标识 KN2 字段的值，并构造站间密钥通告响应分组，发送给交换设备 SW。

**D.9.4　对端 STA 的站间密钥通告响应**

**D.9.4.1　帧格式**

**D.9.4.1.1　Key_FLAG**

Key_FLAG 定义见 D.4.3.5.3。

Key_FLAG.ACK=0

Key_FLAG.KeyType= 010（站间密钥）

Key_FLAG.Request=0

Key_FLAG.Encryption=0

Key_FLAG. MIC=1

Key_FLAG. OperationType=00(建立过程)/01(更新过程)/10(删除过程)

#### D.9.4.1.2 协议数据

协议数据包含 USKID、MSKID、$MAC_{STA1}$、$MAC_{STA2}$、$UIE_{STA2}$、KN2。分组中的协议数据的集合及元素 ID 定义见表 D.39。

表 D.39 对端 STA 的站间密钥通告响应分组有效元素集合

| 信息元素 | 元素 ID | 元素长度（八位位组） | 定义 |
|---|---|---|---|
| USKID | 0 | 16 | D.4.1.21 |
| STAKeyID | 1 | 1 | D.4.1.22 |
| $MAC_{STA1}$ | 2 | 6 | D.4.1.8 |
| $MAC_{STA2}$ | 3 | 6 | D.4.1.8 |
| $UIE_{STA2}$ | 4 | 可变 | 6.1.15 |
| KN2 | 5 | 16 | |
| 保留 | 6～15 | | |
| 保留 | 16～255 | | |

其中：

——USKID：其中比特 0 标识计算消息鉴别码字段值所用的消息鉴别密钥 MAK，此字段值应与接收到的站间密钥通告分组中的 USKID 字段值相同，其定义见 D.4.1.21；

——STAKeyID：其中比特 0 标识当前通告的密钥，其他位保留；本字段中比特 0 初始值为 0，每次更新通告密钥时，该位在 0 和 1 之间翻转，其定义见 D.4.1.22；

——$MAC_{STA1}$：该字段的值为 $MAC_{STA1}$，其定义见 D.4.1.8；

——$MAC_{STA2}$：该字段的值为 $MAC_{STA2}$，其定义见 D.4.1.8；

——$UIE_{STA2}$：表示第二用户终端 $STA_2$ 的选择的单播密码信息元素，即第二用户终端 $STA_2$ 的选择的单播密码套件信息；该字段中单播密码套件计数为 1；

——KN2：表示第二用户终端 $STA_2$ 的密钥通告标识 KN2，长度为 16 个八位位组，表示一个整数，此字段值应与接收到的站间密钥通告分组中的 KN2 字段值相同；

#### D.9.4.1.3 消息鉴别码 MIC

记为 MIC3，其值为 $STA_2$ 利用 USKID 字段标识的消息鉴别密钥 MAK 通过 HMAC-SHA256 算法计算得到，其定义见 D.4.1.10。

### D.9.4.2 处理过程

交换设备 SW 收到第二用户终端 $STA_2$ 发送的站间密钥通告响应分组后进行如下处理：

a) 比较 Key_FLAG 字段的 OperationType 字段、STAKeyID 字段、USKID 字段、ADDID 字段和密钥通告标识字段 KN2 与之前发送给第二用户终端 $STA_2$ 的站间密钥通告分组中对应字段值是否一致，若有一个不一致，则丢弃该分组；若都一致，则执行步骤 b)；

b) 利用与第二用户终端 $STA_2$ 共享的单播密钥中的消息鉴别密钥 MAK 验证消息鉴别码 MIC3 字段的正确性，若不正确，则丢弃该分组；若正确，则保存此次的密钥通告标识 KN2 字段的值，完成将第一用户终端 $STA_1$ 与第二用户终端 $STA_2$ 之间的站间密钥 $STAkey_{1-2}$ 对第二用户终端 $STA_2$ 通告的过程，并执行步骤 c)；

c) 根据之前通告给第二用户终端 $STA_2$ 的站间密钥 $STAkey_{1-2}$，构造站间密钥通告分组，将其发送给第一用户终端 $STA_1$。

### D.9.5 对发起端 STA 的站间密钥通告

#### D.9.5.1 帧格式

##### D.9.5.1.1 Key_FLAG

Key_FLAG 定义见 D.4.3.5.3。

Key_FLAG.ACK=1

Key_FLAG.KeyType= 010(站间密钥)

Key_FLAG.Request=0

Key_FLAG.Encryption=1

Key_FLAG.MIC=1

Key_FLAG.OperationType=00(建立过程)/01(更新过程)/10(删除过程)

##### D.9.5.1.2 协议数据

协议数据包含 USKID、MSKID、$MAC_{STA1}$、$MAC_{STA2}$、$UIE_{STA2}$、KN1、$E_1(STAkey_{1-2})$。分组中的协议数据的集合及元素 ID 定义见表 D.40。

**表 D.40 对发起端 STA 的站间密钥通告分组有效元素集合**

| 信息元素 | 元素 ID | 元素长度(八位位组) | 定 义 |
|---|---|---|---|
| USKID | 0 | 16 | D.4.1.21 |
| STAKeyID | 1 | 1 | D.4.1.22 |
| $MAC_{STA1}$ | 2 | 6 | D.4.1.8 |
| $MAC_{STA2}$ | 3 | 6 | D.4.1.8 |
| $UIE_{STA2}$ | 4 | 可变 | 6.1.15 |
| KN1 | 5 | 16 | |
| $E_1(STAkey_{1-2})$ | 6 | 16 | |
| 保留 | 7～15 | | |
| 保留 | 16～255 | | |

其中：

——USKID：其中比特 0 标识计算消息鉴别码字段值所用的消息鉴别密钥 MAK，其定义见D.4.1.21；

——STAKeyID：其中比特 0 标识当前通告的密钥，其他位保留；本字段中比特 0 初始值为 0，每次更新通告密钥时，该位在 0 和 1 之间翻转，其定义见 D.4.1.22；

——$MAC_{STA1}$：该字段的值为 $MAC_{STA1}$，其定义见 D.4.1.8；

——$MAC_{STA2}$：该字段的值为 $MAC_{STA2}$，其定义见 D.4.1.8；

——$UIE_{STA2}$：表示第二用户终端 $STA_2$ 的选择的单播密码信息元素，即第二用户终端 $STA_2$ 的选择的单播密码套件信息；该字段中单播密码套件计数为 1。该字段值与收到的 $STA_2$ 发送的站间密钥通告响应分组中的字段值 $UIE_{STA2}$ 相同；

——KN1：表示第一用户终端 $STA_1$ 的密钥通告标识 KN1，长度为 16 个八位位组，表示一个整数，该字段值同收到的站间密钥请求分组中 KN1 字段的值；

——$E_1(STAkey_{1\text{-}2})$：其内容字段是交换设备 SW 利用与 $STA_1$ 之间的密钥加密密钥 KEK 采用协商选择的单播密码算法对用户终端 $STA_1$ 与 $STA_2$ 之间的站间密钥 $STAkey_{1\text{-}2}$ 加密后的密文（不带 MIC），站间密钥 $STAkey_{1\text{-}2}$ 为 SW 生成的 32 个八位位组的随机数，同通告给 $STA_2$ 的站间密钥值。

#### D.9.5.1.3 消息鉴别码 MIC

记为 MIC4，其值为交换设备 SW 利用与 $STA_1$ 之间的 USKID 字段标识的消息鉴别密钥 MAK 通过 HMAC-SHA256 算法计算得到，其定义见 D.4.1.10。

### D.9.5.2 处理过程

当第一用户终端 $STA_1$ 收到交换设备 SW 发送的站间密钥通告分组后，进行如下处理：

a) 比较 Key_FLAG 字段的 OperationType 字段、STAKeyID 字段、USKID 字段、ADDID 字段和 KN1 字段值与之前发送的站间密钥请求分组中的对应字段值是否一致，若不一致，则丢弃该分组；若一致，则执行步骤 b)；

b) 利用与交换设备 SW 共享的单播密钥中的消息鉴别密钥 MAK 验证消息鉴别码 MIC4 字段是否正确，若不正确，则丢弃该分组；若正确，则执行步骤 c)；

c) 利用与交换设备 SW 共享的单播密钥中的密钥加密密钥 KEK 解密 $E_1(STAkey_{1\text{-}2})$ 字段即可得到与第二用户终端 $STA_2$ 之间的站间密钥 $STAkey_{1\text{-}2}$；

d) 保存此次的密钥通告标识 KN1 字段的值以及 $UIE_{STA2}$ 字段值，构造站间密钥通告响应分组，发送给交换设备 SW。

## D.9.6 发起端 STA 的站间密钥通告响应

### D.9.6.1 帧格式

#### D.9.6.1.1 Key_FLAG

Key_FLAG 定义见 D.4.3.5.3。

Key_FLAG. ACK＝0

Key_FLAG. KeyType＝ 010(站间密钥)

Key_FLAG. Request＝0

Key_FLAG. Encryption＝0

Key_FLAG. MIC＝1

Key_FLAG. OperationType＝00(建立过程)/01(更新过程)/10(删除过程)

#### D.9.6.1.2 协议数据

协议数据包含 USKID、MSKID、$MAC_{STA1}$、$MAC_{STA2}$、$UIE_{STA2}$、KN1。分组中的协议数据的集合及元素 ID 定义见表 D.41。

表 D.41 对发起端 STA 的站间密钥通告分组有效元素集合

| 信息元素 | 元素 ID | 元素长度<br>(八位位组) | 定　义 |
|---|---|---|---|
| USKID | 0 | 16 | D.4.1.21 |
| STAKeyID | 1 | 1 | D.4.1.22 |
| $MAC_{STA1}$ | 2 | 6 | D.4.1.8 |
| $MAC_{STA2}$ | 3 | 6 | D.4.1.8 |
| KN1 | 4 | 16 | |
| 保留 | 5～15 | | |
| 保留 | 16～255 | | |

其中：

——USKID:其中比特 0 标识计算消息鉴别码字段值所用的消息鉴别密钥 MAK。此字段值应与接收到的站间密钥通告分组中的 USKID 字段值相同,其定义见 D.4.1.21;

——STAKeyID:其中比特 0 标识当前通告的密钥,其他位保留;本字段中比特 0 初始值为 0,每次更新通告密钥时,该位在 0 和 1 之间翻转,MSKID/STAKeyID 的定义见 D.4.1.22;

——$MAC_{STA1}$:该字段的值为 $MAC_{STA1}$,其定义见 D.4.1.8;

——$MAC_{STA2}$:该字段的值为 $MAC_{STA2}$,其定义见 D.4.1.8;

——KN1:表示第一用户终端 $STA_1$ 的密钥通告标识 KN1,长度为 16 个八位位组,表示一个整数,该字段值同收到的站间密钥通告分组中 KN1 字段的值;

#### D.9.6.1.3 消息鉴别码 MIC

记为 MIC5,其值为 $STA_1$ 利用 USKID 字段标识的消息鉴别密钥 MAK 通过 HMAC-SHA256 算法计算得到,其定义见 D.4.1.10。

### D.9.6.2 处理过程

交换设备 SW 收到第二用户终端 $STA_2$ 发送的站间密钥通告响应分组后进行如下处理：

a) 比较 Key_FLAG 字段的 OperationType 字段、STAKeyID 字段、USKID 字段、ADDID 字段和密钥通告标识字段 KN1 与之前发送给第一用户终端 $STA_1$ 的站间密钥通告分组中对应字段值是否一致,若有一个不一致,则丢弃该分组;若都一致,则执行步骤 b);

b) 利用与第一用户终端 $STA_1$ 共享的单播密钥中的消息鉴别密钥 MAK 验证消息鉴别码 MIC5 字段的正确性,若不正确,则丢弃该分组;若正确,则保存此次的密钥通告标识 KN1 字段的值,完成将第一用户终端 $STA_1$ 与第二用户终端 $STA_2$ 之间的站间密钥 $STAkey_{1-2}$ 对第一用户终端 $STA_1$ 通告的过程。

## D.9.7 站间密钥建立补充说明

对上述用户终端 STA 的密钥通告标识 KN 字段的维护和使用补充解释如下:每个用户终端 STA 将维护一个密钥通告标识 KN,其取值为一个整数,初始值为一个定值,在每次发起站间密钥请求分组时会主动对该值加 1 后使用,并在每次收到正确的站间密钥通告分组后会根据其中的密钥通告标识 KN 字段的值对该值进行更新;交换设备 SW 为其下所有直连用户终端分别维护一个密钥通告标识 KN,当其需要为某用户终端主动通告站间密钥时会对该用户终端的密钥通告标识 KN 的值加 1 后使用,并在每次收到正确的站间密钥通告响应分组后会根据其中的密钥通告标识 KN 字段的值对该值进行更新。在上述实施例中,交换设备 SW 对第二用户终端 $STA_2$ 的站间密钥通告过程即为主动通告过程,对第一用户终端 $STA_1$ 的站间密钥通告过程则为被动通告过程。在上述实施例中,第一用户终端 $STA_1$ 维护一个密钥通告标识 KN1,第二用户终端 $STA_2$ 维护一个密钥通告标识 KN2,交换设备 SW 分别为第一用户终端 $STA_1$ 和第二用户终端 $STA_2$ 维护密钥通告标识 KN1 和密钥通告标识 KN2;第一用户终端 $STA_1$ 对自己维护的密钥通告标识 KN1 加 1 后用于发起站间密钥请求分组,交换设备 SW 对维护的第二用户终端 $STA_2$ 的密钥通告标识 KN2 加 1 后用于主动向第二用户终端 $STA_2$ 发起站间密钥通告分组,第二用户终端 $STA_2$ 收到正确的站间密钥通告分组后会根据其中的密钥通告标识 KN2 字段的值对自己维护的密钥通告标识 KN2 的值进行更新,交换设备 SW 收到正确的第二用户终端 $STA_2$ 发送的站间密钥通告响应分组后会根据其中的密钥通告标识 KN2 字段的值对自己维护的密钥通告标识 KN2 的值进行更新,交换设备 SW 使用站间密钥请求分组中的密钥通告标识 KN1 被动地向第一用户终端 $STA_1$ 发起站间密钥通告分组,第一用户终端 $STA_1$ 收到正确的站间密钥通告分组后会根据其中的密钥通告标识 KN1 字段的值对自己维护的密钥通告标识 KN1 的值进行更新,当交换设备 SW 收到正确的第一用户终端 $STA_1$ 发送的站间密钥通告响应分组后会根据其中的密钥通告标识 KN1 字段的值对自己维护的密钥通告标识 KN1 的值进行更新。

交换设备 SW 根据第一用户终端 $STA_1$ 的请求为第一用户终端 $STA_1$ 和第二用户终端 $STA_2$ 建立站间密钥过程中,需要先完成对第二用户终端 $STA_2$ 的通告,再完成对第一用户终端 $STA_1$ 的通告。只有对第二用户终端 $STA_2$ 和第一用户终端 $STA_1$ 的通告都成功才完成整个站间密钥建立过程。

若用户终端 $STA_1/STA_2$ 需要更新或者撤销与用户终端 $STA_2/STA_1$ 之间的站间密钥,也需要构造站间密钥请求分组,发送给交换设备 SW,请求更新或撤销用户终端 $STA_1$ 和用户终端 $STA_2$ 之间的站间密钥 $STAkey_{1-2}$。

实际实现时,若对用户终端 $STA_2$ 和 $STA_1$ 的通告不成功,可通过重新通告机制重新发起通告。若对第二用户终端 $STA_2$ 的通告在达到设定的最大重新通告次数仍没有取得成功,则认为无法为用户终端 $STA_1$ 和 $STA_2$ 建立站间密钥;若对第二用户终端 $STA_2$ 的通告取得成功,但对第一用户终端 $STA_1$ 的通告在达到设定的最大重新通告次数仍没有取得成功,则认为无法为用户终端 $STA_1$ 和 $STA_2$ 建立站间密钥,此时需要通知第二用户终端 $STA_2$ 撤销刚建立的与第一用户终端 $STA_1$ 之间的站间密钥,即交换设备 SW 构造站间密钥通告分组给第二用户终端 $STA_2$,并且分组中需要设置撤销标识。

在用户终端 $STA_1$ 和 $STA_2$ 之间需要保密通信时,用户终端 $STA_1$ 和 $STA_2$ 均可发起站间密钥请求。根据本地策略,若站间密钥是双向的,可选择由 MAC 地址大的用户终端发起建立的站间密钥作为它们之间数据保密传输使用的密钥;若站间密钥是单向的,则用户终端 $STA_1/STA_2$ 发送数据包到用户终端 $STA_2/STA_1$ 时,使用用户终端 $STA_1/STA_2$ 发起的站间密钥建立过程建立的站间密钥加密数据包,用户终端 $STA_1/STA_2$ 接收来自用户终端 $STA_2/STA_1$ 的数据包时,使用用户终端 $STA_2/STA_1$ 发起的站间密钥建立过程建立的站间密钥解密数据包。

### D.9.8 邻居用户终端站间密钥建立

#### D.9.8.1 过程概述

本附录中 D.9.1 所述站间密钥建立对于存在多个邻居交换设备的第一用户终端 $STA_1$ 和第二用户终端 $STA_2$,为第一用户终端 $STA_1$ 和第二用户终端 $STA_2$ 分发密钥的交换设备 SW 的选择无法通过交换路径探寻过程得到,需要先发起邻居交换设备选择过程。邻居交换设备选择过程如图 D.60。

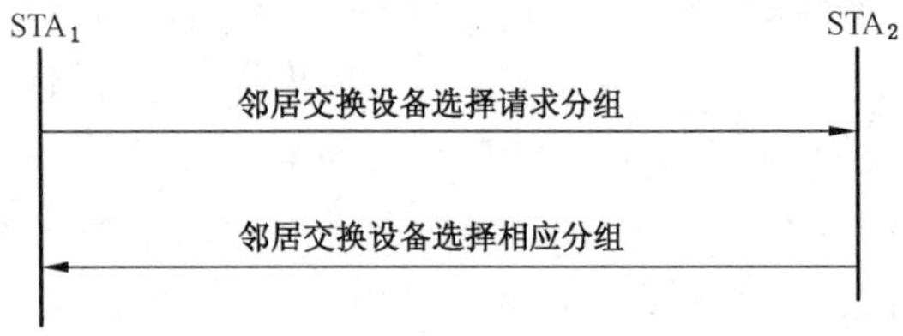


**图 D.60 邻居交换设备选择过程图示**

邻居交换设备选择过程主要是第一用户终端 $STA_1$ 和第二用户终端 $STA_2$ 协商选择一个均为双方邻居的交换设备，之后 $STA_1$ 就可以请求该邻居交换设备他们通过本附录中 D.9.1 所述站间密钥建立过程建立站间密钥。邻居交换设备选择过程主要包括两个分组：邻居交换设备选择请求分组和邻居交换设备选择响应分组。$STA_1$ 通过邻居交换设备选择请求分组将 $STA_1$ 的邻居交换设备列表信息告诉 $STA_2$；$STA_2$ 通过邻居交换设备选择响应分组将自己选择的一个同为 $STA_1$ 和 $STA_2$ 的邻居的交换设备的信息反馈给 $STA_1$。

邻居交换设备选择过程分组封装格式见图 D.61。

| MessageType<br>(8位比特) | MessageData(可变) |
|---|---|

**图 D.61 站间密钥建立协议分组数据封装格式**

其中：

——MessageType，表示消息分组所属的分组类别，定义如表 D.42。

**表 D.42 邻居交换设备选择过程分组 MessageType 子类型定义**

| MessageType 值 | 定 义 |
|---|---|
| 0x00 | 保留 |
| 0x01 | 邻居交换设备选择请求分组 |
| 0x02 | 邻居交换设备选择响应分组 |
| 其余 | 保留 |

——MessageData 数据：每种分组的消息数据 MessageData 将在协议分组介绍中进行介绍。其数据元素封装格式见 D.4.2。

### D.9.8.2 邻居交换设备选择请求

当用户终端 $STA_1$ 试图与自己的邻居用户终端 $STA_2$ 发起保密通信时，$STA_1$ 首先发送邻居交换设备选择请求分组给 $STA_2$，将自己的邻居交换设备列表信息告知 $STA_2$，供其选择一个交换设备建立 $STA_1$ 与 $STA_2$ 之间的站间密钥。该邻居交换设备选择请求分组包括 $NIE_{STA1}$ 字段，描述 $STA_1$ 的邻居交换设备列表信息供 $STA_2$ 进行选择，该分组封装在 TAEP-Request/ Neighbor SW Negotiation 中。

邻居交换设备选择请求分组中，数据元素都采用 D.4.3.4.1 介绍的封装格式进行封装。分组中有效数据信息元素的集合及元素 ID 定义见表 D.43。

表 D.43 邻居交换设备选择请求分组有效元素集合

| 信息元素 | 元素 ID | 元素长度（八位位组） | 定　义 |
|---|---|---|---|
| $STA_1$ 的邻居交换设备信息 $NIE_{STA1}$ | 0 | 可变 | D.4.1.16 |
| 保留 | 1～255 | — | — |

其中：

$STA_1$ 的邻居交换设备信息 $NIE_{STA1}$：表示 $STA_1$ 的所有邻居交换设备信息。

#### D.9.8.3 邻居交换设备选择响应

当用户终端 $STA_2$ 收到邻居用户终端 $STA_1$ 发来的邻居交换设备选择请求分组时，根据邻居交换设备选择请求分组中的 $NIE_{STA1}$ 元素以及自己的邻居节点信息，选择一个双发共同的邻居交换设备，构造邻居交换设备选择响应分组发送给邻居用户终端 $STA_1$。该邻居交换设备选择响应分组封装在 TAEP-Response/ Neighbor SW Negotiation 中。

邻居交换设备选择响应分组中，数据元素都采用 D.4.3.4.1 介绍的封装格式进行封装。分组中有效数据信息元素的集合及元素 ID 定义见表 D.44。

表 D.44 邻居交换设备选择响应分组有效元素集合

| 信息元素 | 元素 ID | 元素长度（八位位组） | 定　义 |
|---|---|---|---|
| $STA_2$ 的邻居交换设备信息 $NIE_{STA2}$ | 0 | 可变 | D.4.1.16 |
| 保留 | 1～255 | — | — |

其中：

$STA_2$ 的邻居交换设备信息 $NIE_{STA2}$ 元素：表示 $STA_2$ 选择的与 $STA_1$ 共同的邻居交换设备信息；该字段中邻居交换设备计数字段为 1。

当 $STA_1$ 收到 $STA_2$ 回应的邻居交换设备选择响应分组是，判断 $NIE_{STA2}$ 字段是否有效，即 $STA_1$ 是否有这样的一个邻居交换设备，若无效，则丢弃该分组；否则，根据 $STA_2$ 选择的邻居交换设备的信息，向该邻居交换设备发起本附录中 D.9.1 所述的站间密钥建立过程，即可建立 $STA_1$ 与 $STA_2$ 之间共享的站间密钥。

考虑到两个邻居用户终端的邻居交换设备集合都是一致的，可由发起端 STA 直接选举一个邻居交换设备负责建立两个邻居用户终端的站间密钥，该直接选举可由发起端 STA 选择 MAC 地址最小的邻居交换设备，直接向该交换设备发送站间密钥请求分组。因此，邻居交换设备过程的实现是可选的。

## D.10 交换密钥建立

### D.10.1 交换密钥建立过程概述

交换密钥 SWKey 包含交换单播加密密钥 SW-UEK(Switch Unicast Encryption Key)，交换消息鉴别密钥 SW-MAK(Switch Message Authentication Key)，交换密钥加密密钥 SW-KEK(Switch Key Encryption Key)。交换密钥的四个组成部分与单播密钥的四个组成部分一一对应。其中交换单播加密密钥 SW-UEK 用于保护交换设备之间用户数据的机密性和完整性，交换消息鉴别密钥 SW-MAK 用于保护交换设备之间协议数据的完整性，交换密钥加密密钥 SW-KEK 用于保护设备之间协议数据中密钥数据的机密性。

若交换设备 $SW_1$ 和 $SW_2$ 相邻，则它们之间的交换密钥就是它们之间的单播密钥；若交换设备 $SW_1$ 和 $SW_2$ 不相邻，则它们之间交换密钥的建立分为两个过程：交换基密钥通告过程和交换密钥协商过程。对于不相邻的交换设备 $SW_1$ 和 $SW_2$，若它们之间已存在通过预分发的交换基密钥 SWBK(Switch Basic Key)，则只需执行交换密钥协商过程即可完成交换密钥的建立；若它们之间没有预先设置的交换基密钥，则首先需要执行交换基密钥通告过程，再执行交换密钥协商过程，才能完成交换密钥的建立。

由于相邻的交换设备之间的单播密钥就是它们之间的交换密钥，当相邻的交换设备通过预分发或其他安全机制建立了共享的单播密钥时，也就建立了它们之间的交换密钥。初始的网络中可以只有一个或者两个交换设备，之后逐步扩展。因此，当交换设备 $SW_1$ 通过当前网络中的交换设备 $SW_M$ 接入当前网络时，交换设备 $SW_1$ 和 $SW_M$ 已建立了单播密钥，即建立了它们之间的交换密钥，同时当前网络中其他所有不相邻的交换设备两两之间也已建立有交换密钥。此时，通过交换设备 $SW_M$ 就可以建立交换设备 $SW_1$ 和当前网络中其他任意的交换设备(如 $SW_2$)之间的交换密钥。

### D.10.2 交换基密钥建立

#### D.10.2.1 交换基密钥建立过程概述

交换基密钥通告过程为网络中不相邻的交换设备 $SW_1$ 和交换设备 $SW_2$ 之间建立交换基密钥，将此密钥应用于交换密钥协商过程，以建立起交换设备 $SW_1$ 与交换设备 $SW_2$ 之间共享的交换密钥。

参见图 D.62，交换基密钥通告过程是由交换设备 $SW_M$ 生成一个随机数，作为交换设备 $SW_2$ 和 $SW_1$ 的交换基密钥，并先后将此交换基密钥通告给交换设备 $SW_2$ 和 $SW_1$。该过程共包含四个步骤：交换设备 $SW_M$ 对 $SW_2$ 的交换基密钥通告、交换设备 $SW_2$ 的交换基密钥通告响应、交换设备 $SW_M$ 对 $SW_1$ 的交换基密钥通告以及交换设备 $SW_1$ 的交换基密钥通告响应。其中交换设备 $SW_M$ 对 $SW_1$ 的交换基密钥通告及交换设备 $SW_1$ 的交换基密钥通告响应与交换设备 $SW_M$ 对 $SW_2$ 的交换基密钥通告及交换设备 $SW_2$ 的交换基密钥通告响应类似，只是通告中的交换基密钥所使用的交换密钥加密密钥 SW-KEK 不同。

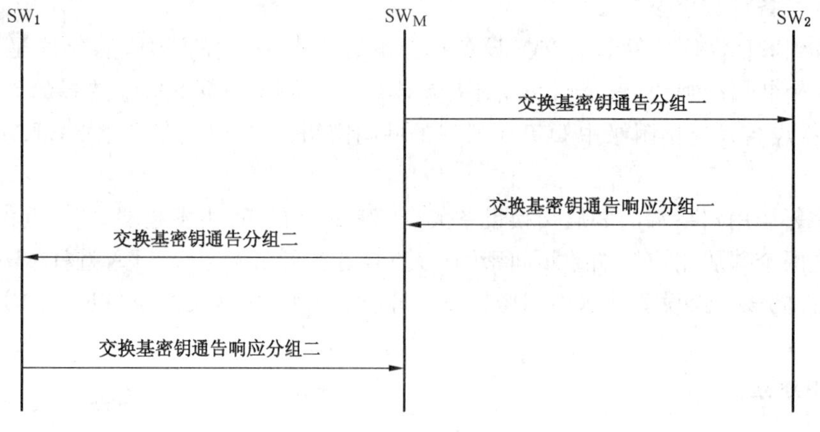


图 D.62 交换基密钥建立过程

交换基密钥通告过程分组使用 TAEPoL-Key 帧封装，其协议数据字段中 Key Descriptor 类型取值为 0x14，其协议数据字段中的数据字段封装格式见图 D.63。

| MessageType<br>（8位比特） | MessageData（可变） |
|---|---|

**图 D.63　交换基密钥通告过程分组数据封装格式**

其中：

——MessageType，表示消息分组所属的分组类别，定义如表 D.45。

**表 D.45　交换基密钥通告过程分组 MessageType 子类型定义**

| MessageType 值 | 定　　义 |
|---|---|
| 0x00 | 保留 |
| 0x01 | 交换基密钥通告分组一 |
| 0x02 | 交换基密钥通告响应分组一 |
| 0x03 | 交换基密钥通告分组二 |
| 0x04 | 交换基密钥通告响应分组二 |
| 其余 | 保留 |

——MessageData 数据：每种分组的消息数据 MessageData 将在协议分组介绍中进行介绍。其数据元素封装格式 D.4.2。

**D.10.2.2　交换基密钥通告分组一**

**D.10.2.2.1　帧格式**

**D.10.2.2.1.1　Key_FLAG**

Key_FLAG 定义见 D.4.3.5.3。

Key_FLAG.ACK=1

Key_FLAG.KeyType=011(交换基密钥)

Key_FLAG.Request=0

Key_FLAG.Encryption=1

Key_FLAG.MIC=1

Key_FLAG.OperationType=00(建立过程)/01(更新过程)/10(删除过程)

**D.10.2.2.1.2　协议数据**

协议数据包含 SWKeyID、SWBKID、$MAC_{SW1}$、$MAC_{SW2}$、KN2、$E_2$（$STAkey_{1-2}$）。分组中的协议数据的集合及元素 ID 定义见表 D.46。

**表 D.46　交换基密钥通告分组一有效元素集合**

| 信息元素 | 元素 ID | 元素长度<br>（八位位组） | 定　　义 |
|---|---|---|---|
| SWKeyID | 0 | 16 | D.4.1.21 |
| SWBKID | 1 | 1 | D.4.1.22 |

表 D.46（续）

| 信息元素 | 元素 ID | 元素长度<br>（八位位组） | 定　义 |
|---|---|---|---|
| $MAC_{SW1}$ | 2 | 6 | D.4.1.8 |
| $MAC_{SW2}$ | 3 | 6 | D.4.1.8 |
| KN2 | 4 | 16 | |
| $E_2$（$STAkey_{1-2}$） | 5 | 16 | |
| 保留 | 6～15 | | |
| 保留 | 16～255 | | |

其中：

——SWKeyID：其中比特 0 标识计算消息鉴别码字段值所用的交换消息鉴别密钥 SW-$MAK_{2-M}$，其定义见 D.4.1.21；

——SWBKID，其中比特 0 标识当前通告的密钥，其他位保留；本字段中比特 0 初始值为 0，每次更新通告密钥时，该位在 0 和 1 之间翻转，其定义见 D.4.1.20；

——$MAC_{SW1}$：该字段的值为 $MAC_{SW1}$，其定义见 D.4.1.8；

——$MAC_{SW2}$：该字段的值为 $MAC_{SW2}$，其定义见 D.4.1.8；

——KN2：表示交换设备 $SW_2$ 的密钥通告标识 KN2，长度为 16 个八位位组，表示一个整数，初始值为 0x5C365C365C365C365C365C365C365C36，在每次密钥更新通告时该字段值加 1；若通告的密钥不变，则本字段值保持不变；

——$E_2$（$SWBK_{1-2}$）：其内容字段是交换设备 $SW_M$ 利用与 $SW_2$ 之间的交换密钥加密密钥 SW-$KEK_{2-M}$采用协商的单播播密码算法对交换基密钥 $SWBK_{1-2}$加密后的密文（不带 MIC），交换基密钥 $SWBK_{1-2}$为交换设备 $SW_M$ 生成的 16 个八位位组的随机数。

#### D.10.2.2.1.3　消息鉴别码 MIC

记为 MIC1，其值为交换设备 $SW_M$ 利用与交换设备 $SW_2$ 之间的 SWKeyID 字段标识的交换消息鉴别密钥 SW-$MAK_{2-M}$通过 HMAC-SHA256 算法计算得到，其定义见 D.4.1.10。

#### D.10.2.2.2　处理过程

当交换设备 $SW_2$ 收到交换设备 $SW_M$ 发送的交换基密钥通告分组后，进行如下处理：

a）检查 KN2 字段是否单调递增，若不是，则丢弃该分组；否则，执行步骤 b）；

b）利用与交换设备 $SW_M$ 之间的交换消息鉴别密钥 SW-$MAK_{2-M}$验证消息鉴别码 MIC1 字段是否正确，若不正确，则丢弃该分组；若正确，执行步骤 c）；

c）利用与交换设备 $SW_M$ 之间的交换密钥加密密钥 SW-$KEK_{2-M}$解密 $E_2$ 字段即可得到与交换设备 $SW_1$ 之间的交换基密钥 $SWBK_{1-2}$；

d）保存此次的密钥通告标识 KN2 字段的值，并构造交换基密钥通告响应分组，发送给交换设备 $SW_M$。

### D.10.2.3　交换基密钥通告响应分组一

#### D.10.2.3.1　帧格式

##### D.10.2.3.1.1　Key_FLAG

Key_FLAG 定义见 D.4.3.5.3。

Key_FLAG. ACK=0

Key_FLAG. KeyType=011(交换基密钥)

Key_FLAG. Request=0

Key_FLAG. Encryption=0

Key_FLAG. MIC=1

Key_FLAG. OperationType=00(建立过程)/01(更新过程)/10(删除过程)

**D. 10. 2. 3. 1. 2　协议数据**

协议数据包含 SWKeyID、SWBKID、$MAC_{SW1}$、$MAC_{SW2}$、KN2。分组中的协议数据的集合及元素 ID 定义见表 D. 47。

**表 D. 47　对端 STA 的站间密钥通告响应分组有效元素集合**

| 信息元素 | 元素 ID | 元素长度（八位位组） | 定　义 |
|---|---|---|---|
| SWKeyID | 0 | 16 | D. 4. 1. 21 |
| SWBKID | 1 | 1 | D. 4. 1. 22 |
| $MAC_{SW1}$ | 2 | 6 | D. 4. 1. 8 |
| $MAC_{SW2}$ | 3 | 6 | D. 4. 1. 8 |
| KN2 | 4 | 16 | |
| 保留 | 5～15 | | |
| 保留 | 16～255 | | |

其中：

——SWKeyID：其中比特 0 标识计算消息鉴别码字段值所用的交换消息鉴别密钥 SW-$MAK_{2\text{-}M}$；此字段值应与接收到的交换基密钥通告分组中的 SWKeyID 字段值相同，其定义见 D. 4. 1. 21；

——SWBKID：其中比特 0 标识当前通告的密钥，其他位保留；本字段中比特 0 初始值为 0，每次更新通告密钥时，该位在 0 和 1 之间翻转，SWBKID 的定义见 D. 4. 1. 20；

——$MAC_{SW1}$：该字段的值为 $MAC_{SW1}$，其定义见 D. 4. 1. 8；

——$MAC_{SW2}$：该字段的值为 $MAC_{SW2}$，其定义见 D. 4. 1. 8；

——KN2：表示交换设备 $SW_2$ 的密钥通告标识 KN2，长度为 16 个八位位组，表示一个整数，该字段值同接收到的交换基密钥通告分组中的 KN2 字段。

**D. 10. 2. 3. 1. 3　消息鉴别码 MIC**

记为 MIC2，其值为交换设备 $SW_2$ 利用 SWKeyID 字段标识的交换消息鉴别密钥 SW-$MAK_{2\text{-}M}$ 通过 HMAC-SHA256 算法计算得到，其定义见 D. 4. 1. 10。

**D. 10. 2. 3. 2　处理过程**

交换设备 $SW_M$ 收到交换设备 $SW_2$ 发送的交换基密钥通告响应分组后，进行如下处理：

a) 比较 Key_FLAG 字段的 OperationType 字段、SWKeyID 字段、SWBKID 字段、$MAC_{SW1}$ 字段、$MAC_{SW2}$ 字段和 KN2 字段与之前发送给交换设备 $SW_2$ 的交换基密钥通告分组中的对应字段值是否一致，若有一个不一致，则丢弃该分组；若全部一致，则执行步骤 b)；

b) 利用与交换设备 $SW_2$ 之间的交换消息鉴别密钥 SW-$MAK_{2\text{-}M}$ 验证消息鉴别码 MIC2 字段的正确性，若不正确，则丢弃该分组；若正确，则保存此次的密钥通告标识 KN2 字段的值，完成将交换设备 $SW_1$ 与交换设备 $SW_2$ 之间的交换基密钥 $SWBK_{1\text{-}2}$ 对交换设备 $SW_2$ 通告的过程，执行步骤 c)；

c) 交换设备 $SW_M$ 根据之前通告给交换设备 $SW_2$ 的交换基密钥 $SWBK_{1\text{-}2}$，构造交换基密钥通告分组，发送给交换设备 $SW_1$。

### D.10.2.4 交换基密钥通告分组二

#### D.10.2.4.1 帧格式

对 $SW_1$ 的交换密钥通告分组使用 TAEPoL-Key 帧封装，各字段的定义如下。

##### D.10.2.4.1.1 Key_FLAG

Key_FLAG 定义见 D.4.3.5.3。
Key_FLAG.ACK=1
Key_FLAG.KeyType=011(交换基密钥)
Key_FLAG.Request=0
Key_FLAG.Encryption=1
Key_FLAG.MIC=1
Key_FLAG.OperationType=00(建立过程)/01(更新过程)/10(删除过程)

##### D.10.2.4.1.2 协议数据

协议数据包含 SWKeyID、SWBKID、$MAC_{SW1}$、$MAC_{SW2}$、KN1、$E_1(STAkey_{1\text{-}2})$。分组中的协议数据的集合及元素 ID 定义见表 D.48。

**表 D.48 交换基密钥通告分组一有效元素集合**

| 信息元素 | 元素 ID | 元素长度（八位位组） | 定　义 |
|---|---|---|---|
| SWKeyID | 0 | 16 | D.4.1.21 |
| SWBKID | 1 | 1 | D.4.1.22 |
| $MAC_{SW1}$ | 2 | 6 | D.4.1.8 |
| $MAC_{SW2}$ | 3 | 6 | D.4.1.8 |
| KN1 | 4 | 16 | |
| $E_1(STAkey_{1\text{-}2})$ | 5 | 16 | |
| 保留 | 6～15 | | |
| 保留 | 16～255 | | |

其中：

——SWKeyID：其中比特 0 标识计算消息鉴别码字段值所用的交换消息鉴别密钥 SW-$MAK_{1\text{-}M}$，其定义见 D.4.1.21；

——SWBKID，其中比特 0 标识当前通告的密钥，其他位保留；本字段中比特 0 初始值为 0，每次更新通告密钥时，该位在 0 和 1 之间翻转，其定义见 D.4.1.20；

——$MAC_{SW1}$：该字段的值为 $MAC_{SW1}$，其定义见 D.4.1.8；

——$MAC_{SW2}$：该字段的值为 $MAC_{SW2}$，其定义见 D.4.1.8；

——KN1：表示交换设备 $SW_1$ 的密钥通告标识 KN1，长度为 16 个八位位组，表示一个整数，初始值为 0x5C365C365C365C365C365C365C365C36，在每次密钥更新通告时该字段值加 1；若通告的密钥不变，则本字段值保持不变；

——$E_1(SWBK_{1\text{-}2})$：其内容字段是交换设备 $SW_M$ 利用与 $SW_1$ 之间的交换密钥加密密钥 SW-$KEK_{1\text{-}M}$ 采用协商的单播播密码算法对交换基密钥 $SWBK_{1\text{-}2}$ 加密后的密文（不带 MIC），交换基密钥 $SWBK_{1\text{-}2}$ 为交换设备 $SW_M$ 生成的 16 个八位位组的随机数。

#### D.10.2.4.1.3 消息鉴别码 MIC

记为 MIC3，其值为交换设备 $SW_M$ 利用与交换设备 $SW_1$ 之间的 SWKeyID 字段标识的交换消息鉴别密钥 SW-$MAK_{1\text{-}M}$ 通过 HMAC-SHA256 算法计算得到，其定义见 D.4.1.10。

#### D.10.2.4.2 处理过程

当交换设备 $SW_1$ 收到交换设备 $SW_M$ 发送的交换基密钥通告分组后，进行如下处理：

a) 检查 KN1 字段是否单调递增，若不是，则丢弃该分组；否则，执行步骤 b)；

b) 利用与交换设备 $SW_M$ 之间的交换消息鉴别密钥 SW-$MAK_{1\text{-}M}$ 验证消息鉴别码 MIC3 字段是否正确，若不正确，则丢弃该分组；若正确，执行步骤 c)；

c) 利用与交换设备 $SW_M$ 之间的交换密钥加密密钥 SW-$KEK_{1\text{-}M}$ 解密 $E_2$ 字段即可得到与交换设备 $SW_1$ 之间的交换基密钥 $SWBK_{1\text{-}2}$；

d) 保存此次的密钥通告标识 KN1 字段的值，并构造交换基密钥通告响应分组，发送给交换设备 $SW_M$。

### D.10.2.5 交换基密钥通告响应分组二

#### D.10.2.5.1 帧格式

##### D.10.2.5.1.1 Key_FLAG

Key_FLAG 定义见 D.4.3.5.3。

Key_FLAG.ACK=0

Key_FLAG.KeyType=011(交换基密钥)

Key_FLAG.Request=0

Key_FLAG.Encryption=0

Key_FLAG.MIC=1

Key_FLAG.OperationType=00(建立过程)/01(更新过程)/10(删除过程)

##### D.10.2.5.1.2 协议数据

协议数据包含 SWKeyID、SWBKID、$MAC_{SW1}$、$MAC_{SW2}$、KN1。分组中的协议数据的集合及元素 ID 定义见表 D.49。

表 D.49 对端 STA 的站间密钥通告响应分组有效元素集合

| 信息元素 | 元素 ID | 元素长度<br>（八位位组） | 定 义 |
|---|---|---|---|
| SWKeyID | 0 | 16 | D.4.1.21 |
| SWBKID | 1 | 1 | D.4.1.22 |
| $MAC_{SW1}$ | 2 | 6 | D.4.1.8 |
| $MAC_{SW2}$ | 3 | 6 | D.4.1.8 |
| KN1 | 4 | 16 | |
| 保留 | 5～15 | | |
| 保留 | 16～255 | | |

其中：

——SWKeyID：其中比特 0 标识计算消息鉴别码字段值所用的交换消息鉴别密钥 SW-$MAK_{1\text{-}M}$；此字段值应与接收到的交换基密钥通告分组中的 SWKeyID 字段值相同，其定义见 D.4.1.21；

——SWBKID：其中比特 0 标识当前通告的密钥，其他位保留；本字段中比特 0 初始值为 0，每次更新通告密钥时，该位在 0 和 1 之间翻转，SWBKID 的定义见 D.4.1.20；

——$MAC_{SW1}$：该字段的值为 $MAC_{SW1}$，其定义见 D.4.1.8；

——$MAC_{SW2}$：该字段的值为 $MAC_{SW2}$，其定义见 D.4.1.8；

——KN1：表示交换设备 $SW_1$ 的密钥通告标识 KN1，长度为 16 个八位位组，表示一个整数，该字段值同接收到的交换基密钥通告分组中的 KN1 字段。

#### D.10.2.5.1.3 消息鉴别码 MIC

记为 MIC4，其值为 $SW_1$ 利用 SWKeyID 字段标识的交换消息鉴别密钥 SW-$MAK_{1\text{-}M}$ 通过 HMAC-SHA256 算法计算得到，其定义见 D.4.1.10。

#### D.10.2.5.2 处理过程

交换设备 $SW_M$ 收到交换设备 $SW_1$ 发送的交换基密钥通告响应分组后，进行如下处理：

a) 比较 Key_FLAG 字段的 OperationType 字段、SWKeyID 字段、SWBKID 字段、$MAC_{SW1}$ 字段、$MAC_{SW2}$ 字段和 KN1 字段与之前发送给交换设备 $SW_1$ 的交换基密钥通告分组中的对应字段值是否一致，如果有一个不一致，则丢弃该分组；如果都一直，则执行步骤 b)；

b) 利用与交换设备 $SW_1$ 之间的交换消息鉴别密钥 SW-$MAK_{1\text{-}M}$ 验证消息鉴别码 MIC4 字段的正确性，若正确，则保存此次的密钥通告标识 KN1 字段的值，完成将交换设备 $SW_1$ 与交换设备 $SW_2$ 之间的交换基密钥 $SWBK_{1\text{-}2}$ 对交换设备 $SW_1$ 通告的过程，即完成为交换设备 $SW_1$ 和交换设备 $SW_2$ 交换基密钥的建立过程；若不正确，则丢弃该分组。

在具体实现时，对交换设备 $SW_2$ 和 $SW_1$ 的通告不成功时，可通过重新通告机制重新发起通告。交换设备 $SW_1$ 通过交换设备 $SW_M$ 接入网络，若交换设备 $SW_M$ 对交换设备 $SW_2$ 的通告在达到设定的最大重新通告次数仍没有取得成功，则认为无法为交换设备 $SW_1$ 和 $SW_2$ 建立一致的交换基密钥，协议终止；若对交换设备 $SW_2$ 的通告取得成功，但对交换设备 $SW_1$ 的通告在达到设定的最大重新通告次数仍没有取得成功，则认为无法为交换设备 $SW_1$ 和 $SW_2$ 建立一致的交换基密钥，此时需要通知交换设备 $SW_2$ 撤销刚建立的与交换设备 $SW_1$ 之间的交换基密钥，即交换设备 $SW_M$ 构造交换基密钥通告分组给交换设备 $SW_2$，通知交换设备 $SW_2$ 将已建立的与交换设备 $SW_1$ 之间的交换基密钥删除。

若交换设备 SW-M 需要更新或者撤销交换设备 $SW_1$ 与 $SW_2$ 之间的交换基密钥，也可以构造交换基密钥通告分组发送给交换设备 $SW_2/SW_1$，要求交换设备 $SW_2/SW_1$ 更新或者删除与交换设备 $SW_1/SW_2$ 之间的交换基密钥。交换基密钥的更新或撤销过程和交换基密钥的建立过程相同，在具体实现时，可通过在上述交换基密钥通告过程中的每个分组中增加一个标识字段进行区分，用于标识通过交换设备 SW 完成交换设备 $SW_1$ 和 $SW_2$ 之间交换基密钥的建立、撤销或者更新过程。

### D.10.3 交换密钥协商过程

#### D.10.3.1 交换密钥协商过程概述

交换密钥协商过程是交换设备 $SW_1$ 和 $SW_2$ 利用它们之间的交换基密钥 $SWBK_{1-2}$ 来协商共享的交换密钥（交换单播加密密钥 SW-$UEK_{1-2}$，交换消息鉴别密钥 SW-$MAK_{1-2}$，交换密钥加密密钥 SW-$KEK_{1-2}$）。参见图 D.64，交换密钥协商过程包含四个分组：交换密钥协商激活分组、交换密钥协商请求分组、交换密钥协商响应分组及交换密钥协商确认分组，其中交换密钥协商确认分组是可选的，即在具体实现过程中，交换设备 $SW_2$ 向交换设备 $SW_1$ 可发送交换密钥协商确认分组，也可不发送交换密钥协商确认分组。

图 D.64 交换密钥协商过程

交换密钥协商过程分组使用 TAEPoL-Key 帧封装，其协议数据字段中 Key Descriptor 类型取值为 0x15，其协议数据字段中的数据字段封装格式见图 D.65。

| MessageType（8位比特） | MessageData（可变） |
|---|---|

图 D.65 交换密钥协商过程分组数据封装格式

其中：

——MessageType，表示消息分组所属的分组类别，定义如表 D.50。

**表 D.50 交换密钥协商过程分组 MessageType 子类型定义**

| MessageType 值 | 定义 |
|---|---|
| 0x00 | 保留 |
| 0x01 | 交换密钥激活分组 |
| 0x02 | 交换密钥请求分组 |
| 0x03 | 交换密钥响应分组 |
| 0x04 | 交换密钥确认分组 |
| 其余 | 保留 |

——MessageData 数据：每种分组的消息数据 MessageData 将在协议分组介绍中进行介绍。其数据元素封装格式 D.4.2。

### D.10.3.2 交换密钥协商激活

#### D.10.3.2.1 帧格式

##### D.10.3.2.1.1 Key_FLAG

Key_FLAG 定义见 D.4.3.5.3。

Key_FLAG.ACK=1

Key_FLAG.KeyType=100(交换密钥)

Key_FLAG.Request=1

Key_FLAG.Encryption=0

Key_FLAG.MIC=0

Key_FLAG.OperationType=00(建立过程)/01(更新过程)/10(删除过程)

##### D.10.3.2.1.2 协议数据

协议数据包含 SWBKID、SWKeyID、$MAC_{SW1}$、$MAC_{SW2}$、$N_{SW1}$。分组中的协议数据的集合及元素 ID 定义见表 D.51。

**表 D.51 交换密钥协商激活分组有效元素集合**

| 信息元素 | 元素 ID | 元素长度<br>(八位位组) | 定义 |
|---|---|---|---|
| SWBKID | 0 | 16 | D.4.1.20 |
| SWKeyID | 1 | 1 | D.4.1.21 |
| $MAC_{SW1}$ | 2 | 6 | D.4.1.8 |
| $MAC_{SW2}$ | 3 | 6 | D.4.1.8 |
| $N_{SW1}$ | 4 | 32 | D.4.1.3 |
| 保留 | 5～15 | | |
| 保留 | 16～255 | | |

其中：

——SWBKID:标识当前的交换基密钥，其定义见 D.4.1.20；

——SWKeyID:其中比特 0 标识当前协商的交换密钥，其他位保留；本字段的比特 0 如果是利用交换基密钥第一次进行交换密钥协商，其值为 0；之后重新进行交换密钥更新时该位在 0 和 1 之间翻转，SWKeyID 的定义见 D.4.1.21；

——$MAC_{SW1}$:该字段的值为 $MAC_{SW1}$，其定义见 D.4.1.8；

——$MAC_{SW2}$:该字段的值为 $MAC_{SW2}$，其定义见 D.4.1.8；

——$N_{SW1}$:表示身份鉴别及单播密钥协商标识 $N_{SW1}$，其定义见 D.4.1.3；若标识 Key_FLAG 中 OperationType 字段值为 00，则该字段值为交换设备 $SW_1$ 产生的随机数；若标识 Key_FLAG 中 OperationType 字段值为 01 或者 10，则该字段值为上一次交换密钥协商过程计算的交换密钥协商标识的值。

**D.10.3.2.2 处理过程**

当交换设备 $SW_2$ 收到交换设备 $SW_1$ 发送的交换密钥协商激活分组后，进行如下处理：

a) 首先检查标识 Key_FLAG 中 OperationType 字段值，若为 01 或者 10，则检查 SWBKID 所指的 SWBKSA 以及 SWKeyID 所指的 SWKeySA 是否有效，若其中一个无效，则丢弃该分组，否则执行 b)；如果标识 Key_FLAG 中 OperationType 字段值为 00，则直接执行 c)；

b) 检查分组中的交换密钥协商标识 $N_{SW1}$ 字段值与上一次交换密钥协商过程中计算的交换密钥协商标识值是否一致，若不一致，则丢弃该分组，若一致，则进一步查看标识 Key_FLAG 中 OperationType 字段值，若为 01 则为更新过程，执行步骤 c)；若为 10 则为删除过程，则构造交换密钥协商响应分组发往 $SW_1$，并删除与 $SW_1$ 之间的交换密钥，交换密钥协商激活分组接收处理完成；

c) 生成询问 $N_{SW2}$，利用与交换设备 $SW_1$ 之间的交换基密钥 $SWBK_{1\text{-}2}$、交换密钥协商标识 $N_{SW1}$ 及交换设备 $SW_2$ 生成的询问 $N_{SW2}$ 计算得到与交换设备 $SW_1$ 之间的交换密钥(包括交换单播加密密钥 $SW\text{-}UEK_{1\text{-}2}$，交换消息鉴别密钥 $SW\text{-}MAK_{1\text{-}2}$，交换密钥加密密钥 $SW\text{-}KEK_{1\text{-}2}$)以及下一次交换密钥协商过程中的交换密钥协商标识种子，然后对该种子使用 SHA-256 函数计算得到长度为 32 个八位位组的下一次交换密钥协商过程的协商标识并保存；

d) 利用计算得到的交换密钥中的交换消息鉴别密钥 $SW\text{-}MAK_{1\text{-}2}$ 本地计算消息鉴别码消息鉴别码 MIC5，构造交换密钥协商请求分组发送给交换设备 $SW_1$。

**D.10.3.3 交换密钥协商请求**

**D.10.3.3.1 帧格式**

**D.10.3.3.1.1 Key_FLAG**

Key_FLAG 定义见 D.4.3.5.3。

Key_FLAG.ACK=1

Key_FLAG.KeyType=100(交换密钥)

Key_FLAG.Request=1

Key_FLAG.Encryption=0

Key_FLAG.MIC=1

Key_FLAG.OperationType=00(建立过程)/01(更新过程)/10(删除过程)

**D.10.3.3.1.2 协议数据**

协议数据包含 SWBKID、SWKeyID、$MAC_{SW1}$、$MAC_{SW2}$、$N_{SW1}$、$UIE_{SW2}$。分组中的协议数据的集合

及元素 ID 定义见表 D.52。

**表 D.52 交换密钥协商请求分组有效元素集合**

| 信息元素 | 元素 ID | 元素长度（八位位组） | 定　义 |
|---|---|---|---|
| SWBKID | 0 | 16 | D.4.1.20 |
| SWKeyID | 1 | 1 | D.4.1.21 |
| $MAC_{SW1}$ | 2 | 6 | D.4.1.8 |
| $MAC_{SW2}$ | 3 | 6 | D.4.1.8 |
| $N_{SW1}$ | 4 | 32 | D.4.1.3 |
| $N_{SW2}$ | 5 | 32 | D.4.1.3 |
| $UIE_{SW2}$ | 6 | 可变 | D.4.1.15 |
| 保留 | 7～15 | | |
| 保留 | 16～255 | | |

其中：

——SWBKID：标识当前的交换基密钥，其定义见 D.4.1.20；该字段值同收到的交换密钥协商激活分组中的 SWBKID 字段值；

——SWKeyID：其中比特 0 标识当前协商的交换密钥，其他位保留；本字段的比特 0 如果是利用交换基密钥第一次进行交换密钥协商，其值为 0；之后重新进行交换密钥更新时该位在 0 和 1 之间翻转，SWKeyID 的定义见 D.4.1.21；该字段值同收到的交换密钥协商激活分组中的 SWKeyID 字段值；

——$MAC_{SW1}$：该字段的值为 $MAC_{SW1}$，其定义见 D.4.1.8；

——$MAC_{SW2}$：该字段的值为 $MAC_{SW2}$，其定义见 D.4.1.8；

——$N_{SW1}$：表示身份鉴别及单播密钥协商标识 $N_{SW1}$，其定义见 D.4.1.3；若标识 Key_FLAG 中 OperationType 字段值为 00，则该字段值为交换设备 $SW_1$ 产生的随机数；若标识 Key_FLAG 中 OperationType 字段值为 01 或者 10，则该字段值为上一次交换密钥协商过程计算的交换密钥协商标识的值；

——$N_{SW2}$：表示交换设备 $SW_2$ 的询问 $N_{SW2}$ 字段，由交换设备 $SW_2$ 生成的随机数，其定义见 D.4.1.3；

——$UIE_{SW2}$：表示交换设备 $SW_2$ 的单播密码信息元素，描述交换设备 $SW_2$ 支持的所有单播密码套件供 $SW_1$ 进行选择，其定义见 D.4.1.15。

#### D.10.3.3.1.3 消息鉴别码 MIC

记为 MIC5 字段，其值为交换设备 $SW_2$ 利用最新协商的交换消息鉴别密钥 SW-$MAK_{1\text{-}2}$ 通过 HMAC-SHA256 算法计算得到。

#### D.10.3.3.2 处理过程

当交换设备 $SW_1$ 收到交换设备 $SW_2$ 发送的交换密钥协商请求分组后，进行如下处理：

a) 比较 Key_FLAG 字段的 OperationType 字段、SWBKID 字段、SWKeyID 字段、$MAC_{SW1}$ 字段、$MAC_{SW2}$ 字段和交换密钥协商标识 $N_{SW1}$ 与之前发送的交换密钥协商激活分组中的对应字段值是否一致，若有一个不一致，则丢弃该分组；若都一致，则执行步骤 b)；

b) 利用与交换设备 $SW_2$ 之间的交换基密钥 $SWBK_{1-2}$、交换密钥协商标识 $N_{SW1}$ 及交换设备 $SW_2$ 的询问 $N_{SW2}$ 计算得到与交换设备 $SW_2$ 之间的交换密钥，包括交换单播加密密钥 SW-UEK$_{1-2}$，交换消息鉴别密钥 SW-MAK$_{1-2}$，交换密钥加密密钥 SW-KEK$_{1-2}$ 和下一次交换密钥协商过程中的交换密钥协商标识种子，然后对该种子使用 SHA-256 函数计算得到长度为 32 个八位位组的下一次交换密钥协商过程的协商标识并保存；

c) 利用计算得到的交换密钥中的交换消息鉴别密钥 SW-MAK$_{1-2}$ 验证交换密钥协商请求分组中的消息鉴别码 MIC5 字段的正确性，若不正确，则丢弃该分组；若正确，执行步骤 d)；

d) 利用计算得到的交换密钥中的交换消息鉴别密钥 SW-MAK$_{1-2}$ 本地计算消息鉴别码消息鉴别码 MIC6，构造交换密钥协商响应分组，发送给交换设备 $SW_2$。

### D.10.3.4 交换密钥协商响应

#### D.10.3.4.1 帧格式

##### D.10.3.4.1.1 Key_FLAG

Key_FLAG 定义见 D.4.3.5.3。

Key_FLAG.ACK=0

Key_FLAG.KeyType=100(交换密钥)

Key_FLAG.Request=1

Key_FLAG.Encryption=0

Key_FLAG.MIC=1

Key_FLAG.OperationType=00(建立过程)/01(更新过程)/10(删除过程)

##### D.10.3.4.1.2 协议数据

协议数据包含 SWBKID、SWKeyID、$MAC_{SW1}$、$MAC_{SW2}$、$N_{SW1}$、$UIE_{SW2}$。分组中的协议数据的集合及元素 ID 定义见表 D.53。

**表 D.53 交换密钥协商响应分组有效元素集合**

| 信息元素 | 元素 ID | 元素长度（八位位组） | 定 义 |
|---|---|---|---|
| SWBKID | 0 | 16 | D.4.1.20 |
| SWKeyID | 1 | 1 | D.4.1.21 |
| $MAC_{SW1}$ | 2 | 6 | D.4.1.8 |
| $MAC_{SW2}$ | 3 | 6 | D.4.1.8 |
| $N_{SW2}$ | 4 | 32 | D.4.1.3 |
| $UIE_{SW1}$ | 5 | 可变 | D.4.1.15 |
| 保留 | 6～15 | | |
| 保留 | 16～255 | | |

其中：

——SWBKID：标识当前的交换基密钥，其定义见 D.4.1.20；该字段值同收到的交换密钥协商请求分组中的 SWBKID 字段值；

——SWKeyID：其中比特 0 标识当前协商的交换密钥，其他位保留；本字段的比特 0 如果是利用交换基密钥第一次进行交换密钥协商，其值为 0；之后重新进行交换密钥更新时该位在 0 和 1 之间翻转，SWKeyID 的定义见 D. 4. 1. 21；该字段值同收到的交换密钥协商请求分组中的 SWKeyID 字段值；

——$MAC_{SW1}$：该字段的值为 $MAC_{SW1}$，其定义见 D. 4. 1. 8；

——$MAC_{SW2}$：该字段的值为 $MAC_{SW2}$，其定义见 D. 4. 1. 8；

——$N_{SW2}$：表示交换设备 $SW_2$ 的询问 $N_{SW2}$ 字段，由交换设备 $SW_2$ 生成的随机数，该字段值同交换密钥协商请求分组中的 $N_{SW2}$ 字段值，其定义见 D. 4. 1. 3；

——$UIE_{SW1}$：表示交换设备 $N_{SW1}$ 所选择的单播密码套件，其定义见 D. 4. 1. 15。

**D. 10. 3. 4. 1. 3　消息鉴别码 MIC**

记为 MIC6 字段，表示消息鉴别码，由交换设备 $SW_1$ 利用生成的交换消息鉴别密钥 SW-$MAK_{1\text{-}2}$ 对交换密钥协商响应分组中本字段外的其他字段或对交换密钥协商响应分组中本字段外的其他字段及已计算出的下一次交换密钥协商过程中的交换密钥协商标识 $N_{SW1}$ 通过杂凑函数计算得到的杂凑值。

**D. 10. 3. 4. 2　处理过程**

交换设备 $SW_2$ 收到交换设备 $SW_1$ 发送的交换密钥协商响应分组后，进行如下处理：

a) 比较 Key_FLAG 字段的 OperationType 字段、SWBKID 字段、SWKeyID 字段、$MAC_{SW1}$ 字段、$MAC_{SW2}$ 字段和交换设备 $SW_2$ 的询问 $N_{SW2}$ 字段与之前发送的交换密钥协商请求分组中的对应字段值是否一致，若有一个不一致，则丢弃该分组；若都一致，则执行步骤 b)；

b) 利用计算得到的交换密钥中的交换消息鉴别密钥 SW-$MAK_{1\text{-}2}$ 验证交换密钥协商响应分组中的消息鉴别码 MIC6 字段的正确性，若不正确，则丢弃该分组；否则，交换设备 $SW_2$ 确认交换设备 $SW_1$ 已获得与其一致的交换密钥；

c) 交换设备 $SW_2$ 根据本地策略，选择是否发送交换密钥协商确认分组，如果选择发送交换密钥协商确认分组，则利用计算得到的交换密钥中的交换消息鉴别密钥 SW-$MAK_{1\text{-}2}$ 本地计算消息鉴别码 MIC7，构造交换密钥协商确认分组，发送给交换设备 $SW_1$。

**D. 10. 3. 5　交换密钥协商确认**

**D. 10. 3. 5. 1　帧格式**

**D. 10. 3. 5. 1. 1　Key_FLAG**

Key_FLAG 定义见 D. 4. 3. 5. 3。

Key_FLAG. ACK＝0

Key_FLAG. KeyType＝100(交换密钥)

Key_FLAG. Request＝1

Key_FLAG. Encryption＝0

Key_FLAG. MIC＝1

Key_FLAG. OperationType＝00(建立过程)/01(更新过程)/10(删除过程)

**D. 10. 3. 5. 1. 2　协议数据**

协议数据包含 SWBKID、SWKeyID、$MAC_{SW1}$、$MAC_{SW2}$、$N_{SW1}$、$UIE_{SW2}$。分组中的协议数据的集合及元素 ID 定义见表 D. 54。

**表 D.54 交换密钥协商确认分组有效元素集合**

| 信息元素 | 元素 ID | 元素长度（八位位组） | 定义 |
|---|---|---|---|
| SWBKID | 0 | 16 | D.4.1.20 |
| SWKeyID | 1 | 1 | D.4.1.21 |
| $MAC_{SW1}$ | 2 | 6 | D.4.1.8 |
| $MAC_{SW2}$ | 3 | 6 | D.4.1.8 |
| $N_{SW1}$ | 4 | 32 | D.4.1.3 |
| 保留 | 5～15 | | |
| 保留 | 16～255 | | |

其中：

——SWBKID：标识当前的交换基密钥，其定义见 D.4.1.20；该字段值同收到的交换密钥协商响应分组中的 SWBKID 字段值；

——SWKeyID：其中比特 0 标识当前协商的交换密钥，其他位保留；本字段的比特 0 如果是利用交换基密钥第一次进行交换密钥协商，其值为 0；之后重新进行交换密钥更新时该位在 0 和 1 之间翻转，SWKeyID 的定义见 D.4.1.21；该字段值同收到的交换密钥协商响应分组中的 SWKeyID 字段值；

——$MAC_{SW1}$：该字段的值为 $MAC_{SW1}$，其定义见 D.4.1.8；

——$MAC_{SW2}$：该字段的值为 $MAC_{SW2}$，其定义见 D.4.1.8；

——$N_{SW1}$：表示交换密钥协商标识 $N_{SW1}$，该字段值同交换密钥协商请求分组中的 $N_{SW1}$ 字段的值，其定义见 D.4.1.3。

**D.10.3.5.1.3 消息鉴别码 MIC**

记为 MIC7 字段，表示消息鉴别码，由交换设备 $SW_2$ 利用生成的交换消息鉴别密钥 $SW\text{-}MAK_{1\text{-}2}$ 对交换密钥协商响应分组中除本字段外所有字段及下一次交换密钥协商过程中的交换密钥协商标识进行计算得到的杂凑值。

**D.10.3.5.2 处理过程**

交换设备 $SW_1$ 收到交换设备 $SW_2$ 发送的交换密钥协商确认分组后，进行如下处理：

a) 比较 Key_FLAG 字段的 OperationType 字段、SWBKID 字段、SWKeyID 字段、$MAC_{SW1}$ 字段、$MAC_{SW2}$ 字段及交换密钥协商标识 $N_{SW1}$ 与之前发送的交换密钥协商响应分组中的对应字段值是否一致，若有一个不一致，则丢弃该分组；若都一致，则执行步骤 b)；

b) 利用计算得到的交换密钥中交换消息鉴别密钥 $SW\text{-}MAK_{1\text{-}2}$ 验证交换密钥协商确认分组中的消息鉴别码 MIC7 字段的正确性，若不正确，则丢弃该分组；若正确，则交换设备 $SW_1$ 确认交换设备 $SW_2$ 已获得与其一致的交换密钥。

若交换设备 $SW_M$ 需要更新或者撤销交换设备 $SW_1$ 与 $SW_2$ 之间的交换基密钥，则构造交换基密钥通告分组发送给交换设备 $SW_2$/$SW_1$，要求交换设备 $SW_2$/$SW_1$ 更新或者删除与交换设备 $SW_1$/$SW_2$ 之间的交换基密钥。交换基密钥的更新或撤销过程和交换基密钥的建立过程相同，在具体实现时，可通过在上述交换基密钥通告过程中的每个分组中增加一个标识字段进行区分，用于标识通过交换设备 SW 完成交换设备 $SW_1$ 和 $SW_2$ 之间交换基密钥的建立、撤销或者更新过程。

若交换设备 $SW_1/SW_2$ 需要更新或者撤销与交换设备 $SW_2/SW_1$ 之间的交换密钥时，交换设备 $SW_1/SW_2$ 构造交换密钥协商激活分组发送给交换设备 $SW_2/SW_1$，要求交换设备 $SW_2/SW_1$ 更新或者删除与交换设备 $SW_1/SW_2$ 之间交换密钥；交换密钥的更新、撤销过程和交换密钥的协商过程相同，具体实现时，通过在上述的交换密钥协商过程中的每个分组中增加一个标识字段进行区分，用于标识交换设备 $SW_1$ 与 $SW_2$ 之间交换密钥的协商、撤销或者更新。

# 附 录 E
（资料性附录）
单向控制功能的考虑

## E.1 概述

本标准中允许设置端口的 AdminControlledDirectons 参数值为 In，是为了支持一些 PC 环境的特性：

a） 远程唤醒；

b） 对等唤醒；

c） 远程控制；

d） 告警。

## E.2 远程唤醒

远程唤醒允许连接在 LAN 内的管理控制台对连接在 LAN 上的 PC 执行管理功能，不论 PC 是否开机，管理控制台均向 PC 发送一个特殊的封包“Magic Packet”，PC 的 LAN 适配卡识别出“Magic Packet”后，激活 PC。在引入可信第三方的实体鉴别及接入架构系统中，如果配置为“Full Control”，则 PC 关机将导致鉴别失败，“Magic Packet”将被 PC 连接的桥端口阻止，从而关闭远程唤醒功能。

使用单向控制可以允许“Magic Packet”被桥端口转发，恢复远程唤醒功能。然而，因为单向控制将允许任何帧通过端口，该特性将减弱引入可信第三方的实体鉴别及接入架构系统提供的保护。

## E.3 对等唤醒

在使用 Windows 对等网络的 PC 环境中，任何 Windows 客户端可以和 LAN 内其他的 PC 共享资源。和远程唤醒一样，如果提供共享资源的 PC 正处于电源管理状态（例如，待机状态），则其共享资源对于其他 PC 将不可用。Windows 提供了 PC 的 MAC 驱动的一些帧模式，当这些模式被 MAC 收到后，和远程唤醒类似，会触发相关的恢复功能。然而，如果“Full Control”被配置，则桥连接 PC 的受控端口可能已经转换为 Disabled 状态，这些帧将被阻止。

同样，单向控制使唤醒功能可以使用，但降低了安全性。

## E.4 远程控制

告警标准论坛（ASF）正在提出关于支持鉴别的客户远程控制功能（开机/关机、重启等）的标准项目。该功能使用和远程控制“Magic Packet”相似的方法，和前面的例子一样，该功能依赖于把数据包从桥端口传送到客户的能力。同样，单向控制提供了实现该功能的一个方法。

## E.5 告警

### E.5.1 一般要求

ASF 正在开发相关告警信息附录，该附录允许 PC 或工作站把存在于物理及操作环境的问题通知给管理者(例如,温度过高、风扇停转、电源问题等)。这些告警通常采用 SNMP Trap 数据包形式,如果连接工作站的交换端口支持引入可信第三方的实体鉴别及接入方法,则当受控端口处于非授权状态,这些告警将被阻止转发。

为允许这些告警能够被转发到管理者,应利用非受控端口来接收和处理这些告警。关联到非受控端口的告警处理句柄识别包含有效告警信息的输入帧,有选择的转发它们到管理者。

### E.5.2 告警封装

类型为 TAEPoL-Encapsulated-ASF-Alert 的数据包提供了使告警信息能够被封装到 TAEPoL 帧中,从而被关联到非受控端口的协议实体识别的方法。

### E.5.3 请求者产生的告警

产生 ASF 告警的工作站有两个可能的处理策略:

——在所有情况下,使用两种形式传送告警:一种封装在 TAEPoL 帧中,一种采用告警的原始形式(例如,SNMP Trap)。

——根据它是否成功地完成了鉴别,请求者决定是发送告警的原始形式还是发送原始形式和 TAEPoL 封装形式。如果请求者和鉴别访问控制器鉴别成功,可以认为鉴别访问控制器的受控端口处于授权状态,因此就没有必要发送 TAEPoL 封装的告警;如果请求者和鉴别访问控制器鉴别失败,两种形式的告警都要发送。

### E.5.4 鉴别访问控制器系统处理的告警

当从非受控端口收到一个 TAEPoL-Encapsulated-ASF-Aler 类型的 TAEPoL 帧,鉴别访问控制器 PAE 把帧发送到负责处理 ASF 告警的协议实体进行进一步处理。该协议实体应能够清楚地确定可接收的 ASF 告警信息的格式,不符合规则的数据帧将被丢弃。对于符合规则的 TAEPoL-Encapsulated-ASF-Alert 帧,ASF 协议实体可以采用下述任一策略进行处理:

——根据受控端口的状态决定 TAEPoL-Encapsulated-ASF-Alert 帧是否应当被拆封并转发。如果受控端口处于授权状态 ,由于请求者将发送告警的非封装形式,ASF 协议实体丢弃任何的 TAEPoL-Encapsulated-ASF-Alert 帧。

——忽略受控端口的状态,被拆封并转发告警。

应注意,当受控端口处于授权状态时,TAEPoL-Encapsulated-ASF-Alert 帧会同时被受控端口和非受控端口收到。

注:使用该机制处理告警时,希望告警的最大速率小于 10 告警/s。

### E.5.5 ASF 告警接收器的隐含意义

结合请求者和鉴别访问控制器处理 TAEPoL-Encapsulated-ASF-Alert 帧的策略,这意味着最终 ASF 告警的接收器可能收到同一个告警信息的两份拷贝。

# 参 考 文 献

［1］ RFC1414 Identification MIB.

［2］ ISO/IEC 14882:2003 Programming languages—C$^{++}$.

［3］ Stubblefield, A., Ioannidis, J., Rubin, A., "Using the Fluhrer, Mantin and Shamir Attack to Break WEP", 2002 NDSS Conference.

［4］ RFC 3748 Extensible Authentication Protocol(EAP).

［5］ GB/T 16263.1 信息技术 ASN.1编码规则：基本编码规则(BER)、正则编码规则(CER)和特异编码规则(DER)的规范(GB/T 16263.1—1996, idt ISO/IEC 8825-1:1995).

ICS 35.020
L 80

# 中华人民共和国国家标准

GB/T 28456—2012

# IPsec协议应用测试规范

**Testing specification for applications of IPsec protocol**

2012-06-29 发布　　2012-10-01 实施

中华人民共和国国家质量监督检验检疫总局
中国国家标准化管理委员会　发布

# 前 言

本标准按照 GB/T 1.1—2009 给出的规则起草。

请注意本文件的某些内容可能涉及专利。本文件的发布机构不承担识别这些专利的责任。

本标准由全国信息安全标准化技术委员会(SAC/TC 260)提出并归口。

本标准起草单位:信息工程大学信息工程学院。

本标准主要起草人:曾勇军、王清贤、颜学雄、武东英、朱俊虎、尹美娟。

# 引　言

IPsec是目前广泛使用的网络安全协议，相关产品种类较多。尽管各厂家均声称支持IPsec协议，但由于协议理解上的不同，造成产品在实现方式、完成的功能、提供的安全服务上存在差异。此外目前缺少规范的评估和检测手段，难以确定IPsec协议应用与协议标准的符合程度，难以给出产品准确的评价和分类，这不利于IPsec协议的推广和使用。为进一步规范IPsec协议的开发、评估和使用，有必要对IPsec协议的测试标准进行研究和制定。

本标准为IPsec协议应用的测试标准，依据IPsec协议相关RFC标准制定。

本标准根据IPsec协议的工作模式，从功能、性能、健壮性和互操作性等方面组织测试内容并设计测试步骤。本标准给出的测试步骤，旨在规范测试基本步骤和关键要点，测试人员可在此基础上选择相关的辅助工具，产生具体的测试用例并进行测试。

# IPsec 协议应用测试规范

## 1 范围

本标准对 IPsec 协议应用的测试内容及测试步骤进行了规范。

本标准适用于 IPsec 协议应用的开发单位、第三方授权测试认证机构、用户等对 IPsec 协议应用测试时参考使用。

## 2 规范性引用文件

下列文件对于本文件的应用是必不可少的。凡是注日期的引用文件,仅注日期的版本适用于本文件。凡是不注日期的引用文件,其最新版本(包括所有的修改单)适用于本文件。

GB/T 5271.8—2001 信息技术 词汇 第 8 部分:安全

GB/T 17178.1—1997 信息技术 开放系统互连 一致性测试方法和框架 第 1 部分:基本概念

## 3 术语和定义

GB/T 5271.8—2001 界定的以及下列术语和定义适用于本文件。

3.1

**IP 安全协议 IP security**

一套用于保护 IP 通信的安全协议。它是 IPv4 的一个可选协议系列,也是 IPv6 的组成部分之一,是一个网络层协议。它提供了认证和加密两种安全机制:认证机制使 IP 通信的数据接收方能够确认数据发送方的真实身份以及数据在传输过程中是否遭到篡改;加密机制通过对数据进行编码来保证数据的保密性,防止数据在传输过程中遭到截获而失密。

3.2

**IPsec 协议应用 application of the IPsec protocol**

按照 IPsec 协议标准实现的产品或功能模块。

3.3

**安全关联 security association**

两个通信实体经协商建立起来的一种协定,它描述了实体如何利用安全服务来进行安全的通信。安全关联包括了执行各种网络安全服务所需要的信息。

3.4

**互联网安全关联与密钥管理协议 internet security association and key management protocol**

定义了建立、协商、修改和删除安全关联的过程和报文格式,并定义了交换密钥产生和认证数据的载荷格式。这些格式为传输密钥和认证信息提供了一致的框架。

3.5

**载荷 payload**

ISAKMP 通信双方交换信息的传输形式,是构造 ISAKMP 消息的基本单位。

3.6

**认证头 authentication header**

属于 IPsec 的一种协议,用于提供 IP 数据报的数据完整性、数据源认证以及抗重放攻击服务的功能。

3.7

**封装安全载荷　escapsulating security payload**

属于IPsec的一种协议，用于提供IP数据报的保密性、数据完整性、数据源认证以及抗重放攻击服务的功能。

3.8

**互联网密钥交换　internet key exchange**

定义了协商IPsec协议参数的密钥交换架构，用于生成经过鉴定的密钥材料。

3.9

**传输模式　transport mode**

IPsec保护的是网络层以上数据。在这种模式中，IPsec会拦截从上层到网络层的数据，并根据具体的配置提供安全保护。

3.10

**传输邻接模式　transport adjacency mode**

IPsec安全关联的一种组合模式，对同一个IP数据报使用多于一个传输模式的安全协议。

3.11

**隧道模式　tunnel mode**

IPsec保护的是整个IP数据报。在这种模式中，IPsec会拦截内部网络传递的数据，并根据具体的配置提供安全保护。

3.12

**迭代隧道模式　iterated tunneling mode**

IPsec安全关联的一种组合模式，对同一个IP数据报使用多于一个隧道模式的安全协议。

3.13

**主机　host**

数据报文的始发设备或终结设备，可作为端的安全服务提供者，为自身的通信提供安全服务。

3.14

**安全网关　security gateway**

实现IPsec的中间设备，为内部主机之间的通信提供安全服务。

3.15

**主模式交换　main mode exchange**

由互联网密钥交换(IKE)协议所定义的一种交换方式，用于协商建立互联网安全关联和密钥管理协议的安全关联(ISAKMP SA)。该交换方式可提供身份保护，是互联网安全关联和密钥管理协议(ISAKMP)所定义的身份保护交换的实例。

3.16

**野蛮模式交换　aggressive mode exchange**

由互联网密钥交换(IKE)协议所定义的一种交换方式，用于协商建立互联网安全关联和密钥管理协议的安全关联(ISAKMP SA)。该交换方式不提供身份保护，是互联网安全关联和密钥管理协议(ISAKMP)所定义的野蛮模式交换的实例。

3.17

**快速模式交换　quick mode exchange**

由互联网密钥交换(IKE)协议所定义的一种交换方式，用于在互联网安全关联和密钥管理协议的安全关联(ISAKMP SA)的保护下，协商建立IP安全协议的安全关联(IPsec SA)。

3.18

**ISAKMP 信息交换　ISAKMP informational exchange**

由互联网密钥交换(IKE)协议所定义的一种辅助性交换,必须在互联网安全关联和密钥管理协议的安全关联(ISAKMP SA)的保护下,用来传送通知或消息。

3.19

**初始交换　initial exchange**

由互联网密钥交换协议版本2(IKEv2)定义的一种交换方式,用于创建互联网密钥交换协议的安全关联(IKE SA)和子安全关联(CHILD SA)。

3.20

**CREATE_CHILD_SA 交换　CREATE_CHILD_SA exchange**

由互联网密钥交换协议版本2(IKEv2)定义的一种交换方式,用于创建子安全关联(CHILD SA)。

3.21

**功能测试　function testing**

测试IPsec协议应用的基本功能,包括身份认证功能、数据保密性保护功能和数据完整性保护功能。

3.22

**性能测试　performance testing**

测试在不同的网络负载情况下IPsec协议应用的性能参数。

3.23

**健壮性测试　robustness testing**

测试IPsec协议应用对错误(包括无效的、高强度输入、非期望输入或者恶意攻击)的有效处理能力。

3.24

**互操作性测试　interoperability testing**

测试不同IPsec协议应用之间的互操作能力。

3.25

**基本互连测试　basic interconnection testing**

测试IPsec协议应用的基本互连互通的情况,这是其他测试的基础。

3.26

**行为测试　behaviour testing**

测试IPsec协议应用的动态一致性,包括正确行为符合性测试和非正确行为符合性测试。

3.27

**连接建立时延　connection established delay**

从连接建立请求开始,到连接建立完成所经过的时间。

3.28

**传送时延　transmission delay**

数据从一方传送到另一方的时间。

3.29

**连接拆除时延　connection released delay**

连接释放需要的时间。连接拆除包括两种类型,一是服务的请求者完成服务后,主动请求拆除连接的时延,二是服务的提供者主动拆除连接的时延。

3.30

**吞吐量 throughput**

丢包率为零的情况下,单位时间内传输有效数据的数量。

3.31

**剩余错误比率 residual error ratio**

在给定的时间间隔内,传送不正确、丢失或者重复的数据量与传输正确的数据量之比。

3.32

**失败概率 probability of failure**

包括连接建立失败概率、传送失败概率以及连接拆除失败概率等。

## 4 缩略语

| | | |
|---|---|---|
| AH | 认证头 | Authentication Header |
| CPU | 中央处理单元 | Central Processor Unit |
| DOI | 解释域 | Domain Of Interpreter |
| DUT | 被测设备 | Device Under Tester |
| ESP | 封装安全载荷 | Escapsulating Security Payload |
| HMAC | 散列消息认证码 | Hash Message Authentication Code |
| ICMP | 因特网控制报文协议 | Inernet Control Message Protocol |
| ICV | 完整性校验值 | Integrity Check Value |
| IKE | 因特网密钥交换协议 | Internet Key Exchange |
| IKEv1 | 因特网密钥交换协议版本 1 | Internet Key Exchange v1 |
| IEKv2 | 因特网密钥交换协议版本 2 | Internet Key Exchange v2 |
| IP | 因特网协议 | Internet Protocol |
| IPsec | IP 安全协议 | IP security |
| ISAKMP | 因特网安全关联与密钥管理协议 | Internet Security Association and Key Management Protocol |
| IV | 初始化向量 | Initialization Vector |
| MAC | 消息认证码 | Message Authentication Code |
| NAT | 网络地址翻译 | Network Address Translation |
| MTU | 最大传送单元 | Maximun Transmission Unit |
| PFS | 完美前向保密 | Perfect Forward Secrecy |
| PRF | 伪随机函数 | Pseudo-Random Function |
| SA | 安全关联 | Security Association |
| SAD | 安全关联数据库 | Security Association Database |
| SG | 安全网关 | Security Gateway |
| SPD | 安全策略数据库 | Security Policy Database |
| SPI | 安全参数索引 | Security Parameter Index |

## 5 测试说明

### 5.1 测试对象说明

本标准是 IPsec 协议的测试标准,测试对象为依据 RFC 相关标准实现的 IPsec 协议应用。

IPsec 协议应用可提供基于密码的安全服务，使用的密码算法和密钥管理策略应符合国家密码主管部门的有关规定。

IPsec 协议描述可见附录 A，附录 B 和附录 C 给出了 IKEv1 和 IKEv2 的密钥交换机制。

## 5.2 测试内容说明

本标准定义了 IPsec 协议应用的测试内容，包括功能测试、性能测试、健壮性测试和互操作性测试。

功能测试用于测试 IPsec 协议应用实现的基本功能，包括基本互连测试、安全功能测试和行为测试。基本互连测试用于测试 IPsec 协议应用的连通情况，是其他测试的基础；安全功能测试完成 IPsec 协议应用的各项安全功能测试，包括密码算法协商、身份认证、数据保密性和数据完整性等；为保证各项安全功能的有效性，IPsec 协议应用的动态行为必须符合协议规范要求，行为测试完成 IPsec 协议应用的动态行为的符合性测试，包括正确输入行为符合性测试和非正确输入行为符合性测试。

性能测试用于测试在不同的网络负载情况下 IPsec 协议应用的性能参数，包括连接建立时延、传送时延、连接拆除时延、单位时间新建连接数、设备支持的总连接数、加解密时延、吞吐量、剩余错误比率以及失败概率等。

健壮性测试用于测试 IPsec 协议应用在无效数据输入或在高强度负载环境下，各项功能保持正确运行的程度，即测试 IPsec 协议应用对错误的有效处理能力，主要包括无效报文处理能力、异常事件处理能力和高强度负载下的处理能力。IPsec 协议应用属于安全产品，其健壮性对于安全功能的有效性至关重要，因此本标准对该质量属性进行了测试。

互操作性测试用于完成不同 IPsec 协议应用之间的互操作能力测试，包括基本互连互操作性测试和安全功能互操作测试。基本互连互操作性测试内容和功能测试中的基本互连测试内容一样，安全功能互操作性测试和功能测试中的安全功能测试内容一样，主要区别在于功能测试是 IPsec 协议应用和测试系统之间的交互，而互操作性测试是不同的 IPsec 协议应用间的交互。

## 5.3 测试环境说明

本标准推荐采用 GB/T 17178.1—1997 中的远程测试方法，构造测试环境并给出相关的测试步骤。IPsec 协议应用测试的典型网络拓扑结构如图 1 所示。

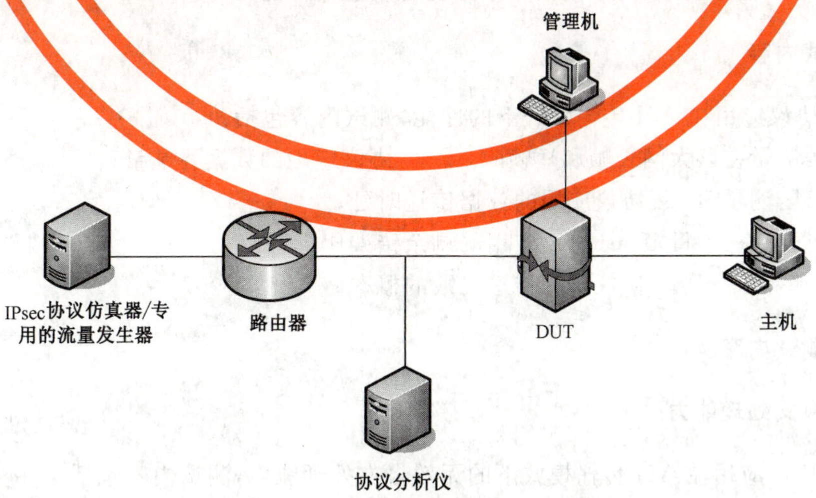


**图 1 IPsec 协议应用测试的网络拓扑结构图**

上述拓扑结构可根据待测设备 DUT 的类型（如终端或网关）灵活配置，如内部主机和管理机在终端情况下可不出现。

测试工具包括但不限于：IPsec 协议仿真器用于模拟 IPsec 协议的动作并进行测试；专用的流量发

生器用于测试 DUT 的性能；协议分析仪实现数据报的分析、存储和重放等。

## 6 测试内容

### 6.1 AH 传输模式测试内容

#### 6.1.1 功能测试内容

##### 6.1.1.1 基本互连测试

测试 IPsec 协议应用在 AH 传输模式下的基本连通能力。

##### 6.1.1.2 安全功能测试

测试 IPsec 协议应用在 AH 传输模式下的安全功能，测试内容包括：

a) AH 传输模式功能：能够支持 AH 传输模式，建立 AH 传输模式的 SA 并进行通信；
b) 数据完整性保护功能：能够支持数据完整性保护功能，及时发现篡改、删除等情况的发生；
c) 数据源认证功能：能够支持数据源认证功能，及时发现伪造、欺骗等情况的发生；
d) 抗重放攻击服务功能：能够支持抗重放攻击服务功能，可检测出重放的报文并丢弃；
e) 应用 IPsec 策略功能：能够配置 SPD 支持应用 IPsec 策略功能，允许合法的业务通过时获得 AH 协议的保护；
f) 旁路策略功能：能够配置 SPD 支持旁路策略功能，允许合法的业务通过时不使用 AH 协议的保护；
g) 丢弃策略功能：能够配置 SPD 支持丢弃策略功能，不合法的业务通过时将被丢弃；
h) SPD 策略选择功能：能够配置多个 SPD 策略实体，在发送或接收分组时，可选择合适的 SPD 策略进行处理；
i) SA 生存期测试功能：能够支持 SA 的有效生存期管理功能，防止利用过期的 SA 传递数据；
j) 分片重组功能：能够支持分片重组功能，确保数据通过网络传递和接收时得到正确的处理；
k) 序号增长功能：能够支持数据报文序号的自动递增功能。

#### 6.1.2 性能测试内容

测试 IPsec 协议应用在 AH 传输模式下的性能，测试内容包括：

a) 吞吐量：测量在以太网长帧和短帧时，IPsec 协议应用的数据吞吐量；
b) 传送时延：测量 IPsec 协议应用的数据传送时延；
c) 剩余错误比率：测量 IPsec 协议应用的剩余错误比率；
d) 失败概率：测量 IPsec 协议应用传送失败的概率。

#### 6.1.3 健壮性测试内容

##### 6.1.3.1 无效报文处理能力

测试 IPsec 协议应用在 AH 传输模式下的无效报文处理能力，测试内容包括：

a) 错误报文处理能力：测试接收到 AH 传输模式封装的报文中有错误时，IPsec 协议应用处理能力。常见的错误报文如 AH 头部中保留字段不为 0、SPI 在 0～255 之间、序号为 0、ICV 字段不正确等。
b) 非期望报文处理能力：测试接收到一个非期望的 AH 传输模式封装的报文时，IPsec 协议应用处理能力。常见的非期望报文如序号不在接受窗口内、重复报文等。

#### 6.1.3.2 异常事件处理能力

测试 IPsec 协议应用在 AH 传输模式下的异常事件处理能力，测试内容包括：

a) 连接中断处理能力：测试在网络物理连接突然非正常中断时，IPsec 协议应用的处理能力；
b) 无效 SA 处理能力：测试接收到 AH 传输模式封装的报文，但没有有效的 SA 时，IPsec 协议应用的处理能力。

#### 6.1.3.3 高强度负载处理能力

测试 IPsec 协议应用在 AH 传输模式下的高强度负载处理能力，测试内容包括：

a) 网络高强度负载处理能力：测试在网络流量负载比较大时，IPsec 协议应用的处理能力；
b) 系统高强度负载处理能力：测试在多种资源(如 CPU 或者内存)消耗比较多时，IPsec 协议应用的处理能力。

### 6.1.4 互操作性测试内容

#### 6.1.4.1 基本互连测试

测试不同 IPsec 协议应用在 AH 传输模式下的基本连通能力。

#### 6.1.4.2 功能互操作性测试

测试不同 IPsec 协议应用在 AH 传输模式下的功能互操作情况。测试内容见 6.1.1.2 的规定。

## 6.2 AH 隧道模式测试内容

### 6.2.1 功能测试内容

#### 6.2.1.1 基本互连测试

测试 IPsec 协议应用在 AH 隧道模式下的基本连通能力。

#### 6.2.1.2 安全功能测试

测试 IPsec 协议应用在 AH 隧道模式下支持的安全功能。测试内容见 6.1.1.2 的规定。

### 6.2.2 性能测试内容

测试 IPsec 协议应用在 AH 隧道模式下的性能指标。测试内容见 6.1.2 的规定。

### 6.2.3 健壮性测试内容

#### 6.2.3.1 无效报文处理能力

测试 IPsec 协议应用在 AH 隧道模式下无效报文处理能力。测试内容见 6.1.3.1 的规定。

#### 6.2.3.2 异常事件处理能力

测试 IPsec 协议应用在 AH 隧道模式下异常事件处理能力。测试内容见 6.1.3.2 的规定。

#### 6.2.3.3 高强度负载处理能力

测试 IPsec 协议应用在 AH 隧道模式下高强度负载处理能力。测试内容见 6.1.3.3 的规定。

6.2.4 互操作性测试内容

6.2.4.1 基本互连测试

测试不同IPsec协议应用在AH隧道模式下的基本连通能力。

6.2.4.2 功能互操作性测试

测试不同IPsec协议应用在AH隧道模式下的功能互操作情况。测试内容见6.1.1.2的规定。

6.3 ESP传输模式测试内容

6.3.1 功能测试内容

6.3.1.1 基本互连测试

测试IPsec协议应用在ESP传输模式下的基本连通能力。

6.3.1.2 安全功能测试

测试IPsec协议应用在ESP传输模式下的安全功能，测试内容包括：

a) ESP传输模式功能：能够支持ESP传输模式，建立ESP传输模式的SA并进行通信；
b) 数据完整性保护功能：能够支持数据完整性保护功能，及时发现篡改、删除等情况的发生；
c) 数据源认证功能：能够支持数据源认证功能，及时发现伪造、欺骗等情况的发生；
d) 数据保密性功能：能够支持数据保密性功能，防止数据传输过程中的非授权泄露；
e) 抗重放攻击服务功能：能够支持抗重放攻击服务功能，可检测出重放的报文并丢弃；
f) 应用IPsec策略功能：能够配置SPD支持应用IPsec策略功能，允许合法的业务通过时获得ESP协议的保护；
g) 旁路策略功能：能够配置SPD支持旁路策略功能，允许合法的业务通过时不使用ESP协议的保护；
h) 丢弃策略功能：能够配置SPD支持丢弃策略功能，不合法的业务通过时将被丢弃；
i) SPD策略选择功能：能够配置多个SPD策略实体，在发送或接收分组时，可选择合适的SPD策略进行处理；
j) SA生存期测试功能：能够支持SA的有效生存期管理功能，防止利用过期的SA传递数据；
k) 分片重组功能：能够支持分片重组功能，确保数据通过网络传递和接收时得到正确的处理；
l) 序号增长功能：能够支持发送数据报文序号的自动递增功能；
m) NAT穿越功能：能够支持NAT穿越功能，满足IPsec与NAT的兼容性要求。

6.3.2 性能测试要求

测试IPsec协议应用在ESP传输模式下的性能，测试内容包括：

a) 加解密吞吐量：测量在以太网长帧和短帧时，IPsec协议应用在丢包率为0的条件下内部接口上达到的双向数据最大流量；
b) 加解密时延：测量在以太网长帧和短帧时，IPsec协议应用在丢包率为0的条件下，一个报文经过加密算法计算变为密文，再由密文解密还原为明文所消耗的平均时间；
c) 传送时延：测量IPsec协议应用的数据传送时延；
d) 剩余错误比率：测量IPsec协议应用的剩余错误比率；
e) 失败概率：测量IPsec协议应用传送失败的概率。

#### 6.3.3 健壮性测试内容

##### 6.3.3.1 无效报文处理能力

测试 IPsec 协议应用在 ESP 传输模式下的无效报文处理能力，测试内容包括：

a) 错误报文处理能力：测试接收到 ESP 传输模式封装的报文中有错误时，IPsec 协议应用的处理能力。常见的错误报文如 SPI 在 0～255 之间、序号为 0、填充长度和下一个头字段不以 4 字节对齐、填充长度不在 0～255 之间、载荷长度为 0、ICV 字段不正确等。

b) 非期望报文处理能力：测试接收到一个非期望的 ESP 传输模式封装的报文时，IPsec 协议应用的处理能力。常见的非期望报文如序号不在接受窗口内、重复报文等。

##### 6.3.3.2 异常事件处理能力

测试 IPsec 协议应用在 ESP 传输模式下的异常事件处理能力，测试内容包括：

a) 连接中断处理能力：测试在网络物理连接突然非正常中断时，IPsec 协议应用处理能力；

b) 无效 SA 处理能力：测试接收到 ESP 传输模式封装的报文，但没有有效的 SA 时，IPsec 协议应用处理能力。

##### 6.3.3.3 高强度负载处理能力

测试 IPsec 协议应用在 ESP 传输模式下的高强度负载处理能力，测试内容包括：

a) 网络高强度负载处理能力：测试在网络流量负载比较大时，IPsec 协议应用处理能力；

b) 系统高强度负载处理能力：测试在多种资源（如 CPU 或者内存）消耗比较多时，IPsec 协议应用处理能力。

#### 6.3.4 互操作性测试内容

##### 6.3.4.1 基本互连测试

测试不同 IPsec 协议应用在 ESP 传输模式下的基本连通能力。

##### 6.3.4.2 功能互操作性测试

测试不同 IPsec 协议应用在 ESP 传输模式下的功能互操作情况。测试内容见 6.3.1.2 的规定。

### 6.4 ESP 隧道模式测试内容

#### 6.4.1 功能测试内容

##### 6.4.1.1 基本互连测试

测试 IPsec 协议应用在 ESP 隧道模式下的基本连通能力。

##### 6.4.1.2 安全功能测试

测试 IPsec 协议应用在 ESP 隧道模式下的安全功能，测试内容包括：

a) 基本安全功能：测试 IPsec 协议应用在 ESP 隧道模式下支持的各种安全功能。测试内容见 6.3.1.2的规定。

b) 有限业务流的保密性保护功能：能够支持有限业务流的保密性保护功能，防止对报文内容的分析。

#### 6.4.2 性能测试内容

测试IPsec协议应用在ESP隧道模式下的各种性能指标。测试内容见6.3.2的规定。

#### 6.4.3 健壮性测试内容

##### 6.4.3.1 无效报文处理能力

测试IPsec协议应用在ESP隧道模式下无效报文处理能力。测试内容见6.3.3.1的规定。

##### 6.4.3.2 异常事件处理能力

测试IPsec协议应用在ESP隧道模式下异常事件处理能力。测试内容见6.3.3.2的规定。

##### 6.4.3.3 高强度负载处理能力

测试IPsec协议应用在ESP隧道模式下高强度负载处理能力。测试内容见6.3.3.3的规定。

#### 6.4.4 互操作性测试内容

##### 6.4.4.1 基本互连测试

测试不同IPsec协议应用在ESP隧道模式下的基本连通能力。

##### 6.4.4.2 功能互操作性测试

测试不同IPsec协议应用在ESP隧道模式下的功能互操作情况。测试内容见6.4.1.2的规定。

### 6.5 传输邻接模式测试内容

#### 6.5.1 功能测试内容

##### 6.5.1.1 基本互连测试

测试IPsec协议应用在传输邻接模式下的基本连通能力。

##### 6.5.1.2 安全功能测试

测试IPsec协议应用在传输邻接模式下的安全功能，测试内容包括：

a) 传输邻接模式功能：能够支持传输邻接模式，建立传输邻接模式的SA并进行通信；
b) 数据完整性保护功能：能够支持数据完整性保护功能，及时发现篡改、删除等情况的发生；
c) 数据源认证功能：能够支持数据源认证功能，及时发现伪造、欺骗等情况的发生；
d) 数据保密性功能：能够支持数据保密性保护功能，防止数据传输过程中的非授权泄露；
e) 抗重放攻击服务功能：能够支持抗重放攻击服务功能，可检测出重放的报文并丢弃；
f) 应用IPsec策略功能：能够配置SPD支持应用IPsec策略功能，允许合法的业务通过时获得安全性保护；
g) 旁路策略功能：能够配置SPD支持旁路策略功能，允许合法的业务通过时不使用安全性保护；
h) 丢弃策略功能：能够配置SPD支持丢弃策略功能，不合法的业务通过时将被丢弃；
i) SPD策略选择功能：能够配置多个SPD策略实体，在发送或接收分组时，可选择合适的SPD策略进行处理；
j) SA生存期测试功能：能够支持SA的有效生存期管理功能，防止利用过期的SA传递数据；
k) 分片重组功能：能够支持分片重组功能，确保数据通过网络传递和接收时得到正确的处理；

l) 序号增长功能:IPsec 协议应用支持发送数据报文序号的自动递增功能。

#### 6.5.2 性能测试内容

测试 IPsec 协议应用在传输邻接模式下的各种性能指标,测试内容见 6.3.2 的规定。

#### 6.5.3 健壮性测试内容

##### 6.5.3.1 无效报文处理能力

测试 IPsec 协议应用在传输邻接模式下的无效报文处理能力,测试内容包括:

a) 错误报文处理能力:测试接收到传输邻接模式封装的报文中有错误时,IPsec 协议应用处理能力。常见的错误报文如 AH 头部中保留字段不为 0、SPI 在 0～255 之间、序号为 0、ICV 字段不正确,ESP 封装结构中 SPI 在 0～255 之间、序号为 0、填充长度和下一个头字段不以 4 字节对齐、填充长度不在 0～255 之间、载荷长度为 0 等。

b) 非期望报文处理能力:测试接收到一个非期望的传输邻接模式封装的报文时,IPsec 协议应用处理能力。常见的非期望报文如序号不在接受窗口内、重复报文等。

##### 6.5.3.2 异常事件处理能力

测试 IPsec 协议应用在传输邻接模式下的异常事件处理能力,测试内容包括:

a) 连接中断处理能力:测试在网络物理连接突然非正常中断时,IPsec 协议应用处理能力;

b) 无效 SA 处理能力:测试接收到传输邻接模式封装的报文,但没有有效的 SA 时,IPsec 协议应用处理能力。

##### 6.5.3.3 高强度负载处理能力

测试 IPsec 协议应用在传输邻接模式下的高强度负载处理能力,测试内容包括:

a) 网络高强度负载处理能力:测试在网络流量负载比较大时,IPsec 协议应用处理能力;

b) 系统高强度负载处理能力:测试在多种资源(如 CPU 或者内存)消耗比较多时,IPsec 协议应用处理能力。

#### 6.5.4 互操作性测试内容

##### 6.5.4.1 基本互连测试

测试不同 IPsec 协议应用在传输邻接模式下的基本连通能力。

##### 6.5.4.2 功能互操作性测试

测试不同 IPsec 协议应用在传输邻接模式下的功能互操作情况。测试内容见 6.5.1.2 的规定。

### 6.6 迭代隧道模式测试内容

#### 6.6.1 功能测试内容

##### 6.6.1.1 基本互连测试

测试 IPsec 协议应用在迭代隧道模式下的基本连通能力。

##### 6.6.1.2 安全功能测试

测试 IPsec 协议应用在迭代隧道模式下的安全功能,测试内容包括:

a) 迭代隧道模式功能：能够支持迭代隧道模式，建立迭代隧道模式的 SA 并进行通信；
b) 数据完整性保护功能：能够支持数据完整性保护功能，及时发现篡改、删除等情况的发生；
c) 数据源认证功能：能够支持数据源认证功能，及时发现伪造、欺骗等情况的发生；
d) 数据保密性功能：能够支持数据保密性保护功能，防止数据传输过程中的非授权泄露；
e) 有限业务流的保密性保护功能：能够支持有限业务流的保密性保护功能，防止对报文内容的分析；
f) 抗重放攻击服务功能：能够支持抗重放攻击服务功能，可检测出重放的报文并丢弃；
g) 应用 IPsec 策略功能：能够配置 SPD 支持应用 IPsec 策略功能，允许合法的业务通过时获得安全性保护；
h) 旁路策略功能：能够配置 SPD 支持旁路策略功能，允许合法的业务通过时不使用安全性保护；
i) 丢弃策略功能：能够配置 SPD 支持丢弃策略功能，不合法的业务通过时将被丢弃；
j) SPD 策略选择功能：能够配置多个 SPD 策略实体，在发送或接收分组时，可选择合适的 SPD 策略进行处理；
k) SA 生存期测试功能：能够支持 SA 的有效生存期管理功能，防止利用过期的 SA 传递数据；
l) 分片重组功能：能够支持分片重组功能，确保数据通过网络传递和接收时得到正确的处理；
m) 序号增长功能：能够支持发送数据报文序号的自动递增功能。

#### 6.6.2 性能测试内容

测试 IPsec 协议应用在迭代隧道模式下的各种性能指标。测试内容见 6.3.2 的规定。

#### 6.6.3 健壮性测试内容

##### 6.6.3.1 无效报文处理能力

测试 IPsec 协议应用在迭代隧道模式下无效报文处理能力。测试内容见 6.5.3.1 的规定。

##### 6.6.3.2 异常事件处理能力

测试 IPsec 协议应用在迭代隧道模式下异常事件处理能力。测试内容见 6.5.3.2 的规定。

##### 6.6.3.3 高强度负载处理能力

测试 IPsec 协议应用在迭代隧道模式下高强度负载处理能力。测试内容见 6.5.3.3 的规定。

#### 6.6.4 互操作性测试内容

##### 6.6.4.1 基本互连测试

测试不同 IPsec 协议应用在迭代隧道模式下的基本连通能力。

##### 6.6.4.2 功能互操作性测试

测试不同 IPsec 协议应用在迭代隧道模式下的功能互操作情况。测试内容见 6.6.1.2 的规定。

### 6.7 IKEv1 主模式测试内容

#### 6.7.1 功能测试内容

##### 6.7.1.1 基本互连测试

测试在主模式交换情况下，IKEv1 协议的基本连通能力。

### 6.7.1.2 安全功能测试

测试在主模式交换情况下 IKEv1 协议支持的安全功能，测试内容包括：

a) 身份认证方法协商功能：能够支持身份认证方法的协商功能；
b) 身份认证协商过程：能够按照所协商的身份认证方法，完成身份的认证协商功能；
c) 加密算法协商功能：能够支持加密算法的协商功能；
d) 伪随机函数 PRF 协商功能：能够支持伪随机函数 PRF 的协商；
e) 密钥协商功能：能够支持密钥协商的功能；
f) 数据加密功能：能够应用协商好的加密算法和密钥对传输的数据进行加密保护；
g) NAT 穿越探测功能：能够探测参与方是否支持 NAT 穿越，网络中是否存在 NAT 设备；
h) NAT KEEPALIVE 功能：NAT 后的协商参与方能够定期地发送 NAT KEEPALIVE 报文，维持 NAT 映射。

### 6.7.1.3 发起方行为测试

在主模式交换情况下，IKEv1 发起方行为测试内容如下：

a) 初始化时发起方接收到安全协议(如 AH 或 ESP 协议)的协商请求，构造消息 1 并发送给响应方。消息 1 中包含安全关联载荷，其格式应满足协议规范要求，提供该消息的超时重传功能。若重传次数超过指定的最大值，则终止本次协商。
b) 发起方接收消息 2。验证接收到的消息的合法性：若非法，则丢弃；否则，记录消息 2 中承载的协商结果，构造消息 3 并发送给响应方。消息 3 中包含密钥交换载荷，其格式应满足协议规范要求，提供该消息的超时重传功能。若重传次数超过指定的最大值，则终止本次协商。
c) 发起方接收消息 4。验证接收到的消息的合法性：若非法，则丢弃；否则，记录消息 4 中承载的协商结果，构造消息 5 并发送给响应方。消息 5 中包含认证载荷，其格式应满足协议规范要求，提供该消息的超时重传功能。若重传次数超过指定的最大值，则终止本次协商。
d) 发起方接收消息 6。验证接收到的消息的合法性：若非法，则丢弃；否则，进行解密，验证认证信息是否正确，记录消息 6 中承载的协商结果。设置协商完成标志。
e) 发起方收到删除 ISAKMP SA 请求或 ISAKMP SA 到期通知，清除连接状态。

### 6.7.1.4 响应方行为测试

在主模式交换情况下，IKEv1 响应方行为测试内容如下：

a) 初始化时响应方等待接收消息 1。验证接收到的消息的合法性：若非法，则丢弃；否则，记录消息 1 中承载的协商请求，构造消息 2 并发送给发起方。消息 2 中包含安全关联载荷，其格式应满足协议规范要求，提供该消息的超时重传功能。若重传次数超过指定的最大值，则终止本次协商。
b) 响应方接收消息 3。验证接收到的消息的合法性：若非法，则丢弃；否则，记录消息 3 中承载的协商请求，构造消息 4 并发送给发起方。消息 4 中包含密钥交换载荷，其格式应满足协议规范要求，提供该消息的超时重传功能。若重传次数超过指定的最大值，则终止本次协商。
c) 响应方接收消息 5。验证接收到的消息的合法性：若非法，则丢弃；否则，进行解密，验证认证信息是否正确，构造消息 6 并发送给发起方。消息 6 中包含认证载荷，其格式应满足协议规范要求，提供该消息的超时重传功能。设置协商完成标志。
d) 响应方收到删除 ISAKMP SA 请求或 ISAKMP SA 到期通知，清除连接状态。

### 6.7.2 性能测试内容

测试在主模式交换情况下 IKEv1 协议的性能指标，测试内容包括：

a) 连接建立时延:测量 IKEv1 协议的阶段 1(见附录 B 的 B.2.1)连接建立时延;
b) 单位时间新建连接数:测量 IKEv1 协议每秒钟能够建立的阶段 1 连接数;
c) 设备支持的总连接数:测量 IKEv1 协议所能支持的阶段 1 连接总数;
d) 剩余错误比率:测量 IKEv1 协议协商报文的剩余错误比率;
e) 失败概率:测量 IKEv1 协议协商失败的概率,包括连接建立失败概率、传送失败概率等;
f) 密钥更新:测量 IKEv1 协议的密钥自动更新机制,如要求 ISAKMP SA 的密钥更新周期不大于 24 h。

### 6.7.3 健壮性测试内容

#### 6.7.3.1 无效报文处理能力

测试在主模式交换情况下 IKEv1 协议的无效报文处理能力,测试内容包括:
a) 错误报文处理能力:测试接收到主模式交换的报文中有错误时,IKEv1 协议的处理能力;
b) 非期望报文处理能力:测试接收到非期望的主模式交换报文时,IKEv1 协议的处理能力。

#### 6.7.3.2 异常事件处理能力

测试在主模式交换情况下 IKEv1 协议的异常事件处理能力,测试内容包括:
a) 连接中断处理能力:测试网络物理连接突然非正常中断时,IKEv1 协议的处理能力;
b) 等待超时处理能力:测试等待报文超时情况下,IKEv1 协议的处理能力。

#### 6.7.3.3 高强度负载处理能力

测试在主模式交换情况下 IKEv1 协议的高强度负载处理能力,测试内容包括:
a) 网络高强度负载处理能力:测试在网络流量负载比较大时,IKEv1 协议的处理能力;
b) 系统高强度负载处理能力:测试在多种资源(如 CPU 或者内存)消耗比较多时,IKEv1 协议的处理能力。

### 6.7.4 互操作性测试内容

#### 6.7.4.1 基本互连测试

测试不同 IPsec 协议应用在 IKEv1 主模式交换情况下的基本连通能力。

#### 6.7.4.2 功能互操作性测试

测试不同 IPsec 协议应用在 IKEv1 主模式交换情况下的功能互操作情况。测试内容见 6.7.1.2 各条目的规定。

#### 6.7.4.3 行为互操作性测试

测试不同 IPsec 协议应用在 IKEv1 主模式交换情况下的行为互操作情况。测试内容见 6.7.1.3 和 6.7.1.4 的规定。

## 6.8 IKEv1 野蛮模式测试内容

### 6.8.1 功能测试内容

#### 6.8.1.1 基本互连测试

测试在野蛮模式交换情况下,IKEv1 协议的基本连通能力。

#### 6.8.1.2 安全功能测试

测试在野蛮模式交换情况下，IKEv1 协议支持的各种安全功能，测试内容见 6.7.1.2 的规定。

#### 6.8.1.3 发起方行为测试

在野蛮模式交换情况下，IKEv1 发起方行为测试内容如下：

a） 初始化时发起方接收到安全协议（如 AH 或 ESP 协议）的协商请求时，构造消息 1 并发送给响应方。消息 1 中包含安全关联载荷、密钥交换载荷等，其格式应满足协议规范要求，提供该消息的超时重传功能。若重传次数超过指定的最大值，则终止本次协商。
b） 发起方接收消息 2。验证接收到的消息的合法性：若非法，则丢弃；否则，记录消息 2 中承载的协商结果，验证响应方的身份，构造消息 3 并发送给响应方。消息 3 中包含认证载荷，其格式应满足协议规范要求，提供该消息的超时重传功能。设置协商完成标志。
c） 发起方收到删除 ISAKMP SA 请求或 ISAKMP SA 到期通知，清除连接状态。

#### 6.8.1.4 响应方行为测试

在野蛮模式交换情况下，IKEv1 响应方行为测试内容如下：

a） 初始化时响应方等待接收消息 1。验证接收到的消息的合法性：若非法，则丢弃；否则，记录消息 1 中承载的协商内容，构造消息 2 并发送给发起方。消息 2 中包含安全关联载荷、密钥交换载荷等，其格式应满足协议规范要求，提供该消息的超时重传功能。若重传次数超过指定的最大值，则终止本次协商。
b） 响应方接收消息 3。验证接收到的消息的合法性：若非法，则丢弃；否则，验证发起方身份的合法性，若验证不通过，则丢弃该消息。若身份验证通过，则设置协商完成状态。
c） 响应方收到删除 ISAKMP SA 请求或 ISAKMP SA 到期通知，清除连接状态。

### 6.8.2 性能测试内容

测试在野蛮模式交换情况下，IKEv1 协议支持的各种性能指标。测试内容见 6.7.2 的规定。

### 6.8.3 健壮性测试内容

#### 6.8.3.1 无效报文处理能力

测试在野蛮模式交换情况下 IKEv1 协议的无效报文处理能力。测试内容见 6.7.3.1 的规定。

#### 6.8.3.2 异常事件处理能力

测试在野蛮模式交换情况下 IKEv1 协议的异常事件处理能力。测试内容见 6.7.3.2 的规定。

#### 6.8.3.3 高强度负载处理能力

测试在野蛮模式交换情况下 IKEv1 协议的高强度负载处理能力。测试内容 6.7.3.2 的规定。

### 6.8.4 互操作性测试内容

#### 6.8.4.1 基本互连测试

测试不同 IPsec 协议应用在 IKEv1 野蛮模式交换情况下的基本连通能力。

#### 6.8.4.2 功能互操作性测试

测试不同 IPsec 协议应用在 IKEv1 野蛮模式交换情况下的功能互操作情况。测试内容见 6.8.1.2

的规定。

#### 6.8.4.3 行为互操作性测试

测试不同IPsec协议应用在IKEv1野蛮模式交换情况下的行为互操作情况。测试内容见6.8.1.3和6.8.1.4的规定。

## 6.9 IKEv1快速模式测试内容

### 6.9.1 功能测试内容

#### 6.9.1.1 基本互连测试

测试在快速模式交换情况下,IKEv1协议的基本连通能力。

#### 6.9.1.2 安全功能测试

测试在快速模式交换情况下IKEv1协议支持的安全功能,测试内容包括:

a) 加密算法协商功能:能够支持IPsec安全协议(如ESP)的加密算法协商功能;
b) MAC算法协商功能:能够支持IPsec安全协议(如AH、ESP)的MAC算法协商功能;
c) 密钥协商功能:能够支持IPsec安全协议(如AH、ESP)的共享密钥协商功能;
d) NAT穿越的原始地址交换功能:能够传递构造数据报文时的原始IP地址,实现校验和的修正。

#### 6.9.1.3 发起方行为测试

在快速模式交换情况下,IKEv1发起方行为测试内容如下:

a) 发起方接收到协商指示,构造消息1发送给响应方。消息1中包含安全关联载荷、密钥交换相关载荷等,其格式应满足协议规范要求,并使用阶段1协商的结果进行加密保护。发起方应提供消息1超时重传功能。若重传次数超过指定的最大值,则终止本次协商。
b) 发起方接收消息2。验证接收到的消息的合法性:若非法,则丢弃;否则,对消息2进行解密,记录消息2中承载的协商结果,构造消息3并发送给响应方。消息3中包含认证相关载荷,其格式应满足协议规范要求,提供该消息的超时重传功能。设置协商完成标志。
c) 发起方收到删除IPsec SA请求或IPsec SA到期通知,清除连接状态。

#### 6.9.1.4 响应方行为测试

在快速模式交换情况下,IKEv1响应方行为测试内容如下:

a) 响应方等待接收发起方发送过来的消息1。验证接收到的消息的合法性:若非法,则丢弃;否则,进行解密,并记录消息1中承载的协商内容,构造消息2并发送给发起方。消息2中包含安全关联载荷、密钥交换相关载荷等,其格式应满足协议规范要求,提供该消息的超时重传功能。若重传次数超过指定的最大值,则终止本次协商。
b) 响应方接收消息3。验证接收到的消息的合法性:若非法,则丢弃;否则,进行解密并验证发起方身份的合法性。若身份验证通过,则设置协商完成状态。
c) 响应方收到删除IPsec SA请求或IPsec SA到期通知,清除连接状态。

### 6.9.2 性能测试内容

测试在快速模式交换情况下IKEv1协议的性能指标,测试内容包括:

a) 连接建立时延:测量IKEv1协议的阶段2(见附录B的B.2.2)连接建立时延;

b) 单位时间新建连接数:测量 IKEv1 协议每秒钟能够建立的阶段 2 连接数;
c) 设备支持的总连接数:测量 IPsec 协议应用所能支持的阶段 2 连接总数;
d) 剩余错误比率:测量 IKEv1 协议协商报文的剩余错误比率;
e) 失败概率:测量 IKEv1 协议协商的失败概率,包括连接建立失败概率、传送失败概率等;
f) 密钥更新:测量 IKEv1 协议的 IPsec SA 密钥更新机制,如要求密钥更新周期不大于 1 h。

#### 6.9.3 健壮性测试内容

##### 6.9.3.1 无效报文处理能力

测试在快速模式交换情况下 IKEv1 协议的无效报文处理能力。测试内容见 6.7.3.1 的规定。

##### 6.9.3.2 异常事件处理能力

测试在快速模式交换情况下 IKEv1 协议的异常事件处理能力。测试内容见 6.7.3.2 的规定。

##### 6.9.3.3 高强度负载处理能力

测试在快速模式交换情况下 IKEv1 协议的高强度负载处理能力。测试内容见 6.7.3.3 的规定。

#### 6.9.4 互操作性测试内容

##### 6.9.4.1 基本互连测试

测试不同 IPsec 协议应用在 IKEv1 快速模式交换情况下的基本连通能力。

##### 6.9.4.2 功能互操作性测试

测试不同 IPsec 协议应用在 IKEv1 快速模式交换情况下的功能互操作情况。测试内容见 6.9.1.2 的规定。

##### 6.9.4.3 行为互操作性测试

测试不同 IPsec 协议应用在 IKEv1 快速模式交换情况下的行为互操作情况。测试内容见 6.9.1.3 和 6.9.1.4 的规定。

### 6.10 IKEv2 初始交换测试内容

#### 6.10.1 功能测试内容

##### 6.10.1.1 基本互连测试

测试在初始交换情况下,IKEv2 协议的基本连通能力。

##### 6.10.1.2 安全功能测试

测试在初始交换情况下 IKEv2 协议支持的各种安全功能。测试内容见 6.7.1.2 的规定。

##### 6.10.1.3 发起方行为测试

在 IKEv2 初始交换情况下,发起方行为测试内容如下:

a) 初始化时发起方接收到安全协议(如 AH 或 ESP 协议)的协商请求,构造 IKE_SA_INIT 请求消息并发送给响应方,该消息中包含安全关联载荷、密钥交换载荷,其格式应满足协议规范要求。发起方提供该消息的超时重传功能。若重传次数超过指定的最大值,则终止本次协商。

b) 发起方接收返回的响应消息。响应消息有如下两种类型：

   1) 若接收到 IKE_SA_INIT 响应消息，则验证该消息的合法性：若非法，则丢弃；否则，记录响应消息中承载的协商结果，然后构造 IKE_AUTH 请求消息并发送给响应方，该消息中包含认证载荷、安全关联载荷，其格式应满足协议规范要求，并利用协商的算法和密钥加密。发起方提供该消息的超时重传功能。若重传次数超过指定的最大值，则终止本次协商。
   2) 若接收到带 Cookie 的通知载荷的响应消息，则说明响应方半打开连接超过最大值，发起方发送带 Cookie 的 IKE_SA_INIT 请求消息，该请求消息格式应满足协议规范要求。

c) 发起方接收 IKE_AUTH 响应消息。验证接收到的消息的合法性：若非法，则丢弃；否则，记录该消息中承载的协商结果，根据认证载荷结构验证身份。设置协商完成标志。

d) 发起方收到删除 IKE SA 请求或 IKE SA 到期通知，清除连接状态。

#### 6.10.1.4 响应方行为测试

在 IKEv2 初始交换情况下，响应方行为测试内容如下：

a) 响应方等待接收 IKE_SA_INIT 请求消息。验证接收到的消息的合法性：若非法，则丢弃；否则，响应方有如下两种情况：

   1) 若当前的半打开连接数目未达到门限值，则发送 IKE_SA_INIT 响应消息，说明响应方可接受发起方的连接请求。该响应消息中包含安全关联载荷、密钥交换载荷等，其格式应满足协议规范要求。
   2) 若当前的半打开连接数目达到门限值，则发送带 Cookie 的通知消息。此时若接收到带 Cookie 的 IKE_SA_INIT 请求消息，则发送 IKE_SA_INIT 响应消息，可检测发起方是否合法。该响应消息格式应满足协议规范要求。

b) 响应方接收 IKE_AUTH 请求消息。验证接收到的消息的合法性：若非法，则丢弃；否则，验证发起方身份的合法性，记录消息中承载的协商请求，产生 IKE_AUTH 响应消息并发送给发起方，该消息中包含认证载荷、安全关联载荷，同时利用协商的算法和密钥进行加密封装，消息格式应满足协议规范要求。设置协商完成标志。

c) 响应方收到删除 IKE SA 请求或 IKE SA 到期通知，清除连接状态。

### 6.10.2 性能测试内容

测试初始交换情况下 IKEv2 协议支持的各种性能指标。测试内容见 6.7.2 的规定。

### 6.10.3 健壮性测试内容

#### 6.10.3.1 无效报文处理能力

测试在初始交换情况下 IKEv2 协议的无效报文处理能力。测试内容见 6.7.3.1 的规定。

#### 6.10.3.2 异常事件处理能力

测试在初始交换情况下 IKEv2 协议的异常事件处理能力。测试内容见 6.7.3.2 的规定。

#### 6.10.3.3 高强度负载处理能力

测试在初始交换情况下 IKEv2 协议的高强度负载处理能力。测试内容见 6.7.3.3 的规定。

### 6.10.4 互操作性测试内容

#### 6.10.4.1 基本互连测试

测试不同 IPsec 协议应用在 IKEv2 初始交换情况下的基本连通能力。

#### 6.10.4.2 功能互操作性测试

测试不同 IPsec 协议应用在 IKEv2 初始交换情况下的功能互操作情况。测试内容见 6.7.1.2 的规定。

#### 6.10.4.3 行为互操作性测试

测试不同 IPsec 协议应用在 IKEv2 初始交换情况下的行为互操作情况。测试内容见 6.10.1.3 和 6.10.1.4 的规定。

## 6.11 IKEv2 创建子 SA 交换测试内容

### 6.11.1 功能测试内容

#### 6.11.1.1 基本互连测试

测试在创建子 SA 交换情况下,IKEv2 协议的基本连通能力。

#### 6.11.1.2 安全功能测试

测试在创建子 SA 交换情况下 IKEv2 协议支持的安全功能,测试内容包括:

a) 加密算法协商功能:能够支持 CHILD SA 中密码算法协商功能;
b) MAC 算法协商功能:能够支持 CHILD SA 中 MAC 算法协商功能;
c) 密钥协商功能:能够支持 CHILD SA 中共享密钥的协商功能;
d) 密钥更新功能:能够支持 IKE SA 和 CHILD SA 中密钥参数的刷新功能。

#### 6.11.1.3 发起方行为测试

在创建子 SA 交换情况下,IKEv2 发起方行为测试内容如下:

a) 初始化时发起方接收到协商指示,构造 CREATE_CHILD_SA 请求消息并发送给响应方。CREATE_CHILD_SA 请求消息中包含安全关联载荷、密钥交换载荷,若要求实现密钥更新功能,则在消息中提供通知载荷。该消息格式应满足协议规范要求,并利用协商的算法和密钥进行加密。发起方提供该消息的超时重传功能,若重传次数超过指定的最大值,则终止本次协商。
b) 发起方接收 CREATE_CHILD_SA 响应消息。验证接收到的消息的合法性:若非法,则丢弃;否则,记录该消息中承载的协商结果,生成密钥并传递给 IPsec 安全协议。设置协商完成标志。
c) 发起方收到删除 CHILD SA 请求或收到 CHILD SA 到期通知,清除连接状态。

#### 6.11.1.4 响应方行为测试

在创建子 SA 交换情况下,IKEv2 响应方行为测试内容如下:

a) 响应方等待接收 CREATE_CHILD_SA 请求消息。验证接收到的消息的合法性:若非法,则丢弃;否则,记录消息中承载的协商请求,根据本地情况确定安全关联的属性,构造 CREATE_CHILD_SA 响应消息并发送给发起方,生成密钥并传递给安全协议(如 AH 或 ESP)。该消息中包含安全关联载荷、密钥交换载荷,其格式应满足协议规范要求,利用协商的算法和密钥进行加密。
b) 响应方根据请求消息中的内容产生更新消息,将生成的密钥等信息传递给安全协议。
c) 响应方收到删除 CHILD SA 请求或收到 CHILD SA 到期通知,清除连接状态。

#### 6.11.2 性能测试内容

测试在创建子 SA 交换情况下 IKEv2 协议的性能指标，测试内容包括：

a) 创建子 SA 交换时延：测量 IKEv2 协议建立 CHILD SA 的时延；

b) 单位时间新建子 SA 数：测量 IKEv2 协议每秒钟能够建立的 CHILD SA 连接数；

c) 设备支持的总连接数：测量 IKEv2 协议所能支持的 CHILD SA 连接总数；

d) 剩余错误比率：测量 IKEv2 协议协商报文的剩余错误比率；

e) 失败概率：测量 IKEv2 协议协商失败的概率，包括连接建立失败概率、传送失败概率等；

f) 密钥更新：测量 IKEv2 协议的密钥自动更新机制，如要求 IKE SA 的密钥更新周期不大于 24 h，CHILD SA 的密钥更新周期不大于 1 h。

#### 6.11.3 健壮性测试内容

##### 6.11.3.1 无效报文处理能力

测试在创建子 SA 交换情况下 IKEv2 协议的无效报文处理能力。测试内容见 6.7.3.1 的规定。

##### 6.11.3.2 异常事件处理能力

测试在创建子 SA 交换情况下 IKEv2 协议的异常事件处理能力。测试内容见 6.7.3.2 的规定。

##### 6.11.3.3 高强度负载处理能力

测试在创建子 SA 交换情况下 IKEv2 协议的高强度负载处理能力。测试内容见 6.7.3.3 的规定。

#### 6.11.4 互操作性测试内容

##### 6.11.4.1 基本互连测试

测试不同 IPsec 协议应用在创建子 SA 交换情况下的基本连通能力。

##### 6.11.4.2 功能互操作性测试

测试不同 IPsec 协议应用在创建子 SA 交换情况下的功能互操作情况。测试内容见 6.11.1.2 的规定。

##### 6.11.4.3 行为互操作性测试

测试不同 IPsec 协议应用在创建子 SA 交换情况下的行为互操作情况。测试内容见 6.11.1.3 和 6.11.1.4 的规定。

### 6.12 IKEv2 信息交换测试内容

#### 6.12.1 功能测试内容

##### 6.12.1.1 基本互连测试

测试在信息交换情况下，IKEv2 协议的基本连通能力。

##### 6.12.1.2 安全功能测试

测试在信息交换情况下 IKEv2 协议支持的安全功能，测试内容包括：

a) 事件通知：能够传递交换过程中产生的事件；

b) 删除安全关联：能够协商删除指定的安全关联；
c) 配置参数：能够协商配置相关参数；
d) 活性探测：能够探测协商参与方的存活性。

#### 6.12.2 性能测试内容

测试在信息交换情况下 IKEv2 协议的性能指标，测试内容包括：
a) 剩余错误比率：测量 IKEv2 协议报文的剩余错误比率；
b) 失败概率：测量 IKEv2 协议报文的传送失败概率。

#### 6.12.3 健壮性测试内容

##### 6.12.3.1 错误报文处理能力

测试接收到的 IKEv2 信息交换报文中有错误时，IKEv2 协议的处理能力。

##### 6.12.3.2 异常事件处理能力

测试在信息交换情况下 IKEv2 协议的异常事件处理能力。测试内容见 6.7.3.2 的规定。

##### 6.12.3.3 高强度负载处理能力

测试在信息交换情况下 IKEv2 协议的高强度负载处理能力。测试内容见 6.7.3.3 的规定。

#### 6.12.4 互操作性测试内容

##### 6.12.4.1 基本互连测试

测试不同 IPsec 协议应用在 IKEv2 信息交换情况下的基本连通能力。

##### 6.12.4.2 功能互操作性测试

测试不同 IPsec 协议应用在 IKEv2 信息交换情况下的功能互操作情况。测试内容见 6.12.1.2 的规定。

## 7 测试步骤

### 7.1 AH 传输模式测试步骤

#### 7.1.1 功能测试

##### 7.1.1.1 基本互连测试

第一步：配置测试设备和被测设备均工作在 AH 传输模式下。
第二步：检查网络的物理连接情况。
第三步：检查网络的逻辑连通情况（如利用 ICMP 回送请求和回送响应测试）。
第四步：若上述检查未通过，则基本互连测试失败。

##### 7.1.1.2 安全功能测试

测试 IPsec 协议应用在 AH 传输模式下的安全功能，测试步骤如下：
a) AH 传输模式功能测试
第一步：配置测试设备和被测设备均工作在 AH 传输模式下，触发 IKE 进行 AH SA 协商。

第二步:测试设备发送 AH 传输模式封装的请求报文(如 ICMP 回送请求),等待被测设备的响应。

第三步:若收到 AH 传输模式封装的响应报文(如 ICMP 回送响应),则说明被测设备支持 AH 传输模式功能。

b) 数据完整性保护功能测试

第一步:配置测试设备和被测设备均工作在 AH 传输模式下,触发 IKE 进行 AH SA 协商。

第二步:测试设备发送 AH 传输模式封装的请求报文(如 ICMP 回送请求),等待被测设备的响应。

第三步:若收到 AH 传输模式封装的响应报文(如 ICMP 回送响应),且 AH 完整性校验值校验正确,则说明被测设备支持 AH 数据完整性保护功能。

c) 数据源认证功能测试

测试步骤同 7.1.1.2b)。

d) 抗重放攻击服务功能测试

第一步:配置测试设备和被测设备均工作在 AH 传输模式下,触发 IKE 进行 AH SA 协商。

第二步:测试设备发送序列号低于被测设备 AH SA 抗重放窗口左侧的 AH 传输模式报文(如 ICMP 回送请求)。

第三步:被测设备应该丢弃该 AH 报文,测试设备不应收到 AH 传输模式封装的响应报文(如 ICMP 回送响应)。

e) 应用 IPsec 策略功能测试

第一步:配置测试设备和被测设备均工作在 AH 传输模式下,同时设置 SPD 策略为应用 IPsec,触发 IKE 进行 AH SA 协商。

第二步:测试设备向被测设备发送 AH 传输模式封装的请求报文(如 ICMP 回送请求),等待返回的响应。

第三步:若测试设备收到 AH 传输模式封装的响应报文(如 ICMP 回送响应),且 AH 完整性校验值校验正确,则被测设备支持应用 IPsec 策略功能。

f) 旁路策略功能测试

第一步:配置测试设备和被测设备均工作在 AH 传输模式下,同时设置 SPD 策略为旁路 IPsec,触发 IKE 进行 AH SA 协商。

第二步:测试设备向被测设备发送未经过 AH 传输模式封装的请求报文(如 ICMP 回送请求),该报文符合旁路策略,等待返回的响应。

第三步:若测试设备收到未经过 AH 传输模式封装的响应报文(如 ICMP 回送响应),则被测设备支持旁路 IPsec 策略功能。

g) 丢弃策略功能测试

第一步:配置测试设备和被测设备均工作在 AH 传输模式下,同时设置 SPD 策略为丢弃报文,触发 IKE 进行 AH SA 协商。

第二步:测试设备向被测设备发送请求报文(如 ICMP 回送请求),该报文符合丢弃策略。

第三步:测试设备不应收到被测设备发送过来的响应报文(如 ICMP 回送响应);否则,说明被测设备不支持丢弃策略功能。

h) SPD 策略选择功能测试

第一步:配置测试设备和被测设备均工作在 AH 传输模式下,同时设置不同的安全策略(如分别利用地址、端口作为选择符),触发 IKE 进行 AH SA 协商。

第二步:测试设备向被测设备发送 AH 传输模式封装的请求报文(如 ICMP 回送请求),等待返回的响应。

第三步：验证是否收到被测设备发送过来的 AH 传输模式封装的响应报文(如 ICMP 回送响应)，且 AH 完整性校验值校验正确。

第四步：测试设备的某个端口向被测设备发送请求报文，等待返回的响应。

第五步：验证测试设备的另一个端口是否收到被测设备发送的 AH 传输模式封装的响应报文。

第六步：根据第三步和第五步的测试结果确定是否支持 SPD 策略选择功能。

i) SA 生存期功能测试

第一步：配置测试设备和被测设备均工作在 AH 传输模式下。

第二步：配置 SA 的生存期为 10 s，触发 IKE 进行 AH SA 协商。

第三步：测试设备向被测设备连续发送 AH 传输模式封装的请求报文(如 ICMP 回送请求)，得到被测设备返回的 AH 传输模式封装的响应报文(如 ICMP 回送响应)。

第四步：等待 10 s 后，测试设备向被测设备发送 AH 传输模式封装的请求报文(如 ICMP 回送请求)，检查是否能得到被测设备返回的响应报文。若不能，则被测设备支持 SA 生存期检测功能。

第五步：配置 SA 的生存期为 1KB，触发 IKE 重新进行 AH SA 协商。

第六步：测试设备向被测设备连续发送 AH 传输模式封装的请求报文(如 ICMP 回送请求)，检测是否可得到被测设备返回的 AH 传输模式封装的响应报文(如 ICMP 回送响应)。

第七步：当 ICMP 回送请求报文流量小于 1KB 时，可得到被测设备返回的 AH 传输模式封装的响应报文(如 ICMP 回送响应)。当 ICMP 回送请求报文流量大于 1KB 时，不能得到被测设备返回的响应报文。

第八步：根据第四步和第七步的测试结果确定被测设备是否支持 SA 生存期检测功能。

j) 分片重组功能测试

第一步：配置测试设备和被测设备均工作在 AH 传输模式下，触发 IKE 进行 AH SA 协商。

第二步：测试设备向被测设备发送 AH 传输模式封装的请求报文(如 ICMP 回送请求)，且该请求报文长度超过被测设备的 MTU。等待返回的响应报文。

第三步：若测试设备接收到响应报文(如 ICMP 回送请求)，则被测设备支持分片重组功能。

k) 序号增长功能测试

第一步：配置测试设备和被测设备均工作在 AH 传输模式下，触发 IKE 进行 AH SA 协商。

第二步：测试设备向被测设备连续发送两个请求报文(如 ICMP 回送请求)，等待返回的响应报文。

第三步：若响应报文(如 ICMP 回送请求)中的 AH 头部序号顺序增长，说明被测设备支持序号增长功能。

### 7.1.2 性能测试

测试 IPsec 协议应用在 AH 传输模式下的性能指标，测试步骤如下：

a) 吞吐量测试

第一步：配置测试设备和被测设备均工作在 AH 传输模式下，触发 IKE 进行 AH SA 协商。

第二步：创建不同长度的 AH 传输模式封装的数据包，构造以太网帧并发送。

第三步：记录所传送报文的总字节数和传输时间，计算获得吞吐量。

b) 传送时延测试

第一步：配置测试设备和被测设备均工作在 AH 传输模式下，触发 IKE 进行 AH SA 协商。

第二步：创建 AH 传输模式封装的数据包，构造以太网帧并发送。

第三步：记录所传送报文的长度、发送开始时间、接收响应的时间，计算传送时延。

c) 剩余错误比率测试

第一步:配置测试设备和被测设备均工作在 AH 传输模式下,触发 IKE 进行 AH SA 协商。

第二步:在一段时间内批量传输 AH 传输模式封装的数据,记录所传送报文个数、总字节数、传输失败的报文个数、传输失败的字节数。

第三步:计算在此时间段内的剩余错误比率。

d) 失败概率测试

第一步:配置测试设备和被测设备均工作在 AH 传输模式下,触发 IKE 进行 AH SA 协商。

第二步:批量传输 AH 传输模式封装的数据,记录所传送报文个数、总字节数、传输失败的报文个数、传输失败的字节数。

第三步:统计在此过程中的传送失败的概率。

### 7.1.3 健壮性测试

#### 7.1.3.1 无效报文处理能力测试

测试 IPsec 协议应用在 AH 传输模式下的无效报文处理能力,测试步骤如下:

a) 错误报文处理能力测试

第一步:配置测试设备和被测设备均工作在 AH 传输模式下,触发 IKE 进行 AH SA 协商。

第二步:测试设备构造错误报文并发送给被测设备。错误报文类型见 6.1.3.1a)。

第三步:被测设备应该丢弃该报文,根据配置情况可记录日志。

b) 非期望报文处理能力测试

第一步:配置测试设备和被测设备均工作在 AH 传输模式下,触发 IKE 进行 AH SA 协商。

第二步:测试设备构造非期望报文并发送给被测设备。非期望报文类型见 6.1.3.1b)。

第三步:被测设备应该丢弃该报文,根据配置情况可记录日志。

#### 7.1.3.2 异常事件处理能力测试

测试 IPsec 协议应用在 AH 传输模式下的异常事件处理能力,测试步骤如下:

a) 连接中断处理能力测试

第一步:配置测试设备和被测设备均工作在 AH 传输模式下,触发 IKE 进行 AH SA 协商。

第二步:断开物理连接。

第三步:测试设备发送 AH 传输模式封装的请求报文(如 ICMP 回送请求)给被测设备,并等待响应。测试设备不能接收到被测设备返回的响应报文(如 ICMP 回送响应)。

b) 无效 SA 处理能力测试

第一步:配置测试设备和被测设备均工作在 AH 传输模式下,触发 IKE 进行 AH SA 协商。

第二步:测试设备发送 AH 传输模式封装的请求报文(如 ICMP 回送请求),等待被测设备的响应。

第三步:若收到被测设备返回的响应(如 ICMP 回送响应)且验证正确,则测试设备发送不同 SPI 值的报文,观察是否能够得到被测设备的响应。

第四步:被测设备丢弃该报文,测试设备不能收到返回的响应。

#### 7.1.3.3 高强度负载处理能力测试

测试 IPsec 协议应用在 AH 传输模式下的高强度负载处理能力,测试步骤如下:

a) 网络高强度负载处理能力测试

第一步:配置测试设备和被测设备均工作在 AH 传输模式下,触发 IKE 进行 AH SA 协商。

第二步：在网络负载很大（带宽占用率为 90%以上）的情况下，发送 AH 传输模式封装的用户数据。

第三步：查看被测设备的处理能力。

b) 系统高强度负载处理能力测试

第一步：配置测试设备和被测设备均工作在 AH 传输模式下，触发 IKE 进行 AH SA 协商。

第二步：在被测设备高强度负载（内存、CPU 占用率为 90%以上）的情况下，发送 AH 传输模式封装的用户数据。

第三步：查看被测设备的处理能力。

#### 7.1.4 互操作性测试

##### 7.1.4.1 基本互连测试

设置不同 IPsec 协议应用均工作在 AH 传输模式下，进行基本互连测试。测试步骤见 7.1.1.1。

##### 7.1.4.2 功能互操作性测试

设置不同 IPsec 协议应用均工作在 AH 传输模式下，进行功能互操作性测试。测试步骤见 7.1.1.2 的规定。

### 7.2 AH 隧道模式测试步骤

#### 7.2.1 功能测试

##### 7.2.1.1 基本互连测试

配置测试设备和被测设备均工作在 AH 隧道模式下，进行基本互连测试。测试步骤见 7.1.1.1。

##### 7.2.1.2 安全功能测试

配置测试设备和被测设备均工作在 AH 隧道模式下，进行安全功能测试。测试步骤见 7.1.1.2 的规定。

#### 7.2.2 性能测试

配置测试设备和被测设备均工作在 AH 隧道模式下，进行性能测试。测试步骤见 7.1.2 的规定。

#### 7.2.3 健壮性测试

##### 7.2.3.1 无效报文处理能力测试

配置测试设备和被测设备均工作在 AH 隧道模式下，进行无效报文处理能力测试。测试步骤见 7.1.3.1的规定。

##### 7.2.3.2 异常事件处理能力测试

配置测试设备和被测设备均工作在 AH 隧道模式下，进行异常事件处理能力测试。测试步骤见 7.1.3.2的规定。

##### 7.2.3.3 高强度负载处理能力测试

配置测试设备和被测设备均工作在 AH 隧道模式下，进行高强度负载处理能力测试。测试步骤见 7.1.3.3 的规定。

#### 7.2.4 互操作性测试

##### 7.2.4.1 基本互连测试

设置不同 IPsec 协议应用均工作在 AH 隧道模式下，进行基本互连测试。测试步骤见 7.1.1.1。

##### 7.2.4.2 功能互操作性测试

设置不同 IPsec 协议应用均工作在 AH 隧道模式下，进行功能互操作性测试。测试步骤见 7.1.1.2 的规定。

### 7.3 ESP 传输模式测试步骤

#### 7.3.1 功能测试

##### 7.3.1.1 基本互连测试

配置测试设备和被测设备均工作在 ESP 传输模式下，进行基本互连测试。测试步骤见 7.1.1.1。

##### 7.3.1.2 安全功能测试

测试 IPsec 协议应用在 ESP 传输模式下的安全功能，测试步骤如下：

a) ESP 传输模式功能测试

第一步：配置测试设备和被测设备均工作在 ESP 传输模式下，触发 IKE 进行 ESP SA 协商。

第二步：测试设备发送 ESP 传输模式封装的请求报文（如 ICMP 回送请求），等待被测设备的响应。

第三步：若收到 ESP 传输模式封装的响应报文（如 ICMP 回送响应），则说明被测设备支持 ESP 传输模式功能。

b) 数据完整性保护功能测试

第一步：配置测试设备和被测设备均工作在 ESP 传输模式下，触发 IKE 进行 ESP SA 协商。

第二步：测试设备发送 ESP 传输模式封装的请求报文（如 ICMP 回送请求），等待被测设备的响应。

第三步：若收到 ESP 传输模式封装的响应报文（如 ICMP 回送响应），包含 ESP 认证数据，且 ESP 完整性校验值校验正确，则说明支持 ESP 数据完整性保护功能。

c) 数据源认证功能测试

测试步骤同 7.3.1.2b）。

d) 数据保密性功能测试

第一步：配置测试设备和被测设备均工作在 ESP 传输模式下，触发 IKE 进行 ESP SA 协商。

第二步：测试设备发送 ESP 传输模式封装的请求报文（如 ICMP 回送请求），等待被测设备的响应。

第三步：若收到 ESP 传输模式封装的响应报文（如 ICMP 回送响应），且 ESP 封装内容解密正确，则说明支持 ESP 数据保密性保护功能。

e) 抗重放攻击服务功能测试

第一步：配置测试设备和被测设备均工作在 ESP 传输模式下，触发 IKE 进行 ESP SA 协商。

第二步：测试设备发送序列号低于被测设备 ESP SA 抗重放窗口左侧的 ESP 传输模式报文（如 ICMP 回送请求）。

第三步：被测设备应该丢弃该 ESP 报文，测试设备不能收到 ESP 传输模式封装的响应报文（如

ICMP 回送响应)。

f) 应用 IPsec 策略功能测试

第一步:配置测试设备和被测设备均工作在 ESP 传输模式下,同时设置 SPD 策略为应用 IPsec,触发 IKE 进行 ESP SA 协商。

第二步:测试设备向被测设备发送 ESP 传输模式封装的请求报文(如 ICMP 回送请求),等待返回的响应。

第三步:验证是否收到 ESP 传输模式封装的响应报文(如 ICMP 回送响应),且 ESP 解密及完整性校验值校验正确。若是,则被测设备支持应用 IPsec 策略功能。

g) 旁路策略功能测试

第一步:配置测试设备和被测设备均工作在 ESP 传输模式下,同时设置 SPD 策略为旁路 IPsec,触发 IKE 进行 ESP SA 协商。

第二步:测试设备向被测设备发送未经过 ESP 传输模式封装的请求报文(如 ICMP 回送请求),该报文符合旁路策略,等待返回的响应。

第三步:若测试设备收到未经过 ESP 传输模式封装的响应报文(如 ICMP 回送响应),则被测设备支持旁路 IPsec 策略功能。

h) 丢弃策略功能测试

第一步:配置测试设备和被测设备均工作在 ESP 传输模式下,同时设置 SPD 策略为丢弃报文,触发 IKE 进行 ESP SA 协商。

第二步:测试设备向被测设备发送请求报文(如 ICMP 回送请求),该报文符合丢弃策略。

第三步:测试设备不应收到被测设备发送过来的响应报文(如 ICMP 回送响应);否则,说明被测设备不支持丢弃策略功能。

i) SPD 策略选择功能测试

第一步:配置测试设备和被测设备均工作在 ESP 传输模式下,并设置不同的安全策略(如分别利用地址、端口作为选择符),触发 IKE 进行 ESP SA 协商。

第二步:测试设备向被测设备发送 ESP 传输模式封装的请求报文(如 ICMP 回送请求),等待返回的响应。

第三步:验证测试设备是否收到被测设备发送过来的 ESP 传输模式封装的响应报文(如 ICMP 回送响应),且 ESP 解密及完整性校验值校验正确。

第四步:测试设备的某个端口向被测设备发送请求报文,等待返回的响应。

第五步:测试设备的另一个端口是否收到被测设备发送的 ESP 传输模式封装的响应报文。

第六步:根据第三步和第五步的测试结果确定是否支持 SPD 策略选择功能。

j) SA 生存期功能测试

第一步:配置测试设备和被测设备均工作在 ESP 传输模式下。

第二步:配置 SA 的生存期为 10 s,触发 IKE 进行 ESP SA 协商。

第三步:测试设备向被测设备连续发送 ESP 传输模式封装的请求报文(如 ICMP 回送请求),可得到被测设备返回的 ESP 传输模式封装的响应报文(如 ICMP 回送响应)。

第四步:等待 10 s 后,测试设备发送 ESP 传输模式封装的请求报文(如 ICMP 回送请求),检查是否能得到被测设备返回响应报文。若不能,则被测设备支持 SA 生存期检测功能。

第五步:配置 SA 的生存期为 1 KB,触发 IKE 重新进行 ESP SA 协商。

第六步:测试设备向被测设备连续发送 ESP 传输模式封装的请求报文(如 ICMP 回送请求),检测是否可得到返回的 ESP 传输模式封装的响应报文(如 ICMP 回送响应)。

第七步:当 ICMP 回送请求报文流量小于 1 KB 时,可得到被测设备返回的 ESP 传输模式封装的响应报文(如 ICMP 回送响应)。当 ICMP 回送请求报文流量大于 1 KB 时,不能得到被测设备返回的响应报文。

第八步：根据第四步和第七步的测试结果确定被测设备是否支持 SA 生存期检测功能。

k) 分片重组功能测试

第一步：配置测试设备和被测设备均工作在 ESP 传输模式下，触发 IKE 进行 ESP SA 协商。

第二步：测试设备向被测设备发送 ESP 传输模式封装请求报文（如 ICMP 回送请求），且该请求报文长度超过被测设备的 MTU。等待返回的响应报文。

第三步：若测试设备接收到响应报文（如 ICMP 回送请求），则被测设备支持分片重组功能。

l) 序号增长功能测试

第一步：配置测试设备和被测设备均工作在 ESP 传输模式下，触发 IKE 进行 ESP SA 协商。

第二步：测试设备向被测设备连续发送两个请求报文（如 ICMP 回送请求），等待返回的响应报文。

第三步：若响应报文（如 ICMP 回送请求）中的 ESP 头部序号顺序增长，说明被测设备支持序号增长功能。

m) NAT 穿越功能测试

第一步：配置测试设备和被测设备均工作在 ESP 传输模式下，被测设备位于 NAT 后，触发 IKE 进行 ESP SA 协商。

第二步：由被测设备向测试设备发送请求报文（如 ICMP 回送请求），等待返回的响应报文。

第三步：测试设备检查收到报文，处理方法如下：

1) 检查 UDP 封装的报文中源端口或目的端口是否更新（如更新为 4500），若不是，则直接返回；
2) 检查 UDP 头部后的四个字节是否为 0，若为 0，则直接返回；
3) 进行 UDP 传输模式封装的 ESP 头部的解封装处理，还原生成原始的 ESP 报文，检测是否为被测设备发送的请求报文，若不是则返回；
4) 构造响应报文（如 ICMP 回送请求）并返回，同样响应报文需要在 ESP 加密之后进行 UDP 封装处理。

第四步：若测试设备检测到 UDP 传输模式封装的 ESP 报文且能与被测设备能正常通信，则说明被测设备支持 NAT 穿越功能。

### 7.3.2 性能测试

测试 IPsec 协议应用在 ESP 传输模式下的性能指标，测试步骤如下：

a) 加解密吞吐量测试

第一步：配置测试设备和被测设备均工作在 ESP 传输模式下，触发 IKE 进行 ESP SA 协商。

第二步：创建不同长度的 ESP 传输模式封装的数据包，构造以太网帧并发送。

第三步：记录被测设备内部接口上所收发报文的总字节数和传输时间，计算获得吞吐量。

b) 加解密时延测试

第一步：配置测试设备和被测设备均工作在 ESP 传输模式下，触发 IKE 进行 ESP SA 协商。

第二步：创建不同长度的 ESP 传输模式封装的数据包，构造以太网帧并发送。

第三步：记录所传送报文的总字节数、发送时间及接收到响应的时间等，统计计算加解密时延。

c) 传送时延测试

第一步：配置测试设备和被测设备均工作在 ESP 传输模式下，触发 IKE 进行 ESP SA 协商。

第二步：创建 ESP 传输模式封装的数据包，构造以太网帧并发送，等待返回的响应。

第三步：记录所传送报文的长度、发送开始时间、接收响应的时间，计算传送时延。

d) 剩余错误比率测试

第一步:配置测试设备和被测设备均工作在 ESP 传输模式下,触发 IKE 进行 ESP SA 协商。

第二步:在某段时间内批量传输数据,记录所传送报文个数、总字节数、传输失败的报文个数、传输失败的字节数。

第三步:计算在此时间段内的剩余错误比率。

e) 失败概率测试

第一步:配置测试设备和被测设备均工作在 ESP 传输模式下,触发 IKE 进行 ESP SA 协商。

第二步:批量传输数据,记录所传送报文个数、总字节数、传输失败的报文个数、传输失败的字节数。

第三步:统计在此过程中的传送失败的概率。

#### 7.3.3 健壮性测试

##### 7.3.3.1 无效报文处理能力测试

测试 IPsec 协议应用在 ESP 传输模式下的无效报文处理能力,测试步骤如下:

a) 错误报文处理能力测试

第一步:配置测试设备和被测设备均工作在 ESP 传输模式下,触发 IKE 进行 ESP SA 协商。

第二步:测试设备构造错误报文并发送给被测设备。错误报文类型见 6.3.3.1a)。

第三步:被测设备应该丢弃该报文,根据配置情况可记录日志。

b) 非期望报文处理能力测试

第一步:配置测试设备和被测设备均工作在 ESP 传输模式下,触发 IKE 进行 ESP SA 协商。

第二步:测试设备构造非期望报文并发送给被测设备。非期望报文类型见 6.3.3.1b)。

第三步:被测设备应该丢弃该报文,根据配置情况可记录日志。

##### 7.3.3.2 异常事件处理能力测试

测试 IPsec 协议应用在 ESP 传输模式下的异常事件处理能力,测试步骤如下:

a) 连接中断处理能力测试

第一步:配置测试设备和被测设备均工作在 ESP 传输模式下,触发 IKE 进行 ESP SA 协商。

第二步:断开物理网络连接。

第三步:测试设备发送 ESP 传输模式封装的请求报文(如 ICMP 回送请求)给被测设备,并等待响应。测试设备不能接收到被测设备返回的响应报文(如 ICMP 回送响应)。

b) 无效 SA 处理能力测试

第一步:配置测试设备和被测设备均工作在 ESP 传输模式下,触发 IKE 进行 ESP SA 协商。

第二步:测试设备发送 ESP 传输模式封装的请求报文(如 ICMP 回送请求),等待被测设备的响应。

第三步:若收到被测设备返回的响应(如 ICMP 回送响应)且验证正确,则测试设备发送不同 SPI 值的报文,观察是否能够得到被测设备的响应。

第四步:被测设备丢弃该报文,测试设备不能收到返回的响应。

##### 7.3.3.3 高强度负载处理能力测试

测试 IPsec 协议应用在 ESP 传输模式下的高强度负载处理能力,测试步骤如下:

a) 网络高强度负载处理能力测试

第一步:配置测试设备和被测设备均工作在 ESP 传输模式下,触发 IKE 进行 ESP SA 协商。

第二步:在网络负载很大(带宽占用率为 90%以上)的情况下,发送 ESP 传输模式封装的用户数据。

第三步:查看被测设备的处理能力。

b) 系统高强度负载处理能力测试

第一步:配置测试设备和被测设备均工作在 ESP 传输模式下,触发 IKE 进行 ESP SA 协商。

第二步:在被测设备高强度负载(内存、CPU 占用率为 90%以上)的情况下,发送 ESP 传输模式封装的用户数据。

第三步:查看被测设备的处理能力。

#### 7.3.4 互操作性测试

##### 7.3.4.1 基本互连测试

设置不同 IPsec 协议应用均工作在 ESP 传输模式下,进行基本互连测试。测试步骤见 7.1.1.1。

##### 7.3.4.2 功能互操作性测试

设置不同 IPsec 协议应用均工作在 ESP 传输模式下,进行功能互操作性测试。测试步骤见7.3.1.2的规定。

### 7.4 ESP 隧道模式测试步骤

#### 7.4.1 功能测试

##### 7.4.1.1 基本互连测试

配置测试设备和被测设备均工作在 ESP 隧道模式下,进行基本互连测试。测试步骤见 7.1.1.1。

##### 7.4.1.2 安全功能测试

测试 IPsec 协议应用在 ESP 隧道模式下的安全功能,测试步骤如下:

a) 基本安全功能测试

配置测试设备和被测设备均工作在 ESP 隧道模式下,进行基本安全功能测试。测试步骤见7.3.1.2的规定。

b) 有限业务流的保密性保护功能测试

第一步:配置测试设备和被测设备均工作在 ESP 隧道模式下,触发 IKE 进行 ESP SA 协商。

第二步:测试设备发送 ESP 隧道模式封装的请求报文(如 ICMP 回送请求),等待返回的响应。

第三步:若收到 ESP 隧道模式封装的响应报文(如 ICMP 回送响应),ESP 封装内容解密正确且提供了填充数据隐藏内部报文,则支持 ESP 有限业务流的保密性保护功能。

#### 7.4.2 性能测试

配置测试设备和被测设备均工作在 ESP 隧道模式下,进行性能测试。测试步骤见 7.3.2 的规定。

#### 7.4.3 健壮性测试

##### 7.4.3.1 无效报文处理能力测试

配置测试设备和被测设备均工作在 ESP 隧道模式下,进行无效报文处理能力测试。测试步骤见7.3.3.1的规定。

##### 7.4.3.2 异常事件处理能力测试

配置测试设备和被测设备均工作在 ESP 隧道模式下,进行异常事件处理能力测试。测试步骤见

7.3.3.2的规定。

#### 7.4.3.3 高强度负载处理能力测试

配置测试设备和被测设备均工作在 ESP 隧道模式下，进行高强度负载处理能力测试。测试步骤见7.3.3.3 的规定。

### 7.4.4 互操作性测试

#### 7.4.4.1 基本互连测试

设置不同 IPsec 协议应用均工作在 ESP 隧道模式下，进行基本互连测试。测试步骤见 7.1.1.1。

#### 7.4.4.2 功能互操作性测试

设置不同 IPsec 协议应用均工作在 ESP 隧道模式下，进行功能互操作性测试。测试步骤见7.4.1.2的规定。

## 7.5 传输邻接模式测试步骤

### 7.5.1 功能测试

#### 7.5.1.1 基本互连测试

配置测试设备和被测设备均工作在传输邻接模式下，进行基本互连测试。测试步骤见 7.1.1.1。

#### 7.5.1.2 安全功能测试

测试 IPsec 协议应用在传输邻接模式下的安全功能，测试步骤如下：

a) 传输邻接模式功能测试

   第一步：配置测试设备和被测设备均工作在传输邻接模式下，触发 IKE 进行 SA 的协商。

   第二步：测试设备发送传输邻接模式封装的请求报文(如 ICMP 回送请求)，等待返回的响应。

   第三步：若收到传输邻接模式封装的响应报文(如 ICMP 回送响应)，则说明被测设备支持传输邻接模式功能。

b) 数据完整性保护功能测试

   配置测试设备和被测设备均工作在传输邻接模式下，进行数据完整性保护功能测试。测试步骤见 7.1.1.2b)。

c) 数据源认证功能测试

   配置测试设备和被测设备均工作在传输邻接模式下，进行数据源认证功能测试。测试步骤见7.1.1.2c)。

d) 数据保密性功能测试

   配置测试设备和被测设备均工作在传输邻接模式下，进行数据保密性功能测试。测试步骤见7.3.1.2d)。

e) 抗重放攻击服务功能测试

   配置测试设备和被测设备均工作在传输邻接模式下，进行抗重放攻击服务功能测试。测试步骤见 7.1.1.2d)。

f) 应用 IPsec 策略功能测试

   配置测试设备和被测设备均工作在传输邻接模式下，进行应用 IPsec 策略功能测试。测试步骤见 7.1.1.2e)。

g) 旁路策略功能测试

配置测试设备和被测设备均工作在传输邻接模式下，进行旁路 IPsec 策略功能测试。测试步骤见 7.1.1.2f)。

h) 丢弃策略功能测试

配置测试设备和被测设备均工作在传输邻接模式下，进行丢弃策略功能测试。测试步骤见 7.1.1.2g)。

i) SPD 策略选择功能测试

配置测试设备和被测设备均工作在传输邻接模式下，进行 SPD 策略选择功能测试。测试步骤见 7.1.1.2h)。

j) SA 生存期功能测试

配置测试设备和被测设备均工作在传输邻接模式下，进行 SA 生存期功能测试。测试步骤见 7.1.1.2i)。

k) 分片重组功能测试

配置测试设备和被测设备均工作在传输邻接模式下，进行分片重组功能测试。测试步骤见 7.1.1.2j)。

l) 序号增长功能测试

配置测试设备和被测设备均工作在传输邻接模式下，进行序号增长功能测试。测试步骤见 7.1.1.2k)。

### 7.5.2 性能测试

测试 IPsec 协议应用在传输邻接模式下的性能指标，测试步骤如下：

a) 加解密吞吐量测试

第一步：配置测试设备和被测设备均工作在传输邻接模式下，触发 IKE 进行 SA 协商。

第二步：创建不同长度的传输邻接模式封装的数据包，构造以太网帧并发送。

第三步：记录被测设备内部接口上所收发报文的总字节数和传输时间，计算获得吞吐量。

b) 加解密时延测试

第一步：配置测试设备和被测设备均工作在传输邻接模式下，触发 IKE 进行 SA 协商。

第二步：创建不同长度的传输邻接模式封装的数据包，构造以太网帧并发送。

第三步：记录所传送报文的总字节数、发送时间及接收到响应的时间等，统计计算加解密时延。

c) 传送时延测试

第一步：配置测试设备和被测设备均工作在传输邻接模式下，触发 IKE 进行 SA 协商。

第二步：创建传输邻接模式封装的数据包，构造以太网帧并发送，等待返回的响应。

第三步：记录所传送报文的长度、发送开始时间、接收响应的时间，计算传送时延。

d) 剩余错误比率测试

第一步：配置测试设备和被测设备均工作在传输邻接模式下，触发 IKE 进行 SA 协商。

第二步：在某段时间内批量传输数据，记录所传送报文个数、总字节数、传输失败的报文个数、传输失败的字节数。

第三步：计算在此时间段内的剩余错误比率。

e) 失败概率测试

第一步：配置测试设备和被测设备均工作在传输邻接模式下，触发 IKE 进行 SA 协商。

第二步：批量传输数据，记录所传送报文个数、总字节数、传输失败的报文个数、传输失败的字节数。

第三步：统计在此过程中的传送失败的概率。

#### 7.5.3 健壮性测试

##### 7.5.3.1 无效报文处理能力测试

测试 IPsec 协议应用在传输邻接模式下的无效报文处理能力，测试步骤如下：

a) 错误报文处理能力测试

配置测试设备和被测设备均工作在传输邻接模式下，进行错误报义处理能力测试。错误报文类型见 6.5.3.1a)，测试步骤见 7.1.3.1a)。

b) 非期望报文处理能力测试

配置测试设备和被测设备均工作在传输邻接模式下，进行错误报文处理能力测试。非期望报文类型见 6.5.3.1b)，测试步骤见 7.1.3.1b)。

##### 7.5.3.2 异常事件处理能力测试

测试 IPsec 协议应用在传输邻接模式下的异常事件处理能力，测试步骤如下：

a) 连接中断处理能力测试

配置测试设备和被测设备均工作在传输邻接模式下，进行连接中断处理能力测试。测试步骤见 7.1.3.2a)。

b) 无效 SA 处理能力测试

配置测试设备和被测设备均工作在传输邻接模式下，进行无效 SA 处理能力测试。测试步骤见 7.1.3.2b)。

##### 7.5.3.3 高强度负载处理能力测试

测试 IPsec 协议应用在传输邻接模式下的高强度负载处理能力，测试步骤如下：

a) 网络高强度负载处理能力测试

配置测试设备和被测设备均工作在传输邻接模式下，进行网络高强度负载处理能力测试。测试步骤见 7.1.3.3a)。

b) 系统高强度负载处理能力测试

配置测试设备和被测设备均工作在传输邻接模式下，进行系统高强度负载处理能力测试。测试步骤见 7.1.3.3b)。

#### 7.5.4 互操作性测试

##### 7.5.4.1 基本互连测试

设置不同 IPsec 协议应用均工作在传输邻接模式下，进行基本互连测试。测试步骤见 7.1.1.1。

##### 7.5.4.2 功能互操作性测试

设置不同 IPsec 协议应用均工作在传输邻接模式下，进行功能互操作性测试。测试步骤见 7.5.1.2 的规定。

### 7.6 迭代隧道模式测试步骤

#### 7.6.1 功能测试

##### 7.6.1.1 基本互连测试

配置测试设备和被测设备均工作在迭代隧道模式下，进行基本互连测试。测试步骤见 7.1.1.1。

7.6.1.2 **安全功能测试**

测试 IPsec 协议应用在迭代隧道模式下的安全功能，测试步骤如下：

a) 迭代隧道模式功能测试

第一步：配置测试设备和被测设备均工作在迭代隧道模式下，触发 IKE 进行 SA 的协商。

第二步：测试设备发送迭代隧道模式封装的请求报文（如 ICMP 回送请求），等待返回的响应。

第三步：若收到迭代隧道模式封装的响应报文（如 ICMP 回送响应），则说明被测设备支持迭代隧道模式功能。

b) 数据完整性保护功能测试

配置测试设备和被测设备均工作在迭代隧道模式下，进行数据完整性保护功能测试。测试步骤见 7.1.1.2b)。

c) 数据源认证功能测试

配置测试设备和被测设备均工作在迭代隧道模式下，进行数据源认证功能测试。测试步骤见 7.1.1.2c)。

d) 数据保密性功能测试

配置测试设备和被测设备均工作在迭代隧道模式下，进行数据保密性功能测试，测试步骤同 7.3.1.2d)。

e) 有限业务流的保密性保护功能测试

配置测试设备和被测设备均工作在迭代隧道模式下，进行有限业务流的保密性保护功能测试，测试步骤见 7.4.1.2b)。

f) 抗重放攻击服务功能测试

配置测试设备和被测设备均工作在迭代隧道模式下，进行抗重放攻击服务功能测试。测试步骤见 7.1.1.2d)。

g) 应用 IPsec 策略功能测试

配置测试设备和被测设备均工作在迭代隧道模式下，进行应用 IPsec 策略功能测试。测试步骤见 7.1.1.2e)。

h) 旁路策略功能测试

配置测试设备和被测设备均工作在迭代隧道模式下，进行旁路策略功能测试。测试步骤见 7.1.1.2f)。

i) 丢弃策略功能测试

配置测试设备和被测设备均工作在迭代隧道模式下，进行丢弃策略功能测试。测试步骤见 7.1.1.2g)。

j) SPD 策略选择功能测试

配置测试设备和被测设备均工作在迭代隧道模式下，进行 SPD 策略选择功能测试。测试步骤见 7.1.1.2h)。

k) SA 生存期功能测试

配置测试设备和被测设备均工作在迭代隧道模式下，进行 SA 生存期功能测试。测试步骤见 7.1.1.2i)。

l) 分片重组功能测试

配置测试设备和被测设备均工作在迭代隧道模式下，进行分片重组功能测试。测试步骤见 7.1.1.2j)。

m) 序号增长功能测试

配置测试设备和被测设备均工作在迭代隧道模式下，进行序号增长功能测试。测试步骤见

7.1.1.2k)。

### 7.6.2 性能测试

测试 IPsec 协议应用在迭代隧道模式下的性能指标,测试步骤见 7.3.2 的规定。

### 7.6.3 健壮性测试

#### 7.6.3.1 无效报文处理能力测试

测试 IPsec 协议应用在迭代隧道模式下的无效报文处理能力,测试步骤如下:

a) 错误报文处理能力测试

配置测试设备和被测设备均工作在迭代隧道模式下,进行错误报文处理能力测试。错误报文类型见 6.5.3.1a),测试步骤见 7.1.3.1a)。

b) 非期望报文处理能力测试

配置测试设备和被测设备均工作在迭代隧道模式下,进行非期望报文处理能力测试。非期望报文类型见 6.5.3.1b),测试步骤见 7.1.3.1b)。

#### 7.6.3.2 异常事件处理能力测试

测试 IPsec 协议应用在迭代隧道模式下的异常事件处理能力,测试步骤如下:

a) 连接中断处理能力测试

配置测试设备和被测设备均工作在迭代隧道模式下,进行连接中断处理能力测试。测试步骤见 7.1.3.2a)。

b) 无效 SA 处理能力测试

配置测试设备和被测设备均工作在迭代隧道模式下,进行无效 SA 处理能力测试。测试步骤见 7.1.3.2b)。

#### 7.6.3.3 高强度负载处理能力测试

测试 IPsec 协议应用在迭代隧道模式下的高强度负载处理能力,测试步骤如下:

a) 网络高强度负载处理能力测试

配置测试设备和被测设备均工作在迭代隧道模式下,进行网络高强度负载处理能力测试。测试步骤见 7.1.3.3a)。

b) 系统高强度负载处理能力测试

配置测试设备和被测设备均工作在迭代隧道模式下,进行系统高强度负载处理能力测试。测试步骤见 7.1.3.3b)。

### 7.6.4 互操作性测试

#### 7.6.4.1 基本互连测试

设置不同 IPsec 协议应用均工作在迭代隧道模式下,实现基本互连测试。测试步骤见 7.1.1.1。

#### 7.6.4.2 功能互操作性测试

设置不同 IPsec 协议应用均工作在迭代隧道模式下,实现功能互操作性测试。测试步骤见 7.6.1.2 的规定。

## 7.7 IKEv1 主模式测试步骤

### 7.7.1 功能测试

#### 7.7.1.1 基本互连测试

第一步:配置 IPsec 协议应用工作在 IKEv1 主模式交换情况下。

第二步:检查网络的物理连接情况。

第三步:检查网络的逻辑连通情况(如利用 ICMP 回送请求和回送响应测试)。

第四步:触发 IKE 进行 SA 的协商,检查是否能传递 IKE 报文。

第五步:若上述检查未通过,则基本互连测试失败。

#### 7.7.1.2 安全功能测试

测试 IKEv1 协议在主模式交换情况下的安全功能,测试步骤如下:

a) 身份认证方法协商功能测试

第一步:配置 IPsec 协议应用,触发 IKEv1 主模式交换。

第二步:查看消息 1 中的 SA 属性载荷部分。若没有认证方式的属性载荷,则不支持身份认证方法的协商功能。

第三步:查看消息 2 中的 SA 属性载荷部分。若没有认证方式的属性载荷,则不支持身份认证方法的协商功能。

b) 身份认证协商过程测试

第一步:配置 IPsec 协议应用,触发 IKEv1 主模式交换。

第二步:解密消息 5,检查消息体中的认证部分(如 HASH 载荷或 SIG 载荷),根据协商的步骤、算法和密钥验证其正确性:若不正确,则身份认证协商失败。

第三步:解密消息 6,检查消息体中的认证部分(如 HASH 载荷或 SIG 载荷),根据协商的步骤、算法和密钥验证其正确性:若不正确,则身份认证协商失败。

c) 加密算法协商功能测试

第一步:配置 IPsec 协议应用,触发 IKEv1 主模式交换。

第二步:查看消息 1 中是否有加密属性载荷。若有,则发起方支持加密算法协商功能。

第三步:查看消息 2 中是否有加密属性载荷。若有,则响应方支持加密算法协商功能。

第四步:查看协商好的 ISAKMP SA 中是否有数据加密算法。若有,则说明支持加密算法协商功能。

d) 伪随机函数 PRF 协商功能

第一步:配置 IPsec 协议应用,触发 IKEv1 主模式交换。

第二步:查看消息 1 中是否有伪随机函数 PRF 的属性载荷。若有,则发起方支持伪随机函数 PRF 协商功能。

第三步:查看消息 2 中是否有伪随机函数 PRF 的属性载荷。若有,则响应方支持伪随机函数 PRF 协商功能。

第四步:查看协商好的 ISAKMP SA 中是否有伪随机函数 PRF。若有,则说明支持伪随机函数 PRF 协商功能。

e) 密钥协商功能测试

第一步:配置 IPsec 协议应用,触发 IKEv1 主模式交换。

第二步:查看消息 3 中是否有密钥交换载荷和 Nonce 载荷。若有,则支持密钥协商功能。

第三步:查看消息 4 中是否有密钥交换载荷和 Nonce 载荷。若有,则支持密钥协商功能。

第四步:查看协商好的 ISAKMP SA 中密钥是否存在。若存在,则说明支持密钥协商功能。

f) 数据加密功能测试

第一步:配置 IPsec 协议应用,触发 IKEv1 主模式交换。

第二步:查看消息 5 中的 ISAKMP 头部的加密比特标志位是否设置,若设置,则使用协商好的算法和密钥进行解密。若解密正确,则支持数据加密功能。

第三步:查看消息 6 中的 ISAKMP 头部的加密比特标志位是否设置。若设置,则使用协商好的算法和密钥进行数据解密,以此验证数据加密功能。

g) NAT 穿越探测功能

第一步:配置 IPsec 协议应用,在连接中设置 NAT 设备,触发 IKEv1 主模式交换。

第二步:查看消息 1 中是否有 VID 载荷。若有,检测其值是否符合标准值。若是,则发起方支持 NAT 穿越功能。

第三步:查看消息 2 中是否有 VID 载荷。若有,检测其值是否符合标准值。若是,则响应方支持 NAT 穿越功能。

第四步:查看消息 3 中是否有 NAT-D 载荷。若有,则发起方支持 NAT 穿越探测功能。

第五步:查看消息 4 中是否有 NAT-D 载荷。若有,则响应方支持 NAT 穿越探测功能。

第六步:查看消息 5 中的 UDP 头部中端口是否更新(如更新为 4500)。若是,则发起方支持 NAT 穿越 UDP 封装功能。

第七步:查看消息 6 中的 UDP 头部中端口是否更新(如更新为 4500)。若是,则响应方支持 NAT 穿越 UDP 封装功能。

第八步:若 IPsec 协议应用的上述检查通过,则支持 NAT 穿越探测功能。

h) NAT KEEPALIVE 功能

第一步:配置 IPsec 协议应用,在连接中设置 NAT 设备,触发 IKEv1 主模式交换。

第二步:检查是否收到 NAT KEEPALIVE 报文。若是,则支持 NAT KEEPALIVE 功能。

#### 7.7.1.3 发起方行为测试

测试 IKEv1 协议在主模式交换情况下发起方的行为(其行为状态参见附录 B.2.1.5),测试步骤如下:

a) START 状态测试

第一步:配置参数,触发发起方 IPsec 协议(如 AH 或 ESP)产生连接请求。

第二步:查看接收到的消息是否为消息 1。若不是,则发起方行为不符合 IKEv1 协议规范要求。

第三步:查看消息 1 结构是否合法。若不合法,则发起方行为不符合 IKEv1 协议规范要求。

b) MAIN_I1 状态测试

MAIN_I1 状态测试步骤如下:

1) 正常情况

第一步:发送消息 2,查看发起方的行为。

第二步:查看接收到的消息是否为消息 3。若不是,则发起方行为不符合 IKEv1 协议规范要求。

第三步:查看消息 3 包含的载荷类型是否正确(与认证方式有关),该消息结构是否合法。若不合法,则发起方行为不符合 IKEv1 协议规范要求。

2) 非期望消息处理

第一步:向发起方发送消息 2 以外的其他消息。

第二步:发起方应该丢弃该消息。若不是,则发起方行为不符合 IKEv1 协议规范要求。

3) 延迟发送

第一步：延迟发送消息 2。

第二步：发起方应超时重传消息 1。若不是，则发起方行为不符合 IKEv1 协议规范要求。

4) 提供非法参数

第一步：在消息 2 中提供非法参数（如消息头部 HDR 中设置不同于消息 1 的版本号、响应方 Cookie 设置为 0，建议和变换载荷包含不在协议规范中定义的参数值等）。

第二步：发起方应该丢弃该消息。若不是，则发起方行为不符合 IKEv1 协议规范要求。

5) 错误消息

第一步：在消息 2 中包含非法的载荷类型。

第二步：发起方应该丢弃该消息。若不是，则发起方行为不符合 IKEv1 协议规范要求。

6) 重传计数器超过最大值

第一步：延迟发送消息 2，直到发起方的重传计数器值超过指定的最大值。

第二步：发起方应该清除状态，终止协商。若不是，则发起方行为不符合 IKEv1 协议规范要求。

c) MAIN_I2 状态测试

MAIN_I2 状态测试步骤如下：

1) 正常情况

第一步：发送消息 4，查看发起方的行为。

第二步：查看接收到的消息是否为消息 5。若不是，则发起方行为不符合 IKEv1 协议规范要求。

第三步：验证消息 5 解密是否正确。若不正确，则发起方行为不符合 IKEv1 协议规范要求。

第四步：查看消息 5 中载荷类型是否正确（与认证方式有关），该消息结构是否合法。若不合法，则发起方行为不符合 IKEv1 协议规范要求。

第五步：验证消息 5 中的签名、HASH 值是否正确。若不正确，则发起方行为不符合 IKEv1 协议规范要求。

2) 非期望消息

第一步：发送消息 4 以外的其他消息。

第二步：发起方应该丢弃该消息。若不是，则发起方行为不符合 IKEv1 协议规范要求。

3) 延迟发送

第一步：延迟发送消息 4。

第二步：发起方应超时重传消息 3。若不是，则发起方行为不符合 IKEv1 协议规范要求。

4) 提供非法参数

第一步：在消息 4 中提供非法参数（如消息头部 HDR 中设置不同于消息 1 的版本号，载荷包含不在协议规范中定义的参数值等）。

第二步：发起方应该丢弃该消息。若不是，则发起方行为不符合 IKEv1 协议规范要求。

5) 错误消息

第一步：在消息 4 中包含非法载荷类型。

第二步：发起方应该丢弃该消息。若不是，则发起方行为不符合 IKEv1 协议规范要求。

6) 重传计数器超过最大值

第一步：延迟发送消息 4，直到发起方的重传计数器值超过指定的最大值。

第二步：发起方应该清除状态，终止协商。若不是，则发起方行为不符合 IKEv1 协议规范要求。

d) MAIN_I3 状态测试

MAIN_I3 状态测试步骤如下：

1) 正常情况

第一步：发送消息 6，查看发起方的行为。

第二步：发起方进入连接状态，协商完成。

2) 非期望消息

第一步：向发起方发送消息 6 以外的其他消息。

第二步：发起方应该丢弃该消息。若不是，则发起方行为不符合 IKEv1 协议规范要求。

3) 延迟发送

第一步：延迟发送消息 6。

第二步：发起方应超时重传消息 5。若不是，则发起方行为不符合 IKEv1 协议规范要求。

4) 提供非法参数

第一步：在消息 6 中提供非法参数（如该消息头部 HDR 中设置不同于消息 1 的版本号、清除加密标志，载荷包含不在协议规范中定义的参数值等）。

第二步：发起方应该丢弃该消息。若不是，则发起方行为不符合 IKEv1 协议规范要求。

5) 错误消息

第一步：在消息 6 中包含非法载荷类型或使用协商结果以外的算法和密钥加密报文。

第二步：发起方应该丢弃该消息。若不是，则发起方行为不符合 IKEv1 协议规范要求。

6) 重传计数器超过最大值

第一步：延迟发送消息 6，直到发起方的重传计数器值超过指定的最大值。

第二步：发起方应该清除状态，终止协商。若不是，则发起方行为不符合 IKEv1 协议规范要求。

e) MAIN_I4 状态测试

MAIN_I4 状态测试步骤如下：

1) 正常情况

第一步：设置连接状态，阶段 1 协商完成。

第二步：指示可以开始阶段 2 的协商。

2) SA 管理

第一步：ISAKMP SA 到期或接收到删除 ISAKMP SA 请求。

第二步：发起方应该清除连接状态，进入 CLOSED 状态。若不是，则发起方行为不符合 IKEv1 协议规范要求。

#### 7.7.1.4 响应方行为测试

测试 IKEv1 协议在主模式交换情况下响应方的行为（其行为状态参见附录 B 的 B.2.1.6），测试步骤如下：

a) START 状态测试

START 状态测试步骤如下：

1) 正常情况

第一步：发送消息 1，查看响应方的行为。

第二步：查看接收到的消息是否为消息 2。若不是，则响应方行为不符合 IKEv1 协议规范要求。

第三步：查看消息 2 中 SA 的建议和变换载荷是否正确，该消息结构是否合法。若不合法，则响应方行为不符合 IKEv1 协议规范要求。

2） 非期望消息

第一步：向响应方发送消息 1 以外的其他消息。

第二步：响应方应该丢弃该消息。若不是，则响应方行为不符合 IKEv1 协议规范要求。

3） 提供非法参数

第一步：在消息 1 中提供非法参数（如消息头部 HDR 中设置不同于消息 1 的版本号、标志位，载荷包含不在协议规范中定义的参数值等）。

第二步：响应方应该丢弃该消息。若不是，则响应方行为不符合 IKEv1 协议规范要求。

4） 错误消息

第一步：在消息 1 中包含非法载荷类型。

第二步：响应方应该丢弃该消息。若不是，则响应方行为不符合 IKEv1 协议规范要求。

b） MAIN_R1 状态测试

MAIN_R1 状态测试步骤如下：

1） 正常情况

第一步：发送消息 3，查看响应方的行为。

第二步：查看接收到的消息是否为消息 4。若不是，则响应方行为不符合 IKEv1 协议规范要求。

第三步：查看消息 4 中载荷是否正确（与认证方法有关），该消息结构是否合法。若不合法，则响应方不符合 IKEv1 协议规范要求。

2） 非期望消息

第一步：发送消息 3 以外的其他消息。

第二步：响应方应该丢弃该消息。若不是，则响应方行为不符合 IKEv1 协议规范要求。

3） 延迟发送

第一步：延迟发送消息 3。

第二步：响应方应超时重传消息 2。若不是，则响应方行为不符合 IKEv1 协议规范要求。

4） 提供非法参数

第一步：在消息 3 中提供非法参数（如消息头部 HDR 中设置不同于消息 1 的版本号，载荷包含不在协议规范中定义的参数值等）。

第二步：响应方应该丢弃该消息。若不是，则响应方行为不符合 IKEv1 协议规范要求。

5） 错误消息

第一步：在消息 3 中包含非法的载荷类型。

第二步：响应方应该丢弃该消息。若不是，则响应方行为不符合 IPsec 协议规范要求。

6） 重传计数器超过最大值

第一步：延迟发送消息 3，直到响应方的重传计数器值超过指定的最大值。

第二步：响应方应该清除状态，终止协商。若不是，则响应方行为不符合 IKEv1 协议规范要求。

c） MAIN_R2 状态测试

MAIN_R2 状态测试步骤如下：

1） 正常情况

第一步：发送消息 5，查看响应方的行为。

第二步：查看接收到的消息是否为消息 6。若不是，则响应方不符合 IKEv1 协议规范要求。

第三步：验证消息 6 解密是否正确。若不正确，则发起方行为不符合 IKEv1 协议规范要求。

第四步：查看消息 6 中载荷类型是否正确，该消息结构是否合法。若不合法，则响应方不符合 IKEv1 协议规范要求。

第五步：验证消息 6 中的签名、HASH 值是否正确。若不正确，则响应方行为不符合 IKEv1 协议规范要求。

2) 非期望消息

第一步：发送消息 5 以外的其他消息。

第二步：响应方应该丢弃该消息。若不是，则响应方行为不符合 IKEv1 协议规范要求。

3) 延迟发送

第一步：延迟发送消息 5。

第二步：响应方应超时重传消息 4。若不是，则响应方行为不符合 IKEv1 协议规范要求。

4) 提供非法参数

第一步：在消息 5 中提供非法参数(如消息头部 HDR 中设置不同于消息 1 的版本号、清除加密标志，载荷包含不在协议规范中定义的参数值等)。

第二步：响应方应该丢弃该消息。若不是，则响应方行为不符合 IKEv1 协议规范要求。

5) 错误消息

第一步：在消息 5 中包含非法载荷类型或使用协商结果以外的算法和密钥加密报文。

第二步：响应方应该丢弃该消息。若不是，则响应方行为不符合 IPsec 协议规范要求。

6) 重传计数器超过最大值

第一步：延迟发送消息 5，直到响应方的重传计数器值超过指定的最大值。

第二步：响应方应该清除状态，终止协商。若不是，则响应方行为不符合 IKEv1 协议规范要求。

d) MAIN_R3 状态测试

MAIN_R3 状态测试步骤如下：

1) 正常情况处理能力测试

第一步：设置连接状态，阶段 1 协商完成。

第二步：指示可以开始阶段 2 的协商。

2) SA 管理

第一步：ISAKMP SA 到期或接收到删除 ISAKMP SA 请求。

第二步：响应方应该清除连接状态，进入 CLOSED 状态。若不是，则响应方行为不符合 IKEv1 协议规范要求。

### 7.7.2 性能测试

测试 IKEv1 在主模式交换情况下的性能指标，测试步骤如下：

a) 连接建立时延

第一步：配置 IPsec 协议应用，设置为支持的认证方式，触发 IKEv1 主模式交换。

第二步：统计主模式连接建立时延。

b) 单位时间新建连接数

第一步：配置 IPsec 协议应用，设置为支持的认证方式。

第二步：配置发起方产生多个连接请求，触发 IKEv1 主模式交换。

第三步：测试单位时间内成功建立的连接数。

c) 设备支持的总连接数

第一步：配置 IPsec 协议应用，设置为支持的认证方式，触发 IKEv1 主模式交换。

第二步：配置发起方持续产生连接请求，保持建立的连接不释放。

第三步：在响应方不能接受连接时统计已经成功建立的连接数。

d) 剩余错误比率

第一步：配置 IPsec 协议应用，设置 IKEv1 为支持的主模式认证方式，并多次建立连接，传送数据，然后关闭连接。

第二步：统计在此过程中传送不正确、丢失或者重复的数据量和有效的数据量之比。

e) 失败概率

第一步：配置 IPsec 协议应用，设置 IKEv1 为支持的主模式认证方式，并多次建立连接、传送数据，然后关闭连接。

第二步：统计在此过程中的连接建立失败概率和传送失败概率。

f) 密钥更新

第一步：配置 IPsec 协议应用，设置 ISAKMP SA 的更新周期（如 24 h），触发 IKEv1 主模式交换，保持连接。

第二步：在指定时间间隔（如 24 h）后查看 ISAKMP SA 状态，是否已经重新协商并更新密钥。

第三步：若未更新密钥，则不支持密钥更新功能。

### 7.7.3 健壮性测试

#### 7.7.3.1 无效报文处理能力测试

测试 IKEv1 协议在主模式交换情况下的无效报文处理能力，测试步骤如下：

a) 错误报文处理能力测试

在主模式消息交换过程中发送错误报文，测试 IKEv1 协议的处理能力。测试步骤见 7.7.1.3 和 7.7.1.4 中各状态下提供非法参数测试步骤和错误消息测试步骤。

b) 非期望报文处理能力测试

在主模式消息交换过程中发送非期望消息，测试 IKEv1 协议的处理能力。测试步骤见 7.7.1.3 和 7.7.1.4 中各状态下非期望消息的测试步骤。

#### 7.7.3.2 异常事件处理能力测试

测试 IKEv1 协议在主模式交换情况下的异常事件处理能力，测试步骤如下：

a) 连接中断处理能力测试

第一步：配置 IPsec 协议应用，触发 IKEv1 主模式交换。

第二步：断开物理网络连接。

第三步：IKEv1 应该重传报文，直到达到最大重传计数值，终止协商。

b) 等待超时处理能力测试

在主模式消息交换过程中延长数据交互时间直到超时，测试 IKEv1 协议的处理能力。测试步骤见 7.7.1.3 和 7.7.1.4 中各状态下延迟发送测试步骤和重传计数器超过最大值的测试步骤。

#### 7.7.3.3 高强度负载处理能力测试

测试 IKEv1 协议在主模式交换情况下的高强度负载处理能力，测试步骤如下：

a) 网络高强度负载处理能力测试

第一步：在网络负载很大（带宽占用率为 90％以上）的情况下，触发 IKEv1 主模式交换过程。

第二步：查看 IKEv1 的处理能力。

b) 系统高强度负载处理能力测试

第一步：在系统高强度负载（内存、CPU 占用率为 90％以上）的情况下，触发 IKEv1 主模式交换过程。

第二步：查看 IKEv1 的处理能力。

#### 7.7.4 互操作性测试

##### 7.7.4.1 基本互连测试

设置不同 IPsec 协议应用均工作在 IKEv1 主模式交换情况下，进行基本连通测试。测试步骤见7.7.1.1。

##### 7.7.4.2 功能互操作性测试

设置不同 IPsec 协议应用均工作在 IKEv1 主模式交换情况下，进行功能互操作性测试。测试步骤见 7.7.1.2 的规定。

##### 7.7.4.3 行为互操作性测试

设置不同 IPsec 协议应用均工作在 IKEv1 主模式交换情况下，进行行为互操作性测试。测试步骤见 7.7.1.3 和 7.7.1.4 的规定。

### 7.8 IKEv1 野蛮模式测试步骤

#### 7.8.1 功能测试

##### 7.8.1.1 基本互连测试

配置 IPsec 协议应用工作在 IKEv1 阶段 1 的野蛮模式交换方式，进行基本互连测试。测试步骤见 7.7.1.1。

##### 7.8.1.2 安全功能测试

测试 IKEv1 协议在野蛮模式交换情况下的安全功能，测试步骤如下：

a) 身份认证方法协商功能测试

测试 IKEv1 协议在野蛮模式交换情况下的身份认证方法协商功能，测试步骤见 7.7.1.2a)。

b) 身份认证协商过程测试

第一步：配置 IPsec 协议应用，触发 IKEv1 野蛮模式交换。

第二步：检查消息 2 中的认证部分(如 HASH 载荷或 SIG 载荷)，根据协商的步骤、算法和密钥验证其正确性：若不正确，则身份认证协商失败。

第三步：检查消息 3 中的认证部分(如 HASH 载荷或 SIG 载荷)，根据协商的步骤、算法和密钥验证其正确性：若不正确，则身份认证协商失败。

c) 加密算法协商功能测试

测试 IKEv1 协议在野蛮模式交换情况下的加密算法协商功能，测试步骤见 7.7.1.2c)。

d) 伪随机函数 PRF 协商功能

测试 IKEv1 协议在野蛮模式交换情况下的伪随机函数 PRF 协商功能，测试步骤见 7.7.1.2d)。

e) 密钥协商功能测试

第一步：配置 IPsec 协议应用，触发 IKEv1 野蛮模式交换。

第二步：查看消息 1 中是否有密钥交换载荷和 Nonce 载荷。若有，则支持密钥协商功能。

第三步：查看消息 2 中是否有密钥交换载荷和 Nonce 载荷。若有，则支持密钥协商功能。

第四步：查看协商好的 ISAKMP SA 中密钥是否存在。若存在，则说明支持密钥协商功能。

f) NAT 穿越探测功能

第一步：配置 IPsec 协议应用，触发 IKEv1 野蛮模式交换。

第二步：查看消息 1 中是否有 VID 载荷。若有，检测其值是否符合标准值。若是，则发起方支持 NAT 穿越功能。

第三步：查看消息 2 中是否有 VID 载荷。若有，检测其值是否符合标准值。若是，则响应方支持 NAT 穿越功能。同时检测消息 2 中是否有 NAT-D 载荷。若有，则响应方支持 NAT 穿越探测功能。

第四步：查看消息 3 中是否有 NAT-D 载荷。若有，则发起方支持 NAT 穿越探测功能。查看消息 3 中的 UDP 头部中端口是否更新(如更新为 4500)。若是，则发起方支持 NAT 穿越 UDP 封装功能。

第五步：查看响应方传递过来的报文中的 UDP 头部中端口是否更新(如更新为 4500)。若是，则响应方支持 NAT 穿越 UDP 封装功能。

第六步：若 IPsec 协议应用的上述检查通过，则支持 NAT 穿越探测功能。

g) NAT KEEPALIVE 功能

测试 IKEv1 协议在野蛮模式交换情况下的 NAT KEEPALIVE 功能，测试步骤见7.7.1.2 h)。

#### 7.8.1.3 发起方行为测试

测试 IKEv1 协议在野蛮模式交换情况下发起方的行为(其行为状态见附录 B 的 B.2.2.5)，测试步骤如下：

a) START 状态测试

第一步：配置参数，触发发起方 IPsec 协议(如 AH 或 ESP)产生连接请求。

第二步：查看接收到的消息是否为消息 1。若不是，则发起方行为不符合 IKEv1 协议规范要求。

第三步：查看消息 1 结构是否合法。若不合法，则发起方行为不符合 IKEv1 协议规范要求。

b) AGGR_I1 状态测试

AGGR_I1 状态测试步骤如下：

1) 正常情况

第一步：发送消息 2，查看发起方的行为。

第二步：查看接收到的消息是否为消息 3。若不是，则发起方行为不符合 IKEv1 协议规范要求。

第三步：查看消息 3 的结构是否合法。若不合法，则发起方行为不符合 IKEv1 协议规范要求。

第四步：验证消息 3 中的签名、HASH 是否正确。若不正确，则发起方行为不符合 IKEv1 协议规范要求。

2) 非期望消息

第一步：发送消息 2 以外的其他消息。

第二步：发起方应该丢弃该消息。若不是，则发起方行为不符合 IKEv1 协议规范要求。

3) 延迟发送

第一步：延迟发送消息 2。

第二步：发起方应超时重传消息 1。若不是，则发起方行为不符合 IKEv1 协议规范要求。

4) 提供非法参数

第一步：在消息 2 中提供非法参数(如消息头部 HDR 中设置非法参数，如设置不同于消息 1 的版本号、响应方 Cookie 设置为 0，载荷包含不在协议规范中定义的值等)。

第二步：发起方应该丢弃该消息。若不是，则发起方行为不符合 IKEv1 协议规范要求。

5) 错误消息

第一步：在消息 2 中包含非法的载荷类型。

第二步：发起方应该丢弃该消息。若不是，则发起方行为不符合 IKEv1 协议规范要求。

6) 重传计数器超过最大值

第一步：延迟发送消息 2，直到发起方的重传计数器值超过指定的最大值。

第二步：发起方应该清除状态，终止协商。若不是，则发起方行为不符合 IKEv1 协议规范要求。

c) AGGR_I2 状态测试

AGGR_I2 状态测试步骤如下：

1) 正常情况

第一步：设置连接状态，阶段 1 协商完成。

第二步：指示可以开始阶段 2 的协商。

2) SA 管理

第一步：ISAKMP SA 到期或接收到删除 ISAKMP SA 请求。

第二步：发起方应该清除连接状态，进入 CLOSED 状态。若不是，则发起方行为不符合 IKEv1 协议规范要求。

#### 7.8.1.4 响应方行为测试

测试 IKEv1 协议在野蛮模式交换情况下响应方的行为(其行为状态见附录 B 的 B.2.2.6)，测试步骤如下：

a) START 状态测试

START 状态测试步骤如下：

1) 正常情况

第一步：发送消息 1，查看响应方的行为。

第二步：查看接收到的消息是否为消息 2。若不是，则响应方行为不符合 IKEv1 协议规范要求。

第三步：查看消息 2 结构是否合法，参数是否正确。若不合法，则响应方行为行为不符合 IKEv1 协议规范要求。

第四步：验证消息 2 中的签名、HASH 值是否正确。若不正确，则响应方行为行为不符合 IKEv1 协议规范要求。

2) 非期望消息

第一步：发送消息 1 以外的其他消息。

第二步：响应方应该丢弃该消息。若不是，则响应方行为不符合 IKEv1 协议规范要求。

3) 提供非法参数

第一步：在消息 1 中提供非法参数(如消息头部 HDR 中设置不同于消息 1 的版本号，载荷包含不在协议规范中定义的参数值等)。

第二步：响应方应该丢弃该消息。若不是，则响应方行为不符合 IKEv1 协议规范要求。

4) 错误消息

第一步：在消息 1 中包含非法的载荷类型。

第二步：响应方应该丢弃该消息。若不是，则响应方行为不符合 IKEv1 协议规范要求。

b) AGGR_R1 状态测试

AGGR_R1 状态测试步骤如下：

1) 正常情况

第一步：发送消息3，查看响应方的行为。

第二步：响应方应协商完成，进入连接状态。

2) 非期望消息

第一步：发送消息3以外的其他消息。

第二步：响应方应该丢弃该消息。若不是，则响应行为不符合IKEv1协议规范要求。

3) 延迟发送

第一步：延迟发送消息3。

第二步：响应方应超时重传消息2。若不是，则响应方行为不符合IKEv1协议规范要求。

4) 提供非法参数

第一步：在消息3中提供非法参数（如消息头部HDR中设置不同于消息1的版本号，载荷包含不在协议规范中定义的参数值等）。

第二步：响应方应该丢弃该消息。若不是，则响应方行为不符合IKEv1协议规范要求。

5) 错误消息

第一步：在消息3中包含非法载荷类型。

第二步：响应方应该丢弃该消息。若不是，则响应方行为不符合IKEv1协议规范要求。

6) 重传计数器超过最大值

第一步：延迟发送消息3，直到响应方的重传计数器值超过指定的最大值。

第二步：响应方应该清除状态，终止协商。若不是，则响应方行为不符合IKEv1协议规范要求。

c) AGGR_R2状态测试

AGGR_R2状态测试步骤如下：

1) 正常情况

第一步：设置连接状态，阶段1协商完成。

第二步：准备开始阶段2的协商。

2) SA管理

第一步：ISAKMP SA到期或接收到删除ISAKMP SA请求。

第二步：响应方应该清除连接状态，进入CLOSED状态。若不是，则响应方行为不符合IKEv1协议规范要求。

### 7.8.2 性能测试

配置IPsec协议应用工作在IKEv1阶段1的野蛮模式交换方式，进行性能测试。测试步骤见7.7.2的规定。

### 7.8.3 健壮性测试

#### 7.8.3.1 无效报文处理能力测试

测试IKEv1协议在野蛮模式交换情况下的无效报文处理能力，测试步骤如下：

a) 错误报文处理能力测试

在野蛮模式消息交换过程中发送错误报文，测试IKEv1协议的处理能力。测试步骤见7.8.1.3和7.8.1.4中各状态下提供非法参数测试步骤和错误消息测试步骤。

b) 非期望报文处理能力测试

在野蛮模式消息交换过程中发送非期望消息，测试IKEv1协议的处理能力。测试步骤见

7.8.1.3和7.8.1.4中各状态下非期望消息的测试步骤。

#### 7.8.3.2 异常事件处理能力测试

测试IKEv1协议在野蛮模式交换情况下的异常事件处理能力，测试步骤如下：

a) 连接中断处理能力测试

配置IPsec协议应用触发IKEv1野蛮模式交换，进行连接中断处理能力测试。测试步骤见7.7.3.2a)。

b) 等待超时处理能力测试

配置IPsec协议应用触发IKEv1野蛮模式交换，在交换过程中延长数据交互时间直到超时，测试IKEv1协议的处理能力。测试步骤见7.8.1.3和7.8.1.4中各状态下延迟发送测试步骤和重传计数器超过最大值的测试步骤。

#### 7.8.3.3 高强度负载处理能力测试

测试IKEv1协议在野蛮模式交换情况下的高强度负载处理能力，测试步骤如下：

a) 网络高强度负载处理能力测试

配置IPsec协议应用触发IKEv1野蛮模式交换，进行网络高强度负载处理能力测试。测试步骤见7.7.3.3a)。

b) 系统高强度负载处理能力测试

配置IPsec协议应用触发IKEv1野蛮模式交换，进行系统高强度负载处理能力测试。测试步骤见7.7.3.3b)。

### 7.8.4 互操作性测试

#### 7.8.4.1 基本互连测试

设置不同IPsec协议应用均工作在IKEv1野蛮模式交换情况下，实现基本连通测试。测试步骤见7.1.1.1。

#### 7.8.4.2 功能互操作性测试

设置不同IPsec协议应用均工作在IKEv1野蛮模式交换情况下，实现功能互操作性测试。测试步骤见7.8.1.2的规定。

#### 7.8.4.3 行为互操作性测试

设置不同IPsec协议应用均工作在IKEv1野蛮模式交换情况下，实现行为互操作性测试。测试步骤见7.8.1.3和7.8.1.4的规定。

## 7.9 IKEv1快速模式测试步骤

### 7.9.1 功能测试

#### 7.9.1.1 基本互连测试

配置IPsec协议应用工作在IKEv1快速模式交换阶段，进行基本互连测试。测试步骤见7.7.1.1。

#### 7.9.1.2 安全功能测试

测试IKEv1协议在快速模式交换情况下的安全功能，测试步骤如下：

a) 加密算法协商功能

第一步：配置 IPsec 协议应用，触发 IKEv1 快速模式交换。

第二步：查看消息 1 的 SA 中是否有加密属性载荷。若有，则发起方支持加密算法协商功能。

第三步：查看消息 2 的 SA 中是否有加密属性载荷。若有，则响应方支持密码算法协商功能。

第四步：查看协商好的 IPsec SA 中是否有数据加密算法。若有，则支持加密算法协商功能。

b) MAC 算法协商功能

第一步：配置 IPsec 协议应用，触发 IKEv1 快速模式交换。

第二步：查看消息 1 中是否有协商 MAC 算法的属性载荷。若有，则发起方支持 MAC 算法协商功能。

第三步：查看消息 2 中是否有协商 MAC 算法的属性载荷。若有，则响应方支持 MAC 算法协商功能。

第四步：查看协商好的 IPsec SA 中是否有 MAC 算法。若有，则支持 MAC 算法协商功能。

c) 密钥协商功能

第一步：配置 IPsec 协议应用，触发 IKEv1 快速模式交换。

第二步：查看消息 1 中是否有密钥交换载荷（可选）和 Nonce 载荷。若有，则支持密钥协商。

第三步：查看消息 2 中是否有密钥交换载荷（可选和 Nonce 载荷。若有，则支持密钥协商。

第四步：查看协商好的 IPsec SA 中密钥是否存在。若存在，则说明支持密钥协商功能。

d) NAT 穿越的原始地址交换功能

第一步：配置 IPsec 协议应用，触发 IKEv1 快速模式交换。

第二步：查看消息 1 中是否有 NAT-OA 载荷。若有，则发起方支持原始地址交换功能。

第三步：查看消息 2 中是否有 NAT-OA 载荷。若有，则响应方支持原始地址交换功能。

#### 7.9.1.3 发起方行为测试

测试 IKEv1 协议在快速模式交换情况下发起方的行为（其行为状态见附录 B 的 B.2.3.2），测试步骤如下）：

a) START 状态测试

第一步：利用阶段 1 的协商指示，或参数刷新要求，触发 IKEv1 进行快速模式交换。

第二步：查看接收到的消息是否为消息 1。若不是，则发起方行为不符合 IKEv1 协议规范要求。

第三步：验证消息 1 解密是否正确。若不正确，则发起方行为不符合 IKEv1 协议规范要求。

第四步：查看消息 1 中载荷类型是否正确，该消息结构是否合法。若不合法，则发起方行为不符合 IKEv1 协议规范要求。

b) QUICK_I1 状态测试

QUICK_I1 状态测试步骤如下：

1) 正常情况

第一步：发送消息 2，查看发起方的行为。

第二步：查看接收到的消息是否发送消息 3。若不是，则发起方行为不符合 IKEv1 协议规范要求。

第三步：验证消息 3 解密是否正确。若不正确，则发起方行为不符合 IKEv1 协议规范要求。

第四步：查看消息 3 中载荷类型是否正确，该消息结构是否合法。若不合法，则发起方行为不符合 IKEv1 协议规范要求。

2) 非期望消息

第一步：发送消息 2 以外的其他消息。

第二步：发起方应该丢弃该消息。若不是，则发起方行为不符合 IKEv1 协议规范要求。

3） 延迟发送

第一步：延迟发送消息 2。

第二步：发起方应超时重传消息 1。若不是，则发起方行为不符合 IKEv1 协议规范要求。

4） 提供非法参数

第一步：在消息 2 中提供非法参数（如头部 HDR 中设置不同于消息 1 的版本号、加密标志未置位，载荷包含不在协议规范中定义的参数值等）。

第二步：发起方应该丢弃该消息。若不是，则发起方行为不符合 IKEv1 协议规范要求。

5） 错误消息

第一步：在消息 2 中包含非法的载荷类型或使用协商结果以外的算法和密钥加密报文。

第二步：发起方应该丢弃该消息。若不是，则发起方行为不符合 IKEv1 协议规范要求。

6） 重传计数器超过最大值

第一步：延迟发送消息 2，直到发起方的重传计数器值超过指定的最大值。

第二步：发起方应该清除状态，终止协商。若不是，则发起方行为不符合 IKEv1 协议规范要求。

c） QUICK_I2 状态测试

QUICK_I2 状态测试步骤如下：

1） 正常情况

第一步：设置连接状态。

第二步：将协商完成的参数传递给 IPsec 安全协议（如 AH 或 ESP）。

2） SA 管理

第一步：IPsec SA 到期或接收到删除 IPsec SA 请求。

第二步：发起方应该清除连接状态，进入 CLOSED 状态。若不是，则发起方行为不符合 IKEv1 协议规范要求。

#### 7.9.1.4 响应方行为测试

测试 IKEv1 协议在快速模式交换情况下响应方的行为（其行为状态见附录 B 的 B.2.3.3），测试步骤如下：

a） START 状态测试

START 状态测试步骤如下：

1） 正常情况

第一步：发送消息 1，查看响应方的行为。

第二步：查看接收到的消息是否为消息 2。若不是，则响应方行为不符合 IKEv1 协议规范要求。

第三步：验证消息 2 解密是否正确。若不正确，则发起方行为不符合 IKEv1 协议规范要求。

第四步：查看消息 2 中载荷类型是否正确，该消息结构是否合法，参数是否正确。若不合法，则响应方行为不符合 IKEv1 协议规范要求。

2） 非期望消息

第一步：发送消息 1 以外的其他消息。

第二步：响应方应该拒绝该消息。若不是，则响应方行为不符合 IKEv1 协议规范要求。

3） 提供非法参数

第一步：在消息 1 中提供非法参数(如消息头部 HDR 中设置不同于消息 1 的版本号、加密标志未置位，载荷包含不在协议规范中定义的参数值等)。

第二步：响应方应该丢弃该消息。若不是，则响应方行为不符合 IKEv1 协议规范要求。

4) 错误消息

第一步：在消息 1 中包含非法载荷类型或使用协商结果以外的算法和密钥加密报文。

第二步：响应方应该丢弃该消息。若不是，则响应方行为不符合 IKEv1 协议规范要求。

b) QUICK_R1 状态测试

QUICK_R1 状态测试步骤如下：

1) 正常情况

第一步：发送消息 3，查看响应方的动作。

第二步：响应方应协商完成，进入连接状态。

2) 非期望消息

第一步：发送消息 3 以外的其他消息。

第二步：响应方应该丢弃该消息。若不是，则响应方行为不符合 IKEv1 协议规范要求。

3) 延迟发送

第一步：延迟发送消息 3。

第二步：响应方应超时重传消息 2。若不是，则响应方行为不符合 IKEv1 协议规范要求。

4) 提供非法参数

第一步：在消息 3 中提供非法参数(如消息头部 HDR 中设置不同于消息 1 的版本号、加密标志未置位，载荷包含不在协议规范中定义的参数值等)。

第二步：响应方应该丢弃该消息。若不是，则响应方行为不符合 IKEv1 协议规范要求。

5) 错误消息

第一步：在消息 3 中包含非法载荷类型或使用协商结果以外的算法和密钥加密报文。

第二步：响应方应该丢弃该消息。若不是，则响应方行为不符合 IKEv1 协议规范要求。

6) 重传计数器超过最大值

第一步：延迟发送消息 3，直到响应方的重传计数器值超过指定的最大值。

第二步：响应方应该清除状态，终止协商。若不是，则响应方行为不符合 IKEv1 协议规范要求。

#### 7.9.1.4.1 QUICK_R2 状态测试

QUICK_R2 状态测试步骤如下：

a) 正常情况

第一步：设置连接状态。

第二步：将协商完成的参数传递给 IPsec 安全协议(如 AH 或 ESP)。

b) SA 管理

第一步：IPsec SA 到期或接收到删除 IPsec SA 请求。

第二步：响应方应该清除连接状态，进入 CLOSED 状态。若不是，则响应方行为不符合 IKEv1 协议规范要求。

### 7.9.2 性能测试

测试 IKEv1 在快速模式交换情况下的性能指标，测试步骤如下：

a) 连接建立时延

第一步：配置 IPsec 协议应用，设置为支持 PFS，触发 IKEv1 快速模式交换。

第二步:统计快速模式连接建立时延。

第三步:配置 IPsec 协议应用,设置为不支持 PFS,触发 IKEv1 快速模式交换。

第四步:统计快速模式连接建立时延。

b) 单位时间新建连接数

第一步:配置 IPsec 协议应用,设置为支持 PFS。

第二步:发起方产生多个连接请求,测试单位时间内成功建立的连接数。

第三步:配置 IPsec 协议应用,设置为不支持 PFS。

第四步:发起方产生多个连接请求,测试单位时间内成功建立的连接数。

c) 设备支持的总连接数

第一步:配置 IPsec 协议应用,触发 IKEv1 快速模式交换。

第二步:发起方持续产生连接请求,保持建立的连接不释放。

第三步:在响应方不能接受连接时统计已经成功建立的阶段 2 连接数。

d) 剩余错误比率

第一步:配置 IPsec 协议应用,设置 IKEv1 为快速模式交换,并多次建立连接,传送数据,然后关闭连接。

第二步:统计在此过程中传送不正确、丢失或者重复的数据量和有效的数据量之比。

e) 失败概率

第一步:配置 IPsec 协议应用,设置 IKEv1 为支持 PFS 的快速模式交换,并多次建立连接、传送数据,然后关闭连接。

第二步:统计在此过程中的连接建立失败概率和传送失败概率。

第三步:配置 IPsec 协议应用,设置 IKEv1 为不支持 PFS 的快速模式交换,并多次建立连接、传送数据,然后关闭连接。

第四步:统计在此过程中的连接建立失败概率和传送失败概率。

f) 密钥更新

第一步:配置 IPsec 协议应用,设置 IPsec SA 的更新周期(如 1 h),触发 IKEv1 建立连接,保持连接。

第二步:在指定时间间隔(如 1 h)后查看 IKEv1 协商情况,是否已经触发 IKEv1 快速模式交换更新密钥。

第三步:若未更新密钥,则不支持密钥更新功能。

#### 7.9.3 健壮性测试

##### 7.9.3.1 无效报文处理能力测试

测试 IKEv1 协议在快速模式交换情况下的无效报文处理能力,测试步骤如下:

a) 错误报文处理能力测试

在快速模式消息交换过程中发送错误报文,测试 IKEv1 的处理能力。测试步骤见 7.9.1.3 和 7.9.1.4 中各状态下提供非法参数测试步骤和错误消息测试步骤。

b) 非期望报文处理能力测试

在快速模式消息交换过程中发送非期望消息,测试 IKEv1 的处理能力。测试步骤见 7.9.1.3 和 7.9.1.4 中各状态下非期望消息的测试步骤。

##### 7.9.3.2 异常事件处理能力测试

测试 IKEv1 协议在快速模式交换情况下的异常事件处理能力,测试步骤如下:

a) 连接中断处理能力测试

第一步：配置 IPsec 协议应用，触发 IKEv1 快速模式交换。

第二步：断开物理网络连接。

第三步：IKEv1 应该重传报文，直到达到最大重传计数值，终止协商。

b) 等待超时处理能力测试

在快速模式消息交换过程中延长数据交互时间直到超时，测试 IKEv1 协议的处理能力。测试步骤见 7.9.1.3 和 7.9.1.4 中各状态下延迟发送测试步骤和重传计数器超过最大值的测试步骤。

#### 7.9.3.3 高强度负载处理能力测试

测试 IKEv1 协议在快速模式交换情况下的高强度负载处理能力，测试步骤如下：

a) 网络高强度负载处理能力测试

第一步：在网络负载很大(带宽占用率为 90%以上)的情况下，触发 IKEv1 快速模式交换。

第二步：查看 IKEv1 的处理能力。

b) 系统高强度负载处理能力测试

第一步：在系统高强度负载(内存、CPU 占用率为 90%以上)的情况下，触发 IKEv1 快速模式交换。

第二步：查看 IKEv1 的处理能力。

### 7.9.4 互操作性测试

#### 7.9.4.1 基本互连测试

设置不同 IPsec 协议应用均工作在 IKEv1 快速模式交换情况下，进行基本连通测试。测试步骤见 7.7.1.1。

#### 7.9.4.2 功能互操作性测试

设置不同 IPsec 协议应用均工作在 IKEv1 快速模式交换情况下，进行功能互操作性测试。测试步骤见 7.9.1.2 的规定。

#### 7.9.4.3 行为互操作性测试

设置不同 IPsec 协议应用均工作在 IKEv1 快速模式交换情况下，进行行为互操作性测试。测试步骤见 7.9.1.3 和 7.9.1.4 的规定。

## 7.10 IKEv2 初始交换测试步骤

### 7.10.1 功能测试

#### 7.10.1.1 基本互连测试

配置 IPsec 协议应用，触发 IKEv2 初始交换，进行基本互连测试。测试步骤见 7.7.1.1。

#### 7.10.1.2 安全功能测试

测试 IKEv2 协议在初始交换情况下的安全功能，测试步骤如下：

a) 身份认证方法协商功能测试

第一步：配置 IPsec 协议应用，触发 IKEv2 初始交换。

第二步:查看 IKE_SA_INIT 请求消息中的 SA 属性载荷部分。若没有认证方式的属性载荷,则不支持身份认证方法的协商功能。

第三步:查看 IKE_SA_INIT 响应消息中的 SA 属性载荷部分。若没有认证方式的属性载荷,则不支持身份认证方法的协商功能。

b) 身份认证功能测试

第一步:配置 IPsec 协议应用,触发 IKEv2 初始交换。

第二步:查看 IKE_AUTH 请求消息中是否有认证载荷部分,且认证数据验证正确,则发起方具备身份认证功能。

第三步:查看 IKE_AUTH 响应消息中是否有认证载荷部分,且认证数据验证正确,则响应方具备身份认证功能。

c) 加密算法协商功能测试

第一步:配置 IPsec 协议应用,触发 IKEv2 初始交换。

第二步:查看 IKE_SA_INIT 请求消息中是否有加密算法属性载荷。若有,则发起方支持加密算法协商功能。

第三步:查看 IKE_SA_INIT 响应消息中是否有加密算法载荷。若有,则响应方支持加密算法协商功能。

第四步:查看协商好的 IKE SA 中是否有加密算法标识。若有,则说明支持加密算法协商功能。

d) 伪随机函数 PRF 协商功能测试

第一步:配置 IPsec 协议应用,触发 IKEv2 初始交换。

第二步:查看 IKE_SA_INIT 请求消息中是否有伪随机函数的属性载荷。若有,则发起方支持伪随机函数 PRF 协商功能。

第三步:查看 IKE_SA_INIT 响应消息中是否有伪随机函数的属性载荷。若有,则响应方支持伪随机函数 PRF 协商功能。

第四步:查看协商好的 IKE SA 中是否有伪随机函数 PRF 标识。若有,则说明支持伪随机函数 PRF 协商功能。

e) 密钥协商功能

第一步:配置 IPsec 协议应用,触发 IKEv2 初始交换。

第二步:查看 IKE_SA_INIT 请求消息中是否有密钥交换载荷和 Nonce 载荷。若有,则支持密钥协商功能。

第三步:查看 IKE_SA_INIT 响应消息中是否有密钥交换载荷和 Nonce 载荷。若有,则支持密钥协商功能。

第四步:查看协商好的 IKE SA 中密钥是否存在。若存在,则说明支持密钥协商功能。

f) 数据加密功能测试

第一步:配置 IPsec 协议应用,触发 IKEv2 初始交换。

第二步:查看 IKE_AUTH 请求消息中是否有加密载荷。若有,则支持数据加密功能。

第三步:查看 IKE_AUTH 响应消息中是否有加密载荷。若有,则支持数据加密功能。

g) NAT 穿越探测功能

第一步:配置 IPsec 协议应用,触发 IKEv1 初始交换。

第二步:查看消息 1 中是否有 NAT_DETECTION_SOURCE_IP 和 NAT_DETECTION_DESTINATION_IP 类型的通知载荷。若有,则发起方支持 NAT 穿越功能。

第三步:查看消息 2 中是否有 NAT_DETECTION_SOURCE_IP 和 NAT_DETECTION_DESTINATION_IP 类型的通知载荷。若有,则响应方支持 NAT 穿越功能。

第四步：若 IPsec 协议应用的上述检查通过，则支持 NAT 穿越探测功能。

h) NAT KEEPALIVE 功能

第一步：配置 IPsec 协议应用，在连接中设置 NAT 设备，触发 IKEv2 初始交换。

第二步：检查是否收到 NAT KEEPALIVE 报文。若是，则方支持 NAT KEEPALIVE 功能。

第三步：NAT KEEPALIVE 报文的接收方应丢弃该报文。

#### 7.10.1.3 发起方行为测试

测试 IKEv2 协议在初始交换情况下发起方的行为(其行为状态见附录 C 的 C.2.1.2)，测试步骤如下：

a) START 状态测试

第一步：配置参数，触发发起方 IPsec 协议(如 AH 或 ESP)产生连接请求。

第二步：查看接收到的消息是否为 IKE_SA_INIT 请求消息。若不是，则发起方行为不符合 IKEv2 协议规范要求。

第三步：查看 IKE_SA_INIT 请求消息结构是否合法。若不合法，则发起方行为不符合 IKEv2 协议规范要求。

b) INIT_I_REQ 状态测试

INIT_I_REQ 状态测试步骤如下：

1) 正常情况

第一步：发送 IKE_SA_INIT 响应消息，查看发起方的行为。

第二步：查看发起方是否发送 IKE_AUTH 请求消息。若不是，则发起方行为不符合 IKEv2 协议规范要求。

第三步：查看 IKE_AUTH 请求消息解密是否正确，消息结构是否合法。若不合法，则发起方行为不符合 IKEv2 协议规范要求。

第四步：发送带 Cookie 的载荷的响应消息，查看发起方的行为。

第五步：查看是否接收到带 Cookie 载荷的 IKE_SA_INIT 请求消息。若不是，则发起方行为不符合 IKEv2 协议规范要求。

第六步：查看带 Cookie 载荷的 IKE_SA_INIT 请求消息结构是否合法。若不合法，则发起方行为不符合 IKEv2 协议规范要求。

2) 非期望消息

第一步：发送 IKE_SA_INIT 响应消息以外的其他消息。

第二步：发起方应该丢弃该消息。若不是，则发起方行为不符合 IKEv2 协议规范要求。

3) 延迟发送

第一步：延迟发送 IKE_SA_INIT 响应消息。

第二步：发起方应超时重传 IKE_SA_INIT 请求消息。若不是，则发起方行为不符合 IKEv2 协议规范要求。

4) 提供非法参数

第一步：在 IKE_SA_INIT 响应消息中提供非法参数(如消息头部 HDR 中设置不同的版本号、将响应方 SPI 设置为 0，建议和变换载荷中提供不在协议规范中定义的参数值)。

第二步：发起方应该丢弃该消息。若不是，则发起方行为不符合 IKEv2 协议规范要求。

5) 错误消息

第一步：在 IKE_SA_INIT 响应消息中包含非法的载荷类型。

第二步：发起方应该丢弃该消息。若不是，则发起方行为不符合 IKEv2 协议规范要求。

6) 重传计数器超过最大值

第一步：延迟发送 IKE_SA_INIT 响应，直到发起方的重传计数器值超过指定的最大值。

第二步：发起方应该清除状态，终止协商。若不是，则发起方行为不符合 IKEv2 协议规范要求。

c) INIT_I_COOKIE 状态测试

INIT_I_COOKIE 状态测试步骤如下：

1) 正常情况

第一步：发送 IKE_SA_INIT 响应消息，查看发起方的行为。

第二步：查看发起方是否发送 IKE_AUTH 请求消息。若不是，则发起方行为不符合 IKEv2 协议规范要求。

第三步：验证 IKE_AUTH 请求消息解密是否正确。若不正确，则发起方行为不符合 IKEv2 协议规范要求。

第四步：查看 IKE_AUTH 请求消息的载荷类型是否正确，该消息结构是否合法。若不合法，则发起方行为不符合 IKEv2 协议规范要求。

2) 非期望消息

第一步：发送 IKE_SA_INIT 响应消息以外的其他消息。

第二步：发起方应该丢弃该消息。若不是，则发起方行为不符合 IKEv2 协议规范要求。

3) 延迟发送

第一步：延迟发送 IKE_SA_INIT 响应消息。

第二步：发起方应超时重传带 Cookie 载荷的 IKE_SA_INIT 请求消息。若不是，则发起方行为不符合 IKEv2 协议规范要求。

4) 提供非法参数

第一步：在 IKE_SA_INIT 响应消息中提供非法参数（如消息头部 HDR 中置不同的版本号、将响应方 SPI 设置为 0，建议和变换载荷中提供不在协议规范中定义的参数值等）。

第二步：发起方应该丢弃该消息。若不是，则发起方行为不符合 IKEv2 协议规范要求。

5) 错误消息

第一步：在 IKE_SA_INIT 响应消息中包含非法的载荷类型。

第二步：发起方应该丢弃该消息。若不是，则发起方行为不符合 IKEv2 协议规范要求。

6) 重传计数器超过最大值

第一步：延迟发送 IKE_SA_INIT 响应，直到发起方的重传计数器值超过指定的最大值。

第二步：发起方应该清除状态，终止协商。若不是，则发起方行为不符合 IKEv2 协议规范要求。

d) AUTH_I_REQ 状态测试

AUTH_I_REQ 状态测试步骤如下：

1) 正常情况

第一步：发送 IKE_AUTH 响应消息，查看发起方的行为。

第二步：发起方进入 ESTABLISHED 状态。

2) 非期望消息

第一步：发送 IKE_AUTH 响应消息以外的其他消息。

第二步：发起方应该丢弃该消息。若不是，则发起方行为不符合 IKEv2 协议规范要求。

3) 延迟发送

第一步：延迟发送 IKE_AUTH 响应消息。

第二步：发起方应超时重传 IKE_AUTH 请求消息。若不是，则发起方行为不符合 IKEv2 协议规范要求。

4) 提供非法参数

第一步:在 IKE_AUTH 响应消息中提供非法参数(如头部 HDR 中设置不同于 IKE_AUTH 请求消息的版本号、将响应方 SPI 设置为 0、头部之后不是加密载荷,载荷中包含不在协议规范中定义的参数值等)。

第二步:发起方应该丢弃该消息。若不是,则发起方行为不符合 IKEv2 协议规范要求。

5) 错误消息

第一步:在 IKE_AUTH 响应消息中包含非法的载荷类型或使用协商结果以外的算法和密钥加密报文。

第二步:发起方应该丢弃该消息。若不是,则发起方行为不符合 IKEv2 协议规范要求。

6) 重传计数器超过最大值

第一步:延迟发送 IKE_AUTH 响应,直到发起方的重传计数器值超过指定的最大值。

第二步:发起方应该清除状态,终止协商。若不是,则发起方行为不符合 IKEv2 协议规范要求。

e) ESTABLISHED 状态测试

ESTABLISHED 状态测试步骤如下:

1) 正常情况

第一步:设置连接状态,初始交换完成。

第一步:构建 IKE SA 连接状态,并将协商好的 IPsec SA 传递给协议(如 AH 或 ESP)。

2) SA 管理

第一步:IKE SA 到期或接收到删除 IKE SA 请求。

第二步:发起方应该清除连接状态,进入 CLOSED 状态。若不是,则发起方行为不符合 IKEv2 协议规范要求。

#### 7.10.1.4 响应方行为测试

测试 IKEv2 协议在初始交换情况下响应方的行为(其行为状态见附录 C 的 C.2.1.3),测试步骤如下:

a) START 状态测试

START 状态测试步骤如下:

1) 正常情况处理能力测试

第一步:发送 IKE_SA_INIT 请求消息,测试响应方的行为。

第二步:查看接收到的消息是否为 IKE_SA_INIT 响应消息。若不是,则响应方行为不符合 IKEv2 协议规范要求。

第三步:查看 IKE_SA_INIT 响应消息结构是否合法。若不合法,则响应方行为不符合 IKEv2 协议规范要求。

第四步:持续以不同的身份发送 IKE_SA_INIT 请求消息,直到响应方半打开连接达到最大值。

第五步:查看接收到的消息是否为带 Cookie 载荷的响应消息。若不是,则响应方行为不符合 IKEv2 协议规范要求。

第六步:查看带 Cookie 载荷的响应消息是否合法。若不合法,则响应方行为不符合 IKEv2 协议规范要求。

2) 非期望消息

第一步:发送 IKE_SA_INIT 请求消息以外的其他消息。

第二步：响应方应丢弃该消息。若不是，则响应方行为不符合 IKEv2 协议规范要求。

3) 提供非法参数

第一步：在 IKE_SA_INIT 请求消息中提供非法参数（如消息的 HDR 中设置不同的版本号，建议和变换载荷中提供不在协议规范中定义的参数值等）。

第二步：响应方应丢弃该消息。若不是，则响应方行为不符合 IKEv2 协议规范要求。

4) 错误消息

第一步：在 IKE_SA_INIT 请求消息中包含非法载荷类型。

第二步：响应方应丢弃该消息。若不是，则响应方行为不符合 IKEv2 协议规范要求。

b) INIT_R_REQ 状态测试

INIT_R_REQ 状态测试步骤如下：

1) 正常情况处理能力测试

第一步：发送 IKE_AUTH 请求消息，测试响应方的行为。

第二步：查看是否接收到 IKE_AUTH 响应消息。若不是，则响应方行为不符合 IKEv2 协议规范要求。

第三步：验证 IKE_AUTH 响应消息解密是否正确。若不正确，则发起方行为不符合 IKEv1 协议规范要求。

第四步：查看 IKE_AUTH 响应消息载荷类型是否正确，消息结构是否合法、是否提供认证载荷。若不是，则响应方行为不符合 IKEv2 协议规范要求。

2) 非期望消息

第一步：发送 IKE_AUTH 请求消息以外的其他消息。

第二步：响应方应丢弃该消息。若不是，则响应方行为不符合 IKEv2 协议规范要求。

3) 提供非法参数

第一步：在 IKE_AUTH 请求消息中提供非法参数（如 HDR 中设置不同的版本号、标志位，载荷包含不在协议规范中定义的参数值等）。

第二步：响应方应该丢弃该消息。若不是，则响应方行为不符合 IKEv2 协议规范要求。

4) 错误消息

第一步：在 IKE_AUTH 请求消息中包含非法的载荷类型或使用协商结果以外的算法和密钥加密报文。

第二步：响应方应丢弃该消息。若不是，则响应方行为不符合 IKEv2 协议规范要求。

c) INIT_R_COOKIE 状态测试

INIT_R_COOKIE 状态测试步骤如下：

1) 正常情况处理能力测试

第一步：发送带 Cookie 载荷的 IKE_SA_INIT 请求消息，测试响应方的行为。

第二步：查看响应方是否发送 IKE_SA_INIT 响应消息。若不是，则响应方行为不符合 IKEv2 协议规范要求。

第三步：查看 IKE_SA_INIT 响应消息结构是否合法。若不是，则响应方行为不符合 IKEv2 协议规范要求。

2) 非期望消息

第一步：发送带 Cookie 载荷的 IKE_SA_INIT 请求消息以外的其他消息。

第二步：响应方应丢弃该消息。若不是，则响应方行为不符合 IKEv2 协议规范要求。

3) 提供非法参数

第一步：在带 Cookie 载荷的 IKE_SA_INIT 请求消息中提供非法参数（如该消息 HDR 中设置不同的版本号、标志位，载荷包含不在协议规范中定义的参数值等）。

第二步:响应方应该丢弃该消息。若不是,则响应方行为不符合 IKEv2 协议规范要求。

4) 错误消息

第一步:在带 Cookie 载荷的 IKE_SA_INIT 请求消息中包含非法的载荷类型或使用协商结果以外的算法和密钥加密报文。

第二步:响应方应丢弃该消息。若不是,则响应方行为不符合 IKEv2 协议规范要求。

d) ESTABLISHED 状态测试

ESTABLISHED 状态测试步骤如下:

1) 正常情况

第一步:设置连接状态,初始交换完成。

第二步:构建 IKE SA 连接状态,并将协商好的 IPsec SA 传递给协议(如 AH 或 ESP)。

2) SA 管理

第一步:IKE SA 到期或接收到删除 IKE SA 请求。

第二步:响应方应该清除连接状态,进入 CLOSED 状态。若不是,则响应方行为不符合 IKEv2 协议规范要求。

### 7.10.2 性能测试

配置 IPsec 协议应用触发 IKEv2 初始交换,进行性能测试。测试步骤见 7.7.2。

### 7.10.3 健壮性测试

#### 7.10.3.1 无效报文处理能力测试

测试 IKEv2 协议在初始交换情况下的无效报文处理能力,测试步骤如下:

a) 错误报文处理能力测试

在初始交换过程中发送错误报文,测试 IKEv2 协议的处理能力。测试步骤见 7.10.1.3 和 7.10.1.4中各状态下提供非法参数测试步骤和错误消息测试步骤。

b) 非期望报文处理能力测试

在初始交换过程中发送非期望消息,测试 IKEv2 协议的处理能力。测试步骤见 7.10.1.3 和 7.10.1.4 中各状态下非期望消息的测试步骤。

#### 7.10.3.2 异常事件处理能力测试

测试 IKEv2 协议在初始交换情况下的异常事件处理能力,测试步骤如下:

a) 连接中断处理能力测试

第一步:配置 IPsec 协议应用,触发 IKEv2 初始交换。

第二步:断开物理网络连接。

第三步:IKEv2 发起方应该重传报文,直到达到最大重传计数值,终止协商。

b) 等待超时处理能力测试

在初始交换过程中延长数据交互时间直到超时,测试 IKEv2 协议的处理能力。测试步骤见 7.10.1.3和 7.10.1.4 中各状态下延迟发送测试步骤和重传计数器超过最大值的测试步骤。

#### 7.10.3.3 高强度负载处理能力测试

测试 IKEv2 协议在初始交换情况下的高强度负载处理能力,测试步骤如下:

a) 网络高强度负载处理能力测试

第一步:在网络负载很大(带宽占用率为 90%以上)的情况下,触发 IKEv2 初始交换。

第二步：查看 IKEv1 的处理能力。

b) 系统高强度负载处理能力测试

第一步：在系统高强度负载(内存、CPU 占用率为 90%以上)的情况下，触发 IKEv2 初始交换。

第二步：查看 IKEv1 的处理能力。

#### 7.10.4 互操作性测试

##### 7.10.4.1 基本互连测试

设置不同 IPsec 协议应用均工作在 IKEv2 初始交换情况下，进行基本连通测试。测试步骤见 7.7.1.1。

##### 7.10.4.2 功能互操作性测试

设置不同 IPsec 协议应用均工作在 IKEv2 初始交换情况下，进行功能互操作性测试。测试步骤见 7.10.1.2 的规定。

##### 7.10.4.3 行为互操作性测试

设置不同 IPsec 协议应用均工作在 IKEv2 初始交换情况下，进行行为互操作性测试。测试步骤见 7.10.1.3 和 7.10.1.4 的规定。

### 7.11 IKEv2 创建子 SA 交换测试步骤

#### 7.11.1 功能测试

##### 7.11.1.1 基本互连测试

配置 IPsec 协议应用，触发 IKEv2 创建子 SA 交换过程，进行基本互连测试。测试步骤见 7.7.1.1。

##### 7.11.1.2 安全功能测试

测试 IKEv2 协议在创建子 SA 交换情况下的安全功能，测试步骤如下：

a) 加密算法协商功能

第一步：配置 IPsec 协议应用，触发 IKEv2 创建子 SA 交换。

第二步：查看 CREATE_CHILD_SA 请求消息中是否有加密算法属性载荷。若有，则支持加密算法协商功能。

第三步：查看 CREATE_CHILD_SA 响应消息中是否有加密算法属性载荷。若有，则支持密码算法协商功能。

第四步：查看协商好的 CHILD SA 中是否有数据加密算法标识。若有，则说明支持加密算法协商功能。

b) MAC 算法协商功能

第一步：配置 IPsec 协议应用，触发 IKEv2 创建子 SA 交换。

第二步：查看 CREATE_CHILD_SA 请求消息中是否有 MAC 算法协商的属性载荷。若有，则支持 MAC 算法协商功能。

第三步：查看 CREATE_CHILD_SA 响应消息中是否有 MAC 算法协商的属性载荷。若有，则支持 MAC 算法协商功能。

第四步：查看协商好的 CHILD SA 中否有 MAC 算法标识。若有，则支持 MAC 算法协商功能。

c) 密钥协商功能

第一步：配置 IPsec 协议应用，触发 IKEv2 创建子 SA 交换。

第二步：查看 CREATE_CHILD_SA 请求中是否有密钥交换载荷和 Nonce 载荷。若有，则支持密钥协商功能。

第三步：查看 CREATE_CHILD_SA 响应消息中是否有密钥交换载荷和 Nonce 载荷。若有，则支持密钥协商功能。

第四步：查看协商好的 CHILD SA 中密钥是否存在。若存在，则说明支持密钥协商功能。

d) 密钥更新功能

第一步：配置 IPsec 协议应用，触发 IKEv2 创建子 SA 交换。

第二步：查看 CREATE_CHILD_SA 请求中是否有通知载荷（包含 SPI 值）和业务流选择载荷，确定是否支持密钥更新功能。

第三步：查看 CREATE_CHILD_SA 响应消息中是否有通知载荷（包含 SPI 值）和业务流选择载荷，确定是否支持密钥协商功能。

第四步：查看协商好的 CHILD SA 中密钥是否被更新。

#### 7.11.1.3 发起方行为测试

测试 IKEv2 协议在创建子 SA 交换情况下发起方的行为（其行为状态见附录 C 的 C.2.2.2），测试步骤如下：

a) START 状态测试

第一步：利用 IKEv2 初始交换的协商指示，或收到参数刷新要求，触发 IKEv2 进行创建子 SA 交换。

第二步：查看接收到的消息是否为 CREATE_CHILD_SA 请求消息。若不是，则发起方行为不符合 IKEv2 协议规范要求。

第三步：验证 CREATE_CHILD_SA 请求消息解密是否正确。若不正确，则发起方行为不符合 IKEv1 协议规范要求。

第四步：查看 CREATE_CHILD_SA 请求消息载荷类型是否正确，消息结构是否合法。若不合法，则发起方行为不符合 IKEv2 协议规范要求。

b) CHILD_I_REQ 状态测试

CHILD_I_REQ 状态测试步骤如下：

1) 正常情况

第一步：发送 CREATE_CHILD_SA 响应消息，查看发起方的行为。

第二步：发起方应指示协商完成，进入 ESTABLISHED 状态。

2) 非期望消息

第一步：发送 CREATE_CHILD_SA 响应消息以外的其他消息。

第二步：发起方应该丢弃该消息。若不是，则发起方行为不符合 IKEv2 协议规范要求。

3) 延迟发送

第一步：延迟发送 CREATE_CHILD_SA 响应消息。

第二步：发起方应超时重传 CREATE_CHILD_SA 请求消息。若不是，则发起方行为不符合 IKEv2 协议规范要求。

4) 提供非法参数

第一步：在 CREATE_CHILD_SA 响应消息中提供非法参数（如头部 HDR 中设置不同的版本号、响应方 Cookie 设置为 0，载荷包含不在协议规范中定义的参数值等）。

第二步：发起方应该丢弃该消息。若不是，则发起方行为不符合 IKEv2 协议规范要求。

5) 错误消息

第一步：在 CREATE_CHILD_SA 响应消息中包含非法载荷类型或使用协商结果以外的算法和密钥加密报文。

第二步：发起方应该丢弃该消息。若不是，则发起方行为不符合 IKEv2 协议规范要求。

6) 重传计数器超过最大值

第一步：延迟发送 CREATE_CHILD_SA 响应，直到发起方的重传计数器值超过指定的最大值。

第二步：发起方应该清除状态，终止协商。若不是，则发起方行为不符合 IKEv2 协议规范要求。

c) ESTABLISHED 状态测试

ESTABLISHED 状态测试步骤如下：

1) 正常情况

第一步：设置连接状态。

第二步：将协商完成的参数传递给 IPsec 安全协议(如 AH 或 ESP)。

2) SA 管理

第一步：IPsec SA 到期或接收到删除 IPsec SA 请求。

第二步：发起方应该清除连接状态，进入 CLOSED 状态。若不是，则发起方行为不符合 IKEv2 协议规范要求。

#### 7.11.1.4 响应方行为测试

测试 IKEv2 协议在创建子 SA 交换情况下响应方的行为(其行为状态见附录 C 的 C.2.2.3)，测试步骤如下：

a) START 状态测试

START 状态测试步骤如下：

1) 正常情况

第一步：发送 CREATE_CHILD_SA 请求消息，查看响应方的行为。

第二步：查看接收到的消息是否为 CREATE_CHILD_SA 响应消息。若不是，则响应方行为不符合 IKEv2 协议规范要求。

第三步：验证 CREATE_CHILD_SA 响应消息解密是否正确。若不正确，则发起方行为不符合 IKEv1 协议规范要求。

第四步：查看 CREATE_CHILD_SA 响应消息载荷类型是否正确，消息结构是否合法。若不合法，则响应方行为不符合 IKEv2 协议规范要求。

2) 非期望消息

第一步：发送 CREATE_CHILD_SA 请求消息以外的其他消息。

第二步：响应方应该丢弃该消息。若不是，则响应方行为不符合 IKEv2 协议规范要求。

3) 提供非法参数

第一步：在 CREATE_CHILD_SA 请求消息中提供非法参数(如消息头部 HDR 中设置非法参数，如设置不同于消息 1 的版本号、标志位，载荷包含不在协议规范中定义的参数值等)。

第二步：响应方应该丢弃该消息。若不是，则响应方行为不符合 IKEv2 协议规范要求。

4) 错误消息

第一步：在 CREATE_CHILD_SA 请求消息中包含非法的载荷类型或使用协议结果以外的算法和密钥加密报文。

第二步:响应方应该丢弃该消息。若不是,则响应方行为不符合 IKEv2 协议规范要求。

b) CHILD_R_REQ 状态测试

CHILD_R_REQ 状态测试步骤如下:

1) 正常情况

第一步:计算参数,设置协商完成状态。

第二步:进入 ESTABLISHED 状态。

2) 非期望消息

第一步:发送 CREATE_CHILD_SA 请求消息以外的其他消息。

第二步:响应方应该丢弃该消息。若不是,则响应方行为不符合 IKEv2 协议规范要求。

c) ESTABLISHED 状态测试

1) 正常情况

第一步:设置连接状态。

第二步:将协商完成的参数传递给 IPsec 安全协议(如 AH 或 ESP)。

2) SA 管理

第一步:IPsec SA 到期或接收到删除 IPsec SA 请求。

第二步:响应方应该清除连接状态,进入 CLOSED 状态。若不是,则响应方行为不符合 IKEv2 协议规范要求。

#### 7.11.2 性能测试

测试 IKEv2 协议在创建子 SA 交换情况下的性能指标,测试步骤见 7.9.2 的规定。

#### 7.11.3 健壮性测试

##### 7.11.3.1 无效报文处理能力测试

测试 IKEv2 协议在创建子 SA 交换情况下的无效报文处理能力,测试步骤如下:

a) 错误报文处理能力测试

在创建子 SA 交换过程中发送错误报文,测试 IKEv2 的处理能力。测试步骤见 7.11.1.3 和 7.11.1.4 中各状态下提供非法参数测试步骤和错误消息测试步骤。

b) 非期望报文处理能力测试

在创建子 SA 交换过程中发送非期望消息,测试 IKEv2 的处理能力。测试步骤见 7.11.1.3 和 7.11.1.4 中各状态下非期望消息的测试步骤。

##### 7.11.3.2 异常事件处理能力测试

测试 IKEv2 协议在创建子 SA 交换情况下的异常事件处理能力,测试步骤如下:

a) 连接中断处理能力测试

第一步:配置 IPsec 协议应用,触发创建子 SA 交换协商。

第二步:断开物理网络连接。

第三步:IKEv2 发起方应该重传报文,直到达到最大重传计数值,终止协商。

b) 等待超时处理能力测试

在创建子 SA 交换过程中延长数据交互时间直到超时,测试 IKEv2 协议的处理能力。测试步骤见 7.11.1.3 和 7.11.1.4 中各状态下延迟发送测试步骤和重传计数器超过最大值的测试步骤。

#### 7.11.3.3 高强度负载处理能力测试

测试 IKEv2 协议在创建子 SA 交换情况下的高强度负载处理能力，测试步骤如下：

a) 网络高强度负载处理能力测试

第一步：在网络负载很大(带宽占用率为 90%以上)的情况下，触发创建子 SA 交换过程。

第二步：查看 IKEv2 的处理能力。

b) 系统高强度负载处理能力测试

第一步：在系统高强度负载(内存、CPU 占用率为 90%以上)的情况下，触发创建子 SA 交换过程。

第二步：查看 IKEv2 的处理能力。

### 7.11.4 互操作性测试

#### 7.11.4.1 基本互连测试

设置不同 IPsec 协议应用均工作在 IKEv2 创建子 SA 交换情况下，实现基本连通测试。测试步骤见 7.7.1.1。

#### 7.11.4.2 功能互操作性测试

设置不同 IPsec 协议应用均工作在 IKEv2 创建子 SA 交换情况下，进行功能互操作性测试。测试步骤见 7.11.1.2 的规定。

#### 7.11.4.3 行为互操作性测试

设置不同 IPsec 协议应用均工作在 IKEv2 创建子 SA 交换情况下，进行行为互操作性测试。测试步骤见 7.11.1.3 和 7.11.1.4 的规定。

## 7.12 IKEv2 信息交换测试步骤

### 7.12.1 功能测试

#### 7.12.1.1 基本互连测试

配置 IPsec 协议应用，触发 IKEv2 信息交换，进行基本互连测试。测试步骤见 7.7.1.1。

#### 7.12.1.2 安全功能测试

测试 IKEv2 协议在信息交换情况下的安全功能，测试步骤如下：

a) 事件通知测试

第一步：发起方发送 INFORMATIONAL 请求消息，该消息中包含通知载荷，指定传递的事件。

第二步：响应方检查 INFORMATIONAL 请求消息，解密并获得通知载荷的内容。若解密不成功，则在信息交换下，发起方行为不符合 IKEv2 协议规范要求。

第三步：响应方按照事件通知执行相关动作并返回响应。

b) 删除安全关联测试

第一步：发起方发送 INFORMATIONAL 请求消息，该消息中包含删除载荷，指定了需要删除的 SA。

第二步：响应方检查 INFORMATIONAL 请求消息，解密并获得删除载荷的内容。若解密成功,响应方删除载荷中指定的 SA;若解密不成功,则在信息交换下,发起方行为不符合 IKEv2 协议规范要求。

第三步:响应方返回 INFORMATIONAL 响应消息,该消息中包含删除载荷,指定了需要删除的 SA。

第四步:发起方检查 INFORMATIONAL 请求消息,解密并获得删除载荷的内容。若解密成功,发起方删除载荷中指定的 SA;若解密不成功,则在信息交换下,响应方行为不符合 IKEv2 协议规范要求。

c) 配置参数测试

第一步:发起方发送 INFORMATIONAL 请求消息,该消息中包含配置载荷,指定了需要配置的参数。

第二步:响应方检查 INFORMATIONAL 请求消息,解密并获得配置载荷的内容。若解密不成功,则在信息交换下,发起方行为不符合 IKEv2 协议规范要求。

第三步:响应方根据配置载荷中的参数进行网络等相关配置工作并返回响应。

d) 活性探测测试

第一步:发起方发送 INFORMATIONAL 请求消息,消息中不包含载荷。

第二步:响应方检查 INFORMATIONAL 请求消息。

第三步:响应方更新活性检测的计时器并返回响应。

### 7.12.2 性能测试

测试 IKEv2 协议在信息交换情况下的性能指标,测试步骤如下:

a) 剩余错误比率

第一步:配置 IPsec 协议应用,多次触发 IKEv2 传送 INFORMATIONAL 请求和响应消息。

第二步:统计在此过程中传送不正确、丢失或者重复的数据量和有效的数据量之比。

b) 失败概率

第一步:配置 IPsec 协议应用,多次触发 IKEv2 传送 INFORMATIONAL 请求和响应消息。

第二步:统计在此过程中的传递 INFORMATIONAL 消息失败概率。

### 7.12.3 健壮性测试

#### 7.12.3.1 错误报文处理能力测试

第一步:触发 IKEv2 产生 INFORMATIONAL 交换。

第二步:构造 INFORMATIONAL 消息,消息的载荷中提供不在协议规范中定义的参数值、构建错误的 INFORMATIONAL 响应消息(如 HDR 中设置非法参数、设置不同的版本号、响应方 Cookie 设置为 0 等),并发送给对方。

第三步:上述错误报文该被丢弃。

#### 7.12.3.2 异常事件处理能力测试

测试 IKEv1 协议在信息交换情况下的异常事件处理能力,测试步骤如下:

a) 连接中断处理能力测试

第一步:在 INFORMATIONAL 交换协商情况下,断开物理网络连接。

第二步:发起方应该重传报文,直到达到最大重传计数值。

b) 等待超时处理能力测试

第一步:在 INFORMATIONAL 交换协商情况下,响应方延长数据交互时间。

第二步:发起方应该超时重传报文。

7.12.3.3 **高强度负载处理能力测试**

测试 IKEv1 协议在信息交换情况下的高强度负载处理能力,测试步骤如下:

a) 网络高强度负载处理能力测试

第一步:在网络负载很大(带宽占用率为 90%以上)的情况下,触发 INFORMATIONAL 交换过程。

第二步:查看 IKEv2 的处理能力。

b) 系统高强度负载处理能力测试

第一步:在系统高强度负载(内存、CPU 占用率为 90%以上)的情况下,触发 INFORMATIONAL 交换过程。

第二步:查看 IKEv2 的处理能力。

7.12.4 **互操作性测试**

7.12.4.1 **基本互连测试**

设置不同 IPsec 协议应用均工作在 IKEv2 INFORMATIONAL 交换情况下,实现基本连通测试。测试步骤见 7.7.1.1。

7.12.4.2 **功能互操作性测试**

设置不同 IPsec 协议应用均工作在 IKEv2 INFORMATIONAL 交换情况下,实现功能互操作性测试。测试步骤见 7.12.1.2 的规定。

# 附 录 A
（资料性附录）
# IPsec 协议规范说明

## A.1 概述

IPsec 是将安全机制引入 TCP/IP 网络的一系列标准，可为 IPv4 和 IPv6 数据报提供高质量的、可互操作的、基于密码的安全服务。IPsec 在 IP 层提供访问控制、数据完整性验证、数据源认证、抗重放攻击、保密性以及有限业务流的保密性等安全服务。

IPsec 通过两个协议（如认证头协议 AH 和封装安全载荷协议 ESP）以及因特网密钥交换协议 IKE 提供安全服务。各协议功能如下：

a） AH 为 IP 数据报提供数据源认证、数据完整性校验以及抗重放攻击服务；

b） ESP 为 IP 数据报提供数据的保密性、数据源认证、数据完整性校验和抗重放攻击服务；

c） IKE（包括 IKEv1 和 IKEv2）完成身份认证、安全关联建立和安全参数协商等功能。

## A.2 安全关联

### A.2.1 安全策略数据库

IPsec 对数据流的保护由安全策略数据库 SPD 确定。SPD 定义了哪些服务以何种方式提供给 IP 数据报。安全策略数据库则根据数据流分类对报文作出 3 种处理：旁路、丢弃和应用 IPsec。旁路指允许数据通过但不提供 IPsec 保护；丢弃指不允许数据穿越 IPsec 设备；应用 IPsec 指对数据提供 IPsec 保护，此时 SPD 应该指出对数据流提供的安全服务、采用的协议、使用的算法等。

对于 IPsec 协议实现，应提供一个管理接口，该接口允许用户或系统管理员管理 SPD。管理接口应允许用户定义进入或离开系统的数据流处理方法。

SPD 包括一个有序的策略入口表。策略入口由一个或多个选择符标识，这些选择符定义了哪些数据流应该应用该策略。每个入口包括一个标识，该标识指出匹配这一策略的通信是否允许旁路、丢弃或应用 IPsec 处理。若需要进行 IPsec 处理，则入口应包括一个 SA 或 SA 束，给出了 IPsec 协议类型、模式和使用的算法，以及是否需要嵌套使用 SA 等。安全策略数据库是通过“选择符”来指定的，因此选择符成为安全策略数据库的索引。选择符是从网络层和传送层内提取出来的，它包含有下列字段：

a） 目标地址：该字段可以是一个指定的 IP 单播地址、一个地址范围（包括地址高值和低值）、地址加掩码或一个通配符地址。

b） 源地址：该字段可以是一个指定的 IP 单播地址、一个地址范围（包括地址高值和低值）、地址加掩码或一个通配符地址。

c） 名字：该字段用于标识与一名有效用户或者系统名称关联在一起的名称。可使用 DNS 域名、X.509 区分名或者在 IPsec DOI 中定义的其他名字类型。

d） 协议：该字段指定了传输层协议，从 IPv4 的协议字段或 IPv6 的下一个头字段得到。

e） 上层端口：在进行面向会话的密钥交换时，上层端口代表着源和目标端口，真正应用协议使用的就是这些端口。若端口不能访问（如接收到一个具有 ESP 头的报文），则需使用通配符。

### A.2.2 安全关联数据库

安全关联类似于一条单向逻辑“连接”，输入数据流和输出数据流由输入安全关联和输出安全关联分别处理。可通过手工配置和自动协商两种方式建立,但都是基于安全策略数据库生成的。自动协商方式就是由通信双方基于各自的安全策略数据库经过匹配和协商,最终建立安全关联。

对于入站处理,SAD 中的每个入口根据一个目的 IP 地址、IPsec 协议类型、SPI 进行检索。对于入站,下面的字段用于在 SAD 中查找 SA:

a) 外部头中的目的 IP 地址:对传输模式,是通信的目的地;对隧道模式,是隧道的目的端点。

b) IPsec 安全协议:AH 或 ESP 协议,用于作为查找安全关联的索引,指定了该安全关联使用的协议类型。

c) SPI:用于区分同一目的地址和安全协议的情况下不同的安全关联。

对于每个选择符,SAD 中的 SA 入口应包含一个或多个在创建 SA 时协商的值。对于发起方,这些值用于决定哪个 SA 应该被使用;对于响应方,这些值用于核对入站报文中的选择符值与 SA 的选择符值是否一致。下述 SA 字段用在 IPsec 处理过程中:

a) 序号计数:产生 AH 或 ESP 头中的序号字段,主要用于抗重放攻击服务。

b) 序号溢出:指示序号计数器的溢出是否应该产生一个日志记录,并且阻止用该 SA 继续传输分组。

c) 抗重放窗口:包括一个计数器和一个检测窗口,用于判断一个输入的 AH 或 ESP 报文是否为重放报文。

d) AH 认证算法、密钥。

e) ESP 加密算法、密钥、Ⅳ模式和Ⅳ。

f) ESP 认证算法、密钥,若没有使用认证服务,则该字段设置为空。

g) 生存期:规定了每个 SA 最长能够存在的时间。超过这个时间,该 SA 便不能继续使用。可使用字节数和时间(按秒计算)为单位计算。

h) IPsec 协议模式:传输模式或隧道模式。

### A.2.3 安全关联的组合

#### A.2.3.1 传输邻接组合模式

传输邻接指的是对同一个 IP 数据报使用多于一个传输模式的安全协议。这种联合 AH 和 ESP 的方法只允许一级的联合,更多的嵌套不能产生更多的好处。传输邻接组合模式如图 A.1 所示。

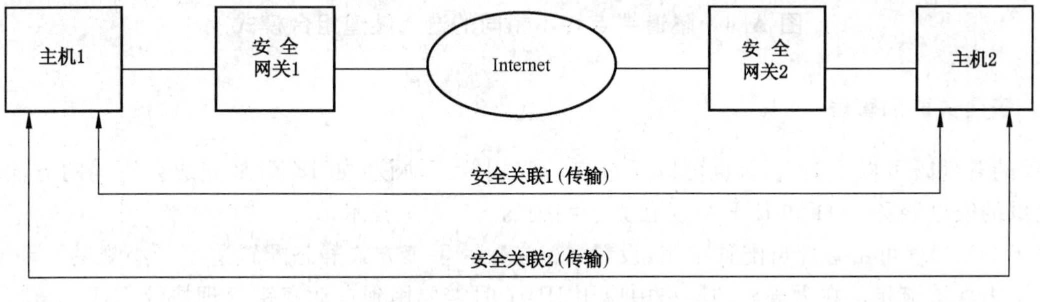


**图 A.1 传输邻接组合模式**

#### A.2.3.2 迭代隧道组合模式

迭代隧道指的是通过 IP 隧道实现的安全协议的多层次应用。这种方法允许多重嵌套。常见的有三种基本的嵌套隧道方式:

a) 隧道的两个端点相同(隧道的内部与外部均有可能是为 AH 或 ESP,如图 A.2 所示);

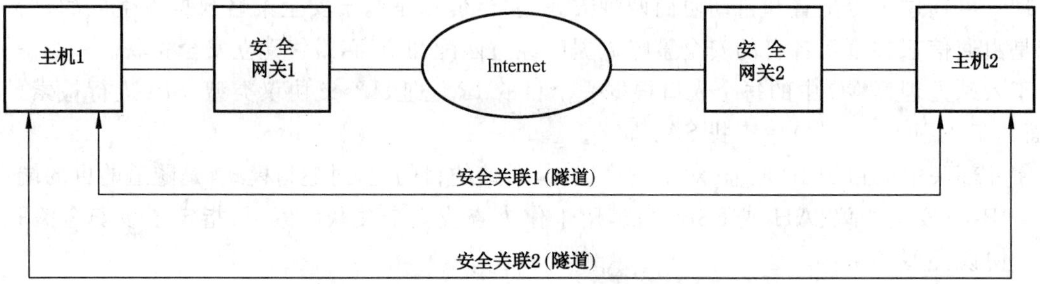


图 A.2 隧道端点相同的迭代隧道组合模式

b) 一个隧道端点相同(隧道的内部与外部均有可能是为 AH 或 ESP,如图 A.3 所示);

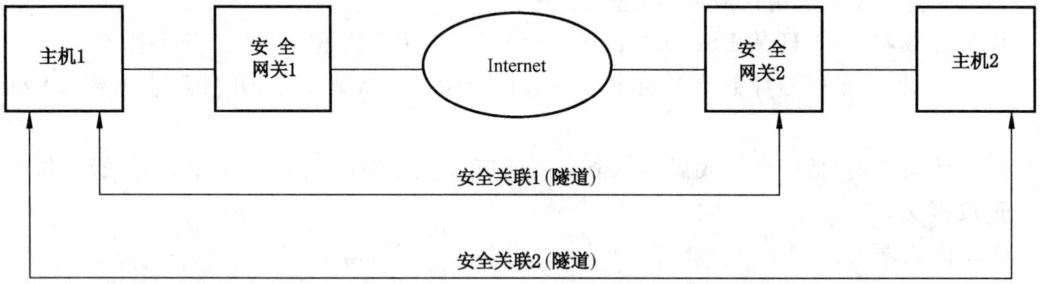


图 A.3 一个隧道端点相同的迭代隧道组合模式

c) 隧道端点均不相同(隧道的内部与外部均有可能是 AH 或 ESP,如图 A.4 所示)。

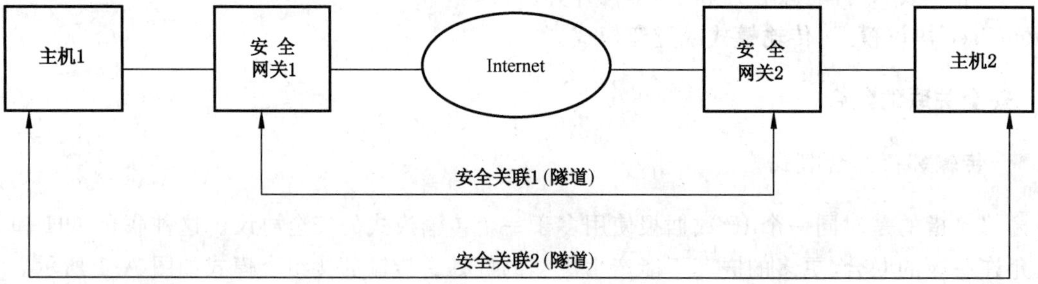


图 A.4 隧道端点均不相同的迭代隧道组合模式

### A.2.4 安全关联的管理

SA 的管理既可以手工进行,也可以通过自动密钥管理协议(如 IKE)来完成。不同的方法会影响协议提供的安全服务,AH 和 ESP 协议独立于相关的 SA 管理技术。

手工 SA 管理可由管理员配置密钥,设置 SA 参数。手工方式静态配置适用于小规模的环境,并在有限范围内保护流量。在大规模的网络中应用 IPsec 时需要用到自动密钥管理协议 IKE。该协议在因特网上为两个设备自动协商安全参数。

SA 管理的主要任务是创建和删除。SA 的创建分为两步:首先协商 SA 参数,然后用 SA 更新 SAD。协议规范要求必须支持手工密钥管理机制,此时 SPI 的分配、参数的拟订均是手工完成的;同时应该支持自动密钥管理协议(如 IKE)完成参数的协商。若安全策略要求建立安全、保密的连接,却找不到相应的 SA,IPsec 会自动调用 IKE 创建该 SA,并添加到 SAD 数据库中。

当 SA 不能满足安全通信的要求时,必须删除。删除的条件为:生存期过期、密钥被破解、SA 加密/解密或验证的字节数超过了策略设定的阀值、另一端要求删除该 SA 等。

# 附　录　B
（资料性附录）
# IKEv1 密钥交换机制

## B.1　定义

IKEv1 是一个混合型的协议，利用 ISAKMP 定义的认证和密钥交换框架。密钥协商过程包括两个阶段，即阶段 1 和阶段 2。在阶段 1 中，应支持主模式交换和野蛮模式交换。在此阶段通信双方协商建立了一个 ISAKMP SA，该 SA 是为保护彼此之间的通信而使用的策略及密钥，用该 SA 协商的参数保护 IPsec SA 的协商过程。一个 ISAKMP SA 可用于建立多个 IPsec SA。阶段 2 应支持快速模式交换，通信双方使用阶段 1 的 ISAKMP SA 协商建立 IPsec SA，IPsec SA 是为保护它们之间的数据通信而使用的策略及密钥。

本节用到的符号如下：

HDR：表示 ISAKMP 头。

HDR*：表示 ISAKMP 头之后的载荷是加密的。

SA：带有一个或多个建议载荷的安全关联载荷。

IDi：发起方的标识载荷。

IDr：响应方的标识载荷。

HASH：HASH 载荷。

HASH_I：发起方的 HASH 载荷。

HASH_R：响应方的 HASH 载荷。

SIG_I：发起方的签名载荷。

SIG_R：响应方的签名载荷。

CERT：证书载荷。

CERT-I：发起方的证书载荷。

CERT-R：响应方的证书载荷。

KE：密钥交换载荷，包含 Diffie-Hellman 密钥交换的公开值。

Ni：发起方的 Nonce 载荷。

Nr：响应方的 Nonce 载荷。

〈P〉_b：载荷〈P〉的数据部分，不包含 ISAKMP 的通用头部。

PubKey_i：发起方的公钥。

PubKey_r：响应方的公钥。

CKY-I：初始方的 Cookie。

CKY-R：响应方的 Cookie。

VID：销售商 ID。

MAC：消息认证码，用于验证报文的完整性。

Prf：伪随机函数。通常是通信双方协商好的 HASH 函数的一个 HMAC(HASH 消息认证代码，是密码意义上更加强壮的用 HASH 函数计算 MAC 的方法)版本。

[x]：x 是可选的。

〈x〉y：用密钥 y 对 x 进行加密。

## B.2 密钥交换机制

### B.2.1 阶段1主模式交换

#### B.2.1.1 预共享密钥认证交换

预共享密钥认证的主模式交换过程由6条消息组成，交换流程如下：

| 消息序列 | 发起方 | 方向 | 响应方 |
|---|---|---|---|
| 1 | HDR,SA | ⟶ | |
| 2 | | ⟵ | HDR,SA |
| 3 | HDR,KE,Ni | ⟶ | |
| 4 | | ⟵ | HDR,KE,Nr |
| 5 | HDR*,IDi,HASH_I | ⟶ | |
| 6 | | ⟵ | HDR*,IDr,HASH_R |

消息1和消息2，发起方向响应方发送一个封装有建议载荷的安全关联载荷，而建议载荷中又封装有变换载荷。响应方接受到该消息后，同样发送一个安全关联载荷，在载荷中表明它所接受的发起方发送的SA建议。

消息3和消息4，发起方和响应方交换数据，交换的数据内容包括密钥交换载荷、nonce载荷。密钥交换载荷包含Diffie-Hellman密钥交换的公开值，用于生成密钥材料。此时通信双方还没有完成身份认证。

消息5和消息6，发起方和响应方交换身份信息并对交换过程进行认证。这两条消息中传递的内容使用前面协商的算法和密钥加密保护。

#### B.2.1.2 数字签名认证交换

数字签名认证的主模式阶段1交换的消息序列如下：

| 消息序列 | 发起方 | 方向 | 响应方 |
|---|---|---|---|
| 1 | HDR,SA | ⟶ | |
| 2 | | ⟵ | HDR,SA |
| 3 | HDR,KE,Ni | ⟶ | |
| 4 | | ⟵ | HDR,KE,Nr |
| 5 | HDR*,IDi,[ CERT,] SIG_I | ⟶ | |
| 6 | | ⟵ | HDR*,IDr,[ CERT,] SIG_R |

数字签名认证交换的前4条消息功能与预共享密钥认证交换的前4条消息相同。

消息5和消息6，通信双方对彼此身份进行验证。SIG_I及SIG_R分别是发起方和响应方应用自己的私钥对HASH_I和HASH_R签名的结果。

#### B.2.1.3 公钥加密认证交换

公钥加密认证的主模式阶段1交换的消息序列如下：

| 消息序列 | 发起方 | 方向 | 响应方 |
|---|---|---|---|
| 1 | HDR,SA | ⟶ | |
| 2 | | ⟵ | HDR,SA |
| 3 | HDR,KE,[ HASH(1),] 〈IDi_b〉PubKey_r,〈Ni_b〉PubKey_r | ⟶ | |

| | | | |
|---|---|---|---|
| 4 | | ⟵ | HDR,KE,⟨IDr_b⟩PubKey_i,<br>⟨Nr_b⟩PubKey_i |
| 5 | HDR * ,HASH_I | ⟶ | |
| 6 | | ⟵ | HDR * ,HASH_R |

消息 1 和消息 2 的功能与预共享密钥认证交换中的前 2 条消息相同。

消息 3,发起方将所使用公钥证书的 HASH 值(即 HASH(1))传递给响应方,便于响应方确定用哪个证书对应的私钥对被加密的载荷解密。所传递的身份标识和随机数均由响应方的公钥加密。

消息 4 对响应方的身份及随机数均由发起方的公钥加密。

消息 5 和消息 6 的功能与预共享密钥认证交换中的消息 5 和消息 6 相同。

#### B.2.1.4 改进的公钥加密认证交换

改进的公钥加密认证的主模式阶段 1 交换的消息序列如下:

| 消息序列 | 发起方 | 方向 | 响应方 |
|---|---|---|---|
| 1 | HDR,SA | ⟶ | |
| 2 | | ⟵ | HDR,SA |
| 3 | HDR,[ HASH(1),]<br>⟨Ni_b⟩PubKey_r,<br>⟨KE_b⟩Ke_i,<br>⟨IDi_b⟩Ke_i,<br>[⟨Cert-I_b⟩Ke_i] | ⟶ | |
| 4 | | ⟵ | HDR,⟨Nr_b⟩PubKey_i,<br>⟨KE_b⟩Ke_r,<br>⟨IDr_b⟩Ke_r, |
| 5 | HDR * ,HASH_I | ⟶ | |
| 6 | | ⟵ | HDR * ,HASH_R |

消息 1 和消息 2 的功能与预共享密钥认证交换中的前 2 条消息相同。

消息 3,发起方将所使用公钥证书的 HASH 值(即 HASH(1))传递给响应方,便于响应方确定用哪个证书对应的私钥对被加密的载荷解密。所传递的随机数 Nonce 载荷使用公钥加密,而密钥交换载荷、身份标识载荷均由对称密钥加密算法保证安全。

消息 4,响应方使用公钥加密算法对随机数 Nonce 载荷加密,密钥交换载荷、身份标识载荷均由对称密钥加密算法保证安全。

消息 5 和消息 6 的功能与预共享密钥认证交换中的消息 5 和消息 6 相同。

#### B.2.1.5 发起方行为

在 IKEv1 主模式交换情况下,发起方行为状态如图 B.1 所示。

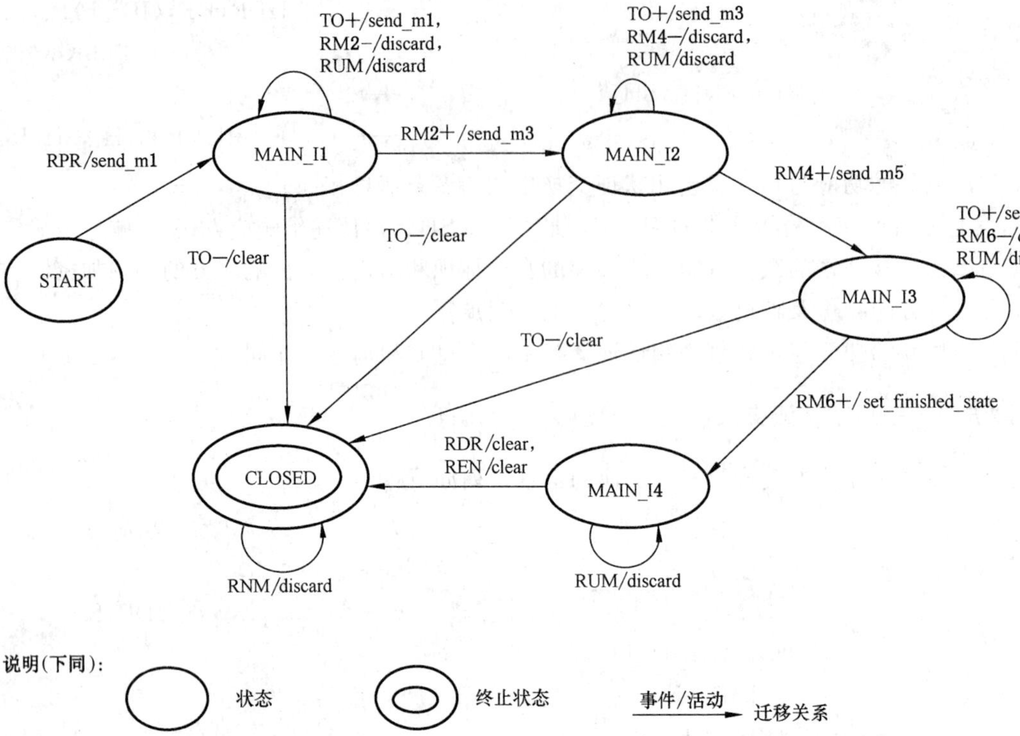


状态：

START：初始状态，连接尚未建立，重传计时器未运行。

MAIN_I1：已发送消息 1，等待消息 2，重传计时器运行。

MAIN_I2：已发送消息 3，等待消息 4，重传计时器运行。

MAIN_I3：已发送消息 5，等待消息 6，重传计时器运行。

MAIN_I4：已收到消息 6，阶段 1 协商完成，重传计时器未运行。

CLOSED：关闭状态，协商不成功或连接关闭，重传计时器未运行。

活动：

send_m1：发送消息 1。

send_m3：发送消息 3。

send_m5：发送消息 5。

set_finished_state：设置协商完成标志。

discard：丢弃接收到的消息。

clear：清除连接状态。

事件：

Receive_Protocol_Request(RPR)：收到底层协议引擎(如 IPsec)的协商请求。

Receive_message_2(RM2+，RM2−)：接收到消息 2。RM2+指示接收到的消息可接受，RM2−指示接收到的消息不可接受。

Receive_message_4(RM4+，RM4−)：接收到消息 4。RM4+指示接收到的消息可接受，RM4−指示接收到的消息不可接受。

Receive_message_6(RM6+，RM6−)：接收到消息 6。RM6+指示接收到的消息可接受，RM6−指示接收到的消息不可接受。

Timeout(TO+，TO−)：重传计时器到期。TO+指示重传计数器大于 0，TO−指示重传计数器等于 0。

Receive_unexpected_message(RUM)：接收到非期望的消息，如 Main_I1 状态接收到消息 2 之外的其他消息。

Receive_Negotation_Message(RNM)：接收到协商的消息。

Receive_Delete_Request(RDR)：接收到删除 ISAKMP SA 请求。

Receive_Expire_Notify(REN)：接收到 ISAKMP SA 到期通知消息。

**图 B.1　IKEv1 主模式交换发起方行为状态图**

#### B.2.1.6　响应方行为

在 IKEv1 主模式交换情况下，响应方行为状态如图 B.2 所示。

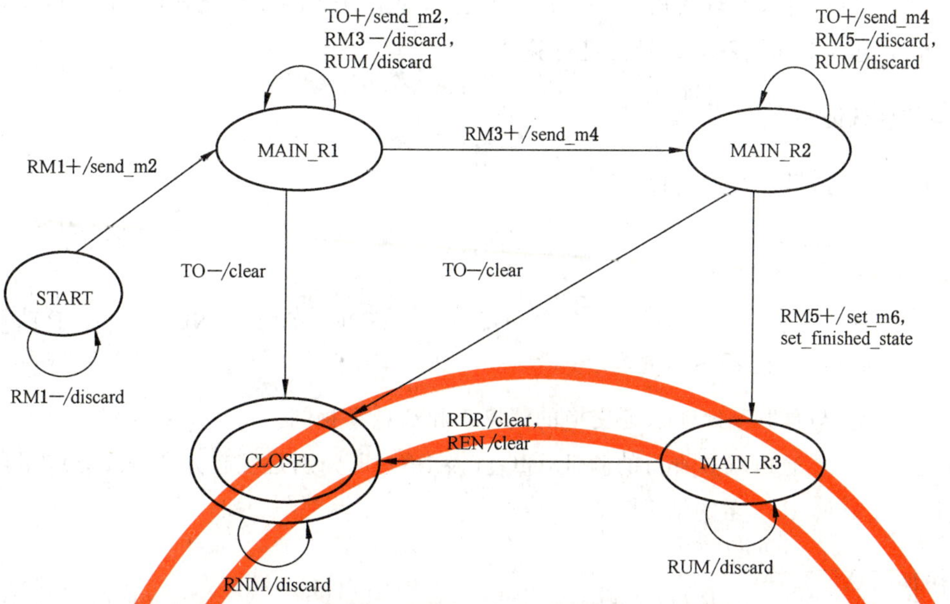


状态：

START：初始状态，连接尚未建立，重传计时器未运行。

MAIN_R1：已发送消息 2，等待消息 3，重传计时器运行。

MAIN_R2：已发送消息 4，等待消息 5，重传计时器运行。

MAIN_R3：已发送消息 6，协商完毕，重传计时器未运行。

CLOSED：关闭状态，协商不成功或连接关闭，重传计时器未运行。

活动：

send_m2：发送消息 2。

send_m4：发送消息 4。

send_m5：发送消息 6。

set_finished_state：设置协商完成标志。

discard：丢弃接收到的消息。

clear：清除连接状态。

事件：

Receive_message_1(RM1＋,RM1－)：接收到消息 1。RM1＋指示接收到的消息可接受，RM1－指示接收到的消息不可接受。

Receive_message_3(RM3＋,RM3－)：接收到消息 3。RM3＋指示接收到的消息可接受，RM3－指示接收到的消息不可接受。

Receive_message_5(RM5＋,RM5－)：接收到消息 5。RM5＋指示接收到的消息可接受，RM5－指示接收到的消息不可接受。

Timeout(TO＋,TO－)：重传计时器到期。TO＋指示重传计数器大于 0，TO－指示重传计数器等于 0。

Receive_unexpected_message(RUM)：接收到非期望的消息，如 Main_R1 状态接收到消息 3 之外的其他消息。

Receive_Negotation_Message(RNM)：接收到协商的消息。

Receive_Delete_Request(RDR)：接收到删除 ISAKMP SA 请求。

Receive_Expire_Notify(REN)：接收到 ISAKMP SA 到期通知消息。

**图 B.2 IKEv1 主模式交换响应方行为状态图**

### B.2.2 阶段 1 野蛮模式交换

#### B.2.2.1 预共享密钥认证交换

预共享密钥认证的野蛮模式交换流程如下：

| 消息序列 | 发起方 | 方向 | 响应方 |
|---|---|---|---|
| 1 | HDR,SA,KE,Ni,IDi | ⟶ | |
| 2 | | ⟵ | HDR,SA,KE,Nr,IDr,HASH_R |
| 3 | HDR,HASH_I | ⟶ | |

野蛮模式使用 3 条消息来实现密钥交换。其中消息 1 和消息 2 协商策略，进行 Diffie-Hellman 密钥交换；消息 2 和消息 3 对通信双方的身份进行验证。

#### B.2.2.2 数字签名认证交换

数字签名认证的野蛮模式交换流程如下：

| 消息序列 | 发起方 | 方向 | 响应方 |
|---|---|---|---|
| 1 | HDR,SA,KE,Ni,IDi | ⟶ | |
| 2 | | ⟵ | HDR,SA,KE,Nr,IDr,[CERT,] SIG_R |
| 3 | HDR,[ CERT,] SIG_I | ⟶ | |

消息 1 与消息 2 的功能与预共享密钥认证交换的消息 1 和消息 2 相同。

消息 2 和消息 3 实现通信双方身份的验证，SIG_I 及 SIG_R 分别是发起方和响应方应用自己的私钥对 HASH_I 和 HASH_R 签名的结果。

#### B.2.2.3 公钥加密认证交换

公钥加密认证的野蛮模式交换流程如下：

| 消息序列 | 发起方 | 方向 | 响应方 |
|---|---|---|---|
| 1 | HDR,SA,[ HASH(1),] KE,<br>〈IDi_b〉PubKey_r,<br>〈Ni_b〉PubKey_r | ⟶ | |
| 2 | | ⟵ | HDR,SA,KE,〈IDr_b〉PubKey_i,<br>〈Nr_b〉PubKey_i,HASH_R |
| 3 | HDR,HASH_I | ⟶ | |

公钥加密认证的野蛮模式交换序列中，消息 1 和消息 2 实现安全关联参数协商、密钥交换、身份交换(标识载荷是加密传输的)，确保了通信双方身份的保密性。消息 2 和消息 3 实现通信双方身份的验证。

#### B.2.2.4 改进的公钥加密认证交换

改进的公钥加密认证的野蛮模式交换流程如下：

| 消息序列 | 发起方 | 方向 | 响应方 |
|---|---|---|---|
| 1 | HDR,SA,[ HASH(1),]<br>〈Ni_b〉PubKey_r,<br>〈KE_b〉Ke_i,〈IDi_b〉Ke_i<br>[,〈Cert-I_b〉Ke_i ] | ⟶ | |
| 2 | | ⟵ | HDR,SA,〈Nr_b〉PubKey_i,<br>〈KE_b〉Ke_r,〈IDr_b〉Ke_r,<br>HASH_R |
| 3 | HDR,HASH_I | ⟶ | |

改进的公钥加密认证的野蛮模式交换序列中，消息 1 和消息 2 交换的功能与公钥加密认证方式相同，此外密钥交换载荷、身份标识载荷均由对称密钥加密算法保证安全。消息 2 和消息 3 实现通信双方身份的验证。

**B.2.2.5 发起方行为**

在 IKEv1 野蛮模式交换情况下，发起方行为状态如图 B.3 所示。

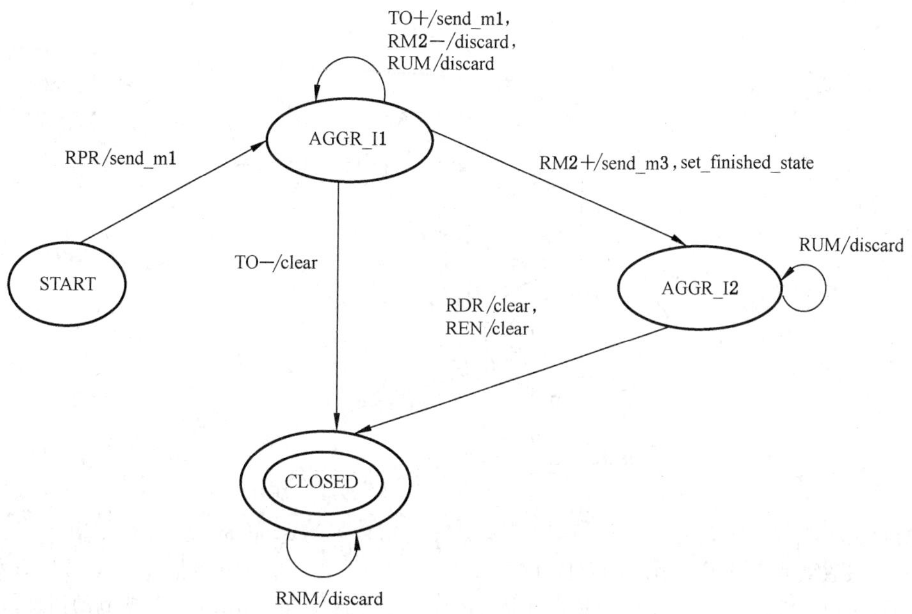


状态：

START：初始状态，连接尚未建立，重传计时器未运行。

AGGR_I1：已发送消息 1，等待消息 2，重传计时器运行。

AGGR_I2：已发送消息 3，协商完毕，重传计时器未运行。

CLOSED：关闭状态，协商不成功或连接关闭，重传计时器未运行。

活动：

d_m1：发送消息 1。

send_m3：发送消息 3。

set_finished_state：设置协商完成标志。

discard：丢弃接收到的消息。

clear：清除连接状态。

事件：

eceive_Protocol_Request(RPR)：收到底层协议引擎(如 IPsec)的协商请求。

Receive_message_2(RM2＋，RM2－)：接收到消息 2。RM2＋指示接收到的消息可接受，RM2－指示接收到的消息不可接受。

Timeout(TO＋，TO－)：重传计时器到期。TO＋指示重传计数器大于 0，TO－指示重传计数器等于 0。

Receive_unexpected_message(RUM)：接收到非期望的消息，如 AGGR_I1 状态接收到消息 2 之外的其他消息。

Receive_Negotation_Message(RNM)：接收到协商的消息。

Receive_Delete_Request(RDR)：接收到删除 ISAKMP SA 请求。

Receive_Expire_Notify(REN)：接收到 ISAKMP SA 到期通知消息。

**图 B.3 IKEv1 野蛮模式交换发起方行为状态图**

**B.2.2.6 响应方行为**

在 IKEv1 野蛮模式交换情况下，响应方行为状态如图 B.4 所示。

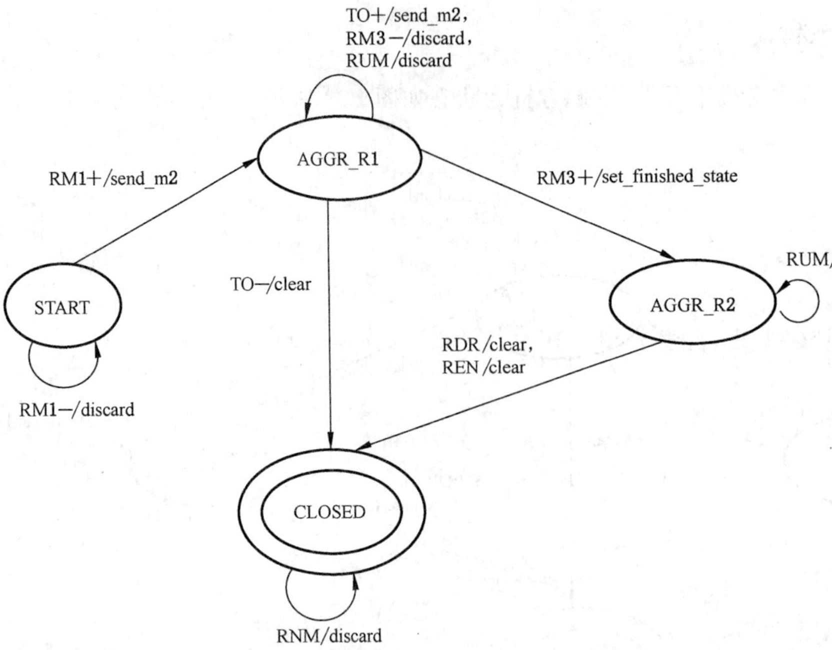


状态：

START：初始状态，连接尚未建立，重传计时器未运行。

AGGR_R1：已接收到消息 1，等待消息 3，重传计时器运行。

AGGR_R2：已接收到消息 3，协商完成，重传计时器未运行。

CLOSED：关闭状态，协商不成功或连接关闭，重传计时器未运行。

活动：

send_m2：发送消息 2。

set_finished_state：设置协商完成标志。

discard：丢弃接收到的消息。

clear：清除连接状态。

事件：

Receive_message_1(RM1＋，RM1－)：接收到消息 1。RM1＋指示接收到的消息可接受，RM1－指示接收到的消息不可接受。

Receive_message_3(RM3＋，RM3－)：接收到消息 3。RM3＋指示接收到的消息可接受，RM3－指示接收到的消息不可接受。

Timeout(TO＋，TO－)：重传计时器到期。TO＋指示重传计数器大于 0，TO－指示重传计数器等于 0。

Receive_unexpected_message(RUM)：接收到非期望的消息，如 AGGR_R1 状态接收到消息 3 之外的其他消息。

Receive_Negotation_Message(RNM)：接收到协商的消息。

Receive_Delete_Request(RDR)：接收到删除 ISAKMP SA 请求。

Receive_Expire_Notify(REN)：接收到 ISAKMP SA 到期通知消息。

**图 B.4　IKEv1 野蛮模式交换响应方行为状态图**

### B.2.3　阶段 2 快速模式交换

#### B.2.3.1　快速模式交换过程

阶段 2 的交换依赖于阶段 1 的交换。阶段 2 交换的信息由阶段 1 建立的 ISAKMP SA 保护，即除了 ISAKMP 头外所有的载荷都要加密。快速模式的交换过程如下：

| 消息序列 | 发起方 | 方向 | 响应方 |
|---|---|---|---|
| 1 | HDR *，HASH(1)，SA，Ni [，KE ] [，IDi，IDr ] | ⟶ | |
| 2 | | ⟵ | HDR *，HASH(2)，SA，Nr [，KE ] [，IDi，IDr ] |
| 3 | HDR *，HASH(3) | ⟶ | |

消息 1,发起方向响应方发送一个 HASH 载荷、一个安全关联载荷(其中封装了一个或多个建议载荷,而每个建议载荷中又封装了一个或多个变换载荷)、一个 nonce 载荷、一个密钥交换载荷和标识载荷。

消息 2,响应方向发起方发送一个 HASH 载荷、一个安全关联载荷、一个 nonce 载荷、一个密钥交换载荷和标识载荷。

消息 3,发起方向响应方发送一个 HASH 载荷,用于对前面的交换进行认证。

上述消息交换完毕,生成会话密钥材料,用于驱动生成安全协议(如 AH 或 ESP)使用的密钥。

### B.2.3.2 发起方行为

在 IKEv1 快速模式交换情况下,发起方行为状态如图 B.5 所示。

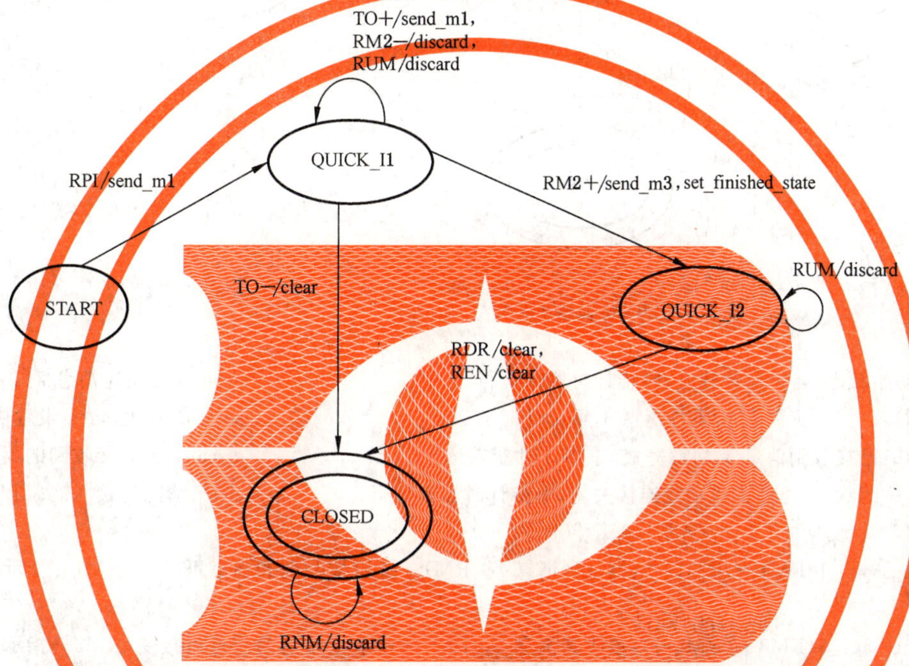


状态:

START:初始状态,连接尚未建立,重传计时器未运行。

QUICK_I1:已发送消息 1,等待消息 2,重传计时器运行。

QUICK_I2:已发送消息 3,协商完毕,重传计时器未运行。

CLOSED:关闭状态,协商不成功或连接关闭,重传计时器未运行。

活动:

send_m1:发送消息 1。

send_m3:发送消息 3。

set_finished_state:设置协商完成标志。

discard:丢弃接收到的消息。

clear:清除连接状态。

事件:

Receive_Protocol_Identification(RPI):收到阶段 1 协商完毕的指示。

Receive_message_2(RM2+,RM2−):接收到消息 2。RM2+指示接收到的消息可接受,RM2−指示接收到的消息不可接受。

Timeout(TO+,TO−):重传计时器到期。TO+指示重传计数器大于 0,TO−指示重传计数器等于 0。

Receive_unexpected_message(RUM):接收到非期望的消息,如 QUICK_I1 状态接收到消息 2 之外的其他消息。

Receive_Negotation_Message(RNM):接收到协商的消息。

Receive_Delete_Request(RDR):接收到删除 ISAKMP SA 请求。

Receive_Expire_Notify(REN):接收到 ISAKMP SA 和 IPsec SA 到期通知消息。

**图 B.5 IKEv1 快速模式交换发起方行为状态图**

#### B.2.3.3 响应方行为

在 IKEv1 快速模式交换情况下，响应方行为状态如图 B.6 所示。

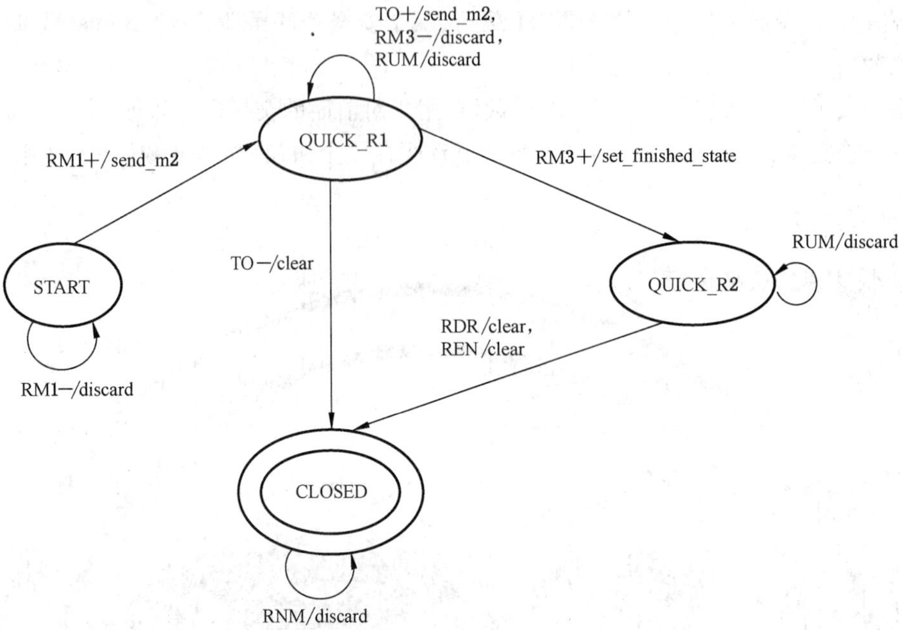


状态：

START：初始状态，连接尚未建立，重传计时器未运行。

QUICK_R1：已接收到消息 1，等待消息 3，重传计时器运行。

QUICK_R2：已接收到消息 3，协商完成，重传计时器未运行。

CLOSED：关闭状态，协商不成功或连接关闭，重传计时器未运行。

活动：

send_m2：发送消息 2。

set_finished_state：设置协商完成标志。

discard：丢弃接收到的消息。

clear：清除连接状态。

事件：

Receive_message_1(RM1＋，RM1－)：接收到消息 1。RM1＋指示接收到的消息可接受，RM1－指示接收到的消息不可接受。

Receive_message_3(RM3＋，RM3－)：接收到消息 3。RM3＋指示接收到的消息可接受，RM3－指示接收到的消息不可接受。

Timeout(TO＋，TO－)：重传计时器到期。TO＋指示重传计数器大于 0，TO－指示重传计数器等于 0。

Receive_unexpected_message(RUM)：接收到非期望的消息，如 AGGR_R1 状态接收到消息 3 之外的其他消息。

Receive_Negotation_Message(RNM)：接收到协商的消息。

Receive_Delete_Request(RDR)：接收到删除 ISAKMP SA 请求。

Receive_Expire_Notify(REN)：接收到 ISAKMP SA 和 IPsec SA 到期通知消息。

**图 B.6 IKEv1 快速模式交换响应方行为状态图**

### B.2.4 信息交换

信息交换用于 SA 的维护和管理。通过信息交换，参与通信的双方均能向对方发送状态及错误提示消息。该消息既不需要确认，也不能担保肯定能够到达目的地。由于这种交换具有不可靠的特点，所以并不强行要求发送它。信息交换最常见的一种用途是向对方发出通知，告诉它一个特定的 SA(ISAKMP SA 或 IPsec SA)已被删除，应避免再使用它。

| 消息序列 | 发起方 | 方向 | 响应方 |
| --- | --- | --- | --- |
| 1 | HDR＊，HASH(1)，N/D | ⟶ | |

其中 N/D 表示或者为通知载荷，或者为删除载荷。

# 附　录　C
# （资料性附录）
# IKEv2 密钥交换机制

## C.1　定义

IKEv2 是 IKE 的第二个版本协议，是 IPsec 用来实施相互认证和建立、维护安全关联的组件。IKEv2 对 IKEv1 中的报文格式、载荷格式以及交换机制进行了修订，建立更为可靠的加密和验证机制。

本节用到的符号如下：

AUTH：认证载荷。

CP：配置载荷。

D：删除载荷。

E：加密载荷。

EAP：扩展认证载荷。

TSi：发起方业务选择载荷。

TSr：响应方业务选择载荷。

其他符号见 B.1 定义。

## C.1　密钥交换机制

### C.2.1　初始交换

#### C.2.1.1　初始交换过程

初始交换实现了 IKEv1 中阶段 1 和阶段 2 所完成的功能，用于建立 IKE SA 和 CHILD SA（即 IPsec SA）。在 IKEv2 中身份认证方法仅使用了数字签名和预共享密钥等，两种认证方式使用相同的消息交换格式，初始交换流程如下：

| 消息序列 | 发起方 | 方向 | 响应方 |
|---|---|---|---|
| 1 | HDR，SAi1，KEi，Ni | ⟶ | |
| 2 | | ⟵ | HDR，SAr1，KEr，Nr，[CERTREQ] |
| 3 | HDR，SK {IDi，[CERT，] [CERTREQ，] [IDr，] AUTH，SAi2，TSi，TSr} | ⟶ | |
| 4 | | ⟵ | HDR，SK {IDr，[CERT，] AUTH，SAr2，TSi，TSr} |

初始交换由 4 条消息组成。在 IKEv2 中的消息都是成对出现的，初始交换的前面 2 条消息称为 IKE_SA_INIT 交换，用于密钥算法的协商、Nonce 交换以及一次共享密钥的交换，从而用于生成加密和验证后续交换的密钥材料。后 2 条消息称为 IKE_AUTH 交换，用于认证前面交换的消息，同时交换身份和证书信息，并建立第一个 CHILD SA，除了消息头外，IKE_AUTH 交换中的消息都由前面协商生成的算法和密钥进行加密和完整性保护。

#### C.2.1.2　发起方行为

在 IKEv2 初始交换情况下，发起方行为状态如图 C.1 所示：

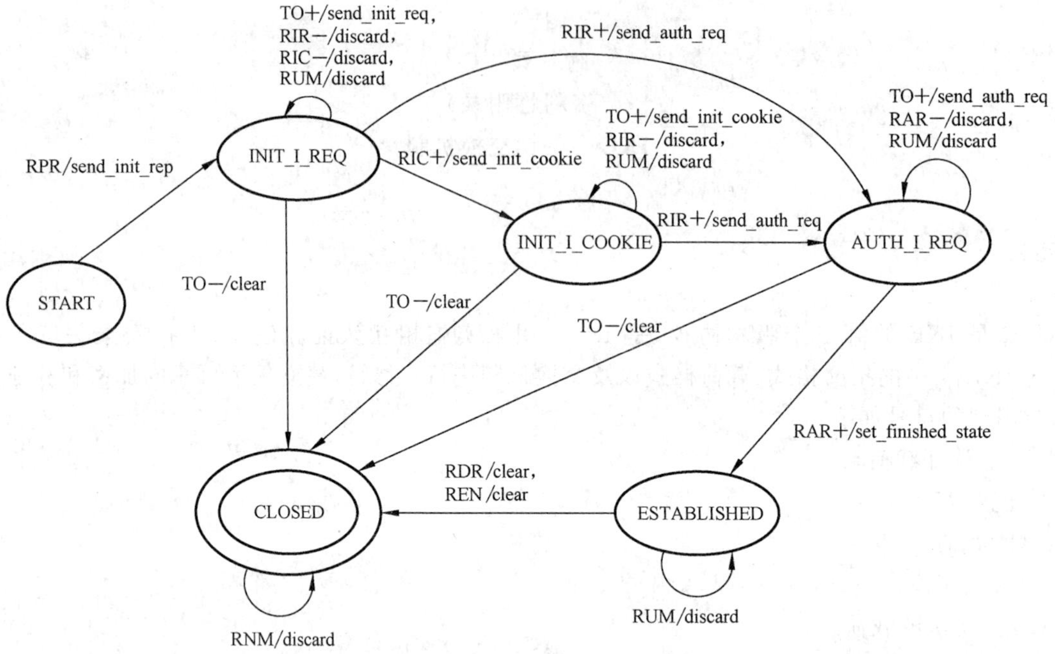


状态：

START：初始状态，连接尚未建立，重传计时器未运行。

INIT_I_REQ：已发送 INIT 请求，等待响应，重传计时器运行。

INIT_I_COOKIE：已发送带 Cookie 的请求，等待响应，重传计时器运行。

AUTH_I_REQ：已发送 AUTH 请求，等待响应，重传计时器运行。

ESTABLISHED：已收到 AUTH 响应，协商完成，重传计时器未运行。

CLOSED：关闭状态，协商不成功或连接关闭，重传计时器未运行。

活动：

send_init_req：发送 init 请求消息。

send_init_cookie：发送带 Cookie 的 init 请求消息。

send_auth_req：发送 auth 请求消息。

set_finished_state：设置协商完成标志。

discard：丢弃接收到的消息。

clear：清除连接状态。

事件：

Receive_Protocol_Request(RPR)：收到底层协议引擎(如 IPsec)的协商请求。

Receive_Init_Res(RIR+，RIR−)：接收到 INIT 响应消息。RIR+指示接收到的消息可接受，RIR−指示接收到的消息不可接受。

Receive_Init_Cookie(RIC+，RIC−)：接收到带 Cookie 的响应消息。RIC+指示接收到的消息可接受，RIC−指示接收到的消息不可接受。

Receive_Auth_Res(RAR+，RAR−)：接收到认证响应消息。RAR+指示接收到的消息可接受，RAR−指示接收到的消息不可接受。

Timeout(TO+，TO−)：重传计时器到期。TO+指示重传计数器大于 0，TO−指示重传计数器等于 0。

Receive_unexpected_message(RUM)：接收到非期望的消息，如 INIT_I_REQ 状态接收到 RIR 和 RIC 之外的其他消息。

Receive_Negotation_Message(RNM)：接收到协商的消息。

Receive_Delete_Request(RDR)：接收到删除 IKE SA 请求。

Receive_Expire_Notify(REN)：接收到 IKE SA 到期通知消息。

**图 C.1　IKEv2 初始交换发起方行为状态图**

### C.2.1.3　响应方行为

在 IKEv2 初始交换情况下，响应方行为状态如图 C.2 所示。

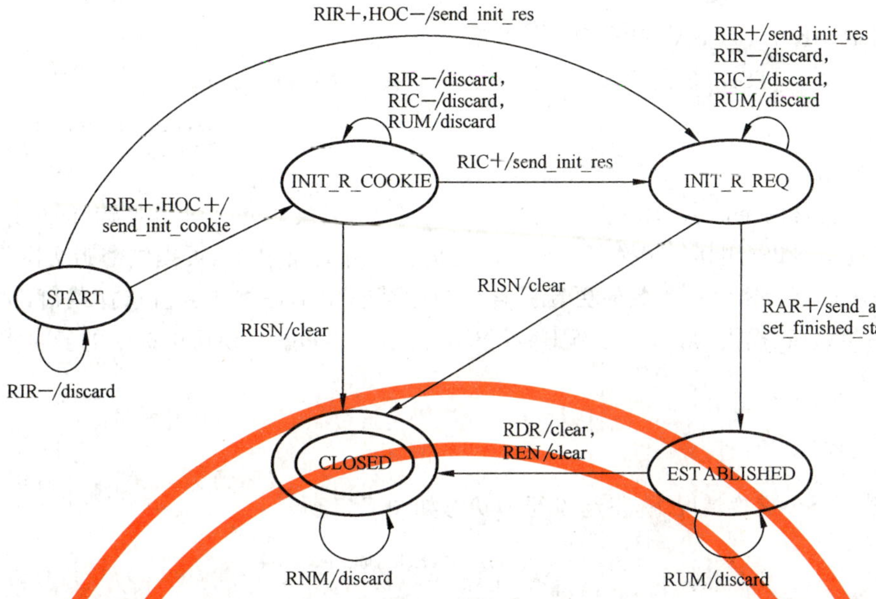


状态：

START：初始状态，连接尚未建立，重传计时器未运行。

INIT_R_REQ：已发送 INIT 响应，等待 AUTH 请求，重传计时器运行。

INIT_R_COOKIE：已发送带 Cookie 的请求，等待响应，重传计时器运行。

ESTABLISHED：已发送 AUTH 响应，协商完成，重传计时器未运行。

CLOSED：关闭状态，协商不成功或连接关闭，重传计时器未运行。

活动：

send_init_res：发送 init 响应消息。

send_init_cookie：发送带 Cookie 的通知消息。

send_auth_res：发送 auth 响应消息。

set_finished_state：设置协商完成标志。

discard：丢弃接收到的消息。

clear：清除连接状态

事件：

Receive_Init_Req(RIR+，RIR−)：接收到 INIT 请求消息。RIR+指示接收到的消息可接受，RIR−指示接收到的消息不可接受。

Receive_Init_Cookie(RIC+，RIC−)：接收到带 Cookie 的 INIT 请求消息。RIC+指示接收到的消息可接受，RIC−指示接收到的消息不可接受。

Receive_Auth_Req(RAR+，RAR−)：接收到认证请求消息。RAR+指示接收到的消息可接受，RAR−指示接收到的消息不可接受。

Receive_Invalid_Syntax_Notify(RISN)：接收到 INVALID SYNTAX 通知。

Half_Open_Count(HOC+，HOC−)：当前的半打开连接数目。HOC+指示半打开连接数目达到门限值，HOC−指示未达到门限值。

Receive_unexpected_message(RUM)：接收到非期望的消息，如在 INIT_R_REQ 状态西接收到 RIR、RIC 和 RAR 之外的其他消息。

Receive_Negotation_Message(RNM)：接收到协商的消息。

Receive_Delete_Request(RDR)：接收到删除 IKE SA 请求。

Receive_Expire_Notify(REN)：接收到 IKE SA 到期通知消息。

**图 C.2　IKEv2 初始交换响应方行为状态图**

### C.2.2　创建子 SA 交换

#### C.2.2.1　创建子 SA 交换过程

创建子 SA 交换是 IKEv2 的阶段 2，可为 IPsec 协议(如 AH、ESP)协商相关参数，可支持 PFS 功能。创建子 SA 交换流程如下：

| 消息序列 | 发起方 | 方向 | 响应方 |
| --- | --- | --- | --- |
| 1 | HDR,SK {[N],SA,Ni,[KEi],<br>[TSi,TSr]} | ⟶ | |
| 2 | | ⟵ | HDR,SK {SA,Nr,[KEr],<br>[TSi,TSr] |

创建子 SA 交换包含两条消息，第一条消息发送 SA 提案，交换 Nonce 和流量选择符；第二条消息对 SA 提案和流量选择符进行响应，交换 Nonce。根据是否支持 PFS 功能，可提供密钥交换载荷 KE。

利用创建子 SA 可进行密钥等参数的更新。若交换的消息中不提供业务流选择载荷，则可用于更新 IKE SA 的相关参数；若提供，则用于更新 IPsec SA 的参数。可由 N 载荷中提供的安全参数索引值 SPI 指明更新的 SA。

#### C.2.2.2 发起方行为

在 IKEv2 创建子 SA 交换情况下，发起方行为状态如图 C.3 所示：

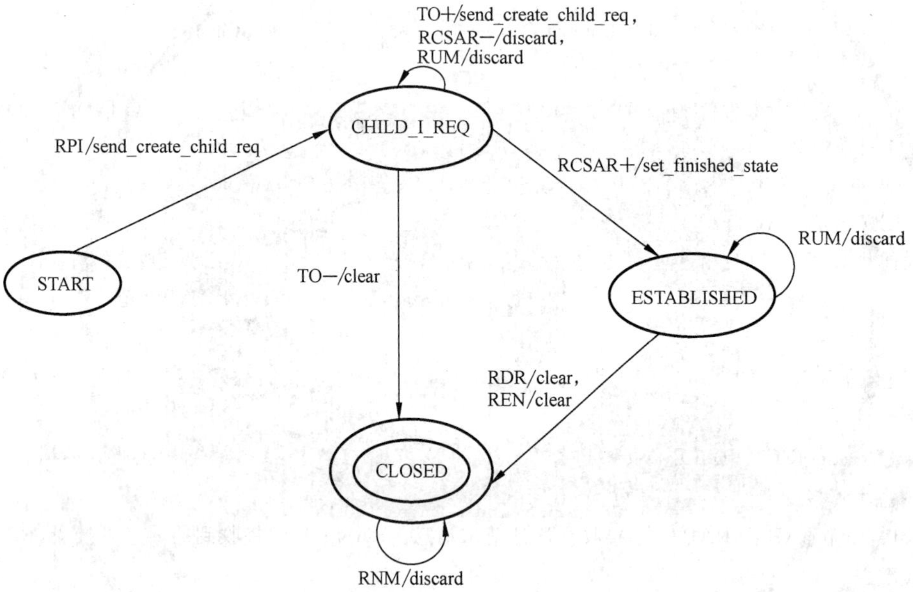


状态：

START：初始状态，连接尚未建立，重传计时器未运行。

CHILD_I_REQ：已发送创建 CHILD SA 请求，等待响应，重传计时器运行。

ESTABLISHED：已收到创建 CHILD SA 响应，协商完成，重传计时器未运行。

CLOSED：关闭状态，协商不成功或连接关闭，重传计时器未运行。

活动：

send_create_child_req：发送 init 请求消息。

set_finished_state：设置协商完成标志。

discard：丢弃接收到的消息。

clear：清除连接状态。

事件：

Receive_Protocol_Identification(RPI)：收到安全协议的协商指示。

Receive_Child_SA_Res(RCSAR＋,RCSAR－)：接收到创建 Child_SA 响应消息。RCSAR＋指示接收到的消息可接受，RCSAR－指示接收到的消息不可接受。

Timeout(TO＋,TO－)：重传计时器到期。TO＋指示重传计数器大于 0，TO－指示重传计数器等于 0。

Receive_unexpected_message(RUM)：接收到非期望的消息，如 CHILD_I_REQ 状态接收到 RCSAR 之外的其他消息。

Receive_Negotation_Message(RNM)：接收到协商的消息。

Receive_Delete_Request(RDR)：接收到删除 IKE SA 请求。

Receive_Expire_Notify(REN)：接收到 IKE SA 到期通知消息。

**图 C.3 IKEv2 创建 CHILD SA 交换发起方行为状态图**

#### C.2.2.3 响应方行为

在 IKEv2 创建子 SA 交换情况下，响应方行为状态如图 C.4 所示。

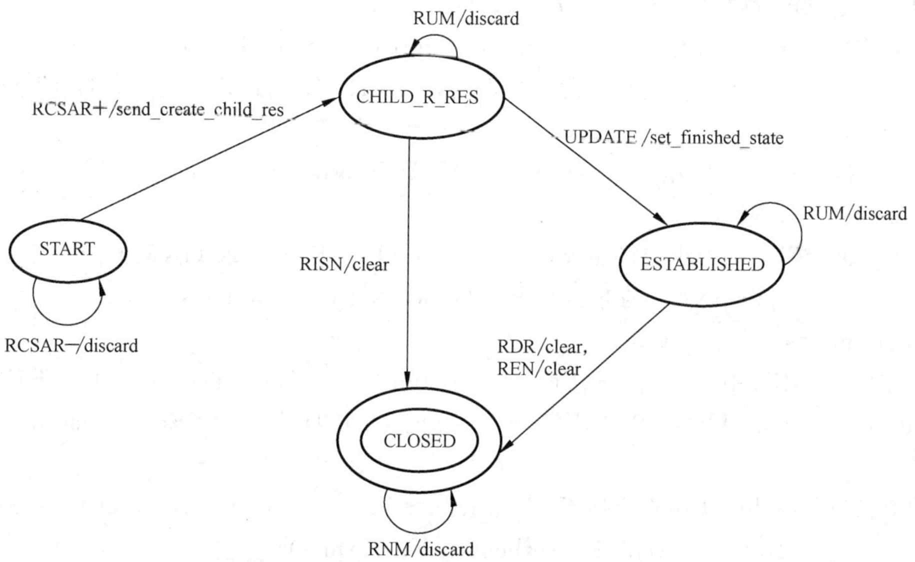


状态：

START：初始状态，连接尚未建立，重传计时器未运行。

CHILD_R_RES：已收到创建 CHILD SA 请求，返回响应，重传计时器未运行。

ESTABLISHED：参数更新完毕，协商完成，重传计时器未运行。

CLOSED：关闭状态，协商不成功或连接关闭，重传计时器未运行。

活动：

send_create_child_res：发送 init 响应消息。

set_finished_state：设置协商完成标志。

discard：丢弃接收到的消息。

clear：清除连接状态。

事件：

Receive_Child_SA_Req(RCSAR+，RCSAR−)：接收到创建 Child_SA 请求消息。RCSAR+指示接收到的消息可接受，RCSAR−指示接收到的消息不可接受。

UPDATE：计算密钥，更新参数。

Receive_Invalid_Syntax_Notify(RISN)：接收到 INVALID SYNTAX 通知。

Receive_unexpected_message(RUM)：接收到非期望的消息，如 START 状态接收到 RCSAR 之外的其他消息。

Receive_Negotation_Message(RNM)：接收到协商的消息。

Receive_Delete_Request(RDR)：接收到删除 IKE SA 请求。

Receive_Expire_Notify(REN)：接收到 IKE SA 到期通知消息。

**图 C.4　IKEv2 创建 CHILD SA 交换响应方行为状态图**

### C.2.3 信息交换

通信双方在密钥协商期间，需要传送控制消息，告知对方发生的错误或者通知某些事件。为了完成此操作，IKEv2 定义了消息交换。消息交换过程可以包含多个通知载荷、删除载荷和配置载荷，同第一版不同，对方收到消息后必须作出响应。消息交换必须在进行初始化交换后进行，并且消息的内容也要经过加密。信息交换流程如下：

| 消息序列 | 发起方 | 方向 | 响应方 |
|---|---|---|---|
| 1 | HDR，SK {[N，] [D，] [CP，] ...} | ⟶ | |
| 2 | | ⟵ | HDR，SK {[N，] [D，] [CP]，...} |

## 参 考 文 献

［1］ RFC791 因特网协议(Internet Protocol)

［2］ RFC792 因特网控制报文协议(Internet Control Message Protocol)

［3］ RFC2407 因特网安全关联和密钥管理协议(ISAKMP)的 IP 安全解释域 (The Internet IP Security Domain of Interpretation for ISAKMP)

［4］ RFC2408 因特网安全关联和密钥管理协议(Internet Security Association and Key Management Protocol (ISAKMP))

［5］ RFC2409 因特网密钥交换协议(The Internet Key Exchange (IKE))

［6］ RFC3715 IPsec—NAT 的兼容性要求(IPsec-Network Address Translation (NAT) Compatibility Requirements)

［7］ RFC3947 IKE 中 NAT 穿越协商(Negotiation of NAT—Traversal in the IKE)

［8］ RFC3948 IPsec 封装安全载荷(ESP)报文的 UDP 封装(UDP Encapsulation of IPsec ESP Packets)

［9］ RFC4301 因特网协议安全体系(Security Architecture for the Internet Protocol)

［10］ RFC4302 IP 认证头协议(IP Authentication Header)

［11］ RFC4303 IP 封装安全载荷协议(IP Encapsulating Security Payload (ESP))

［12］ RFC4306 因特网密钥交换协议版本 2(Internet Key Exchange (IKEv2) Protocol)

［13］ IPsec VPN 技术规范,国家密码管理局发布,2008 年 1 月

ICS 35.020
L 80

# 中华人民共和国国家标准

GB/T 28457—2012

# SSL协议应用测试规范

## Testing specification for applications of SSL protocol

2012-06-29 发布 2012-10-01 实施

中华人民共和国国家质量监督检验检疫总局
中国国家标准化管理委员会 发布

# 前　言

本标准按照 GB/T 1.1—2009 给出的规则起草。

请注意本文件的某些内容可能涉及专利。本文件的发布机构不承担识别这些专利的责任。

本标准由全国信息安全标准化技术委员会(SAC/TC 260)提出并归口。

本标准的起草单位:信息工程大学信息工程学院。

本标准的主要起草人:颜学雄、王清贤、曾勇军、刘琰、耿俊燕、尹中旭。

# 引　言

目前，市场上 SSL 协议应用相关产品比较多，为了保证相关产品的质量，需对其进行测试。为统一产品的开发方、第三方授权测试认证单位和产品用户方对 SSL 协议应用相关产品的测试活动，并便于实现测试结果的相互认可和可重复性，特制定本标准。本标准规范了 SSL 协议应用相关产品的测试内容和基本测试过程。

为消除自然语言描述带来的二义性，本标准以有限状态自动机理论为基础，建立了 SSL 协议规范的形式化模型，并由此模型生成 SSL 协议应用的功能测试规范。相应的形式化模型见附录 A。

目前，还没有标准化的 SSL 协议应用测试工具。本标准没有规范具体的测试工具和测试环境，但为了规范测试人员的测试活动，本标准给出了测试指南，旨在规范测试基本步骤和关键要点，测试人员可以在此基础上，选择相关的辅助工具，产生具体的测试用例，并进行测试。

# SSL 协议应用测试规范

## 1 范围

本标准规定了 SSL 协议应用的测试内容和基本测试步骤。

本标准适用于 SSL 协议应用的开发单位、第三方授权测试认证机构、用户等对 SSL 协议应用的测试。

## 2 规范性引用文件

下列文件对于本文件的应用是必不可少的。凡是注日期的引用文件，仅注日期的版本适用于本文件。凡是不注日期的引用文件，其最新版本(包括所有的修改单)适用于本文件。

GB/T 5271.8—2001 信息技术 词汇 第 8 部分:安全

GB/T 17178.1—1997 信息技术 开放系统互连 一致性测试方法和框架 第 1 部分:基本概念

## 3 术语和定义

GB/T 5271.8 界定的以及下列术语和定义适用于本文件。

3.1

**SSL 协议 Secure Sockets Layer Protocol**

一种应用于传输层的安全协议，用于构建客户端和服务器之间的安全通道，它提供保密性、完整性和可选的身份鉴别等安全功能。

3.2

**SSL 协议应用 application of the SSL protocol**

按照 SSL 协议规范标准实现的产品或功能模块。

3.3

**客户端 client**

主动发出 SSL 协议连接请求的通信方。

3.4

**服务器 server**

接收 SSL 协议连接请求的通信方。

3.5

**功能测试 function testing**

测试 SSL 协议应用的基本功能，包括基本连通测试、安全功能测试和行为测试。

3.6

**性能测试 performance testing**

测试在不同的网络负载情况下 SSL 协议应用的性能参数。

3.7

**互操作性测试 interoperability testing**

测试不同 SSL 协议应用之间的互操作能力。

3.8

**健壮性 robustness**

健壮性是描述一个系统或者一个组件在无效数据输入或者在高强度输入等环境下，其各项功能可保持正确运行的程度。

3.9

**健壮性测试 robustness testing**

测试 SSL 协议应用对错误(包括无效的、非期望输入或者恶意攻击)的有效处理能力。

3.10

**基本连通测试 basic interconnection testing**

测试 SSL 协议应用的基本连通的情况。

3.11

**行为测试 behaviour testing**

测试 SSL 协议应用的动态行为的符合性，包括正确输入行为符合性测试和非正确输入行为符合性测试。

3.12

**连接建立时延 connection established delay**

准备数据通信前的协商过程所需要的时间。

3.13

**传送时延 transmission delay**

数据从一方传送到另一方所需要的时间。

3.14

**连接拆除时延 connection released delay**

连接拆除所需要的时间。包括两种类型，一是客户端完成服务后，请求连接拆除的时延；二是服务器主动连接拆除的时延。

3.15

**吞吐量 throughput**

丢包率为零的情况下，单位时间内传输有效数据的数量。

3.16

**剩余错误比率 residual error ratio**

在给定的时间间隔内，传送不正确、丢失或者重复的数据量和传输正确的数据量之比。

3.17

**失败概率 probability of failure**

包括连接建立失败概率、传送失败概率以及连接拆除失败概率等。

3.18

**新建连接 new connections**

SSL 协议服务器每秒钟能够建立的 SSL 连接数。

3.19

**并发连接数 max connections**

SSL 服务器能够同时处理的最大 SSL 连接数。

## 4 缩略语

SSL　　安全套接层协议　　Secure Sockets Layer

| | | |
|---|---|---|
| TLS | 传输层安全协议 | Transport Layer Security |
| MAC | 消息鉴别码 | Message Authentication Code |
| ID | 会话标识 | IDentity |
| CA | 证书认证机构 | Certificate Authority |

## 5 测试相关说明

### 5.1 测试对象说明

SSL 协议应用是指按照 SSL 协议规范标准实现的产品或功能模块。本标准涉及的 SSL 协议版本包括 SSL3.0[1]、TLS1.0(SSL3.1)[2,3]和 TLS1.1[4,5]。

SSL 协议规范是以本标准涉及的 SSL 协议版本为基础,规范了 SSL 协议应用应符合的安全服务功能规范、SSL 会话模式规范和 SSL 消息格式规范,详细说明见附录 A SSL 协议规范说明。

### 5.2 测试内容说明

本标准规范 SSL 协议应用的测试内容,包括功能测试、性能测试、健壮性测试和互操作性测试。

功能测试包括基本连通测试、安全功能测试和行为测试。基本连通测试完成 SSL 协议应用的基本连通情况测试,它是后续其他测试的基础,如果本项测试失败,则其他测试无法进行;安全功能测试包括密码算法协商功能测试、身份鉴别功能测试、数据保密性保护功能测试和数据完整性保护功能测试,安全功能中涉及的密码算法应符合国家密码管理的相关规定和要求;为保证各项安全功能的有效性,SSL 协议应用的动态行为必须符合规范要求,行为测试完成 SSL 协议应用的动态行为的符合性测试,包括正确输入行为符合性测试和非正确输入符合性测试。

性能测试完成不同网络负载情况下,SSL 协议应用的性能参数测试,包括连接建立时间、传送时延、连接拆除时间、吞吐量、剩余错误比率、失败概率、新建连接数和并发连接数。

健壮性是描述一个系统或者组件在无效数据输入或高强度输入等环境下,其各项功能可保持正确运行的程度。SSL 协议应用属于安全产品,其健壮性对于其安全功能的有效性至关重要。健壮性测试完成 SSL 协议应用对错误的有效处理能力,包括无效报文处理能力、异常事件处理能力和高强度负载处理能力。

互操作性测试完成不同厂家 SSL 协议应用间的互操作能力测试,包括基本连通互操性作测试和安全功能互操作测试。基本连通互操作性测试内容和功能测试中的基本连通测试内容一样,安全功能互操作性测试和功能测试中的安全功能测试内容一样。它们之间的区别在于,功能测试是 SSL 协议应用和测试系统之间的交互,而互操作性测试是不同的 SSL 协议应用间的交互(见 5.3 测试环境说明的内容),同时对于错误的判别方法有所不同。本标准中,对于互操作性测试的相关内容不重复描述,测试人员可参照相关内容完成互操作性测试。

### 5.3 测试环境说明

虽然 SSL 协议应用测试不依赖于特定的测试工具,但是为规范测试人员的测试活动,本标准推荐采用 GB/T 17178.1—1997 中的远程测试方法,并依照此方法给出了测试步骤指南。其目的在于规范测试基本步骤和关键要点,测试人员可在此基础上,选择相关的测试辅助工具,产生具体的测试用例,并进行测试。

SSL 协议应用测试基本环境如图 1 所示。

当进行功能测试和健壮性测试时，被测对象1或被测对象2可能是SSL协议应用的客户端或服务器，测试系统和被测对象进行消息交互，通过对消息的判别，完成各项功能测试。

当进行性能测试时候，被测对象1和被测对象2，分别对应被测SSL协议应用的客户端和服务器，通过对客户端和服务器交互消息的判别和统计，完成各项性能测试。

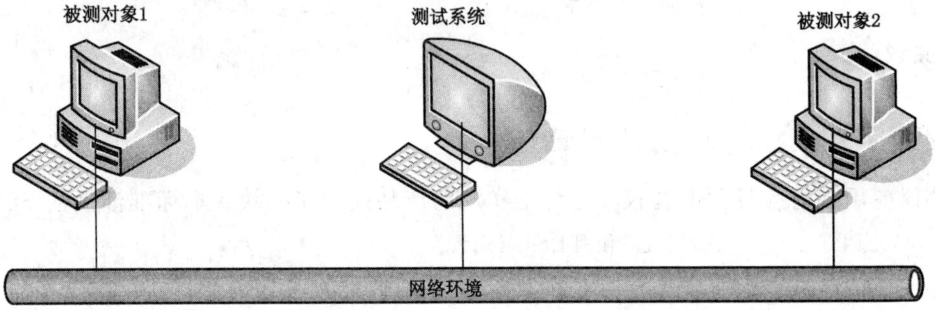


**图1 SSL协议应用测试基本环境**

当进行互操作性测试时，被测对象1和被测对象2分别是不同厂家实现的SSL协议产品的客户端和服务器，通过分析客户端和服务器的消息交互，完成各项互操作性测试。

## 6 测试内容规范

### 6.1 匿名会话模式测试内容

#### 6.1.1 功能测试

##### 6.1.1.1 基本连通测试

测试SSL协议应用在匿名会话模式下，客户端和服务器间的基本连通能力。

##### 6.1.1.2 安全功能测试

测试内容如下：

a) 密码协商功能
   1) 密码算法协商：协商会话两端共用的密钥交换算法、加密算法和MAC算法，这些算法必须在线完成协商；
   2) 共享密钥协商：根据协商的密钥交换算法，会话两端完成共享密钥的协商；
b) 数据保密性保护功能：客户端和服务器能够应用协商好的加密算法以及共享密钥对传输的数据加密，以保护数据的保密性；
c) 数据完整性保护功能：客户端和服务器能够应用协商好的MAC算法以及共享密钥对传输的数据进行完整性保护。

##### 6.1.1.3 客户端行为测试

在匿名会话模式下，客户端行为状态见图A.2，其行为测试的内容包括：

a) 初始状态
   在接收HelloRequest * 消息的条件下，或者在未接收任何消息的条件下，发送ClientHello消息。HelloRequest消息和ClientHello消息应符合规范要求。
   除了接收HelloRequest消息外，忽略其他一切可能接收到的消息。
b) 握手状态

应依次接收 ServerHello 消息、ServerKeyExchange * 消息、ServerHelloDone 消息，中间不应有其他任何消息，消息格式应符合规范要求。然后，应依次发送 ClientKeyExchange 消息、ChangeCipherSpec 消息和客户端 Finished 消息，消息格式应符合规范要求。

如果是其他情况，则可发送有关的警报协议消息，消息格式应符合规范要求。可能的处理情况和发送的警报协议消息如下：

1) unexpected_message：应依次接收 ServerHello 消息、ServerKeyExchange * 消息、ServerHelloDone 消息，如果是其他的非警报协议消息或者其他的次序，则发送 unexpected_message 警报协议消息，并关闭当前连接。
2) illegal_parameter：接收到的 ServerHello 消息、ServerKeyExchange * 消息、ServerHelloDone 消息中的任意一个域的值超过了规定的值，则发送 illegal_parameter 警报协议消息，并关闭当前连接。
3) record_overflow：接收到的数据长度，超过了规定的长度，则发送 record_overflow 警报协议消息，并关闭当前连接。该情况处理方式出现在 SSL3.1/TLS1.0 及以后版本。
4) decode_error：在握手状态下，对接收到的任何消息，如果解码失败，则发送 decode_error 警报协议消息，并关闭当前连接。该情况处理方式出现在 SSL3.1/TLS1.0 及以后版本。
5) protocol_version：对接收到的任何消息，如果版本号不是规范中要求的，则发送 protocol_version 警报协议消息，并关闭当前连接。该情况处理方式出现在 SSL3.1/TLS1.0 及以后版本。
6) internal_error：如果处理过程中出现了内部错误（如内存分配失败），则发送 internal_error 警报协议消息，并关闭当前连接。该情况处理方式出现在 SSL3.1/TLS1.0 及以后版本。
7) 接收服务器警报消息：接收到服务器发送过来的警报协议消息，则关闭当前连接。

c) 密钥交换状态

应依次接收 ChangeCipherSpec 消息、服务器 Finished 消息，中间不应有其他消息，消息格式应符合规范要求。此时，客户端可发送应用数据消息，消息格式应符合规范要求。

如果是其他情况，则可发送有关的警报协议消息，消息格式应符合规范要求。可能的处理情况和发送的警报协议消息如下：

1) unexpected_message：应依次接收 ChangeCipherSpec 消息、服务器 Finished 消息，如果是其他的非警报协议消息或者其他的次序，则发送 unexpected_message 警报协议消息，并关闭当前连接。
2) bad_record_mac：处理服务器 Finished 消息时，MAC 验证失败，则发送 bad_record_mac 警报协议消息，并关闭当前连接。
3) decompression_failure：处理服务器 Finished 消息时，如果使用了压缩处理，并且消息解压缩失败，则发送 decompression_failure 警报协议消息，并关闭当前连接。
4) illegal_parameter：接收到的 ChangeCipherSpec 消息、服务器 Finished 消息中的任意一个域的值超过了规定的值，则发送 illegal_parameter 警报协议消息，并关闭当前连接。
5) decryption_failed：处理服务器 Finished 消息时，解密出来的数据不符合密码算法的要求（如数据的长度不是某数的整数倍，或者填充的数据的值不符合要求），则发送 decryption_failed 警报协议消息，并关闭当前连接。该情况处理方式出现在 SSL3.1/TLS1.0 及以后版本。
6) record_overflow：接收到的数据长度，超过了规定的长度，则发送 record_overflow 警报协议消息，并关闭当前连接。该情况处理方式出现在 SSL3.1/TLS1.0 及以后版本。
7) decode_error：对接收到的任何消息，如果解码失败，则发送 decode_error 警报协议消息，并关闭当前连接。该情况处理方式出现在 SSL3.1/TLS1.0 及以后版本。

8） decrypt_error：处理服务器 Finished 消息时，验证签名过程或者数据解密中出现错误，则发送 decrypt_error 警报协议消息，并关闭当前连接。该情况处理方式出现在 SSL3.1/TLS1.0 及以后版本。

9） protocol_version：对接收到的任何消息，如果版本号不是规范中要求的，则发送 protocol_version 警报协议消息，并关闭当前连接。该情况处理方式出现在 SSL3.1/TLS1.0 及以后版本。

10） internal_error：如果处理过程中出现了内部错误（如内存分配失败），则发送 internal_error 警报协议消息，并关闭当前连接。该情况处理方式出现在 SSL3.1/TLS1.0 及以后版本。

11） 接收服务器警报协议消息：接收到服务器发送过来的警报协议消息，则关闭当前连接。

d） 工作状态

应只有三种行为，一是接收或发送应用数据消息，消息格式应符合规范要求；二是接收服务器的关闭通知 Close_notify 警报协议消息，消息格式应符合规范要求；三是用户终止会话连接，客户端关闭连接，如果是 SSL3.0 版本，则同时向对方发送 Close_notify 警报协议消息，消息格式应符合规范要求，如果是 SSL3.1/TLS1.0 及以后版本，则同时向对方发送 user_canceled 警报协议消息，消息格式应符合规范要求。

如果是其他情况，则可发送有关的警报协议消息，消息格式应符合规范要求。可能的处理情况和发送的警报协议消息如下：

1） unexpected_message：应接收服务器应用数据消息或 Close_notify 消息，如果是其他的非警报协议消息，则发送 unexpected_message 警报协议消息，并关闭当前连接。

2） bad_record_mac：处理服务器应用数据消息时，MAC 验证失败，则发送 bad_record_mac 警报协议消息，并关闭当前连接。

3） decompression_failure：处理服务器应用数据消息时，如果使用了压缩处理，并且消息解压缩失败，则发送 decompression_failure 警报协议消息，并关闭当前连接。

4） decryption_failed：处理服务器应用数据消息时，解密出来的数据不符合密码算法的要求（数据的长度不是某数的整数倍，或者填充的数据的值不符合要求），则发送 decryption_failed 警报协议消息，并关闭当前连接。该情况处理方式出现在 SSL3.1/TLS1.0 及以后版本。

5） record_overflow：接收到的数据长度，超过了规定的长度，则发送 record_overflow 警报协议消息，并关闭当前连接。该情况处理方式出现在 SSL3.1/TLS1.0 及以后版本。

6） decode_error：对接收到的任何消息，如果解码失败，则发送 decode_error 警报协议消息，并关闭当前连接。该情况处理方式出现在 SSL3.1/TLS1.0 及以后版本。

7） decrypt_error：处理服务器应用数据消息时，验证签名过程或者数据解密中出现错误，则发送 decrypt_error 警报协议消息，并关闭当前连接。该情况处理方式出现在 SSL3.1/TLS1.0 及以后版本。

8） protocol_version：对接收到的任何消息，如果版本号不是规范中要求的，则发送 protocol_version 警报协议消息，并关闭当前连接。该情况处理方式出现在 SSL3.1/TLS1.0 及以后版本。

9） internal_error：如果处理过程中出现了内部错误（如内存分配失败），则发送 internal_error 警报协议消息，并关闭当前连接。该情况处理方式出现在 SSL3.1/TLS1.0 及以后版本。

10） 接收服务器警报协议消息：接收到服务器发送过来的警报协议消息，则关闭当前连接。

#### 6.1.1.4 服务器行为测试

在匿名会话模式下，服务器行为状态见图 A.3，其行为测试的内容包括：

a) 初始状态

应接收 ClientHello 消息，消息格式应符合规范要求；然后，应依次发送 ServerHello 消息、ServerKeyExchange * 消息和 ServerHelloDone 消息，消息格式应符合规范要求。

如果是其他情况，则可发送有关的警报协议消息，消息格式应符合规范要求。可能的处理情况和发送的警报协议消息如下：

1) unexpected_message：应接收 ClientHello 消息，如果是其他的非警报协议消息，则发送 unexpected_message 警报协议消息，并关闭当前连接。
2) handshake_failure：如果无法完成安全参数的协商，则发送 handshake_failure 警报协议消息，并关闭当前连接。
3) illegal_parameter：接收到的客户端 ClientHello 消息的任意一个域的值超过了规定的值，则发送 illegal_parameter 警报协议消息，并关闭当前连接。
4) record_overflow：接收到的数据长度，超过了规定的长度，则发送 record_overflow 警报协议消息，并关闭当前连接。该情况处理方式出现在 SSL3.1/TLS1.0 及以后版本。
5) decode_error：对接收到的任何消息，如果解码失败，则发送 decode_error 警报协议消息，并关闭当前连接。该情况处理方式出现在 SSL3.1/TLS1.0 及以后版本。
6) protocol_version：对接收到的任何消息，如果版本号不是规范中要求的，则发送 protocol_version 警报协议消息，并关闭当前连接。该情况处理方式出现在 SSL3.1/TLS1.0 及以后版本。
7) insufficient_security：如果服务器认为客户端 ClientHello 消息中的候选密码组安全强度不够时，则发送 insufficient_security 警报协议消息，并关闭当前连接。该情况处理方式出现在 SSL3.1/TLS1.0 及以后版本。
8) internal_error：如果处理过程中出现了内部错误(如内存分配失败)，则发送 internal_error 警报协议消息，并关闭当前连接。该情况处理方式出现在 SSL3.1/TLS1.0 及以后版本。

b) 握手状态

应依次接收 ClientKeyExchange 消息、ChangeCipherSpec 消息和客户端 Finished 消息，消息格式应符合规范要求；然后，应依次发送 ChangeCipherSpec 消息和服务器 Finished 消息，消息格式应符合规范要求。

如果是其他情况，则可发送有关的警报协议消息，消息格式应符合规范要求。可能的处理情况和发送的警报协议消息如下：

1) unexpected_message：应依次接收 ClientKeyExchange 消息、ChangeCipherSpec 消息和客户端 Finished 消息，如果是其他的非警报协议消息，则发送 unexpected_message 警报协议消息，并关闭当前连接。
2) bad_record_mac：处理客户端发送过来的 Finished 消息时，MAC 验证失败，则发送 bad_record_mac 警报协议消息，并关闭当前连接。
3) decompression_failure：处理客户端发送过来的 Finished 消息时，如果使用了压缩处理，并且消息解压缩失败，则发送 decompression_failure 警报协议消息，并关闭当前连接。
4) illegal_parameter：接收到的任意消息的任意一个域的值超过了规定的值，则发送 illegal_parameter 警报协议消息，并关闭当前连接。
5) decryption_failed：处理客户端 Finished 消息时，解密出来的数据不符合密码算法的要求

(如数据的长度不是某数的整数倍，或者填充的数据的值不符合要求)，则发送 decryption_failed 警报协议消息，并关闭当前连接。该情况处理方式出现在 SSL3.1/TLS1.0 及以后版本。

6) record_overflow：接收到的数据长度，超过了规定的长度，则发送 record_overflow 警报协议消息，并关闭当前连接。该情况处理方式出现在 SSL3.1/TLS1.0 及以后版本。

7) decode_error：对接收到的任何消息，如果解码失败，则发送 decode_error 警报协议消息，并关闭当前连接。该情况处理方式出现在 SSL3.1/TLS1.0 及以后版本。

8) decrypt_error：处理客户端 Finished 消息时，验证签名过程或者数据解密中出现错误，则发送 decrypt_error 警报协议消息，并关闭当前连接。该情况处理方式出现在 SSL3.1/TLS1.0 及以后版本。

9) protocol_version：对接收到的任何消息，如果版本号不是规范中要求的，则发送 protocol_version 警报协议消息，并关闭当前连接。该情况处理方式出现在 SSL3.1/TLS1.0 及以后版本。

10) internal_error：如果处理过程中出现了内部错误(如内存分配失败)，则发送 internal_error 警报协议消息，并关闭当前连接。该情况处理方式出现在 SSL3.1/TLS1.0 及以后版本。

11) 接收客户端警报消息：接收到客户端发送过来的警报协议消息，则关闭当前连接。

c) 工作状态

应只有三种行为，一是接收或发送应用数据消息，消息格式应符合规范要求；二是接收客户端的关闭通知 Close_notify 警报协议消息，消息格式应符合规范要求；三是用户终止会话连接，服务器关闭连接，如果是 SSL3.0 版本，则同时向对方发送 Close_notify 警报协议消息，消息格式应符合规范的要求，如果是 SSL3.1/TLS1.0 及以后版本，则同时向对方发送 user_canceled 警报协议消息，消息格式应符合规范要求。

如果是其他情况，则可发送有关的警报协议消息，消息格式应符合规范要求。可能的处理情况和发送的警报协议消息如下：

1) unexpected_message：应接收客户端应用数据消息或 Close_notify 消息，如果是其他的非警报协议消息，则发送 unexpected_message 警报协议消息，并关闭当前连接。

2) bad_record_mac：处理客户端应用数据消息时，MAC 验证失败，则发送 bad_record_mac 警报协议消息，并关闭当前连接。

3) decompression_failure：处理客户端应用数据消息时，如果使用了压缩处理，并且消息解压缩失败，则发送 decompression_failure 警报协议消息，并关闭当前连接。

4) decryption_failed：处理客户端应用数据消息时，解密出来的数据不符合密码算法的要求(如数据的长度不是某数的整数倍，或者填充的数据的值不符合要求)，则发送 decryption_failed 警报协议消息，并关闭当前连接。该情况处理方式出现在 SSL3.1/TLS1.0 及以后版本。

5) record_overflow：接收到的数据长度，超过了规定的长度，则发送 record_overflow 警报协议消息，并关闭当前连接。该情况处理方式出现在 SSL3.1/TLS1.0 及以后版本。

6) decode_error：对接收到的任何消息，如果解码失败，则发送 decode_error 警报协议消息，并关闭当前连接。该情况处理方式出现在 SSL3.1/TLS1.0 及以后版本。

7) decrypt_error：处理客户端应用数据消息时，验证签名过程或者数据解密中出现错误，则发送 decrypt_error 警报协议消息，并关闭当前连接。该情况处理方式出现在 SSL3.1/TLS1.0 及以后版本。

8) protocol_version：对接收到的任何消息，如果版本号不是规范中要求的，则发送 protocol_

version 警报协议消息,并关闭当前连接。该情况处理方式出现在 SSL3.1/TLS1.0 及以后版本。

9) internal_error:如果处理过程中出现了内部错误(如内存分配失败),则发送 internal_error 警报协议消息,并关闭当前连接。该情况处理方式出现在 SSL3.1/TLS1.0 及以后版本。

10) 接收客户端警报消息:接收到客户端发送过来的警报协议消息,则关闭当前连接。

### 6.1.2 性能测试

在匿名模式下,性能测试内容包括:

a) 连接建立时延;

b) 传送时延;

c) 连接拆除时延;

d) 吞吐量;

e) 剩余错误比率;

f) 失败概率;

g) 新建连接数;

h) 并发连接数。

### 6.1.3 健壮性测试

#### 6.1.3.1 无效报文处理测试

测试内容包括:

a) 错误报文处理能力测试:当接收的报文消息头或者消息体中有错误时,SSL 协议应用客户端和服务器的处理能力测试;

b) 非期望报文处理能力测试:当接收到一个正确的报文,但报文不是当前状态所期望的输入报文时,SSL 协议应用客户端和服务器的处理能力测试。

#### 6.1.3.2 异常事件处理测试

测试内容包括:

a) 连接中断处理能力测试:在连接突然非正常终止情况下,SSL 协议应用客户端和服务器的处理能力测试;

b) 等待超时处理测试能力:等待报文超时时,SSL 协议应用客户端和服务器的处理能力测试。

#### 6.1.3.3 高强度负载测试

测试内容包括:

a) 网络高强度负载处理能力测试:在网络中流量负载比较大的情况下,SSL 协议应用客户端和服务器的处理能力测试;

b) 系统高强度负载处理能力测试:运行 SSL 协议应用客户端或者服务器的系统,多种资源消耗比较多的情况下(如 CPU 或者内存),SSL 协议应用客户端和服务器的处理能力测试。

### 6.1.4 互操作性测试

#### 6.1.4.1 基本互连测试

在匿名会话模式下,测试不同 SSL 协议应用客户端和服务器之间的互连情况。

#### 6.1.4.2 功能互操作性测试

在匿名会话模式下，应用不同SSL协议应用客户端和服务器互连后，其测试内容按6.1.1.2给出的要求。

## 6.2 服务器验证会话模式测试内容

### 6.2.1 功能测试

#### 6.2.1.1 基本连通测试

测试SSL协议应用在服务器验证会话模式下，客户端和服务器间的基本连通能力。

#### 6.2.1.2 安全功能测试

服务器验证会话模式在匿名会话模式提供的密码协商功能、数据保密性保护功能和数据完整性保护功能的基础上（按6.1.1.2给出的要求），增加了服务器身份鉴别功能，具体如下：

a） 服务器身份证书递交功能：服务器应按照规范要求递交身份证书。

b） 服务器身份证书鉴别功能：客户端应能够对服务器递交的身份证书进行验证。

#### 6.2.1.3 客户端行为测试

在服务器验证会话模式下，客户端行为状态见图A.5，其行为测试的内容包括：

a） 初始状态

按6.1.1.3 a)给出的要求。

b） 握手状态

应依次接收ServerHello消息、Certificate消息、ServerKeyExchange*消息、ServerHelloDone消息，中间不应有其他消息，消息格式应符合规范要求；然后，应依次发送ClientKeyExchange消息、ChangeCipherSpec消息和客户端Finished消息，中间不应有其他消息，消息格式应符合规范要求。

如果是其他情况，则可发送有关的警报协议消息，消息格式应符合规范要求。可能的处理情况和发送的警报协议消息如下：

1） unexpected_message：应依次接收ServerHello消息、Certificate消息、ServerKeyExchange*消息、ServerHelloDone消息，如果是其他的非警报协议消息或其他的次序，则发送unexpected_message警报协议消息，并关闭当前连接。

2） bad_certificate：如果验证服务器的Certificate消息中的身份证书失败，则发送bad_certificate警报协议消息，并关闭当前连接。

3） unsupported_certificate：如果服务器递交的身份证书格式，客户端本地不支持，则发送unsupported_certificate警报协议消息，并关闭当前连接。

4） certificate_revoked：如果服务器递交的身份证书已经被其颁发者撤消，则发送certificate_revoked警报协议消息，并关闭当前连接。

5） certificate_expired：如果服务器递交的身份证书已经过期，则发送certificate_expired警报协议消息，并关闭当前连接。

6） certificate_unknown：如果客户端处理服务器递交的身份证书过程中，出现异常，导致身份鉴别不成功，则发送certificate_unknown警报协议消息，并关闭当前连接。

7） illegal_parameter：接收到的ServerHello消息、Certificate消息、ServerKeyExchange*消息、ServerHelloDone消息中的任意一个域的值超过了规定的值，则发送illegal_ parameter 警报协议消息,并关闭当前连接。

8） record_overflow:接收到的数据长度,超过了规定的长度,则发送 record_overflow 警报协议消息,并关闭当前连接。该情况处理方式出现在 SSL3.1/TLS1.0 及以后版本。

9） decode_error:对接收到的任何消息,如果解码失败,则发送 decode_error 警报协议消息,并关闭当前连接。该情况处理方式出现在 SSL3.1/TLS1.0 及以后版本。

10） unknown_CA:客户端在处理服务器身份证书的时候,找不到信任 CA 的证书,则发送 unknown_CA 警报协议消息,并关闭当前连接。该情况处理方式出现在 SSL3.1/TLS1.0 及以后版本。

11） protocol_version:对接收到的任何消息,如果版本号不是规范中要求的,则发送 protocol_version 警报协议消息,并关闭当前连接。该情况处理方式出现在 SSL3.1/TLS1.0 及以后版本。

12） internal_error:如果处理过程中出现了内部错误(如内存分配失败),则发送 internal_error 警报协议消息,并关闭当前连接。该情况处理方式出现在 SSL3.1/TLS1.0 及以后版本。

13） 接收服务器警报消息:接收到服务器发送过来的警报协议消息,则关闭当前连接。

c） 密钥交换状态

按 6.1.1.3 c)给出的要求。

d） 工作状态

按 6.1.1.3 d)给出的要求。

#### 6.2.1.4 服务器行为测试

在服务器验证会话模式下,服务器行为状态见图 A.6,其行为测试的内容包括:

a） 初始状态

应接收 ClientHello 消息,消息格式应符合规范要求;然后,应依次发送 ServerHello 消息、Certificate 消息、ServerKeyExchange * 消息和 ServerHelloDone 消息,消息格式应符合规范要求。

如果是其他情况,则可发送有关的警报协议消息,消息格式应符合规范要求。可能的处理情况和发送的警报协议消息如下:

1） unexpected_message:应接收 ClientHello 消息,如果是其他的非警报协议消息,则发送 unexpected_message 警报协议消息,并关闭当前连接。

2） handshake_failure:如果无法完成安全参数的协商,则发送 handshake_failure 警报协议消息,并关闭当前连接。

3） illegal_parameter:接收到 ClientHello 消息的任意一个域的值超过了规定的值,则发送 illegal_parameter 警报协议消息,并关闭当前连接。

4） record_overflow:接收到的数据长度超过了规定的长度,则发送 record_overflow 警报协议消息,并关闭当前连接。该情况处理方式出现在 SSL3.1/TLS1.0 及以后版本。

5） decode_error:对接收到的任何消息,如果解码失败,则发送 decode_error 警报协议消息,并关闭当前连接。该情况处理方式出现在 SSL3.1/TLS1.0 及以后版本。

6） protocol_version:对接收到的任何消息,如果版本号不是规范中要求的,则发送 protocol_version 警报协议消息,并关闭当前连接。该情况处理方式出现在 SSL3.1/TLS1.0 及以后版本。

7） insufficient_security:如果服务器认为 ClientHello 消息中的候选密码组安全强度不够时,则发送 insufficient_security 警报协议消息,并关闭当前连接。该情况处理方式出现在

SSL3.1/TLS1.0及以后版本。

8) internal_error:如果处理过程中出现了内部错误(如内存分配失败),则发送internal_error警报协议消息,并关闭当前连接。该情况处理方式出现在SSL3.1/TLS1.0及以后版本。

b) 握手状态

按6.1.1.4 b)给出的要求。

c) 工作状态

按6.1.1.4 c)给出的要求。

### 6.2.2 性能测试

按6.1.2给出的要求。

### 6.2.3 健壮性测试

按6.1.3给出的要求。

### 6.2.4 互操作性测试

#### 6.2.4.1 基本互连测试

在服务器验证会话模式下,测试不同SSL协议应用客户端和服务器之间的互连情况。

#### 6.2.4.2 功能互操作性测试

在服务器验证会话模式下,应用不同SSL协议应用客户端和服务器互连后,其测试内容按6.2.1.2给出的要求。

## 6.3 双方验证会话模式测试内容

### 6.3.1 功能测试

#### 6.3.1.1 基本连通测试

测试SSL协议应用在双方验证会话模式下,客户端和服务器间的基本连通能力。

#### 6.3.1.2 安全功能测试

双方验证会话模式在服务器验证会话模式提供的服务器身份鉴别功能、密码协商功能、数据保密性功能和数据完整性保护功能的基础上(按6.2.1.2给出的要求),增加了客户端身份鉴别功能,具体如下:

a) 服务器请求客户端身份证书功能:服务器应按照规范要求主动请求客户端的身份证书;
b) 客户端身份证书递交功能:客户端应按照规范递交身份证书。同时,客户端根据身份证书格式的不同,可能还需要递交证书验证信息;
c) 客户端身份证书验证功能:服务器应对客户端递交的身份证书以及验证信息进行验证。

#### 6.3.1.3 客户端行为测试

在双方验证会话模式下,客户端行为状态见图A.8,其行为测试的内容包括:

a) 初始状态

按6.1.1.3 a)给出的要求。

b) 握手状态

应依次接收 ServerHello 消息、Certificate 消息、ServerKeyExchange * 消息、CertificateRequest 消息和 ServerHelloDone 消息，中间不应有其他任何消息，消息格式应符合规范要求；然后，应依次发送 Certificate 消息、ClientKeyExchange 消息、CertificateVerify * 消息，ChangeCipherSpec 消息和客户端 Finished 消息，消息格式应符合规范要求。

如果是其他情况，则可发送有关的警报协议消息，消息格式都应符合规范要求。可能的处理情况和发送的警报协议消息如下：

1) unexpected_message：应依次接收 ServerHello 消息、Certificate 消息、ServerKeyExchange * 消息、CertificateRequest 消息、ServerHelloDone 消息，如果是其他的非警报协议消息或者其他的次序，则发送 unexpected_message 警报协议消息，并关闭当前连接。
2) no_certificate：如果客户端无法提供证书信息，则发送 no_certificate 警报协议消息，并关闭当前连接。该情况处理方式出现在 SSL3.1/TLS1.0 及以后版本。
3) bad_certificate：如果验证服务器的 Certificate 消息中的身份证书失败，则发送 bad_certificate 警报协议消息，并关闭当前连接。
4) unsupported_certificate：如果服务器递交的身份证书格式，客户端本地不支持，则发送 unsupported_certificate 警报协议消息，并关闭当前连接。
5) certificate_revoked：如果服务器递交的身份证书已经被其颁发者撤消，则发送 certificate_revoked 警报协议消息，并关闭当前连接。
6) certificate_expired：如果服务器递交的身份证书已经过期，则发送 certificate_expired 警报协议消息，并关闭当前连接。
7) certificate_unknown：如果客户端处理服务器递交的身份证书过程中，出现异常，导致身份验证不成功，则发送 certificate_unknown 警报协议消息，并关闭当前连接。
8) illegal_parameter：接收到的 ServerHello 消息、ServerKeyExchange * 消息、ServerHelloDone 消息中的任意一个域的值超过了规定的值，则发送 illegal_parameter 警报协议消息，并关闭当前连接。
9) record_overflow：接收到的数据长度，超过了规定的长度，则发送 record_overflow 警报协议消息，并关闭当前连接。该情况处理方式出现在 SSL3.1/TLS1.0 及以后版本。
10) decode_error：对接收到的任何消息，如果解码失败，则发送 decode_error 警报协议消息，并关闭当前连接。该情况处理方式出现在 SSL3.1/TLS1.0 及以后版本。
11) unknown_CA：客户端在处理服务器身份证书的时候，找不到信任 CA 的证书，则发送 unknown_CA 警报协议消息，并关闭当前连接。该情况处理方式出现在 SSL3.1/TLS1.0 及以后版本。
12) protocol_version：对接收到的任何消息，如果版本号不是规范中要求的，则发送 protocol_version 警报协议消息，并关闭当前连接。该情况处理方式出现在 SSL3.1/TLS1.0 及以后版本。
13) internal_error：如果处理过程中出现了内部错误（如内存分配失败），则发送 internal_error 警报协议消息，并关闭当前连接。该情况处理方式出现在 SSL3.1/TLS1.0 及以后版本。
14) 接收服务器警报消息：接收到服务器发送过来的警报协议消息，则关闭当前连接。

c) 密钥交换状态

按 6.1.1.3 c)给出的要求。

d) 工作状态

按 6.1.1.3 d)给出的要求。

#### 6.3.1.4 服务器行为测试

在双方验证会话模式下，服务器行为状态见图 A.9，其行为测试的内容包括：

a) 初始状态

应接收 ClientHello 消息，消息格式应符合规范要求；然后，应依次发送 ServerHello 消息、Certificate 消息、ServerKeyExchange * 消息和 ServerHelloDone 消息，消息格式应符合规范要求。

如果是其他情况，则可发送有关的警报协议消息，消息应符合规范要求。可能的处理情况和发送的警报协议消息如下：

1) unexpected_message：应接收 ClientHello 消息，如果是其他的非警报协议消息，则发送 unexpected_message 警报协议消息，并关闭当前连接。
2) handshake_failure：如果无法完成安全参数的协商，则发送 handshake_failure 警报协议消息，并关闭当前连接。
3) illegal_parameter：接收到的 ClientHello 消息的任意一个域的值超过了规范规定的值，则发送 illegal_parameter 警报协议消息，并关闭当前连接。
4) record_overflow：接收到的数据长度，超过了规定的长度，则发送 record_overflow 警报协议消息，并关闭当前连接。该情况处理方式出现在 SSL3.1/TLS1.0 及以后版本。
5) decode_error：对接收到的任何消息，如果解码失败，则发送 decode_error 警报协议消息，并关闭当前连接。该情况处理方式出现在 SSL3.1/TLS1.0 及以后版本。
6) protocol_version：对接收到的任何消息，如果版本号不是规范中要求的，则发送 protocol_version 警报协议消息，并关闭当前连接。该情况处理方式出现在 SSL3.1/TLS1.0 及以后版本。
7) insufficient_security：如果服务器认为 ClientHello 消息中的候选密码组安全强度不够时，则发送 insufficient_security 警报协议消息，并关闭当前连接。该情况处理方式出现在 SSL3.1/TLS1.0 及以后版本。
8) internal_error：如果处理过程中出现了内部错误(如内存分配失败)，则发送 internal_error 警报协议消息，并关闭当前连接。该情况处理方式出现在 SSL3.1/TLS1.0 及以后版本。

b) 握手状态

应依次接收到客户端 Certificate 消息、ClientKeyExchange 消息、CertificateVerify * 消息、ChangeCipherSpec 消息和客户端 Finished 消息，消息格式应符合规范要求；然后，依次发送 ChangeCipherSpec 消息和服务器 Finished 消息，消息格式应符合规范要求。

如果是其他情况，则可发送有关的警报协议消息，消息格式应符合规范要求。可能的处理情况和发送的警报协议消息如下：

1) unexpected_message：应依次接收客户端 Certificate 消息、ClientKeyExchange 消息、CertificateVerify * 消息、ChangeCipherSpec 消息和客户端 Finished 消息，如果是其他的非警报协议消息，则发送 unexpected_message 警报协议消息，并关闭当前连接。
2) bad_record_mac：处理客户端 Finished 消息时，MAC 验证失败，则发送 bad_record_mac 警报协议消息，并关闭当前连接。
3) bad_certificate：如果验证客户端 Certificate 消息中的身份证书失败，或验证 CertificateVerify * 消息失败，则发送 bad_certificate 警报协议消息，并关闭当前连接。
4) unsupported_certificate：如果客户端递交的身份证书格式，服务器本地不支持，则发送 unsupported_certificate 警报协议消息，并关闭当前连接。

5) certificate_revoked:如果客户端递交的身份证书已经被其颁发者撤消,则发送 certificate_revoked 警报协议消息,并关闭当前连接。

6) certificate_expired:如果客户端递交的身份证书已经过期,则发送 certificate_expired 警报协议消息,并关闭当前连接。

7) certificate_unknown:如果服务器处理客户端递交的身份证书过程中,出现异常,导致身份验证不成功,则发送 certificate_unknown 警报协议消息,并关闭当前连接。

8) decompression_failurc:处理客户端 Finished 消息时,如果使用了压缩处理,并且消息解压缩失败,则发送 decompression_failure 警报协议消息,并关闭当前连接。

9) illegal_parameter:接收到的任意消息的任意一个域的值超过了规定的值,则发送 illegal_parameter 警报协议消息,并关闭当前连接。

10) decryption_failed:处理客户端 Finished 消息时,解密出来的数据不符合密码算法的要求(如数据的长度不是某数的整数倍,或者填充的数据的值不符合要求),则发送 decryption_failed 警报协议消息,并关闭当前连接。该情况处理方式出现在SSL3.1/TLS1.0 及以后版本。

11) record_overflow:接收到的数据长度,超过了规定的长度,则发送 record_overflow 警报协议消息,并关闭当前连接。该情况处理方式出现在 SSL3.1/TLS1.0 及以后版本。

12) decode_error:对接收到的任何消息,如果解码失败,则发送 decode_error 警报协议消息,并关闭当前连接。该情况处理方式出现在 SSL3.1/TLS1.0 及以后版本。

13) decrypt_error:处理客户端 Finished 消息时,验证签名过程或者数据解密中出现错误,则发送 decrypt_error 警报协议消息,并关闭当前连接。该情况处理方式出现在 SSL3.1/TLS1.0 及以后版本。

14) protocol_version:对接收到的任何消息,如果版本号不是规范中要求的,则发送 protocol_version 警报协议消息,并关闭当前连接。该情况处理方式出现在 SSL3.1/TLS1.0 及以后版本。

15) internal_error:如果处理过程中出现了内部错误(如内存分配失败),则发送 internal_error 警报协议消息,并关闭当前连接。该情况处理方式出现在 SSL3.1/TLS1.0 及以后版本。

16) 接收客户端警报消息:接收到客户端发送过来的警报协议消息,则关闭当前连接。

c) 工作状态

按 6.1.1.4 c)给出的要求。

#### 6.3.2 性能测试

按 6.1.2 给出的要求。

#### 6.3.3 健壮性测试

按 6.1.3 给出的要求。

#### 6.3.4 互操作性测试

##### 6.3.4.1 基本互连测试

在双方验证会话模式下,测试不同 SSL 协议应用客户端和服务器之间的互连情况。

##### 6.3.4.2 功能互操作性测试

在双方验证会话模式下,应用不同 SSL 协议应用客户端和服务器互连后,其测试内容按 6.3.1.2 给出的要求。

### 6.4 重用会话模式测试内容

#### 6.4.1 功能测试

##### 6.4.1.1 安全功能测试

测试内容包括：

a) 重用会话协商功能：客户端和服务器之间宜能够启动重用会话协商，重用的会话是应用匿名会话模式、或服务器验证会话模式、或双方验证模式通过 SSL 握手协议建立的。

b) 数据安全保护功能：客户端和服务器能够应用协商好的安全功能保护通信数据，包括：

1) 数据保密性保护功能：应用重用会话的数据加密算法以及共享密钥，保护传输数据的保密性。

2) 数据完整性保护功能：应用重用会话的 MAC 算法以及共享密钥，保护传输数据的完整性。

##### 6.4.1.2 客户端行为测试

在重用会话模式下，客户端行为状态见图 A.11，其行为测试的内容包括：

a) 初始状态

应在接收 HelloRequest＊消息或未接收任何消息的条件下，发送 ClientHello 消息，该消息中应指定重用会话 ID，消息格式应符合规范要求。

除了接收 HelloRequest 消息外，忽略其他一切可能接收到的消息。

b) 握手状态

应依次接收 ServerHello 消息、ChangeCipherSpec 消息和服务器 Finished 消息，中间不应有其他任何消息，消息格式应符合规范要求；然后，应依次发送 ChangeCipherSpec 消息和客户端 Finished 消息，消息格式应符合规范要求。

如果是其他情况，则可发送有关的警报协议消息，消息格式应符合规范要求。可能的处理情况和发送的警报协议消息如下：

1) unexpected_message：应依次接收 ServerHello 消息、ChangeCipherSpec 消息和服务器 Finished 消息，如果是其他的非警报协议消息或者其他的次序，则发送 unexpected_message 警报协议消息，并关闭当前连接。

2) bad_record_mac：处理服务器 Finished 消息时，MAC 验证失败，则发送 bad_record_mac 警报协议消息，并关闭当前连接。

3) decompression_failure：处理服务器 Finished 消息时，如果使用了压缩处理，并且消息解压缩失败，则发送 decompression_failure 警报协议消息，并关闭当前连接。

4) illegal_parameter：接收到的 ServerHello 消息、ChangeCipherSpec 消息、服务器 Finished 消息中的任意一个域的值超过了规定的值，则发送 illegal_parameter 警报协议消息，并关闭当前连接。

5) decryption_failed：处理服务器 Finished 消息时，解密出来的数据不符合密码算法的要求（如数据的长度不是某数的整数倍，或者填充的数据的值不符合要求），则发送 decryption_failed 警报协议消息，并关闭当前连接。该情况处理方式出现在SSL3.1/TLS1.0 及以后版本。

6) record_overflow：接收到的数据长度，超过了规定的长度，则发送 record_overflow 警报协议消息，并关闭当前连接。该情况处理方式出现在 SSL3.1/TLS1.0 及以后版本。

7) decode_error：对接收到的任何消息，如果解码失败，则发送 decode_error 警报协议消息，并关闭当前连接。该情况处理方式出现在 SSL3.1/TLS1.0 及以后版本。

8) decrypt_error:处理服务器 Finished 消息时,验证签名过程或者数据解密中出现错误,则发送 decrypt_error 警报协议消息,并关闭当前连接。该情况处理方式出现在 SSL3.1/TLS1.0 及以后版本。

9) protocol_version:对接收到的任何消息,如果版本号不是规范中要求的,则发送 protocol_version 警报协议消息,并关闭当前连接。该情况处理方式出现在 SSL3.1/TLS1.0 及以后版本。

10) internal_error:如果处理过程中出现了内部错误(如内存分配失败),则发送 internal_error 警报协议消息,并关闭当前连接。该情况处理方式出现在 SSL3.1/TLS1.0 及以后版本。

11) 接收服务器警报消息:接收到服务器发送过来的警报协议消息,则关闭当前连接。

c) 工作状态

按 6.1.1.3 d)给出的要求。

### 6.4.1.3 服务器行为测试

在重用会话模式下,服务器行为状态图见图 A.12,其行为测试的内容包括:

a) 初始状态

应接收 ClientHello 消息,消息格式应符合规范要求;然后,应依次发送 ServerHello 消息、ChangeCipherSpec 消息和服务器 Finished 消息,消息格式应符合规范要求。

如果是其他情况,则可能要发送有关的警报协议消息,消息格式应满足规范要求。可能的处理情况和发送的警报协议消息如下:

1) unexpected_message:应接收 ClientHello 消息,如果是其他的非警报协议消息,则发送 unexpected_message 警报协议消息,并关闭当前连接。

2) illegal_parameter:接收到的 ClientHello 消息的任意一个域的值超过了规范规定的值,则发送 illegal_parameter 警报协议消息,并关闭当前连接。

3) record_overflow:接收到的数据长度,超过了规定的长度,则发送 record_overflow 警报协议消息,并关闭当前连接。该情况处理方式出现在 SSL3.1/TLS1.0 及以后版本。

4) decode_error:对接收到的任何消息,如果解码失败,则发送 decode_error 警报协议消息,并关闭当前连接。该情况处理方式出现在 SSL3.1/TLS1.0 及以后版本。

5) protocol_version:对接收到的任何消息,如果版本号不是规范中要求的,则发送 protocol_version 警报协议消息,并关闭当前连接。该情况处理方式出现在 SSL3.1/TLS1.0 及以后版本。

6) internal_error:如果处理过程中出现了内部错误(如内存分配失败),则发送 internal_error 警报协议消息,并关闭当前连接。该情况处理方式出现在 SSL3.1/TLS1.0 及以后版本。

b) 握手状态

应依次接收 ChangeCipherSpec 消息和客户端 Finished 消息,消息格式应符合规范要求;然后,可发送应用数据消息,消息格式应符合规范要求。

如果是其他情况,则可发送有关的警报协议消息,消息格式应满足规范要求。可能的处理情况和发送的警报协议消息如下:

1) unexpected_message:应依次接收到 ChangeCipherSpec 消息和客户端 Finished 消息,如果是其他的非警报协议消息,则发送 unexpected_message 警报协议消息,并关闭当前连接。

2) bad_record_mac:处理客户端 Finished 消息时,MAC 验证失败,则发送 bad_record_mac

警报协议消息，并关闭当前连接。

3） decompression_failure：处理客户端 Finished 消息时，如果使用了压缩处理，并且消息解压缩失败，则发送 decompression_failure 警报协议消息，并关闭当前连接。

4） illegal_parameter：接收到的任意消息的任意一个域的值超过了规定的值，则发送 illegal_parameter 警报协议消息，并关闭当前连接。

5） decryption_failed：处理客户端 Finished 消息时，解密出来的数据不符合密码算法的要求（如数据的长度不是某数的整数倍，或者填充的数据的值不符合要求），则发送 decryption_failed 警报协议消息，并关闭当前连接。该情况处理方式出现在 SSL3.1/TLS1.0 及以后版本。

6） record_overflow：接收到的数据长度，超过了规定的长度，则发送 record_overflow 警报协议消息，并关闭当前连接。该情况处理方式出现在 SSL3.1/TLS1.0 及以后版本。

7） decode_error：对接收到的任何消息，如果解码失败，则发送 decode_error 警报协议消息，并关闭当前连接。该情况处理方式出现在 SSL3.1/TLS1.0 及以后版本。

8） decrypt_error：处理客户端 Finished 消息时，验证签名过程或者数据解密中出现错误，则发送 decrypt_error 警报协议消息，并关闭当前连接。该情况处理方式出现在 SSL3.1/TLS1.0 及以后版本。

9） protocol_version：对接收到的任何消息，如果版本号不是规范中要求的，则发送 protocol_version 警报协议消息，并关闭当前连接。该情况处理方式出现在 SSL3.1/TLS1.0 及以后版本。

10） internal_error：如果处理过程中出现了内部错误（如内存分配失败），则发送 internal_error 警报协议消息，并关闭当前连接。该情况处理方式出现在 SSL3.1/TLS1.0 及以后版本。

11） 接收客户端警报消息：接收到客户端发送过来的警报协议消息，则关闭当前连接。

c） 工作状态

按 6.1.1.4 c)给出的要求。

### 6.4.2 性能测试内容

按 6.1.2 给出的要求。

### 6.4.3 健壮性测试内容

按 6.1.3 给出的要求。

### 6.4.4 功能互操作性测试

在重用会话模式下，应用不同 SSL 协议应用客户端和服务器互连后，其测试内容按 6.4.1.2 给出的要求。

## 7 测试步骤指南

### 7.1 匿名会话模式测试步骤

#### 7.1.1 功能测试

##### 7.1.1.1 基本连通测试

步骤如下：

第一步:配置待测试的客户端和服务器到相应会话模式。

第二步:客户端和服务器建立连接,如果不成功,则在当前会话模式下,基本连通测试失败。

#### 7.1.1.2 安全功能测试

a) 密码协商功能测试

1) 算法协商功能测试

第一步:查看 ClientHello 消息中是否有多个供服务器选择的密码组,若无,则没有密码算法协商功能。

第二步:查看 ServerHello 消息中是否有已经协商好的密码组,若无,则没有密码算法协商功能。

2) 共享密钥协商功能测试

第一步:查看 ClientHello 消息中是否有多个供服务器选择的密码组,若无,则没有共享密钥协商功能。

第二步:查看 ServerHello 消息中是否有已经协商好的密码组,若无,则没有共享密钥协商功能。

第三步:查看协商好的密码组,看是否有密钥交换算法,若无,则没有共享密钥协商功能。

第四步:根据密钥交换算法,查看是否有有关的 ServerKeyExchange 消息和 ClientKeyExchange 消息,若无,或者消息和密钥交换算法不相符,则没有共享密钥协商功能。

b) 数据保密性保护功能测试

第一步:查看客户端 Finished 消息和服务器 Finished 消息,如果数据没有加密,则没有数据保密性保护功能。

第二步:查看客户端和服务器之间的应用数据消息,如果没有加密,则没有数据保密性保护功能。

c) 数据完整性保护功能测试

第一步:查看客户端 Finished 消息和服务器 Finished 消息,如果没有 MAC 数据,则没有数据完整性保护功能。

第二步:查看客户端和服务器之间的应用数据消息,如果没有 MAC 数据,则没有数据完整性保护功能。

#### 7.1.1.3 客户端行为测试

a) 初始状态

第一步:服务器向客户端发送 HelloRequest 消息,查看客户端的响应,如果不是 ClientHello 消息,则客户端行为不符合规范要求。

第二步:客户端在没有接收到 HelloRequest 消息的情况,主动发送 ClientHello 消息,如果不能够主动发送,则客户端行为不符合规范要求。

第三步:查看 ClientHello 消息是否符合规范要求,如果不符合,则客户端行为不符合规范要求。

b) 握手状态

正常情况处理能力测试步骤如下:

第一步:依次向客户端发送正常的 ServerHello 消息、ServerKeyExchange * 消息和 ServerHelloDone 消息,查看客户端在处理这些消息后,响应消息是否依次是 ClientKeyExchange 消息、ChangeCipherSpec 消息和客户端 Finished 消息,如果不是,则客户端行为不符合规范要求。

第二步：查看 ClientKeyExchange 消息、ChangeCipherSpec 消息和客户端 Finished 消息是否符合规范要求，如果不是，则客户端行为不符合规范要求。

其他情况客户端行为测试包括：

1) unexpected_message

第一步：向客户端发送 ServerHello 消息、ServerKeyExchange * 消息和 ServerHelloDone 消息以外的其他消息，客户端应响应 unexpected_message 消息，如果不是，则客户端行为不符合规范要求。

第二步：查看 unexpected_message 消息是否符合规范要求，如果不是，则客户端行为不符合规范要求。

2) illegal_parameter

第一步：向客户端发送的 ServerHello 消息、ServerKeyExchange * 消息和 ServerHelloDone 消息中的某些字段的值超过规范要求，客户端应响应 illegal_parameter 消息，如果不是，则客户端行为不符合规范要求。

第二步：查看 illegal_parameter 消息是否符合规范要求，如果不是，则客户端行为不符合规范要求。

3) record_overflow

第一步：向客户端发送超过规范要求的长度的数据包（$2\ 048+2^{14}$ 字节），客户端应响应 record_overflow 警报协议消息，如果不是，则客户端行为不符合规范要求。

第二步：查看 record_overflow 消息是否符合规范要求，如果不是，则客户端行为不符合规范要求。

4) decode_error

第一步：向客户端发送一些错误编码的数据包，客户端应响应 decode_error 警报协议消息，如果不是，则客户端行为不符合规范要求。

第二步：查看 decode_error 消息是否符合规范要求，如果不是，则客户端行为不符合规范要求。

5) protocol_version

第一步：向客户端发送错误协议版本号的消息，客户端应响应 protocol_version 警报协议消息，如果不是，则客户端行为不符合规范要求。

第二步：查看 protocol_version 消息是否符合规范要求，如果不是，则客户端行为不符合规范要求。

6) internal_error

此类情况一般不应出现。出现这种情况，说明系统本身有问题。

7) 接收服务器警报协议消息

向客户端发送警报协议消息，客户端应关闭当前连接，会话结束，如果不是，则客户端行为不符合规范要求。

c) 密钥交换状态

正常情况处理能力测试步骤如下：

第一步：依次向客户端发送正常的 ChangeCipherSpec 消息和服务器 Finished 消息，此时，客户端应响应应用数据消息或不响应任何消息，如果不是，则客户端行为不符合规范要求。

第二步：如果客户端响应应用数据消息，则要查看应用数据消息是否应用了协商好的加密算法加密数据，如果不是，则客户端行为不符合规范要求。

第三步：如果客户端响应应用数据消息，则要查看应用数据消息是否应用了协商好的 MAC 算法保护数据完整性,如果不是,则客户端行为不符合规范要求。

其他情况客户端行为测试包括:

1) unexpected_message

第一步:向客户端发送 ChangeCipherSpec 消息和服务器 Finished 消息以外的其他消息,客户端应响应 unexpected_message 消息,如果不是,则客户端行为不符合规范要求。

第二步:查看 unexpected_message 消息是否符合规范要求,如果不是,则客户端行为不符合规范要求。

2) bad_record_mac

第一步:在正常的服务器 ChangeCipherSpec 消息后,向客户端发送包含一个错误 MAC 数据的服务器 Finished 消息,客户端应响应 bad_record_mac 消息,如果不是,则客户端行为不符合规范要求。

第二步:查看 bad_record_mac 消息是否符合规范要求,如果不是,则客户端行为不符合规范要求。

3) decompression_failure

第一步:在正常的服务器 ChangeCipherSpec 消息后,向客户端发送一个错误数据压缩的服务器 Finished 消息,客户端应响应 decompression_failure 消息,如果不是,则客户端行为不符合规范要求。

第二步:查看 decompression_failure 消息是否符合规范要求,如果不是,则客户端行为不符合规范要求。

4) illegal_parameter

第一步:向客户端发送的 ChangeCipherSpec 消息和服务器 Finished 消息中的某些字段的值超过规范要求,客户端应响应 illegal_parameter 消息,如果不是,则客户端行为不符合规范要求。

第二步:查看 illegal_parameter 消息是否符合规范要求,如果不是,则客户端行为不符合规范要求。

5) decryption_failed

第一步:在正常的服务器 ChangeCipherSpec 消息后,向客户端发送一个无效加密数据(数据长度不符合加密算法要求或填充值不符合的数据)的服务器 Finished 消息,客户端应响应 decryption_failed 消息,如果不是,则客户端行为不符合规范要求。

第二步:查看 decryption_failed 消息是否符合规范要求,如果不是,则客户端行为不符合规范要求。

6) record_overflow

第一步:向客户端发送超过规范要求的长度的数据包($2\ 048+2^{14}$ 字节),客户端应响应 record_overflow 消息,如果不是,则客户端行为不符合规范要求。

第二步:查看 record_overflow 消息是否符合规范要求,如果不是,则客户端行为不符合规范要求。

7) decode_error

第一步:向客户端发送一些错误编码的数据包,客户端应响应 decode_error 消息,如果不是,则客户端行为不符合规范要求。

第二步:查看 decode_error 消息是否符合规范要求,如果不是,则客户端行为不符合规范要求。

8) decrypt_error

第一步:在正常的服务器 ChangeCipherSpec 消息后,向客户端发送一个错误加密的服务器 Finished 消息,客户端应响应 decrypt_error 警报协议消息,如果不是,则客户端行为不符合规范要求。

第二步:查看 decrypt_error 消息是否符合规范要求,如果不是,则客户端行为不符合规范要求。

9) protocol_version

第一步:向客户端发送错误协议版本号的消息,客户端应响应 protocol_version 消息,如果不是,则客户端行为不符合规范要求。

第二步:查看 protocol_version 消息是否符合规范要求,如果不是,则客户端行为不符合规范要求。

10) internal_error

此类情况一般不应出现。出现这种情况,说明系统本身有问题。

11) 接收服务器警报协议消息

向客户端发送警报协议消息,客户端应关闭当前连接,会话结束,如果不是,则客户端行为不符合规范要求。

d) 工作状态

正常情况处理能力测试步骤如下:

第一步:使用客户端发送应用数据消息,应用数据消息应使用协商的加密算法加密数据。若无,则客户端行为不符合规范要求。

第二步:使用客户端发送应用数据消息,应用数据消息应使用协商的 MAC 算法保护数据。若无,则客户端行为不符合规范要求。

第三步:向客户端发送正常应用数据消息,客户端不应响应任何消息,如果出现其他消息,则客户端行为不符合规范要求。

第四步:向客户端发送 Close_notify 警报协议消息,客户端应正常关闭当前连接,如果不是,则客户端行为不符合规范要求。

第五步:用户终止 SSL 会话,客户端应能够正常关闭当前连接,并向服务器发送 Close_notify 警报协议消息,如果不是,则客户端行为不符合规范要求。

其他情况客户端行为测试包括:

1) unexpected_message

第一步:向客户端发送应用数据消息和 Close_notify 消息以外的其他消息,客户端应响应 unexpected_message 消息,如果不是,则客户端行为不符合规范要求。

第二步:查看 unexpected_message 消息是否符合规范要求,如果不是,则客户端行为不符合规范要求。

2) bad_record_mac

第一步:向客户端发送一个包含错误 MAC 数据的应用数据消息,客户端应响应 bad_record_mac 消息,如果不是,则客户端行为不符合规范要求。

第二步:查看 bad_record_mac 消息是否符合规范要求,如果不是,则客户端行为不符合规范要求。

3) decompression_failure

第一步:向客户端发送一个错误数据压缩的应用数据消息,客户端应响应 decompression_failure 消息,如果不是,则客户端行为不符合规范要求。

第二步:查看 decompression_failure 消息是否符合规范要求,如果不是,则客户端行为不符合规范要求。

4) decryption_failed

第一步:向客户端发送--个无效加密数据(数据长度不符合加密算法要求或者填充值不符合的数据)的应用数据消息,客户端应响应 decryption_failed 消息,如果不是,则客户端行为不符合规范要求。

第二步:查看 decryption_failed 消息是否符合规范要求,如果不是,则客户端行为不符合规范要求。

5) rccord_overflow

第一步:向客户端发送超过规范要求的长度的数据包(2 048+$2^{14}$字节),客户端应响应 record_overflow 消息,如果不是,则客户端行为不符合规范要求。

第二步:查看 record_overflow 消息是否符合规范要求,如果不是,则客户端行为不符合规范要求。

6) decode_error

第一步:向客户端发送一些错误编码的数据包,客户端应响应 decode_error 消息,如果不是,则客户端行为不符合规范要求。

第二步:查看 decode_error 消息是否符合规范要求,如果不是,则客户端行为不符合规范要求。

7) decrypt_error

第一步:向客户端发送一个错误加密的应用数据消息,客户端应响应 decrypt_error 消息,如果不是,则客户端行为不符合规范要求。

第二步:查看 decrypt_error 消息是否符合规范要求,如果不是,则客户端行为不符合规范要求。

8) protocol_version

第一步:向客户端发送错误协议版本号的消息,客户端应响应 protocol_version 消息,如果不是,则客户端行为不符合规范要求。

第二步:查看 protocol_version 消息是否符合规范要求,如果不是,则客户端行为不符合规范要求。

9) internal_error

此类情况一般不应出现。出现这种情况,说明系统本身有问题。

10) 接收服务器警报协议消息

向客户端发送警报协议消息,客户端应关闭当前连接,会话结束,如果不是,则客户端行为不符合规范要求。

#### 7.1.1.4 服务器行为测试

a) 初始状态

正常情况服务器行为测试步骤如下:

第一步:向服务器发送正常的 ClientHello 消息,查看服务器响应消息是否依次是 ServerHello 消息、ServerKeyExchange * 消息和 ServerHelloDone 消息,如果不是,则服务器行为不符合规范。

第二步:查看 ServerHello 消息、ServerKeyExchange * 消息和 ServerHelloDone 消息是否符合规范,如果不是,则服务器行为不符合规范要求。

其他情况服务器行为测试包括:

1) unexpected_message

第一步:向服务器发送 ClientHello 消息以外的其他消息,服务器应响应 unexpected_message 消息,如果不是,则服务器行为不符合规范要求。

第二步:查看 unexpected_message 消息是否符合规范要求,如果不是,则服务器行为不符合规范要求。

2) handshake_failure

第一步:向服务器发送 ClientHello 消息,并且服务器不支持消息中包含的所有密码组,服务器应响应 handshake_failure 消息,如果不是,则服务器行为不符合规范要求。

第二步:查看 handshake_failure 消息是否符合规范要求,如果不是,则服务器行为不符合规范要求。

3) illegal_parameter

第一步:向服务器发送的 ClientHello 消息中的某些字段的值超过规范要求,服务器应响应 illegal_parameter 消息,如果不是,则服务器行为不符合规范要求。

第二步:查看 illegal_parameter 消息,是否符合规范要求,如果不是,则服务器行为不符合规范要求。

4) record_overflow

第一步:向服务器发送超过规范要求的长度的数据包(2 048+$2^{14}$字节),服务器应响应 record_overflow 消息,如果不是,则服务器行为不符合规范要求。

第二步:查看 record_overflow 消息是否符合规范要求,如果不是,则服务器行为不符合规范要求。

5) decode_error

第一步:向服务器发送一些错误编码的数据包,服务器应响应 decode_error 消息,如果不是,则服务器行为不符合规范要求。

第二步:查看 decode_error 消息是否符合规范要求,如果不是,则服务器行为不符合规范要求。

6) protocol_version

第一步:向服务器发送错误协议版本号的消息,服务器应响应 protocol_version 消息,如果不是,则服务器行为不符合规范要求。

第二步:查看 protocol_version 消息是否符合规范要求,如果不是,则服务器行为不符合规范要求。

7) insufficient_security

第一步:向服务器发送 ClientHello 消息,并且服务器认为消息中包含的所有密码组安全强度不够,服务器应响应 insufficient_security 消息,如果不是,则服务器行为不符合规范要求。

第二步:查看 insufficient_security 消息是否符合规范要求,如果不是,则服务器行为不符合规范要求。

8) internal_error

此类情况一般不应出现。出现这种情况,说明系统本身有问题。

b) 握手状态

正常情况服务器行为测试步骤如下:

第一步:向服务器发送正常的 ClientKeyExchange 消息、ChangeCipherSpec 消息和客户端 Finished 消息,查看服务器响应的消息是否依次是 ChangeCipherSpec 消息和服务器 Finished 消息,如果不是,则服务器行为不符合规范要求。

第二步:查看服务器响应的 ChangeCipherSpec 消息和服务器 Finished 消息是否符合规范要求,如果不是,则服务器行为不符合规范要求。

其他情况服务器行为测试包括:

1) unexpected_message

第一步：向服务器发送 ClientKeyExchange 消息、ChangeCipherSpec 消息和客户端 Finished 消息以外的其他消息，服务器应响应 unexpected_message 消息，如果不是，则服务器行为不符合规范要求。

第二步：查看 unexpected_message 消息是否符合规范要求，如果不是，则服务器行为不符合规范要求。

2) bad_record_mac

第一步：在正常的 ClientKeyExchange 消息和 ChangeCipherSpec 消息后，向服务器发送一个包含错误 MAC 数据的客户端 Finished 消息，服务器应响应 bad_record_mac 消息，如果不是，则服务器行为不符合规范要求。

第二步：查看 bad_record_mac 消息是否符合规范要求，如果不是，则服务器行为不符合规范要求。

3) decompression_failure

第一步：在正常的 ClientKeyExchange 消息和 ChangeCipherSpec 消息后，向服务器发送一个错误数据压缩的客户端 Finished 消息，服务器应响应 decompression_failure 消息，如果不是，则服务器行为不符合规范要求。

第二步：查看 decompression_failure 消息是否符合规范要求，如果不是，则服务器行为不符合规范要求。

4) illegal_parameter

第一步：向服务器发送的 ClientKeyExchange 消息、ChangeCipherSpec 消息和客户端 Finished 消息中的某些字段的值超过规范要求，服务器应响应 illegal_parameter 消息，如果不是，则服务器行为不符合规范要求。

第二步：查看 illegal_parameter 消息是否符合规范要求，如果不是，则服务器行为不符合规范要求。

5) decryption_failed

第一步：在正常的 ClientKeyExchange 消息和 ChangeCipherSpec 消息后，向服务器发送一个无效加密数据（数据长度不符合加密算法要求或者填充值不符合的数据）的客户端 Finished 消息，服务器应响应 decryption_failed 消息，如果不是，则服务器行为不符合规范要求。

第二步：查看 decryption_failed 消息是否符合规范要求，如果不是，则服务器行为不符合规范要求。

6) record_overflow

第一步：向服务器发送超过规范要求的长度的数据包（2 048＋$2^{14}$ 字节），服务器应响应 record_overflow 消息，如果不是，则服务器行为不符合规范要求。

第二步：查看 record_overflow 消息是否符合规范要求，如果不是，则服务器行为不符合规范要求。

7) decode_error

第一步：向服务器发送一些错误编码的数据包，服务器应响应 decode_error 消息，如果不是，则服务器行为不符合规范要求。

第二步：查看 decode_error 消息是否符合规范要求，如果不是，则服务器行为不符合规范要求。

8) decrypt_error

第一步：在正常的 ClientKeyExchange 消息和 ChangeCipherSpec 消息后，向服务器发送

一个错误加密的客户端 Finished 消息，服务器应响应 decrypt_error 消息，如果不是，则服务器行为不符合规范要求。

第二步：查看 decrypt_error 消息是否符合规范要求，如果不是，则服务器行为不符合规范要求。

9) protocol_version

第一步：向服务器发送错误协议版本号的消息，服务器应响应 protocol_version 消息，如果不是，则服务器行为不符合规范要求。

第二步：查看 protocol_version 消息是否符合规范要求，如果不是，则服务器行为不符合规范要求。

10) internal_error

此类情况一般不应出现。出现这种情况，说明系统本身有问题。

11) 接收客户端警报协议消息

向服务器发送警报协议消息，服务器应关闭当前连接，会话结束，如果不是，则服务器行为不符合规范要求。

c) 工作状态

正常情况服务器行为测试基本步骤：

第一步：使用服务器发送应用数据消息，应用数据消息应使用协商的加密算法加密数据。若无，则服务器行为不符合规范要求。

第二步：使用服务器发送应用数据消息，应用数据消息应使用协商的 MAC 算法保护数据。若无，则服务器行为不符合规范要求。

第三步：向服务器发送正常应用数据消息，服务器不应响应任何消息，如果出现其他消息，则服务器行为不符合规范要求。

第四步：向服务器发送 Close_notify 消息，服务器应正常关闭当前连接，如果不是，则服务器行为不符合规范要求。

第五步：用户终止 SSL 会话，服务器能够正常关闭当前连接，并向客户端发送 Close_notify 消息，如果不是，则服务器行为不符合规范要求。

其他情况服务器行为测试包括：

1) unexpected_message

第一步：向服务器发送应用数据消息和 Close_notify 消息以外的其他消息，服务器应响应 unexpected_message 消息，如果不是，则服务器行为不符合规范要求。

第二步：查看 unexpected_message 消息是否符合规范要求，如果不是，则服务器行为不符合规范要求。

2) bad_record_mac

第一步：向服务器发送一个包含错误 MAC 数据的应用数据消息，服务器应响应 bad_record_mac 消息，如果不是，则服务器行为不符合规范要求。

第二步：查看 bad_record_mac 消息是否符合规范要求，如果不是，则服务器行为不符合规范要求。

3) decompression_failure

第一步：向服务器发送一个错误数据压缩的应用数据消息，服务器应响应 decompression_failure 消息，如果不是，则服务器行为不符合规范要求。

第二步：查看 decompression_failure 消息是否符合规范要求，如果不是，则服务器行为不符合规范要求。

4) decryption_failed

第一步:向服务器发送一个无效加密数据(数据长度不符合加密算法要求或者填充值不符合的数据)的应用数据消息,服务器应响应 decryption_failed 消息,如果不是,则服务器行为不符合规范要求。

第二步:查看 decryption_failed 消息,是否符合规范要求,如果不是,则服务器行为不符合规范要求。

5) record_overflow

第一步:向服务器发送超过规范要求的长度的数据包(2 048+$2^{14}$字节),服务器应响应 record_overflow 消息,如果不是,则服务器行为不符合规范要求。

第二步:查看 record_overflow 消息是否符合规范要求,如果不是,则服务器行为不符合规范要求。

6) decode_error

第一步:向服务器发送一些错误编码的数据包,服务器应响应 decode_error 消息,如果不是,则服务器行为不符合规范要求。

第二步:查看 decode_error 消息是否符合规范要求,如果不是,则服务器行为不符合规范要求。

7) decrypt_error

第一步:向服务器发送一个错误加密的应用数据消息,服务器应响应 decrypt_error 消息,如果不是,则服务器行为不符合规范要求。

第二步:查看 decrypt_error 消息是否符合规范要求,如果不是,则服务器行为不符合规范要求。

8) protocol_version

第一步:向服务器发送错误协议版本号的消息,服务器应响应 protocol_version 消息,如果不是,则服务器行为不符合规范要求。

第二步:查看 protocol_version 消息是否符合规范要求,如果不是,则服务器行为不符合规范要求。

9) internal_error

此类情况一般不应出现。出现这种情况,说明系统本身有问题。

10) 接收客户端警报协议消息

向服务器发送警报协议消息,服务器应关闭当前连接,会话结束,如果不是,则服务器行为不符合规范要求。

### 7.1.2 性能测试

a) 连接建立时延

第一步:配置客户端和服务器到相应会话模式,启动服务器。

第二步:启动客户端并建立连接,统计连接建立时间。

b) 传送时延

第一步:配置客户端和服务器到相应会话模式,并建立连接。

第二步:发送应用数据,并统计传输时延。

c) 连接拆除时延

第一步:在相应会话模式下,客户端或者服务器主动关闭当前连接。

第二步:统计正常连接拆除时延。

d) 吞吐量

第一步:配置客户端和服务器到相应会话模式,并建立连接。

第二步:在客户端和服务器之间传输大量应用数据,统计传输时间和传输数据量,然后计算吞吐量。

e) 剩余错误比率

第一步:配置客户端和服务器到相应会话模式,并建立连接。

第二步:在客户端和服务器之间传输大量应用数据,统计出错数据量,然后计算剩余错误比率。

f) 失败概率

第一步:配置客户端和服务器到相应会话模式,并多次建立、传送数据,然后关闭连接。

第二步:统计在此过程中的连接建立失败概率、传送失效概率以及连接拆除失败概率。

g) 新建连接数

第一步:配置客户端和服务器到相应会话模式。

第二步:客户端向服务器发起大量连接请求,统计单位时间内新建立的连接数。

h) 并发连接数

第一步:配置服务器到相应会话模式。

第二步:多个客户端同时向服务器建立大量连接并发送通信数据,统计服务器能够处理的最大连接数。

### 7.1.3 健壮性测试

#### 7.1.3.1 无效报文处理测试

a) 错误报文处理能力测试

第一步:在 SSL 相应会话模式下,向客户端和服务器的各个状态发送错误报文(报文头错误或者内容错误)。

第二步:查看客户端和服务器的处理情况,应正常关闭连接,并响应有关的警报协议消息。

b) 非期望报文处理能力测试

第一步:在 SSL 相应会话模式下,向客户端和服务器的各个状态发送非期望报文。

第二步:查看客户端和服务器的处理情况,应正常关闭连接,并响应 unexpected_message 警报协议消息。

#### 7.1.3.2 异常事件处理测试

a) 连接中断处理能力测试

第一步:在 SSL 相应会话模式下,在客户端和服务器会话过程中的各个阶段,断开物理连接。

第二步:查看客户端和服务器的处理能力。

b) 等待超时处理测试能力

第一步:在 SSL 相应会话模式下,延长数据交互时间。

第二步:查看客户端和服务器的处理能力。

#### 7.1.3.3 高强度负载测试

a) 网络高强度负载处理能力测试

第一步:在网络负载很大的情况下,建立 SSL 相应会话并进行数据通信。

第二步:查看客户端和服务器的处理能力。

b) 系统高强度负载处理能力测试

第一步:在客户端和(或)服务器运行系统高强度负载的情况下(高内存或者 CPU 消耗),建立 SSL 相应会话并进行数据通信。

第二步：查看客户端和服务器的处理能力。

#### 7.1.4 互操作性测试

##### 7.1.4.1 基本互连测试

见 7.1.1.1 的内容。

##### 7.1.4.2 功能互操作性测试

见 7.1.1.2 的内容。

### 7.2 服务器验证会话模式测试步骤

#### 7.2.1 功能测试

##### 7.2.1.1 基本连通测试

步骤如下：

第一步：配置待测试的客户端和服务器到相应会话模式。

第二步：客户端和服务器建立连接，如果不成功，则在当前会话模式下，基本连通测试失败。

##### 7.2.1.2 安全功能测试

a) 服务器身份鉴别功能测试

 1) 服务器身份证书递交功能测试

 第一步：配置客户端和服务器到相应会话模式，并建立连接。

 第二步：查看服务器 Certificate 消息中是否有服务器身份证书，若无，则服务器没有身份证书递交功能。

 2) 服务器身份证书鉴别功能测试

 第一步：配置客户端和服务器到相应会话模式，并建立连接。

 第二步：向客户端发送正常的 Certificate 消息，查看会话协商是否能够继续，如果对服务器响应有关的服务器证书警报协议消息，则没有服务器身份证书鉴别功能。

 第三步：向客户端发送不正常的 Certificate 消息（如错误的证书、过期的证书等），查看客户端的响应，如果没有发送有关的服务器证书警报协议消息，则没有服务器身份证书鉴别功能。

b) 密码算法协商功能测试

 见 7.1.1.2 a)的内容。

c) 数据保密性保护功能测试

 见 7.1.1.2 b)的内容。

d) 数据完整性保护功能测试

 见 7.1.1.2 c)的内容。

##### 7.2.1.3 客户端行为测试

a) 初始状态

 见 7.1.1.3 a)的内容。

b) 握手状态

 正常情况处理能力测试步骤如下：

第一步:依次向客户端发送正常的 ServerHello 消息、Certificate 消息、ServerKeyExchange * 消息和 ServerHelloDone 消息,查看客户端在处理这些消息后,响应消息是否依次是 ClientKeyExchange 消息、ChangeCipherSpec 消息和客户端 Finished 消息,如果不是,则客户端行为不符合规范要求。

第二步:查看 ClientKeyExchange 消息、ChangeCipherSpec 消息和客户端 Finished 消息是否符合规范要求,如果不是,则客户端行为不符合规范要求。

其他情况客户端行为测试包括:

1) unexpected_message

第一步:向客户端发送 ServerHello 消息、Certificate 消息、ServerKeyExchange * 消息和 ServerHelloDone 消息以外的其他消息,客户端应响应 unexpected_message 消息,如果不是,则客户端行为不符合规范要求。

第二步:查看 unexpected_message 消息是否符合规范要求,如果不是,则客户端行为不符合规范要求。

2) bad_certificate

第一步:向客户端发送 Certificate 消息,并且消息中包含的证书信息有错误(签名受到破坏),客户端应响应 bad_certificate 消息。如果不是,则客户端行为不符合规范要求。

第二步:查看 bad_certificate 消息是否符合规范要求,如果不是,则客户端行为不符合规范要求。

3) unsupported_certificate

第一步:向客户端发送 Certificate 消息,并且消息中包含的证书格式客户端不支持,客户端应响应 unsupported_certificate 消息。如果不是,则客户端行为不符合规范要求。

第二步:查看 unsupported_certificate 消息是否符合规范要求,如果不是,则客户端行为不符合规范要求。

4) certificate_revoked

第一步:向客户端发送 Certificate 消息,并且消息中包含的证书已经被撤消,客户端应响应 certificate_revoked 消息。如果不是,则客户端行为不符合规范要求。

第二步:查看 certificate_revoked 消息是否符合规范要求,如果不是,则客户端行为不符合规范要求。

5) certificate_expired

第一步:向客户端发送 Certificate 消息,并且消息中包含的证书已经过期,客户端应响应 certificate_expired 消息。如果不是,则客户端行为不符合规范要求。

第二步:查看 certificate_expired 消息是否符合规范要求,如果不是,则客户端行为不符合规范要求。

6) certificate_unknown

此类情况一般不应出现。出现这种情况,说明系统本身有问题。

7) illegal_parameter

第一步:向客户端发送的 ServerHello 消息、Certificate 消息、ServerKeyExchange * 消息和 ServerHelloDone 消息中的某些字段的值超过规范要求,客户端应响应 illegal_parameter 消息,如果不是,则客户端行为不符合规范要求。

第二步:查看 illegal_parameter 消息是否符合规范要求,如果不是,则客户端行为不符合规范要求。

8) record_overflow

第一步:向客户端发送超过规范要求的长度的数据包(2 048 + $2^{14}$ 字节),客户端应响应

record_overflow 消息，如果不是，则客户端行为不符合规范要求。

第二步：查看 record_overflow 消息是否符合规范要求，如果不是，则客户端行为不符合规范要求。

9) decode_error

第一步：向客户端发送一些错误编码的数据包，客户端应响应 decode_error 消息，如果不是，则客户端行为不符合规范要求。

第二步：查看 decode_error 消息是否符合规范要求，如果不是，则客户端行为不符合规范要求。

10) unknown_CA

第一步：向客户端发送 Certificate 消息，并且证书颁发者不包含在客户端证书颁发者列表中，客户端应响应 unknown_CA 消息。如果不是，则客户端行为不符合规范要求。

第二步：查看 unknown_CA 消息是否符合规范要求，如果不是，则客户端行为不符合规范要求。

11) protocol_version

第一步：向客户端发送错误协议版本号的消息，客户端应响应 protocol_version 消息，如果不是，则客户端行为不符合规范要求。

第二步：查看 protocol_version 消息是否符合规范要求，如果不是，则客户端行为不符合规范要求。

12) internal_error

此类情况一般不应出现。出现这种情况，说明系统本身有问题。

13) 接收服务器警报协议消息

向客户端发送警报协议消息，客户端应关闭当前连接，会话结束，如果不是，则客户端行为不符合规范要求。

c) 密钥交换状态

见 7.1.1.3 c)的内容。

d) 工作状态

见 7.1.1.3 d)的内容。

#### 7.2.1.4 服务器行为测试

a) 初始状态

正常情况服务器行为测试步骤如下：

第一步：向服务器发送正常的 ClientHello 消息，查看服务器响应消息是否依次是 ServerHello 消息、Certificate 消息、ServerKeyExchange * 消息和 ServerHelloDone 消息，如果不是，则服务器行为不符合规范要求。

第二步：查看 ServerHello 消息、Certificate 消息、ServerKeyExchange * 消息和 ServerHelloDone 消息是否符合规范要求，如果不是，则服务器行为不符合规范要求。

其他情况服务器行为测试包括：

1) unexpected_message

第一步：向服务器发送 ClientHello 消息以外的其他消息，服务器应响应 unexpected_message 消息，如果不是，则服务器行为不符合规范要求。

第二步：查看 unexpected_message 消息是否符合规范要求，如果不是，则服务器行为不符合规范要求。

2) handshake_failure

第一步：向服务器发送 ClientHello 消息，并且服务器不支持消息中包含的所有密码组，服务器应响应 handshake_failure 消息，如果不是，则服务器行为不符合规范要求。

第二步：查看 handshake_failure 消息是否符合规范要求，如果不是，则服务器行为不符合规范要求。

3) illegal_parameter

第一步：向服务器发送的 ClientHello 消息中的某些字段的值超过规范要求，服务器应响应 illegal_parameter 消息，如果不是，则服务器行为不符合规范要求。

第二步：查看 illegal_parameter 消息是否符合规范要求，如果不是，则服务器行为不符合规范要求。

4) record_overflow

第一步：向服务器发送超过规范要求的长度的数据包（2 048＋$2^{14}$字节），服务器应响应 record_overflow 消息，如果不是，则服务器行为不符合规范要求。

第二步：查看 record_overflow 消息是否符合规范要求，如果不是，则服务器行为不符合规范要求。

5) decode_error

第一步：向服务器发送一些错误编码的数据包，服务器应响应 decode_error 消息，如果不是，则服务器行为不符合规范要求。

第二步：查看 decode_error 消息是否符合规范要求，如果不是，则服务器行为不符合规范要求。

6) protocol_version

第一步：向服务器发送错误协议版本号的消息，服务器应响应 protocol_version 消息，如果不是，则服务器行为不符合规范要求。

第二步：查看 protocol_version 消息是否符合规范要求，如果不是，则服务器行为不符合规范要求。

7) insufficient_security

第一步：向服务器发送 ClientHello 消息，并且服务器认为消息中包含的所有密码组安全强度不够，服务器应响应 insufficient_security 消息，如果不是，则服务器行为不符合规范要求。

第二步：查看 insufficient_security 消息是否符合规范要求，如果不是，则服务器行为不符合规范要求。

8) internal_error

此类情况一般不应出现。出现这种情况，说明系统本身有问题。

b) 握手状态

见 7.1.1.4 b)的内容。

c) 工作状态

见 7.1.1.4 c)的内容。

### 7.2.2 性能测试

见 7.1.2 的内容。

### 7.2.3 健壮性测试

见 7.1.3 的内容。

#### 7.2.4 互操作性测试

##### 7.2.4.1 基本互连测试

见7.2.1.1的内容。

##### 7.2.4.2 功能互操作性测试

见7.2.1.2的内容。

### 7.3 双方验证会话模式测试步骤

#### 7.3.1 功能测试

##### 7.3.1.1 基本连通测试

步骤如下：

第一步：配置待测试的客户端和服务器到相应会话模式。

第二步：客户端和服务器建立连接，如果不成功，则在当前会话模式下，基本连通测试失败。

##### 7.3.1.2 安全功能测试

a) 客户端身份鉴别功能测试

客户端身份鉴别功能测试包括：

1) 服务器请求客户端身份证书功能

第一步：配置客户端和服务器到相应会话模式，并建立连接。

第二步：查看服务器是否发出正确的CertificateRequest消息，若无，则服务器没有身份证书请求功能。

2) 客户端身份证书递交功能

第一步：配置客户端和服务器到相应会话模式，并建立连接。

第二步：查看是否有客户端Certificate消息，并查看消息中是否有客户端身份证书，若无，则客户端没有身份证书递交功能。

3) 客户端身份证书鉴别功能

第一步：配置客户端和服务器到相应会话模式，并建立连接。

第二步：向服务器发送正常的Certificate消息，查看会话协商是否能够继续，如果服务器响应有关的客户端证书警报协议消息，则没有客户端身份证书鉴别功能。

第三步：向服务器发送不正常的Certificate消息（如错误的证书、过期的证书等），查看服务器的响应，如果没有发送有关的客户端证书警报协议消息，则没有客户端身份证书鉴别功能。

b) 服务器身份鉴别功能测试

见7.2.1.2 a)的内容。

c) 密码协商功能测试

见7.1.1.2 a)的内容。

d) 数据保密性保护功能测试

见7.1.1.2 b)的内容。

e) 数据完整性保护功能测试

见7.1.1.2 c)的内容。

#### 7.3.1.3 客户端行为测试

a) 初始状态

见 7.1.1.3 a)的内容。

b) 握手状态

正常情况处理能力测试步骤如下:

第一步:依次向客户端发送正常的 ServerHello 消息、Certificate 消息、ServerKeyExchange * 消息、CertificateRequest 消息和 ServerHelloDone 消息,查看客户端在处理这些消息后,响应消息是否依次是 Certificate 消息、ClientKeyExchange 消息、CertificateVerify * 消息、ChangeCipherSpec 消息和客户端 Finished 消息,如果不是,则客户端行为不符合规范要求。

第二步:查看 Certificate 消息、ClientKeyExchange 消息、CertificateVerify * 消息、ChangeCipherSpec 消息和客户端 Finished 消息是否符合规范要求,如果不是,则客户端行为不符合规范要求。

其他情况客户端行为测试包括:

1) unexpected_message

第一步:向客户端发送 ServerHello 消息、Certificate 消息、ServerKeyExchange * 消息、CertificateRequest 消息和 ServerHelloDone 消息以外的其他消息,客户端应响应 unexpected_message 消息,如果不是,则客户端行为不符合规范要求。

第二步:查看 unexpected_message 消息是否符合规范要求,如果不是,则客户端行为不符合规范要求。

2) no_certificate

第一步:在 CertificateRequest 消息,请求客户端没有的一种证书,客户端应响应 no_certificate 消息,如果不是,则客户端行为不符合规范要求。

第二步:查看 no_certificate 消息是否符合规范要求,如果不是,则客户端行为不符合规范要求。

3) bad_certificate

第一步:向客户端发送 Certificate 消息,并且消息中包含的证书信息有错误(签名受到破坏),客户端应响应 bad_certificate 消息。如果不是,则客户端行为不符合规范要求。

第二步:查看 bad_certificate 消息是否符合规范要求,如果不是,则客户端行为不符合规范要求。

4) unsupported_certificate

第一步:向客户端发送 Certificate 消息,并且消息中包含的证书格式客户端不支持,客户端应响应 unsupported_certificate 消息。如果不是,则客户端行为不符合规范要求。

第二步:查看 unsupported_certificate 消息是否符合规范要求,如果不是,则客户端行为不符合规范要求。

5) certificate_revoked

第一步:向客户端发送 Certificate 消息,并且消息中包含的证书已经被撤消,客户端应响应 certificate_revoked 消息。如果不是,则客户端行为不符合规范要求。

第二步:查看 certificate_revoked 消息是否符合规范要求,如果不是,则客户端行为不符合规范要求。

6) certificate_expired

第一步:向客户端发送 Certificate 消息,并且消息中包含的证书已经过期,客户端应响应 certificate_expired 消息。如果不是,则客户端行为不符合规范要求。

第二步:查看 certificate_expired 消息是否符合规范要求,如果不是,则客户端行为不符合规范要求。

7) certificate_unknown

此类情况一般不应出现。出现这种情况,说明系统本身有问题。

8) illegal_parameter

第一步:向客户端发送的 ServerHello 消息、Certificate 消息、ServerKeyExchange * 消息、CertificateRequest 消息和 ServerHelloDone 消息中的某些字段的值超过规范要求,客户端应响应 illegal_parameter 消息,如果不是,则客户端行为不符合规范要求。

第二步:查看 illegal_parameter 消息是否符合规范要求,如果不是,则客户端行为不符合规范要求。

9) record_overflow

第一步:向客户端发送超过规范要求的长度的数据包(2 048 + $2^{14}$ 字节),客户端应响应 record_overflow 消息,如果不是,则客户端行为不符合规范要求。

第二步:查看 record_overflow 消息是否符合规范要求,如果不是,则客户端行为不符合规范要求。

10) decode_error

第一步:向客户端发送一些错误编码的数据包,客户端应响应 decode_error 消息,如果不是,则客户端行为不符合规范要求。

第二步:查看 decode_error 消息是否符合规范要求,如果不是,则客户端行为不符合规范要求。

11) unknown_CA

第一步:向客户端发送 Certificate 消息,并且证书颁发者不包含在客户端证书颁发者列表中,客户端应响应 unknown_CA 消息。如果不是,则客户端行为不符合规范要求。

第二步:查看 unknown_CA 消息是否符合规范要求,如果不是,则客户端行为不符合规范要求。

12) protocol_version

第一步:向客户端发送错误协议版本号的消息,客户端应响应 protocol_version 消息,如果不是,则客户端行为不符合规范要求。

第二步:查看 protocol_version 消息是否符合规范要求,如果不是,则客户端行为不符合规范要求。

13) internal_error

此类情况一般不应出现。出现这种情况,说明系统本身有问题。

14) 接收服务器警报协议消息

向客户端发送警报协议消息,客户端应关闭当前连接,会话结束,如果不是,则客户端行为不符合规范要求。

c) 密钥交换状态

见 7.1.1.3 c)的内容。

d) 工作状态

见 7.1.1.3 d)的内容。

#### 7.3.1.4 服务器行为测试

a) 初始状态

正常情况服务器行为测试步骤如下:

第一步：向服务器发送正常的 ClientHello 消息，查看服务器响应消息是否依次是 ServerHello 消息、Certificate 消息、ServerKeyExchange * 消息、CertificateRequest 消息和 ServerHelloDone 消息，如果不是，则服务器行为不符合规范。

第二步：查看 ServerHello 消息、Certificate 消息、ServerKeyExchange * 消息、CertificateRequest 消息和 ServerHelloDone 消息是否符合规范，如果不是，则服务器行为不符合规范。

其他情况服务器行为测试包括：

1) unexpected_message

第一步：向服务器发送 ClientHello 消息以外的其他消息，服务器应响应 unexpected_message 消息，如果不是，则服务器行为不符合规范要求。

第二步：查看 unexpected_message 消息是否符合规范要求，如果不是，则服务器行为不符合规范要求。

2) handshake_failure

第一步：向服务器发送 ClientHello 消息，并且服务器不支持消息中包含的所有密码组，服务器应响应 handshake_failure 消息，如果不是，则服务器行为不符合规范要求。

第二步：查看 handshake_failure 消息是否符合规范要求，如果不是，则服务器行为不符合规范要求。

3) illegal_parameter

第一步：向服务器发送的 ClientHello 消息中的某些字段的值超过规范要求，服务器应响应 illegal_parameter 消息，如果不是，则服务器行为不符合规范要求。

第二步：查看 illegal_parameter 消息是否符合规范要求，如果不是，则服务器行为不符合规范要求。

4) record_overflow

第一步：向服务器发送超过规范要求的长度的数据包（$2\ 048+2^{14}$ 字节），服务器应响应 record_overflow 消息，如果不是，则服务器行为不符合规范要求。

第二步：查看 record_overflow 消息是否符合规范要求，如果不是，则服务器行为不符合规范要求。

5) decode_error

第一步：向服务器发送一些错误编码的数据包，服务器应响应 decode_error 消息，如果不是，则服务器行为不符合规范要求。

第二步：查看 decode_error 消息是否符合规范要求，如果不是，则服务器行为不符合规范要求。

6) protocol_version

第一步：向服务器发送错误协议版本号的消息，服务器应响应 protocol_version 消息，如果不是，则服务器行为不符合规范要求。

第二步：查看 protocol_version 消息是否符合规范要求，如果不是，则服务器行为不符合规范要求。

7) insufficient_security

第一步：向服务器发送 ClientHello 消息，并且服务器认为消息中包含的所有密码组安全强度不够，服务器应响应 insufficient_security 消息，如果不是，则服务器行为不符合规范要求。

第二步：查看 insufficient_security 消息是否符合规范要求，如果不是，则服务器行为不符合规范要求。

8） internal_error

此类情况一般不应出现。出现这种情况，说明系统本身有问题。

b） 握手状态

正常情况服务器行为测试步骤如下：

第一步：向服务器发送正常的客户端 Certificate 消息、ClientKeyExchange 消息、CertificateVerify * 消息、ChangeCipherSpec 消息和客户端 Finished 消息，查看服务器响应的消息是否依次是 ChangeCipherSpec 消息和服务器 Finished 消息，如果不是，则服务器行为不符合规范要求。

第二步：查看服务器响应的 ChangeCipherSpec 消息和服务器 Finished 消息是否符合规范要求，如果不是，则服务器行为不符合规范要求。

其他情况服务器行为测试包括：

1） unexpected_message

第一步：向服务器发送 Certificate 消息、ClientKeyExchange 消息、CertificateVerify * 消息、ChangeCipherSpec 消息和客户端 Finished 消息以外的其他消息，服务器应响应 unexpected_message 消息，如果不是，则服务器行为不符合规范要求。

第二步：查看 unexpected_message 消息是否符合规范要求，如果不是，则服务器行为不符合规范要求。

2） bad_record_mac

第一步：在正常的 Certificate 消息、ClientKeyExchange 消息、ChangeCipherSpec 消息后，向服务器发送一个包含错误 MAC 数据的客户端 Finished 消息，服务器应响应 bad_record_mac 消息，如果不是，则服务器行为不符合规范要求。

第二步：查看 bad_record_mac 消息是否符合规范要求，如果不是，则服务器行为不符合规范要求。

3） bad_certificate

第一步：向服务器发送 Certificate 消息，并且消息中包含的证书信息有错误（签名受到破坏），服务器应响应 bad_certificate 消息。如果不是，则服务器行为不符合规范要求。

第二步：查看 bad_certificate 消息是否符合规范要求，如果不是，则服务器行为不符合规范要求。

4） unsupported_certificate

第一步：向服务器发送 Certificate 消息，并且消息中包含的证书格式服务器不支持，服务器应响应 unsupported_certificate 消息。如果不是，则服务器行为不符合规范要求。

第二步：查看 unsupported_certificate 消息是否符合规范要求，如果不是，则服务器行为不符合规范要求。

5） certificate_revoked

第一步：向服务器发送 Certificate 消息，并且消息中包含的证书已经被撤消，服务器应响应 certificate_revoked 消息。如果不是，则服务器行为不符合规范要求。

第二步：查看 certificate_revoked 消息是否符合规范要求，如果不是，则服务器行为不符合规范要求。

6） certificate_expired

第一步：向服务器发送 Certificate 消息，并且消息中包含的证书已经过期，服务器应响应 certificate_expired 消息。如果不是，则服务器行为不符合规范要求。

第二步：查看 certificate_expired 消息是否符合规范要求，如果不是，则服务器行为不符合规范要求。

7) certificate_unknown

此类情况一般不应出现。出现这种情况,说明系统本身有问题。

8) decompression_failure

第一步:在正常的 Certificate 消息、ClientKeyExchange 消息、CertificateVerify * 消息和 ChangeCipherSpec 消息后,向服务器发送一个错误数据压缩的客户端 Finished 消息,服务器应响应 decompression_failure 消息,如果不是,则服务器行为不符合规范要求。

第二步:查看 decompression_failure 消息是否符合规范要求,如果不是,则服务器行为不符合规范要求。

9) illegal_parameter

第一步:向服务器发送的 Certificate 消息、ClientKeyExchange 消息、CertificateVerify * 消息、ChangeCipherSpec 消息和客户端 Finished 消息中的某些字段的值超过规范要求,客户端应响应 illegal_parameter 消息,如果不是,则服务器行为不符合规范要求。

第二步:查看 illegal_parameter 消息,是否符合规范要求,如果不是,则服务器行为不符合规范要求。

10) decryption_failed

第一步:在正常的 Certificate 消息、ClientKeyExchange 消息、CertificateVerify * 消息和 ChangeCipherSpec 消息后,向服务器发送一个无效加密数据(数据长度不符合加密算法要求或者填充值不符合的数据)的客户端 Finished 消息,服务器应响应 decryption_failed 消息,如果不是,则服务器行为不符合规范要求。

第二步:查看 decryption_failed 消息是否符合规范要求,如果不是,则服务器行为不符合规范要求。

11) record_overflow

第一步:向服务器发送超过规范要求的长度的数据包($2\ 048+2^{14}$ 字节),服务器应响应 record_overflow 消息,如果不是,则服务器行为不符合规范要求。

第二步:查看 record_overflow 消息是否符合规范要求,如果不是,则服务器行为不符合规范要求。

12) decode_error

第一步:向服务器发送一些错误编码的数据包,服务器应响应 decode_error 消息,如果不是,则服务器行为不符合规范要求。

第二步:查看 decode_error 消息是否符合规范要求,如果不是,则服务器行为不符合规范要求。

13) decrypt_error

第一步:在正常的 Certificate 消息、ClientKeyExchange 消息、CertificateVerify * 消息和 ChangeCipherSpec 消息后,向服务器发送一个错误加密的客户端 Finished 消息,服务器应响应 decrypt_error 消息,如果不是,则服务器行为不符合规范要求。

第二步:查看 decrypt_error 消息是否符合规范要求,如果不是,则服务器行为不符合规范要求。

14) protocol_version

第一步:向服务器发送错误协议版本号的消息,服务器应响应 protocol_version 消息,如果不是,则服务器行为不符合规范要求。

第二步:查看 protocol_version 消息是否符合规范要求,如果不是,则服务器行为不符合规范要求。

15) internal_error

此类情况一般不应出现。出现这种情况，说明系统本身有问题。

16）接收客户端警报协议消息

向服务器发送警报协议消息，服务器应关闭当前连接，会话结束，如果不是，则服务器行为不符合规范要求。

c）工作状态

见7.1.1.4 c)的内容。

### 7.3.2 性能测试

见7.1.2的内容。

### 7.3.3 健壮性测试

见7.1.3的内容。

### 7.3.4 互操作性测试

#### 7.3.4.1 基本互连测试

见7.3.1.1的内容。

#### 7.3.4.2 功能互操作性测试

见7.3.1.2的内容。

## 7.4 重用会话模式测试步骤

### 7.4.1 功能测试

#### 7.4.1.1 安全功能测试

a）重用会话协商功能测试

第一步：配置客户端和服务器到相应会话模式，并建立连接。

第二步：查看 ClientHello 消息中是否有重用会话请求，若无，则没有重用会话协商功能。

第三步：查看服务器对含有重用会话请求的 ClientHello 消息的响应，如果出错，则没有重用会话协商功能。

b）数据安全保护功能测试

1）数据保密性保护功能测试

第一步：配置客户端和服务器到相应会话模式，建立连接，并进行数据通信。

第二步：查看客户端 Finished 消息和服务器 Finished 消息，如果数据没有加密，则没有数据保密性保护功能。

第三步：查看客户端和服务器之间的应用数据消息，如果没有加密，则没有数据保密性保护功能。

2）数据完整性保护功能测试

第一步：配置客户端和服务器到相应会话模式，建立连接，并进行数据通信。

第二步：查看客户端 Finished 消息和服务器 Finished 消息，如果没有 MAC 数据，则没有数据完整性保护功能。

第三步：查看客户端和服务器之间的应用数据消息，如果没有 MAC 数据，则没有数据完整性保护功能。

7.4.1.2 客户端行为测试

a) 初始状态

第一步:客户端主动发送 ClientHello 消息,如果不能够主动发送,则客户端行为不符合规范要求。

第二步:查看 ClientHello 消息是否符合规范要求,如果不符合,则客户端不符合规范要求。

b) 握手状态

正常情况处理能力测试步骤如下:

第一步:依次向客户端发送正常的 ServerHello 消息、ChangeCipherSpec 消息和服务器 Finished 消息,查看客户端响应消息是否依次是 ChangeCipherSpec 消息和客户端 Finished 消息,如果不是,则客户端行为不符合规范要求。

第二步:查看 ChangeCipherSpec 消息和客户端 Finished 消息是否符合规范要求,如果不是,则客户端行为不符合规范要求。

其他情况客户端行为测试包括:

1) unexpected_message

第一步:向客户端发送 ServerHello 消息、ChangeCipherSpec 消息和服务器 Finished 消息以外的其他消息,客户端应响应 unexpected_message 消息,如果不是,则客户端行为不符合规范要求。

第二步:查看 unexpected_message 消息是否符合规范要求,如果不是,则客户端行为不符合规范要求。

2) bad_record_mac

第一步:在正常的 ServerHello 消息和 ChangeCipherSpec 消息后,向客户端发送一个包含错误 MAC 数据的服务器 Finished 消息,客户端应响应 bad_record_mac 消息,如果不是,则客户端行为不符合规范要求。

第二步:查看 bad_record_mac 消息是否符合规范要求,如果不是,则客户端行为不符合规范要求。

3) decompression_failure

第一步:在正常的 ServerHello 消息和 ChangeCipherSpec 消息后,向客户端发送一个错误数据压缩的服务器 Finished 消息,客户端应响应 decompression_failure 消息,如果不是,则客户端行为不符合规范要求。

第二步:查看 decompression_failure 消息是否符合规范要求,如果不是,则客户端行为不符合规范要求。

4) illegal_parameter

第一步:向客户端发送的 ServerHello 消息、ChangeCipherSpec 消息和服务器 Finished 消息中的某些字段的值超过规范要求,客户端应响应 illegal_parameter 消息,如果不是,则客户端行为不符合规范要求。

第二步:查看 illegal_parameter 消息是否符合规范要求,如果不是,则客户端行为不符合规范要求。

5) decryption_failed

第一步:在正常的 ServerHello 消息和 ChangeCipherSpec 消息后,发送一个无效加密数据(数据长度不符合加密算法要求或填充值不符合要求的数据)的服务器 Finished 消息,客户端应响应 decryption_failed 消息,如果不是,则客户端行为不符合规范要求。

第二步:查看 decryption_failed 消息是否符合规范要求,如果不是,则客户端行为不符合规范要求。

6） record_overflow

第一步：向客户端发送超过规范要求的长度的数据包（2 048＋$2^{14}$字节），客户端应响应 record_overflow 消息，如果不是，则客户端行为不符合规范要求。

第二步：查看 record_overflow 消息是否符合规范要求，如果不是，则客户行为不符合规范要求。

7） decode_error

第一步：向客户端发送一些错误编码的数据包，客户端应响应 decode_error 消息，如果不是，则客户端行为不符合规范要求。

第二步：查看 decode_error 消息是否符合规范要求，如果不是，则客户端行为不符合规范要求。

8） decrypt_error

第一步：在正常的 ServerHello 消息和 ChangeCipherSpec 消息后，向客户端发送一个错误加密的服务器 Finished 消息，客户端应响应 decrypt_error 警报协议消息，如果不是，则客户端行为不符合规范要求。

第二步：查看 decrypt_error 消息是否符合规范要求，如果不是，则客户端行为不符合规范要求。

9） protocol_version

第一步：向客户端发送错误协议版本号的消息，客户端应响应 protocol_version 消息，如果不是，则客户端行为不符合规范要求。

第二步：查看 protocol_version 消息是否符合规范要求，如果不是，则客户端行为不符合规范要求。

10） internal_error

此类情况一般不应出现。出现这种情况，说明系统本身有问题。

11） 接收服务器警报协议消息

向客户端发送警报协议消息，客户端应关闭当前连接，会话结束，如果不是，则客户端行为不符合规范要求。

c） 工作状态

见 7.1.1.3 d）的内容。

#### 7.4.1.3 服务器行为测试

a） 初始状态

正常情况服务器行为测试步骤如下：

第一步：向服务器发送正常的 ClientHello 消息（包含重用会话请求），查看服务器响应消息是否依次是 ServerHello 消息、ChangeCipherSpec 消息和服务器 Finished 消息，如果不是，则服务器行为不符合规范要求。

第二步：查看 ServerHello 消息、ChangeCipherSpec 消息和服务器 Finished 消息是否符合规范，如果不是，则服务器行为不符合规范要求。

其他情况服务器行为测试包括：

1） unexpected_message

第一步：向服务器发送 ClientHello 消息以外的其他消息，服务器应响应 unexpected_message 消息，如果不是，则服务器行为不符合规范要求。

第二步：查看 unexpected_message 消息是否符合规范要求，如果不是，则服务器行为不符合规范要求。

2) illegal_parameter

第一步:向服务器发送的 ClientHello 消息中的某些字段的值超过规范要求,服务器应响应 illegal_parameter 消息,如果不是,则服务器行为不符合规范要求。

第二步:查看 illegal_parameter 消息是否符合规范要求,如果不是,则服务器行为不符合规范要求。

3) record_overflow

第一步:向服务器发送超过规范要求的长度的数据包(2 048+$2^{14}$字节),服务器应响应 record_overflow 消息,如果不是,则服务器行为不符合规范要求。

第二步:查看 record_overflow 消息是否符合规范要求,如果不是,则服务器行为不符合规范要求。

4) decode_error

第一步:向服务器发送一些错误编码的数据包,服务器应响应 decode_error 消息,如果不是,则服务器行为不符合规范要求。

第二步:查看 decode_error 消息是否符合规范要求,如果不是,则服务器行为不符合规范要求。

5) protocol_version

第一步:向服务器发送错误协议版本号的消息,服务器应响应 protocol_version 消息,如果不是,则服务器行为不符合规范要求。

第二步:查看 protocol_version 消息是否符合规范要求,如果不是,则服务器行为不符合规范要求。

6) internal_error

此类情况一般不应出现。出现这种情况,说明系统本身有问题。

b) 握手状态

正常情况服务器行为测试步骤如下:

第一步:向服务器发送正常的 ChangeCipherSpec 消息和客户端 Finished 消息,此时,服务器应响应应用数据消息或者不响应任何消息,如果不是,则服务器行为不符合规范要求。

第二步:如果服务器响应应用数据消息,则查看应用数据消息是否应用了协商好的加密算法加密数据,如果不是,则服务器行为不符合规范要求。

第三步:如果服务器响应应用数据消息,则查看应用数据消息是否应用了协商好的 MAC 算法保护数据完整性,如果不是,则服务器行为不符合规范要求。

其他情况服务器行为测试包括:

1) unexpected_message

第一步:向服务器发送 ChangeCipherSpec 消息和客户端 Finished 消息以外的其他消息,服务器应响应 unexpected_message 消息,如果不是,则服务器行为不符合规范要求。

第二步:查看 unexpected_message 消息是否符合规范要求,如果不是,则服务器行为不符合规范要求。

2) bad_record_mac

第一步:在正常的 ChangeCipherSpec 消息后,向服务器发送一个包含错误 MAC 数据的客户端 Finished 消息,服务器应响应 bad_record_mac 消息,如果不是,则服务器行为不符合规范要求。

第二步:查看 bad_record_mac 消息,是否符合规范要求,如果不是,则服务器行为不符合规范要求。

3） decompression_failure

第一步：在正常的 ChangeCipherSpec 消息后，向服务器发送一个错误数据压缩的客户端 Finished 消息，服务器应响应 decompression_failure 消息，如果不是，则服务器行为不符合规范要求。

第二步：查看 decompression_failure 消息，是否符合规范要求，如果不是，则服务器行为不符合规范要求。

4） illegal_parameter

第一步：向服务器发送的 ChangeCipherSpec 消息和客户端 Finished 消息中的某些字段的值超过规范要求，服务器应响应 illegal_parameter 消息，如果不是，则服务器行为不符合规范要求。

第二步：查看 illegal_parameter 消息是否符合规范要求，如果不是，则服务器行为不符合规范要求。

5） decryption_failed

第一步：在正常的 ChangeCipherSpec 消息后，向服务器发送一个无效加密数据（数据长度不符合加密算法要求或者填充值不符合的数据）的客户端 Finished 消息，服务器应响应 decryption_failed 警报协议消息，如果不是，则服务器行为不符合规范要求。

第二步：查看 decryption_failed 消息，是否符合规范要求，如果不是，则服务器行为不符合规范要求。

6） record_overflow

第一步：向服务器发送超过规范要求的长度的数据包（2 048＋$2^{14}$字节），服务器应响应 record_overflow 消息，如果不是，则服务器行为不符合规范要求。

第二步：查看 record_overflow 消息是否符合规范要求，如果不是，则服务器行为不符合规范要求。

7） decode_error

第一步：向服务器发送一些错误编码的数据包，服务器应响应 decode_error 消息，如果不是，则服务器行为不符合规范要求。

第二步：查看 decode_error 消息是否符合规范要求，如果不是，则服务器行为不符合规范要求。

8） decrypt_error

第一步：在正常的 ChangeCipherSpec 消息后，向服务器发送一个错误加密的客户端 Finished 消息，服务器应响应 decrypt_error 消息，如果不是，则服务器行为不符合规范要求。

第二步：查看 decrypt_error 消息是否符合规范要求，如果不是，则服务器行为不符合规范要求。

9） protocol_version

第一步：向服务器发送错误协议版本号的消息，服务器应响应 protocol_version 消息，如果不是，则服务器行为不符合规范要求。

第二步：查看 protocol_version 消息是否符合规范要求，如果不是，则服务器行为不符合规范要求。

10） internal_error

此类情况一般不应出现。出现这种情况，说明系统本身有问题。

11） 接收客户端警报协议消息

向服务器发送警报协议消息，服务器应关闭当前连接，会话结束，如果不是，则服务器行为不符合规范要求。

**7.4.2 性能测试**

见7.1.2的内容。

**7.4.3 健壮性测试**

见7.1.3的内容。

**7.4.4 功能互操作性测试**

见7.4.1.1的内容。

# 附 录 A
## （资料性附录）
## SSL 协议规范说明

### A.1 SSL 协议规范基本内容

本标准涉及的 SSL 协议版本包括 SSL3.0[1]、SSL3.1/TLS1.0[2,3]和 TLS1.1[4]，SSL 协议规范的基本内容包括：

a) SSL 协议安全功能：SSL 协议应用应实现密码协商、保密性保护、完整性保护等功能，宜实现身份鉴别功能；
b) SSL 会话模式规范：SSL 协议应用可实现的会话模式包括匿名会话模式、服务器验证会话模式、双方验证会话模式和重用会话模式；
c) SSL 消息格式规范：规范不同会话模式下，不同 SSL 协议版本下的消息格式。

### A.2 SSL 协议安全功能

SSL 协议应用应实现的安全功能包括：

a) 密码协商：SSL 协议应用在通信过程中，应能够协商双方支持的密钥交换算法、数据加密算法和 MAC 算法，应能够根据密钥交换算法实现在线共享密钥的协商，同时，协商过程中所应用的密码算法和有关运算应符合国家的有关标准和规定；
b) 数据保密性保护：SSL 协议应用应保护通信数据的保密性，所应用的密码算法应符合国家的有关标准和规定；
c) 数据完整性保护：SSL 协议应用应保护通信数据的完整性，所应用的密码算法应符合国家的有关标准和规定。

SSL 协议应用宜实现的安全功能包括：

d) 身份鉴别：SSL 协议应用可采取以下三种形式实现身份鉴别功能：
   1) 不对服务器和客户端进行身份鉴别；
   2) 只对服务器进行身份鉴别；
   3) 同时对服务器和客户端进行身份鉴别。

身份鉴别中所应用的密码算法和数字证书应符合国家的有关标准和规定。

### A.3 SSL 协议会话模式

#### A.3.1 SSL 会话安全参数

SSL 会话中的安全功能的具体实现，体现在会话安全参数的实例化，这些安全参数包括：

a) 会话端：参与会话的是服务器，或是客户端。
b) 数据加密算法：包括数据加密的算法、算法类型、算法密钥长度、密钥材料长度。
c) MAC 算法：包括消息认证的算法、算法输出长度。
d) 压缩算法：包括算法的名称和其他有关信息。
e) 主密钥：服务器/客户端共享的密钥，用来生成各种算法密钥的材料。

f) 客户端随机数:客户端产生的一个32字节随机数。

g) 服务器随机数:服务器产生的一个32字节随机数。

对于一个具体的会话,服务器存放有一套安全参数实例,客户端也有一套安全参数实例,这两套安全参数除了会话端不一样外,其他应是一样的。安全参数中具体值的含义以及表示形式,和具体应用的密码算法有关,SSL协议应用应符合国家密码有关标准和规定的要求。

### A.3.2 SSL会话模式分类

根据会话过程提供的安全功能的不同,SSL会话分为如下几类模式:

a) 匿名会话模式:在该模式下,SSL协议应用提供密码协商、数据保密性保护和数据完整性保护等安全功能,但不提供进行身份鉴别功能;

b) 服务器验证会话模式:该模式是在匿名会话模式提供的安全功能基础上,增加了服务器身份鉴别功能,但是对客户端不需要身份鉴别;

c) 双方验证会话模式:该模式是在服务器验证会话模式提供的安全功能基础上,增加了客户端身份鉴别功能;

d) 重用会话模式:a)、b)、c)三种会话模式用于从初始状态开始会话的情况,重用会话模式用于使用以前协商好的会话安全参数实例,重新建立一个会话的情况。

### A.3.3 匿名会话模式

在匿名会话模式下,SSL客户端和服务器间交互的消息和顺序如图A.1所示。

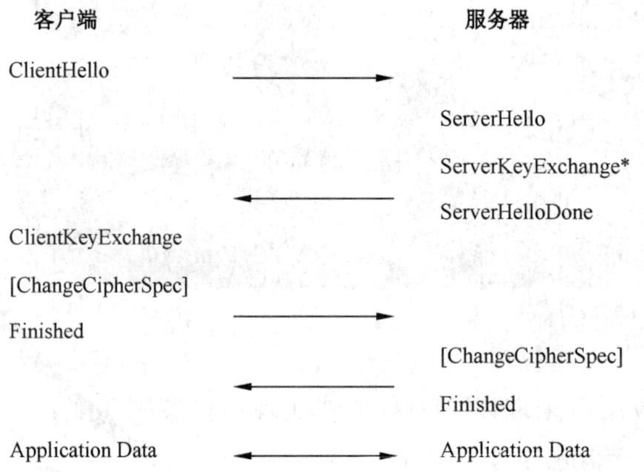


图A.1 匿名会话模式消息流

客户端和服务器通过ClientHello消息和ServerHello消息协商好会话使用的密码算法组和数据压缩算法,密码算法组中包括密钥交换算法、数据加密算法和MAC算法。

根据选择的密钥交换算法,ServerKeyExchange * 消息( * 表示该消息在有的情况下不会出现)和ClientKeyExchange消息完成客户端和服务器之间的共享密钥协商。根据算法的不同,可能不需要服务器发送ServerKeyExchange * 消息,而由ClientKeyExchange消息单独完成密钥协商的任务。

客户端和服务器通过ChangeCipherSpec消息指明此后的数据已经得到安全保护。

客户端和服务器通过Finished消息通知对方,有关协商已经完成,可以进行应用数据保护了,Finished消息是应用当前安全服务保护的第一条消息。

根据SSL协议匿名会话模式消息流和出错处理情况,得到匿名会话模式下SSL客户端的行为状态如图A.2所示,匿名会话模式下SSL服务器的行为状态如图A.3所示。

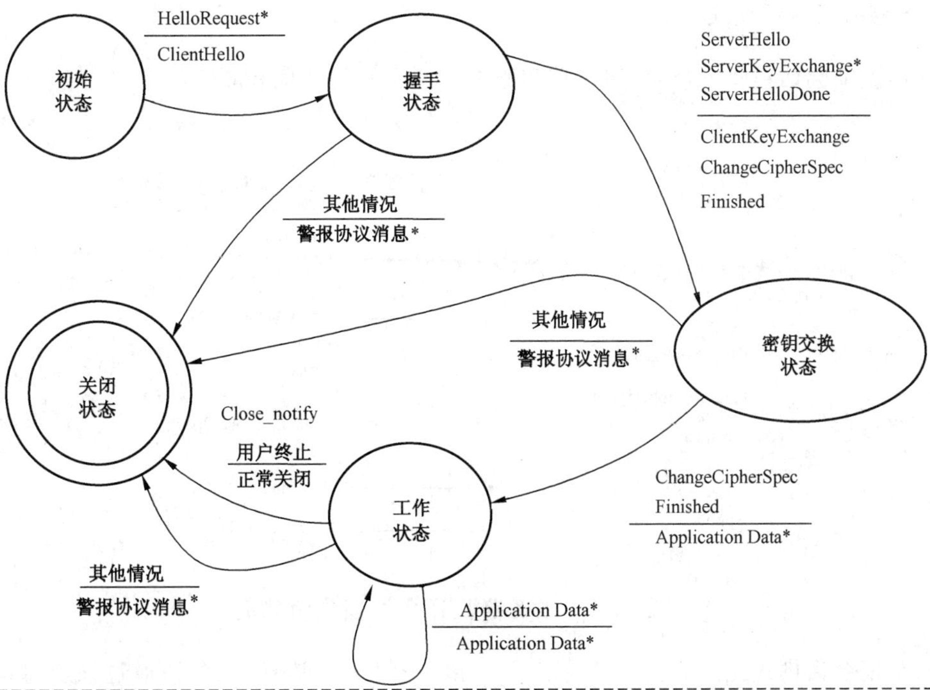


说明：$\frac{M1}{M2}$ ：M1，输入消息；M2，输出消息。M*：M消息可能不出现。

图 A.2　匿名会话模式下 SSL 客户端行为状态图

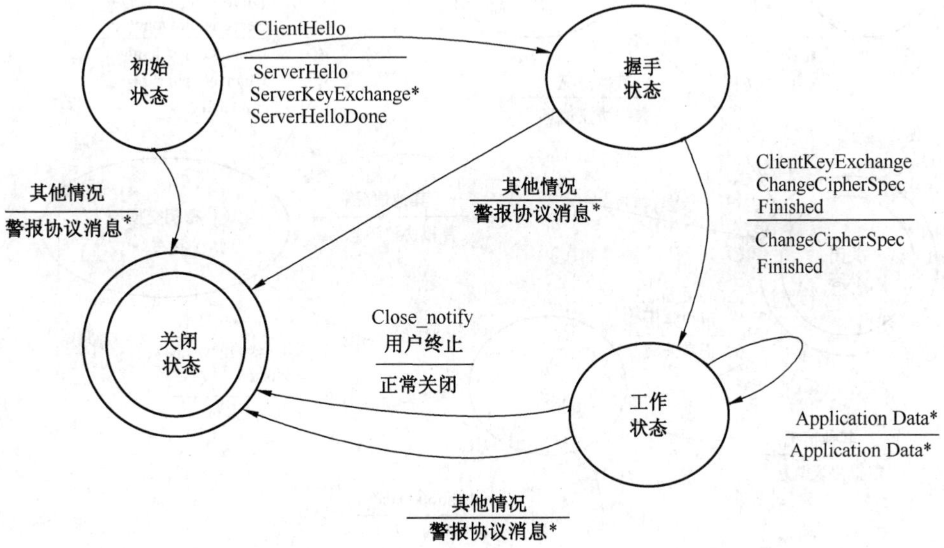


说明：$\frac{M1}{M2}$ ：M1，输入消息；M2，输出消息。M*：M消息可能不出现。

图 A.3　匿名会话模式下 SSL 服务器行为状态图

在匿名会话模式下的各种消息具体格式，见附录 A.4 SSL 消息格式规范。

### A.3.4 服务器验证会话模式

在服务器验证会话模式下，SSL客户端和服务器间交互的消息和顺序如图A.4所示。

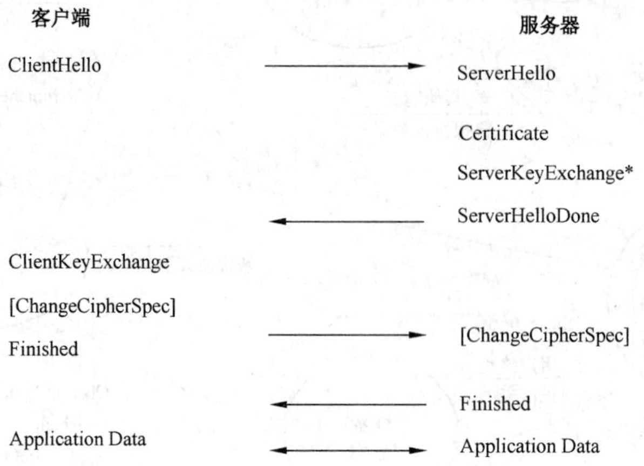


图 A.4 服务器验证会话模式消息流

服务器验证会话模式比匿名会话模式多了一条Certificate消息，服务器通过该消息向对方递交身份鉴别证书，通过证书验证实现服务器身份鉴别功能。身份证书格式以及有关的验证过程，应符合国家关于数字证书有关的标准和规定。其他消息的基本格式和含义与匿名会话模式一样。

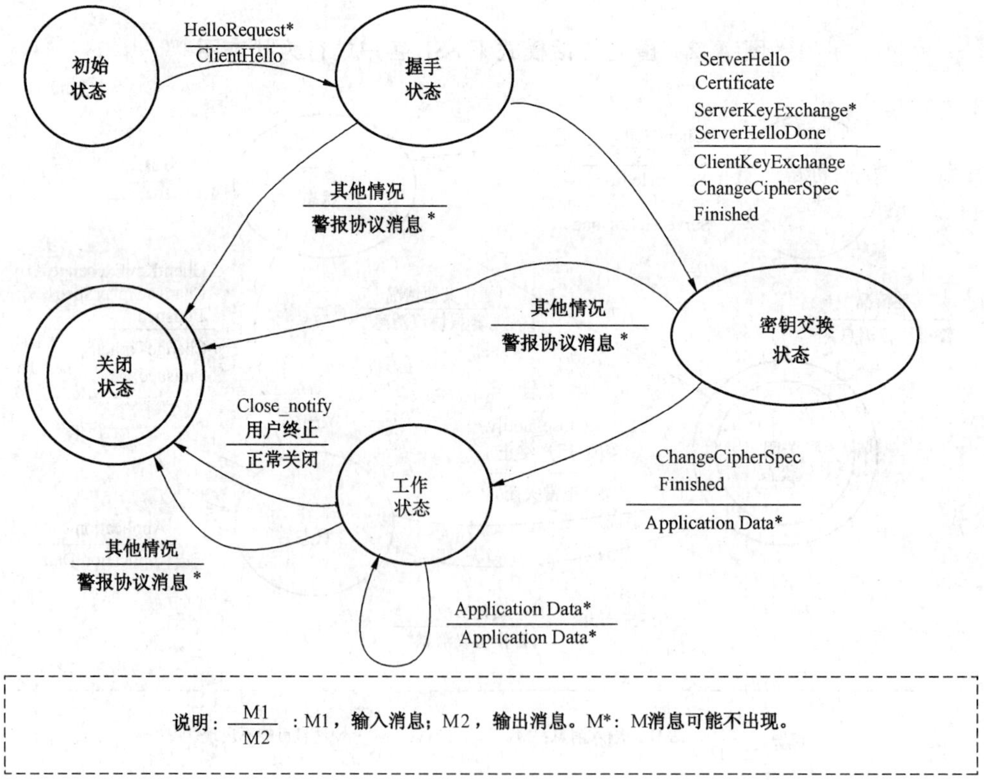


图 A.5 服务器验证会话模式下SSL客户端行为状态图

根据 SSL 协议服务器验证会话模式消息流和出错处理情况，得到服务器验证模式下 SSL 客户端的行为状态如图 A.5 所示，服务器验证会话模式下 SSL 服务器的行为状态如图 A.6 所示。

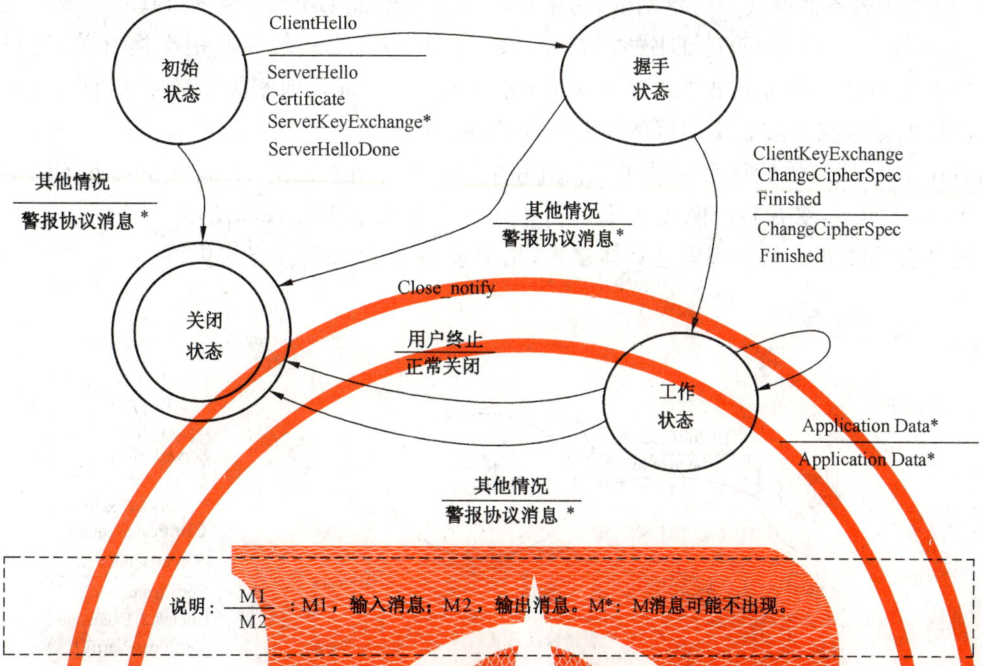


**图 A.6　服务器验证会话模式下 SSL 服务器行为状态图**

在服务器验证会话模式下各种消息的具体格式，见 A.4 SSL 消息格式规范。

### A.3.5　双方验证会话模式

在双方验证会话模式下，SSL 客户端和服务器间交互的消息和顺序如图 A.7 所示。

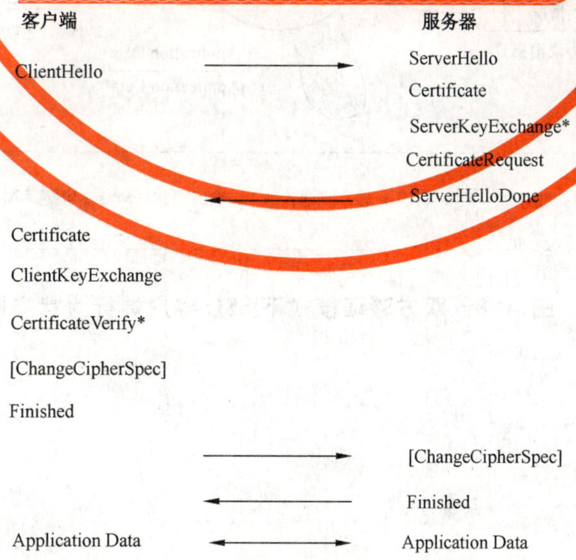


**图 A.7　双方验证会话模式消息流**

双方验证会话模式比服务器验证模式多了CertificateRequest、客户端Certificate和CertificateVerify＊三条消息，CertificateRequest消息由服务器发出，请求验证客户端的身份，客户端Certificate消息向服务器递交身份鉴别证书，根据不同的身份证书类型，客户端有时需要发送证书验证CertificateVerify＊消息以表明对证书的拥有权，而服务器的证书一般和密钥交换有关，所以不用发送服务器证书验证消息。身份证书格式以及有关的验证过程，应符合国家关于数字证书有关的标准和规定。其他消息的基本格式和含义与服务器验证模式相同。

根据SSL协议服务器验证会话模式消息流和出错处理情况，得到双方验证模式下SSL客户端的行为状态如图A.8所示，双方验证模式下SSL服务器的行为状态如图A.9所示。

双方验证会话模式下的各种消息具体格式，见附录A.4 SSL消息格式规范。

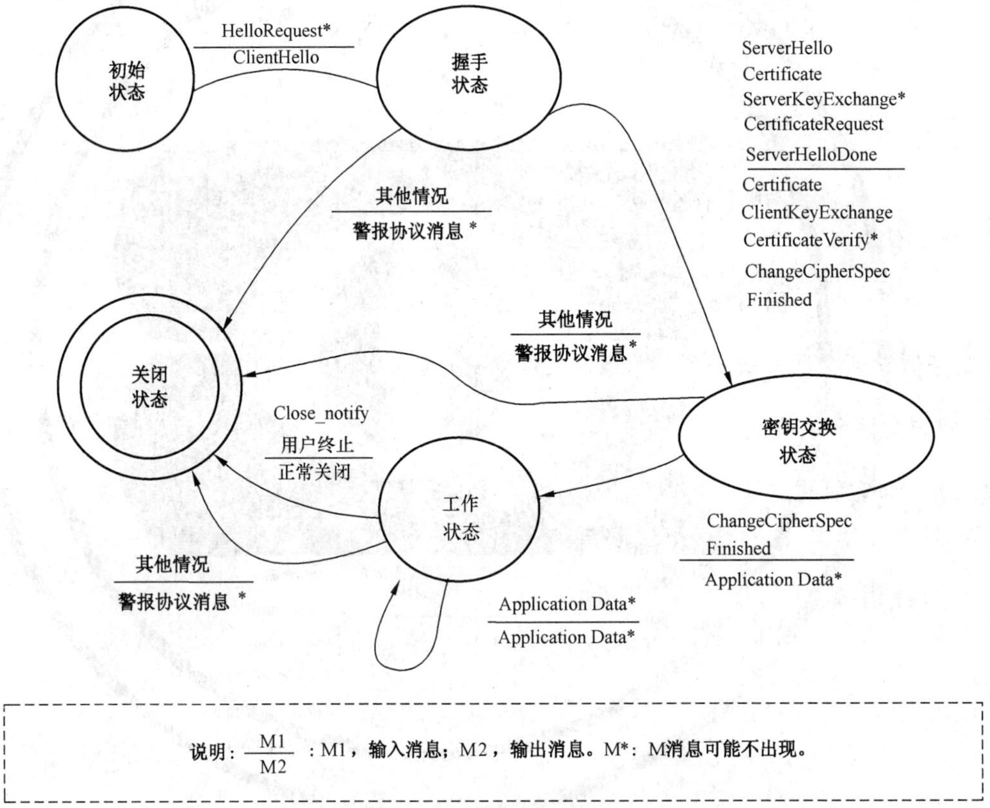


图A.8　双方验证模式下SSL客户端行为状态图

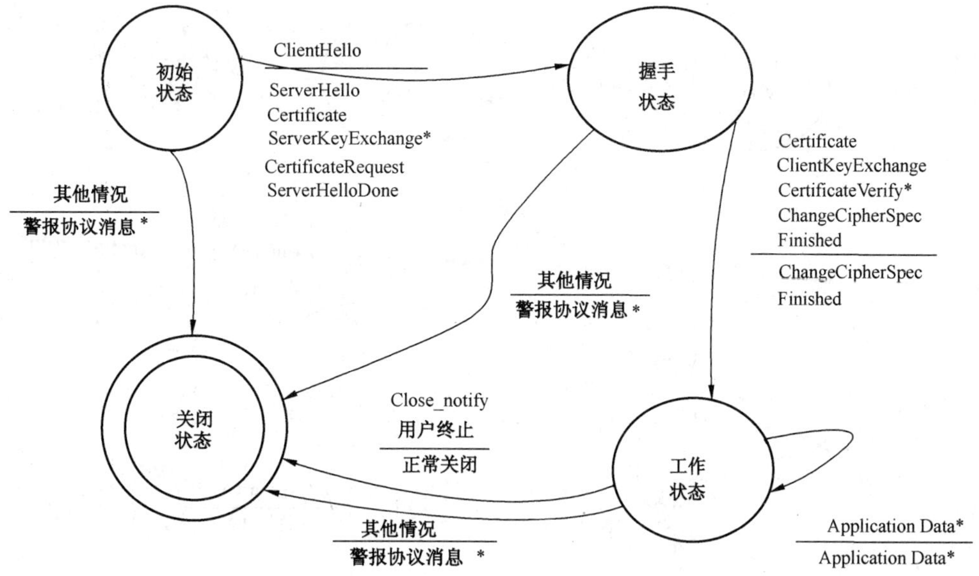


说明：$\frac{M1}{M2}$ ：M1，输入消息；M2，输出消息。M*：M消息可能不出现。

**图 A.9　双方验证模式下 SSL 服务器行为状态图**

### A.3.6　重用会话模式

在重用会话模式下，SSL 客户端和服务器间交互的消息和顺序如图 A.10 所示。

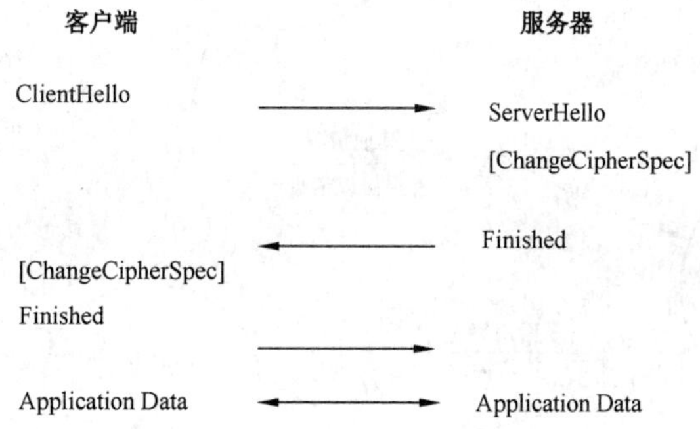


**图 A.10　重用会话模式消息流**

客户端通过在 ClientHello 消息中指定会话 ID，启动重用会话模式，该 ID 是以前通过 A.3.3、A.3.4、A.3.5 所描述的三种模式之一协商完成的 SSL 会话的标识。

一旦服务器同意启用原来协商好的 SSL 会话安全参数，服务器在 ServerHello 消息中传输被重用会话中的有关密码算法。

双方都同意使用原来 SSL 会话安全参数，则交换 ChangeCipherSpec 消息指明此后的数据已经得到安全保护。

客户端和服务器通过 Finished 消息通知对方，有关协商已经完成，应用数据已经被保护了。

根据 SSL 协议会话重用模式消息流和出错处理情况，得到重用会话模式下 SSL 客户端的行为状态如图 A.11 所示，重用会话模式下 SSL 服务器的行为状态如图 A.12 所示。

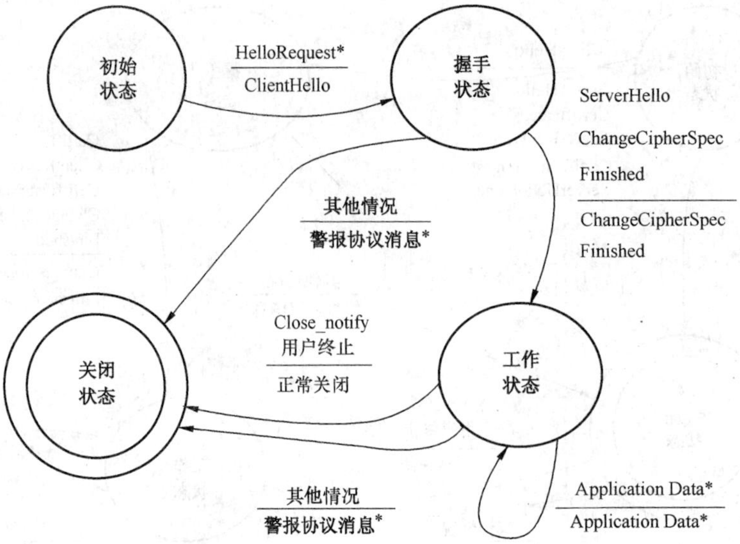


说明：$\frac{M1}{M2}$ ：M1，输入消息；M2，输出消息。M*：M消息可能不出现。

**图 A.11　重用会话模式下 SSL 客户端行为状态图**

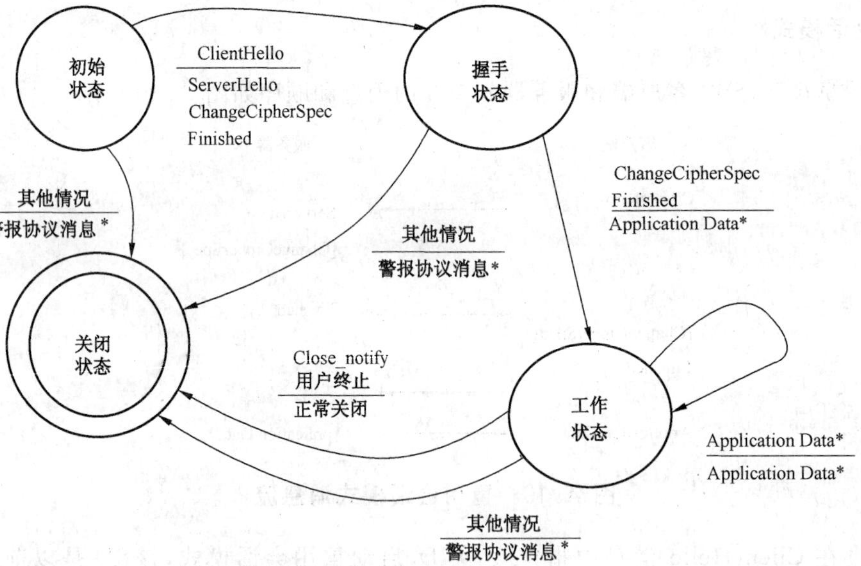


说明：$\frac{M1}{M2}$ ：M1，输入消息；M2，输出消息。M*：M消息可能不出现。

**图 A.12　重用会话模式下 SSL 服务器行为状态图**

重用会话模式下的各种消息具体格式，见 A.4 SSL 消息格式规范。

## A.4 SSL 消息格式规范

### A.4.1 SSL 消息基本格式

#### A.4.1.1 SSL 协议版本

SSL 中的消息都需要说明所使用协议版本号，格式如下。

```
struct {
  uint8 major, minor;
} ProtocolVersion;
```

SSL 协议中包括 3 种类型的版本号，不同的版本号对应的值如下：

a) SSL3.0：major=3，minor=0；

b) SSL3.1/TLS1.0：major=3，minor=1；

c) TLS1.1：major=3，minor=2。

#### A.4.1.2 SSL 消息类型

SSL 中的消息包括 4 种类型：

a) change_cipher_spec(更改密码组规范消息)：该类消息通知通信对方，此后的所有消息都使用协商的好的安全参数实例对会话进行保护；

b) alert(警报协议消息)：该类消息用于通知一些消息或者报告一些错误；

c) handshake(握手协议消息)：该类型消息用于协商会话的安全参数实例；

d) application_data(应用数据消息)：该类型消息用于对使用 SSL 进行数据传输的应用层数据进行安全保护。

消息类型说明格式如下。

```
enum {
    change_cipher_spec(20), alert(21), handshake(22),
    application_data(23), (255)
} ContentType;
```

#### A.4.1.3 SSL 消息格式

SSL 消息格式如下所示。

```
struct {
   ContentType type;
   ProtocolVersion version;
   uint16 length;
   opaque message_data[Massage.length];
} Message;
```

该消息格式中各字段的含义如下：

a) type：消息类型，其值为 A.4.1.2 中说明的四种类型之一；

b) version：SSL 协议版本，其值为 A.4.1.1 中说明的三种类型之一；

c) length：消息数据长度，如果消息没有加密，则长度不能够超过 $2^{14}$，如果消息加密，则长度不能够超过 2 048+$2^{14}$；

d) message_data：对应消息类型的数据。

### A.4.2 握手协议消息

#### A.4.2.1 握手协议消息类型

如果 SSL 消息中的消息类型是 handshake(22)，则 SSL 消息中的数据 message_data 就是握手协议消息类型，一个 SSL 消息中可能包含了多个握手协议消息。

握手协议消息所包含的类型如下所示。

```
enum {
    hello_request(0),
    client_hello(1),
    server_hello(2),
    certificate(11),
    server_key_exchange(12),
    certificate_request(13),
    server_hello_done(14),
    certificate_verify(15),
    client_key_exchange(16),
    finished(20),
    (255)
} HandshakeType;
```

每一个握手消息的基本格式如下所示。

```
struct  {
   HandshakeType msg_type;      /* 握手消息类型 */
   uint24 length;               /* 消息长度 */
   handshake_body[Handshke.Length];    /* 消息体 */
} Handshake;
```

#### A.4.2.2 Hello 消息

##### A.4.2.2.1 Hello 消息类型

SSL 会话双方(客户端和服务器)通过 Hello 消息开始协商一个新的会话，通过 Hello 消息的交互，会话双方在密钥交换算法、数据加密算法、MAC 算法和数据压缩算法等方面达成一致。

Hello 消息包括三种类型：

a) HelloRequest：服务器通过该消息告诉客户端希望重新进行会话协商；
b) ClientHello：客户端通过该消息，声明其支持的密钥交换算法、数据加密算法、MAC 算法和数据压缩算法；
c) ServerHello：服务器通过该消息，告诉客户端双方协商好的密钥交换算法、数据加密算法、MAC 算法和数据压缩算法。

##### A.4.2.2.2 HelloRequest

HelloRequest 由服务器发向客户端，意味着服务器希望客户端重新进行会话协商。HelloRequest 消息体格式如下：

```
struct { } HelloRequest;
```

服务器可以在任何时候发送该消息，客户端如何正在协商会话，则忽略该消息；在其他情况下，不同

SSL 协议版本处理方式可以不一样，处理情况如下：

a) SSL3.0：客户端发送 ClientHello 消息开始一个新的会话，或者忽略该消息。

b) TLS1.0 和 TLS1.1：客户端发送一个 ClientHello 消息开始一个新的会话，或者忽略该消息，或者发送一个 no_renegotiation 的警报协议消息。

#### A.4.2.2.3 ClientHello

客户端可以在初始会话时，向服务器发送该消息，也可以作为服务器 HelloRequest 消息的响应消息，该消息开始一个 SSL 会话协商。

客户端通过 ClientHello 消息声明其支持的密钥交换算法、数据加密算法、MAC 算法和数据压缩算法。

密钥交换算法、数据加密算法和 MAC 算法的一个组合称为一个密码组(CipherSuite)，对应每一个支持的密码都由一个 16 位的整数来标识。SSL 实现时所选择的密码组，必须符合国家的有关标准和规定。

ClientHello 消息可声明客户端支持的多个密码组，按照优先级排列，密码组结构如下所示。

uint8 CipherSuite[2]；

ClientHello 消息格式如下所示。

```
struct {
    ProtocolVersion client_version;
    Random random;
    SessionID session_id;
    CipherSuite cipher_suites<2..2^16-1>;
    CompressionMethod compression_methods<1..2^8-1>;
} ClientHello;
```

各字段的基本含义如下：

a) client_version：客户端 SSL 协议版本号，具体值含义见 A.4.1.1。

b) random：客户端产生的随机数，结构如下：

```
struct {
    uint32 gmt_unix_time;
    opaque random_bytes[28];
} Random;
```

gmt_unix_time 是当前时间，用 32 比特位的标准 UNIX GMT 时间(从 1970 年 1 月 1 号零点以来，时间所经过的秒数)；random_bytes 是一个 28 字节的随机数。

c) session_id：如果该值不为 0 字节，客户端启动了一个重用会话模式，session_id 表示希望重用的会话的标识符；如果该值是 0 个字节，则表示开始一个新的会话协商。

d) cipher_suites：客户端所支持的密码组，按照优先级顺序排列，服务器从中选择一个服务器也支持的密码组，该密码组就是协商好的密码组；如果服务器无法从中选择一个密码组，则返回一个握手失败的警报协议消息。

e) compression_methods：客户端所支持的压缩算法。

#### A.4.2.2.4 ServerHello

服务器接收到客户端发送来的 ClientHello 消息时，如果能够从 ClientHello 中声明的密码组中选择出一组服务器也支持的密码组，则发送一个 ServerHello 消息，否则发送一个握手失败的警报协议消息。

ServerHello 消息格式如下。

```
struct {
    ProtocolVersion server_version;
    Random random;
    SessionID session_id;
    CipherSuite cipher_suite;
    CompressionMethod compression_method;
} ServerHello;
```

各字段的含义如下：

a) server_version：服务器 SSL 协议版本号，具体值含义见 A.4.1.1。

b) random：服务器产生的随机数，具体结构见 A.4.2.2.3 。

c) session_id：本次会话的标识，小于或者等于 32 字节长度的字符串。

d) cipher_suite：服务器和客户端之间协商好的密码组。

e) compression_method：服务器和客户端之间协商好的压缩算法。

### A.4.2.3 服务器 Certificate

在服务器验证会话模式或者双方验证会话模式下，服务器需要发送 Certificate 消息，该消息紧跟 ServerHello 消息后面。

服务器发送 Certificate 消息传输一个身份证书，通过发送服务器身份证书，主要有两个目标，一是对服务器身份进行鉴别，二是传输一个符合密钥交换算法的密钥(一般来说，该密钥是服务器的公开密钥)。

SSL 协议应用采用的身份证书机制应符合国家有关标准和规定。

### A.4.2.4 ServerKeyExchange

如果密钥交换算法中需要服务器发送密钥交换材料，则服务器发送该消息。该消息紧跟 Certificate 消息后面(如果没有服务器 Certificate 消息，则紧跟 ServerHello 消息后面)。

ServerKeyExchange 消息中包含的具体密钥交换材料，要和具体的密钥交换算法有关，SSL 实现的密钥交换算法应符合国家的有关标准和规定。

### A.4.2.5 CertificateRequest

在双方验证会话模式下，服务器要发送 CertificateRequest 消息，请求客户端的身份证书。

CertificateRequest 消息紧跟 ServerKeyExchange 消息后，如果没有 Server KeyExchange 消息，则紧跟服务器 Certificate 消息后。

CertificateRequest 消息的格式如下：

```
struct {
    ClientCertificateType certificate_types<1..2^8-1>;
    DistinguishedName certificate_authorities<3..2^16-1>;
} CertificateRequest;
```

各字段的基本含义如下：

a) certificate_types：请求的证书类型列表，列表中的每一项是一个字节的整数，代表一种证书类型，SSL 协议应用应根据国家关于数字证书的标准和规定进行定义；

b) certificate_authorities：服务器接受的 CA 列表。

A.4.2.6 **ServerHelloDone**

除了重用会话模式外，一个 SSL 会话过程中，服务器都需要发送 ServerHelloDone 消息。

ServerHelloDone 消息表明服务器已完成了会话协商的准备工作，等待客户端的会话协商完成响应。ServerHelloDone 消息是服务器响应 ClientHello 消息的最后一个消息。

ServerHelloDone 消息格式如下：

```
struct { } ServerHelloDone;
```

A.4.2.7 **客户端 Certificate**

如果服务器发送了 CertificateRequest，请求验证客户端的身份，则客户端需要发送客户端 Certificate 消息。

如果需要发送该消息，则客户端在收到 ServerHelloDone 消息后，第一个发送该消息。

该消息格式和服务器 Certificate(见 A.4.2.3)消息一致。

A.4.2.8 **ClientKeyExchange**

在任何情况下，客户端都需要发送该消息，以完成客户端和服务器之间的密钥协商。

ClientKeyExchange 消息紧跟客户端 Certificate 消息后面(如果没有客户端 Certificate 消息，则客户端接收到 ServerHelloDone 消息后，发送的第一个消息)。

ClientKeyExchange 消息中包含的具体密钥交换材料，要和具体的密钥交换算法有关，SSL 协议应用采用的密钥交换算法应符合国家的有关标准和规定。

A.4.2.9 **CertificateVerify**

如果需要对客户端证书的有效性进行验证，客户端需要发送该消息，该消息紧跟 ClientKeyExchange 消息后面。

该消息的具体内容和证书要求有关，SSL 协议应用应根据国家关于数字证书的标准和规定进行定义。

A.4.2.10 **Finished**

一旦更改密码组规范消息(见 A.4.3)已经发出，该消息紧跟其后，以验证密码协商是否成功。该消息是第一个被协商好的密码算法保护的消息。

Finished 消息的具体内容和选择的 MAC 算法有关。

A.4.3 **更改密码组规范消息**

该消息用来通知对方，此后的消息，都是使用新协商的密码组和密钥来保护。

该消息的基本格式如下：

```
struct {
    enum { change_cipher_spec(1), (255) } type;
} ChangeCipherSpec;
```

A.4.4 **警报协议消息**

A.4.4.1 **警报协议消息一般格式**

警报协议消息用来通知通信过程中的一些情况。

警报协议消息的基本格式如下：

```
struct {
    AlertLevel level;
    AlertDescription description;
} Alert;
enum { warning(1), fatal(2), (255)} AlertLevel;
```

对于 AlertDescription 的描述，SSL3.0 以后的版本(TLS1.0 和 TLS1.1)有所区别，详细区别分别见 A.4.4.2 SSL3.0 警报类型和 A.4.4.3 TLS1.0/TLS1.1 警报类型。

#### A.4.4.2 SSL3.0 警报类型

SSL3.0 警报类型如下：

```
enum {
    close_notify(0),
    unexpected_message(10),
    bad_record_mac(20),
    decompression_failure(30),
    handshake_failure(40),
    no_certificate(41),
    bad_certificate(42),
    unsupported_certificate(43),
    certificate_revoked(44),
    certificate_expired(45),
    certificate_unknown(46),
    illegal_parameter (47),
    (255)
} AlertDescription;
```

这些消息的基本含义如下：

a) close_notify：该警报类型用于通知对方关闭当前会话，在正常关闭会话的过程中，客户端和服务器必须发送该消息。
b) unexpected_message：接收到非期望的消息时，发送该警报消息，该消息是严重的警报，一旦出现该类警报，则会话终止。
c) bad_record_mac：接收到消息 MAC 验证失败时，发送该警报消息，该消息是严重的警报，一旦出现该类警报，则会话终止。
d) decompression_failure：数据解压缩失败时，发送该警报消息，该消息是严重的警报，一旦出现该类警报，则会话终止。
e) handshake_failure：无法完成握手协议时，发送该警报消息，该消息是严重的警报，一旦出现该类警报，则会话终止。
f) no_certificate：如果对方请求的证书，本地无法满足，则发送该警报消息，该消息是严重的警报，一旦出现该类警报，则会话终止。
g) bad_certificate：如果收到一个破坏的证书，也就是说，证书的签名验证失败的话，则发送该警报消息，该消息是严重的警报，一旦出现该类警报，则会话终止。
h) unsupported_certificate：如果收到的证书格式，本地不支持，则发送该警报消息，该消息是严重的警报，一旦出现该类警报，则会话终止。

i) certificate_revoked:如果收到的证书已经被其颁发者撤消,则发送该警报消息,该消息是严重的警报,一旦出现该类警报,则会话终止。

j) certificate_expired:如果收到的证书已经过期,则发送该警报消息,该消息是严重的警报,一旦出现该类警报,则会话终止。

k) certificate_unknown:在处理证书过程中碰到的其他出错情况,则发送该警报消息,该消息是严重的警报,一旦出现该类警报,则会话终止。

l) illegal_parameter:如果握手协议数据在一特定域的值超过了规范规定的值,则发送该警报消息,该消息是严重的警报,一旦出现该类警报,则会话终止。

#### A.4.4.3 TLS1.0/TLS1.1 警报类型

TLS1.0/TLS1.1 在 SSL3.0 的基础上,对一些警报类型进行的调整。

删除的警报类型有:

a) no_certificate(41)

新增的警报类型有:

a) decryption_failed:解密出来的数据不符合密码算法的要求(数据长度不是某数的整数倍,或者填充数据的值不符合要求),一旦出现这样的情况,则发送该警报消息,该消息是严重的警报,一旦出现该类警报,则会话终止。

b) record_overflow:接收到的数据长度,超过了规定的长度,一旦出现这样的情况,则发送该警报消息,该消息是严重的警报,一旦出现该类警报,则会话终止。

c) unknown_ca:当找不到信任 CA 的证书时,发送该警报消息,该消息是严重的警报,一旦出现该类警报,则会话终止。

d) access_denied:用户递交了有效的证书,但是根据访问控制策略,协商不能够继续时,发送该警报消息,该消息是严重的警报,一旦出现该类警报,则会话终止。

e) decode_error:接收到消息,解码失败,则发送该警报消息,该消息是严重的警报,一旦出现该类警报,则会话终止。

f) decrypt_error:解密操作失败,包括验证签名过程、数据解密过程中出现错误,则发送该警报消息,该消息是严重的警报,一旦出现该类警报,则会话终止。

g) protocol_version:协议版本类型不能够识别,发送该警报消息,该消息是严重的警报,一旦出现该类警报,则会话终止。

h) insufficient_security:当服务器要求的安全强度更高的密码组时,发送该警报消息,该消息是严重的警报,一旦出现该类警报,则会话终止。

i) internal_error:一方在处理数据时,出现内部错误时(如内存分配失败),发送该警报消息,该消息是严重的警报,一旦出现该类警报,则会话终止。

j) user_canceled:协商好会话后,用户取消该会话,则发送该消息,该消息一般紧跟 close_notify 消息后面,该消息是警告级。

k) no_renegotiation:当客户端收到 HelloRequest 消息时,此时又不需要进行重新协商时,发送该警报消息;当服务器接收到客户端重新协商的 ClientHello 时,此时又不需要进行重新协商时,发送该警报消息。

# 参 考 文 献

[1] Draft302 SSL 协议 3.0 版(The SSL Protocol Version 3.0)

[2] RFC2246 TLS 协议 1.0 版本(SSL 协议 3.1 版)(The TLS Protocol Version 1.0)

[3] RFC3546 传输层安全(TLS)扩展(Transport Layer Security (TLS) Extensions)

[4] RFC4346 传输层安全(TLS)协议 1.1 版 (The Transport Layer Security (TLS) Protocol Version1.1)

[5] SSL VPN 技术规范,国家密码管理局发布,2009 年 1 月